中国水利学会
CHES

2022中国水利学术大会论文集

第五分册

中国水利学会　编

U0226379

黄河水利出版社

内 容 提 要

本书是以"科技助力新阶段水利高质量发展"为主题的2022中国水利学术大会（中国水利学会2022学术年会）论文合辑，积极围绕当年水利工作热点、难点、焦点和水利科技前沿问题，重点聚焦水资源短缺、水生态损害、水环境污染和洪涝灾害频繁等新老水问题，主要分为国家水网、水生态、水文等板块，对促进我国水问题解决、推动水利科技创新、展示水利科技工作者才华和成果有重要意义。

本书可供广大水利科技工作者和大专院校师生交流学习和参考。

图书在版编目（CIP）数据

2022中国水利学术大会论文集：全七册/中国水利学会编 . —郑州：黄河水利出版社，2022.12
ISBN 978-7-5509-3480-1

Ⅰ.①2… Ⅱ.①中… Ⅲ.①水利建设-学术会议-文集 Ⅳ.①TV-53

中国版本图书馆 CIP 数据核字（2022）第246440号

策划编辑：杨雯惠 电话：0371-66020903 E-mail：yangwenhui923@163.com

出 版 社：黄河水利出版社 网址：www.yrcp.com
　　　　　　地址：河南省郑州市顺河路黄委会综合楼14层 邮政编码：450003
发行单位：黄河水利出版社
　　　　　　发行部电话：0371-66026940、66020550、66028024、66022620（传真）
　　　　　　E-mail：hhslcbs@126.com
承印单位：广东虎彩云印刷有限公司
开本：889 mm×1 194 mm 1/16
印张：261（总）
字数：8 268 千字（总）
版次：2022年12月第1版 印次：2022年12月第1次印刷

定价：1 200.00 元（全七册）

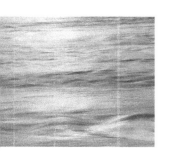

前言 Preface

　　学术交流是学会立会之本。作为我国历史上第一个全国性水利学术团体，90多年来，中国水利学会始终秉持"联络水利工程同志、研究水利学术、促进水利建设"的初心，团结广大水利科技工作者砥砺奋进、勇攀高峰，为我国治水事业发展提供了重要科技支撑。自2000年创立年会制度以来，中国水利学会20余年如一日，始终认真贯彻党中央、国务院方针政策，落实水利部和中国科协决策部署，紧密围绕水利中心工作，针对当年水利工作热点、难点、焦点和水利科技前沿问题、工程技术难题，邀请院士、专家、代表和科技工作者展开深层次的交流研讨。中国水利学术年会已成为促进我国水问题解决、推动水利科技创新、展示水利科技工作者才华和成果的良好交流平台，为服务水利科技工作者、服务学会会员、推动水利学科建设与发展做出了积极贡献。

　　2022中国水利学术大会（中国水利学会2022学术年会）以习近平新时代中国特色社会主义思想为指导，认真贯彻落实党的二十大精神，紧紧围绕"节水优先、空间均衡、系统治理、两手发力"的治水思路，以"科技助力新阶段水利高质量发展"为主题，聚焦国家水网、水灾害防御、智慧水利、地下水超采治理等问题，设置1个主会场和水灾害、国家水网、重大引调水工程、智慧水利·数字孪生等20个分会场。

　　2022中国水利学术大会论文征集通知发出后，受到了广大会员和水利科技工作者的广泛关注，共收到来自有关政府部门、科研院所、大专院校、水利设计、施工、管理等单位科技工作者的论文共1000余篇。为保证本次大会入选论文的质量，大会积极组织相关领域的专家对稿件进行了评审，共评选出669篇主题相符、水平较高的论文入选论文集。按照大会各分会场主题，本论文集共分7册予以出版。

　　本论文集的汇总工作由中国水利学会秘书处牵头，各分会场协助完成。论文集的编辑出版也得到了黄河水利出版社的大力支持和帮助，参与评审、编辑的专家和工作人员克服了时间紧、任务重等困难，付出了辛苦和汗水，在此一并表示感谢！同时，对所有应征投稿的科技工作者表示诚挚的谢意！

由于编辑出版论文集的工作量大、时间紧，且编者水平有限，不足之处，欢迎广大作者和读者批评指正。

中国水利学会

2022 年 12 月 12 日

目录 Contents

水利风景区

水 文

基于数值模型的浦东新区河网水量平衡及来水组成研究

黄琳煜　钟　敏　李　迷　周　全

（上海市浦东新区水文水资源管理事务中心，上海　200129）

摘　要： 为解决浦东新区河网水量长期以来未能实现平衡计算的问题，应用浦东水利片水文水动力 MIKE 模型，计算 2016—2019 年浦东河网水量，同时得到各水源的净流入水量与净流出水量。为了掌握浦东河网来水组成，建立浦东水利片河网来水组成模型，计算分析浦东河网代表站点的来水组成和换水周期，统计影响范围最广的水源，以及各区域的来水组成差异。

关键词： 水量平衡；来水组成；换水周期；MIKE；模型

河网水量平衡是指河网在任一时段内输入水量扣除输出水量等于该范围的蓄水变量，也是水循环过程的收支平衡关系。河网水量平衡是水文分析研究的基础，也是水资源数量和质量计算及评价的依据。河网来水组成是指河网中某一断面的流量中各来水项所占比例。这两项研究内容对厘清管理区域内水资源量现状、实现精细化治水具有重要意义。当前，针对河网水量平衡国内外已有不少研究，在区域水量平衡计算方面已经取得一定成果，但自然地理环境的差异性、人工控制建筑物的多样性以及监测条件的不确定性等诸多因素仍给不同区域水量平衡计算带来极大的挑战。早在 2003 年，河海大学就以太湖流域作为研究区域进行来水组成研究，重点分析望虞河鹅真荡的逐日来水组成情况。此来水组成模型在太湖流域得到广泛应用，并通过实践验证了研究原理和方法的正确性[1-2]。

浦东新区河网水量长期以来未能实现平衡计算。一方面，尚未建立完整的沿江沿海水闸、外区县进出水的流量监测体系；另一方面，浦东水资源公报中本地径流量、取水量、边界进出水量等很难形成平衡和闭合。

浦东属平原感潮河网地区，河网错综复杂，水流方向不定，同时受人工水闸高度控制，要跟踪某个断面的流量从何处而来，非常困难[1-2]。

本文利用浦东水利片水文水动力 MIKE 模型作为模拟工具，计算浦东河网水量平衡；建立浦东水利片来水组成模型，计算分析浦东河网代表站点的来水组成以及换水周期。

1　研究区域概况

浦东新区位于上海市东部，东临长江和东海，西至黄浦江，西南与奉贤区和闵行区接壤，南临杭州湾，面积 1 412 km²。从上海市水利分片综合治理的角度，浦东新区位于浦东水利片（浦东新区、奉贤区、闵行区沿黄浦江以东区域）。浦东属江海冲积平原，全区地势较为平坦，整体上西北低、东南高[3-4]。

浦东地处中纬度沿海，属北亚热带南缘，东亚风盛行，受冷暖空气交替影响和海洋性气候调节，四季分明，雨量充沛。多年平均降水量为 1 207.3 mm。浦东的暴雨主要发生在梅雨期与台风期（5—9 月）[3-4]。

浦东境内水系发达，现有水系是自然长期演变加人工改造的结果。整体上骨干河网基本成型，但

作者简介：黄琳煜（1983—），女，高级工程师，从事水文水资源方面的研究工作。

河道分布不均，呈现南密北疏的特点。

浦东沿江沿海陆续修建了水闸工程（见图 1），目前浦东大片已形成大包围控制，这些水闸具有挡潮、排水、航运、活水畅流及调控水位等综合功能[3-4]。

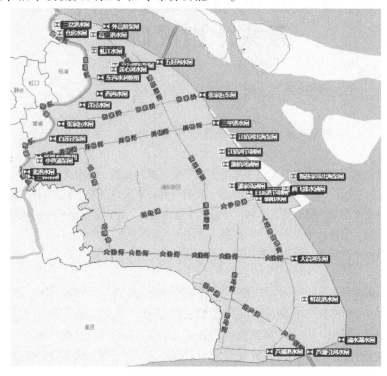

图 1 浦东新区水闸分布

2 模型建立

2.1 模型原理

采用丹麦水环境研究所 DHI 开发的 MIKE11 软件。

2.1.1 产汇流

Urban A：时间-面积降雨径流模型，适用于地势平缓的集水区，尤其是高度城市化地区。输出结果是每个集水区的流量，以用于河网的水力学计算。本文中的建成区采用此水文模型。

在 Urban A 模块中，将产汇流全过程离散到每个计算时间步长进行计算。基于恒定径流速率假定，时间-面积法在空间上将集水区离散成一系列同心圆，其圆心是径流的出水点。这些同心圆的数量取决于集水时间与计算时间步长，即：

$$n = \frac{t_c}{\Delta t} \tag{1}$$

式中：t_c 为集水时间；Δt 为计算时间步长。

模型根据特定的时间-面积曲线计算每个同心圆的面积，所有同心圆的面积等于给定的不透水面积。Urban A 模块提供了矩形、三角形及倒三角形 3 种不同的时间-面积曲线，本文采用矩形形式的时间-面积曲线。

NAM：此降雨径流模块是一个集总式的确定性概念模型，它通过模拟降水、蒸发、下渗、地表水与地下水的交换及地表径流等水文过程，以集水区为单位模拟计算地表降雨径流量，模型的计算结果为一维河网水动力模块（HD）模拟添加区间入流[5]。本文对除建成区外的区域采用 NAM 模型。

2.1.2 河网水动力

HD：一维河网水动力模块是动态模拟河道水流（一维）运动的水动力学模型，能方便地模拟水闸、水泵等各类水工建筑物[6]。模型基于一维非恒定流 Saint-Venant 方程组：

$$\left.\begin{array}{l} \dfrac{\partial A}{\partial t} + \dfrac{\partial Q}{\partial x} = q \\[2mm] \dfrac{\partial Q}{\partial t} + \dfrac{\partial}{\partial x}\left(\dfrac{Q^2}{A}\right) + gA\dfrac{\partial h}{\partial x} + g\dfrac{Q|Q|}{C^2 AR} = 0 \end{array}\right\} \tag{2}$$

式中：A 为过水断面面积；Q 为流量；x 为距离坐标；t 为时间坐标；q 为旁侧入流量；g 为重力加速度；h 为水位；R 为水力半径；C 为谢才系数。

方程组利用 Abbott-Ionescu 六点隐式格式求解[7]。该格式在每一个网格点按顺序交替计算水位（h 点）或流量（Q 点）。离散后的线形方程组用追赶法求解。

HD 将水工建筑物定义为闸孔出流型、越流型、流量型等，可依据河道某处的水位或流量、水位差或流量差、时间等数十种逻辑判断条件设置复杂的调度规则。模型根据建筑物上下游水文条件自动判断所处流态，选用相应的流体力学公式进行计算[8]。

2.1.3 来水组成

来水组成模型是基于水量平衡和物质质量守恒的理念建立的。其基本原理是假设以保守物质的浓度作为指标，把各种水源成分看成不同的保守物质，认为各水源成分在河网中运动时只发生物理作用即推移与稀释混合不发生化学变化，沿程不损耗[2]。通过计算各河段的保守物质浓度随时间的变化过程，得到各河段水体的组成情况[1]。本文的来水组成模型是在浦东水利片水文水动力学模型的基础上构建的，采用 MIKE11 软件中的对流扩散模块（AD）。AD 可对水中的可溶性物质和悬浮性物质对流扩散过程进行模拟，它根据 HD 模块产生的水动力条件，应用对流扩散方程进行计算[7]。

AD 采用的基本方程为：

$$\frac{\partial C}{\partial t} + u\frac{\partial C}{\partial x} = \frac{\partial}{\partial x}\left(E_x\frac{\partial C}{\partial x}\right) - KC \tag{3}$$

式中：C 为物质的浓度；u 为平均流速；E_x 为对流扩散系数；K 为物质的一级衰减系数；x 为空间坐标；t 为时间坐标。

2.2　模型建立

2.2.1　水文分区

结合 Urban A 与 NAM 水文模型，对浦东水利片划分水文分区（见图2），共 157 个，其中泵站服务区与自排区共 84 个。各分区内降雨根据雨量站分布采用泰森多边形法依面积加权计算。

2.2.2　河网概化

按照遥感解译地图，基于收集到的河网、断面数据，概化模型，共概化河道 509 条段，计算点 7 934 个，见图3。未被概化的水体，则以额外库容的方式，将其对应的槽蓄容量加入到已概化的相邻河道断面中[9]。

2.2.3　水工建筑物

水工建筑物主要是沿长江、黄浦江、杭州湾的水闸，共 42 个，按照其基本属性与实际调度记录、调度规则设置。

2.2.4　边界条件

将 13 处沿江沿海潮位站设为开边界，以实测潮位为输入条件；雨水泵站以点源的方式连接入河道；农业与其他类型河道取水以面源的方式连接至河道。

2.2.5　水文水动力学模型耦合

按照与水文分区相连河道的长度，按比例划分水文分区的面积；将划分的面积连接到对应河道，使产流均匀汇入相邻河道[9]。

2.3　模型率定

以实测的雨量、潮水位、水闸调度记录等为基础，通过设置模型参数，模拟 2021 年"烟花"与

图 2　水文分区

"灿都"台风期间浦东水利片河网的水位、流量，总体拟合结果良好，结果见表 1。

3　河网水量平衡计算

　　浦东新区河网有如下几种水源：本地径流量、外区县边界引排水量、主要沿江沿海闸门引排水量、取水量、河网自身蓄量，长期来看大部分水源既会流入浦东也会流出浦东（以流入为正，流出为负）。

　　通过模型，计算了 2016—2019 年浦东河网各水源的年累计值，见表 2，按累计值的正负来说，长江、闵行区对浦东新区是净进水，黄浦江、奉贤区是净出水，农业及其他类型取水是净出水。

　　由模型计算得到：净流入浦东水量按来源大小排序依次是本地径流量（46.3%）、浦东自长江口沿线水闸引水量（30.9%）、闵行流向浦东的进水量（22.8%）。

　　净流出浦东水量按来源大小排序依次是排入黄浦江的排水量（58.9%）、流向奉贤的输水量（24.4%）、农业灌溉的河道取水量（11%）、排入杭州湾的排水量（5.1%）、工业及其他取水量（0.5%）。

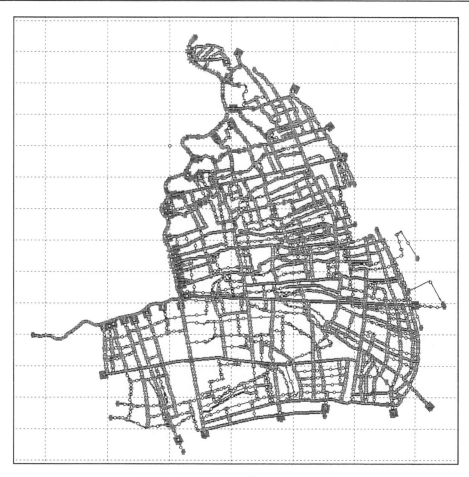

图 3　水文水动力学模型河网概化图

表 1　2021 年台风期间代表站点水位计算精度分析

站点	"烟花"台风		"灿都"台风	
	确定性系数	平均相对误差/%	确定性系数	平均相对误差/%
祝桥站	0.96	0.10	0.98	0.04
邬家路桥站	0.98	-0.66	0.93	-0.71
沔北站	0.95	1.28	0.98	0.68
赵桥站	0.71	-4.08	0.94	-1.45

表 2　浦东新区 2016—2019 年水量平衡分析　　　　　　　　　　　单位：亿 m³

年份	本地径流量	农业取水量	工业及其他取水量	交换水量					始末变化
				浦东—长江沿线闸	浦东—黄浦江沿线闸	浦东—杭州湾沿线闸	浦东—闵行	浦东—奉贤	
2016	11.43	-2.82	-0.11	3.47	-11.47	-0.73	4.14	-5.49	0.03
2017	8.76	-2.56	-0.12	6.16	-11.14	-0.82	4.74	-5.05	0.03
2018	9.14	-2.37	-0.10	10.95	-14.86	-1.36	4.52	-5.87	-0.05
2019	9.35	-1.86	-0.08	6.28	-13.75	-1.54	6.48	-4.83	-0.05
平均值	10.06	-2.4	-0.10	6.72	-12.81	-1.11	4.97	-5.31	-0.01

注：以进入浦东新区为正，流出浦东新区为负。

4 河网来水组成及换水周期计算

4.1 河网来水组成计算

将浦东本地径流量、外区县边界来水量、主要沿江水闸来水量、河网自身初始蓄量4种水源分别设置不同类保守物质。其中，外区县边界和主要沿江水闸水源需逐个设置。然后在浦东河道上选择35个代表站点，应用来水组成模型计算各代表点的不同物质浓度变化过程，通过浓度比重大小，分析各种水源在各代表点中所占的比重。

考虑到资料的详尽且2017年浦东属平水年，故选择2017年作为来水组成分析代表年份，应用来水组成模型对整年进行模拟。

根据各代表站点来水组成的统计结果，从来水水源和不同区间河网纳水两个角度分析浦东河网的4种来水组成。

4.1.1 来水水源

（1）影响范围最广：初始蓄量、本地径流、沿江主要水闸（长江口的三甲港水闸、张家浜东闸、五号沟水闸），基本遍布整个浦东范围。

（2）影响范围较广：沿江主要水闸（长江口的外高桥泵闸）、区县边界来水（黄浦江闵行段的大治河西闸、东盐铁塘水闸、姚家浜水闸、周浦塘水闸）。

（3）影响范围小：剩余水闸。

4.1.2 河网纳水

各区域水源占比见表3、图4。

表3 各区域河网的主要水源占比 %

区域	占比第1水源	占比第2水源	占比第3水源	前3项水源占区域总来水组成
赵家沟以北	外高桥水闸（52）	五号沟水闸（23）	张家浜东闸（11）	86
赵家沟—川杨河	三甲港水闸（46）	张家浜东水闸（34）	五号沟水闸（8）	88
川杨河—大治河	三甲港水闸（60）	张家浜东闸（13）	初始蓄量（8）	81
大治河以南	大治河西闸（62）	三甲港水闸（14）	和初始蓄量（13）	89

4.2 河网换水周期计算

换水周期是指全部水体交换更新一次所需要的时间，通常由体积除以出水流量所得。这种算法通常用于单向、位于引水主槽内的水体。而浦东水利片属于平原感潮型河网，河网密布，河段水体回荡，河网各点换水周期空间差异较大。故本文采用如下方法计算河网的换水周期：利用浦东水利片来水组成模型，选择整个浦东水利片蓄量水体作为分析对象，使其携带保守性物质，计算开始后，河网各点初始蓄量水体在本地径流、沿江闸门调度的共同作用下发生水源交换，当此点所携带的保守性物质比例降低到小于5%（综合考虑了允许误差和计算稳定性等影响因素）时所需要的时间，即为换水周期。

计算结果表明，自北往南，全区换水周期逐渐延长。赵家沟以北换水周期平均约需13 d；赵家沟—川杨河区间25 d；川杨河—大治河区间69 d；大治河以南区域94 d。以上各区间换水周期比例约为1∶2∶5∶7。由于浦东水利片水闸总体引排水方向是"自北往南"，从而导致浦东水流不断自北向南流动，浦东中南部除了自身的初始蓄量（"陈水"），还不断有北部的"陈水"流入，这两块"陈水"均需被沿江引水（"新水"）置换，因此比北部需要更长时间置换。

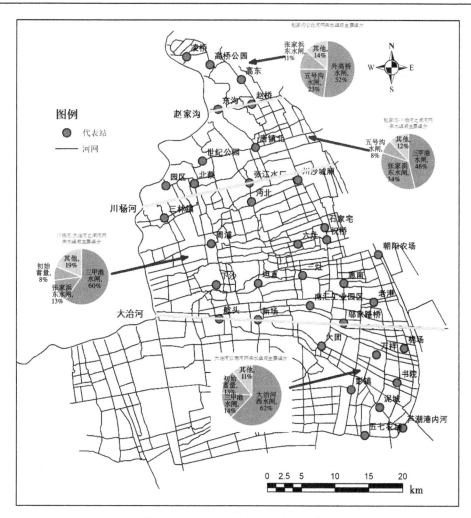

图 4 各区域河网的主要来水组成占比

5 结论与展望

5.1 结论

（1）应用浦东水利片水文水动力模型，首次实现浦东新区 2016—2019 年河网水量平衡计算，得到各水源的净流入水量与净流出水量。

（2）建立浦东水利片来水组成模型，分析掌握浦东河网代表站点的来水组成及换水周期。统计出影响范围最广的初始蓄量、本地径流、沿江几个主要闸门三大水源，以及不同区域来水组成的差异。换水周期自北往南逐渐延长，中南部置换水体能力较弱。

5.2 展望

（1）加强模型基础数据的保障，提高模型计算精度。

（2）推动浦东沿江沿海闸门和与外区县边界处的流量在线监测，及时更新流量监测设备，通过实测流量反证模型。

（3）按照规划加快推进打通相关河道，尤其加强川杨河以南区域的河道整治，增强河网流通性，提高水动力条件，保障水资源调度的效果与水环境安全。

（4）可从来水组成的角度指导水利工程的建设、运行及跟踪水环境污染物。

（5）解决浦东中南部的水质问题时，需从浦东新区整个河网的角度全盘考虑。

参考文献

［1］朱琰，陈方，程文辉．平原河网区域来水组成原理［J］．水文，2003，23（2）：21-24.

［2］王船海，朱琰，程文辉，等．基于非充分掺混模式的流域来水组成模型［J］．水科学进展，2008，19（1）：94-98.

［3］上海市水务规划设计研究院．浦东新区城镇雨水排水规划（2020~2035 年）［R］．上海：浦东新区水文水资源管理事务中心，2021.

［4］上海市水务规划设计研究院．上海市浦东新区水利规划（2020~2035）［R］．上海：浦东新区水文水资源管理事务中心，2021.

［5］顾珏蓉，徐祖信，林卫青．苏州河水系水动力模型建立及应用［J］．上海环境科学，2002，21（10）：606-609.

［6］王领元．丹麦 MIKE11 水动力模块在河网模拟计算中的应用研究［J］．中国水运，2007，7（6）：106-107.

［7］黄琳煜，周全，孟钲秀，等．基于 MIKE11 的白莲泾水量水质模型研究［J］．水电能源科学，2011，29（8）：21-24.

［8］黄慧慧，张舒，潘静也，等．水文模型在圩区水环境容量计算中的应用研究［J］．中国水运，2018，18（7）：172-174.

［9］周全，孟钲秀，李迷．浦东新区理论最大安全降雨量计算及梯度雨量闸门调度方案研究［M］//胡欣．治水管海 水文科技创新——2018 年上海市水文科技论文集．上海：上海科技教育出版社，2020：190-201.

森林火灾对洪水径流影响探究

张 蔷 王文浩

（长治市水文水资源勘测站，山西长治 046000）

摘 要：沁河流域森林火灾对流域水文过程产生影响，本文从流域下垫面情况变化、水文要素变化通过兴盛水位站的系列资料分析了流域的产汇流变化、洪峰变化、径流量变化，为了更好地精准揭示流域内火灾前后水资源的变化，为地区水资源规划和防洪规划提供科学依据，助力黄河流域生态保护和高质量发展。

关键词：森林火灾；气象干旱；截留；径流系数；洪峰

森林植被是水文循环中一个重要环节，近几年来，区域性气候变化和极端天气频现，导致森林火灾事件呈多发态势。森林火灾导致森林覆盖率锐减，林下土壤环境破坏，从而影响到流域水文过程变化和地区水资源量分布，进而对地区经济社会发展、防洪安全造成巨大影响。由于森林植被变化的水文效应是一个非常复杂的问题，不同地区由于气候、土壤、下垫面条件等的差异，森林产生不同的水文效应[1]。

1 研究区域概况、研究方案

"3·29" 森林火灾发生于山西省沁源县，地理坐标为东经 $111°58'30''\sim112°32'30''$，北纬 $36°20'20''\sim37°00'42''$，火烧范围涉及太岳林局赤石桥、龙泉、龙门口 3 个林场和赤石桥河、王陶河、紫红河 3 个流域，本次研究的为赤石桥河流域，严重烧伤区域面积 $35.5\ km^2$。流域内主要受灾树种为油松和辽东栎，现场调查照片见图 1。通过实地调查，并结合卫星地图，勾绘出流域烧伤严重区域，见图 2。

研究区属温带大陆性季风气候区，年均气温 $9.1\ ℃$，年均风速 $1.6\ m/s$，年均降水量 $635.8\ mm$，其中 6—9 月降水量 $464.2\ mm$，占全年降水量的 73%。沁源多为黄土高原土石山地貌，成土母质为砂页岩、红黄土、黄土及近代河流冲积、淤积物等，土壤质地以砂土为主，主要植被为油松，素有"油松之乡"的美誉，森林类型以油松纯林、油松辽东栎混交林为主，林下生长多种灌草植被。

兴盛水位站位于沁源县郭道镇兴盛村东北河道处，地理位置位于东经 $112°17'32.8''$，北纬 $36°42'25.4''$，地面高程 $1\ 122.129\ m$，属黄河流域沁河水系。站址以上流域面积 $403\ km^2$，河长 $32.84\ km$，至河口距离 $6.06\ km$，流域平均纵坡 9.81‰，流域内有 4 个基本雨量站，分别是南岭底、东村、小聪峪、赤石桥。

兴盛水位站于 2012 年 7 月设立，设站目的是防汛以及探求赤石桥河水文变化规律。测验项目有水位、流量，另外，还担负其他水文服务，截至目前已经累计收集了 6 年（2016—2021 年）的流域内完整雨量、流量系列资料。

2 研究方案及内容

研究分析流域为赤石桥河流域，该流域严重火烧面积为 $35.5\ km^2$，占 "3·29" 沁源森林火灾严重火烧面积的 45%，占该流域面积的 8.8%。流域内有兴盛水位站，水位站控制端断面以上能全部控

作者简介：张蔷（1987—），女，工程师，从事水文情报预报工作。

图 1 火灾现场调查图片

制火烧区域，有很强的代表性和对比性。本文采用流域自身对比法，通过流域内兴盛水位站的资料，分析火灾前后河川径流量变化特征、火灾前后暴雨洪水的响应变化，对比火灾前后降雨-径流年内分配过程，揭示此次森林火灾对河川径流水文过程系列影响。

依据《山西省水文计算手册》，按照地貌特征、地形地质条件、植被特征、土壤性质等主导因素，划分水文下垫面地类，其中产流地类划分为 12 类，汇流地类划分为 4 类，详见《山西省水文计算手册》中表 1 以及表 2。火灾发生之前，兴盛上游流域面积内，产流地类主要为砂页岩灌丛山地、砂页岩森林山地、灰岩灌丛山地以及灰岩森林山地，汇流地类为灌丛山地、草坡山地和森林山地，见表 1、图 3。

表 1 兴盛水位站上游流域产汇流地类面积 单位：km²

地类	产流				汇流			合计
	砂页岩灌丛山地	砂页岩森林山地	灰岩灌丛山地	灰岩森林山地	灌丛山地	草坡山地	森林山地	
面积	125	202	6	69	127	4	271	402

2.1 森林火灾对径流的影响

流域的径流量是降水量在稳定的下垫面情况下的水文循环后的反映，径流系数综合反映了流域自然条件对径流量的影响。本文采用流域径流系数进行分析，对比火灾前后径流系数变化，分析火灾对流域径流的影响。首先采用泰森多边形计算流域平均降水量，流域内有东村、南岭底、赤石桥、小聪峪 4 处国家基本雨量站。东村雨量站权重系数为 0.11，南岭底雨量站权重系数为 0.20，赤石桥雨量

图 2 兴盛水位站流域烧伤区域范围

站权重系数为 0.26，小聪峪雨量站权重系数为 0.43。兴盛水位站监测河道为季节性河流，因此在径流计算中不进行基流分割。2019 年火灾发生之前，仅有 2016 年一场较大洪水过程，2017 年、2018 年无较大洪水发生，2018 年、2019 年又为连续两年的气象干旱年份，各实测数据见表 2。兴盛水位站降雨-径流数关系见图 4。

表 2　兴盛流域径流系数分析

年份	洪峰时间	场次洪水径流深/mm	场次洪水过程平均降水量/mm	场次洪水径流系数	年径流深/mm	年平均降水量/mm	年径流系数	观测年份及火灾前后
2016	7 月 20 日	31.5	120.3	0.22	96.8	741.4	0.13	2016—2018（火灾前）
2017					80.8	673.6	0.12	
2018					42.0	488	0.086	
2019	8 月 5 日 0 时	6.9	59.2	0.12	29.8	473.4	0.063	2019—2021（火灾后）
	8 月 5 日 23 时	3.2	18.5	0.17				
2020	8 月 16 日	10.3	54.8	0.19	64.6	644.8	0.10	
2021	10 月 6 日	138.9	201.1	0.69	238.8	818.6	0.29	

(a)兴盛水位站流域产流地类图　　　　　　　　(b)兴盛水位站流域汇流地类图

图3　兴盛水位站流域产汇流地类

通过分析兴盛水位站连续6年的年径流系数与降雨的关系变化、场次洪水径流系数与降雨量关系发现，该流域场次洪水的径流系数与年径流系数变化一致。而2021年秋汛是历史资料记载以来同期最大的径流量，场次洪水径流系数达到0.69，具有降水持续时间长、累积降雨量大等特点，此次降水洪水过程具有特殊性。2019年火灾当年和火灾后，该流域降雨量减少情况下，径流系数同样衰减，表现出径流明显减少，而火灾前一年（2018年）和火灾当年正是地区开始遭遇干旱年份，气候干旱成为主导径流的主要因素。连续两年的干旱期，导致流域蒸散发量增大，加之火灾当年流域内水分损失，降水主要补充了流域内损失。而流域内植被因火灾减少，林冠及凋落层截留减弱而增加的水量不足以抵消降水损失，所以气候因素成为主要因素。对于流域火灾后2年，气候干旱影响降低，径流系数开始明显上升，径流量增加。火灾后，流域呈现出径流系数与降雨相关性趋势增加，流域下垫面的水文调蓄能力衰减。

2.2　森林火灾对暴雨洪水的响应影响

2016年洪水持续了44 h，主雨开始至峰现时间为5 h，洪峰流量为119 m³/s。2019年第一场洪水主要持续了22 h，主雨开始至峰现时间为1 h，洪峰流量为388 m³/s；第二场洪水持续了20 h，主雨开始至峰现时间为2 h，洪峰流量为97.2 m³/s。2020年洪水持续了31 h，主雨开始至峰现时间为4 h，洪峰流量为76.2 m³/s。2021年洪水历时持续了360 h，主雨开始至峰现时间为8 h，洪峰流量为272 m³/s。2016年、2019年、2020年、2021年兴盛水位站降雨−洪水过程见图5~图8。

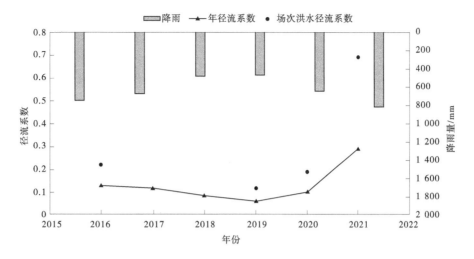

图 4　兴盛水位站降雨-径流系数关系

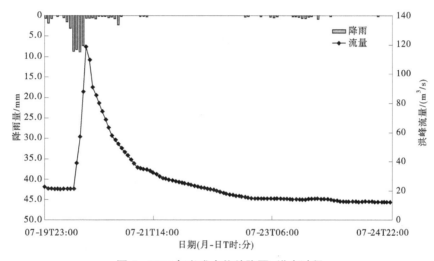

图 5　2016 年兴盛水位站降雨-洪水过程

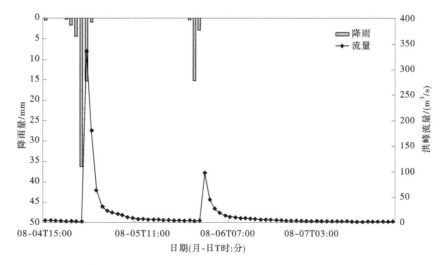

图 6　2019 年兴盛水位站降雨-洪水过程

通过以上洪水历时及洪峰大小分析，火灾后当年流域汇流历时和洪水历时呈缩短趋势，洪峰形状

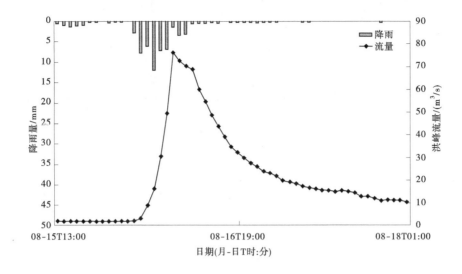

图 7   2020 年兴盛水位站降雨－洪水过程

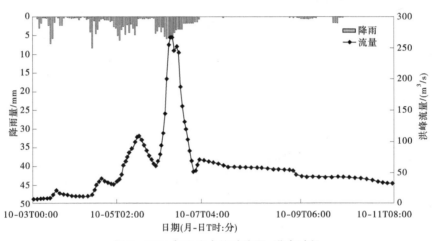

图 8   2021 年兴盛水位站降雨－洪水过程

呈瘦高型，特性为陡涨陡落，洪水持续时间短。火灾后随着灌木植被的恢复，流域汇流历时和洪水历时开始缓慢增长，但汇流、洪水历时水平仍小于火灾前。火灾当年和前期（2018 年）虽然受气象干旱影响，但依旧发生了历史最大洪峰（该流域历史调查最大洪峰流量为 337 m^3/s，发生于 1993 年）。可见，森林火灾后，森林植被和凋落物层烧毁或者减少，短时期内或者强降雨期间，植物和凋落物层的截留能力衰减或丧失，加之森林火灾后林地土壤的"结皮"现象，土壤下渗能力的减弱，都是促进瞬时产流增加、汇流历时加快洪峰增大的主要原因。2021 年秋汛，降雨持续时间历史罕见，降雨强度相对长而平稳，洪水持续时间长，峰高量大，具有一定的特殊性，作独立分析年份。

2.3 森林火灾对径流年内分配影响

根据兴盛水位站降雨－径流逐月分配占比表（见表 3）的数据统计，流域内年主要径流主要集中在汛期，年最大径流月份也都在汛期内，而单月最大径流量占全年径流量比重的多年均值达 44.7%，说明汛期内最大径流月份的降雨－径流关系更具有代表性。火灾后，降雨径流占比中径流增量持续增加。火灾前，流域内具有稳定的森林生态系统，林冠层、林下凋落物层、腐殖层、土壤的物理结构等都对降水起到了循环、调节与涵养水源的作用。在森林生态诸多环节的作用下，降雨与径流的关系显现的不具有紧密型。火灾当年及火灾后，伴随着森林生态系统的改变，主要月份降雨－径流关系中径流增量加快，全年径流逐月分配不均匀加剧，对水资源的可持续利用产生不利影响。

表 3　兴盛水位站降雨-径流逐月分配占比　　　　　　　　　　　　　　　　　　　　%

年份	占全年比例	1 月	2 月	3 月	4 月	5 月	6 月	7 月	8 月	9 月	10 月	11 月	12 月
2016	月径流占比	2.1	0.4	1.5	0.9	0.9	1.9	52.6	17.9	6.5	6.9	4.9	3.5
	月降雨占比	0	0.8	1	5.3	7	13.5	42.7	11.4	4.8	11.8	0.8	0.9
2017	月径流占比	1.7	1.8	2.2	2.3	2.8	2.8	11.3	19.6	13.8	24.2	8.6	8.9
	月降雨占比	0.3	1.5	1.3	7.8	3.9	12.8	29.4	22.2	2	18.4	0	0.4
2018	月径流占比	5.8	5.3	6	10	8	6.7	15.3	16	9.6	6.6	5.6	5.1
	月降雨占比	2.4	0.1	3.5	20.4	14.9	22.1	30	6.6	0	0	0	0
2019	月径流占比	2.6	2.4	4	4.1	3.9	4.9	6.4	45	14	4.1	4	4.6
	月降雨占比	0.2	1.2	0	9.8	0.9	14.9	12.7	29.7	20	9.4	0.6	0.6
2020	月径流占比	2	1.7	1.6	1.8	2	1.5	2.9	63.1	10.1	6.2	4.9	2.2
	月降雨占比	3.4	2.2	0.8	6.2	9.4	8.5	17.2	47.3	2.6	2.4	0	0
2021	月径流占比	0.6	0.6	0.6	0.8	0.8	0.9	1.9	1.5	16.7	67.4	5.9	2.3
	月降雨占比	0.1	2.7	2.6	1.5	4.1	6.8	18.7	10.7	25.9	25.1	1.5	0.3

3　研究的结果及分析

赤石桥河流域作为火灾烧伤的典型区域,严重烧伤面积占比较大,流域内下垫面植被的变化较为明显（见图 3）,所引起的水文系列要素变化也较为明显。根据兴盛水位站 6 年资料的分析研究对比,火灾后当年流域出现减少,但是径流减少原因主要为火灾当年和前期的气象干旱,随着降水趋于多年平均,径流系数开始增长,径流量缓慢增长。火灾后径流系数与降雨相关性更加紧密。同时,火灾后洪峰流量增大,涨落率加快,洪水历时缩短。通过以上数据的分析,森林火灾对水文过程是有明显的影响,在对兴盛水位站资料分析及赤石桥河流域现场调查基础上,得出森林火灾对流域洪水径流影响的过程有以下几方面因素需加以深入拓展研究。

森林火灾后,火烧区域林冠及凋落物层（见图 1、图 2）明显减少,林冠及凋落物的截留能力消失或者减弱,导致产流能力增加,同强度量级降水条件下,洪峰流量增大,峰现时间提前。

火灾后初期，伴随着林下凋落物层、腐殖层的减少或消失，表层土壤的有机质含量减少，土壤的团聚结构和孔隙情况发生改变，加之雨滴的溅蚀及击打作用，土壤表层形成"结皮"现象[2]，渗透性突然减弱，导致了产流历时加快、洪峰特点呈瘦高型。

森林土壤的蓄水能力主要由土壤中的非毛管孔隙度决定[3]，森林中的凋落层、腐殖层及土壤有很好的孔隙分布状态，是水在土壤中传输和储存的保障，而森林火灾的发生，对凋落层、腐殖层及土壤的物理特性的破坏，使蓄水量和蓄水能力严重下降，最终也是导致水文过程发生变化的重要因素。

伴随着森林火灾后水文过程发生的系列变化，对洪水预报产生了巨大影响，需要通过不断拟合实测水文资料，修正相关参数来提升预报精度。

4　结语

森林火灾是导致水文循环中一种或几种要素发生变化的重要因素，火灾后流域内植被的减少，植物对降水截留能力及二次分配能力减弱；林下凋落物层、腐殖层的消失或减少，土壤的物理特性的改变，叠加气象干旱等要素都是导致现阶段流域内径流量初期减少而后期增加、洪峰流量增大的直接因素。森林火灾对流域水文过程的影响是一个复杂系统，利用目前观测手段及资料，森林火灾对水文过程影响发展规律具有一定的现实意义，能够为区域水旱灾防御、水资源管理提供精准的科学依据，更能够促进森林系统与水文的研究发展。

参考文献

[1] 石培礼，李文华．森林植被变化对水文过程和径流的影响效应 [J]．自然资源学报，2001，16（5）：481-487.

[2] 刘霞，张光灿，李雪蕾，等．小流域生态修复过程中不同森林植被土壤入渗与贮水特征 [J]．水土保持学报，2004，18（6）：15.

[3] 吕刚，吴祥云．土壤入渗特性影响因素研究综述 [J]．农业工程科学，2008，24（7）：494-499.

青藏公路沿线无资料河流设计洪峰计算及空间变化特征探究

王 琨[1]　欧阳硕[1]　马俊超[2]　邵 骏[1]

(1. 长江水利委员会水文局，湖北武汉　430000；
2. 长江勘测规划设计研究有限责任公司，湖北武汉　430000)

摘　要： 青藏公路沿途穿越了大量的高原河流，涉及格尔木河流域、长江流域、怒江流域、拉萨河流域等多个河流水系，研究其沿线河流设计洪水对于研究青藏高原水文特性具有一定的代表性。本文以青藏公路穿越的 84 个河道断面为研究对象，结合现有水文站控制的断面设计洪水计算，分别采用经验公式法和洪峰模数法对无资料河流进行设计洪峰流量计算，通过不同方法的结果比选，分析了洪峰流量的空间变化特征，并从沿程区域差异、流域特性差异、流域大小差异出发，探究了其原因。

关键词： 设计洪峰；青藏高原；青藏公路；无资料河流；洪峰模数

1　研究背景

青藏高原是我国乃至亚洲许多主要河流的源头区域，是世界上隆起最晚、面积最大、海拔最高的高原，自然地貌和气候特征独特。青藏公路沿线跨越青藏高原 3 个较大的自然气候区，即昆仑山以北干旱气候区、昆仑山至唐古拉山间的高原干旱气候区和唐古拉山以南高原亚干旱气候区，沿途经过格尔木河、长江上游源头、扎加藏布、怒江源头、雅鲁藏布江源头等流域水系，其水文特征对于青藏高原来说具有一定代表性。青藏高原水文测站稀少，水文资料极其短缺，是国际 PUB（Predictions in Ungauged Basins）研究最具挑战性的地区之一[1-2]。

资料稀缺是水文分析计算工作面临的一个普遍性难题，在青藏高原开展无资料河流设计洪水研究，对无资料地区水文计算研究具有较为重要的意义。早在 1973—1977 年间，刘昌明等[1] 在青藏高原无资料小流域铁路桥涵水文设计中，就提出了一种小流域暴雨洪水计算方法；2013—2016 年间[1-3]，又提出通过建立径流/洪水稳定比值关系推求洪峰流量的方法，并在雅鲁藏布江流域等地得到了较好的验证。水文模型法也是常见的无资料地区设计洪水计算方法，如富强等[4] 利用 SCS 水文模型推算设计模型。此外，更多的研究与工程水文实例中采用了更为简便的经验公式法、水文比拟法、图集查算法等[5-6] 进行无资料地区的设计洪水计算，对涉水工程的设计与建设做出了重要贡献。

本文尝试选取青藏公路沿线经过的 84 个具有代表性的河流断面，囊括了途经的各个流域，选取合适的方法计算设计洪峰流量，初探青藏高原不同区域、流域的洪水空间变化特性。

2　青藏公路途经流域暴雨洪水特性

青藏公路东起青海省西宁市，西至西藏拉萨市，根据实地查勘了解到，沿途穿越常年河流和季节性河流断面数百个。

基金项目： 国家重点研发计划（2019YFC0408903）；第二次青藏高原综合科学考察研究资助（2019QZKK0203）。
作者简介： 王琨（1990—），女，硕士，工程师，研究方向为水文分析计算、流域水资源优化配置等。

格尔木河流域位于青藏高原东北部，柴达木盆地南缘中部。格尔木河流域的暴雨历时较短。年最大洪水在 4—10 月均有出现，春汛主要由冰雪融水组成，峰量不大；夏汛多由暴雨及冰雪融水共同组成，洪水相对春汛要大些。

通天河及江源区地处青藏高原腹地，包括楚玛尔河、沱沱河、通天河、布曲等长江流域源头水系，区域基本无暴雨发生，洪水主要由大雨及冰雪融水形成，植被一般，支流坡陡流急，洪水有暴涨暴落现象。

怒江流域大洪水由连续暴雨形成，上游青藏高原区降水强度小，地势平坦，汇流时间长，所形成的洪水过程平缓、峰低、历时长，洪水年际变化不大，较为稳定。

雅鲁藏布江的洪水主要由降雨和融水形成，拉萨河是雅鲁藏布江流域面积最大的支流。拉萨河流域内桑曲、当曲、拉曲和堆龙曲等支流洪水多由局部暴雨形成，洪水发生时间同暴雨一致，大洪水集中发生在 7—8 月。

3 水文资料条件

青藏公路在青海省境内途经河流断面附近的水文站有格尔木河流域的格尔木水文站、纳赤台水文站、舒尔干水文站，通天河流域及长江源区的楚玛尔河水文站、沱沱河水文站；在西藏自治区境内途经河流断面附近的水文站有通天河及江源区的雁石坪水文站，怒江流域的达萨、那曲水文站，以及拉萨河流域的羊八井水文站，测站基本情况见表 1。楚玛尔河干流的楚玛尔河水文站目前为洪调站，布曲干流的雁石坪水文站目前为巡测站、汛期站。

表 1　水文依据站及资料情况

流域	河名	站名	控制面积/km²	资料年限
格尔木河流域	格尔木河	格尔木	18 648	1955 年至今 [先后变更为（1）（2）（3）（4）站]
	奈金河	纳赤台	5 973	1957 年至今
	雪水河	舒尔干	10 723	1980—1992 年，1993 年变为洪调站观测至今
通天河流域及江源区	楚玛尔河	楚玛尔河	9 388	1959—1990 年，其中 1982—1990 年为汛期站，1991 年后改为洪调站
	沱沱河	沱沱河	15 924	1959 年 9 月至今，1987 年改为汛期站
	布曲	雁石坪	4 538	1960—1992 年，1992 年后改为洪调站，2007 年后改为巡测站、汛期站。
那曲流域	那曲	达萨	12 520	1983—1996 年
	那曲	那曲	9 434	1997—2000 年，2003 年至今
拉萨河流域	堆龙曲	羊八井	2 633	1978 年 6 月至今

4 设计洪水计算方法

本次研究中，对于有资料河段的设计洪峰流量，直接采用水文站资料通过水文比拟法推求。基于日均径流数据推求洪峰流量的方法（IPF/IPM）[3]，适宜对有实测日流量而无洪峰流量的测站推算。对于青藏高原无资料河流，往往既缺乏洪水实测系列，又缺乏径流实测系列，因此基于流域面积和降水量与洪峰流量的相关关系推求，只需要用到多年平均降水量等值线图，在这样的地区是可行的；此外基于已有洪水资料绘制的洪峰模数图来推算，也可作为比选。

4.1 依据水文站资料直接推求

直接采用表 1 中的水文站长系列洪峰流量资料数据得到的设计洪水计算成果推算（见表 2），适用于水文站测流断面上下游附近的河道断面。青藏公路自北向南穿越了格尔木河、雪水河、昆仑河、楚玛尔河、沱沱河、布曲、那曲、堆龙曲等河流断面，附近均有水文站控制，集水面积相差较小，可直接通过面积比拟推求。

表 2　依据水文站资料推算的河道断面设计洪峰流量　　　　单位：m^3/s

河名	站名、断面	集水面积/km^2	均值	统计参数		设计频率 $P/\%$		
				C_v	C_s/C_v	1	2	5
雪水河	舒尔干站	10 723	64.1	1.14	3.0	372	299	209
	雪水河断面	10 368				364	293	204
昆仑河	纳赤台站	5 973	119.3	1.02	3.0	615	504	363
	昆仑河断面	7 977				821	673	485
格尔木河	格尔木站	18 648	227	0.98	3.0	1 123	926	673
	格尔木河断面	20 385				1 230	1 012	379 660
楚玛尔河	楚玛尔河站	9 388	104	1.18	2.5	599	490	350
	楚玛尔河断面	10 198				599	490	350
沱沱河	沱沱河站	15 924	321	0.7	3.0	1 140	982	771
	沱沱河断面	15 924				1 140	982	771
布曲	雁石坪站	4 538	271	0.5	3.0	723	644	536
	布曲断面	4 538				723	644	536
那曲	那曲站	9 434	141	0.58	3.0	424	372	303
	那曲断面	9 434	141			424	372	303
堆龙曲	羊八井站	2 633	137	1.0	5.0	400	346	275
	堆龙曲断面	2 743				417	360	286

4.2　经验公式法

地区经验公式通常是以某一频率的洪峰流量与流域特征值建立回归关系。《青海省水文手册》（青海省水文水资源勘测局，2018 年）中，水文分区图由干旱到湿润划分了 I、II、III、IV 一级区和多个二级分区，根据分区分别建立了洪峰流量 Q 和流域面积 A 的经验公式。青藏公路在青海省内沿线分属于 I 2 柴达木盆地潜水湿地极干旱区和 I 4 昆仑山柴达木盆地过渡地带秋塬干旱区，对应的经验公式分别为式（1）和式（2）。

$$\overline{Q}_m = 5.62A^{0.518} \tag{1}$$

$$\overline{Q}_m = 10.44A^{0.464} \tag{2}$$

通过回归分析剔除多余变量后，各方研究均认为流域面积和多年平均降水量对西藏自治区的洪峰流量影响最显著，因此西藏自治区通常采用流域面积、多年平均降水量与洪峰流量建立相关关系，见式（3）。

$$\overline{Q}_m = f(F,\ H) = CF^{\alpha}H^{\beta} \tag{3}$$

式中：C 为综合系数；α 为面积指数；β 为降水量指数。

α 和 β 分别为面积、降水本身的函数，反映了洪峰流量变化的物理成因。式（3）中的相关关系，对一个单独断面而言，流域面积为常数，洪峰流量仅与降水量有关，降水量由西藏自治区多年平均降水量等值线图查得。

刘昌明等[1] 通过逐步回归分析得出，$C = 0.006$，$\alpha = 0.82$，$\beta = 0.71$。曹绮欣等[6] 采用 $C = 0.000\ 15 \sim 0.000\ 20$，$\alpha = 0.74$，$\beta = 1.37$。本文则采用《西藏无水文资料地区水文计算方法研究报告》[7] 依据 34 个实测断面和 43 个调查断面的洪峰流量资料建立的相关关系，其中 $C = 1.272 \times 10^{-3}$，

α、β 的表达式如下：

$$\alpha = 0.736F^{-0.001} + 1.8F^{-0.76} + 1.5 \times 10^{-7}F^{1.1} - 1.45 \times 10^{-12}F^2 \tag{4}$$

$$\beta = 0.498H^{0.183} - 0.012H^{0.479} - 2.67 \times 10^{-4}H + 3.6 \times 10^{-8}H^{-2} - 0.186 \tag{5}$$

适用的流域面积范围 $1.8 \times 10^4\ km^2 < F \leqslant 223 \times 10^4\ km^2$，多年平均降水量范围 $70\ mm \leqslant H \leqslant 4\ 000\ mm$。

4.3 洪峰模数法

《青海省水文手册》中以调查洪水资料和流域面积在 $100 \sim 5\ 000\ km^2$ 的测站进行统计分析和地区综合，以长系列站为控制点，短系列站作为参证点，并参照暴雨洪水分布规律，点绘了多年平均年最大洪峰模数图、相应的 C_v 值等值线图和分区 C_s/C_v 值图。计算公式如下：

$$Q_{m,\ p} = K_p MA^{\frac{2}{3}} \tag{6}$$

式中：$Q_{m,\ p}$ 为频率 P 的洪峰流量，m^3/s；K_p 为模比系数；M 为洪峰模数。

5 无资料河流设计洪峰流量计算结果分析

5.1 计算结果

选取青藏公路沿程穿越的 84 个河道断面进行计算。青海省境内无资料河流断面，采用模数法和经验公式法计算比选，西藏自治区境内采用经验公式法计算。有水文站控制的河流断面直接采用表 2 的成果，但也用模数法和经验公式法进行了计算，方便对比分析。摘取其中 18 个断面 50 年一遇设计洪峰流量计算结果列于表 3，断面分布见图 1。

表 3　2% 设计洪峰流量计算结果

序号	省级行政区	流域水系	穿越断面	集水面积/km^2	模数法	洪峰流量/（m^3/s）		
						经验公式	水文站	选用
1	青海省	格尔木河流域	格尔木河	20 385	929	791	1 012	1 012
2			雪水河	10 368	490	636	293	293
3			万保沟	214	41.9	103		103
4			昆仑河	7 977	562	472	673	673
5			三岔河	367	67.3	133		133
6		长江流域	楚玛尔河	10 198	575	631	490	490
7			北麓河	1 003	129	213		213
8			日阿尺曲	675	120	177		177
9			沱沱河	15 924	931	778	982	982
10			布曲	4 538	560	432	644	644
11	西藏自治区	长江流域	查钦曲	487		152		152
12			茸玛曲	728		197		197
13		扎加藏布流域	扎加藏布	699		175		175
14		怒江流域	挡青曲	688		173		173
15			那曲	9 434		400	372	372
16		雅鲁藏布江拉萨河流域	当曲	1 438		294		294
17			拨打曲	306		58.4		58.4
18			堆龙曲	2 743		335	360	360

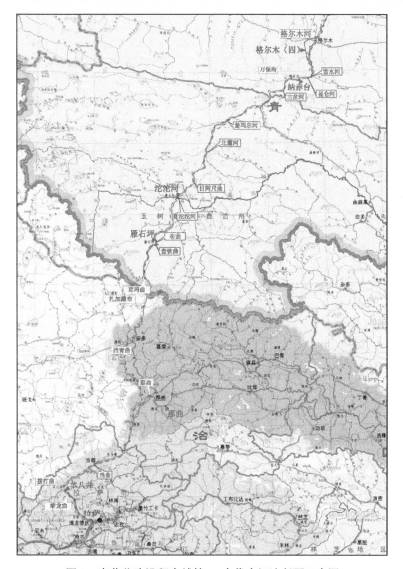

图 1　青藏公路沿程穿越的 18 个代表河流断面示意图

一般来说，在工程水文计算中，采用多种方法计算设计洪峰流量，会从对工程偏不利的角度出发，选择偏大的结果。但是对于有实测资料的河道断面，宜采用长系列资料计算结果。从表 3 的计算结果来看，模数法计算结果大多小于经验公式计算结果，这通常是经验公式法对降水的考虑较模数法更多导致的，对于小流域，降水产汇流速度较快，往往产生更加尖瘦的洪水过程。而有实测资料的断面，则是模数法计算结果更大，更接近长系列资料计算结果，这是因为模数法本就是依据实测资料统计分析，并经地区综合后建立的。青藏高原上的水文站点多设置在大江大河干流，集水面积较大，而大小流域产汇流特征不同。由此可推断，由这些站点实测数据建立起的模数法，更加适用于集水面积较大的河道断面，在小流域设计洪水计算中结果偏小。

5.2　青藏公路沿线洪峰流量的空间变化特征研究

根据本次对 84 个河道断面设计洪峰流量的计算结果，将 1% 设计洪峰流量按照青海省和西藏自治区划分，分别绘制洪峰模数图，见图 2、图 3。

从图 2 可以看出，流域面积越小，洪峰模数法和经验公式法计算结果相差越大，3 种方法的计算结果在 4 000 km² 以上的较大流域中逐步趋向一致，这与 5.1 节的分析相协调。进一步将青海和西藏不同流域面积的洪峰模数统计见表 4。

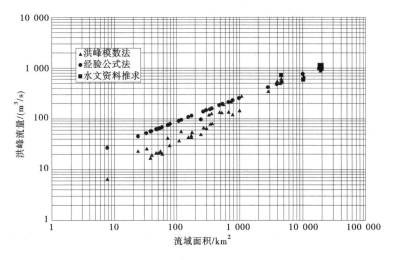

图 2　青藏公路沿线河流断面 1%设计洪峰流量–流域面积关系（青海省）

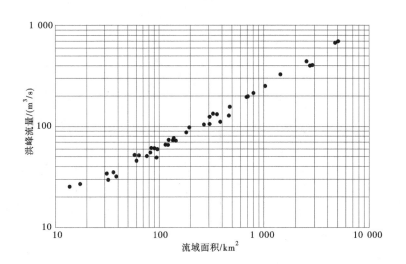

图 3　青藏公路沿线河流断面 1%设计洪峰流量–流域面积关系（西藏自治区）

表 4　1%洪峰模数统计

集水面积/km²		50	100	1 000	5 000	10 000	20 000
洪峰模数/ [（m³/s）/km²]	青海	1.23	0.85	0.26	0.15	0.07	0.06
	西藏	0.90	0.52	0.24	0.14	—	—

由表 4 可知，对同一区域来说，流域面积越大，洪峰模数越小，这符合一般规律。将青海和西藏的结果对比，可以看出，同一流域面积下，西藏的洪峰模数普遍小于青海，且随着流域面积的增加，差异逐渐缩小。

由以上数据成果和初步分析，归纳青藏公路沿线的洪峰流量区域特征，并剖析其原因。

（1）不同流域河流地貌差异。

对面积相同、水系形状不同的流域，同样一场暴雨形成的流域出口断面流量过程线明显不同。扇形流域内支流多为平行状水系，各支流汇集到出口断面的同时性强，易形成尖瘦的洪水过程，洪峰流量大；羽毛状流域内各支流汇集到出口断面的时间相互错开，汇流时间长，易形成矮胖的洪水过程，洪峰流量小。

由于格尔木河是冰川河，其支流和干流都流经东昆仑山构造带，最后流出昆仑山口后形成多期的大面积冲积扇[8]。格尔木河流域是典型的扇形流域，源头至秀沟曲俄阿，河道走向转为由东向西，河名为雪水河（舒尔干河），接纳支流奈金河（昆仑河）后，河水又折向北流，雪水河和昆仑河基本从东西两个方向相对汇合，导致流域十分宽阔，洪水遭遇概率大。

长江源区为半封闭状态的高原腹地，地势西高东低、南高北低，新构造变形产生的巨型断裂构造及一系列旋卷构造和弧形构造控制了源区河流扇形河网水系的发育，如布曲、当曲流域水系多呈扇形分布[9]。该段的流域形状系数与格尔木河流域较为接近。

怒江源头那曲两岸的支沟呈格子状分布，多为季节性河流，局部地带发育湖泊，青藏公路沿程河网密布，小冲沟众多。怒江上游青藏高原区地势平坦，汇流时间长，洪水过程平缓，对中下游洪水起垫底作用。

拉萨河干流较长，流域呈羽毛状。流域内堆龙曲、桑曲、拉曲等主要支流流域均呈狭长的羽毛状，洪水过程平缓、多峰，涨退缓慢。沿程主要位于西藏境内的怒江流域和拉萨河流域内河道断面以上流域形状系数均远小于主要位于青海境内的格尔木河流域和长江流域源头水系。因此，就导致了从地理分布来看，西藏的洪峰模数较青海偏小。

（2）同一流域内干支流汇流差异大。

青藏公路沿程小支沟众多，河网密布，相比干流，小支沟形成了大量连片的沟口冲积扇。如格尔木河流域内，纳赤台对岸几条小支沟均有冲积扇，这些小扇面的坡度较大，形成多级阶地。拉萨河流域内的小支沟比降较大，在强降雨条件下，直接与洪积扇侵蚀沟相连通的沟道所汇集的径流具有固定的路径且流速较大，使得径流动能较大，导致洪积扇上沟蚀发育强烈[10]。

小支沟冲积扇的发育，加之其季节性河流的特征，往往在主汛期，在暴雨和融冰融雪的叠加作用下，形成陡涨陡落的洪水过程，进一步拉大了与大集水面积流域洪峰模数的差距。

此外，青藏高原流域众多，自然地理、气象水文、下垫面条件差异巨大。对于大流域来说，产汇流机制更为复杂，影响因素更加多元，在多重因素的叠加影响下，反而抵消了部分差异性，导致洪峰模数趋于接近。

6　结语

（1）通过对几种无资料河流设计洪峰计算方法的综合应用分析，实测数据建立起的模数法，更加适用于较大流域，该法在青藏高原的小流域设计洪水计算中结果通常偏小。不同区域常用的经验公式法，选择的特征变量有所差异，青海省的方法仅建立与流域面积的相关关系，西藏自治区的方法建立了与流域面积和多年平均降水量的相关关系，青海省经验公式法计算结果普遍大于模数法。

（2）洪峰流量与流域特征值的关系中，除了流域面积，还与流域形状关系较大，扇形流域汇流快、洪峰流量大，羽形流域汇流慢、洪峰流量小。青藏铁路从北向南经过的河流形状从扇形向羽形变化，洪峰模数有所减小。

（3）洪峰模数除了与降水等气象条件密切相关，与产汇流特征相关性也较大。产汇流规律受地形地貌、下垫面条件等综合影响。大小流域的汇流特性差异也较大，青藏公路沿途山前冲积扇形成的小支沟众多，汇流速度很快，相对于大流域，洪峰模数明显偏大。青藏高原自北向南地质条件、植被覆盖情况、坡度等差异很大，在本次研究中尚不具备条件定量分析其对产汇流的影响，在今后的研究中，将加强这部分资料收集，建立相关关系。

参考文献

[1] 刘昌明，白鹏，王中根，等.稀缺资料流域水文计算若干研究：以青藏高原为例 [J].水利学报，2016，47（3）：272-282.

[2] Sivapalan M, Takeuchi K, Franks S, et al . IAHS Decade on Predictions in Ungauged Basins（PUB），2003—2012:

Shaping an exciting future for the hydrological sciences [J]. Hydrological Sciences Journal, 2003, 48 (6): 857-880.

[3] 刘昌明, 白鹏, 巩同梁, 等. 西藏稀缺资料地区洪峰流量推求 [J]. 南水北调与水利科技, 2013, 11 (1): 1-6.

[4] 富强, 朱聪, 刘金华, 等. 西藏无资料地区设计洪水计算方法研究与应用 [J]. 水力发电, 2016, 42 (9): 22-24.

[5] 王铁峰, 夏传清, 王成雄, 等. 推理公式法计算小面积洪水在西藏地区的应用 [J]. 吉林水利, 2002, 4 (234): 21-22.

[6] 曹绮欣, 关凯. 西藏地区无资料小流域设计洪水计算方法对比分析 [J]. 地下水, 2020. 42 (4): 186-187, 235.

[7] 西藏无水文资料地区水文计算方法研究报告 [R]. 拉萨: 西藏自治区水文水资源勘测局, 2003.

[8] 贾小龙, 安福元, 张啟兴. 格尔木河流域河流地貌演化研究进展 [J]. 盐湖研究, 2016, 24 (4): 59-65.

[9] 闫霞, 周银军, 姚仕明. 长江源区河流地貌及水沙特性 [J/OL]. 长江科学院院报, 2019 (12): 10-15.

[10] 赵春敬. 拉萨河流域典型洪积扇侵蚀沟形态特征及其对集水区的水文响应 [D]. 杨凌: 西北农林科技大学盐湖研究所, 2020.

滁州花山流域氢氧同位素水文特征研究

崔冬梅[1]   陆宝宏[2]

（1. 泰州市水资源管理处，江苏泰州   225300；

2. 河海大学水文水资源学院，江苏南京   210098）

摘　要：本文依托滁州花山流域研究水循环各环节氢氧同位素转化规律和影响因素，通过测定花山流域大气降水、地表水和地下水的氢氧同位素，计算和分析花山流域内水循环各环节的氢氧同位素组成，定性分析花山流域水循环各环节的转化关系，确定花山流域地方大气降水线、地表水和地下水氢氧同位素关系线。

关键词：花山流域；水文；氢氧同位素

1 引言

由于同位素测试分析技术的不断完善与进步，稳定同位素分析方法逐渐成为水文学现代化研究方法之一。[1-4] 水中稳定氘（D）和氧-18（^{18}O）元素不仅是水分子的组成成分，且具有一定的化学稳定性，利用水中的稳定同位素可以有效地示踪水循环过程。各种类型的降水补给地表水和地下水，地表水和地下水互相转化，氢氧同位素也随之转化，因而也称为流域同位素效应[1]。大气降水是水循环中的重要环节，大气降水中的氢氧同位素组成有明显的近似于线性的关系，通常称之为大气降水线[2]。水循环过程中几乎所有的氢氧同位素关系线都类似于大气降水线，地表水和地下水中氢氧同位素组成与大气降水线的位置关系，能够定性分析大气降水、地表水和地下水的转化关系[3]。

滁州花山流域水资源短缺，人口、水土资源分布不协调，并且地处南北气候过渡带，降水年内集中，年际变化大，降水分布地区不均，使水旱矛盾突出，水资源开发利用难度大。本文以花山流域为研究对象，通过多次对大气降水、地表水、地下水采样，应用环境同位素技术测定水样的氢氧同位素，分析、研究流域内水循环各环节的氢氧同位素组成和转化关系，以期为研究花山流域水循环过程提供科学依据。

2 研究区概况

滁州花山流域位于安徽省滁州市西部，地处东经118°8′7″～118°16′51″、北纬32°13′15″~32°18′55″，总面积约80.13 km^2。流域属长江流域的滁河水系，闭合程度良好。流域基本呈扇形，水系比较发达，是典型的江淮丘陵区地貌类型。流域内浅山区和丘陵区面积近似各占一半，海拔-40～477 m。土壤类型包括石灰土、粗骨土、黄褐土和各种水稻田等。流域属北亚热带向暖温带过渡区域，是温带半湿润季风气候区。流域位于南北分界线，在江淮分水岭南，属南北气候过渡地带。流域多年平均降水量为1 043 mm，降水集中在汛期6—9月。

3 研究方法

3.1 技术路线

在确定流域站网布设方案、取样频次和取样方法等后，在花山流域布设取样站点并测定所取水样

作者简介：崔冬梅（1990—），女，工程师，主要从事水文和水资源研究工作。

同位素组成，计算流域的大气降水、地表水和地下水的氢氧同位素关系线，再定性分析流域内大气降水、地表水和地下水之间的转化关系。

3.2 样品采集

在花山流域内布置大气降水取样点 4 个，地表水取样断面 19 个，其中河流水 10 个、水库水 9 个，地下水取样点两组，深度分别为 0.7 m、1.7 m、2.7 m、3.7 m、4.7 m 和 5.2 m。水体采样时间和频率根据流域降雨和观测站点断面流量情况确定。研究期为两年，包含汛期和枯水期。在无明显降雨和洪水过程时，1 个月取样 2 次；在有明显降雨和洪水过程时，根据流域降雨量和观测断面流量大小来确定加密采样。采样方式分为人工采样器和自动采样器。按照国家标准《水质采样样品的保存和管理技术规定》中规定执行采样。

3.3 氢氧同位素测试

采集的水样的氢氧同位素测试在河海大学水文水资源与水利工程科学国家重点实验室分析平台完成。$\delta^{18}O$、δD 同位素测试采用 Picarro L2120-I 液态水和水汽同位素分析仪，性能指标为液态水自动进样（高精度模式，选配 A0211 高精度汽化模块），$\delta^{18}O$ 的测定确保精度<0.1‰；24 h 峰~峰最大漂移<±0.6‰；第一针记忆效应：典型 98%，δD 的测定确保精度<0.5‰，24 h 峰~峰最大漂移<±1.8‰；第一针记忆效应：典型 93.5%。

稳定同位素的比率 R 用相对于标准平均海洋水的千分差表示：δ（‰）=（$R_{样品}$/$R_{标准样}$-1）×1 000；其中，R 表示同位素比值，即重同位素与丰有轻同位素含量之比。其中下标表示样品或者标准样。δ 值是表示样品中同位素相对富集度的一个指标，若 δ 值偏正，表示样品比特定的标准样富含重同位素，若 δ 值偏负，表示样品比特定的标准样富含轻同位素[4]。

4 结果与分析

4.1 氢氧同位素测定

研究期间，在花山流域共采集了 98 个大气降水水样、773 个地表水水样、180 个地下水水样。由表 1 可知，花山流域的大气降水、地表水和地下水的氢氧同位素的变化范围均处在我国和全球的大气降水氢氧同位素变化之中。

表 1　花山流域氢氧同位素的基本特征值　　　　　　　　　　　%

水样	同位素	δ 值		
		最小值	最大值	平均值
大气降水	^{18}O	−14.22	−1.44	−6.00
	D	−92.53	−4.50	−38.19
地表水	^{18}O	−14.15	−0.14	−5.47
	D	−67.30	−6.55	−41.87
地下水	^{18}O	−11.62	−0.42	−5.46
	D	−83.19	−21.95	−40.94
中国大气降水	^{18}O	−24	2	—
	D	−210	20	—
全球大气降水	^{18}O	−50	+10	—
	D	−350	+50	—

4.2 大气降水氢氧同位素关系

对花山流域的大气降水水样的氢氧同位素测定值分析处理，通过最小二乘法求得花山流域地方大气降水线，其关系式为：$\delta D=7.82\delta^{18}O+7.45$，其中汛期大气降水线关系式为：$\delta D=5.92\delta^{18}O-7.11$。

由图 1 可知，花山流域地方大气降水线相对于全球大气降水线（$\delta D=8\delta^{18}O+10$）和中国大气降水线（$\delta D=7.9\delta^{18}O+8.2$），斜率和截距都有不同程度的偏移；花山流域地方大气降水线与全球大气降水线相比，截距和斜率都偏小；与中国大气降水线相比，斜率较为相近，截距较为偏小；即花山流域地方大气降水线与中国的大气降水线较为接近。花山流域汛期大气降水氢氧同位素关系线的斜率和截距均小于当地大气降水线的截距和斜率，汛期大气降水氢氧同位素中有一部分散落在当地大气降水线的上方，且偏移较大，这可能因为汛期大气降水受到蒸发的影响，在大气降水过程中发生了二次蒸发效应，二次蒸发的水汽跟流域上空的水汽混合后又形成一次降水。

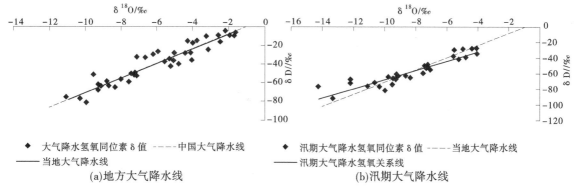

(a)地方大气降水线　　　　　　　　(b)汛期大气降水线

图 1　花山流域大气降水氢氧同位素关系图

4.3　地表水氢氧同位素关系

对花山流域的地表水水样的氢氧同位素测定值分析处理，通过最小二乘法求得花山流域地表水氢氧同位素关系线，其关系式为：$\delta D = 4.60\delta^{18}O - 14.96$，其中河水的氢氧同位素关系线为 $\delta D = 4.31\delta^{18}O - 16.84$，水库水的氢氧同位素关系线为 $\delta D = 4.76\delta^{18}O - 13.86$。

由图 2 可知，花山流域的地表水的氢氧同位素组成都落在地方大气降水线附近，表明花山流域地表水的部分补给来源是大气降水，且补给过程中经历了蒸发效应，地表水的氢氧同位素关系线的斜率明显小于当地大气降水线的斜率。花山流域河水和水库水的氢氧同位素值都落在当地大气降水线附近，水库水的氢氧同位素关系线的斜率和截距比河水氢氧同位素关系线的小，这可能因为河水是流动水、流速较快，水库水是非流动水、停留时间较长，河水与水库水受到的蒸发作用不同。

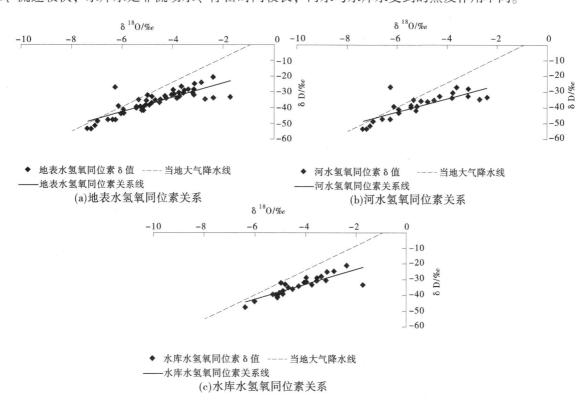

(a)地表水氢氧同位素关系　　　　　　　　(b)河水氢氧同位素关系

(c)水库水氢氧同位素关系

图 2　花山流域地表水氢氧同位素关系图

4.4 地下水氢氧同位素关系

对花山流域的地下水水样的氢氧同位素测定值分析处理，通过最小二乘法求得花山流域地下水氢氧同位素关系线，其关系式为：$\delta D = 3.35\delta^{18}O - 21.89$，其中 0.7 m、1.7 m、2.7 m、3.7 m、4.7 m、5.2 m 处地下水氢氧同位素关系线分别为 $\delta D = 3.41\delta^{18}O - 26.58$，$\delta D = 3.458\delta^{18}O - 23.44$，$\delta D = 3.11\delta^{18}O - 23.01$，$\delta D = 3.07\delta^{18}O - 23.03$，$\delta D = 2.50\delta^{18}O - 23.83$，$\delta D = 2.45\delta^{18}O - 23.56$。

由图 3 可知，花山流域的地下水氢氧同位素组成均分布在当地大气降水线附近，表明花山流域地下水的部分补给来源是大气降水，且补给过程中经历了蒸发效应，地下水的氢氧同位素关系线的斜率明显小于当地大气降水线的斜率。比较花山流域不同深度的地下水氢氧同位素关系可发现，0.7 m 和 1.7 m 处的地下水的氢氧同位素变化范围较大，这可能因为该处的地下水受降水和蒸发共同作用，因而受降水和蒸发影响较为明显。随着深度的增加，地下水受降水直接补给的作用较小，经上层水蒸发下渗和本层水二次蒸发的影响，使得下层水同位素的变化范围较小，氢氧同位素关系线的斜率也由浅到深逐渐减小。

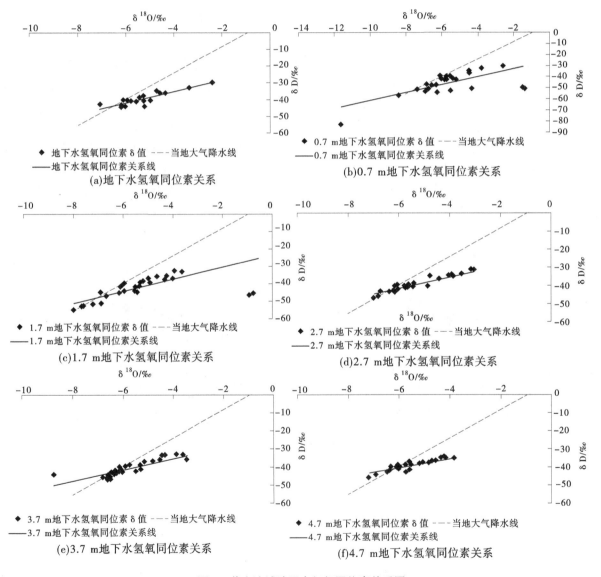

图 3 花山流域地下水氢氧同位素关系图

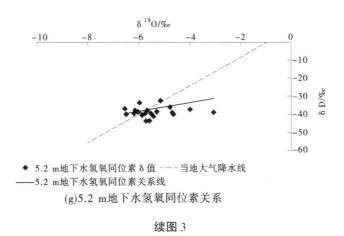

◆ 5.2 m地下水氢氧同位素δ值 - - -当地大气降水线
—— 5.2 m地下水氢氧同位素关系线
(g)5.2 m地下水氢氧同位素关系

续图3

5 结语与展望

本文以滁州花山流域为研究对象，通过对花山流域大气降水、地表水和地下水的氢氧同位素关系线进行分析，花山流域地方大气降水线与中国大气降水线较为接近，汛期的大气降水线斜率小于地方大气降水线。花山流域地表水和地下水的氢氧同位素组成大都落在大气降水线附近，表明花山流域地表水和地下水的部分补给来源是大气降水，且补给过程中经历了蒸发效应。花山流域地表水的氢氧同位素关系线的斜率明显小于当地大气降水线的斜率；水库水的氢氧同位素关系线的斜率比河水的氢氧同位素关系线的斜率低，这与河水和水库水不同的蒸发效应有关。由浅到深，花山流域地下水的氢氧同位素组成的变化范围逐渐减小，地下水氢氧同位素关系线的斜率也逐渐减小，这与深度增加，地下水受上层水蒸发下渗、本层水二次蒸发、降水直接补给等作用影响较小有关。

本文采样较少，同位素数据量不足够多，缺乏对季节、年份等影响因素的进一步研究；主要是针对某一环节进行同位素分析，未将水文循环过程作为整体进行系统研究；花山流域为小流域，不利于进行大范围受流域尺度显著影响的研究。如何把与日俱增的同位素信息与水文过程相关的水文模型建立联系，提高模型精度，是今后研究的方向。

参考文献

[1] 徐庆，左海军. 稳定同位素在流域生态系统水文过程研究中的应用 [J]. 世界林业研究，2020，33（1）：8-13.

[2] 隋明浈，张瑛，徐庆，等. 水汽来源和环境因子对湖南会同大气降水氢氧同位素组成的影响 [J]. 应用生态学报，2020，31（6）：1791-1799.

[3] 葛梦玉. 高潜水位采煤塌陷区复垦土壤水分运移特征及水分来源同位素示踪研究 [D]. 徐州：中国矿业大学，2018.

[4] 庞朔光，赵诗坤，文蓉，等. 海河流域大气降水中稳定同位素的时空变化 [J]. 科学通报，2015，60（13）：1218-1226.

基于熵权法和 GIS-MCDA 的长岭县
地下水开采潜力区评价

刘洪超

（松辽水利委员会松辽水资源保护科学研究所，吉林长春 130021）

摘　要：地下水资源对区域人口和经济发展有非常重要的作用，特别是在干旱半干旱地区，地下水作为主要甚至唯一水源制约经济发展。地下水量和分布情况对于水资源调度和利用也至关重要。基于熵权法和 GIS-MCDA 已经被证实可以应用于多指标综合分析。本文首先选取 6 个决策因子：土壤类型、土地利用类型、坡度、高程、降水、距离河流，采用熵权法对每个决策因子进行赋权，最后采用基于 GIS-MCDA 方法划分长岭县地下水有利区。结果表明，长岭县地下水潜力区呈现从西至东逐渐减少的趋势，大部分区域属于"中等"和"丰富"。

关键词：地下水；熵权法；GIS

地下水作为一种宝贵的自然资源，虽然很容易获得，但是在世界上很多地区，地下水对于当地经济和人口发展起着至关重要的作用。不同的地区地下水潜力不同，因此地下水潜力评估非常重要。传统的地下水有利区评价需要进行大量的水文地质调查，并且需要进行综合分析。GIS-MCDA 是一种针对需要考虑多种因素综合影响的方法[1]。这种方法也被广泛应用于多个领域，如森林景观的设计[2]、制订最优的选择方案[3]、地质滑坡灾害位置的预测[4]、选择工程最佳位置[5]、生态保护[6] 等。这些应用说明基于 GIS 的 MCDA 方法是可靠的。Shannon 引入了信息熵方法，描述了系统的不确定性、无序度及其度量[7-8]。熵权法被广泛应用于敏感区划分[9]、地下水脆弱性评价[10]、水质评价[11]、降水的时间和空间变化[12]。以上应用证明熵权法可以被应用于多指标加权。本文将 GIS-MCDA 和熵权法相结合，评价地下水潜力区。

1　研究区概况

本文以吉林省西部长岭县为研究区。长岭县位于吉林省西部，全县土地面积 5 736.40 km²。属中温带大陆性季风气候，多年平均降水量为 442.36 mm，多集中在 6—9 月，占全年降水量的 77%，多年平均蒸发量为 1 518.8 mm。境内无大型河流，地势平坦，由东南向西北倾斜，海拔 145~270 m。承压水含水层由上第三纪至第四纪大青沟组粉细砂和白土山组砂砾石组成。西部起伏沙地，潜水含水层由第四纪冲洪积细砂、粉细砂组成，径流条件差。

2　研究方法

2.1　决策因子选取和处理

2.1.1　决策因子选取

在流域内，地下水量和分布情况取决于很多因素，例如砂、降水、高程、坡度、地表水、土地利用类型、土壤类型、排水密度、距离河流、线性结构、人类活动、地下水位、地质、含水层的渗透系数（K）和贮水系数（μ）等，这些参数在不同程度上影响着地下水量的多少[13-14]。在进行地下水潜

作者简介：刘洪超（1980—），男，高级工程师，硕士，从事水资源保护与水土保持研究工作。

力评估时，需要考虑研究区地下水的实际情况，结合数据的可用性，选择合适的因素进行计算。本文选取土壤类型、土地利用类型、高程、坡度、降水、距离河流6个决策因子，主要考虑长岭县水文地质条件和实际情况，这6个决策因子对地下水分布密切相关。

2.1.2 数据处理

将每个决策因子标准化，形成数值为0~1的图层，标准化公式如下：

成本类型公式为：

$$x'_i = 1 - \frac{x_i - x_i^{\min}}{x_i^{\max} - x_i^{\min}} \tag{1}$$

效率类型公式为：

$$x'_i = \frac{x_i - x_i^{\min}}{x_i^{\max} - x_i^{\min}} \tag{2}$$

式中：x'_i为决策因子数值；x'_i为决策因子标准化数值；$x_i^{\max}$为决策因子最大值；$x_i^{\min}$为决策因子最小值。

2.2 熵权法

熵权法[7]是在客观条件下，由评价指标值构成的判断矩阵来确定指标权重的一种方法，它能最大程度消除各因素权重的主观性，使评价结果更符合实际。计算步骤如下：

原始数据为由n个评价指标、m个评价对象形成的$n×m$矩阵，即：

$$X = \begin{bmatrix} x_{11} & x_{12} & \cdots & x_{1m} \\ x_{21} & x_{22} & \cdots & x_{2m} \\ \vdots & \vdots & & \vdots \\ x_{n1} & x_{n2} & \cdots & x_{nm} \end{bmatrix} \tag{3}$$

标准化后得到的矩阵：

$$Y = \begin{bmatrix} y_{11} & y_{12} & \cdots & y_{1m} \\ y_{21} & y_{22} & \cdots & y_{2m} \\ \vdots & \vdots & & \vdots \\ y_{n1} & y_{n2} & \cdots & y_{nm} \end{bmatrix} \tag{4}$$

式中：$y_{ij} = (x_j^{\max} - x_{ij})/(x_j^{\max} - x_j^{\min})$

下一步，计算第i个指标的熵，在有n个评价指标、m个评价对象的问题中，第i个指标的熵定义为：

$$H_i = - \sum_{j=1}^{m} f_{ij} \ln f_{ij} / \ln m \quad (i = 1, 2, \cdots, n; j = 1, 2, \cdots, m) \tag{5}$$

式中：$f_{ij} = y_{ij} / \sum_{j=1}^{m} y_{ij}$，当$f_{ij} = 0$时，$\ln f_{ij}$没有意义，故对$f_{ij}$值加以修正，将其定义为：

$$f_{ij} = (1 + y_{ij}) / \sum_{j=1}^{m} (1 + y_{ij}) \tag{6}$$

然后计算每个指标的熵权：

$$w_{ei} = (1 - H_i) / (n - \sum_{i=1}^{n} H_i) \tag{7}$$

2.3 GIS-MCDA 方法

基于GIS-MCDA方法步骤为：n个标准化的决策因子，乘以相应的权重。然后，将每个赋权后的决策因子栅格叠加，生成加权合成值，表示评估结果[15]。基于GIS-MCDA方法表达如下：

$$f_i(a_1, a_2, a_3, \cdots, a_n) = \sum_{i=1}^{n} A_i W_i \tag{8}$$

3 结果与讨论

3.1 决策因子选取与标准化

每个决策因子的数值和范围不相同，在利用 GIS-MCDA 方法进行叠加之前需进行标准化。其中，土壤类型、土地利用类型、高程均来源于全国地理信息资源目录服务系统（https://www.webmap.cn/）；坡度为高程栅格基于 ArcGIS 软件"Slope"工具生成；降水来源于多年平均降水量分布图；距离河流为河流基于 ArcGIS 软件"欧氏距离"工具生成。栅格的标准化在式（1）、式（2）和 ArcGIS（v10.2）的支持下完成（见图1）。

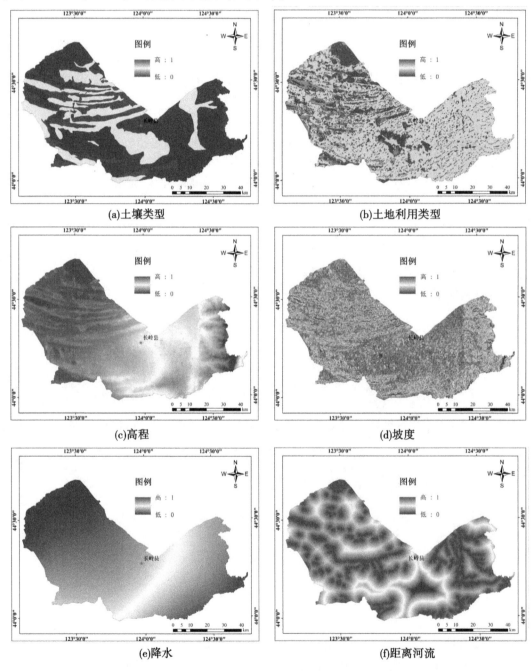

图 1 决策因子选取及标准化图

3.2 决策因子权重

首先将连续和决策因子栅格数据量化，其中土壤类型根据其渗透性给予不同的数值，土地利用类型根据不同的降水渗透系数给予相应的数值。在对 6 个决策层量化之后，根据式（1）和式（2）进行标准化。土壤类型、土地利用/土地覆盖、平均降雨量越高，地下水潜力越大，因此适用于效率型。高程、坡度、距离河流越小，地下水潜力越好，因此适用于成本类型。最后根据式（4）~式（7）计算每个标准层的系数。根据结果可知，土壤类型占有最大的权重，坡度的权重最小，仅为 0.13，其余 4 种决策因子的权重变化不大。每个标准层的量化信息和权重计算结果见表 1。

表 1 熵权法计算权重结果一览

项目	土壤类型	土地利用类型	坡度	高程	降水量	距离河流
W_{ei}	0.23	0.16	0.13	0.16	0.18	0.15

3.3 地下水有利区划分结果

将土壤类型、土地利用类型、坡度、高程、降水、距离河流 6 个栅格乘对应的权重，采用于 GIS-MCDA 进行叠加，最后采用自然断裂法将其分为 5 个类别，分别为非常贫乏、贫乏、中等、丰富以及非常丰富，划分结果见图 2。可知，长岭县地下水开采潜力呈现从西至东逐渐减少的趋势，大部分区域属于中等和丰富。长岭县耕地和人口密度西部低于东部，地下水分布与人口和经济的发展不相匹配，需要进行水资源调度。

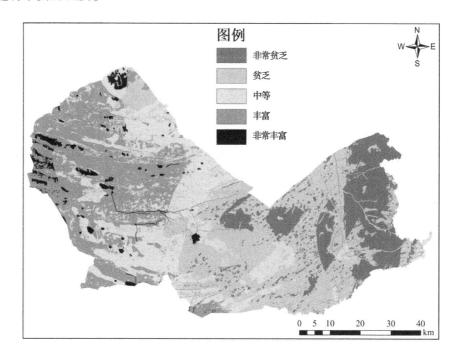

图 2 长岭县地下水有利区划分结果

4 结语

本文选取 6 个决策因子，并基于熵权法进行赋权，最后采用 GIS-MCDA 对长岭县地下水有利区进行划分，结果显示长岭县地下水呈现从西至东逐渐减少的趋势。此方法简便快捷，可以根据图层的更新而不断完善。在今后的研究中，可以根据资料的不断丰富选择更多的决策因子，以求更加精确地对长岭县地下水有利区进行划分，为当地水资源和规划服务。

参考文献

[1] 盛旭喆，曾平良，邢浩，等．基于 GIS-MCDA 的蒙古国可再生能源资源评估方法研究［J］．电力科学与工程，

2020, 36（2）：17-25.

［2］Greene R, Luther J E, Devillers R, et al. An approach to GIS-based multiple criteria decision analysis that integrates exploration and evaluation phases: Case study in a forest-dominated landscape ［J］. Forest Ecology and Management, 2010, 260（12）: 2102-2114.

［3］Michailidou A V, Vlachokostas C, Moussiopoulos N. Interactions between climate change and the tourism sector: Multiple-criteria decision analysis to assess mitigation and adaptation options in tourism areas ［J］. Tourism Management, 2016, 55: 1-12.

［4］Erener A, Mutlu A, Sebnem Düzgün H. A comparative study for landslide susceptibility mapping using GIS-based multi-criteria decision analysis（MCDA）, logistic regression（LR）and association rule mining（ARM）［J］. Engineering Geology, 2016, 203: 45-55.

［5］Erbaş M, Kabak M, Özceylan E, et al. Optimal siting of electric vehicle charging stations: A GIS-based fuzzy Multi-Criteria Decision Analysis ［J］. Energy, 2018, 163: 1017-1031.

［6］Chunye W, Delu P. Zoning of Hangzhou Bay ecological red line using GIS-based multi-criteria decision analysis ［J］. Ocean & Coastal Management, 2017, 139: 42-50.

［7］Shannon C E. A mathematical theory of communication ［J］. Bell System Tech J, 1948, 27.

［8］Shadman Roodposhti M, Aryal J, Shahabi H, et al. Fuzzy Shannon Entropy: A Hybrid GIS-Based Landslide Susceptibility Mapping Method ［J］. Entropy, 2016, 18（10）: 343.

［9］Zhao H, Yao L, Mei G, et al. A Fuzzy Comprehensive Evaluation Method Based on AHP and Entropy for a Landslide Susceptibility Map ［J］. Entropy, 2017, 19（8）: 396.

［10］Chen J, Zhang Y, Chen Z, et al. Improving assessment of groundwater sustainability with analytic hierarchy process and information entropy method: a case study of the Hohhot Plain, China ［J］. Environmental Earth Sciences, 2014, 73（5）: 2353-2363.

［11］Hasan M S U, Rai A K. Groundwater quality assessment in the Lower Ganga Basin using entropy information theory and GIS ［J］. Journal of Cleaner Production, 2020, 274: 123077.

［12］Guntu R K, Rathinasamy M, Agarwal A, et al. Spatiotemporal variability of Indian rainfall using multiscale entropy ［J］. Journal of Hydrology, 2020, 587: 124916.

［13］Chen W, Tsangaratos P, Ilia I, et al. Groundwater spring potential mapping using population-based evolutionary algorithms and data mining methods ［J］. Sci Total Environ, 2019, 684: 31-49.

［14］Jenifer M A, Jha M K. Comparison of Analytic Hierarchy Process, Catastrophe and Entropy techniques for evaluating groundwater prospect of hard-rock aquifer systems ［J］. Journal of Hydrology, 2017, 548: 605-624.

［15］Li J, Zhang Y. GIS-supported certainty factor（CF）models for assessment of geothermal potential: A case study of Tengchong County, southwest China ［J］. Energy, 2017, 140: 552-565.

溪洛渡水电站下游非恒定流监测与分析

王渺林　曹　磊　包　波

（长江水利委员会水文局长江上游水文水资源勘测局，重庆　400021）

摘　要：为了解溪洛渡水电站下泄非恒定流对下游河段的影响，有必要对坝下游非恒定流进行原型观测。本文介绍了溪洛渡坝下游 33 km 河道沿程水面线、流量监测、流速分布和流态监测技术方案及针对监测难点采用的新技术、新方法，并对水位、流量、流速等水文要素的时空变化进行了分析。

关键词：水文监测；非恒定流；溪洛渡；水电站

1　引言

随着我国对水电能源的大力开发，对水电站稳定运行的要求越来越高，电站既要满足电网需求量，又要满足正常运行及对库区水位调节，同时还有可能遇到机组故障而切机。由此产生的非恒定流可能会使下游河道水位发生陡涨陡落、流速变率大的现象，导致流态恶化等问题，并极有可能对河道航运条件、船舶安全及港口、码头的正常作业等产生不利影响。特别是遇到突发紧急情况，发电机组可能会同时切机，短时间内会造成非常强烈的非恒定流，河道水位、流速激变，严重影响航运安全。因此，对水电站下游非恒定流进行监测和研究是非常有必要的。

随着水电站的投入使用，库区通航条件大大改善，同时水库通过蓄水对下游河道有了良好的调节作用，但这也改变了天然河道的水流条件和水沙过程，使原本达到平衡的河床冲淤发生变化[1-2]。目前研究多集中于电站或水利枢纽上游及下游近坝段河道的非恒定流特性和对通航条件的影响[3-6]。随着金沙江下游梯级电站的逐步开发，电站下游长河段及梯级电站间的非恒定流监测和研究具有相当重要的理论及现实意义。

为了充分了解溪洛渡水电站下泄非恒定流对下游通航河段的影响，根据非恒定流的时间（出流过程）、空间（坝下游流量演进河段）变化特性，满足数学模型和物理模型计算要求，在溪洛渡坝大桥至桧溪大桥河段开展金沙江溪洛渡水电站坝下游非恒定流原型观测。

为了掌握非恒定流的演进规律，最直接的技术手段是采用现场监测。现场监测可以获得非恒定流第一手资料，分析原型非恒定流演进特征，同时可为数学模型和实体模型试验提供验证资料。非恒定流现场监测，需要在较长河段内，布置多个断面，进行长时间、不间断、同时刻的沿程水位、典型断面流量、流场流态监测。不仅需要投入大量专业技术人员、专用仪器设备，还会受到现场环境、交通条件、气象条件、测船安全、白天黑夜等条件限制，监测工作非常困难，因此有必要采用新技术、新方法。本文介绍了监测技术方案及其新技术应用情况，并对监测成果进行了分析。

2　监测技术方案

溪洛渡水电站位于四川省雷波县和云南省永善县境内金沙江干流上，下距宜宾 190 km，以发电为主，兼有防洪、拦沙和改善下游航运条件等综合效益，是金沙江下游河段四个梯级电站的第三级。溪洛渡电站 2013 年 5 月开始初期蓄水，溪洛渡库区水位逐渐抬高，2014—2019 年，蓄水成功蓄至600 m 正常蓄水位。

作者简介：王渺林（1975—），男，博士，副高级工程师，主要从事水文水资源分析和研究工作。

根据提供的 2018 年溪洛渡水电站出库下泄流量过程，通常情况下，每日下泄流量成波动增减，大部分流量变幅在 2 000~5 000 m³/s。基本规律为每日 6 时开始加大发电量，泄流增加，3~5 h 后即 11 时左右达到当日最大值并持续至 20 时；20~22 时开始减小发电，下泄流量减小直至第二日凌晨 2 时。溪洛渡水电站共有 18 台机组，左右岸各设置 9 台。每台机组发电流量基本相同。每台机组发电流量约 400 m³/s，右岸机组启闭频率较左岸频繁。溪洛渡水电站泄洪设施包括泄流深孔、泄流表孔和泄洪洞。泄流深孔每孔泄洪流量约为 1 400 m³/s。7—8 月左岸 9 台机组几乎全部满载，为了满足用电需求，主要调整右岸机组发电量，因此右岸发电机组启闭更为频繁。电站可通过底孔、表孔及泄洪洞泄洪。一般情况下，依靠底孔泄流即可完成汛期泄洪任务。

溪洛渡水电站 2018 年 5 月 17 日至 6 月 2 日出库流量过程见图 1。

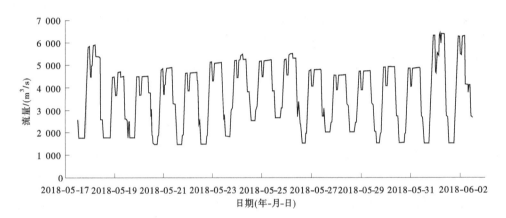

图 1　溪洛渡水电站 2018 年 5 月 17 日至 6 月 2 日出库流量过程

2.1　监测位置及断面布置

监测范围：受向家坝水库回水影响，溪洛渡水电站坝下游河道水深沿程逐渐增加，当到达细沙河口时（在固定断面 JA131 附近），最大水深已达 50 m 以上（若向家坝汛期运用水位为 370 m）。为此，现场监测范围选定溪洛渡坝下游至细沙河河口河段，河道长度约 33 km，即从断面 JA159—断面 JA131，如图 2 所示。

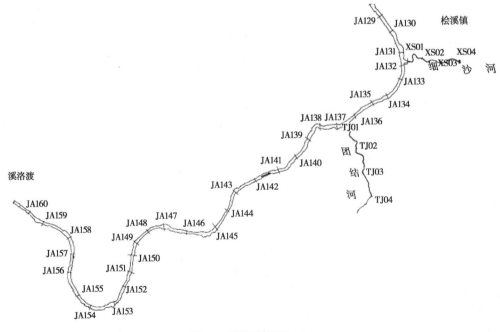

图 2　监测范围示意图

2.2　监测内容及技术方案

2.2.1　观测时机

根据非恒定流形成原因，结合溪洛渡水电站下泄流量区间，现场监测分为以下两种情况：

（1）溪洛渡水电站泄流量小于 7 450 m³/s，此时非恒定流主要由调峰造成，在此流量区间选取调峰流量约为 1 800 m³/s、3 000 m³/s 和 6 000 m³/s 三种工况进行观测。

（2）溪洛渡泄流量大于 7 450 m³/s 且小于 12 000 m³/s 时，非恒定流由调峰和泄洪共同造成，在此流量区间选取流量约为 9 000 m³/s 和 11 000 m³/s 两种工况进行观测。

2.2.2　观测内容

（1）沿程水面线观测。

在溪洛渡坝下至桧溪河段（33 km）共布设 5 组水尺，分别布设在中兴场水位站、溪洛渡水文站、JA154 断面、JA146 断面和 JA132 断面，同时收集桧溪水位站实时数据。中心场水位站、溪洛渡水文站、桧溪水位站均为自记水位站，可以获得最密 1 个/2 min 水位实测数据，满足观测需要。在 JA154 断面、JA146 断面、溪洛渡水文站断面设立临时水位站，采用微型潮位仪 LH25-RBRsolo D 进行水位测量。进行五种工况现场监测，其中中兴场水位站、溪洛渡水文站和 JA132 断面可利用现有条件进行水位自动连续测量，其他断面水位按平均 1 次/0.5 h 进行同步观测，洪峰附近加密观测，水流平稳期观测间隔时间可加长。观测时间以覆盖完整的非恒定流过程，或再次出现近似恒定流为参考标准，一般不超过 1 d（24 h）。

（2）流量监测、流速分布测验。溪洛渡水文站断面，JA154、JA146 非恒定流强烈区断面进行沿程流量同步监测，均采用测船搭载走航式 ADCP 进行流量测验。

在下泄流量小于 7 450 m³/s 的三种工况下，由于流量、流速相对较小，水流条件相对较好，采用遥控无人船搭载走航式 ADCP 进行流量测验，在下泄流量大于 7 450 m³/s 的工况，由于流量、流速较大，大坝泄流孔过流，流速变大，流态紊乱，采用冲锋舟进行测验。

在流量测验时，根据情况，选择 JA154 或 JA146 进行流速分布测验，每断面选择 5~8 线固定垂线进行定点监测，进行数据集合并平均，获取垂线平均流速、测点流速。采用无人遥控船（中小流量适用）+ADCP 或冲锋舟+ADCP（中大流量适用）。

（3）强非恒定流区流态监测。在非恒定流强烈区域进行水面流速、流向监测，范围从中兴场断面至溪洛渡水文站，河长约 2.8 km。对于选定的五种工况，按平均 1 次/4 h 进行连续观测，其中最少 1 次在洪峰附近，按左、中、右三线布设测流流线。监测时间以能覆盖完整的非恒定流过程。主要技术手段采用 GPS+浮标，辅助手段采用极坐标交会法。采用 LY11 GNSS 电子浮标系统进行测区流态测量，与传统浮标相比，该系统具有精度高、跟踪定位直观方便、可同时监测多个浮标轨迹、漂流设备内置的 RTK 模块确保定位精度达到厘米级等优点；客户端中加入底图功能能够直观化定位每一个漂流设备和控制船的相对位置，方便水上寻找；漂流设备在存储自身定位数据的同时，发送数据到远程服务端，数据的安全性得到保障。

2.3　监测难点及新技术、新方法应用

（1）测区地处高山峡谷河段，采用单基站 GNSS 定位无法进行浮标以及流速分布项目测验，为此首次在该区域使用千寻 CORS 系统。千寻 CORS 是基于全国的"连续运行参考站"系统，相较于传统单基站作业方式，从精度、有效性等方面均有提升。

（2）在水位变化剧烈的坝下游河段连续观测水位极为困难，精度、观测频次均难满足监测需要，为此，引进 solo 型微型水位计进行水位自计同步监测，极大地提高了观测精度，节省了人力成本。

（3）采用电子浮标系统进行流速流向测验。与传统浮标相比，电子浮标系统具有集成度高、抗大流速、人风浪较好，数据本地、异地同时保存，在线实时监控等优势，很好满足坝下游流态极不稳定的河段流速流向观测需要。

3 监测成果分析

溪洛渡坝下游开展了 3 次不连续水文监测，分别为：①2018 年 5 月 16—19 日；②2018 年 7 月，包括 2 日、4 日及 13—15 日；③2019 年 3 月 27—28 日，监测范围为溪洛渡坝下游至细沙河口约 33 km 范围内的溪洛渡水文站断面、J154 断面、J146 断面的流量、水位和流速等水文要素。本文主要介绍 2018 年 5 月监测结果。2018 年 5 月 16—19 日，溪洛渡实测流量变化范围为 1 940~6 120 m³/s，流量过程见图 3。

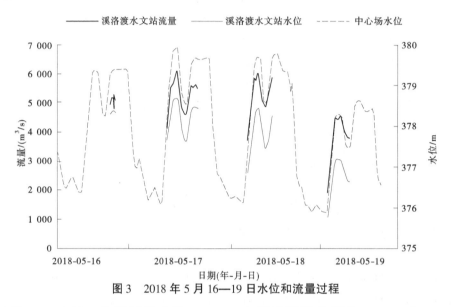

图 3 2018 年 5 月 16—19 日水位和流量过程

2018 年 5 月 17—19 日，监测时段内约 200 min 内流量增幅分别为 1 980 m³/s、2 540 m³/s 和 2 600 m³/s。各断面流量基本相近。统计各断面水位变幅，见表 1。水位变幅由上游往下游逐步变小。中心场水位变幅最大；桧溪水位站水位变幅最小，桧溪水位站水位受下游向家坝水库库水位影响大。

表 1 2018 年 5 月 17—19 日水位变幅统计 单位：m

站/断面	5 月 17 日变幅	5 月 18 日变幅	5 月 19 日变幅
中心场水文站	1.84	2.16	1.95
溪洛渡水文站	1.05	1.58	1.17
J154 断面	0.99	1.45	1.21
J146 断面	0.52	0.73	0.62
桧溪水位站	0.27	0.32	0.32

断面 JA146 典型流速分布见图 4。JA146 断面最大流速 2.05 m/s，最大流速一般出现在起点距 130~150 m 处。

通过对沿程水位及水位变幅的比较和分析，得出在不同工况下，各站的水位变幅均呈现沿程递减的趋势，越靠近下游，水位随流量变化产生的波动越平缓。电站调节过程中流量变幅的大小直接影响着水位变幅的高低。同时，由于最小下泄流量决定着最低水位，水位变幅的大小也会受最小下泄流量的影响，电站下泄初始流量越小，河道中水位变幅越大。

通过对流速变化及断面流速分布分析，得到流速与电站下泄流量呈正相关，并且由于流量传播的坦化作用沿程流速递减。顺直河道断面流速分布均匀，主流集中在河道中心；弯曲河道主流会向两岸偏移。同时，断面流速的分布形态直接受到河道地形的影响。

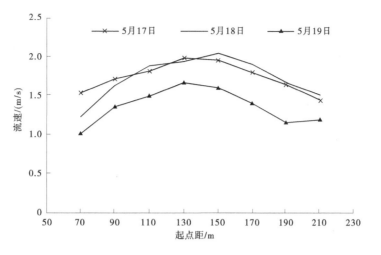

图4 断面 JA146 典型流速分布

4 结论与展望

本文介绍了溪洛渡坝下游 33 km 河道沿程水面线、流量监测、流速分布测验和流态监测技术方案及针对监测难点采用的新技术、新方法,并对水位、流量、流速等水文要素的时空变化进行了分析。今后可在此基础上开展数学模型、物理模型计算和船模试验,为电站下游航运条件提供更加准确可靠的理论及试验依据。

参考文献

[1] 陈绪坚. 金沙江梯级水库下游水沙过程非恒定变化及其对通航条件的影响 [J]. 水利学报,2019,50 (2):218-224.

[2] 杨阳,曹叔尤,杨奉广. 山区阶梯河道中洪水波运动特性研究 [J]. 四川大学学报 (工程科学版),2011,43 (1):31-36.

[3] 张绪进,胡真真,刘亚辉,等. 向家坝水电站日调节非恒定流的传播特征研究 [J]. 水道港口,2015 (5):414-418

[4] 母德伟,王永强,李学明,等. 向家坝日调节非恒定流对下游航运条件影响研究 [J]. 四川大学学报 (工程科学版),2014,46 (6):71-77.

[5] 王志力,陆永军. 向家坝水利枢纽下泄非恒定流的数值模拟 [J]. 水利水电科技进展,2008,28 (3):12-15.

[6] 李焱,孟祥玮,李金合,等. 三峡工程下游引航道通航水流条件试验 [J]. 水道港口,2003,24 (3):121-125.

数值降水模式预报在漳河流域夏秋连汛中应用的精度分析

刘邑婷 高 迪

（水利部海委漳卫南运河管理局，山东德州 253000）

摘 要：选取 2021 年漳河流域夏秋连汛期间的逐日降水数据，应用相关系数、TS 评分、漏报率、空报率、预报偏差（BIAS）等方法，对欧洲中心数值降水模式预报的效果进行检验。结果表明：欧洲中心数值降水模式预报数据在漳河流域的表现相关性较好，预报精度随预见期的增加而减小，各时效降水的空报次数总体多于漏报次数，存在预报过度的现象。强降水预报的偏小率大多大于偏大率，平均偏大误差大于平均偏小误差，说明降水的预报值小于实际值，但预报偏大更明显。

关键词：数值降水；欧洲中心；漳河流域；精度分析

漳河流域地处太行山区，属于典型的大陆季风性气候，降雨时空分布不均、年际变化大，且夏季受台风系统影响，历史上气象灾害频繁发生。岳城水库控制流域面积 18 100 km²，是漳河流域最大的也是最下游一座控制性水利工程，担负着保护河南、河北、山东 3 省人民生命财产和京广铁路防洪安全的重任，其入库流量预报的准确性尤为重要，决定防洪调度风险的大小。在入库流量预报中，降雨预报数据是重要的决策数据。随着科学技术的不断发展，数值降水预报产品已成为降雨预报的主要参考依据，并应用于防汛减灾、水资源管理中。徐姝等[1] 利用 2014 年和 2015 年 6—9 月日本、德国、T639 和天津（TJ-WRF）4 种模式降水产品对海河流域降水预报结果进行对比检验表明，WRF 和 T639 在小雨量级的预报中表现较好，日本模式和 T639 在中雨量级的预报中表现更佳，各模式在暴雨量级的预报中表现均不佳；翟振芳等[2] 运用 2012 年 1 月至 2015 年 3 月安徽地区降水数据，检验了 ECMWF 模式降水产品的预报能力，结果表明其预报能力较好；汤欣刚等[3] 对漳河流域 2015—2017 年汛期 24 h 中央气象台降水预报资料进行了检验，结果表明预报小雨量级及以下时可信度较高，预报中雨、大雨量级时正确率较低，预报暴雨以上量级降雨时漏报率较低；蔡和荷[4] 等通过对 ECMWF、梯调预报数据在长江上游流域降水预报中的预报精度进行检验，发现两种产品在长江上游流域预报中效果均较好，其中 ECMWF 数据在中游区间预报效果更好，梯调降雨预报数据则更适用于流域的上游和下游区间。本文选取漳河流域 2021 年夏秋连汛期间逐日降水预报数据，对欧洲中心模式数值降水产品的预报效果进行评估，了解其预报能力，进而提高降水预报的准确率。

1 流域概况

漳河流域径流的主要源地为上游山区，漳河观台站以上洪水组成主要分为以下三种情况：清漳河匡门口以上区间来水；浊漳河漳泽、后湾、关河三水库—石梁区间来水；石梁、匡门口—观台区间的来水。因此，影响预报的区间有 3 个，即清漳河匡门口以上区间、浊漳河的漳泽、后湾、关河—石梁区间（简称三库—石梁区间）和石梁、匡门口—观台区间（简称石匡观区间）。漳河流域每年汛期为 6—9 月，文中所采用的欧洲气象中心数值降水模式预报数据为 2021 年 7 月 1 日至 10 月 20 日逐日，预见期为 24 h 和 48 h 的计算值进行精度检验。文中小雨、中雨、大雨、暴雨和大暴雨量级的降雨分

作者简介：刘邑婷（1989—），女，工程师，从事水文学及水资源方面的工作。

别指 24 h 降水量为 0.1~9.9 mm、10.0~24.9 mm、25.0~49.9 mm、50.0~99.9 mm。岳城水库以上漳河流域图见图 1。

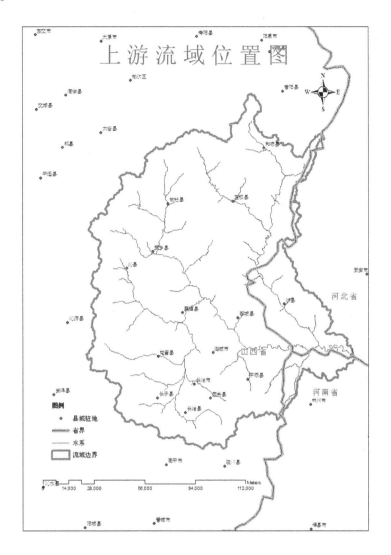

图 1 岳城水库以上漳河流域图

2 资料和方法

2.1 降水分级检验评定方法

根据中国气象局发布的《中短期天气预报质量检验办法》，对降水分级检验的项目包括 TS 评分、漏报率 PO、空报率 FAR、偏差 BLAS。TS 评分为预报正确天数或站数与总天数或总站数的比值，越接近 1 表示预报效果越好；当没有出现空报和漏报时，BLAS 值等于 1，表示预报完全正确；BLAS 值大于 1，表示存在过度预报的现象；BLAS 值小于 1，表示存在预报不足的现象。具体检验标准为：

$$TS = \frac{NA_k}{NA_k + NB_k + NC_k} \times 100\% \tag{1}$$

$$PO = \frac{NC_k}{NA_k + NC_k} \times 100\% \tag{2}$$

$$FAR = \frac{NB_k}{NA_k + NB_k} \times 100\% \tag{3}$$

$$BIAS = \frac{NA_k + NB_k}{NA_k + NC_k} \tag{4}$$

式中：NA_k 为预报降雨和实际降雨均出现某一量级降雨的天数或站数；NC_k 为漏报的天数或站数；NB_k 为空报的天数或站数。

k 的取值分为 5 级，分别代表小雨、中雨、大雨、暴雨和大暴雨量级降水。

降水预报检验分类见表 1。

表 1 降水预报检验分类

实况	预报	
	有	无
有	NA	NC
无	NB	—

2.2 相关系数法

采用相关系数比较岳城水库以上漳河流域 2021 年夏秋连汛期间欧洲中心数值降雨预报的面雨量预报结果与实测结果，用相关系数 R 表示。其值越接近 1，表示两者相关程度越高，其计算公式为：

$$R = \frac{\sum_{i=1}^{N}(P_{o,i} - \overline{P_{o,i}})(P_{f,i} - \overline{P_{f,i}})}{\sqrt{\sum_{i=1}^{N}(P_{o,i} - \overline{P_{o,i}})^2}\sqrt{\sum_{i=1}^{N}(P_{f,i} - \overline{P_{f,i}})^2}} \tag{5}$$

式中：$P_{o,i}$ 为实测降雨量；$\overline{P_{o,i}}$ 为实测降雨量均值；$P_{f,i}$ 为预报降雨量；$\overline{P_{f,i}}$ 为预报降雨量均值。

2.3 偏大率、偏小率及误差

在大雨及以上降水（$P \geqslant 25$ mm）预报中，预报偏大率 S_g 及偏小率 S_1、平均偏大误差 X_g 及平均偏小误差 X_1 可定量地描述强降雨预报值相对实际值的偏大、偏小程度。

$$S_g = \frac{N_g}{N} \times 100\% \tag{6}$$

$$S_1 = \frac{N_1}{N} \times 100\% \tag{7}$$

$$X_g = \frac{1}{N_g}\sum_{i=1}^{N_g} X_{gi} \tag{8}$$

$$X_1 = \frac{1}{N_1}\sum_{i=1}^{N_1} X_{li} \tag{9}$$

式中：N_g 为预报误差大于 0 的总站数或天数；N_1 为预报误差小于 0 的总站数或天数；N 日降水为大雨级别及以上的总站数或天数；X_g 为偏大的预报误差；X_{li} 为偏小的预报误差。

3 结果分析

分别计算漳河流域 3 个预报分区面雨量的预报数据在不同预见期下的预报雨量系列与实际雨量系列的相关性，结果见表 2。由表 2 可知，随着预见期的增长，除三库—石梁区间，其他各区间的预报降雨与实际降雨相关程度下降。当预期为 24 h 时，匡门口以上区间的相关系数为 0.81，石匣观区间的相关系数达到 0.88；当预见期为 48 h 时，三库—石梁区间的相关系数为 0.80，匡门口以上区间及石匣观区间的相关系数分别为 0.76、0.77。

表2　相关系数

区间名称	24 h 预见期	48 h 预见期
匡门口以上	0.81	0.76
三库—石梁	0.70	0.80
石匡观	0.88	0.77

对漳河流域各区间欧洲中心模式的预报降雨进行分级检验，结果见表3~表5。由表3~表5得知，从预报量级来看，各区间小雨量级预报的 TS 评分大多高于其他量级降雨；从预见期来看，各区间 24 h 降雨预报的 TS 评分大多高于 48 h。预见期为 24 h 时，小雨预报 TS 评分可以达 73.1%~84.4%，预报准确率较高，其中石匡观区间最高；中雨预报的 TS 评分在 16.7%~57.1%；大雨预报的 TS 评分在 25%~85.7%，除石匡观区间外，大雨预报的 TS 评分反而高于中雨级别；暴雨预报的 TS 评分在 33.3%~66.7%。中雨及以上级别的预报，漏报率均小于空报率，匡门口区间仅有空报。预见期为 48 h 时，小雨预报 TS 评分在 68.2%~74.3%，中雨预报的 TS 评分在 14.3%~33.3%，大雨预报的 TS 评分在 22.2%~42.9%，均小于 24 h 预见期。BIAS 检验结果表明，匡门口区间及石匡观区间 24 h 小雨预报的偏差为 1.0%，漏报次数等于空报次数，其他各时效降水预报偏差 BIAS 总体在 1.2%~4.0%，表明空报次数多于漏报次数，存在预报过度的现象。

表3　匡门口区间数值预报降水分级检验结果　　　　　　　　　　　%

预报量级	TS		漏报率		空报率		偏差	
	24 h	48 h	24 h	48 h	24 h	48 h	24 h	48 h
小雨	73.1	72.0	2.56	25.0	25.5	5.26	1.3	1.3
中雨	57.1	33.3	20.0	20.0	33.3	63.6	1.2	2.2
大雨	66.7	22.2	0	33.3	33.3	75.0	1.5	2.7
暴雨	0	0	—	—	100	100	—	—
大暴雨	0	—	—	—	100	—	—	—

表4　三库—石梁区间数值预报降水分级检验结果　　　　　　　　　%

预报量级	TS		漏报率		空报率		偏差	
	24 h	48 h	24 h	48 h	24 h	48 h	24 h	48 h
小雨	83.3	74.3	9.09	10.3	9.09	18.8	1.0	1.1
中雨	33.3	14.3	42.9	66.7	55.6	80	1.3	1.7
大雨	85.7	42.9	0	0	14.3	57.1	1.2	2.3
暴雨	33.3	33.3	0	0	66.7	66.7	3.0	3.0
大暴雨	—	—	—	—	—	—	—	—

日降水量为大雨及以上级别降水预报定量误差统计如表6所示。由表6可知，三库—石梁区间的偏大率与偏小率相等，其他各区间的 24 h 及 48 h 预见期的偏小率大多大于偏大率，说明降水的预报值小于实际值。除三库—石梁区间 24 h 预见期的预报外，其他各区间的平均偏大误差在 52.6%~68.9%，三个区间的平均偏小误差在 -45.9%~-30.6%，说明预报偏大更明显。

表 5　石匣观区间数值预报降水分级检验结果 　　　　　　　%

预报量级	TS		漏报率		空报率		偏差	
	24 h	48 h	24 h	48 h	24 h	48 h	24 h	48 h
小雨	84.4	68.2	7.32	26.8	9.52	9.09	1.0	1.3
中雨	16.7	25.0	50.0	0	80.0	75.0	2.5	4.0
大雨	25.0	33.3	33.3	50.0	71.4	50.0	2.3	1.0
暴雨	66.7	33.3	0	0	33.3	66.7	0.3	3.0
大暴雨	0	—	—	—	100	—	—	—

表 6　大雨及以上级别降水预报定量误差统计 　　　　　　　%

预见期	偏大率			平均偏大误差		
	匡门口以上	三库—石梁	石匣观	匡门口以上	三库—石梁	石匣观
24 h	42.9	50	30	68.9	9.14	52.6
48 h	42.9	50	50	60.1	64.0	57.4
预见期	偏小率			平均偏小误差		
	匡门口以上	三库—石梁	石匣观	匡门口以上	三库—石梁	石匣观
24 h	57.1	50	70	−30.6	−33.5	−35.6
48 h	57.1	50	50	−31.7	−45.9	−38.6

4　结语

应用 TS 评分、漏报率、空报率、预报偏差（BIAS）、相关系数等指标，评价了欧洲中心数值降水模式预报数据在漳河流域不同区间、不同预见期的精度。结果表明，欧洲中心数值降水模式预报数据在漳河流域的表现相关性较好，从相关系数 R 值空间分布看，石梁—匡门口—观台区间相关性最好。24 h 预见期的降水预报 TS 评分高于 48 h 预见期，说明预报精度随预见期的增加而减小。对于降水分级检验，2021 年夏秋连汛期间欧洲中心数值降水预报模式对漳河流域降水的预报效果总体较好，小雨量级的降水预报的 TS 评分明显高于其他量级降水，预报偏差 BIAS 相对稳定；中雨级别的降水预报 TS 评分较低，预报能力较差；各时效降水预报偏差 BIAS 总体在 1.0~4.0，表明空报次数总体多于漏报次数，存在预报过度的现象。就大雨及以上级别的强降水预报而言，偏小率大多大于偏大率，说明降水的预报值小于实际值，各区间的平均偏大误差大于平均偏小误差，说明预报偏大更明显，因此在实际应用中，可再适当对预报降水值进行人工修正。

参考文献

［1］徐姝，魏琳，邓岩．4 种数值降水预报产品在海河流域的应用检验［J］．海河水利，2017（2）：45-51.

［2］翟振芳，魏春璇，邓斌，等．安徽省 ECMWF 数值模式降水预报性能的检验［J］．气象与环境学报，2017，33（5）：1-9.

［3］汤欣刚，魏凌芳．中央气象台 24 h 降雨预报在漳河流域的检验分析［J］．海河水利，2018（3）：37-39，44.

［4］蔡和荷，张行南，夏达忠，等．长江上游流域数值降雨预报产品精度评估［J］．水电能源科学，2022，40（4）：1-4，9.

基于 PHP 和 Mybatis 框架的水文设施设备台账管理系统的设计和实现

刘　帅　崔　桐　胡士辉　刘亚奇

(黄河水利委员会水文局，河南郑州　450004)

摘　要：由于投资渠道限制及每年冰凌、暴雨洪水等毁坏设施设备的现象时有发生，各测站基础设施设备更新、改建均为分批分期或零星建设，设备运行维护及管理工作难度较大，同时规划建设工作也无法高效精确地开展。基于较为先进的 PHP 和 Mybatis 框架，以其较为规范、系统且灵活的数据库管理方式，结合水文项目管理较为固定等特点开发，实现对全局各站点设施建设和设备配备情况的自动和实时查询、整理、汇总等，能够提高水文设施设备统计的时效性和准确性，为规划项目立项中对各类测报设施设备进行有效规划和配备提供依据。

关键词：PHP；Mybatis；设施设备；台账

1　黄河设施设备配备和运行管理现状

黄河水文作为黄河治理开发与管理的基础，多年来对黄河流域防汛抗旱、水资源管理、水环境保护、水工程建设管理运行以及调水调沙、跨流域调水等提供了高效可靠的水文信息，为经济社会发展、生态环境保护做出了重要贡献。

黄河水文具有点多、线长、面广、站点分散，各测站设施设备繁杂、技术参数千差万别等特点，同时水文基本建设受投资规模、投资渠道限制，以及每年冰凌、暴雨洪水等毁坏设施设备的现象时有发生，使得各测站基础设施设备更新、改建均为分批分期或零星建设，存在同一测区不同测站的设施设备、同一测站的不同类型设施设备的更新时间各不相同等现象，已验收项目中相关设施设备资产交付后不能及时进行统计，也使得水文局在项目立项阶段难以及时准确地统计项目设施设备配备现状。

2　存在的问题

目前，黄河水文基础设施设备的维护管理主要还是由各基层水文水资源局和水文局相关部门进行手工统计，日常维护记录与统计管理记录或者设备更新记录都以纸介质为主，给上级主管部门的汇总统计工作带来较大麻烦，尤其缺乏准确性、实时性，不能及时地掌握基础设施设备的情况，使得规划建设工作十分被动，系统结合设施设备的使用情况编制规划方案十分吃力。

3　主要技术方案

3.1　PHP 框架概述

PHP 框架（PHP Framework）是 PHP 平台开发的基础，它保护 XML Web Services 及相关应用系统，对 XML 技术产生绝对推动作用。作为全球最普及、应用最广泛的互联网开发语言之一，PHP 早在 20 世纪 90 年代初就诞生了，至今为止至少被两千多万个企业的动态网站所采用。如全球知名的 Google、Lycos、Yahoo！、eBay 以及中国国内的百度、新浪网易等互联网公司都是采用 PHP 技术进行

作者简介：刘帅（1989—），男，工程师，硕士，主要从事水文规划和前期管理工作。

开发的。随着 PHP 技术的不断成熟发展和完善，它已经从专门针对网络开发发展到适合企业部署的技术平台了。PHP 框架适用于多种语言之中，能够对应用程序、XML Web Services 的运行起辅助作用[1-2]。

PHP 框架最大的优点就是可以使开发进程加快。PHP 框架提供的预建模块等功能可以节省程序开发人员大量的重复代码的开发工作，可以使开发人员将更多的精力投入业务范围的创新上。通过使用预建模块，可以为类似的项目初期构建基础功能时提供预建功能，从而节省开发时间。同时，PHP 对数据库有强大的支撑能力，除能够高效的支持 MYSQL 数据库外，它还支持与其他数据库管理软件如 Access、SQL Server、Oracle 等进行数据交互操作。

3.2 Mybatis 框架概述

Mybatis 框架是一款开源的基于 Java 的数据持久层框架，它最早是 Apache Software Foundation 的一个开源项目，后来迁移到了 Google 和 Github。Mybatis 的持久层框架中包含了 SQL Maps 和 Data Access Objects（DAOs），能够支持存储过程和定制化 SQL 功能，并且能够支持高级映射机制。

Mybatis 的优势在于利用配置文件减少了很多 JDBC 的代码。配置文件分为主配置文件和映射配置文件。主配置文件的作用是引导 Mybatis 程序连接数据库，并对各映射配置文件进行声明；映射配置文件是指多个实现 ORM 的 XML 文件，文件中声明了 Java 对象与数据库表之间的映射、对象属性与表字段之间的映射，以及对 SQL 语句进行封装并加以标识建立映射。在编写完配置文件后，程序中通过创建会话来调用 Mybatis 程序，此时加载主配置文件，创建 SqlSession Factory 实例，并通过该实例的 openSession（）方法创建 SqlSession 实例。应用程序将映射配置文件中声明的 SQL 语句标识作为参数，传递给 SqlSession 实例的 selectOne（）、selectList（）、insert（）、update（）、delect（）等方法，即可执行相对应的 SQL 语句，最终实现对数据库的访问[3-4]。

4 结语系统设计与开发

4.1 系统总体功能设计

水文设施设备台账管理系统分为系统设置、设施设备管理、设施设备统计三部分。系统设置包括用户管理、批量移动等模块，设施设备管理包括设施设备信息录入、设施设备信息查询等模块。系统总体功能见图 1。

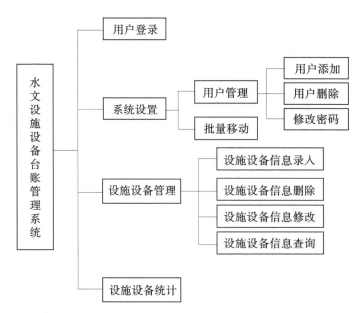

图 1　系统总件功能

系统总体功能说明如下：

4.1.1　用户登录

用于系统用户登录。

4.1.2　系统设置

用户管理：用于系统管理员登录后，对系统用户角色的添加和删除及对系统用户的密码和相关信息进行修改。

批量移动：用于水文设施设备台账管理系统的信息整体备份和迁移。

4.1.3　设施设备管理

设施设备信息录入：用于系统用户登录系统之后，对新设施设备信息进行录入，将新的设备信息保存到数据库中。

设施设备信息删除：用于系统用户登录系统之后，对淘汰的设施设备信息进行删除。

设施设备信息修改：用于系统用户登录系统之后，对已登记的设施设备信息进行修改，并将修改后的信息保存到数据库中。

设施设备信息查询：用于系统用户登录系统之后，根据选择条件，在已登记的设施设备信息中显示满足条件的设施设备。

4.1.4　设施设备统计

用于系统用户登录系统之后，根据选择条件，对已登记的设施设备信息进行统计并按照图、表等格式进行显示。

4.2　数据库表结构设计

基于各实体之间的关系即可形成数据库中的表之间的关系。现在需要将实体模型转换成为实际数据库内的表也就是数据库逻辑结构。通过对实体的表设计，方便了系统的开发。以下是每个实体的表设计，它们相对应数据库中的一个表。

4.2.1　设施设备表

设施设备表（见表1）存储了设施设备的基本信息，主要用于设施设备基本信息记录。

表1　设施设备

字段名称	字段类型	字段长度	是否主键	描述
id	int	11	是	设施设备编号
shessbname	varchar	40	否	设施设备名称
shessbsource	varchar	40	否	设施设备来源
shessbdx	varchar	20	否	设施设备状态
shessyear	varchar	20	否	设施设备配备年份

4.2.2　用户信息表

用户信息表（见表2）存储的是系统操作用户的基本信息主要字段包括用户编号、用户名、用户密码、所属角色编号、联系电话、联系地址、联系邮箱、微信号码、所属部门、用户职务、用户状态和最后登录时间。

4.2.3　角色信息表

角色信息表（见表3）存储的是用户所属的操作角色信息，主要字段包括角色编号、角色名称、拥有权限列表和角色状态。

表 2　用户信息

字段名称	字段类型	字段长度	是否主键	描述
userid	int	4	是	用户编号
username	varchar	20	否	用户名
userpwd	varchar	20	否	用户密码
roleid	int	4	否	所属角色编号
usertel	varchar	11	否	联系电话
useraddress	varchar	40	否	联系地址
usermail	varchar	20	否	联系邮箱
userwchartnum	varchar	30	否	微信号码
deptname	varchar	20	否	所属部门
userjob	varchar	20	否	用户职务
userstate	varchar	5	否	用户状态
ulastlogintime	varchar	20	否	最后登录时间

表 3　角色信息

字段名称	字段类型	字段长度	是否主键	描述
roleid	int	4	是	角色编号
rolename	varchar	20	否	角色名称
rolepowers	varchar	200	否	拥有权限列表
rolestate	varchar	20	否	角色状态

4.2.4　权限信息表

权限信息表（见表 4）存储的是各个角色拥有的权限信息，主要字段包括权限编号、权限名称、拥有功能列表和权限说明。

表 4　权限信息

字段名称	字段类型	字段长度	是否主键	描述
authorityid	int	4	是	权限编号
authorityname	varchar	20	否	权限名称
authoritylist	varchar	200	否	拥有功能列表
authorityinfo	varchar	20	否	权限说明

4.3　系统开发与运行环境

软件开发工具：Intellij IDEA、Eclipse PDT。

数据库：SQL Server。

开发语言：PHP。

4.4　主要功能模块设计与开发

4.4.1　设施设备管理

设施设备管理功能用于系统用户登录系统之后，显示全部的设施设备信息，PHP 文件通过 POST 方法，通过查询字符串将设施设备 ID 信息传输出来，在 lookinfo. ASPX 页面中通过 PHP 代码在数据库中查询到设施设备的信息，在页面中显示出来。管理员可以对设施设备信息进行新增、删除、修改。模块流程见图 2。

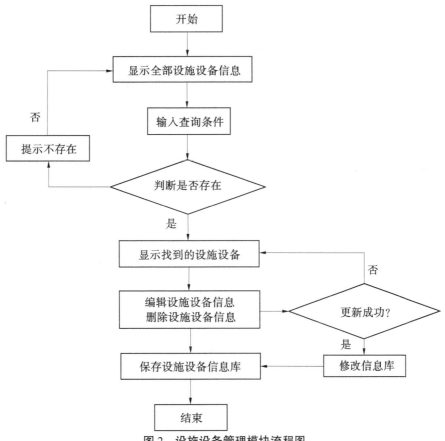

图 2　设施设备管理模块流程图

4.4.2　设施设备统计

设施设备统计功能用于系统用户登录系统之后，根据选择条件，对已登记的设施设备信息进行统计并按照图、表等格式进行显示。模块流程见图 3。

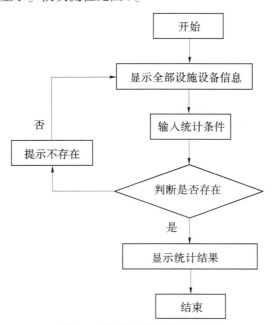

图 3　设施设备统计模块流程

4.5 软件成果展示

软件成果展示见图 4~图 6。

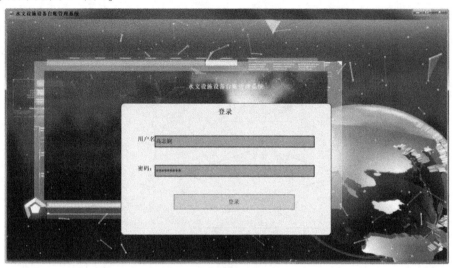

图 4 软件主界面展示

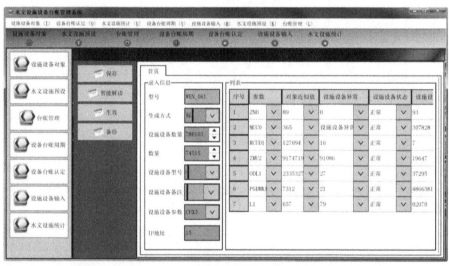

图 5 设施设备管理界面

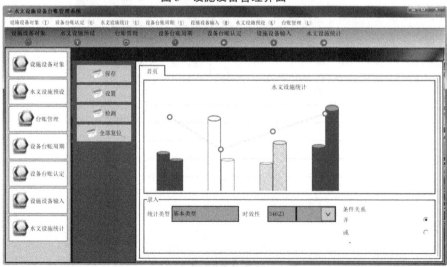

图 6 设施设备统计界面

5 结语

基于 PHP 和 Mybatis 框架的水文设施设备台账管理系统具有较好的经济效益和社会效益，该项目的建设实施可以及时、准确地了解全局各水文站点水文基础设施设备配备和运行现状，为今后测站设施设备的管理以及新项目立项决策提供基础资料的支撑，实现对各站点水文基础设施设备的在线动态查询和网络化管理，减轻了劳动强度，提高了工作效率，可满足现阶段水文设施设备管理和建设的需要，为黄河水文基础设施设备建设的前期工作提供有效的决策支撑。

参考文献

［1］王晓滨 . 基于 PHP 的物业管理网站设计与实现［D］. 武汉：中国地质大学，2016.

［2］刘海岩，梅健 . 基于 PHP 的网上办公系统实现与安全设计［J］. 计算机工程，2004，30（2）：30-30.

［3］荣艳东 . 关于 Mybatis 持久层框架的应用研究［J］. 信息安全与技术，2015（12）：85-88.

［4］徐雯，高建华 . 基于 Spring MVC 及 Mybatis 的 Web 应用框架研究［J］. 微型电脑应用，2012，28（7）：1-4.

阿拉善左旗地下水超采综合治理成效及长效机制

阿丽玛[1]　孙卫云[1]　宝勒尔[2]　郭子俊[3]　其其格[4]

(1. 阿拉善乌海水文水资源分中心，内蒙古阿拉善　750306；
2. 孪井滩黄河高扬程灌溉事业发展中心，内蒙古阿拉善　750312；
3. 阿拉善左旗农业技术推广中心，内蒙古阿拉善　750300；
4. 阿左旗巴润别立镇综合保障和技术推广中心，内蒙古阿拉善　750300)

摘　要：内蒙古阿拉善左旗地处我国西北干旱区，降水稀少，地表水资源极度缺乏，区域经济社会发展主要依赖于地下水资源。地下水大规模开采，导致部分农灌区地下水水位持续下降、承载能力降低、水生态退化问题突出。通过高效节水技术推广、清退非法耕地、机井关停封存、种植结构调整、水量监控和地下水监测等多项措施，地下水超采状况得到了遏制、达到采补平衡。

关键词：地下水；超采；综合治理；长效机制

1　地下水超采面积及等级

科学合理开展超采区评价和划定工作是有效开展地下水超采区综合治理的重要前提和基础。内蒙古自治区水利厅 2014 年 1 月编制完成《内蒙古自治区地下水超采区评价》报告，划定阿拉善左旗腰坝滩、查哈尔滩、西滩为地下水井灌超采区。腰坝滩是阿拉善盟最大的农业井灌区，超采区面积 126.26 km²，多年平均可开采量 2 099.70 万 m³，多年平均实际开采量 5 069.15 万 m³，多年平均超采量 3 069.45 万 m³，年均开采系数 2.46，属中型严重超采区；查哈尔滩超采区面积 68.92 km²，多年平均可开采量 702.98 万 m³，实际开采量 2 018.15 万 m³，超采量 1 405.17 万 m³，年均开采系数 3.00，属小型严重超采区；西滩超采区面积 42.68 km²，多年平均可开采量 2 637.2 万 m³，多年平均实际开采量 2 993.2 万 m³，多年平均超采量 356 万 m³，年均开采系数 1.13，属小型一般超采区。

2　地下水超采治理目标

地下水超采综合治理是一项长期、复杂的系统工程，涉及社会的方方面面。依据内蒙古自治区和阿拉善左旗《重要地下水水源地和超采区水位与水量双控方案》（简称《双控方案》）的要求，结合腰坝滩、查哈尔滩、西滩 3 个超采区的实际情况，统筹经济社会发展状况和水资源条件，综合施策，全面治理，切实保证落实落地落细，逐步实现地下水采补平衡。

2.1　严控地下水水位

到 2020 年，各超采区监控井的地下水水位控制在允许最低水位标高之上，即：腰坝滩镇区井 1 273.78 m，A7 井 1 275.94 m，A9 井 1 266.80 m；查哈尔滩牧场 1 号井 1 095.79 m，A17 井 1 125.87 m；西滩王金刚 3 号井 1 518.09 m，A2 井 1 499.51 m。

2.2　严控地下水取水总量

到 2020 年，各超采区压采总水量达到：腰坝滩 3 069.45 万 m³，查哈尔滩 1 405.17 万 m³，西滩 356.00 万 m³，即实现采补平衡。

作者简介：阿丽玛（1972—）女，高级工程师，科长，主要从事水文水资源工作。

3 地下水超采治理措施

3.1 行政管理措施

（1）严格控制水位，强化地下水监测。严格控制各超采区水位在允许最低水位标高之上，根据超采面积和现有地下水水位监测站点，新布设地下水水位水温自动监测井，准确掌握灌区地下水埋深变化，为灌区水资源开发利用提供决策依据和技术支撑。对局部区域和部分井点，实行不定时督察、检查，对一些特殊井进行抽查。

（2）严格控制地下水总量，定额管理。严格控制总量在治理目标范围内，在超采区安装新型机井 IC 智能化设备，以水定种、以电控水、总量控制、定额管理；严格落实开发利用地下水的水资源论证和取水许可作为"准入"制度，实行最严格的水资源管理制度；严禁在超采区新增取用地下水量。

（3）合理确定农业灌溉定额。结合超采区实际，充分考虑农田水利工程状况、土壤结构、种植作物类型和节水技术推广应用等情况，区分不同农作物品种，以促进节水和满足用水户正常用水需求为前提，初步确定农业灌溉定额，让农民自觉转化为实际行动，按试验确定的灌溉定额执行。

（4）运用经济手段推动压采。征收地下水水资源费，严格执行水资源费征收标准，做到应收尽收，提高征收率；建立农业用水精准补贴。

（5）多方面进行保障。加强组织领导，落实相关单位各方责任；拓宽融资渠道，加大投入力度；严格依法监管；广泛宣传动员，形成社会合力，创新终端用水需求管理，为实现规划双控目标提高强有力的保障。

3.2 灌溉节水措施

（1）高效节水工程。积极争取节水灌溉项目资金，截至 2020 年超采区耕地基本实现膜下滴灌。同时积极引导农村土地合理流转，实行规模化、集约化经营，大力推广免冬灌、免耕、干播湿出、膜下滴灌水肥一体化、激光平地等先进农业耕作、灌溉技术。对已完成高效节水改造工程减少灌溉用水的区域，实施地下水开采井关停封存，作为干旱年份的备用水源。

（2）调整种植结构。通过调整种植结构，减少玉米、小麦等耗水较高作物的种植面积，积极推广节水高效经济林果及杂交谷等节水作物的种植。

（3）压减灌溉面积。严格履行国家二轮土地承包合同，将国家二轮土地承包合同土地经营权证面积以外的土地逐步清退；政策性开发的耕地，没有土地经营权的，原则上每眼井只允许保留灌溉面积 280 亩。为保障井灌区地下水资源能够永久利用，有效缓解井灌区地下水超采压力，参照中央全面深化改革领导小组审议通过的《探索实行耕地休耕轮耕制度试点方案》等制度，因地制宜，将地下水超采综合治理和生态退耕补偿相结合，制订井灌区休耕、轮耕方案，并制定补助机制。

（4）加快供水计量体系建设，供水计量设施的配套要坚持先进实用、计量准确、使用方便、低本高效的原则，易于群众接受和使用；逐步实施农业灌溉用水信息化管理系统，实现灌溉用水管理信息化；推行"一井（泵）一表一卡"的计量模式，成立水权交易中心；加大水政执法监督力度，严肃查处损坏计量设施的行为。

4 地下水超采治理成效

4.1 地下水超采区水位控制

截至 2019 年底，各超采区监控井的地下水水位控制均在允许最低水位标高之上，整体呈上升趋势，高于控制目标水位。即：腰坝滩镇区井 1 277.35 m、A7 井 1 279.47 m 和 A9 井 1 274.98 m，分别高于控制目标水位 1 273.78 m、1 275.94 m 和 1 266.80 m，新增设水位水温自动监测井 5 眼；查哈尔滩牧草场 1 号井 1 119.89 m、A17 井 1 131.98 m，高于控制目标水位 1 095.79 m、1 125.87 m，增设水位水温自动监测井 4 眼；西滩王金刚 3 号井 1 518.53 m、A2 井 1 502.29 m，高于控制目标水位

1 095.79 m、1 125.87 m，增设水位水温自动监测井 5 眼。

4.2 地下水超采区水量控制

截至 2019 年底，各超采区通过多措并举，总压采量均超过控制目标压采取水量。即：腰坝滩封闭机电井 7 眼，新增高效节水灌溉 4.65 万亩，调整种植结构 3.7 万亩，压减灌溉面积 0.73 万亩，免冬灌 0.5 万亩，林地 0.56 万亩定额配水，干播湿出膜下滴灌 4.1 万亩，总压采量 3 104.78 万 m³，超目标总量 35.33 万 m³；查哈尔滩封闭机电井 1 眼，高效节水灌溉 2.41 万亩，调整种植结构 0.72 万亩，压减灌溉面积 0.37 万亩，总压采水量 1 426.52 万 m³，超目标总量 21.35 万 m³；西滩封闭机电井 12 眼，高效节水灌溉 4.14 万亩，调整种植结构 0.33 万亩，压减灌溉面积 0.24 万亩，总压采量 394.10 万 m³，超目标总量 38.10 万 m³。

5 地下水超采治理长效机制

通过阿拉善左旗人民政府、水务局及相关部门的协作配合，各超采区治理已达采补平衡。为深入落实最严格水资源管理制度，强化"三条红线"刚性约束，推进水资源消耗总量和强度双控行动。逐步建立地下水生态保护与治理长效机制，努力形成节约地下水资源和保护地下水环境的空间格局、产业结构、生产方式、生活方式，加快促进地下水生态环境根本好转。

5.1 编制地下水保护规划

阿拉善左旗人民政府应当根据阿拉善左旗水行政部门的地下水规划，编制本行政区域的地下水规划，经上一级水行政部门审核，报本级人民政府批准后实施，每 5 年修订一次。规划要按照水资源承载能力和地下水超采区治理目标，量水而行，科学确定，合理调整优化产业规模和布局，优先保证优质地下水用于城乡居民生活，必要时压减工农业生产用地下水。

5.2 实行地下水"五控"制度

"五控"即严格管控地下水开发利用水位、总量、水质、用途及机电井数量。《地下水管理条例》（简称《条例》）明确了地下水水位和取水总量"双控"管理是水资源刚性约束制度的重要内容，是地下水管理和保护的有力抓手。阿拉善左旗人民政府和水务局科学制定了地下水水位和取水总量控制指标，在实行"五控"制度和巩固已实施的节水措施的基础上合理布局地下水取水工程，达到科学利用、合理计划、综合平衡的目的。

5.2.1 实行地下水水位监测

地下水水位监测是地下水管理和保护的"听诊器"，可掌握地下水变化规律、了解地下水开采状况、指导地下水资源保护的重要手段。地下水水位控制指标作为确定地下水取水工程布局，制订地下水年度取水计划，审批取水许可等的关键指标之一，对超采区水位实行全覆盖监测，提高地下水监测数据的准确性和时效性，为后续地下水管控、水位动态监控、地下水治理成效评估提供数据支撑。

5.2.2 实行地下水取水总量控制

为从源头上防止地下水过度开发、超量利用、加快地下水超采区治理，《条例》明确要求实行地下水取水总量控制制度。通过多措并举，控制地下水取用水总量，现已有效遏制地下水超采，进一步强化地下水取水总量控制，将水量指标分解到取用水户，依法履行水资源论证和取水许可手续，科学动态管控，严格取水审批、计量和监控，促进总量管控指标落实。

5.2.3 实行地下水水质管控

土壤和包气带是含水层的"防护服"，地下水污染防治的第一关是土壤污染防治。对于地下水"三氮"及农药污染防治核心工作要从农业及田间管理入手，实行农药无害化、化肥减量化、水肥一体化，严禁利用不符合标准的中水灌溉农田、草牧场。地下水水质监测是"防火墙"，地下水虽然深藏地下，不被肉眼所察，但一经污染，因其自身难以自净等问题，将带来更大的污染治理挑战，进而影响水生态，影响人类用水安全，至少在每 5 年换取水许可证时按《农田灌溉水质标准》（GB 5084—2021）监测一次水质，以便掌握地下水水质污染情况。

5.2.4 实行地下水用途管控

居民生活用水优先配置优质地下水，禁止开采深层承压地下水。严格控制地下水灌区规模，未经批准严禁擅自利用地下水种植高耗水作物。新建、改建、扩建的高耗水项目，禁止擅自使用地下水。

5.2.5 实行机电井数量管控

以"十二五"末农灌机电井数量为控制基数，严格机电井管理，确保机电井总数不增加，在地下水超采区禁止新增机电井。

5.3 巩固已实施的节水措施

坚持"节水优先、量水而行"，全面贯彻"四水四定"原则，推进水资源总量管理、科学配置、全面节约、循环利用，从严从细管好水资源，精打细算用好水资源。

（1）加强高效节水灌溉工程的运行维护，按设计灌溉制度、灌溉方式运行管理，实施用水定额管理，确保达到压采量。

（2）切实保证土地轮耕休耕的落实，政策方面采用鼓励和贴补等方式保证农民利益，保证地下水压减和恢复。

（3）建立和完善超采区农业用水量、地下水水位的在线监测系统，落实灌溉机电井的位置、控制面积、出水量等基本情况，以便实时掌握超采区农业灌溉取水量。

5.4 建立和完善节水市场调节机制

建立长效、稳定的地下水超采区治理和保护投入机制。结合现有相关专项资金政策，加大超采区高效节水工程、确保压减量达到要求。完善水价形成机制，加快水价改革，全面实现居民、农业、工业等阶梯水价制度。积极有序推行分质供水、优水优用。建立水价高预警制度，建立稳定的节水投入保障机制和良性的节水激励制度。

5.5 建立工作机制，提升监管能力

阿拉善左旗人民政府对超采区治理工作实行挂牌督办，并纳入最严格水资源管理和"水十条"考核，加强组织领导，落实责任，完善超采区"回头看"工作措施，巩固已有治理成果，确保超采区达到《双控方案》要求。

加强基层水利执法队伍建设，组织开展地下水监管执法技术培训，提升水利执法监管能力，切实夯实节水监管工作基础。加大"四不两直"督察力度，适时构建节约用水统计制度和监控体系，实现水资源取水、供水、用水、排水的一体化长效监督，尤其是加强超采区监控用水监督管理，分析其用水效率和节水量。

参考文献

［1］内蒙古自治区水利厅. 内蒙古自治区地下水超采区和重要地下水水源地水位与水量双控方案报告［R］. 呼和浩特，2015.12.

［2］中国科学院地理科学与资源研究所. 阿拉善左旗重要地下水水源地和超采区水位与水量双控方案报告［R］. 北京，2018.01.

［3］呼和浩特市丰泽水利勘测设计有限公司. 阿拉善左旗温都尔图镇西滩井灌小型孔隙浅层地下水超采区治理效果评估报告［R］. 呼和浩特，2020.04.

［4］水利部牧区水利科学研究所. 阿拉善盟阿左旗查哈尔滩井灌小型孔隙浅层地下水超采区治理效果评估报告［R］. 呼和浩特，2020.04.

［5］水利部牧区水利科学研究所. 阿拉善盟阿左旗腰坝滩井灌中型孔隙浅层地下水超采区治理效果评估报告［R］. 呼和浩特，2020.04.

［6］李国英. 推动新阶段水利高质量发展全面提升国家水安全保障能力［J］. 中国水利，2022（6）：2-3.

［7］于琪洋. 强化节水优先 严格取用水监管 促进地下水可持续利用［J］. 中国水利，2022（6）：9-10，14.

［8］唐克旺. 防治地下水污染 助力地下水保护［J］. 中国水利，2022（6）：19-20.

辽河流域 2022 年夏季主要降水过程及成因分析

牛立强　周　炫

（松辽水利委员会水文局（信息中心），吉林长春　130021）

摘　要： 2022 年夏季，辽河流域降水量异常偏多，造成 17 条河流发生超警洪水，其中 4 条河流发生超保洪水，辽河出现 1 次编号洪水。本文重点对辽河流域 2022 年夏季主要降水过程、特点及成因进行分析，结果表明：2022 年夏季辽河流域共有 12 场主要降雨过程，具有降雨日数多、局地降雨强度大、空间分布呈现"东多西少"、累积雨量大、降雨区重叠等特点。夏季北半球极涡呈偶极型分布，中高纬度经向环流发展明显，阻塞高压长期存在，冷空气活动频繁，副热带高压偏强、偏西，脊线位置南北摆动，总体略偏北，这些异常因素的共同影响造成辽河流域降雨异常偏多。

关键词： 辽河流域；2022 年夏季；降雨过程分析；降雨成因

1　引言

辽河流域是我国重要的工业基地和商品粮基地，工业基础雄厚，能源、重工业产品在全国占有重要的地位，主要作物是水稻、玉米、小麦和大豆等[1]。辽河流域降水年内集中、年际变化大，因此洪灾、旱灾频繁，损失巨大。耿延博等[2]对 2019 年 8 月 10 日辽河流域暴雨成因、暴雨时空分布、暴雨移动路径、洪水过程、洪水特点等进行了分析，阐述流域的洪水特性，同时评估了此次暴雨洪水等级，分析了洪水预报精度。王殿武等[3]对辽河流域"2005·08"暴雨洪水特性、洪水等级及洪水预报进行了分析，对于掌握该流域暴雨洪水形成的条件和变化规律提供了参考依据。刘姗姗[4]依据辽河流域 1963—2019 年夏季降水数据分析了其年代际变化特征与周期性特征。刘向培等[5]基于 1960—2018 年的日降水资料，分析了辽河流域日降水集中程度的时空特征，指出辽河流域降水集中程度总体呈现出东部和西部低、南部和北部高的鞍型空间分布特征。关铁生等[6]根据辽河区实测和调查年最大点暴雨资料与气象资料，分析了极端暴雨的区域特征以及形成极端暴雨的天气成因，揭示了极端暴雨的基本规律。2022 年夏季，辽河流域降水量较常年同期偏多 3 成，其中东辽河、辽河干流降水量偏多 5~7 成，列 1956 年以来第 1 位；辽河流域 17 条河流发生超警洪水，其中 4 条河流发生超保洪水，辽河出现 1 次编号洪水。本文重点分析了辽河流域 2022 年夏季主要降水过程及降水特点，并从大气环流形势方面探讨降水成因，以期为提高流域暴雨洪水预警和防洪减灾提供科学依据。

2　夏季主要降水过程

辽河发源于河北省平泉市七老图山脉的光头山，流经河北、内蒙古、吉林、辽宁四省（自治区），全长 1 345 km，注入渤海，流域面积 21.9 万 km²。辽河流域概况见图 1。

辽河流域地处温带大陆性季风气候区，降水的时空分布极不均匀，东部山丘区多年平均降水量为 800~950 mm，西辽河地区仅 300~350 mm；降水多集中在 7—8 月，占全年降水量的 50%以上，易以暴雨的形式出现；降水的年际变化也较大，而且有连续数年多水或少水的交替现象。辽河流域的洪水由暴雨产生，洪水有 80%~90%出现在 7—8 月，尤以 7 月下旬至 8 月中旬为最多。由于暴雨历时短，雨量集中，汇流速度快，洪水呈现陡涨陡落的特点，一次洪水过程不超过 7 d，主峰在 3 d 之内。

作者简介： 牛立强（1988—），男，高级工程师，主要从事水文气象预测预报与研究工作。

图 1　辽河流域概况

2022 年夏季（6—8 月），辽河流域降水量 427.4 mm，较常年同期偏多 3 成，降水主要集中在东辽河、辽河干流、浑太河等流域，面雨量一般为 530～630 mm，东辽河、辽河干流降水量列 1956 年以来第 1 位。降水量与常年同期相比，东辽河、辽河干流偏多 5～7 成，西辽河、浑太河偏多 2 成左右，详见表 1。

表 1　辽河流域 2022 年夏季降水量统计

序号	流域名称	降水量/mm	常年同期/mm	距平/%	历史排位
1	西辽河	319.2	261.3	22	
2	东辽河	625.3	377.4	66	1956 年以来第 1 位
3	辽河干流	628.4	407.9	54	1956 年以来第 1 位
4	浑太河	533.1	463.3	15	
5	辽河流域	427.4	317.4	35	

根据辽河流域影响降雨的天气系统、降雨的连续性，2022 年夏季辽河流域共有 12 场主要降雨过程，分别为 6 月 4—6 日、6 月 11—17 日、6 月 21—22 日、6 月 27—28 日、6 月 30 日至 7 月 2 日、7 月 6—7 日、7 月 12—14 日、7 月 16—20 日、7 月 28—29 日、8 月 6—7 日、8 月 14 日、8 月 18 日。这些大范围、高强度的降雨过程，造成辽河流域的暴雨洪水。每场降雨过程情况如下。

第一场，6 月 4—6 日，受高空冷涡影响，辽河流域出现入汛以来首场大范围强降水过程，西辽河中下游、东辽河、辽河干流、浑太河等地降大到暴雨，局地大暴雨，最大点雨量为西辽河乌鲁格奇河西乌努格奇站（内蒙古自治区—通辽市—扎鲁特旗）152.1 mm，降水空间分布见图 2。辽河流域累计面雨量 33.2 mm，其中西辽河 30.8 mm、东辽河 53.8 mm、辽河干流 33.4 mm、浑太河 37.0 mm。

第二场，6 月 11—17 日，受高空冷涡和高空槽影响，西辽河、东辽河、辽河干流等地降大到暴雨，局地大暴雨，最大点雨量为西辽河海棠河四支八营子站（辽宁省—朝阳市—建平县）221.0 mm，降水空间分布见图 3。辽河流域累计面雨量 36.7 mm，其中西辽河 40.8 mm、东辽河 39.0 mm、辽河干流 33.5 mm、浑太河 21.2 mm。

第三场，6 月 21—22 日，受高空冷涡和低空切变影响，西辽河上游、东辽河、辽河干流等地降大到暴雨，局地大暴雨，最大点雨量为西辽河阴河小庙子（中）站（内蒙古自治区—赤峰市—松山区）173.6 mm，降水空间分布见图 4。辽河流域累计面雨量 27.5 mm，其中西辽河 18.1 mm、东辽河 37.3 mm、辽河干流 56.0 mm、浑太河 20.0 mm。

第四场，6 月 27—28 日，受高空槽和低空切变影响，西辽河中下游、东辽河、辽河干流、浑太

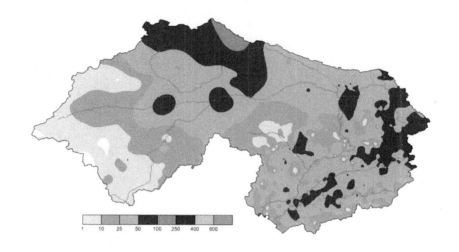

图 2 6 月 4—6 日降水空间分布 （单位：mm）

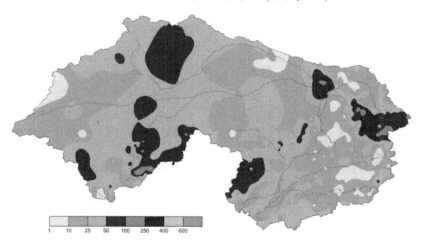

图 3 6 月 11—17 日降水空间分布 （单位：mm）

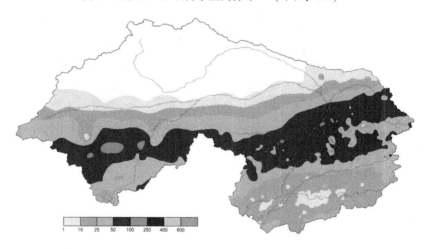

图 4 6 月 21—22 日降水空间分布 （单位：mm）

河等地降大到暴雨，局地大暴雨，最大点雨量为辽河干流道老都河下宝格台（中）站（内蒙古自治区—通辽市—库伦旗）159.8 mm，降水空间分布见图 5。辽河流域累计面雨量 31.4 mm，其中西辽河

25.8 mm、东辽河 41.3 mm、辽河干流 46.3 mm、浑太河 29.4 mm。

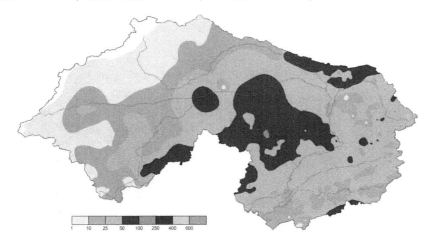

图 5　6 月 27—28 日降水空间分布　（单位：mm）

第五场，6 月 30 日至 7 月 2 日，受高空槽和低空切变影响，东辽河、辽河干流、浑太河等地降大到暴雨，局地大暴雨，最大点雨量为浑太河五道河上英水库站（辽宁省—鞍山市—海城市）213.5 mm，降水空间分布见图 6。辽河流域累计面雨量 18.6 mm，其中西辽河 6.5 mm、东辽河 29.7 mm、辽河干流 35.5 mm、浑太河 43.9 mm。

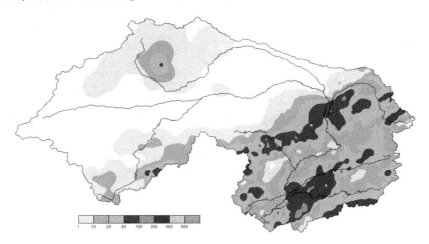

图 6　6 月 30 日至 7 月 2 日降水空间分布　（单位：mm）

第六场，7 月 6—7 日，受高空槽和 3 号台风"暹芭"水汽影响，东辽河、辽河干流、浑太河等地降大到暴雨，局地大暴雨，最大点雨量为辽河干流双徐河八家子站（辽宁省—阜新市—彰武县）225.0 mm，降水空间分布见图 7。辽河流域累计面雨量 34.1 mm，其中西辽河 6.9 mm、东辽河 54.9 mm、辽河干流 80.5 mm、浑太河 79.0 mm。

第七场，7 月 12—14 日，受高空冷涡和低空切变影响，东辽河、西辽河下游、辽河干流、浑太河等地降中到大雨，局地暴雨大暴雨，最大点雨量为西辽河小西河那木斯站（吉林省—四平市—双辽市）206.8 mm，降水空间分布见图 8。辽河流域累计面雨量 22.6 mm，其中西辽河 14.1 mm、东辽河 80.2 mm、辽河干流 36.4 mm、浑太河 19.0 mm。

第八场，7 月 16—20 日，受高空冷涡影响，辽河流域普降中到大雨，局地暴雨大暴雨，最大点雨量为东辽河甘家子河甘家子站（吉林省—长春市—公主岭市）153.9 mm，降水空间分布见图 9。辽河流域累计面雨量 22.6 mm，其中西辽河 19.6 mm、东辽河 39.6 mm、辽河干流 26.1 mm、浑太河 24.6 mm。

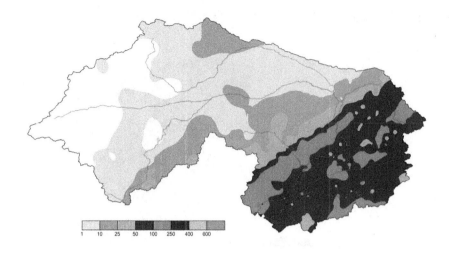

图7　7月6—7日降水空间分布　（单位：mm）

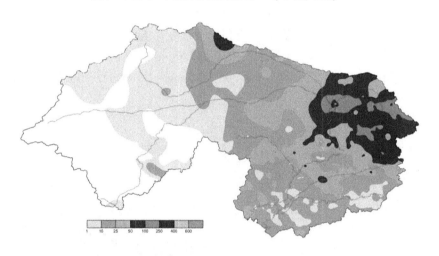

图8　7月12—14日降水空间分布　（单位：mm）

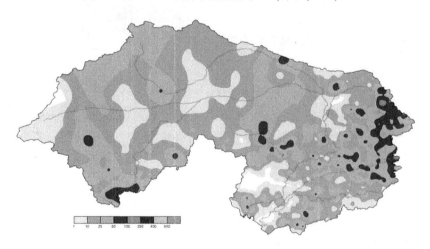

图9　7月16—20日降水空间分布　（单位：mm）

第九场，7月28—29日，受高空槽和副高后部切变影响，东辽河下游、西辽河下游、辽河干流、浑太河等地降大到暴雨，局地大暴雨，最大点雨量为辽河干流绕阳河八堆子站（辽宁省—阜新市—彰武县）268.0 mm，降水空间分布见图10。辽河流域累计面雨量36.7 mm，其中西辽河17.4 mm、东辽河 56.1 mm、辽河干流 92.8 mm、浑太河 26.2 mm。

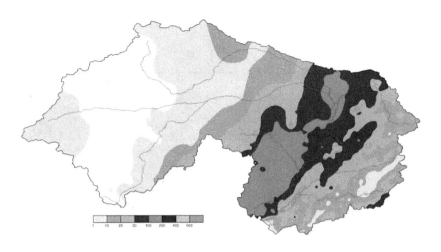

图 10 7 月 28—29 日降水空间分布 （单位：mm）

第十场，8 月 6—7 日，受高空槽和低空切变影响，东辽河、辽河干流、浑太河等地降中到大雨，局地暴雨大暴雨，最大点雨量为东辽河头道河营场站（吉林省—辽源市—东辽县）225.8 mm，降水空间分布见图 11。辽河流域累计面雨量 13.2 mm，其中西辽河 7.8 mm、东辽河 20.1 mm、辽河干流 21.8 mm、浑太河 22.1 mm。

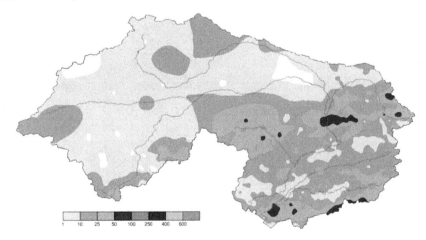

图 11 8 月 6—7 日降水空间分布 （单位：mm）

第十一场，8 月 14 日，受高空槽和低空切变影响，辽河流域普降中到大雨，局地暴雨大暴雨，最大点雨量为辽河干流道老都河下宝格台（中）站（内蒙古自治区—通辽市—库伦旗）123.8 mm，降水空间分布见图 12。辽河流域累计面雨量 22.2 mm，其中西辽河 21.4 mm、东辽河 15.1 mm、辽河干流 23.1 mm、浑太河 27.8 mm。

第十二场，8 月 18 日，受高空槽和低空切变影响，西辽河下游、东辽河、辽河干流、浑太河等地降中到大雨，局地暴雨，最大点雨量为东辽河新城站（吉林省—辽源市—东辽县）64.0 mm，降水空间分布见图 13。辽河流域累计面雨量 18.4 mm，其中西辽河 13.4 mm、东辽河 27.6 mm、辽河干流 25.5 mm、浑太河 27.2 mm。

3 夏季降水特征分析

2022 年夏季辽河流域降水具有以下特点。

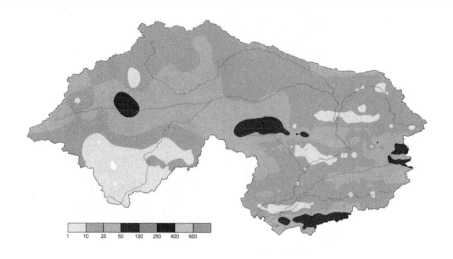

图12 8月14日降水空间分布 （单位：mm）

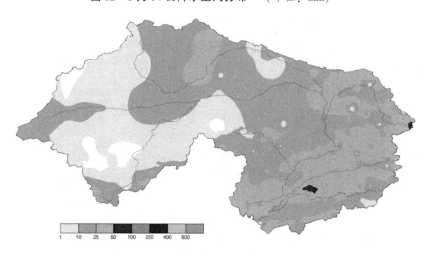

图13 8月18日降水空间分布 （单位：mm）

一是降雨日数多。入汛以来，流域内连续出现降雨过程，据统计，6—8月辽河流域降雨日数多达66 d，占6—8月总日数的72 %。

二是局地降雨强度大。流域共有10站日雨量超200 mm，最大日雨量为辽河干流绕阳河八堆子站（辽宁省—阜新市—彰武县）241.0 mm，出现于7月28日；最大1 h雨量为辽河干流寇河绥河站（辽宁省—铁岭市—西丰县）95.0 mm，出现于6月18日1时。

三是降雨空间分布呈现"东多西少"。多雨区主要集中在流域东部的东辽河、辽河干流、浑太河，面雨量一般为530~630 mm；流域西部的西辽河面雨量为319.2 mm。

四是累积雨量大，降雨区重叠。6—8月，辽河流域降水量427.4 mm，较常年同期偏多3成，其中东辽河、辽河干流降水量偏多5~7成，列1956年以来第1位。12场主要降雨过程中主雨区均位于东辽河、辽河干流区域，导致辽河出现1次编号洪水。

4 大气环流形势分析

2022年夏季，北半球500 hPa平均位势高度场和距平场（见图14）上，北半球极涡呈偶极型分布，两个中心分别位于格陵兰岛以西和泰梅尔半岛以北，中心强度均为5 460 gpm，极涡附近有弱的负距平，表明极涡较常年同期略偏强。中高纬度环流呈多波型分布，其中欧亚大陆受"两脊一槽"的环流型控制，高压脊分别位于乌拉尔山地区至里海一带和鄂霍茨克海地区附近，均较常年同期偏强，在两个高压脊之间为宽广的高空槽，极地冷空气沿乌拉尔山高压脊的脊前偏北气流不断东移南下，源源不断地补充到高空槽中，使高空槽发展加深，辽河流域处于高空槽内，频繁受到冷空气影响而产生降雨天气过程。夏季西太平洋副热带高压强度偏强，面积偏大，西伸脊点偏西，脊线位置南北摆动，总体略偏北，辽河流域降水过程主要受西风带短波系统（高空槽、冷涡、低空切变等天气系统）和台风的影响。

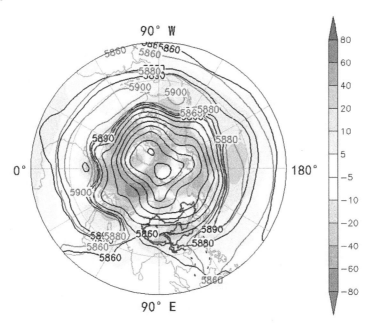

（图中实线为平均位势高度，单位：gpm；阴影区域为距平，单位：gpm）

图 14　2022 年夏季北半球 500 hPa 平均位势高度和距平

6 月，北半球 500 hPa 平均位势高度场和距平场（见图 15）上，北半球极涡呈单极型分布，主体位于北极圈内，中心偏向东半球，中心强度为 5 400 gpm，极涡附近有弱的负距平，表明极涡较常年同期略偏强。中高纬度环流呈多波型分布，其中欧亚大陆受"两脊一槽"的环流型控制，高压脊分别位于乌拉尔山地区至东欧平原一带和鄂霍茨克海地区附近，均较常年同期偏强，高空槽位于西西伯利亚至巴尔喀什湖地区，较常年同期偏强，辽河流域处于高空槽内，此种形势场有利于辽河流域降水的产生。月内，西太平洋副热带高压面积偏大，强度偏强，西伸脊点略偏西，脊线位置接近常年同期。

7 月，北半球 500 hPa 平均位势高度场和距平场（见图 16）上，北半球极涡呈单极型分布，主体位于北极圈内，中心略偏向东半球，中心强度为 5 460 gpm，极涡附近有明显的负距平，表明极涡较常年同期偏强。中高纬度环流呈多波型分布，其中欧亚大陆受"两脊一槽"的环流型控制，高压脊分别位于乌拉尔山地区至里海一带和鄂霍茨克海地区附近，均较常年同期偏强，西西伯利亚至我国新疆北部为低值槽区，辽河流域处于高空槽内，此种形势场有利于辽河流域降水的产生。月内，西太平洋副热带高压面积偏大，强度偏强，西伸脊点偏西，脊线位置略偏南。

8 月，北半球 500 hPa 平均位势高度场和距平场（见图 17）上，北半球极涡呈偶极型分布，两个中心分别位于格陵兰岛以西和泰梅尔半岛以北，中心强度均为 5 460 gpm，极涡附近有弱的负距平，表明极涡较常年同期略偏强。中高纬度环流呈多波型分布，其中欧亚大陆受"两脊一槽"的环流型控制，高压脊分别位于乌拉尔山地区至里海一带和堪察加半岛至太平洋中部一带附近，均较常年同期偏强，高空槽位于贝加尔湖附近，辽河流域处于弱的偏北气流中，此种形势场不利于辽河流域产生强降雨。月内，西太平洋副热带高压面积偏大，强度偏强，西伸脊点偏西，脊线位置略偏北。

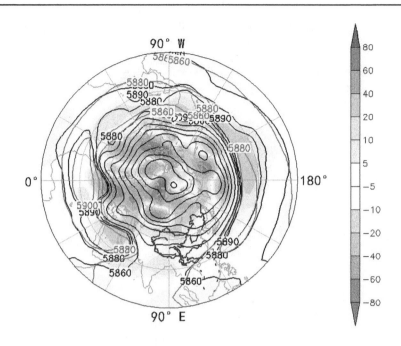

（图中实线为平均位势高度，单位：gpm；阴影区域为距平，单位：gpm）

图 15　2022 年 6 月北半球 500 hPa 平均位势高度和距平

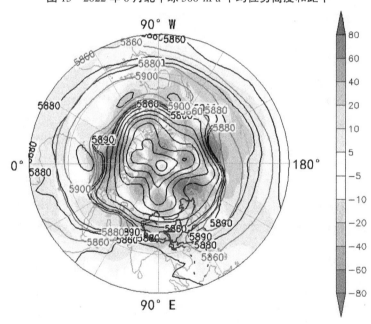

（图中实线为平均位势高度，单位：gpm；阴影区域为距平，单位：gpm）

图 16　2022 年 7 月北半球 500 hPa 平均位势高度和距平

5　结语

2022 年夏季大气环流形势异常，极涡、西风带、副热带系统的特征都与常年有明显差异。夏季 500 hPa 北半球极涡呈偶极型分布，势力略偏强，中高纬度经向环流发展明显，欧亚大陆"两脊一槽"环流形势持续稳定，阻塞高压长期存在，冷空气活动频繁，西太平洋副热带高压强度偏强，面积偏大，西伸脊点偏西，脊线位置南北摆动，总体略偏北。在这些异常因素的共同影响下，辽河流域降雨异常偏多，造成辽河流域 17 条河流发生超警洪水，其中 4 条河流发生超保洪水，辽河出现 1 次编号洪水。通过对辽河流域 2022 年夏季主要降水过程、降水特点及降水成因进行分析，可为今后辽

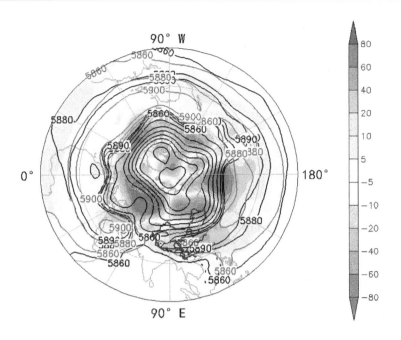

（图中实线为平均位势高度，单位：gpm；阴影区域为距平，单位：gpm）

图 17　2022 年 8 月北半球 500 hPa 平均位势高度和距平

河流域暴雨洪水预警和防洪减灾提供科学依据。

参考文献

［1］董丽丹，林岚，尚英可．辽河流域第三次水资源调查评价水资源开发利用分析［J］．东北水利水电，2019，37（12）：22．

［2］耿延博，吴志策．辽河"2019·8·10"暴雨洪水分析［J］．中国防汛抗旱，2020（8）：40-42．

［3］王殿武，王才，付洪涛，等．辽河流域"2005·08"暴雨洪水分析［J］．水文，2006，26（1）：76-79．

［4］刘姗姗．辽河流域夏季降水的变化特征分析［J］．水土保持应用技术，2021（1）：46-48．

［5］刘向培，佟晓辉，贾庆宇，等．1960—2018 年辽河流域日降水集中程度分析［J］．气象与环境学报，2020，36（5）：18-24．

［6］关铁生，姚惠明，许钦，等．辽河区极端暴雨特性及其天气成因分析［J］．水利水运工程学报，2015（2）：18-25．

非接触雷达测流系统在民和水文站的应用研究

王冬雪　刘　鹏

（黄河水利委员会上游水文水资源局，甘肃兰州　730030）

摘　要： 为探索非接触雷达测流系统在黄河上游测区的适用性，对该系统在民和水文站的应用情况进行研究分析。结合民和水文站的断面情况及水文特性，在 4 条断面代表垂线上安装雷达测速探头，实现河流部分表面流速的自动采集，经数据监测系统处理后自动输出河道瞬时流量。与流速仪测流结果对比分析后表明该系统可在民和水文站应用，为非接触雷达测流系统在黄河上游测区的应用和推广提供技术依据。

关键词： 在线测流；雷达；民和水文站；流量系数

传统的流量测验方式受水中含沙量、漂浮物和气候条件等因素影响，施测时间较长，安全风险较高，而雷达波测速除不受以上因素影响外，还具有快速测流、安全性强及数据远程传输等特点，故而在流量测验中应用较为广泛。朱志雄等[1] 在 2018 年对雷达在线监测系统在宁蒙测区水库站青铜峡西总水文站的应用情况展开了研究；王力等[2] 在 2020 年对非接触缆道雷达波流量测验系统在长江流域水库站崇阳（二）水文站的应用情况展开了研究，结论对比测试验中存在的问题提出了参考建议。

为研究非接触雷达测流系统在黄河上游测区的适用性，更完整地控制河道站洪水流量变化过程，在黄河一级支流湟水把口站民和（三）水文站，使用非接触雷达测流系统与常规流速仪测流方法进行同步测验，确定雷达波流量测验系数，解决该站在洪水抢测中面临的困难，提升测验精度，同时为该系统在黄河上游测区的应用和推广提供技术依据。

1　基本情况

民和水文站由黄河水利委员会设立于 1939 年 10 月，现位于青海省民和县川口镇史纳村，流域面积 15 342 km²，是黄河一级支流湟水的主要控制站，距河口距离 75 km。掌握湟水民和断面以上水量、沙量和水质等水文因素的变化，为治黄和工农业建设积累基本水文资料，并直接为八盘峡水库运用，同时为下游防汛、水资源合理利用和保护提供水情信息和水文资料。

水文站测验河段基本顺直，水流相对集中，含沙量断面分布比较均匀。受降水时空分布、地理位置等影响，大洪水多呈双峰形态。基本断面上游 80 m 以上的河道为一大弯形，此段河道坡降大，中高水时波浪大、流速快，在高中水时对流量测验有一定的影响，增加了流速仪测验的难度，在各级水位下少有壅水、回流等现象。历史最高水位为 1 764.12 m（2016 年 8 月 23 日），最大流量为 298 m³/s。

2　非接触雷达测流系统

2.1　雷达测流原理

当雷达传送非均匀流表面信号时，非均匀流表面的厘米波即反向散射体会导致多普勒频移的发生。在河道枯水期，这些厘米波由于具有一定的速度而被准确识别，根据其波动的方向，产生正向或负向的多普勒频移。由于紊流的散射引起的这两种影响几乎相同，也就是说在枯水期时，其影响为

作者简介： 王冬雪（1992—），女，工程师，主要从事水文测验及水文资料整汇编工作。

零。传递表面波的顺流流动，产生额外的多普勒频移，此时需要对接受信号进行特殊的分析测定。在高洪期间，由于水面波浪反射明显，因此表面流速特性更加容易被雷达探头捕获，测流原理见图1。

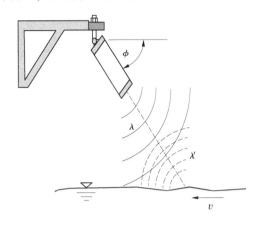

图1 雷达测流原理

2.2 RG-30 非接触式雷达测流系统

RG-30是以雷达测流技术和产品为核心部件，主要功能是使用先进的雷达探头实时遥测或在线监测河流表面流速，可以实现一点和多点河流表面流速监测，这些数据经过率定就可以推算出河流断面平均流速。由于山区性河流断面基本稳定，通过断面平均流速结合水位就可以计算出实时流量[3]，流量按式（1）计算：

$$Q = K \sum A_n v_n \tag{1}$$

式中：K 为常数；A_n 为测速垂线间的面积，m^2；v_n 为测速垂线间的平均流速，m^3/s。

RG-30非接触式雷达测流系统通过超短波电台与前端测量设备通信，可接收及控制前端RTU测量。接收中心通过GPRS与前端测量设备通信，作为系统的数据监控及数据备份分中心。测站人员可通过电脑、手机或其他设备通过WEB页面查询系统所测数据。该系统土建简单，便于随时维护，少受水毁影响，不受污水腐蚀，不受泥沙影响，保障人员安全。不仅可用于平时环境监测，而且特别适合承担急难险重观测任务。

2.3 在民和水文站的应用情况

该系统雷达探头安装在民和水文站测桥上，应用研究期间系统运行基本稳定，实测最高水位1 763.64 m，最低水位1 762.32 m；实测最大流量180 m^3/s，最小流量12.6 m^3/s；最大测点流速3.41 m/s，最小测点流速0.65 m/s；最高气温27.2 ℃，最低气温−18.1 ℃；最大降水量20.6 mm；最大风力6级。

3 应用分析

3.1 代表垂线分析确定

民和水文站测流断面形态稳定，根据实测流量成果数据绘制民和水文站垂线平均流速和水深的横向分布图（见图2）。选取对水深和流速横向分布控制较好的测验垂线，起点距分别为21.0 m、27.0 m、36.0 m、42.0 m的4条垂线进行分析。

分别选取低、中、高流量下的19份实测流量资料，对起点距21.0 m、27.0 m、36.0 m、42.0 m处的垂线平均流速与断面平均流速之间的关系进行相关性分析，垂线平均流速为以上4条垂线流速的平均值。由图3可知，代表垂线平均流速与断面平均流速之间的相关系数为0.999 7，说明选取的4条垂线代表性较高，故将4台雷达流速传感器分别安装在水文测桥对应起点距21.0 m、27.0 m、36.0 m、42.0 m处，安装效果见图4。

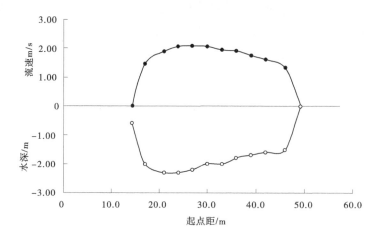

图 2　流速、水深横向分布

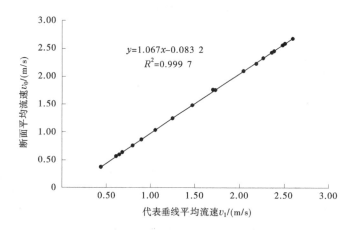

$$y=1.067x-0.083\,2$$
$$R^2=0.999\,7$$

图 3　垂线平均流速与断面平均流速关系

图 4　雷达流速传感器探头

3.2　流量数据对比

应用研究期间，先确定民和水文站 2017 年流速仪实测流量的水位流量关系，率定关系线后，将查线流量作为真值，与 RG-30 在线测流系统测得的流量进行对比分析。流速仪测流断面与 RG-30 测流断面相距 27 m，断面面积借用流速仪测流断面资料。

3.2.1 水位流量关系线率定

2017年民和水文站采用流速仪法共测流55次，其中精测法9次、常测法40次、简测法6次。流量测验中仪器、器具检定检查及时，其精度符合要求，单次测验质量可靠，根据实测流量成果绘制水位流量关系曲线，见图5。对关系曲线进行三种检验（符号检验、适线检验及偏离数值检验），均符合要求，测点标准差2.7%，随机不确定度为5.4%[4]。水位流量关系线前后年衔接良好，符合本站特性，合理性检查未发现问题。

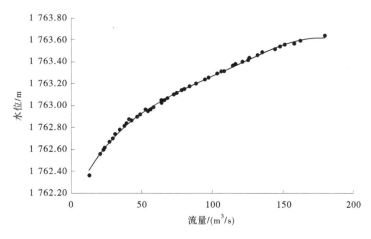

图5　2017年民和水文站水位流量关系线

3.2.2 误差计算

将比测期内RG-30在线测流系统采集的流量，根据对应时间点的水位在水位流量关系线上查读对应流量，将二者进行对比统计，确定RG-30流量系数。

分析样本共22 074组数据，经统计分析只用一个流量系数计算误差较大，故中、高水和低水采用不同的流量系数进行计算。根据测站的实际情况，水位在1 763.20 m（相应流量为88.4 m³/s）以上为中、高水，以下为低水。流量系数统计结果及误差计算见表1。

表1　RG-30流量系数及误差统计

水位级	统计数据/组	系数	系统误差/%	标准差/%	95%的随机不确定度/%
中、高水	12 384	0.85	0.12	3.38	6.76
低水	9 690	0.76	0.11	3.31	6.62

根据《河流流量测验规范》（GB 50179—2015）中4.1.2条款，比测条件差的测站随机不确定度不应超过7%，误差计算满足规范要求，即RG-30在线测流系统采集的流量与流速仪实测流量相关性较好，中、高水流量系数0.85，低水流量系数0.76均为试验分析值。

3.3 流量系数检验

以2018年1—7月流速仪实测流量资料率定水位流量关系线，选取2018年4月1日至7月15日瞬时流量查线值和对应时间点的RG-30流量值进行对比分析，共计22 175组数据，中、高水流量系数采用0.85，低水流量系数采用0.76，系数检验结果与误差分析见表2。

表2　RG-30流量系数检验成果及误差计算

水位级	统计数据/组	系数	系统误差/%	标准差/%	95%的随机不确定度/%
中、高水	1 698	0.85	1.98	0.17	0.34
低水	20 477	0.76	1.38	1.20	2.40

根据《河流流量测验规范》(GB 50179—2015),误差计算满足规范要求,即 2018 年选取的样本数据,RG-30 在线测流系统采集的流量与流速仪实测流量相关性较好,对比 2017 年比测数据误差计算,不确定度大大降低,说明系统在应用过程中更加稳定,监测结果精确度有所提高。中、高水流量系数 0.85、低水流量系数 0.76 可作为试验分析值参与流量资料计算。

4 结论

(1)民和水文站 RG-30 雷达在线测流系统监测结果与流速仪实测流量结果为线性关系,应用研究期间,水位变化范围为 1 762.32 m(相应流量 12.6 m³/s)~1 763.64 m(相应流量 180 m³/s),变化幅度 1.32 m,自动监测流量数据的系统误差和随机不确定度均符合规范要求,可用来进行民和水文站的流量测报任务,流量数据可作为正式资料参加整编。

(2)经统计计算,民和水文站水位在 1 763.20 m(相应流量 88.4 m³/s)以上时,流量系数采用 0.85,以下时流量系数采用 0.76,均为试验分析值,并且通过 2018 年比测数据验证,可参与后期流量资料计算。

(3)在今后的应用中,需进一步收集 RG-30 测流系统在水位 1 763.64 m(相应流量 180 m³/s)以上的流量比测数据,扩大该系统在民和水文站的应用范围,并加强各水位级下的适用性研究。

(4)RG-30 测流系统在民和水文站应用期间,运行基本稳定,设备性能可靠,安全系数高、维护简单,环境适应性较强,可根据实际应用情况,在海拔较高、生活环境较差的站点进行推广,为黄河上游测区推进巡测、新建自动监测站等提供可靠的研究基础。

参考文献

[1] 朱志雄,谢永勇,高夏阳,等.雷达(RG-30)流量在线监测系统应用研究[J].人民黄河,2018,40(1):12-14,22.

[2] 王力,瞿兰兰,张弛.非接触缆道雷达波流量测验系统在崇阳(二)水文站的应用[J].水利水电快报,2020,41(12):13-16.

[3] 嵇海祥,李仲仁,梅宏,等.多点雷达波流量在线监测在水文站的应用[J].水利技术监督,2021(9):15-20.

[4] 中华人民共和国住房和城乡建设部.河流流量测验规范:GB 50179—2015[S].北京:中国计划出版社,2016.

蒙江流域洪水极值变化特征分析

朱颖洁 甘春远

（梧州水文中心，广西梧州 543002）

摘　要：以蒙江流域太平水文站为研究对象，运用 Mann-Kendall 趋势检验和 Spearman 秩次相关检验、Mann-Whitney-Pettitt 突变点分析研究年最大流量的趋势变化和突变点；选用对数正态、皮尔逊Ⅲ型、Gumbel 分布研究洪水极值的统计概率特征，分析突变前后不同重现期对应的洪水极值变化；最后，采用水文分析法研究降水变化和人类活动对洪水极值的影响。结果表明：蒙江流域年最大流量呈不显著的上升趋势；相同重现期时，利用全部序列最优分布计算的年最大流量较利用突变前序列最优分布计算的结果大；人类活动是年最大流量变化的主导因素。

关键词：年最大流量；Mann-Whitney-Pettitt 突变点分析；频率分析；成因分析；蒙江

1　引言

极端气候事件引起的旱涝灾害等水文极值事件已成为水文研究的热点[1]。在气候变化和人类活动的共同影响下，蒙江流域洪水特征发生了变化。近年来，学者越来越关注变化环境下的洪水极值变化规律，如叶长青等[2] 对北江流域水文极值演变特征、成因及影响进行研究；许晓艳等[3] 研究了浑河流域水利工程对洪水极值的影响；顾西辉等[4] 对 1951—2010 年珠江流域洪水极值序列平稳性特征进行研究；刘丽娜等[5] 分析了饶河流域洪水极值变化特征及影响因素；杨阳等[6] 分析了湟水流域洪水极值时间演变特征及趋势归因；党素珍等[7] 分析了西柳沟流域洪水极值演变特征；陈隆吉等[8] 对淮河干流洪峰流量变化特征进行了研究。因此，研究蒙江流域洪水特征的演变规律，可为变化环境下蒙江流域洪水预报、防洪规划提供水文数据支撑，对流域高质量发展具有十分重要的意义。

2　流域概况

蒙江是珠江水系西江干流浔江段的重要支流，发源于金秀县忠良山区，干流流经蒙山县的新圩镇、西河镇、蒙山镇、黄村镇、汉豪乡、陈塘镇，藤县的东荣镇、太平镇、和平镇，并于藤县濛江镇注入西江。蒙江地处大瑶山脉迎风坡暴雨高值区之内，暴雨洪水频繁，河床坡陡，平均比降 0.57‰，流域总面积 3 893 km²，河长 199 km。蒙江流域已建有茶山、黄垌、大壬 3 处中型水库，共控制流域面积 237.7 km²，总库容 1.155 亿 m³；已建有三江、银滩等多处小型水电站。蒙江流域控制站太平水文站属于国家基本水文站，建于 1953 年，位于藤县太平镇蒙江河段的左岸，控制流域面积 3 445 km²，占蒙江流域面积的 88.5%，监测项目有水位、流量、泥沙、降水、蒸发等，平均年径流量约 36.8 亿 m³，实测最大流量 4 250 m³/s，发生于 1998 年 6 月 24 日；调查最大流量 7 260 m³/s，发生于 1834 年。

基金项目：国家自然科学基金项目（41461005）；广西自然科学基金项目（2022GXNSFDA080009）；广西自然科学基金项目（桂科基 0991026）；广西重点实验室科研项目（桂科能 0701K019）；广西水利厅科技项目（201618）。

作者简介：朱颖洁（1984—），女，工程师，主要从事水文与水资源工作。

3 资料与方法

3.1 研究数据

研究数据选取 1960—2020 年蒙江流域 24 个降水量站降水资料和蒙江控制站太平水文站年最大流量（见图 1）。所有资料均经过梧州水文中心整编和广西水文中心审查，质量可靠。

图 1　站点分布

3.2 研究方法

研究流域洪水极值的演变特征：首先，运用 Mann-Kendall 趋势检验[9] 和 Spearman 秩次相关检验[10] 量化分析蒙江流域年最大流量序列的趋势成分；接着，采用 Mann-Whitney-Pettitt 突变点分析[11-15] 对年最大流量序列进行突变分析；然后，选用对数正态分布[16]、皮尔逊 Ⅲ 型分布[17]、Gumbel 分布[18-19] 研究洪水极值的统计概率特征，采用柯尔莫洛夫–斯米尔诺夫（KS）方法[20] 检验理论分布与经验分布的偏离程度，分析突变前后不同重现期对应的洪水极值变化；最后，采用水文分析法研究蒙江流域降水变化和人类活动对洪水极值的影响。

4 结果与分析

4.1 趋势分析

用 Mann-Kendall 趋势检验和 Spearman 秩次相关检验诊断蒙江流域年最大流量系列的变化趋势，结果见表 1。若 Mann-Kendall 趋势检验统计量 $|U|$ 与 Spearman 秩次相关检验统计量 $|T|$ 均大于置信水平 $\alpha = 0.05$ 时的相应临界值为趋势明显，否则不明显。

表 1　趋势检验统计量

$|U|$	临界值	$|T|$	临界值	趋势性
1.74	2.01	1.85	1.96	不显著的上升趋势

注：显著性水平 α 为 0.05。

由表 1 可看出：太平水文站 Mann-Kendall 趋势检验统计量 $|U|$ 和 Spearman 秩次相关检验统计量 $|T|$ 均小于置信水平 $\alpha = 0.05$ 时的相应临界值，年最大流量呈不显著的上升趋势。

为了进一步揭示蒙江流域年最大流量年际变化的特点，绘制太平水文站年最大流量变化曲线和 5 年滑动平均曲线（见图 2）。

由图 2 可知，2005 年为年最大流量最大的年份，其距平值为 5 480 m³/s；1963 年为年最大流量最小的年份，其距平值为 −2 131 m³/s；年最大流量，20 世纪 60 年代年平均值为 2 100 m³/s，70 年代年平均值为 2 465 m³/s，80 年代年平均值为 2 367 m³/s，90 年代年平均值为 2 767 m³/s，2000—2009

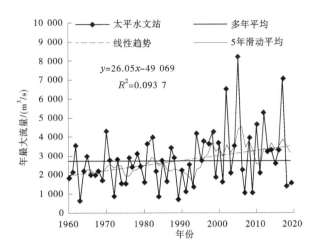

图 2　年最大流量变化曲线和 5 年滑动平均曲线

年平均值为 3 397 m³/s；2010—2019 年平均值为 3 439 m³/s。太平水文站年最大流量 1960—2020 年总体变化的倾向率为 260.5（m³/s）/10 a。

4.2　突变分析

采用 Mann-Whitney-Pettitt 突变点分析对年最大流量序列进行突变检测、判别，以揭示蒙江流域年最大流量变化的突变事实。

当 $t = 34$ 时，$|U_{t,n}|$ 达到最大值（见图 3），1994 年年最大流量序列可能发生突变，突变点显著性统计量 $P_{34} = 0.10$ 显著性水平 $\alpha = 0.05$，该序列在显著性水平 $\alpha = 0.05$ 下没有发生显著突变。

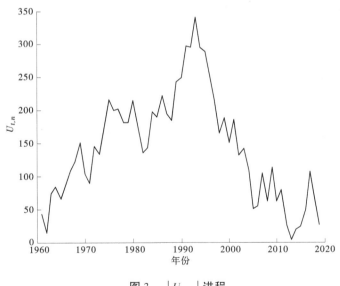

图 3　$|U_{t,n}|$ 进程

4.3　洪水极值概率分布特征

基于洪水极值的分布模型，推算一定重现期的可能极值，揭示其内在规律。

4.3.1　分布函数的拟合检验

选用对数正态分布、皮尔逊Ⅲ型分布、Gumbel 分布函数拟合突变前后年最大流量序列，计算拟合检验统计量。从计算结果（见表 2）来看，对数正态分布、皮尔逊Ⅲ型分布、Gumbel 分布对年最大流量的拟合程度较高，所有原假设的理论分布与经验分布无显著差异，均通过了置信度水平 $\alpha = 0.05$ 的 KS 显著性检验。比较而言，突变前和全部年最大流量序列的皮尔逊Ⅲ型分布的理论分布函数与经验分布函数的最大差值 D_n 最小，对数正态分布的 D_n 次之，Gumbel 分布的 D_n 最大。由此可见，皮尔逊Ⅲ型分布拟合突变前全部年最大流量序列效果最好。

表 2　KS 检验统计量 r_n

序列	$r_n = D_n \cdot n^{\frac{1}{2}}$		
	对数正态分布	皮尔逊Ⅲ型分布	Gumbel 分布
1960—1993 年	0.37	0.11	0.63
1960—2020 年	0.37	0.29	0.72

4.3.2　洪水极值的重现期变化

研究小概率事件的变化对于洪涝灾害的评估和防御具有重要意义。基于最优分布函数，计算全部和突变前年最大流量序列不同重现期的洪水。

由突变前后不同重现期的年最大流量（见表 3）可知：相同重现期时，利用全部序列最优分布计算的年最大流量较利用突变前序列最优分布计算的结果大，即年最大流量的重现期变小，特大洪水出现概率变大；全部序列最优分布计算的 5 年一遇年最大流量与突变前序列最优分布计算的 20 年一遇年最大流量相当。

表 3　突变前后不同重现期的年最大流量　　　　　　　　单位：m³/s

序列	最优拟合函数	不同重现期 T（年）的年最大流量				
		5	10	20	50	100
1960—1993 年	皮尔逊Ⅲ型	3 097	3 573	3 977	4 442	4 759
1960—2020 年		3 973	5 096	6 182	7 582	8 622

4.4　成因分析

4.4.1　降水变化影响

采用算术平均法得到流域面降水量。将每一年最大流量所发生日期之前的 1 d 和 3 d 面降水量作为对应最大流量的日降水量。C_s/C_v 值的变化趋势可以反映水文特大值出现的趋势和频率分布线型特征的变化趋势[21]。为了研究年最大流量与降水的关系，通过自 1960 年以来年最大流量和日降水量的 C_v、C_s 值的 30 年滑动，得到 1989 年以来的洪水和降水的 C_s/C_v 滑动值序列。

年最大流量与对应的 1 d 降水量及 3 d 降水量序列的 30 年滑动 C_s/C_v 值变化趋势极不一致（见图 4），特别是 2000 年以后对应的 1 d 降水量及 3 d 降水量序列 C_s/C_v 值显著下降，而年最大流量序列 C_s/C_v 值则在 2000 年以后显著上升。说明降水不是引起蒙江流域年最大流量变化的主要原因。

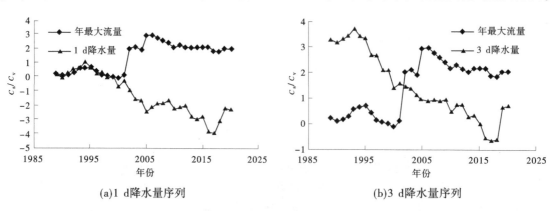

(a)1 d降水量序列　　　　　　　　　　(b)3 d降水量序列

图 4　年最大流量和降水量序列 30 年滑动 C_s/C_v 变化过程

4.4.2　下垫面变化影响

蒙江流域下垫面变化主要是植被覆盖率变化和水利工程建设引起的，因此分析森林覆盖率变化和水电站建设对流域年最大流量的影响。

（1）植被覆盖率影响。随着经济社会的发展、蒙江流域沿岸城镇化的加剧，建设用地面积增加，林地和耕地面积减少，1997—2005 年梧州市耕地面积共减少了 6 478.74 hm²，植被覆盖率减少。随着植被覆盖率的减少，洪水汇流时间随之减少，洪水强度增强。因此，流域植被覆盖率减少引起的年最大流量变化是洪水重现期变小的主要因素之一。

（2）水利工程影响。蒙江流域水利工程（见表 4）从 20 世纪 60 年代开始建设：1960—1969 年间，蒙江干流仅建成 1 座电站；1970—1979 年间，蒙江干流建成 4 座电站；1980—1989 年间，蒙江干流建成 3 座电站；1990—1999 年间，蒙江干流建成 2 座电站；2000—2010 年间，蒙江干流建成 3 座电站；1979 年茶山水库建成、1960 年黄垌水库建成、1980 年大壬水库建成；自 2003 年 6 月蒙山县被批准列为第八批全国生态示范区建设试点地区以来，为增加河流的观赏性，在蒙江干流湄江段建设了多处橡胶坝。自 20 世纪 60 年代以来，流域内开始建设水利工程使流域的下垫面特征发生了较大改变，对流域内的洪水产生了一定的影响。因此，水利工程建设也是引起流域年最大流量变化的重要原因之一。

表 4　蒙江干流水电站一览

水电站名	类型	地址	建成年份
古排电站	小型	梧州市蒙山县西河镇北楼村	1966
和平电站		梧州市藤县和平镇	1972
三江壁电站		梧州市蒙山县黄村镇明觉村	1974
银滩电站		梧州市藤县太平镇	1975
古湄电站		梧州市蒙山县西河镇水秀村	1977
三江电站		梧州市藤县东荣镇	1982
峡口电站		梧州市蒙山县新圩镇坝头村	1982
皮冲口电站		梧州市蒙山县西河镇古排村	1983
福利电站		梧州市蒙山县陈塘镇福利村	1992
三江口电站		梧州市蒙山县黄村镇明觉村	1995
鲤鱼电站		梧州市蒙山县黄村镇新开村	2004
朋汉电站		梧州市蒙山县黄村镇朋汉村	2007
新古排电站		梧州市蒙山县西河镇北楼村	2010

（3）降水变化与人类活动对洪水极值变化的影响。分析降水变化与人类活动对洪水极值变化的影响：采用水文分析法建立人类影响少时期的年最大流量与对应的日降水量回归方程（见表 5），采用相关度较高的 3 d 降水量建立的回归方程计算得到太平水文站跃变年后的年最大流量。不同时段计算值之间的差异即为降水变化的影响量；同期计算值与实测值之差，即为人类活动影响量。根据突变分析结果，太平水文站年最大流量在 1994 年发生突变，说明 1994 年前太平站年最大流量受人类活动影响不明显，因此蒙江人类影响少时期为 1960—1993 年。由表 6 可知，人类活动是引起蒙江流域年最大流量变化的主导因素。降水变化对年最大流量的贡献率为 39.1%，人类活动的贡献率为 60.9%。

表5 年最大流量回归方程

序号	回归方程	相关系数	备注
1	$Q_{太平} = 0.295P_{1d}^{1.894}$	0.835	式中，$Q_{太平}$ 为太平水文站年最大量；P_{1d} 为 1 日降水量；
2	$Q_{太平} = 3\,162\ln(P_{3d}) - 13\,862$	0.823	$P_{蒙江3d}$ 为 3 d 降水量

表6 气候与人类活动对年最大流量变化的影响

年份	实测年最大流量/ (m^3/s)	计算年最大流量/ (m^3/s)	实测年减少量		降水影响		人类活动影响	
			增加量/ (m^3/s)	百分比/%	增加量/ (m^3/s)	百分比/%	增加量/ (m^3/s)	比百分/%
1960—1993 年	2 250	2 250						
1994—2020 年	3 350	2 680	1 100	48.9	430	39.1	670	60.9

5 结论

通过统计方法研究流域洪水极值的演变特征，得到以下结论：

（1）蒙江流域年最大流量呈不显著的上升趋势；

（2）皮尔逊Ⅲ型分布拟合突变前全部年最大流量序列效果最好；

（3）相同重现期时，利用全部序列最优分布计算的年最大流量较利用突变前序列最优分布计算的结果大；

（4）人类活动是引起蒙江流域年最大流量变化的主导因素，降水变化对年最大流量的贡献率为 39.1%，人类活动的贡献率为 60.9%。

参考文献

[1] Zhang Q, Xu C Y, Chen X, et al. Abrupt changes in the discharge and sediment load of the Pearl River, China [J]. HydrologicalProcesses, 2012, 26 (10): 1495-1508.

[2] 叶长青，陈晓宏，张家鸣，等. 变化环境下北江流域水文极值演变特征、成因及影响 [J]. 自然资源学报，2012, 27 (12): 2102-2112.

[3] 许晓艳，鄢信，崔玉乙，等. 浑河流域水利工程对洪水极值的影响 [J]. 东北水利水电，2012 (4): 47-48, 66.

[4] 顾西辉，张强，王宗志. 1951—2010 年珠江流域洪水极值序列平稳性特征研究 [J]. 自然资源学报，2015, 30 (5): 824-835.

[5] 刘丽娜，刘卫林，黄孝明. 饶河流域洪水极值变化特征及影响因素分析 [J]. 人民长江，2018, 49 (8): 13-19.

[6] 杨阳，时璐，王岗，等. 湟水流域洪水极值时间演变特征及趋势归因分析 [J]. 中国农村水利水电，2019, (8): 98-104.

[7] 党素珍，姚曼飞，何宏谋，等. 西柳沟流域洪水极值演变特征及归因分析 [J]. 华北水利水电大学学报（自然科学版），2020, 41 (6): 26-31.

[8] 陈隆吉，李达，侯玮，等. 淮河干流洪峰流量变化特征 [J]. 南水北调与水利科技（中英文），2022, 20 (1): 171-179.

[9] 张国桃. 从时间序列暂态成分的分析看水利工程对水文要素的影响 [J]. 广东水利水电，2000 (1): 3-5.

[10] Marius-Victor B, Peter M, Paolo B, et al. Streamfow trends in Switzerland [J]. Journal of Hydrology, 2005, 314 (1-4): 312-329.

[11] PETTITT A N. A nonparametric approach to the change point problem [J]. Applied Statistics, 1979, 28 (2):

126-135.

［12］曹永强，刘佳佳，王学凤，等．黄淮海流域旱涝周期、突变点和趋势分析研究［J］．干旱区地理，2016，39（2）：275-284.

［13］刘惠英，任洪玉，张平仓，等．香溪河流域近 60 年来降雨量变化趋势及突变分析［J］．水土保持研究，2015，22（4）：282-286.

［14］金成浩，韩京龙．基于 Mann-Kendall 检验的嘎呀河流域降水变化趋势及突变分析［J］．吉林水利，2013（12）：62-66.

［15］Lei H. Comparison and analysis on the performance of hydrological time series change-point testing methods［J］. Water Resources & Power, 2007, 25：36-40.

［16］孙济良，秦大庸，孙翰光．水文气象统计通用模型［M］．北京：中国水利水电出版社，2001.

［17］王萃萃．中国大城市极端强降水事件变化的研究［D］．北京：中国气象科学研究院，2008.

［18］丁裕国．探讨灾害规律的理论基础——极端气候事件概率［J］．气象与减灾研究，2006，29（1）：44-50.

［19］蔡敏，丁裕国，江志红．我国东部极端降水时空分布及其概率特征［J］．高原气象，2007，26（2）：309-318.

［20］屠其璞，王俊德，丁裕国，等．气象应用概率统计学［M］．北京：北京气象出版社，1984.

［21］叶长青，陈晓宏，张家鸣．变化环境下北江流域水文极值演变特征、成因及影响［J］．自然资源学报，2012，27（12）：2102-2112.

杨林闸（闸上游）水文站引排水量计算方法研究

任晓东[1]　张韫华[2]　陆建伟[1]　马商瑜[1]

（1. 江苏省水文水资源勘测局苏州分局，江苏苏州　215000；
2. 江苏省水文水资源勘测局盐城分局，江苏盐城　224000）

摘　要： 苏州沿长江感潮闸坝水文站引排水量推算基本采用"一潮推流法"，但"一潮推流法"工作量很大，且相关关系为指数关系，定线计算较复杂。本文以杨林闸（闸上游）水文站为例，提出了"双高和推流法"计算引排水量，该方法采用一潮最高水位与波高之和与平均流量直线相关，简化了定线难度。结果表明，"双高和推流法"的引排水量定线精度能达到相关规范要求，可为沿江感潮闸坝水文站的引排水量推算、统计提供一种简易可行的方法。

关键词： 一潮推流法；双高和推流法；引排水；定线；杨林闸

1　引言

感潮闸坝，是位于长江感潮河段附近，用来挡潮、蓄淡、泄洪、排涝的水闸，主要利用潮汐作用，根据防洪、排涝、灌溉、航运的需要开、关闸门进行引排水。涨潮时潮水位高于内河水位，根据需要开闸放水进入内河；落潮时潮水位低于内河水位，根据需要开闸排水。在区域暴雨情况下，内河水位高于外江水位时，为了排涝，也可以开闸门进行排水。

江苏省感潮闸坝站目前大多使用"一潮推流法"推算引排水量。该方法适用于控制运用较正常、按潮引水或排水，且每次均在闸内外水位接近时开始开闸和关闸的站。

但实际上各感潮闸坝站工情较为复杂，会出现闸坝站不按潮形引排水等非正常情况。另外，为满足年度"一潮推流法"定线要求，测站每年引排水至少要各测20个潮次100多次流量。在一个潮次中，一般每半小时施测一次，并应实测到最大流量，流量测验工作量和难度较大。

因此，开展长江江苏段感潮闸坝站流量监测关键技术研究，提出一种比现有"一潮推流法"更为简捷、方便，且精度高的引排水量推算方法，确定对应流量监测时机、监测因子、监测方法及测次部署，对于提高长江江苏段水文测验效率、提升水文服务水平、拓展江苏水文服务领域、提升江苏水文测验技术管理水平，十分必要，且具有重要意义。

2　研究区概况

苏州市位于太湖流域东北部，属武澄锡虞水系和阳澄淀泖水系，境内拥有长江岸线约135 km（西起与江阴市交界的长山脚下，东至与上海市交界的浏河口），共有40处沿江口门，分别在张家港闸、十一圩港闸、望虞闸、浒浦闸、白茆闸、七浦闸、杨林闸、浏河闸等8处设有水文站，见图1。其中，杨林闸（闸上游）水文站（简称杨林闸站）位于太仓市浮桥镇仪桥村，杨林节制闸上游200 m处，杨林塘右岸，距长江口约2.0 km。该站为杨林塘入长江的水情控制站，省级重要水文站，于1961年1月设立；2012年9月至2017年12月，因实施杨林塘航道整治工程停止流量测验，2018年在新建成杨林节制闸后恢复流量测验。杨林闸属于感潮闸坝站，为平底闸，共3孔（2×10 m+1×16 m），闸门开启时其引排水量受潮水因素的影响。该站历年采用"一潮推流法"推求引、排水量[1]。

作者简介：任晓东（1978—），男，高级工程师，主要从事水文分析与计算工作。

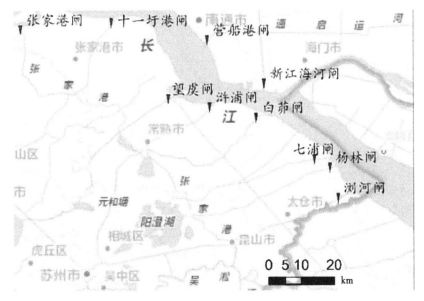

图 1 苏州沿江口门水文站分布

3 水位流量关系

3.1 一潮推流法

根据江苏省水文水资源勘测局于 20 世纪 70 年代末的研究成果，感潮河道的一潮开闸引（排）水期的平均流量、最大流量与潮汐要素［潮位、潮差，涨落潮（开关闸）历时等］密切相关。两者建立一定的相关关系，即可根据感潮河道每潮的潮汐要素，推算一潮平均流量（引排水量）、最大流量。这种引排水量推算方法又称"一潮推流法"[2]。

太湖流域沿长江江苏段沿江口门水文站一般用开闸水位（Z_1）或关闸水位（Z_2）、有效波高（ΔZ）［最高潮位（Z_3）与开闸水位（憩水位，Z_1）的差值］或有效潮差（ΔZ）［开闸水位（憩水位，Z_1）或关闸水位（憩水位，Z_2）与最低潮位（Z_4）的差值（个别测站用开闸水位和关闸水位的平均值（$\overline{Z}$）与最低潮位的差值］与一次开闸引（排）水期的平均流量（$\overline{Q}$）、最大流量（Q_m）建立相关关系曲线［个别测站引入节制闸、船闸开关闸历时（t 或 T）作为参数］。常见的数学表达式见式（1）、式（2）：

$$\begin{cases} \overline{Q} = kZ_{开}^{\alpha}\Delta Z^{\beta} & （引水） \\ \overline{Q}（或 Q_m） = kZ_{高}^{\alpha}\Delta Z^{\beta} \end{cases} \quad (1)$$

$$\overline{Q}（或 Q_m） = k\Delta Z^{\beta}Z_{开}^{\alpha} \quad （排水） \quad (2)$$

式中：$\overline{Q}$ 为涨潮流或落潮流平均流量，m³/s；$Z_{开}$ 为开闸开始水位，m；ΔZ 为有效波高，m；k、α、β 均为待定参数。

3.2 双高和推流法

双高和推流法，即最高与波高之和。对于引水，采用最高潮（水）位与有效潮差（波高）之和同一潮平均流量及一潮平均流量与一潮最大流量建立直线相关关系；对于排水，采用开闸稳定水位（闸上游最高水位）与有效潮差（波高）之和同一潮平均流量及一潮平均流量与一潮最大流量建立直线相关关系。数学表达方式见式（3）、式（4）：

$$\begin{cases} \overline{Q} = k(Z_{高} + \Delta Z) + C & （引水） \\ Q_m = k\overline{Q} \end{cases} \quad (3)$$

$$\begin{cases} \overline{Q} = k(Z_稳 + \Delta Z) + C \\ Q_m = k\overline{Q} \end{cases} \quad （排水） \tag{4}$$

式中：$\overline{Q}$ 为一潮平均流量，m^3/s；Q_m 为一潮最大流量，m^3/s；$Z_高$ 为引水最高水位，m；$Z_稳$ 为排水开闸稳定水位，m；ΔZ 为有效波高，m；k、C 为均为待定系数。

4 定线分析

就沿江感潮闸坝引排水而言[3]，在实际工作中我们更关注年引排水总量，因此本文仅对引排水总量关系密切的平均流量定线分析。杨林闸站因杨林塘航道工程建设，2018 年才恢复流量测验。本文以 2020 年杨林闸站实测资料率定引排水流量关系为例，应用"双高和推流法"进行定线并进行月年水量的推算。2020 年杨林闸站实测引水 13 潮次、实测排水 18 潮次，实测数据全部参与当年定线，并且未借用其他年份数据。水位流量关系定线分析计算见表 1、表 2。采用 Excel 回归定线分析，杨林闸站引排水平均流量计算公式分别见式（5）、式（6）：

$$\overline{Q} = 137.11(Z_高 + \Delta Z) - 407.99 \quad （引水） \tag{5}$$

$$\overline{Q} = 65.26(Z_稳 + \Delta Z) - 133.62 \quad （排水） \tag{6}$$

杨林闸站引排水平均流量定线见图 2、图 3。可知，引排水基本无系统偏差，排水仅有 2 个点相对误差与关系线偏离超过 10%，50% 以上的点相对误差偏离不超 5%。2020 年杨林闸站采用"双高和推流法"与"一潮推流法"推算的月年引排水量见表 3，年引排水误差分别约为 −0.05%、−0.03%，可见，两种方法推求的年引排水量值较为接近。

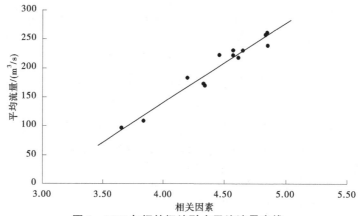

图 2 2020 年杨林闸站引水平均流量定线

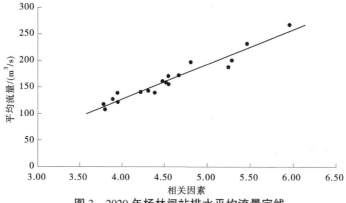

图 3 2020 年杨林闸站排水平均流量定线

表 1　杨林闸站引水水位流量关系法定线分析

潮次	日期（年-月-日）	历时 T/万 s	稳定水位 $Z_稳$/m	最高水位 $Z_高$/m	波高 ΔZ/m	一潮平均流量 Q/(m³/s)	一潮引水量 W/万 m³	相关因素 $(Z_高+\Delta Z)$/m	一潮平均流量线上值 Q/(m³/s)	相对误差/%
1	2020-03-11	1.230	3.29	3.95	0.66	218	268.7	4.61	224	2.7
2	2020-03-22	1.500	3.09	3.71	0.62	173	259.5	4.33	186	7.0
3	2020-04-04	0.900	3.14	3.40	0.26	98	88.17	3.66	93.8	-4.5
4	2020-04-05	1.350	3.10	3.65	0.55	183	247.7	4.20	168	-8.9
5	2020-04-06	1.380	3.14	3.74	0.60	170	234.7	4.34	187	9.1
6	2020-04-07	1.560	3.15	4.00	0.85	239	372.5	4.85	257	7.0
7	2020-04-08	1.560	3.18	4.01	0.83	262	408.4	4.84	256	-2.3
8	2020-04-26	1.140	3.19	3.88	0.69	230	262.2	4.57	219	-5.0
9	2020-04-27	1.140	3.18	3.82	0.64	222	252.8	4.46	204	-8.8
10	2020-05-11	1.290	3.19	3.88	0.69	221	285.2	4.57	219	-0.9
11	2020-05-18	1.170	3.06	3.45	0.39	109	127.9	3.84	119	8.4
12	2020-05-26	1.380	3.15	3.90	0.75	231	318.4	4.65	230	-0.4
13	2020-09-01	1.500	3.35	4.09	0.74	258	386.3	4.83	254	-1.6

表 2　杨林闸站排水水位流量关系法定线分析

潮次	日期 （年-月-日）	历时 T/万 s	稳定水位 $Z_{稳}$/m	最高水位 $Z_{高}$/m	波高 ΔZ/m	一潮平均流量 Q/(m³/s)	一潮引水量 W/万 m³	相关因素 $(Z_{高}+\Delta Z)$/m	一潮平均流量线上值	
									Q/(m³/s)	相对误差/%
1	2020-03-28	2.520	3.30	1.35	1.95	187	471.0	5.25	209	10.5
2	2020-03-31	2.700	3.27	2.07	1.20	162	437.2	4.47	158	-2.5
3	2020-06-05	2.310	3.42	2.27	1.15	154	355.2	4.57	165	6.7
4	2020-06-09	2.400	3.24	2.17	1.07	143	343.0	4.31	148	3.4
5	2020-06-10	2.430	3.05	2.16	0.89	139	338.6	3.94	124	-12.1
6	2020-06-11	2.520	3.02	2.26	0.76	118	296.1	3.78	113	-4.4
7	2020-06-14	2.490	3.12	2.44	0.68	107	267.0	3.80	114	6.1
8	2020-06-15	2.430	3.18	2.47	0.71	127	309.7	3.89	120	-5.8
9	2020-06-20	2.610	3.21	2.20	1.01	140	365.9	4.22	142	1.4
10	2020-06-21	2.160	3.04	2.13	0.91	121	261.8	3.95	124	2.4
11	2020-06-24	2.310	3.57	2.47	1.10	172	396.2	4.67	171	-0.6
12	2020-06-27	2.700	3.42	2.45	0.97	139	376.2	4.39	153	9.2
13	2020-06-28	2.040	3.42	2.29	1.13	171	347.9	4.55	163	-4.9
14	2020-07-02	2.430	3.29	2.06	1.23	158	384.3	4.52	161	1.9
15	2020-07-05	2.760	3.63	1.97	1.66	200	552.0	5.29	212	5.7
16	2020-07-06	3.210	4.04	2.12	1.92	268	858.9	5.96	255	-5.1
17	2020-07-07	2.910	3.78	2.10	1.68	232	675.5	5.46	223	-4.0
18	2020-08-08	2.010	3.44	2.07	1.37	197	395.4	4.81	180	-9.4

表 3 2020 年杨林闸站月年引排水总量对照

项目	引水量或排水量	月引排水量/万 m³												引水总量/万 m³	排水总量/万 m³
		1月	2月	3月	4月	5月	6月	7月	8月	9月	10月	11月	12月		
一潮推流法	引水量	2 348	2 530	2 661	3 073	3 380	772.1		293.9	1 488		982.1	1 663	19 190	
	排水量			1 120	128		6 725	16 120	2 518	4 284	1 718					32 610
双高和推流法	引水量	2 351	2 496	2 682	3 115	3 397	769.7		309.7	1 433		978.8	1 670	19 200	
	排水量			1 150	128		6 690	16 090	2 511	4 321	1 726					32 620
差值	引水量	−3	34	−21	−42	−17	2.4		−15.8	55		3.3	−7	−10	
	排水量			−30	0		35	30	7	−37	−8					−10
百分比/%	引水量	−0.128	1.343 9	−0.789	−1.367	−0.503	0.310 8		−5.376	3.696 2		0.336	−0.421	−0.052 11	
	排水量			−2.679	0		0.520 4	0.186 1	0.278	−0.864	−0.466					−0.030 67

根据《水文资料整编规范》（SL/T 247—2020）[4]的要求，稳定的水位流量关系必须通过 3 项检验，即符号检验、适线检验和偏离数值检验，具体计算见表 4~表 11。

表 4 杨林闸站引水关系线 3 项检验计算

序号	潮次	日期（年-月-日）	相关因子	一潮平均流量/（m³/s）		P_i/%	符号变换	P_i^2	$P_i-\bar{P}$	$(P_i-\bar{P})^2$
				实测值	定线值					
1	3	2020-04-04	3.66	98	93.8	4.5		20.1	4.6	21.3
2	11	2020-05-18	3.84	109	119	−8.4	1.0	70.6	−8.3	68.4
3	4	2020-04-05	4.20	183.0	168	8.9	1.0	79.7	9.1	82.1
4	2	2020-03-22	4.33	173	186	−7.0	1.0	48.9	−6.9	47.1
5	5	2020-04-06	4.34	170	187	−9.1	0	82.6	−9.0	80.3
6	9	2020-04-27	4.46	222	204	8.8	1.0	77.8	9.0	80.1
7	10	2020-05-11	4.57	221	219	0.9	0	0.8	1.0	1.1
8	8	2020-04-26	4.57	230	219	5.0	0	25.2	5.2	26.5
9	1	2020-03-11	4.61	218	224	−2.7	1.0	7.2	−2.6	6.5
10	12	2020-05-26	4.65	231	230	0.4	1.0	0.2	0.6	0.3
11	13	2020-09-01	4.83	258	254	1.6	0	2.5	1.7	2.9
12	7	2020-04-08	4.84	262	256	2.3	0	5.5	2.5	6.1
13	6	2020-04-07	4.85	239	257	−7.0	1.0	49.0	−6.9	47.2

表 5 杨林闸站引水关系线符号检验

项目	符号	数值	检验结论
测点总数	N	13	
正号或负号个数	n_1	8	
检验统计量	u	0.55	合格
显著性水平	α	0.25	
检验临界值（查表）	$u_{1-\alpha/2}$	1.15	

表 6 杨林闸站引水关系线适线检验

项目	符号	数值	检验结论
测点总数	N	13	
正负符号变换次数	m	7	合格
检验统计量	u		$K\geqslant 0.5（N-1）$
显著性水平	α	0.10	不做该项检验
检验临界值（查表）	$u_{1-\alpha/2}$	1.28	

表 7 杨林闸站引水关系线偏离数值检验

项目	符号	数值	检验结论
自由度	$K = n - 1$	12	
检验统计的绝对值	$\mid t \mid$	0.07	合格
显著性水平	α	0.10	
检验临界值（查表）	$t_{1-\alpha/2}$	1.75	

表 8 杨林闸站排水关系线 3 项检验计算

序号	潮次	日期（年-月-日）	相关因子	一潮平均流量/（m³/s） 实测值	一潮平均流量/（m³/s） 定线值	$P_i / \%$	符号变换	P^2_i	$P_i - \overline{P}$	$(P_i - \overline{P})^2$
1	6	2020-06-11	3.78	118	113	4.4		4.3	4.3	18.7
2	7	2020-06-14	3.80	107	114	−6.1	1.0	−6.2	−6.2	38.9
3	8	2020-06-15	3.89	127	120	5.8	1.0	5.7	5.7	32.8
4	5	2020-06-10	3.94	139	124	12.1	0	12.0	12.0	144.0
5	10	2020-06-21	3.95	121	124	−2.4	1.0	−2.5	−2.5	6.4
6	9	2020-06-20	4.22	140	142	−1.4	0	−1.5	−1.5	2.3
7	4	2020-06-09	4.31	143	148	−3.4	0	−3.5	−3.5	12.1
8	12	2020-06-27	4.39	139	153	−9.2	0	−9.3	−9.3	85.6
9	2	2020-03-31	4.47	162	158	2.5	1.0	2.4	2.4	5.9
10	14	2020-07-02	4.52	158	161	−1.9	1.0	−2.0	−2.0	3.8
11	13	2020-06-28	4.55	171	163	4.9	1.0	4.8	4.8	23.1
12	3	2020-06-05	4.57	154	165	−6.7	1.0	−6.8	−6.8	45.8
13	11	2020-06-24	4.67	172	171	0.6	1.0	0.5	0.5	0.2
14	18	2020-08-08	4.81	197	180	9.4	1.0	9.3	9.3	87.2
15	1	2020-03-28	5.25	187	209	−10.5	1.0	−10.6	−10.6	113.0
16	15	2020-07-06	5.29	200	212	−5.7	0	−5.8	−5.8	33.2
17	17	2020-07-07	5.46	232	223	4.0	1.0	3.9	3.9	15.5
18	16	2020-07-06	5.96	268	255	5.1	0	5.0	5.0	25.0

表 9 杨林闸站排水关系线符号检验

项目	符号	数值	检验结论
测点总数	N	18	
正号或负号个数	n_1	9	
检验统计量	u	−0.24	合格
显著性水平	α	0.25	
检验临界值（查表）	$u_{1-\alpha/2}$	1.15	

表 10　杨林闸站排水关系线适线检验

项目	符号	数值	检验结论
测点总数	N	18	合格
正负符号变换次数	m	10	
检验统计量	u		$K \geq 0.5 \ (N-1)$
显著性水平	α	0.10	不做该项检验
检验临界值（查表）	$u_{1-\alpha/2}$	1.28	

表 11　杨林闸站排水关系线偏离数值检验

项目	符号	数值	检验结论
自由度	$K=n-1$	17	合格
检验统计的绝对值	$\lvert t \rvert$	0.07	
显著性水平	α	0.10	
检验临界值（查表）	$t_{1-\alpha/2}$	1.73	

经检验，所定引排水关系线合理，通过了三项检验，符合规范定线要求。"双高和推流法"切实可行，精度控制在误差范围内。当然这只是杨林闸站的水位流量关系，目前的研究成果未必适合苏州沿江所有其他水文站，还需在各水文站进行计算、分析与验证来确定是否能推广应用。

5　结语

通过对杨林闸站实测水文资料的计算分析可知，"双高和推流法"对杨林闸站的流量计算是实用可行的，定线精度能满足相关规范要求，推算的月年引排水量同采用"一潮推流法"推算的月年引排水量接近。而且"双高和推流法"需要率定的参数要比"一潮推流法"的少，相关关系线为简单的直线相关，无须编写专门的定线软件，直接采用 Excel 软件就能定线，简化了定线难度，"双高和推流法"可用于推求杨林闸站的流量和引排水量。

参考文献

[1] 仲兆林. 常州沿江感潮河道水文站水位流量关系综合定线分析 [J]. 广东水电，2009（11）：33-35.
[2] 仲兆林，邵春楼，夏玉林. 小河新闸闸孔淹没出流流量计算方法研究 [J]. 江苏水利，2015（5）：37-38.
[3] 万晓凌，陆小明，周毅，等. 感潮水闸引水量计算方法研究 [J]. 长江科学院院报，2013，30（4）：17-20.
[4] 中华人民共和国水利部. 水文资料整编规范：SL/T 247—2020 [S]. 北京：中国水利水电出版社，2020.

水面蒸发观测设备漂浮水面蒸发观测场的研究应用

左 超[1] 常 兴[1,2]

（1. 河南黄河水文勘测规划设计院有限公司，河南郑州 450004；
2. 黄河水利委员会河南水文水资源局，河南郑州 450000）

摘 要： 漂浮水面蒸发观测场采用分段式浮体设计，适用于地理位置相对偏僻的水文实验站，主体分段的设计使得运输安装十分方便。浮筏主体采用三角形钢木结构设计抛锚固定、浮筒注水压重、活动防浪架设计等，充分保证了漂浮水面观测场的坚固性和稳定性。在湖泊、水库等对区域小气候影响较大的水体，建立自然水体的水面蒸发基础数据观测平台—漂浮水面蒸发观测场，获取自然水体相对准确的蒸发量，可在一定程度上避免陆上水面蒸发观测设备受周边建（构）筑物或下垫面的影响。

关键词： 水面蒸发；大型水体；浮阀；消浪；结构稳定

1 引言

黑龙江省二龙山蒸发实验站1990年正式改建为蒸发实验站，主要开展区域蒸发与蒸散发规律研究。为了深入开展不同器皿、不同口径蒸发器的陆上、水面蒸发比测试验研究，通过黑龙江省水文实验站一期建设项目开展了漂浮水面蒸发观测场的研究与应用。

水面蒸发观测是水文要素观测的组成部分，为探索水体的水面蒸发及蒸发能力在不同地区和时间上的变化规律，以满足在水文气象预报、防灾减灾、水资源评价、水文模型确定、涉水工程规划等方面的使用要求。

基本水文站的蒸发观测一般是通过陆上水面蒸发场进行，进行陆上水面蒸发观测时，由于周边建（构）筑物或下垫面对水面观测设备的影响，其观测数据与自然水体存在一定差异，特别是湖泊、水库等对区域小气候影响较大的水体，由于缺乏自然水体的原型观测基础数据，并不能获得自然水体准确的蒸发量。

关于灌区盐分运移模拟方面，国内学者进行了大量的研究，取得了丰富的成果。《水面蒸发观测规范》（SL 63—2013）[1]，针对漂浮水面蒸发场的场址选择、制作和设置、仪器布设进行了基础性、规范性的要求。冯能操等[2]根据丹江口水库水面蒸发监测站地域特点从水文监测的专业角度介绍了水面漂浮蒸发站的选址方案和监测参数的选择方案，从现代传感器、通信、计算机技术的角度提出了蒸发量及相关参数信息的采集与传输方案。

通过对水面蒸发观测设备漂浮水面蒸发观测场的研究应用，建立陆上水面蒸发场和水上漂浮蒸发场，不同口径蒸发池（器）、水面漂浮蒸发的观测，探讨在我国北方自然条件下水面蒸发规律，研究不同地理条件、不同季节的水面蒸发规律及不同蒸发器之间、蒸发器与大水体之间蒸发值的折算公式；探讨我国北方结冰期水面、陆面蒸发量的规律。研究各种蒸发器皿蒸发值与气象因素之间的关系。并在积累了大量资料以后，建立我国最北方的蒸发经验公式，为区域水资源评价、生态保护、水土保持、节水灌溉等提供科学依据。

作者简介： 左超（1978—），男，高级工程师，从事水利工程及水文水资源方面的研究工作。

2 研究思路与方法

2.1 蒸发观测方式

突破陆上水面蒸发观测数据代替大型水体蒸发观测数据的传统观测方式，直接在湖泊、水库等对区域小气候影响较大的水体建立自然水体的水面蒸发基础数据观测平台——漂浮水面蒸发观测场，以获取自然水体相对准确的蒸发量，可在一定程度上避免陆上水面蒸发观测由于周边建（构）筑物或下垫面对水面观测设备的影响造成的蒸发观测误差。

2.2 观测场地形状

陆上蒸发观测场一般情况下为方形场地，如图 1 所示，蒸发场在水面上受风浪影响较大，方形观测场地以直角面对风浪阻力较大，受影响后平稳性也较差；根据湖泊历史水位值和周边山地地形综合分析确定拟设浮筏位置，结合 20 年一遇风速和拟设浮筏位置吹程（该位置距离来风方向岸边的距离）计算波长、波高，经过不断研究分析，浮筏采用顶角约为 30° 的锐角等腰三角形，用锚链与浮筏三角形顶端相连，使木筏顺着风向自由转动，尖端始终对着迎风面，起到最大的消浪作用。

2.3 浮筏尺寸设计

经计算分析，浮筏长度不小于最大波浪长度 2 倍的时候，可起到最大的消浪作用。浮筏采用双层结构时较为稳定，经分析，上、下层间距不小于波浪高度时，浮筏整体较为稳定，且波浪不能进入浮筏上。

2.4 浮筏安全性设计

使用钢结构-空间结构设计软件 3D3S 建立浮筏钢结构桁架三维模型，根据浮筏正常工作、吊装下水和检修等不同状态下的受力情况，多种荷载组合分别施加荷载，保证浮筏主体在不同的受力组合下都能保证其坚固性。

对浮筏筏体自重、筏上固定荷载和活荷载综合，和浮力比较分析，根据分析结果，反复分析确定浮桶的尺寸、数量和布设位置。

浮桶留有注水口和排水口，浮筏的浮态由各位置浮桶加注河水调整。浮桶注水，浮筏自重增大，增加了其在水体内的稳定性。

骨架底面和外侧均应设置铁丝网，以增加其阻水力，骨架采用绞索与筏体上层框架联接，使防浪架上下浮动消浪，有效增加浮筏的抗风浪能力。

2.5 施工运输便利性

漂浮水面蒸发观测场采用分段式设计，一是施工方便，可以在船厂制造车间内分段制造；二是节省成本，不需要在湖泊或水库就近进行加工占地；三是便于运输，可分段运抵投放水体附近拼装成型，降低了运输难度和运输成本；四是方便后期检修维护。

2.6 场内仪器布设

陆上蒸发观测场要求高的仪器安置在北面，低的仪器顺次安置在南面，仪器之间的距离，南北向不小于 3 m，东西向不小于 4 m，尽量避免仪器间的相互遮挡。

经分析，漂浮水面蒸发观测场主要受波浪影响，浮筏的后半部较为稳定，全部仪器设备均布设在后半部，高的仪器布设在浮筏后部，低的仪器布设在浮筏前面，各仪器间的距离不小于两者高差的 2 倍。

3 设计方案

3.1 蒸发场选址

3.1.1 选址分析

漂浮水面蒸发场需设在地形开阔、附近无岛屿与突出伸入水体的岸角和沙滩嘴、水底水质适宜抛锚、浮筏受风浪影响较小的水面。经分析，浮筏与岸边的距离不小于 50 m，受条件限制，最小大于

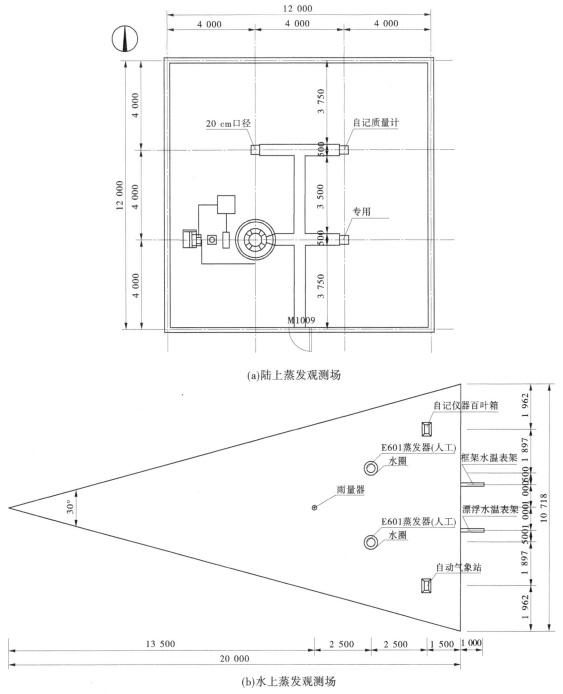

(a)陆上蒸发观测场

(b)水上蒸发观测场

图 1 陆上蒸发观测场标准图、水上蒸发观测场示意图 （单位：mm）

20 m，并保证浮筏在任何情况下不会碰撞岸壁或搁浅。浮筏处的最小水深在最低水位时大于 1 m，并应大于浮筏最大吃水深，以保证浮筏能随风自由转动。

严禁将浮筏设置在港口、渡口、水库溢洪道口、输水洞口、渔场等作业区航线和不安全或受干扰较大的水域。在有过多地下水出口、污水排水口、草木丛生处及塌岸严重的河段，不应设置漂浮蒸发场。

为了比较陆上水面蒸发场和漂浮水面蒸发场的变化规律，设置漂浮水面蒸发场的蒸发站的同时，按照规范的要求，在漂浮蒸发场附近的岸上设置陆上水面蒸发场。观测项目与漂浮蒸发场相同。在最高洪水位时，陆上水面蒸发场与岸边的距离要大于 100 m，两场间不能有高大建筑物、森林等阻隔和影响气象条件的其他地物。

3.1.2 场址位置

二龙山蒸发实验站位于二龙山湖畔旁，湖面属河道形，岸边开阔顺直，四周环境空旷平坦，气流畅通，地貌代表性强，观测方便，设施建设、维护交通便利。

3.2 平面布置

漂浮水面蒸发观测场内布设 E601 型蒸发器 2 个、水温自记仪 1 个、自动气象站 1 处、雨量观测设施 1 处、百叶箱 1 个、风杆 1 个、避雷针 1 处（平面布置见图 1）。

3.3 浮筏总体设计

3.3.1 基本要求

经分析，浮筏的基本尺寸应符合下列要求：浮筏可做成顶角约 30° 的等腰三角形。为提高浮筏的稳定性，应采用 2 层结构。浮筏的长度应不小于波长（波浪长）的 2 倍，上、下层间距应不小于波浪高。

波长、波高可采用各风向出现频率为 5%（20 年一遇，封冻期不参加统计）的风速和相应的吹程，采用 B. T. 安德列雅诺夫公式分别计算浮筏拟设地点各方位的波高、波长，选用其最大值为浮筏设计值，可按式（1）、式（2）计算：

$$L = 0.304 V_W D^{1/2} \tag{1}$$

$$h = 0.0208 V_W^{5/4} D^{1/3} \tag{2}$$

式中：L 为波长，m；h 为波高，m；V_W 为风速，m/s；D 为吹程，m，拟建浮筏位置自来风方向到岸边的距离，km。

3.3.2 复核验算

（1）实验站址在二龙山水库的正北面。按实验站气象场观测最大风速（V_W）为 11.0 m/s，冬季多为西北风，夏季多为西南风。

（2）根据实验场陆上位置，浮筏拟设于水库的北面，距岸边 50 m。吹程距离以浮筏拟定位置以卫星地图量算。西北方向吹程为 0.5 km，西南方向吹程为 2.5 km，正南方向吹程为 2.0 km，东南方向吹程为 3.2 km。

（3）波高波长计算。

西北方向：$L = 0.304 \times V_w \times D^{1/2} = 0.304 \times 11 \times 0.5^{1/2} = 2.36$（m）

$h = 0.0208 \times V_w^{5/4} \times D^{1/3} = 0.0208 \times 11^{5/4} \times 0.5^{1/3} = 0.33$（m）

西南方向：$L = 0.304 \times V_w \times D^{1/2} = 0.304 \times 11 \times 2.5^{1/2} = 5.29$（m）

$h = 0.0208 \times V_w^{5/4} \times D^{1/3} = 0.0208 \times 11^{5/4} \times 2.5^{1/3} = 0.57$（m）

正南方向：$L = 0.304 \times V_w \times D^{1/2} = 0.304 \times 11 \times 2.0^{1/2} = 4.73$（m）

$h = 0.0208 \times V_w^{5/4} \times D^{1/3} = 0.0208 \times 11^{5/4} \times 2.0^{1/3} = 0.53$（m）

东南方向：$L = 0.304 \times V_w \times D^{1/2} = 0.304 \times 11 \times 3.2^{1/2} = 5.98$（m）

$h = 0.0208 \times V_w^{5/4} \times D^{1/3} = 0.0208 \times 11^{5/4} \times 3.2^{1/3} = 0.61$（m）

（4）浮筏长高计算。

依据规范按 2 倍 4 方向最大波长 5.98 m 计算，浮筏长不小于 12 m；层高间距不小于 0.61 m。

3.4 浮筏设计

3.4.1 浮筏布置及结构形式

浮筏采用钢木结构形式，等腰三角形布局，总面积为 107.18 m²。浮筏三角形高 20 m、底边长 10.718 m、上下层间距 1.00 m。

浮筏结构型材总计重量 12 724 kg（124 695 N），其中钢材重 4 774 kg，木材重 3 600 kg，设备及其他辅助材料重 1 000 kg；浮筒采用厚 5 mm 不锈钢板弯制焊接而成重，自重 315 kg，吃水深 0.89 m

时浮力 14 137 N（减去自重）；布置浮筒 10 个，浮力为 141 370 N，大于筏体自重；浮筒可根据现场情况调整外形尺寸、数量和布局。浮筏的浮态由浮筒加注河水调整，可配置潜水泵及连接电缆。

采用抛锚固定方式将浮筏牢固地固定在指定地点上。用锚链与浮筏三角形顶端相连，使木筏顺着风向自由转动，尖端始终对着迎风面，起到最大的消浪作用。浮筏布置及结构见图 2。

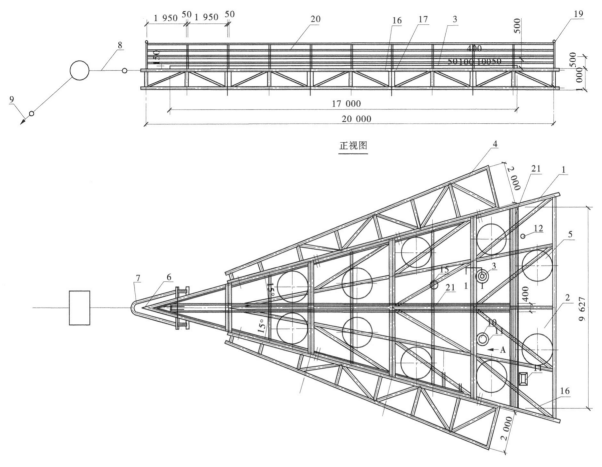

图 2　浮筏布置及结构　（单位：mm）

图中编号意义：1—框架主材角钢 70×70×6；2—平面防浪板 4 000×200×30；3—垂直防浪板 500×30；4—活动防浪架方木 100×100；5—浮桶 φ1 500×950；6—破冰刀；7—φ型连接环；8—锚链，数量 3；9—锚，数量 3；10—标准水面蒸发器；11—水圈；12—自记雨量器；13—自动观测 E601 蒸发器；14—百叶箱（温湿自记）；15—自动气象观测站；16—连接螺栓 M20×30；17—连接角钢 80×80×8×700；18—框架辅材角钢 50×50×5；19—栏杆主材 φ50×3；20—栏杆辅材 φ25×2；21—观测道路 400×150×26 000。

3.4.2　浮筏组装形式

（1）浮筏框架由 5 个节段拼装而成，节段间由螺栓连接，每节段外框主材采用 70×70×6 角钢、其余材料采用 50×50×5 焊接，焊角高度 5 mm，选用 Q235 表面镀锌。

（2）在浮筏框架上下层底面铺设木质平面防浪板，两块木板间应留有宽度小于 10 mm 的缝隙，缝隙总面积不大于浮筏总面积的 5%，木板采用防腐木，规格 4 000×200×30；浮筏底层地面铺设木质平面防浪板，两块木板间应留有宽度 50 mm 的缝隙，木板采用防腐木，规格 4 000×200×30。

（3）活动防浪架能随波浪上下浮动，主体骨架用方木制成，骨架底面和外侧均应设置铁丝网，以增加其阻水力，骨架采用绞索与筏体上层框架连接，使防浪架上下浮动消浪。

（4）垂直防浪板采用木板结构。

3.4.3 分段结构设计

（1）浮筏框架由 5 个节段拼装而成，分别为 A、B、C、D、E，A 段为三角形，其余节段为等腰梯形，尺寸如图 3 所示。组装前每个节段先入水对正，再由螺栓连接。

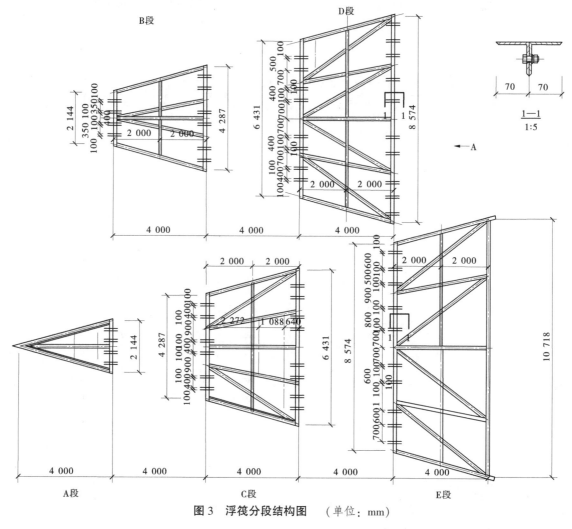

图3 浮筏分段结构图　（单位：mm）

（2）每节段主材采用 70×70×6 角钢、辅材采用 50×50×5 角钢焊接，焊角高度 5 mm，材质 Q235 表面镀锌。

（3）活动防浪架分 A、B、C 等 3 段，分别与筏体联结，骨架由 100×100 方木制成，防浪架之间用角钢 100×100×800 钢板和 M16×250 螺栓联结，活动防浪架能随波浪上下浮动，骨架底面和外侧均应设置铁丝网，以增加其阻水力，骨架采用绞索与筏体上层框架连接，使防浪架上下浮动消浪。

（4）垂直防浪板采用木板结构，规格 4 000×500×30。

（5）浮筒底部骨架支撑，与周围骨架焊接。

（6）框架主材 70×70×6，框架辅材 50×50×5。

3.4.4 防浪结构设计

活动防浪架分 A、B、C 等 3 段，分别与筏体联结，骨架由 100×100 方木制成，防浪架之间用角钢 100×100×800 钢板和 M16×250 螺栓联结，活动防浪架能随波浪上下浮动，骨架底面和外侧均设置铁丝网，以增加其阻水力，骨架采用绞索与筏体上层框架连接，使防浪架上下浮动消浪。防浪架由 3 段组成，防浪架在水面进行拼装。

浮筏活动防浪架结构见图 4。

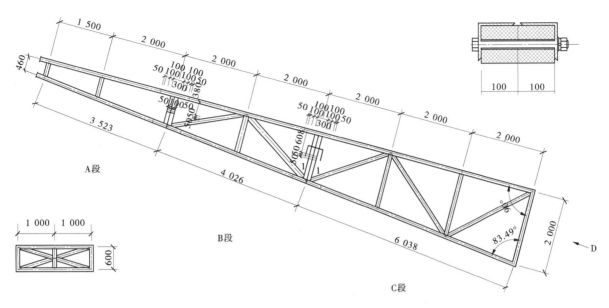

图4 浮筏活动防浪架结构 （单位：mm）

4 结语

二龙山水文实验站的漂浮水面蒸发观测场，自正式投入使用以来，性能良好，结构稳定，积累了一定量的水面蒸发资料，填补了自然水体的原型蒸发观测基础数据空白，陆上标准水面蒸发器同期进行对比观测，开展了陆上、水面蒸发试验数据的比测分析，取得了初步成果。通过进一步加强观测资料收集，分析水面蒸发的变化规律，正确评估库区水面蒸发损失量，为水库水量损失及水量平衡计算、水库科学调度运行决策提供科学依据。

参考文献

［1］中华人民共和国水利部. 水面蒸发观测规范：SL 63—2013［S］. 北京：中国水利水电出版社，2014.

［2］冯能操、陈兴农、吴竞博. 丹江口水库水面蒸发监测站的建设及运行［J］. 人民长江，2018，49（2）：29-34.

天津地区近 50 年地下水埋深动态变化特征分析

屈海晨[1]　刘　鹏[2]

（1. 海河下游管理局西河闸管理处，天津　300380；

2. 海河水利委员会漳河上游管理局，河北邯郸　056006）

摘　要：结合天津地区 15 个地下水观测井 1960—2020 年地下水埋深监测数据，对天津地区近 50 年地下水埋深变化特征进行分析。结果表明：近 50 年天津地区地下水埋深总体呈现递增变化，地下水埋深递增率为 0.35 m/10 a，20 世纪 90 年代以后天津地区地下水埋深变幅较为明显。从南向北天津地区地下水埋深逐步递减，南部地下水埋深相对较高，人类活动是天津地下水变化的主因。

关键词：地下水埋深；动态变化；趋势检验；天津地区

受人类活动和气候变化综合影响，旱灾成为影响天津地区社会经济稳定发展的重大自然灾害之一[1]。尤其是天津地区从 20 世纪 90 年代以后连续发生干旱，加大了对地下水的开采量，从而极大降低地下水资源的存储量[2]。因此，对天津地区地下水资源变化特征分析对于区域抗旱用水保障规划具有重要意义。近些年来，多项研究成果表明[3-13]，天津地区地下水开采量较大，使得区域地下水环境产生不同程度的负面影响，亟须对区域地下水动态变化特征进行探讨，从而对天津地区地下水可持续利用和保护规划提供重要的支撑依据。当前对于天津地区地下水埋深系统变化的研究成果还较少，为此本文结合天津地区 15 个地下水观测井 1960—2020 年地下水埋深监测数据，并结合变化趋势检验方法对天津地区近 50 年地下水埋深变化特征进行深入分析，研究成果对于制定天津地区地下水可持续利用和保护规划提供参考依据。

1　研究方法

利用 Mann-Kendall 趋势检验法判断天津地区不同时间尺度地下水埋深的变化。Mann-Kendall 趋势检验法在检验时间序列的变化趋势时，构造统计量 S 如下：

$$S = \sum_{j=2}^{n} \sum_{j=1}^{i-1} \text{sign}(X_i - X_j) \tag{1}$$

式中：sign 为符号函数，当 $X_i - X_j$ 小于、等于或大于 0 时，sign $(X_i - X_j)$ 分别为-1、0 或 1；S 为正态分布，其均值为 0，方差计算方程为：

$$\text{Var}(S) = \frac{n(n-1)(2n+5)}{18} \tag{2}$$

Mann-Kendall 统计量公式 S 大于、等于、小于 0 时分别为：

$$\begin{cases} Z = \dfrac{S-1}{\sqrt{\text{Var}(S)}}, & S > 0 \\ Z = 0, & S = 0 \\ Z = \dfrac{S+1}{\sqrt{\text{Var}(S)}}, & S < 0 \end{cases} \tag{3}$$

若 $Z<0$，则认为有下降趋势；若 $Z>0$，则认为有上升趋势。当 $|Z| \geq 1.28$、1.96、2.32 时，分

作者简介：屈海晨（1984—），男，工程师，主要从事水文水资源方面工作。

别通过90%、95%及99%的显著性检验，则认为变化趋势在对应的显著性水平下上升或下降趋势显著，相反则趋势不显著。

2　研究区域概况及资料

天津地区位于华北平原，属于典型的干旱半干旱气候，多年平均降水量在700 mm左右，降水主要集中在汛期的6—8月，属于水资源相对短缺的区域，地下水是天津地区主要的供水水源。天津地区从20世纪60年代开始对区域地下水埋深进行观测，资料系列较长的观测站点共有15个，资料序列年份为1960—2020年，各观测井地下水埋深数据均通过可靠性、一致性、代表性检验，可用来进行天津地区地下水埋深动态变化特征的分析。

3　天津地区地下水动态变化特征

3.1　年代际变化特征分析

结合天津地区15个地下水观测井1960—2020年地下水埋深观测数据，对其不同年代际地下水埋深变幅进行统计，并按照Mann-Kendall趋势检验法对其地下水埋深变化趋势进行检验，结果分别如表1和表2所示，并绘制各区域地下水埋深Mann-Kendall年际变化图，如图1所示。

表1　天津地区东南部不同年代际地下水埋深变化特征

年代际	地下水埋深变幅/m	变化趋势
1960—1969	−0.29	↓
1970—1979	−0.33	↓
1980—1989	−0.29	↓
1990—1999	+0.31	↑
2000—2009	+0.52	↑
2010—2020	+0.49	↑
1960—2020	+0.32	↑

表2　天津地区西北部不同年代际地下水埋深变化特征

年代际	地下水埋深变幅/m	变化趋势
1960—1969	−0.22	↓
1970—1979	−0.19	↓
1980—1989	−0.15	↓
1990—1999	+0.39	↑
2000—2009	+0.62	↑
2010—2020	+0.57	↑
1960—2020	+0.57	↑

通过对天津地区不同区域各年代际地下水埋深变化分析可看出，近60年天津地区地下水埋深有所递增，尤其是20世纪90年代以后天津地区的东南部和西北部地下水埋深递增较为明显，这主要是因为90年代以后，受地区地下水开采量加大影响，各区域地下水埋深加大，地下水水位降低，通过对不同区域15个观测井地下水埋深变化分析，90年代以前45%的观测井地下水埋深年变幅在0~0.5 m范围之内，而进入90年代以后65%的观测井地下水埋深年变幅超过0.5 m，且地下水变幅十分不稳定。2000年以后，天津地区地下水埋深变幅逐步加大，但2005年以后由于引滦入津，天津地区地

下水埋深变幅增大的观测井有所减少。通过对天津地区不同年代际地下水埋深变化趋势统计及年际变化图成果可看出，各年代际地下水埋深递增趋势较弱，变化趋势统计值均与 1.28，未达到 90% 显著性检验水平。近 50 年天津地区地下水埋深总体呈现递增变化，地下水埋深递增率为−0.35 m/10 a。从天津地区地下水埋深空间变化可看出，地下水埋深从东南部向西北部逐步递增变化，东南部地下水埋深相对较浅，而西北部由于水资源量相对更低，因此其地下水埋深更深，且变化显著性也要高于东南部地下水埋深的变化。

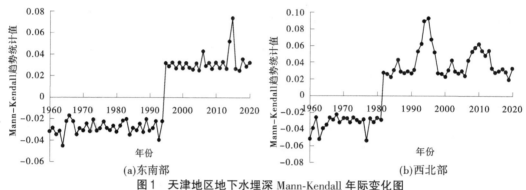

图 1　天津地区地下水埋深 Mann-Kendall 年际变化图

3.2　季节变化特征分析

在天津地区年尺度地下水埋深变化分析的基础上，考虑到天津地区地下水埋深补给量存在明显的季节变化特征，对不同年代各个季节地下水埋深变化特征进行分析，结果如表 3～表 6 所示，并绘制各区域地下水埋深 Mann-Kendall 年际变化图，如图 2 所示。

表 3　天津地区不同年代春季地下水埋深变化特征

年代际	地下水埋深变幅/m	变化趋势
1960—1969	−0.11	↓
1970—1979	−0.09	↓
1980—1989	−0.13	↓
1990—1999	0.21	↑
2000—2009	0.17	↑
2010—2020	0.15	↑
1960—2020	0.21	↑

表 4　天津地区不同年代夏季地下水埋深变化特征

年代际	地下水埋深变幅/m	变化趋势
1960—1969	−0.17	↓
1970—1979	−0.21	↓
1980—1989	0.19	↑
1990—1999	0.27	↑
2000—2009	0.33	↑
2010—2020	0.35	↑
1960—2020	0.25	↑

表 5　天津地区不同年代秋季地下水埋深变化特征

年代际	地下水埋深变幅/m	变化趋势
1960—1969	−0.15	↓
1970—1979	0.11	↑
1980—1989	−0.21	↓
1990—1999	−0.19	↓
2000—2009	0.08	↑
2010—2020	0.11	↑
1960—2020	−0.09	↓

表 6　天津地区不同年代冬季地下水埋深变化特征

年代际	地下水埋深变幅/m	变化趋势
1960—1969	−0.09	↓
1970—1979	−0.08	↓
1980—1989	0.05	↑
1990—1999	−0.06	↓
2000—2009	0.09	↑
2010—2020	0.10	↑
1960—2020	0.07	↑

　　天津地区不同季节地下水埋深变化差异性较大，总体而言，夏季地下水埋深变幅相对较高，一是夏季地下水补给量较高，二是夏季地下水开采量也相对较大，受人类活动和气候变化综合影响，天津地区夏季地下水埋深变幅要明显高于其他季节，夏季天津地区地下水埋深变幅总体呈现递增变化，递增率为 0.17 m/10 a。天津地区春季和秋季发生干旱的频次较高，因此在春季和秋季对地下水开采量需求也相对较大，因此春季和秋季天津地区地下水埋深变幅也总体呈现递增变化，且和年代际变化特征较为相似，20 世纪 90 年代以后地下水埋深总体呈现递增变化，但地下水埋深变幅趋势程度均要低于夏季，春季和秋季天津地区各年代际地下水埋深递增率分别为 0.09 m/10 a 和 0.11 m/10 a。天津地区在冬季对地下水开采量较小，且地下水补给量也相对较低，冬季天津地区地下水埋深总体呈现递减变化，随着冬季地下水水位的缓慢回升，区域地下水埋深有所减少，近 50 年天津地区在冬季地下水埋深的递减率为−0.07 m/10 a。

4　天津地区地下水动态变化影响因素分析

　　在天津地区地下水埋深不同时间尺度变化分析的基础上，结合区域降水量和地下水开采量分析数据，建立不同年代际地下水埋深和降水量及开采量之间的回归方程，并采用 T 检验方法对不同年代线性回归方程进行检验，检验结果如表 7 所示。

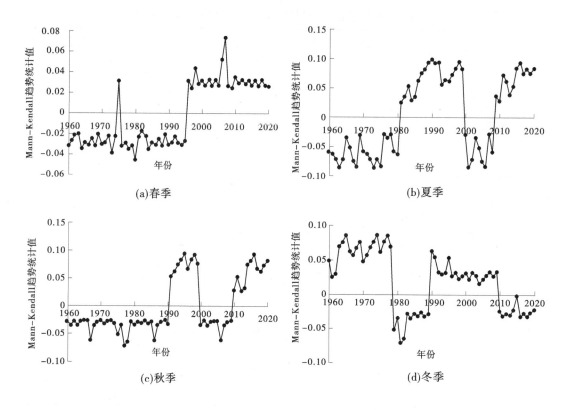

图2 天津地区地下水埋深 Mann-Kendall 季节变化图

表 7 不同年代际地下水埋深-降水量及地下水埋深-开采量线性回归方程 T 检验结果

回归方程	$|t|$					
	1960—1969 年	1970—1979 年	1980—1989 年	1990—1999 年	2000—2009 年	2010—2020 年
埋深-降水量	2.742	2.835	2.874	2.962	1.175	1.025
埋深-开采量	1.636	1.675	1.737	1.749	5.575	6.275
$T_{a/2(a=0.05)}$	2.421 5	2.574	2.492	2.353	2.163	2.597

　　从不同年代际地下水埋深-降水量及地下水埋深-开采量线性回归方程 T 检验结果可看出,天津地区地下水埋深和降水量具有较好的相关性,各年代际线性回归方程的相关系数均高于 0.6,且在 90年代以前其 T 检验绝对值均在 2.3 以上,达到 0.05 的显著性检验水平。这主要是因为 20 世纪 90 年代以前天津地区地下水埋深受人类活动影响相对较小,因此其地下水埋深变化主要受区域降水量变化影响,天津地区地下水埋深随着降水量的递增而逐步递减。从 2000 年以后天津地区地下水埋深受人为影响加大,尤其是地下水开采量的影响较为明显,区域地下水埋深和地下水开采量的回归方程的相关系数要高于地下水埋深和降水量之间的相关性,2000 年以后地下水埋深和地下水开采量之间的 T检验绝对值均高于地下水埋深和降水量之间的 T 检验绝对值,且 2000 年以后其 T 检验绝对值远高于2.26,大于 0.05 显著性检验水平,2000 年以后天津地区地下水埋深和地下水开采量之间的相关性增强,地下水开采量是区域地下水埋深变化的主要影响因子。

5 主要结论

　　(1) 近 60 年天津地区地下水埋深有所递增,尤其是 20 世纪 90 年代以后天津地区的东南部和西北部地下水埋深递增较为明显,这主要是因为 90 年代以后,受地区地下水开采量加大影响,各区域地下水埋深加大。

（2）天津地区不同季节地下水埋深变化差异性较大，总体而言，夏季地下水埋深变幅相对较高，一是夏季地下水补给量较高，二是夏季地下水开采量也相对较大，受人类活动和气候变化综合影响，天津地区夏季地下水埋深变幅要明显高于其他季节。

（3）20 世纪 90 年代以前降水量是天津地区地下水埋深变化影响的主因，2000 年以后地下水开采量和区域地下水埋深相关性增强，成为天津地区地下水埋深影响的主因。

参考文献

［1］袁杰，董立新，彭慧，等．天津地区典型岩溶水源地地下水埋深变化特征及影响因素研究［J］．水科学与工程技术，2020（6）：45-48.

［2］张姣姣，牛文明，吕满文，等．天津地下水长期开发地区地面沉降特征［J］．上海国土资源，2019，40（1）：77-80，85.

［3］王鹏赫，赵成义，王丹丹，等．气候变化对叶尔羌河流域极端水文事件的影响［J］．生态科学，2018，37（6）：1-8.

［4］荆平．天津地下水亚硝酸盐氮污染的风险演变时空模拟分析［D］．天津：天津师范大学，2014.

［5］王凯燕，王文卓，李琼芳，等．天津地区近 21 年地下水埋深变化特征及其影响因素［J］．水资源保护，2014，30（3）：45-49.

［6］王家兵．天津深层地下水资源持续利用研究［D］．北京：中国地质大学（北京），2006.

［7］王威，陆阳．地下水资源与地质环境安全管理实践——以天津地区为例［J］．海河水利，2016（4）：1-6.

［8］孙洪磊．天津推动实行最严格地下水资源管理制度［N］．北京：中国建设报，2010-06-21（1）.

［9］阎戈卫，蔡旭，陆琪．天津地下水资源监测系统构建模式研究［C］//中国水利学会 2010 学术年会论文集（下册），2010：545-549.

［10］王家兵．控制地面沉降条件下天津深层地下水资源可持续利用研究［D］．天津：天津市地质调查研究院，2008.

［11］肖丽英．海河流域地下水生态环境问题的研究［D］．天津：天津大学，2004.

［12］梁玉凯，林广宇．基于主成分分析和水质标识指数的天津滨海新区地下水水质评价［J］．地下水，2020，42（3）：43-45.

［13］王家兵．华北平原（天津部分）地下水资源调查评价报告［R］．天津：天津市地质调查研究院，2002.

HYMOD 模型在老挝少资料地区应用研究

欧阳硕　徐长江　杜　涛　王　琨

（长江水利委员会水文局，湖北武汉　430010）

摘　要：针对少资料地区水文特性分析问题，本文以南乌河孟威站以上流域为研究区域，选取实测流量和模拟流量的对数均方误差 MSLE 和 4 次幂平均误差 M4E 作为适应度函数，采用多目标优化算法 MOCSEM 算法，对集总式概念性水文模型 HYMOD 进行参数率定，研究探讨了水文模型 HYMOD 在南乌河流域的适用性。

关键词：多目标参数率定；HYMOD 模型；少资料地区；老挝南乌河流域

1　引言

南乌河（Nam Ou）是湄公河左岸老挝境内的最大支流，流域水量充沛，蕴藏着丰富的水能资源。南乌河干流全长 475 km，天然落差达 1 980 m。目前，南乌河干流规划有 7 级电站，总装机容量 1 143 MW，全梯级联合运行保证出力 412 MW，多年平均发电量 49.77 亿 kW·h。流域水利工程规划、设计及开发利用需要足够的河流径流数据[1]；同时，研究分析流域径流时空分布特征及变化规律，是科学地利用水库调蓄能力、合理地管理流域水库（群）调度和流域水资源优化配置等多方面的基础支撑。

目前，南乌河流域境内水文站较少，仅在南乌河干流中下游孟威县设有孟威（Muong Ngoy）水文站，上游及支流水文资料条件较差，严重制约了流域梯级水能开发和水资源优化利用。水文模型一直是系统化认识与研究自然水循环过程和规律的主要工具和方法[2]。近半个世纪以来，国内外学者在水文模型研究领域开展了广泛的研究工作，提出了斯坦福流域水文模型（Stanford Watershed Model）[3]、水箱（Tank）模型[4]、新安江模型[5]、HYMOD 模型[6] 等多种不同水文模型，取得了丰富的研究成果。

HYMOD 是由英国学者 Moore 基于蓄满产流机制提出的集总式概念性水文模型。该模型提出的时间较短，近几年不同专家学者针对该模型开展了大量的研究工作。王宇晖等[7]基于多目标遗传优化算法（NSGA-Ⅱ）对 HYMOD 模型参数进行了敏感性分析；宋文献等[8] 采用 SCE-UA 和 SCEM-UA 两种方法，对改进的 HYMOD 模型进行参数估计研究；徐一鸣等[9] 基于贝叶斯理论，将 HYMOD 模型应用于珠江东江干流水文过程模拟；李帅等[10] 以 HYMOD 模型为研究对象，提出了一种新的不确定性分析方法。

目前，国内外学者对南乌河流域水文循环及水文过程模拟的研究尚不多见，亟待引入水文模型开展流域径流时空分布规律研究。本文以南乌河孟威站以上流域为研究区域，选取多目标优化算法 MOCSEM，结合实测流量和模拟流量的对数均方误差 MSLE[11] 与 4 次幂平均误差 M4E[12] 等指标，对集总式概念性水文模型 HYMOD 进行参数优化，分析不同优化方案模拟流域日径流过程，探讨水文模型 HYMOD 在南乌河流域的适用性。

基金项目：国家重点研发计划（2019YFC0408901-02）。
作者简介：欧阳硕（1988—），男，高级工程师，长期从事水文水资源分析和梯级水库群联合调度研究工作。

2 研究区域及数据

2.1 研究区域

南乌河发源于中国云南省江城县与老挝丰沙里省接壤的边境山脉一带，位于老挝北端高原，流域形状大致呈上窄下宽的梯形。流域以北与中国云南省境内李仙江支流勐野江流域相邻，河流流向开始自北向南，约 50 km 后转向东，在 B. Muanghat Hin 又折向南至 B. Sopkai，此处有右岸支流 Nam Phak 河汇入，河流最后在 B. Pak-ou 汇入湄公河。南乌河流域面积为 2.6 万 km²，老挝境内为 2.46 万 km²，河长 475 km。

南乌河流域属热带季风气候，温度从北向南逐渐升高，南部琅勃拉邦省最高温度可达 34~44 ℃，最低温度为 3.4~20 ℃；北部丰沙里省最高温度为 26~35 ℃，最低温度为 0.4~12.4 ℃。南乌河流域西南方孟加拉湾和东南方南海北部湾的暖湿气流是流域降水的主要水汽来源，主要出现在 5—9 月，因而使流域年内气候形成旱、雨两季，12 月至次年 5 月为旱季，6—11 月为雨季，雨季降水量可占年降水量的 80% 以上。根据气象监测资料，流域年降水量在 1 300~1 700 mm，降雨从北往南逐渐减少。蒸发与降雨的负相关规律较为明显，旱季蒸发量较大，雨季蒸发量较小，且北部蒸发量小于南部。

南乌河流域水文测站较少，南乌河流域水文站点仅孟威水文站在南乌河干流上，控制流域面积19 700 km²，流域附近设有 4 个气象站点，分别为丰沙里、乌多姆赛、琅勃拉邦、琅南塔。

2.2 研究数据

本文的研究区域为国内外研究较少的南乌河流域，该流域属于典型的湿润流域，流域 2006 年 8 月 1 日至 2010 年 12 月 31 日的日降雨、蒸发和径流数据用于模型参数优化率定，其中前 65 d 的数据用于模型的预热期，以消除流域初始条件设置的影响。

3 HYMOD 模型与参数率定方法

3.1 HYMOD 模型

本文选取的 HYMOD 模型为五参数概念降雨径流模型。HYMOD 模型将一个流域分解为若干相互独立的点集合，其中任意一点都可以视为一个基于蓄满产流机制的水箱，其核心理论基础包括蓄水能力曲线：

$$F(C) = 1 - \left(1 - \frac{C}{C_{max}}\right)^{B_{exp}}, \quad 0 \leqslant C \leqslant C_{max} \tag{1}$$

式中：$F(C)$ 为流域中某一点的蓄水能力的累计指数，C 为该点的蓄水能力值，mm，与土壤有关；C_{max} 为流域的土壤持水能力，即蓄水能力最大值；B_{exp} 为流域的土壤持水能力的空间变化指数。当流域某次降水过程的降水量超过 C_{max} 时，超过 C_{max} 的降水量无法通过土壤渗流，成为超渗产流直接进入快流速水箱产流，快流速水箱引入 R_q 参数作为出流衰减因子；另一部分形成蓄满产流，模型引入了流量分配因子 Alpha，一部分（Alpha）进入快流速水箱产流，另一部分（1-Alpha）经过慢流速水箱产流，慢流速水箱引入 R_s 参数作为出流衰减因子。HYMOD 模型计算原理较为简单，物理机制概化图如图 1 所示。HYMOD 模型参数物理意义及取值范围见表 1。

表 1 HYMOD 模型参数物理意义及取值范围

参数	物理意义	取值范围
C_{max}	流域土壤持水能力	[0, 500.00]
B_{exp}	土壤持水能力空间变化指数	[0.10, 2.00]
Alpha	流量分配因子	[0.10, 0.99]
R_q	快流速水箱出流衰减因子	[0.10, 0.99]
R_s	慢流速水箱出流衰减因子	[0.01, 0.10]

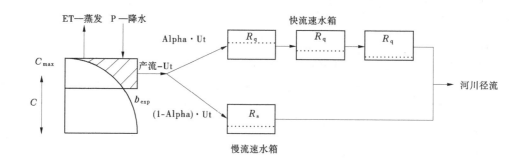

图 1　HYMOD 模型物理机制概化图

3.2　参数率定方法

本文选取多目标文化自适应仿电磁学算法（MOCSEM）作为参数率定方法对 HYMOD 模型的 5 个参数进行参数率定。仿电磁学算法（electromagnetism-like mechanism，EM）是 2003 年美国 Birbil 博士提出的一种新型的随机全局优化算法，具有原理简单、运行效率高的特点[13]。文化算法（CA）是 Robert[14] 的智能进化算法。文化自适应多目标仿电磁学算法以文化算法为框架，算法群体空间以仿电磁学算法为驱动。文献［15］-［17］中详细描述了 MOCSEM 的实现细节。

3.3　适应度函数

由于对数变换，MSLE 函数倾向于小流量的拟合，而 M4E 则更倾向于大流量事件。为分析 HYMOD 模型在南乌河流域不同量级径流模拟的适用性，本文选取 MSLE 和 M4E 作为水文模型多目标参数优化的适应度函数。

$$\text{MSLE} = \sqrt{\frac{1}{T} \sum_{t=1}^{T} \left(\lg Q_{t,\text{sim}} - \lg Q_{t,\text{obs}} \right)^2} \tag{2}$$

$$\text{M4E} = \frac{1}{T} \sum_{t=1}^{T} \left(Q_{t,\text{sim}} - Q_{t,\text{obs}} \right)^4 \tag{3}$$

4　结果分析

本文以南乌河孟威站以上流域为研究区域，选取实测流量和预报流量的对数均方误差 MSLE 与 4 次幂平均误差 M4E 为适应度函数，通过多目标优化算法 MOCSEM 对 HYMOD 模型进行参数率定。得到关于 MSLE 和 M4E 的非劣（Pareto）方案集的空间分布及适应度函数结果见图 2 及表 2。

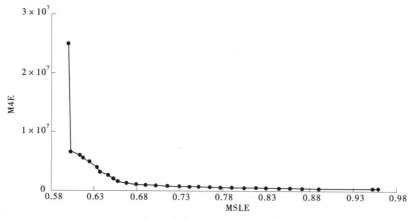

图 2　非劣（Pareto）前沿结果

表 2 基于 MOCSEM 算法的 HYMOD 模型参数非劣方案集

方案序号	确定性系数	MSLE	M4E	方案序号	确定性系数	MSLE	M4E
1	-0.85	0.60	2504674	16	0.37	0.73	749722
2	-0.28	0.60	6546359	17	0.38	0.74	718274
3	-0.27	0.61	5988685	18	0.39	0.75	661106
4	-0.17	0.62	5495495	19	0.39	0.76	629476
5	-0.03	0.62	4880703	20	0.40	0.78	593898
6	0.05	0.63	3957566	21	0.42	0.79	570581
7	0.13	0.64	3139622	22	0.42	0.80	528604
8	0.18	0.65	2627369	23	0.44	0.82	520873
9	0.22	0.65	2037462	24	0.44	0.83	496501
10	0.28	0.66	1528669	25	0.44	0.84	458884
11	0.30	0.67	1256727	26	0.55	0.86	424317
12	0.31	0.68	1088594	27	0.56	0.87	390074
13	0.32	0.69	973673	28	0.59	0.89	371673
14	0.35	0.70	880917	29	0.61	0.95	364310
15	0.37	0.72	825075	30	0.60	0.96	363192

由图 3 可以很直观地看出，目标 MSLE 和 M4E 间存在明显的非劣关系。由表 2 统计数据可知，HYMOD 模型模拟结果的适应度函数 MSLE 取值范围为 $[0.60, 0.96]$，M4E 取值范围为 $[3.6 \times 10^5, 2.5 \times 10^7]$。此外，为分析 HYMOD 模型在老挝南乌河流域的适用性，选取确定性系数指标对模型模拟结果进行分析。由表 2 可以看出，确定性系数与 M4E 变化趋势一致，单纯确定性系数更倾向于高水过程。

此外，研究工作选取 3 个方案的参数指标和模拟径流过程如表 3 及图 3 所示。

表 3 3 个方案的 HYMOD 模型参数值

方案	C_{max}	B_{exp}	Alpha	R_s	R_q
1	226.04	0.43	0.33	0.01	0.60
5	300.16	0.69	0.51	0.01	0.43
30	493.44	1.05	0.47	0.01	0.50

由图 3 给出的 3 个不同参数方案的流域逐日径流过程。方案 1 与枯水流量贴合较好，而方案 5 虽然与洪水流量贴合情况有所改善，方案 30 与洪水流量贴合更好，且确定性系数指标最高，为 0.6。综上所述，HYMOD 水文模型在贴合流域流量过程变化趋势方面模拟效果较好，但观测降雨、径流资料的质量影响了整个模型模拟的精度，洪水过程的贴合度需要进一步提高。

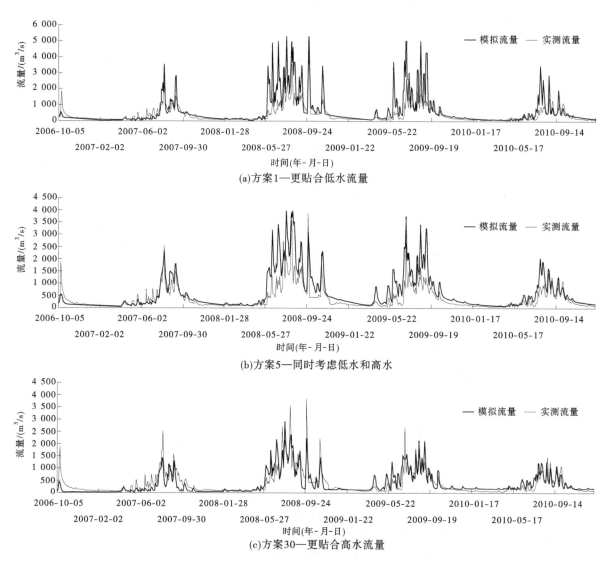

图 3　3 个方案的模拟结果

5　结论

本文以南乌河孟威站以上流域为研究区域，选取实测流量和预报流量的对数均方误差 MSLE 与 4 次幂平均误差 M4E 为适应度函数，采用多目标优化算法 MOCSEM 对 HYMOD 模型进行参数优化。模拟结果表明：①对于少资料地区，HYMOD 模型模拟结果与流域流量过程变化趋势贴合较好，能够为南乌河流域水文特性分析提供参考依据；②倾向 MSLE 和 M4E 的参数方案模拟结果分别更倾向于低水过程和高水过程。

然而，尽管 HYMOD 模型模拟成果能够为南乌河流域水文特性分析提供参考依据，但是不同参数方案各有侧重，因此研究其不同阈值条件的参数组合模拟方法是下一步研究工作的方向；另外，由于观测降雨、径流资料的质量较差，在一定程度上制约了模型模拟效果，因此亟须广泛研究气候模式与水文模型的融合技术，为缺少水文资料地区的水文特性提供一种新的途径。

参考文献

［1］全钟贤，罗华萍，孙文超，等．概念性水文模型 HYMOD 在雅砻江流域的适用性研究［J］．北京师范大学学报（自然科学版），2014（5）：472-477.

［2］欧阳硕．流域梯级及全流域巨型水库群洪水资源化联合优化调度研究［D］．武汉：华中科技大学，2014.

［3］Linsley K R, Crawford H N. Computation of a synthetic streamflow record on a digital computer［J］. Int. Assoc. Sci. Hydrol. Publ, 1960, 51：526-538.

［4］Sugawara M, Watanabe I, Ozaki E, et al. Tank Model with Snow Component［R］. Japan：NRC for Disaster Prevention Science and Technology Agency, 1984.

［5］赵人俊．流域水文模拟新安江模型与陕北模型［M］．北京：水利电力出版社，1984.

［6］Moore R J. The probability-distributed principle and runoff production at point and basin scales［J］. International Association of Scientific Hydrology Bulletin, 1985, 30（2）：273-297.

［7］王宇晖，雷晓辉，蒋云钟，等．Hymod 模型参数敏感性分析和多目标优化［J］．水电能源科学，2010, 28（11）：15-17.

［8］宋文献，江善虎，杨春生，等．SCE-UA、SCEM-UA 算法对改进的 HYMOD 模型模拟结果的影响［J］．水电能源科学，2013（11）：17-20.

［9］徐一鸣，林凯荣，李朋俊．基于贝叶斯法的 HYMOD 模型参数不确定性分析［J］．人民珠江，2015, 36（4）：1-4.

［10］李帅，文小浩，杜涛．基于 SODA 方法的 HyMOD 模型不确定性分析［J］．长江科学院院报，2017, 34（9）：6-13.

［11］Hogue T S, Sorooshian S, Gupta H, et al. A multi-step automatic calibration scheme for river forecasting models［J］. Journal of Hydrometeorology, 2000, 1：524-542.

［12］DE VOS N J, RIENTJES T H M. Multiobjective training of artificial neural networks for rainfall-runoff modeling［J］. Water Resources Research, 2008, 44：W08434.

［13］Bïrbïl S I, Fang S H. An electromagnetism-like mechanism for global optimization［J］. Journal of Global Optimization, 2003, 25（3）：263-282.

［14］ROBERT G R. An introduction to cultural algorithms［C］//Proceeding of the Third Annual Conference on Evolutionary Programming. New Jersey：World Scientific, 1994：131-139.

［15］欧阳硕，徐高洪，戴明龙，等．概念性水文模型参数多目标率定及参数组合预报［J］．四川大学学报（工程科学版），2014, 46（6）：63-70.

［16］欧阳硕，周建中，周超，等．金沙江下游梯级与三峡梯级枢纽联合蓄放水调度研究［J］．水利学报，2013, 44（4）：435-443.

［17］Gol Alikhani M, Javadian N, Tavakkoli-Moghaddam R. A novel hybrid approach combining electromagnetism-like method with Solis and Wets local search for continuous optimization problems［J］. Journal of Global Optimization, 2009, 44（2）：227-234.

鄱阳湖区溃口水文应急监测的实践与启示
——以修河三角联圩为例

黄孝明　刘铁林　程永娟

（江西省水文监测中心，江西南昌　330000）

摘　要：水文应急监测具有紧迫性、艰巨性、复杂性、非常规性等特点，专业技术综合性强，服务时效性要求高。在应对突发性自然灾害事件中，水文应急监测为抢险救灾提供决策支持，在减少灾害损失、保障人民生命财产安全等方面发挥了不可替代的作用。为进一步提高应急监测能力和水平，本文以三角联圩溃口水文应急监测为例，分析总结了溃口水文应急监测的成功经验。结果表明：三角联圩溃口水文应急响应迅速，监测目的清晰，站网布局合理，技术方案可行，成果质量可靠，翔实的监测数据和分析计算为溃口封堵和后期排水处置等提供了重要支撑，为今后鄱阳湖区圩堤溃口水文应急监测提供了重要参考。

关键词：鄱阳湖；三角联圩；溃口；水文应急监测

1　引言

随着全球气候的变暖，近年来，极端气候引发的水旱灾害事件频发，为充分发挥防汛抗旱和抢险救灾的"耳目"与"参谋"作用，水文应急监测日趋频繁和重要。在历次水文应急监测中，水文工作者积累了不少经验，2011年王俊编制的《水文应急实用手册》[1]，对水文应急管理、水文应急监测、分洪溃口（溃坝）监测、水文应急分析计算等进行了详细论述，具有重要的指导作用和参考价值。欧应钧等[2]利用声学多普勒流速仪测流与航迹无关的特性，提出分流法、曲断面法两种分洪溃口流量实测方法；张白等[3]利用遥控船测流系统成功模拟溃坝过程水文应急监测；李月宁等[4]针对松辽流域历史洪水规律，制定溃口分洪等情况应急监测方法和技术要求。国内专家学者针对提出溃口测流方法或开展过模拟分析，但一方面溃口处流速较大，接触式流量测量在实际应用过程中难以有效应用；另一方面运用历史洪水资料模拟结果建立的方法和技术要求，与实际生产有一定的差距。

随着科学技术的快速发展，无人机、雷达等先进技术在水文监测中推广应用，解决了接触式流量测量的难题。本文结合环鄱阳湖的圩堤和水情特点，以2020年三角联圩溃口水文应急监测为例，就现场查勘、方案编制、新技术应用、监测数据等进行了分析总结，提出了溃口水文应急监测具体思路、流程和要求，以供广大水文工作者参考。

2　研究对象

鄱阳湖，位于江西省北部，是中国第一大淡水湖，承纳赣江、抚河、信江、饶河、修河五大江河（简称五河）及博阳河、漳河、潼河之来水，经调蓄后由湖口注入长江。每年4—9月，鄱阳湖水位涨落受五河和长江来水双重影响，鄱阳湖区修筑的大量圩堤成为防汛重点，据统计，鄱阳湖区现有3 000亩以上圩堤155座，其中重点圩堤45座，一般圩堤109座，堤线总长2 460 km，保护耕地面积580万亩，保护人口694万人[5]。尤其是每年7—9月，鄱阳湖水位受五河来水和长江洪水顶托或倒

作者简介：黄孝明（1988—），男，硕士，从事水文监测工作。

灌双重影响而壅高,水位过程变化缓慢,长期维持在高水位,鄱阳湖区溃堤风险增大,湖区圩堤安全是江西防汛的重中之重[6],溃口水文应急监测时有发生。

2020年,鄱阳湖流域发生超历史大洪水,7月12日修河三角联圩发生溃堤事件。三角联圩位于修河尾闾,北临修河干流,东滨鄱阳湖,南隔蚂蚁河与新建县相邻,高水期间,水系关系复杂,受到修河和鄱阳湖水位的双重影响,具有典型湖区溃口水文应急监测的特点。本文以修河三角联圩为例,从溃口水文应急监测的角度进行总结和分析,为今后鄱阳湖区溃口水文应急监测工作的开展提供借鉴。

3 基本情况

溃口事件发生后,水文部门及时启动了水文应急监测响应,为制订科学、合理及可操作性强的水文应急监测方案,水文应急监测队第一时间对溃口基本情况、河流水系及现有站网等情况进行了调查。

3.1 溃口事件基本情况

经调查,溃口事件发生在2020年7月12日19时40分,溃口位于三角联圩杨董村段,联圩保护范围在永修县境内东南部,保护面积56.28 km²,保护耕地5.03万亩,保护人口6.38万人[7]。13日凌晨,测得地理位置为东经115°53′09″,北纬29°01′25″。溃口口门宽约120 m,表面流速接近3 m/s。

3.2 水系与站网情况

三角联圩位于修河尾闾,北临修河干流,东滨鄱阳湖,南隔蚂蚁河与新建县相邻,蚂蚁河与修河已隔断,水系不连通,以两河相交为界,高水位时期圩堤四面环水。溃口位于三角联圩的南侧蚂蚁河中段,水流来自鄱阳湖区,溃口堤外水位关联最密切的为湖区水位。根据水文站网情况,修河干流设有永修水文站,鄱阳湖区最近的水位站为吴城水位站。溃口区域河流水系及站网现状分布情况见图1。

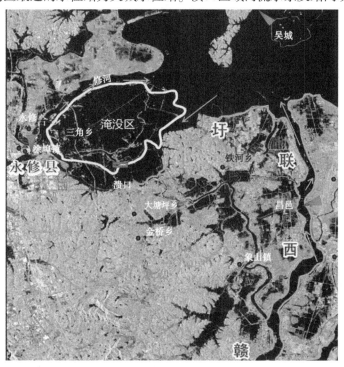

图1 溃口区域河流水系及站网现状分布

4 监测方案

4.1 监测站网布局

为满足应急监测目的淹没灾情分析需要、水情预测预报需要、工程封堵和后期排水要求,根据河流水系和站网现状，结合三角联圩区域特点，增设了部分监测站点和断面。为保证后续水文应急监测数据的一致性和合理性，建立了平面和高程控制坐标系统。

（1）临时监测站布设。为了及时掌握三角联圩溃口形态、流量、流速和圩堤内、外水位变化情况，布置相关监测站点和断面如下：为掌握溃口形态、流速、流量等要素变化过程，在溃口处南侧布设了溃口监测断面；为掌握溃口处上、下游和堤内、外水位落差（估算溃口流量需要），并确保水位具有较好代表性，在距溃口处南侧150 m左右的圩堤内、外分别布设了水位监测站；同时为了掌握淹没区内洪水的推进情况和淹没区蓄水量计算的需要，另在淹没区远端布设了水位监测站。

（2）平面和高程系统的确立。在开展水文应急监测初期，为保证数据的及时性，先行采用GNSS连续运行参考站系统（CORS）对3个水位观测点布设的水尺零点高程进行测量，并采用永修水文站改正常数进行固定差改正。后期，将3个水位站水尺零点高程采用三等水准测量与永修水文站基本水准点进行了联测，并将前期水文应急监测成果统一换算至1985国家高程基准。

4.2 监测技术

4.2.1 溃口形态监测

为了满足溃口流量和溃堤体积计算需要及为溃口封堵提供技术支撑，需对溃口口门宽度、水深变化过程实施监测，具体监测方法如下：

（1）溃口口门宽度。因土质堤防受洪水冲刷，溃口口门不断拓宽加大，为确保应急监测人员安全，口门宽度采用免棱镜全站仪利用无人立尺技术进行施测，同时采用无人机航空摄影学方法进行口门宽度计算

（2）溃口水深。溃口水深测量一直是应急监测的难点，本次三角联圩溃口宽度超过100 m，溃口处水流湍急，流态复杂，采用渡河实测水深难以实施，本次为进行水深测量，采用便携式压力测深仪进行测量，传感器主要靠人力抛投重锤送至相应位置，本次采用散点法仅实测到溃口左岸20 m左右的水深。

4.2.2 水位监测

水位监测是溃口水文应急监测的重点。为快速收集溃口内、外水位的变化情况，到达第一现场立即采用RTK施测上报了溃口堤内、外水位，随后，在溃口处堤内、外，远端堤内分别安装了压力式水位自动监测设备和人工水尺，每日两次进行人工校核，遥测数据每5 min上传至江西省水情会商系统，供决策分析使用。压力式水位自动监测设备具有功耗小、携带方便、安装简单等特点，可实时采集、传输水位信息，在本次应急监测中得到广泛应用，大大减少了人工观测劳动强度，有效地提高了应急监测时效。

4.2.3 流速流量监测

流速测验是溃口监测的难点和重点，本次分别采用了电波流速仪法、无人机航拍浮标法和遥控船+走航式ADCP法，具体如下：

（1）电波流速仪法。电波流速仪是溃口表面流速测量的一种应急方法，在本次监测中因为缺乏渡河设施，仅能测得岸边部分区域的水面流速，实际应用效果有限。

（2）无人机航拍浮标测流法。无人机航拍浮标测流法是江西省赣州市水文局自行研发的一项高洪流量测验技术，主要利用航空摄影学、大地测量学、浮标法测流等原理和图像处理技术[8]，借助无人机获取的空间坐标位置、浮标运动轨迹及时间坐标，运用软件解算天然浮标的坐标、轨迹和相应时间，借用溃口断面计算出溃口流量，在本次溃口初期流速流量应急监测中发挥了重要作用。

（3）遥控船+走航式ADCP法。遥控船+走航式ADCP流量测验与航迹无关[2]，是流速流量监测的重要方法，具有对天然流态扰动小、航行轨迹可不直线横渡断面、精度高、时效性强等特点，本次应急监测采用遥控船作为渡河设备，快速有效地收集了溃口流速、流量和断面等资料。为避开溃口处湍急的水流，在溃口上游300~500 m处形成弧形航线进行溃口流量施测[4]，如图2所示。溃口流速小于3 m/s时，溃口从下游端进入溃口断面施测溃口流速、流量和断面等。

本次三角联圩水文应急监测共施测流量 13 次，其中采用无人机浮标法施测 6 次，ADCP 法施测 7 次，对比施测 1 次，监测成果可靠，为溃口封堵、淹没区水量计算提供了重要依据。

图 2　溃口流量施测航行轨迹

5　分析与讨论

5.1　水位监测

为掌握堤内、外水位及水量变化，在溃口区域分别设置了 3 个自动水位监测设备，水位数据实时传输至水情会商系统，供封堵及排涝决策使用，溃口内、外以及淹没区远端水位过程如图 3 所示。监测数据显示，溃口外湖水位前期呈缓慢下降态势，溃口封堵造成局部壅水，水位略有上涨，淹没区远端水位受溃口进水影响，一直处于上涨态势，7 月 16 日，溃口封堵完成后，堤内水位不变，7 月 20 日启动排涝后堤内水位缓慢下降，8 月下旬，排涝基本结束。

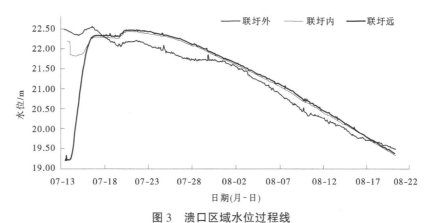

图 3　溃口区域水位过程线

5.2　流量、水量监测成果

此次应急监测过程，采用无人机浮标法对溃口流速进行了测量，同时借用断面资料推算溃口流量，7 月 14 日起采用 ADCP 实测溃口流量，并同时采用无人机对比测验，流量相对误差 2.6%，至 16 日 21 时 43 分决口合龙，共实测流量 13 次，具体数据成果见表 1。

根据实测流量绘制溃口断面流量过程曲线以及淹没区内水量累计曲线，如图 4 所示。

5.3　分析与讨论

（1）三角联圩溃口封堵后对溃口形态数据重新进行了复核，后期复核数据与前期监测数据基本一致。

（2）单次流量的合理性分析，7 月 14 日之前，溃口流量主要采用无人机浮标法进行测量，7 月 14 日 18 时，同时采用无人机浮标法与 ADCP 法施测，流量分别为 996 m³/s、1 050 m³/s，相对误差

2.6%，说明前期采用无人机浮标法施测流量基本可靠，同时采用无人机法。

表 1   三角联圩溃口流量监测成果

施测号数	测流时间（月-日 T 时）	水位/m		流量/（m³/s）		断面面积/m²	流速/（m/s）	
		堤外	堤内	ADCP	无人机		平均	最大
1	07-13T07	22.8	22.3		1 250	696	1.8	2.17
2	07-13T09	22.79	22.25		1 230	696	1.77	2.32
3	07-13T10	22.78	22.23		1 220	696	1.75	2.4
4	07-13T13	22.77	22.22		1 220	708	1.72	2.15
5	07-13T14	22.77	22.21		1 190	720	1.65	2.46
6	07-14T18			996	1 050	720	1.46	2.08
7	07-15T11			748				
8	07-15T16			622				
9	07-16T10			211				
10	07-16T15			104				
11	07-16T17			62				
12	07-16T18			43				

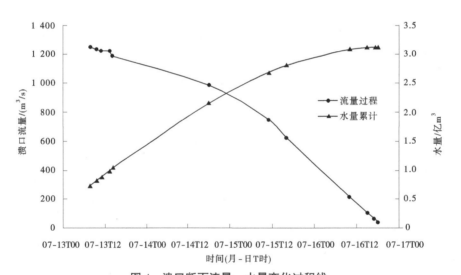

图 4   溃口断面流量、水量变化过程线

（3）根据实测流量过程推算溃堤封堵时堤内水量约为 3.14 亿 m³，采用分辨率 30MDEM 提取水位库容曲线推算水量为 3.08 亿 m³，采用 1∶1 万 DEM 提取水位库容曲线推算水量为 3.13 亿 m³，三种方法相差较小，证明水量推算结果基本合理。

6   经验与启示

6.1   经验

本次针对鄱阳湖区三角联圩溃口开展的水文应急监测，保障了水文监测组开展的水文应急监测工作，保证了三角联圩溃口水文应急各项工作的顺利完成，为三角联圩百姓转移、溃口封堵以及排涝工作提供了有力的技术支撑，同时在实战中锻炼了一大批队伍，为今后鄱阳湖区出现类似溃口事件的水文应急监测工作积累了十分珍贵的资料。

6.1.1 监测流程设置

三角联圩溃口水文应急监测过程中，按照启动响应、现场查勘、制订方案、布设站点、监测与报送、成果分析等流程设置基本合理，能够满足溃口水文应急监测的需求，能够为群众转移、溃口封堵、排涝抢险提供必要的数据支撑。

6.1.2 监测技术方案可行

本次确定的各水文要素采集的测验手段和仪器设备的选用及配置，测验技术方法，水文信息传输、处理与发布，工作进度等符合应急监测的要求，仪器选用满足便于携带、适合野外使用、能够快速出击迅速监测分析、可移动等要求。其中，在溃口内、外以及淹没区远端各布设自动水位监测设备符合溃口水位监测要求，免棱镜全站仪、压力测深仪、无人机测流系统、遥控船搭载 ADCP 等新技术的应用能够为鄱阳湖区溃口水文要素监测提供支撑，也为今后应急监测设备的配备提供了方向。

6.1.3 监测成果合理

三角联圩溃口水文应急监测的各项成果均满足了溃口防汛抢险需求，溃口形态、水位、流速、流量等数据的监测以及淹没区水量的推求合理，进一步证实了所采用的监测技术能够满足鄱阳湖区溃口水文应急监测的需求。

6.2 启示

为了使江西水文应急监测工作走向规范化、制度化、专业化和现代化，结合三角联圩溃口水文应急监测工作的开展情况，对于以后江西水文应急监测工作的成功、高效开展有如下启示。

6.2.1 完善应急监测体制机制是重点

本次三角联圩水文应急监测工作的顺利开展，是江西水文近年来不断探索完善应急监测体系的重要成果，同时在应急监测过程中也暴露了一些问题。为更好地理顺水文监测流程，江西水文部门应充分总结应急监测实施过程，继续完善水文系统应急工作责任制，按照分级负责、属地管理原则，进一步厘清省、市两级水文部门的工作职责，建立省、市水文应急监测中心，配备专门的应急监测设备，省级应急监测中心负责全省的任务统一部署，力量统筹协调，市级水文部门主要负责本区域的应急工作和省应急中心安排的跨地区应急协同作战。同时需要完善应急会商工作机制，建立省级水文应急监测专家库，涵盖水文测验、水文预报、测绘、水文分析、通信等专业，充分利用现有的水文会商系统，随时开展省、市异地视频会商。

6.2.2 充分应用监测新技术是基础

在三角联圩溃口水文应急监测中，新仪器、新设备等水文科技发挥了重要的骨干作用。如无人机测流系统、便携式压力测深仪、遥控船 ADCP、水位自动监测系统、免棱镜全站仪、DEM 提取水位-库容-面积曲线等。大量新技术的应用使得传统水文测验方法不可能完成的任务变得可能，并且使得水文监测工作更加准确、高效，为政府部门抢险救灾工作赢得了宝贵的时间，也使水文应急监测工作的社会效益得到充分发挥。

6.2.3 应急监测队伍建设是关键

开展水文应急监测工作，关键是队伍及人才，需要具备扎实的专业理论知识及丰富的实际工作经验。近年来，江西水文以赛促学，培养了一大批年轻的水文监测业务骨干，成为应急监测的中坚力量。同时，每年结合江西省防汛重点，模拟堰塞湖、溃口等突发水事件为背景，做好、做实水文应急测报演练，切实提高应急队伍的实战水平。如 2020 年 6 月在江西省永修县九合联圩举办应急测报演练，为三角联圩溃口水文应急监测打下了很好的基础。

参考文献

[1] 王俊. 水文应急实用技术 [M]. 北京：中国水利水电出版社，2011.

[2] 欧应钧，许弟兵. 分洪溃口处流量应急监测方法探讨 [J]. 人民长江，2015，46（4）：26-28，36.

［3］张白，丁韶辉，冯峰. 模拟溃坝过程的水文应急监测［J］. 治淮，2018（4）：11-13.

［4］李月宁，刘美玲，付鹏，等. 松辽流域特大洪水水文应急测报方案研究［J］. 东北水利水电，2021，39（9）：42-45，72.

［5］黄浩智，李洪任. 鄱阳湖区圩堤建设回顾与思考［J］. 江西水利科技，2014（1）：67-69.

［6］胡红亮，王玉丽. 鄱阳湖区重点圩堤建设总结［J］. 科技风，2019（1）：214-215.

［7］詹美礼，王春红，盛金昌，等. 江西修河三角圩某堤段高水位条件下堤坡稳定性分析［J］. 水电能源科学，2013，31（11）：144-147，162.

［8］孙振勇，王世平，彭万兵. 无人机低空遥感技术在水文应急演练中的应用［J］. 水利水电快报，2017，38（6）：32-35.

海水入侵对海岸带地下水开采
与潮汐作用的响应研究

马 筠[1] 韦露斯[1] 熊 佳[1] 吴春熠[2] 周志芳[3] 朱书梅[3]

(1. 珠江水文水资源勘测中心，广东广州 510000；
2. 水利部珠江水利委员会水文局，广东广州 510000；
3. 河海大学，江苏南京 210000)

摘　要：针对海岸地区的海水入侵问题，开展地下水开采与潮汐作用响应的研究。结合营口市大清河流域下游地区氯离子浓度分布，设置高密度电法监测断面。研究结果显示，限制海岸带主要开采地段地下水开采量，是防治海水入侵的有效办法；下游拦河闸可在一定范围内控制海水入侵。设置砂质海滩、淤泥质海滩和内陆地区三处监测点，研究海水入侵对潮汐的响应情况，其中砂质海滩的潮间带电阻率对于潮汐作用的响应最明显，内陆监测点处几乎无响应；淤泥质海滩中的响应相对较弱，且潮间带中海水的回退相对于落潮时海水位的变化呈现一定的滞后性。

关键词：海水入侵；高密度电法；地下水超采；潮汐作用

1 引言

海水入侵，主要是指过度开采地下水或其他自然与人类活动引起沿海含水层水动力条件发生变化，海水与淡水的平衡被破坏，海水向内陆扩散，使淡水含水层变咸。海水入侵是一个与密度相关的水流问题[1]，常用的研究方法包括解析法、数值模拟方法和物理试验法[2-10]。发生海水入侵等污染问题的含水层通常是高度非均质的，且海水入侵是一个动态过程，因此选择更加精确、便捷的监测方法是关键性问题。高密度电法由于其具有地面无损性、测试快速性和成像结果的直观性等特点，在海水入侵问题的现场监测与室内模型试验中都得到了广泛应用[11-18]。

本文针对辽宁省营口市大清河下游地区海水入侵问题，结合前期水文地质调查及氯离子浓度分布情况，分析地下水压采前后对海水入侵范围的影响，并运用高密度电法勘测海水入侵区咸淡水界面，以及监测潮水位变化对近海岸咸淡水界面的动态响应程度。

2 研究区概况

研究区位于辽宁省营口市大清河流域下游，地理位置为北纬 $40°20' \sim 40°26'$，东经 $122°10' \sim 122°35'$。1991—2016 年的多年平均降水量 600~800 mm，平均蒸发量 1 000~1 200 mm，平均气温 9~10 ℃，属大陆性季风气候，四季分明。大清河流域面积 1 468 km²，径流随季节变化明显。为调节大清河径流量随季节的变化，上游建有石门水库；大清河下游建有集蓄水、灌溉、挡潮于一体的西海拦河闸。大清河流域自上游至下游依次修建有团甸水源地（19 口井）、化纤水源地（8 口井）、盖州二三水源地（13 口井）、永安水源地（18 口井）。此外，区内农业种植结构多为大棚种植，建有大量的农业用井。

作者简介：马筠（1991—），女，博士，研究方向主要为水文水资源、地下水科学、应用地球物理。

研究区内由河流冲洪积形成的平原含水层自上而下可以分为五层：第一层为以亚砂土、黏土为主的第四纪覆盖层，含水层类型为潜水含水层，厚度 5~10 m，渗透能力较弱；第二层以砂卵砾石为主，局部沉积亚黏土、亚砂土等主要含水层，潜水为主局部微承压；第三层以亚砂土为主，局部含黏土，厚度 0~8 m，透水性稍弱；第四层为砾卵石，厚度 5~15 m；第五层为黏土层，厚度 3~10 m[19-20]。

3 地下水压采措施前后海水入侵变化趋势

研究区内潜水含水层的补给来源包括大气降水入渗、河流侧向补给和山前地下水径流补给以及下伏碳酸盐岩岩溶水的顶托补给、山前冲洪积扇的侧向径流补给和开采条件下的越流补给。由于对地下水的大量开采，地下水水位低于河水水位，地下水由向河流排泄变为受河流补给，但河流补给速度和补给量有限，在永安水源地附近形成降落漏斗[19]。1991 年研究区首次对海水入侵进行普查，在大清河分岔口下游已发现入侵现象，2012 年开始对水源地开采量进行压采，团甸水源地、二三水源地和永安水源地逐年减少，化纤水源地 2015 年关停，并未对农用井进行控制。图 1 为水源地压采前的2011 年，以及 2012 年压采措施后的 2014—2020 年区域地下水氯离子 250 mg/L 等值线图。

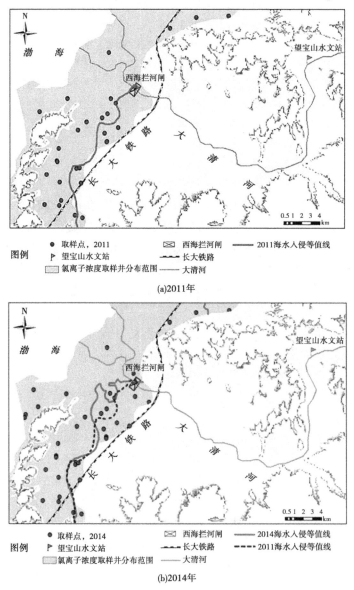

(a)2011年

(b)2014年

图 1 2011 年、2014—2020 年区域内地下水氯离子 250 mg/L 等值线图

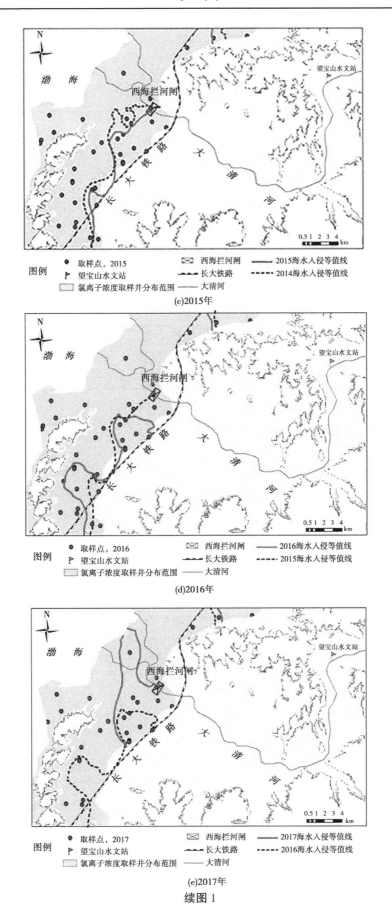

图例 · 取样点，2015　　⊠ 西海拦河闸　　—— 2015海水入侵等值线
　　　　▷ 望宝山水文站　　—·— 长大铁路　　---- 2014海水入侵等值线
　　　　▨ 氯离子浓度取样井分布范围　—— 大清河

(c)2015年

图例 · 取样点，2016　　⊠ 西海拦河闸　　—— 2016海水入侵等值线
　　　　▷ 望宝山水文站　　—·— 长大铁路　　---- 2015海水入侵等值线
　　　　▨ 氯离子浓度取样井分布范围　—— 大清河

(d)2016年

图例 · 取样点，2017　　⊠ 西海拦河闸　　—— 2017海水入侵等值线
　　　　▷ 望宝山水文站　　—·— 长大铁路　　---- 2016海水入侵等值线
　　　　▨ 氯离子浓度取样井分布范围　—— 大清河

(e)2017年

续图 1

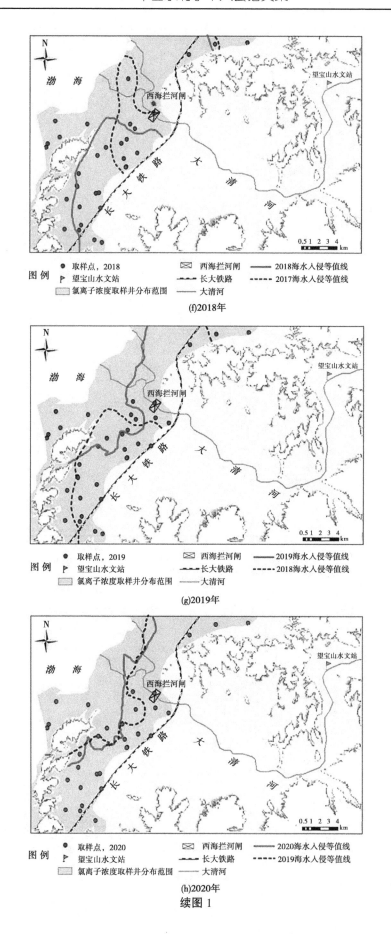

(f)2018年

(g)2019年

(h)2020年

续图1

压采后的几年内海水入侵基本呈回退趋势，说明地下水超采是造成海水入侵的主要原因，压采是治理海水入侵的有效方法[20]。

2018 年 6 月的旱季，在研究区内布设高密度电法监测断面 9 处；2018 年 9 月，雨季结束前，在测线 L06 重新进行物探测试，得到测线 L07，另布设 3 条潮汐响应监测断面（见图 2）[20]。利用分布式高密度 N2 电测量系统进行咸淡水界面的电法勘探，采用 RES2DINV 软件的最小二乘法进行反演。

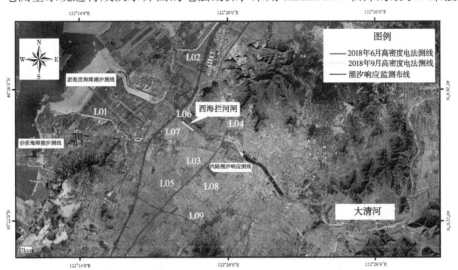

图 2　研究区高密度电法监测断面布设位置

按照测线布设位置分成如下 3 组：

（1）近海测线 L01、L02。测线 L01 位于大清河的南入海口附近，测线 L02 位于北入海口附近。L01 布线垂直于海岸带，长 390 m，单位电极距为 10 m，采用温纳法测量。反演结果显示该断面含水层属于全面入侵区（见图 3）。图 3 中水平方向 280~300 m、地下 5~18 m 的位置处有一高阻异常区，地表无可见明显高阻体，可能是地下布设的管道设施。测线 L02 采用 120 道电极，单位电极距 10 m，总长 1 190 m，含水层整体电阻率较低，同样处于海水入侵范围内。

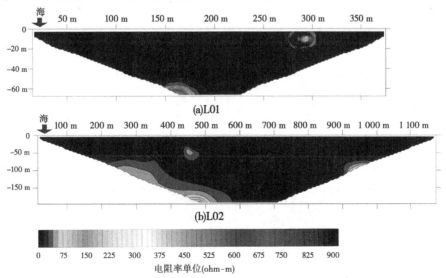

图 3　测线 L01 与测线 L02 反演结果

（2）大清河西海拦河闸两侧的测线 L06、L07。在西海拦河闸南侧，距大清河仅 35 m 位置处布设测线 L06，长 447 m，单位电极极距 3 m，偶极法测量。反演结果显示，西海拦河闸前位置处有一个电阻率在 0~15 Ω·m 的区域，说明海水入侵主要被控制在闸下游（见图 4）。2018 年 9 月采用温纳法测得 L07。根据电阻率测试结果，在雨季含水层的电阻率普遍下降，但海水入侵区仍未越过西海拦河闸。

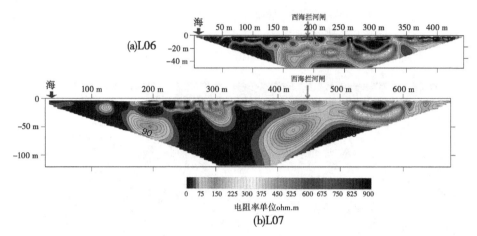

图 4　测线 L06 与测线 L07 反演结果

（3）铁路线附近的测线 L03～L05，L08、L09。测线 L03 和 L04 用温纳法测定，L05 用施伦贝尔法测定，反演结果见图 5。L03 平行于海岸线布设，20～65 m 深度为含水层，电阻率为 15～45 Ω·m，结合 2018 年地下水氯离子浓度分布推断，此处未发生海水入侵。L04 位于大清河北岸，距河流约 300 m，与河道平行布设，50～60 m 深度处部分含水层电阻率在 0～15 Ω·m，为海水入侵区。L05 布置在长大铁路西侧，长 207 m，电极 70 个，极距 3 m。L04 和 L05 断面地表电阻率在 0～15 Ω·m，根据现场勘察结果认为电阻率较低，主要受农业活动影响。

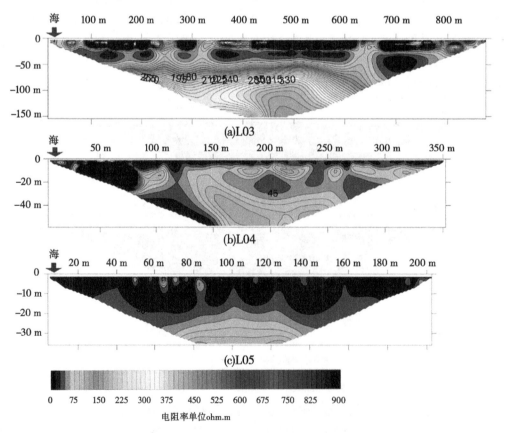

图 5　测线 L03、L04、L05 线反演结果

测线 L08 长 1 190 m，电极 120 个，单位极距 10 m，采用温纳法测量。由高密度电法反演结果可以看出，在 500~540 m 的位置处存在一个较为明显的楔形界面，且地表电阻率相对较低（见图 6）。L09 在平行于 L08 的铁路线东部布设，长 890 m，电极 90 个，单位极距 10 m，采用温纳法测量。在测线 360~410 m 处和尾部存在明显的低阻界面。结合电阻率数值以及氯离子分布情况分析，L08、L09 可能存在沿着其他方向入渗的少量咸水，且该处地表电阻率较低主要受农业活动影响，大面积海水入侵的风险较低。

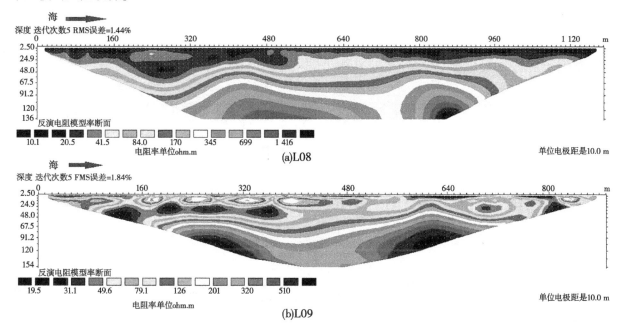

图 6　测线 L08、L09 高密度电法反演结果

4　咸淡水界面对潮汐作用的响应

研究区的潮汐现象为混合不规则半日潮[21]，潮汐过程伴随海平面在短时间内的急剧上升和下降，在研究区分别选择砂质海滩、淤泥质海滩以及内陆地区 3 处监测点（见图 2），结合国家海洋信息中心发布的营口港潮汐表数据，利用高密度电法测量系统监测涨潮与退潮过程中海平面变化对含水层中咸水的驱动过程。

4.1　砂质海滩

在砂质海滩，地下水埋深较浅，选择北海浴场处布设高密度电法监测断面，对潮汐作用下砂质海滩潮间带中的盐分运移进行连续监测。国家海洋信息中心发布的营口港 2018 年 9 月 19 日潮汐情况见图 7 和表 1。

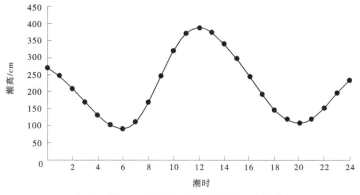

图 7　营口港 2018 年 9 月 19 日潮汐表曲线

表 1　营口港 2018 年 9 月 19 日高低潮简况

高低潮	干潮	满潮	干潮	满潮
潮时（时：分）	05：52	12：05	19：57	23：35
潮高（峰值）/cm	92	387	108	273

布设高密度电法监测断面，断面前段大约 10°的坡脚，垂直于海岸线布设 19 个电极，电极间距为 5 m，采用温纳法进行测量。10：30 开始测量，每半小时监测一次。在涨潮阶段，涨潮最远达 5 m，接近第 3 个电极，前 2 个电极被海水淹没。高密度电法监测结果见图 8。

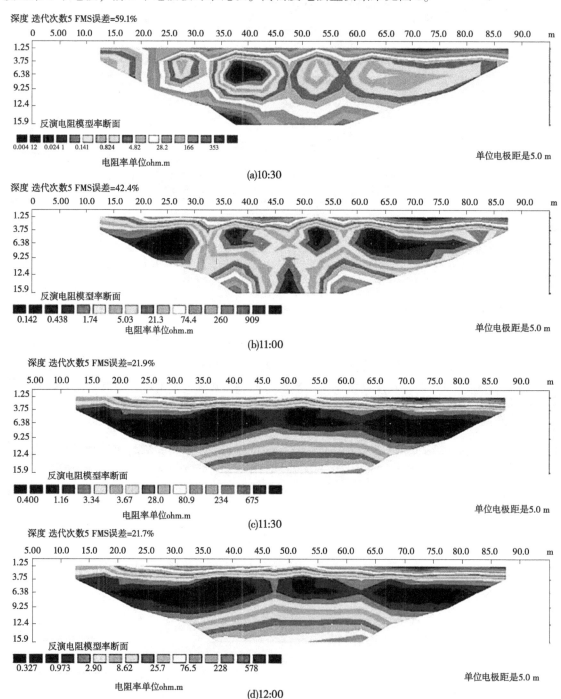

图 8　2018 年 9 月 19 日砂质海滩监测点高密度电法反演结果

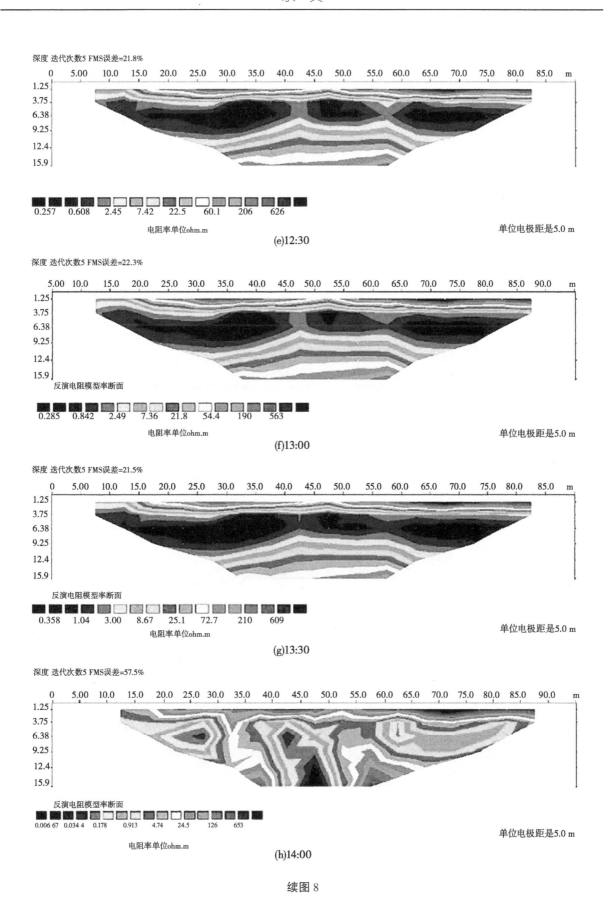

(e)12:30

(f)13:00

(g)13:30

(h)14:00

续图 8

高密度电法监测结果显示，海平面在 10：30~12：00 时随着涨潮阶段持续上升，潮间带地层的电阻率明显下降。由于砂质海滩浅部地层的含水率非常低，高密度电法反演结果显示地层的表层视电阻率非常高，随着海平面的上升，地下 2~10 m 的含水层电阻率明显下降，且范围逐渐扩大至整个监测断面的含水层。

根据潮位表，在 12：05 达到高潮水位，海平面的上升导致海水侵入潮间带，在潮间带中造成盐分堆积。随后进入退潮阶段，海平面回落，高密度电法监测数据显示，在该阶段，咸淡水界面的回退存在一定的滞后性，即到 12：30 时，含水层的整体电阻率数值仍在降低，直到 13：00 才开始逐步缓慢回升。

4.2 淤泥质海滩

在淤泥质海滩布设高密度电法监测断面，对潮汐作用下淤泥质海滩潮间带中的盐分运移进行连续监测。国家海洋信息中心发布的营口港 2018 年 9 月 17 日潮汐情况见图 9 和表 2。

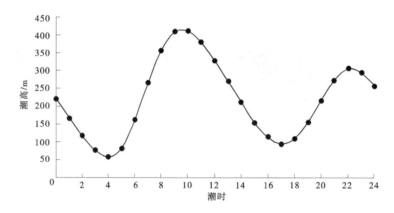

图 9　营口港 2018 年 9 月 17 日潮汐曲线图

表 2　营口港 2018 年 9 月 17 日高低潮简况

高低潮	干潮	满潮	干潮	满潮
潮时（时：分）	03：57	09：35	17：05	22：16
潮高（峰值）/cm	60	420	98	312

2018 年 9 月 17 日，在淤泥质海滩布设高密度电法监测断面，共布设 29 个电极，单位极距 10 m，采用温纳法进行测量。14：00 开始，隔 1 h 测一次，反演结果见图 10。

由于大清河汇入海洋时流速变缓，携带细小颗粒的泥沙在河流入海处淤积成浅海滩，潮汐波动带的淤泥质海岸在海潮波动下饱和，涨潮时被淹没，退潮时水分疏干速度慢，加之此处为半日潮，一次退潮到下次涨潮之间淤泥质海岸中水位变幅非常小，同样的潮间带中海水的回退也同样缓慢，滞后性较砂质海滩更明显，含水层电阻率数值变化也较小。

4.3 内陆地区

内陆的监测断面位于测线 L08 附近，探讨此处含水层电阻率对于潮汐响应情况。测线长 590 m，使用电极共 59 个，单位电极距为 10 m，采用温纳法进行测量，监测由 14：00 开始，与淤泥质海滩中的监测同步进行，每隔 1 h 测一次。在测量距离电极起点 490 m 处有个 30 m 深的农业用机井，用于农业抽水灌溉。反演结果见图 11。结果显示，在内陆距离海岸带约 8 km 处，潮汐作用对于含水层的影响极其微弱，对该区域含水层电阻率影响最大的仍是人类活动，包括抽水灌溉、农业施肥等。

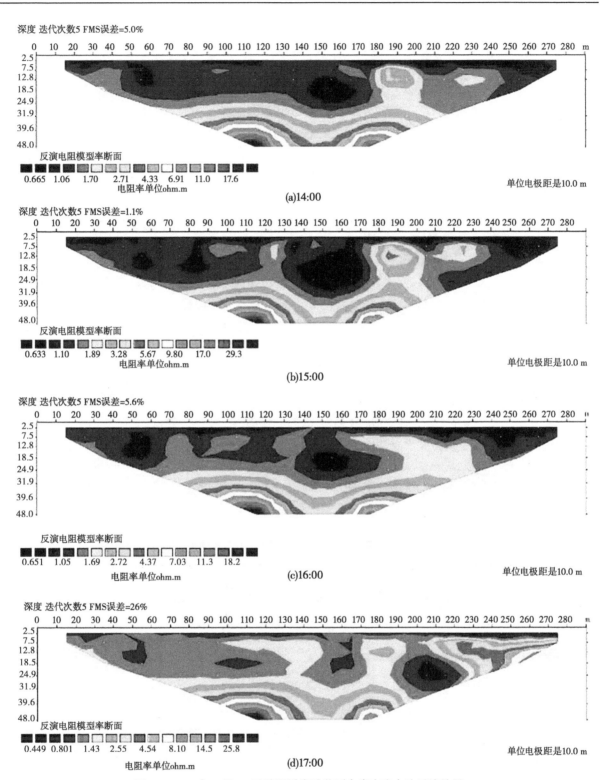

图10 2018年9月17日淤泥质海滩监测点高密度电法反演结果

5 结论与展望

营口大清河流域开采地下水诱发海水入侵的原因主要有两个：一个是海水在潮汐作用下沿河道上溯向四周补给低水位地下水而进入含水层；另一个是地下水的大量开采形成降落漏斗，产生指向内陆的水力坡降，海水在含水层内沿水力坡降方向侵入内陆。目前地下水的压采措施，是海水入侵逐步回退的重要因素。此外，大清河下游的西海拦河闸，阻拦了高潮位的海水沿河道上溯进入上游河道形成

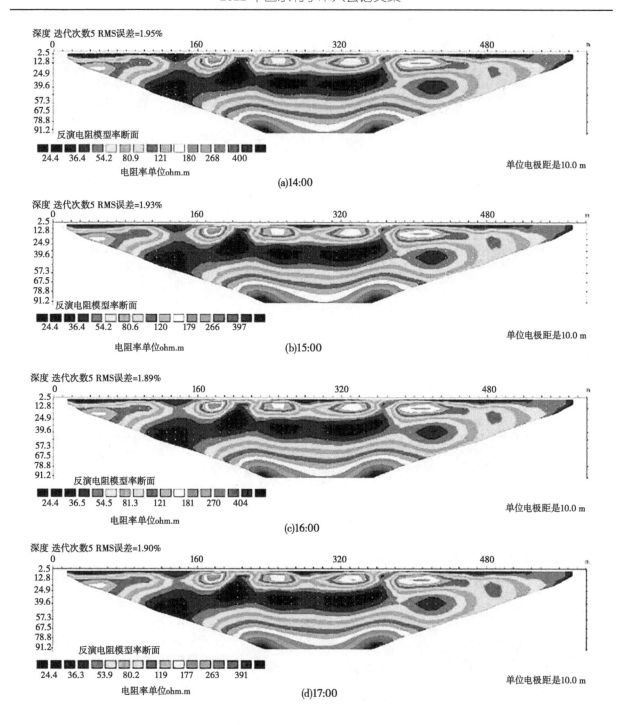

图 11　2018 年 9 月 17 日内陆监测点高密度电法反演结果

咸河水，补给地下水，同时储蓄上游河流来水抬高河水位，同样减小了海水入侵范围。应用高密度电法监测砂质、淤泥质海滩潮间带以及内陆地区含水层对于潮汐作用的响应，获得了直观的动态监测结果。结果显示，砂质海滩的潮间带对于潮汐作用的响应较为明显，在退潮过程中也显示出其电阻率变化的滞后性；淤泥质海滩潮间带对于潮汐作用的响应相对较弱，对应的海水回退滞后性更加明显；在内陆地区，潮汐作用对于含水层的电阻率影响不明显。

下一步的研究重点，一是加强地下水开采的优化管理，研究开源与节流并重压采量的合理分配措施；二是进一步研究近岸含水层中，地下水氯离子浓度与潮汐作用的相干性分析和动态响应机制。

参考文献

［1］Razafindrakoto M, Roubaud F. Transient simulation of saltwater intrusion in Southeastern Florida ［J］. Water Resources Research, 1976, 12（1）: 232-240.

［2］Goswami R R, Clement T P. Laboratory-scale investigation of saltwater intrusion dynamics ［J］. Water Resources Research, 2007, 43（4）: 1-11.

［3］Wilson J L, Costa A S Da. Finite element simulation of a saltwater/freshwater with indirect toe tracking ［J］. Water Resources Research, 1982, 18（4）: 1069-1080.

［4］Cheng A H D, Halhal D, Naji A, et al. Pumping optimization in saltwater-intruded coastal aquifers ［J］. Water Resources Research, 2000, 36（8）: 2155-2165.

［5］Guo Q, Huang J, Zhou Z, et al. Experiment and numerical simulation of seawater intrusion under the influences of tidal fluctuation and groundwater exploitation in coastal multilayered aquifers ［J］. Geofluids, 2019, 2019: Article ID 2316271, 17pages.

［6］Werner A D, Jakovovic D, Simmons C T. Experimental observations of saltwater up-coning ［J］. Journal of Hydrology, Elsevier B. V., 2009, 373（1-2）: 230-241.

［7］Cummings R G. Optimum exploitation of groundwater reserves with saltwater intrusion ［J］. Water Resources Research, 1971, 7（6）: 1415-1424.

［8］Abarca E, Prabhakar Clement T. A novel approach for characterizing the mixing zone of a saltwater wedge ［J］. Geophysical Research Letters, 2009, 36（6）: 1-5.

［9］Lu C, Xin P, Kong J, et al. Analytical solutions of seawater intrusion in sloping confined and unconfined coastal aquifers ［J］. Water Resources Research, 2016, 52: 6989-7004.

［10］Li Q, Zhang Y, Chen W, et al. The integrated impacts of natural processes and human activities on groundwater salinization in the coastal aquifers of Beihai, southern China ［J］. Hydrogeology Journal, 2018, 26（5）: 1513-1526.

［11］Wilson S R, Ingham M, Mcconchie J A. The applicability of earth resistivity methods for saline interface definition ［J］. Journal of Hydrology, 2006, 316（1）: 301-312.

［12］Abdul Nassir S S, Loke M H, Lee C Y, et al. Salt-water intrusion mapping by geoelectrical imaging surveys ［J］. Geophysical Prospecting, 2000, 48（4）: 647-661.

［13］Morrow F J, Ingham M R, Mcconchie J A. Monitoring of tidal influences on the saline interface using resistivity traversing and cross-borehole resistivity tomography ［J］. Journal of Hydrology, 2010, 389: 69-77.

［14］Zarroca M, Bach J, Linares R, et al. Electrical methods（VES and ERT）for identifying, mapping and monitoring different saline domains in a coastal plain region（Alt Empordà, Northern Spain）［J］. Journal of Hydrology, 2011, 409（1）: 407-422.

［15］Bighash P, Murgulet D. Application of factor analysis and electrical resistivity to understand groundwater contributions to coastal embayments in semi-arid and hypersaline coastal settings ［J］. Science of the Total Environment, 2015, 532: 688-701.

［16］Francer A P, Ramalho E C, Fernandes J, et al. Contributions of hydrogeophysics to the hydrogeological conceptual model of the Albufeira-Ribeira de Quarteira coastal aquifer in Algarve, Portugal ［J］. Hydrogeology Journal, 2015, 23: 1553-1572.

［17］Kazakis N, Pavlou A, Vargemezis G, et al. Seawater intrusion mapping using electrical resistivity tomography and hydrochemical data. An application in the coastal area of eastern Thermaikos Gulf, Greece ［J］. Science of the Total Environment, Elsevier B. V., 2016, 543: 373-387.

［18］郭龙凤. 基于高密度电阻率成像法的海水入侵运移规律试验研究 ［D］. 泰安: 山东农业大学, 2019.

［19］Zhu S, Zhou Z, Guo Q, et al. A study on the cause of layered seawater intrusion in the daqing river estuary of liaodong bay, China ［J］. Sustainability, 2020, 12（7）: 28-32.

［20］Ma J, Zhou Z, Guo Q, et al. Spatial characterization of seawater intrusion in a coastal Aquifer of Northeast Liaodong Bay, China ［J］. Sustainability, 2019, 11（24）.

［21］车延路, 秦秀梅, 薛丽. 辽东湾营口潮汐规律分析 ［J］. 黑龙江水利科技, 2014, 42（2）: 1-3.

金塔河雨洪配套预警预报方法分析

郝　强

（甘肃省武威水文站，甘肃武威　733000）

摘　要：金塔河为石羊河上游的重要支流，流经武威市区，属防洪重点对象，缺乏必要的预报手段。选取1980 年以来降水、洪水资料，挑选 6 场典型洪水，运用产汇流分析、相关性模拟等方法，研究流域产流模式，探索降水量、降水强度与洪峰流量、洪量相关关系，确定产汇流时间，结论如下：①金塔河流域降雨量与洪峰流量、净洪量的相关性较好，可用降雨量模拟洪峰流量、净洪量；②金塔河流域雨强与洪峰流量相关性不显著；③金塔河流域小时雨强 5 mm 以上时峰现时间在 1～3 h，雨强较小时峰现时间在 10 h 以上。

关键词：金塔河；产汇流；雨洪配套；预警；预报

1　流域概况

金塔河是石羊河水系自西向东第四条支流，主要位于甘肃省武威市凉州区境内，西营河与杂木河之间。金塔河发源于冷龙岭北麓海拔 4 847 m 的"大雪山"一线，自西向东依次由白水河、大水河、细水河、冰沟河、南岔河等支流汇集而成[1]。诸河汇集经南营水库出山，进入武威盆地，始称金塔河，分流引灌，潜入地下，至武威城东出露流入石羊河，全长约 102 km，出山口以上河长 50 km，集水面积 841 km²，多年平均径流量 1.253 亿 m³，多年平均径流系数 0.607。

金塔河水源以山区降水和冰雪融水为主，山区降水量 462 mm，川区降水量 161 mm，山区蒸发量 985 mm，川区蒸发量 2 020 mm，年日照时数 2 968 h，年均气温 7.7 ℃，无霜期 158 d。

河源高山区有大小冰川 22 条，主要为悬冰川与冰斗冰川，总面积 6.73 km²，总储量约 1.5 亿 m³，年融水量约 580 m³，由于冰川活动作用，在河源地带形成了若干冰碛湖泊，柴尔龙海为最大的冰碛湖泊，总面积 0.4 km²，最大水深 36 m，总储水量 430 万 m³，河源年径流中冰雪融水占 3.5%。

金塔河上游河源地带由于草原退化，成为荒漠化的草原植被。山区有耕地 1.9 万 hm²，草地 3.5万 hm²。川区有耕地 1.6 hm²，人口约 11 万，农作物以小麦、玉米为主。金塔河建有南营水库，总库容 2 000 万 m³，兴利库容 1 080 万 m³，水库电站装机容量 2 000 kW。

金塔河出山口建有南营水库水文站，始建于 1980 年 4 月，属省级重要站、区域代表站。位于甘肃省武威市新华镇南营村，东经 102°31′13.10″，北纬 37°47′37.37″[2]。

2　研究范围

选取石羊河水系中部支流金塔河为预报对象，定义为降雨径流预报，即时间范围为一场降雨过程，空间范围为金塔河流域。

研究区金塔河流域水文站网分布见图 1。

基金项目：2022 年水利科学试验研究及技术推广计划项目（22GSLK057）
作者简介：郝强（1994—），男，工程师，从事水文情报预报工作。

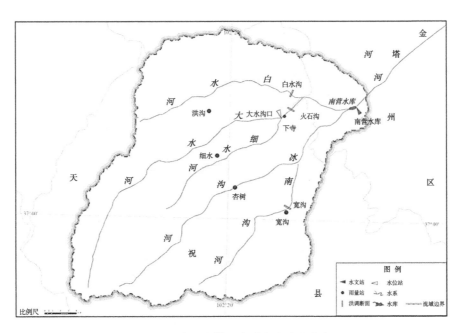

图1 研究区金塔河流域水文站网分布

3 预测分析

3.1 产流模式分析

对于特定的研究流域,其产流方式是在建立产流计算模式前必须首先论证的,以使建立的产流模式既简单又接近实际。

选取1981—2018年金塔河降雨径流数据,历年洪水摘录数据,根据表1的分析项目,开展金塔河产流方式分析[3]。

表1 金塔河产流方式综合分析

编号	对比分析项目	实际情况	分析结果
1	多年平均降雨量	245.5 mm	超渗产流
2	多年平均径流系数	0.607	蓄满产流
3	单次降雨径流系数	0.25~0.35	混合产流
4	流量过程线不对称系数	绝对值大于0.7	蓄满产流
5	降雨强度对产流影响	小	蓄满产流
6	影响产流因素	前期雨量和降雨量	蓄满产流
7	表层土质结构	疏松,植被条件好	蓄满产流
8	缺水量	小,易蓄满	蓄满产流
9	地下径流	比例较大	蓄满产流
10	产流与降雨特征的关系	与降雨量关系密切	蓄满产流

综合分析表明金塔河径流主要与降雨量相关,产流方式为蓄满产流。

3.2 基本假设

出于资料序列精度的考虑,选取2018年的6场典型洪水过程,进行产流分析。做如下假设:

(1)每次洪水过程以起涨点为起点,流量回落至最接近起涨流量的时间点为终点。

（2）每场洪水的起涨流量为基流量。

（3）以细水、杏树、洪沟、宽沟、下寺 5 站降雨量均值作为流域面雨量[4]。

3.3 降水分析

分别对 6 场洪水过程的对应降水过程做累计雨量、最大雨强、降雨历时分析，见表 2~表 4。

表 2　历次洪水对应降雨累计雨量　　单位：mm

水文站	第 1 场	第 2 场	第 3 场	第 4 场	第 5 场	第 6 场
洪沟	3.3	52.0	33.4	3.2	23.0	25.8
细水	3.4	62.4	51.0	14.8	30.0	30.8
杏树	3.8	83.8	41.0	15.4	24.4	31.2
宽沟	10.4	59.8	17.8	10.8	17.8	27.0
下寺	3.2	42.0	34.6	11.8	25.6	30.2
均值	4.8	60.0	35.6	11.2	24.2	29.0

表 3　历次洪水对应降雨最大雨强　　单位：mm

洪水场次	5 min	10 min	15 min	30 min	60 min	2×60 min
第 1 场	2.0	2.8	3.6	6.8	8.8	10.2
第 2 场	4.8	8.4	11.0	17.2	25.2	33.0
第 3 场	4.0	7.4	10.0	16.2	26.4	40.2
第 4 场	4.8	8.6	9.0	9.4	10.6	11.2
第 5 场	1.0	1.8	2.6	3.6	5.0	9.2
第 6 场	0.8	1.2	1.6	3.2	5.2	8.0

表 4　历次洪水对应降雨历时　　单位：h

水文站	第 1 场	第 2 场	第 3 场	第 4 场	第 5 场	第 6 场
洪沟	—	23	15	10	16	46
细水	2	28	15	13	17	44
杏树	3	28	14	13	16	46
宽沟	4	28	12	13	15	43
下寺	3	22	16	11	16	44
合计	4	28	16	13	17	46

3.4 洪水分析

分别对 6 场洪水过程做基流量、洪峰流量、次峰流量、洪水历时、净洪量、径流系数分析，见表 5。

表 5　历次洪水特征值

洪水场次	第 1 场	第 2 场	第 3 场	第 4 场	第 5 场	第 6 场
基流量/（m^3/s）	11.3	10.1	14.7	13.2	11.2	12.1
洪峰流量/（m^3/s）	73.9	264.8	71.0	49.6	41.4	50.6
次峰流量/（m^3/s）	无	127.5	无	30.6	无	40.7
洪水历时/h	21.1	94.1	67.9	84.5	68.0	116.1
净洪量/万 m^3	405.4	1 345	2 991	941.9	2 032	2 439
径流系数	0.450	0.267	0.142	0.190	0.152	0.267

据此分析，5 h 以内的短历时降水，无次峰，径流系数较大；10～20 h 的中历时降水，无次峰，径流系数最小，若有次峰，径流系数略大；20 h 以上的长历时降水，常有次峰，径流系数次大。

3.5　降水量与洪峰相关性

分别以 6 场洪水中洪沟、细水、杏树、宽沟、下寺 5 站最大降雨量与洪峰流量、平均降雨量与净洪量做相关分析，见图 2、图 3。

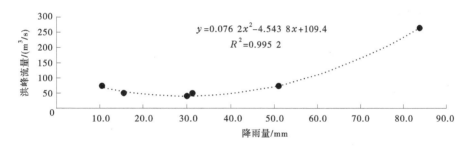

图 2　降雨量-洪峰流量相关

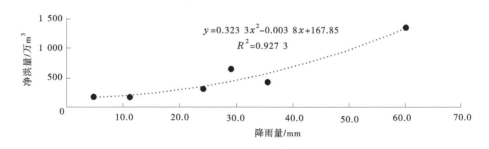

图 3　降雨量-净洪量相关

降雨量与洪峰流量的相关性较好，且与实际情况吻合，可以尝试以降雨量模拟洪峰流量，选取图 2 中的相关公式：

$$Q_{洪峰} = 0.076\ 2P^2 - 4.543\ 8P + 109.4 \tag{1}$$

式中：$Q_{洪峰}$ 为洪峰流量，m^3/s；P 为总降雨量，mm。

根据所选样本分析，降雨量与净洪量相关关系较好，实际情况中，降雨量应与净洪量成正相关，且在定义域内其函数关系的一阶导数应不小于零，图像与实际情况吻合，可以尝试以降雨量模拟净洪量，选取图 3 中的相关公式：

$$W_{净洪量} = 0.323\ 3P^2 - 0.003\ 8P + 167.85 \tag{2}$$

式中：$W_{净洪量}$ 为净洪量，万 m^3；P 为总降雨量，mm。

3.6 雨强与洪峰相关性

净洪量为全时段累计值，雨强为时段极值，因此两者相关性差，不需做相关分析，只需分别以 6 场洪水中洪沟、细水、杏树、宽沟、下寺 5 站不同时段雨强与洪峰流量做相关分析，挑选各站相关性最好的一个指标，见图 4。

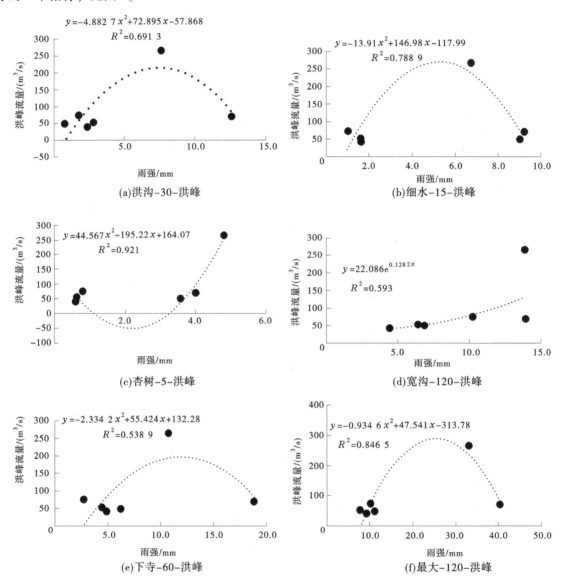

图 4 各站不同时段雨强–洪峰流量相关

由此分析，各站雨强–洪峰相关性较差，实际情况中雨强–洪峰应呈正相关，而选取的 6 场洪水，不完全正相关，因此初步判定，雨强与洪峰流量相关性不显著，洪峰流量与净洪量不能用雨强模拟。

3.7 汇流分析

本次分析汇流模拟部分主要解决汇流时间的问题，即探索降雨后多长时间出现洪峰、整个洪水过程可以持续多久。

现将历次降水、洪水过程指标列出，见表 6，洪峰流量–峰现时间相关图见图 5。

表 6 历次洪水指标

洪水场次	第 1 场	第 2 场	第 3 场	第 4 场	第 5 场	第 6 场
基流量/（m³/s）	11. 3	10. 1	14. 7	13. 2	11. 2	12. 1
洪峰流量/（m³/s）	73. 9	264. 8	71. 0	49. 6	41. 4	50. 6
次峰流量/（m³/s）	无	127. 5	无	30. 6	无	40. 7
洪峰时间 （月-日 T 时：分）	06-27T23：00	08-02T00：12	08-06T22：06	08-11T16：00	08-25T16：00	08-31T08：30
15 mm 雨量时间 （月-日 T 时：分）	06-27T20：00	08-01T23：00	08-06T19：50	08-11T14：05	08-25T01：50	08-30T20：10
与洪峰间隔/h	3. 0	1. 2	2. 3	1. 9	14. 2	12. 3
洪水历时/h	21. 1	94. 1	67. 9	84. 5	68. 0	116. 1
净洪量/万 m³	405. 4	1 345	2 991	942	2 032	2 439
径流系数	0. 450	0. 267	0. 142	0. 190	0. 152	0. 267

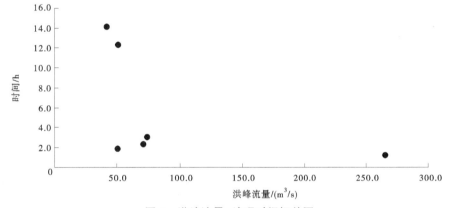

图 5 洪峰流量–峰现时间相关图

4 结论

（1）金塔河 5 h 以内的短历时降水，无次峰，径流系数较大；10～20 h 的中历时降水，无次峰，径流系数最小，若有次峰，径流系数略大；20 h 以上的长历时降水，常有次峰，径流系数次大。

（2）金塔河流域降雨量与洪峰流量的相关性较好，且与实际情况吻合，可以尝试以降雨量模拟洪峰流量。

（3）金塔河流域降雨量与净洪量相关关系较好，降雨量与净洪量成正相关，与实际情况吻合，可以降雨量模拟净洪量。

（4）金塔河流域雨强与洪峰流量相关性不显著，洪峰流量与净洪量不能用雨强模拟。

（5）金塔河流域雨强较大（小时雨强 5 mm 以上）时峰现时间在 1～3 h，雨强较小（如一直下的毛毛雨）时峰现时间 10 h 以上。通常出现大暴雨后的洪水过程模拟，峰现时间可以 1～3 h 确定，且峰现时间与降雨量、雨强成反比。

参考文献

［1］梁筝，粟晓玲. 基于 SWAT 的金塔河流域综合干旱指数构建及其适用性分析［J］. 西北农林科技大学学报（自然科学版），2021，49（17）：136-144.

［2］孙继成，康兴奎，任立新. 石羊河流域上游山谷水库蒸发观测与模拟［J］. 人民黄河，2019，41（9）：44-48.

［3］吴星鑫，陆宝宏，赵超，等. 降雨径流预报方案的设计研究［J］. 水力发电，2014，40（7）：18-22.

［4］刘建军，黄建辉，王成雄，等. 降雨径流预报方法在两江水电站的应用［J］. 东北水利水电，2015（5）：31-33.

粒子群算法在水位流量关系单值化中的应用

邓　才　罗　兴　杨　劲　丰光海

（长江水利委员会水文局长江中游水文水资源勘测局，湖北武汉　430010）

摘　要： 落差指数法主要适用于受变动回水影响的水文测站，测流河段一般较为顺直，断面基本稳定，落差具有代表性。粒子群算法主要是在加权更新种群的最优位置来判断出种群的最优解，是一种由个体极值到整体极值的优化。本文利用粒子群算法对落差指数法中的参数进行求解，得到最优落差指数，从而确定水文测站水位流量单值化关系。实例分析表明，该方法计算效率高、使用方便，具有较强的实用价值，可用于水文计算中。

关键词： 水位流量关系；单值化；落差指数法；目标函数；Matlab；粒子群算法

1　研究背景

落差指数法已被广泛运用于水文站水位流量关系单值化处理中，能通过线性回归、最小二乘法等率定出水位流量之间的函数关系，精度满足受洪水涨落和回水顶托影响的水文站水位流量关系定线推流要求，为水文预报及资料整编提供了可靠的方法。但落差指数法存在多变量、非唯一解问题，需要经过反复试算试错，最终用水文规范精度判断是否满足要求。若运用水位流量关系分析中落差指数的直接解法，可以有效确定部分测站水位流量单值化关系，但是该方法使用范围较小，不具备普遍适用性。

为解决落差指数法中的落差指数和落差系数参数求解问题，本文引入粒子群算法，通过 Matlab 编程语言求得最优。符合水文规范精度要求的水位流量单值化关系的确定，将极大减少水文站流量测验次数，按连时序法测验的绳套站一般每年测流次数在 100 次以上，单值化控制的水文站按水位级控制流量测次一般每年测流 20 次左右，水位流量关系单值化方案的运用将极大地解放水文测站生产力、减轻工作强度。

2　水位流量单值化模型

2.1　落差指数法的理论公式

落差指数法的理论公式为：

$$q = \frac{Q}{\Delta Z^{0.5}} \tag{1}$$

式中的指数取值 0.5 多为理论值，适用于水面线为直线时。由于受洪水涨落、回水顶托的影响，水面线一般为弧线变化表现为曲线，以下用 α 表示，式（1）可变为：

$$q = \frac{Q_m}{(\Delta Z_m)^{\alpha}} \tag{2}$$

式中：q 为校正流量因素；Q_m 为实测流量 ΔZ_m 为综合落差（ΔZ_m 应不小于 0.20 m）；α 为落差指数。

基金项目： 国家重点研发计划（2019YFC0408901-02）。

作者简介： 邓才（1985—），男，工程师，从事水文测验、洪水影响评价、水资源论证等方面的工作。

当只选用一组落差水尺时，落差即为落差水尺水位与基本站水位的差值。当选用两组或两组以上落差水尺时，会有落差，需采用加权法计算得到综合落差，计算公式如下：

$$\Delta Z_M = K_1 \Delta Z_1 + K_2 \Delta Z_2 + \cdots + K_n \Delta Z_n \tag{3}$$

式中：K_1，K_2，$\cdots$，K_n 为落差系数，一般情况下采用距离加权法、比降加权法或流量加权法求得，K_1，K_2，$\cdots$，K_n 之和等于 1。

2.2 水位流量单值化关系模型

当水位流量成单值化关系时，校正流量因素 q 与水位 Z 满足下列关系：

$$q = C_0 + C_1 Z + C_2 Z^2 + \cdots + C_n Z^m \tag{4}$$

式中：C_0，C_1，C_2，$\cdots$，C_n 为待求参数。

2.3 模型精度的判别

根据《水文资料整编规范》（SL/T 247—2020）定线精度指标，实测点流量成果与推算的流量成果之间的系统误差及随机不确定度如下式所示：

$$S_e = \left[\frac{1}{n-2} \sum \left(\frac{Q_i - Q_{ci}}{Q_{ci}} \right)^2 \right]^{0.5} \tag{5}$$

$$X'_Q = 2S_e \tag{6}$$

根据式（5）、式（6）统计误差，分析测点系统误差和随机不确定度，判别推流精度。

3 粒子群算法

粒子群算法（PSO）是由鸟类觅食活动发展而来的，可称为微粒群优化算法。在群体运动中，鸟类的觅食活动是非常重要的一种，对于觅食活动中的鸟群来说，任何一只鸟都可以对于食物所处的位置进行感知，以此来判断食物的距离，任何一只鸟都把自己个体所感知到的食物的具体位置，分享给身边的其他鸟类，从而使这个群体可以感知到食物的具体位置，由个体到整体，所有的鸟类都追随着离食物最近的鸟的步伐，不断地更改，不断地优化，这种极值下的个体，根据食物的最近距离来记下位置，让整体的鸟群在自身位置的不断调整中实现整体的极值，逐渐演化成整体的极值，这种迭代的种群搜索，在不断的收敛中，鸟群得以实现寻找食物的最优解。

在 matlab 仿真实例中，假定在一个 m 维的空间中存在由 n 个粒子组成的一个粒子群，每个粒子的速度和位置根据自身感知经验与种群经验进行更改和优化，个体最优解用 G 表示，群体最优解用 Q 表示，粒子向量 i 粒子的速度和位置满足下列公式：

$$V_{im}^{k+1} = WV_{im}^k + C_1 R_1 (G_{im}^k - X_{im}^k) + C_2 R_2 (G_{qm}^k - X_{im}^k) \tag{7}$$

$$X_{im}^{k+1} = X_{im}^k + X_{im}^{k+1} \tag{8}$$

式中：C_1、C_2 为学习因子；R_1、R_2 为 0~1 之间的随机数；W 为惯性权重；X 和 V 分别表示粒子的位置和速度。

4 应用初探

4.1 仙桃（二）站的基本情况

仙桃水文站始建于 1932 年，站址位于湖北省仙桃市，为控制汉江下游经东荆河分流后水情的一类精度基本站水文站、一类泥沙站。断面上游 493 km 为丹江口大坝，断面上游约 83 km 为汉江的支流东荆河河口，断面上游 1.6 km 为仙桃汉江大桥，区间多个排灌闸自然排出或灌进水量。断面下游 7 km 处为下游最后一个分洪闸——杜家台分洪闸，断面距汉江河口（武汉）160 km。洪水期受丹江口泄洪、唐白河来水影响，江面漂浮物多，河床走沙频繁，断面冲淤变化较大。尽管断面上下游有弯道、卡口及水工建筑物对水流有一定控制作用，但测验难度大，水位-流量关系不稳定。全年按连时序法布置流量测验测次，测验河段平面图如图 1 所示。

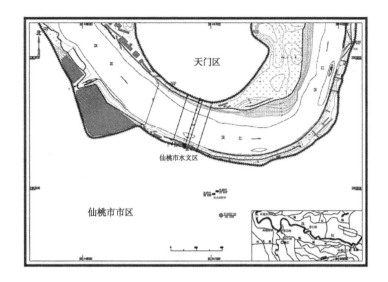

图1 仙桃（二）站测验河段平面图

4.2 粒子群算法求落差指数

4.2.1 目标函数

若上游岳口站至仙桃（二）站水位落差记为 ΔZ_1，仙桃（二）站水位至下游汉川站水位落差记为 ΔZ_2。由 2007—2020 年实测数据可知，测流期间 ΔZ_1 和 ΔZ_2 均大于 0.2 m，若假定落差系数分别为 K_1 和 K_2，综合落差 ΔZ_m 与 ΔZ_1、ΔZ_2 关系可表示为：

$$\Delta Z_m = K_1 \Delta Z_1 + K_2 \Delta Z_2 \tag{9}$$

一般而言，拟合的水位流量关系单值化方程应如式（4）所示，根据经验拟合一般采用二阶或三阶即可取得较好的拟合效果。本次示例采用三阶拟合，假定存在 C_0、C_1、C_2、C_3，使校正流量因数 q 与水位 Z 成单值化关系，此时满足：

$$q = C_0 + C_1 Z + C_2 Z^2 + C_3 Z^3 \tag{10}$$

由式（2）、式（5）、式（9）、式（10）可知，本次示例目标函数可写成：

$$S_e = \left[\frac{1}{n-2} \sum \left(\frac{\dfrac{Q_m}{(K_1 \Delta Z_1 + K_2 \Delta Z_2)^\alpha} - (C_0 + C_1 Z + C_2 Z^2 + C_3 Z^3)}{C_0 + C_1 Z + C_2 Z^2 + C_3 Z^3} \right)^2 \right]^{0.5} \tag{11}$$

当式（11）中 S_e 最小时为最优解，此时可求得落差指数 α 以及落差系数 K_1 和 K_2。

4.2.2 PSO 参数

始化群体粒子个数为 $n=200$，粒子维数为 $m=7$，最大迭代次数为 $T=500$，学习因子 $C_1 = C_2 = 2$，惯性权重为 $w=0.8$。落差指数 α、K_1 和 K_2 分别满足：$0 < \alpha < 1$；$0 < K_1 < 1$；$0 < K_2 < 1$；$K_1 + K_2 = 1$。

4.3 精度分析

将仙桃（二）站 2007—2020 年期间 1 405 个实测流量数据组合成一个系列，用粒子群算法对所有实测流量数据进行仿真计算，优化结束后，其适应度进化曲线如图2所示，优化后的结果见表1。此时，水位 Z、综合落差 ΔZ_m、实测流量 Q_m 关系如图3所示。

仙桃（二）站河床不稳定，且 2007—2020 年期间各测流时段来水情况较为复杂，现我们利用系列 1 数据求得的落差指数及落差系数对具体年份的水位流量实测数据进行定线分析，判断精度是否满足定线整编要求。

本文落差指数及落差系数取值分别为 $K_1 = 0.804$，$K_2 = 0.196$，$\alpha = 0.72$。

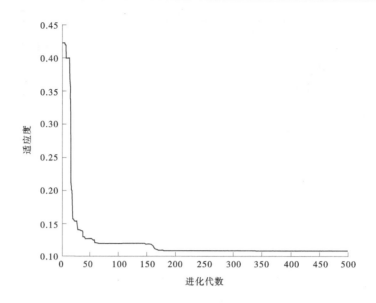

图 2 适应度进化曲线

表 1 落差指数及落差系数统计

系列	年份	K_1	K_2	α	S_e
1	2007—2020 年	0.804 2	0.195 8	0.719 8	0.109

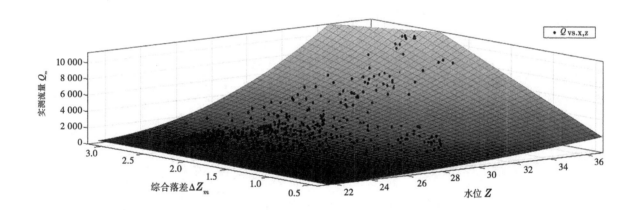

图 3 水位、综合落差、流量关系

根据实测数据,仙桃(二)站 2018—2020 年水位流量关系如图 4 所示。现将求得的参数代入式(2)中,计算出校正流量因素 q,得到水位-校正流量因素关系曲线如图 5 所示。显然,未经单值化处理的水位-流量关系线上的测点散乱,无规律可循;现经单值化处理后,水位-校正流量因素大致成单一曲线关系,但 2019 年 6 月 24—30 日、2020 年 7 月 3—19 日期间,受特殊水情影响,测点偏离原系列曲线,由于暂未对原始资料进行合理性分析,本文该时段不参与三线检验。

根据《水文资料整编规范》(SL/T 247—2020),一类精度水文站采用水力因素法定线精度应满足:系统误差≤±2%,随机不确定度≤10%。由表 2 可知,采用粒子群算法计算落差指数及落差系数确定的仙桃(二)站单值化方案,满足水位流量关系定线精度要求。仙桃(二)站水位流量单值化关系函数表达式如下:

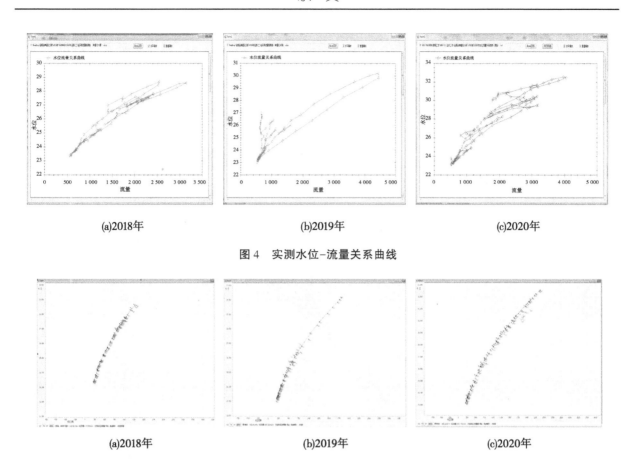

(a)2018年　　　　　　　　　(b)2019年　　　　　　　　　(c)2020年

图4　实测水位-流量关系曲线

(a)2018年　　　　　　　　　(b)2019年　　　　　　　　　(c)2020年

图5　水位-校正流量因素关系曲线

表2　水位-流量关系单值化分析精度统计

年份	符号检验	适线检验	偏离数值检验	系统误差/%	随机不确定度/%	标准差S_e/%
2018	$u=0.10\leq1.15$（合格）	$U=0.42<1.64$（合格）	$\mid t\mid=0.03\leq1.65$（合格）	0（合格）	7（合格）	3.5
2019	$u=0.35\leq1.15$（合格）	$U=-1.17<1.64$（免检）	$\mid t\mid=0.25\leq1.65$（合格）	0.1（合格）	9.6（合格）	4.8
2020	$u=0.19\leq1.15$（合格）	$U=-0.10<1.64$（免检）	$\mid t\mid=0.10\leq1.65$（合格）	0（合格）	10（合格）	5

$$q = \frac{Q_m}{(0.804\Delta Z_1 + 0.196\Delta Z_2)^{0.72}} \tag{12}$$

4.4　方案验证

本文依据仙桃（二）站2021年水文资料，采用式（12）中水位-流量单值化方案（简称新方案）进行推流，与连时序法推流（简称原方案）结果进行比较，计算并统计两种方案推算的各时段流量、洪量以及极值误差。

4.4.1 定线推流和三线检验

仙桃（二）站单值化流量整编，用于南方片整汇编程序进行水位-校正流量关系定线，通过式（12）水位-流量单值化关系，计算推求流量，再通过符号检验、适线检验、偏离检验三项检验内容，判断定线精度是否满足规范要求。

从计算结果图6、表3可以看出，新方案水位校正流量因素定线满足三项检验各项指标，定线符合规范要求。

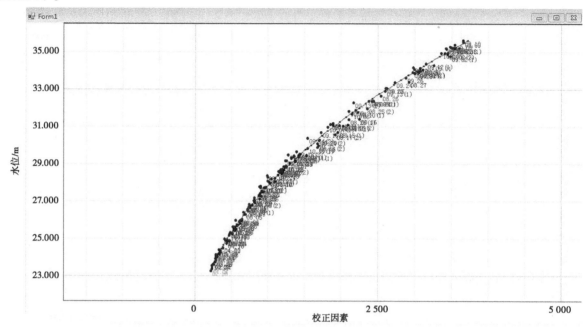

图 6　2021 年仙桃（二）站水位校正流量因素定线成果

表 3　三线检验统计

样本容量	$N=185$	正号个数：97	符号交换次数：91
符号检验	$u=0.59$	允许：1.15（显著性水平 $\alpha=0.25$）	合格
适线检验	$U=0.07$	允许：1.28（显著性水平 $\alpha=0.10$）	合格
偏离数值检验	$\lvert t \rvert=0.41$	允许：1.04（显著性水平 $\alpha=0.30$）	合格
标准差	S_e（%）$=4.4$	随机不确定度（%）：8.8	系统误差（%）：0.1

4.4.2 时段径流总量相对误差

仙桃（二）站属一类精度的水文站，参考《水文巡测规范》（SL 195—2015）第 4 章基本站允许误差中表 4 精度允许误差要求，各时段径流总量允许相对误差需满足：年总量相对误差小于 2.0%，汛期总量相对误差小于 2.5%，一次洪水总量相对误差小于 3.0%。统计仙桃（二）站 2021 年上述三项指标，结果如表 4 所示。

采用原方案连时序法推流求得的年径流总量和采用新方案单值化法求得的结果一致，相对误差为 0；汛期总量原方案求得的结果为 504.3 亿 m^3，新方案求得的结果为 501.7 亿 m^3，两者相对误差仅为 −0.5%；9 月 24 日至 10 月 6 日期间为全年最大洪水过程，一次洪水总量原方案求得的结果为 75.7 亿 m^3，新方案求得的结果为 76.8 亿 m^3，两者相对误差为 1.5%。综上所述，粒子群算法确定的仙桃（二）站单值化方案推流满足规范要求的各项时段径流总量精度指标。

表 4　时段径流总量相对误差统计

径流量	年总量		汛期总量		一次洪水总量	
定线方法	连时序法	单值化法	连时序法	单值化法	连时序法	单值化法
起止时间	1 月 1 日至 12 月 31 日		4 月 1 日至 10 月 31 日		9 月 24 日 10 月 6 日	
W/亿 m³	609.6	609.6	504.3	501.7	75.7	76.8
相对误差/%	0		−0.5		1.5	

4.4.3　平均流量误差统计

分别统计 2021 年月平均流量误差误差，结果见表 5、图 7。

表 5　月平均流量误差统计

方案	1 月	2 月	3 月	4 月	5 月	6 月	7 月
新方案/（m³/s）	752	650	735	926	1 460	1 180	1 900
原方案/（m³/s）	755	652	751	981	1 490	1 200	1 920
相对误差/%	−0.4	−0.3	−2.1	−5.6	−2.0	−1.7	−1.0

方案	8 月	9 月	10 月	11 月	12 月	年平均流量
新方案/（m³/s）	3 390	6 340	3 810	1 180	794	1 930
原方案/（m³/s）	3 510	6 260	3 740	1 120	752	1 930
相对误差/%	−3.4	1.3	1.9	5.4	5.6	0

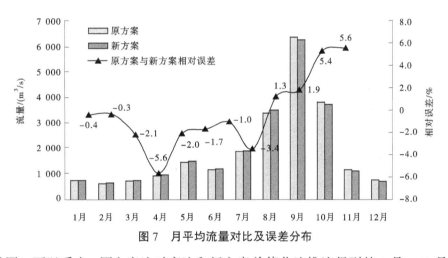

图 7　月平均流量对比及误差分布

由表 5 及图 7 可以看出，原方案连时序法和新方案单值化法推流得到的 4 月、11 月及 12 月月平均流量相对误差较大，分别为−5.6%、5.4%和 5.6%，其余月份相对误差较小。经计算，4 月、11 月及 12 月月平均流量分别占本年度年径流量的 4%、5%和 3%，采用两种方法求得的上述 3 个月月平均流量差值均小于年径流量的 1%。由此可见，粒子群算法确定的仙桃（二）站单值化方案基本可以保证月平均流量推流成果的可靠性。

两种方法求得的年平均流量均为 1 930 m³/s，相对误差为 0，推求结果可靠。

4.4.4　日平均流量过程线对比

由图 8 可以看出，两种方案推得的逐日平均流量过程线洪水涨落趋势基本一致，推流结果较好重叠，能够满足整编要求。

4.4.5　短期洪量误差对比

分别统计两方案推得的最大 1 d、3 d、7 d、15 d、30 d、60 d 短期洪量，统计误差见表 6。

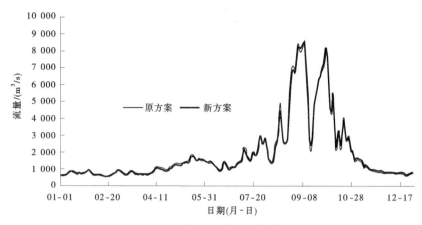

图 8　日平均流量过程线对比

表 6　短期洪量误差统计

天数	新方案洪量/亿 m³	原方案洪量/亿 m³	误差/%
1	7.439	7.396	0.6
3	22.14	21.90	1.1
7	50.6	49.83	1.5
15	101.1	101.3	-0.2
30	165.6	162.8	1.7
60	290.5	290.9	-0.1

由表 6 统计结果可以看出,不同时段洪水总量误差在 -0.2%~1.5%,均能够满足流量整编要求。
4.4.6　最大、最小流量及误差分析

分别统计原方案连时序法和新方案单值化法推流得到的月最大、最小流量及相对误差,具体成果见表 7。

表 7　月最大最、小流量误差统计

月份	新方案月最大流量/（m³/s）	原方案月最大流量/（m³/s）	最大流量相对误差/%	新方案月最小流量/（m³/s）	原方案月最小流量/（m³/s）	最小流量相对误差/%
1	970	976	-0.6	593	589	0.7
2	859	848	1.3	537	543	-1.1
3	914	921	-0.8	635	642	-1.1
4	1 230	1 310	-6.1	645	658	-2
5	1 740	1 820	-4.4	1 190	1 270	-6.3
6	1 460	1 480	-1.4	880	875	0.6
7	3 000	3 020	-0.7	1 050	1 100	-4.5
8	6 940	7 110	-2.4	1 350	1 400	-3.6
9	8 670	8 560	1.3	2 280	2 020	12.9
10	8 320	8 310	0.1	1 590	1 500	6
11	1 700	1 570	8.3	829	790	4.9
12	857	813	5.4	648	597	8.5

由表 7 可以看出，各月最大、最小流量在中、高水时误差较小，在低水时误差较大。4 月、11 月及 12 月水位均较低，低枯水时水位变化幅度较小，落差反映不够灵敏，因此导致低枯水时流量校正效果略差。提升单值化方案精度，需进一步分析岳口站、仙桃（二）站、汉川站低枯水期三站落差之间的关系，发现新的有效规律并利用规律完善单值化方案。

原方案连时序法和新方案单值化法推流得到年最大流量分别为 8 560 m³/s、8 670 m³/s，相对误差为 1.3%；求得的年最小流量分别为 543 m³/s、537 m³/s，相对误差为 −1.1%。两种方案求得的年最大、最小流量误差小。

4.4.7　年最大洪水过程比较

仙桃（二）站水位−流量关系呈绳套关系，2021 年 9 月 24 日 8 时至 10 月 6 日 23 时出现该年度最大洪水过程，比较原方案连时序法和新方案单值化法推求的最大洪水过程线如图 9 所示。

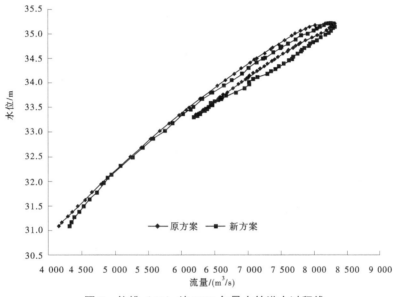

图 9　仙桃（二）站 2021 年最大的洪水过程线

可以看出，单值化方案求得的流量与连时序法推求的绳套形状基本吻合，求得的各瞬时流量相对误差在 −1.0%~4%。本次洪水过程洪水总量原方案求得的结果为 75.7 亿 m³，新方案求得的结果为 76.8 亿 m³，两者相对误差为 1.5%，最大洪水过程线推求满足定线推流精度要求。

5　结语

（1）本文对仙桃（二）站、岳口站、汉川站三站 2007—2020 年实测水文数据合成系列进行分析，运用 matlab 语言编写粒子群优化算法代码，以实测点流量与推算流量之间的系统误差最小为目标函数，自动求解落差指数法中的落差指数和落差系数，确定仙桃（二）水文站水位流量单值化关系。该方法方便、便捷、高效，值得推荐。

（2）结合 2021 年仙桃（二）站水文资料，运用粒子群算法求得的水位−流量单值化关系进行推流，与连时序法水文资料成果进行比较，通过三项检验，时段径流总量误差，平均流量误差，日平均流量过程线对比，短期洪量误差对比，最大、最小流量及误差分析，年最大洪水过程比较等方式判断推流精度，结果显示满足整编要求。

（3）粒子群算法求水位流量单值化关系时，优化算法参数建议：始化群体粒子个数大于 100 较为合适；粒子维数等于目标函数中的未知数个数；大数据量时，最大迭代次数可大于 200；学习因子 C_1、C_2 取值 2；惯性权重为 0.8；落差指数 α 取值范围一般大于 0 小于 1；落差系数 K_1，K_2，$\cdots$，K_n 之和等于 1。

（4）单值化方案投产后，若全年按单值化法布置测次应注意水流情况有无发生明显变化，改变了水位–流量关系，应及时恢复连时序法，分析是什么水情造成的，在确定不是由测验手段造成时，应尽可能多地收集特殊水情测点，便于以后进一步修正单值化方案。

参考文献

［1］中华人民共和国水利部. 水文资料整编规范：SL/T 247—2020［S］. 北京：中国水利水电出版社，2020.

［2］刘雪桂. 落差指数法在湘乡水位站的应用初探［J］. 湖南水利水电，2016（4）：57-60.

［3］李厚永，张潮，吴琼. 水位流量关系单值化分析综合模型研究及应用［J］. 水文，2011（S1）：152-153，157.

［4］巢中根，李正最. 水位流量关系分析中落差指数的直接解算［J］. 水文，2000，20（3）：18-20.

［5］池来新，谢宁，张学杰，等. 基于粒子群算法的分布式计算系统能效优化方法［J］. 计算机应用与软件，2021（6）：182-190.

［6］徐世民，景淑娟. 基于模糊粗糙集理论的河道水位流量关系单值化处理研究［J］. 水利规划与设计，2017（4）：55-57，111.

［7］夏川淋，史林军，史江峰. 基于改进粒子群算法的电池储能系统多控制器参数优化［J］. 电力信息与通信技术，2021（6）：57-63.

［8］卢福强，刘婷，杜子超，等. 模糊粒子群优化算法的第四方物流运输时间优化［J］. 智能系统学报，2021-06-29.

［9］徐利永. 基于校正因数法和落差指数法混合影响下的水位流量关系单值化分析［J］. 陕西水利，2019（10）：34-36.

［10］李涌. 燕桥水文站水位–流量关系单值化研究与应用［J］. 水文水资源，2021（3）：8-9.

近年来皇庄站水位流量关系变化及影响因素分析

王佳妮 罗 兴 魏 猛

（长江水利委员会水文局长江中游水文水资源勘测局，湖北武汉 430010）

摘 要：2017 年、2021 年汉江流域发生超 20 年一遇秋季洪水，实测水文数据表明皇庄站洪水水位流量关系较历年偏左，水位流量关系的变化会直接影响丹江口水库防洪调度对皇庄泄流量的预判。为此，本文以皇庄站实测水文数据为基础，选取 1983—2021 年多场典型洪水，对水位流量关系变化特征及主要影响因素进行全面分析，分析结果表明：①河段总体呈冲刷态势，皇庄站附近河段上下游冲刷程度差异显著，引起河道比降减小、流速减小；②2017 年、2021 年复式洪水特性引起稳定流水面减小以及洪水涨落率偏小导致 $Z \sim Q$ 绳套曲线偏左；③航道整治工程丁坝群的建设引起河道边滩糙率增大，以及丁坝自身的阻水回水效应导致了水面比降、流速减小。

关键词：水位流量关系；皇庄河段；冲淤变化；水面比降；洪水涨落

1 研究背景

汉江是长江最大的支流，全长 1 577 km，分为上、中、下三段，丹江口至皇庄区间为中游段[1]，皇庄水文站作为汉江中游出口的主要控制站，其水位流量关系即表示了皇庄河段的泄流能力[2]，事关汉江中下游的防洪形势和丹江口水库预报调度总体部署。

2017 年、2021 年汉江流域发生超 20 年一遇秋季洪水[1,3]，实测水文数据表明皇庄站同流量下洪水位明显抬高，肖潇等[4] 根据 2000—2017 年实测数据对皇庄站水位变化及成因进行了分析，结果表明，皇庄站枯水时水位有降低趋势，水位抬高发生在高水位，主要是桥梁施工影响和局部河段淤积所致；陈立等[5] 根据皇庄站 1967—2017 年水文数据研究认为丹江口蓄水后皇庄中枯流量下对应水位有下降趋势，流量越小水位下降幅度越大。而目前针对皇庄站高洪期中高水位以上水位流量关系的相关研究较少。

为进一步弄清皇庄站洪水水位流量关系变化的影响因素，探明近年来汉江中下游皇庄河段泄流能力变化情况，本文在现有研究成果基础上，以汉江皇庄水文站实测水文资料为基础，分析了水位流量关系变化特征，对主要水力影响因素进行了全面分析，并对相关工程影响因素进行了初步探讨。分析结果可为解释皇庄河段洪水位抬高成因，以及洪水预报、防洪调度等提供理论支撑依据，具有实质性意义。

2 研究方法

本文选取了汉江中下游 1983 年（10 月 5—18 日、10 月 18—25 日）、2005 年（10 月 3—20 日）、2011 年（9 月 12 日至 10 月 1 日）、2017 年（9 月 26 日至 10 月 29 日）、2021 年（8 月 21 日至 9 月 15 日、9 月 15 日至 10 月 11 日）多场次历史典型洪水，基于皇庄实测水位流量资料（见表 1），点绘水位流量关系，分不同流量级进行归类分析。

作者简介：王佳妮（1988—），女，高级工程师，主要从事水文监测与分析工作。

表1 皇庄站历史典型洪水特征值统计

年份	洪水起止时间	最大洪峰流量/（m³/s）	相应水位/m
1983	10月5—18日	26 100	50.62
	10月18—25日	20 100	48.86
2005	10月3—20日	16 900	47.36
2011	9月12日至10月1日	13 900	47.35
2017	9月26日至10月29日	13 600	48.6
2021	8月21日至9月15日	11 800	48.28
	9月15日至10月11日	11 100	47.1

注：表中水位为吴淞冻结基面高程以上米数。

依据皇庄站1983—2021年实测水位、流速、断面面积，以及皇庄下游大同站水位数据，从断面冲淤、流速变化、回水顶托、洪水涨落率等方面分析了各水力因素的影响；基于汉江碾盘山至马良长约68 km河段2005年实测地形资料，以及2012年3月、2015年12月、2016年12月、2017年12月、2020年11月、2021年11月 hx30—hx60 共31个固定断面资料，采用断面法[6] 计算分析了2005—2021年局部河段冲淤变化的影响。

3 水位流量关系变化

皇庄站1983—2021年洪水水位流量关系如图1所示，可以看出2017年、2021年点据偏左，1983年点据居中，2005年、2011年则总体偏右。历年水位-流量关系受洪水涨落影响，均呈逆时针绳套曲线，概化为轴线分析来看，水位流量关系中轴线上下摆动，1983年接近多年综合线。

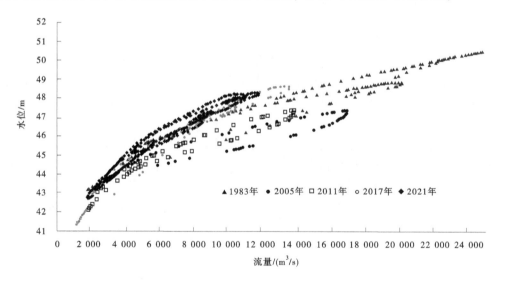

图1 皇庄站典型年水位流量关系

不同流量级下水位变化见表2，流量在3 000 m³/s以下时，2017年、2021年水位略有下降；流量在5 000 m³/s时，2005—2021年水位抬高约0.8 m；流量在8 000~10 000 m³/s时，2005—2021年水位逐年抬高1.47~1.9 m；流量达12 000 m³/s时，2005—2021年水位抬高约2.15 m。

同流量下水位变化趋势表现为：中、高水流量下，2005—2021年总体呈逐渐抬高的趋势，且流量级越大，水位抬高的幅度也随之增大。

表 2 典型年不同流量级下水位变化

流量/（m³/s）	水位/m				
	1983 年	2005 年	2011 年	2017 年	2021 年
3 000	43.85	43.87	43.40	43.30	43.67
5 000	44.76	44.50	44.60	44.70	45.30
8 000	45.85	45.33	45.48	46.50	46.80
10 000	46.48	45.78	46.05	47.45	47.68
12 000	47.15	46.2	46.66	48.15	48.35

4 影响因素分析

影响水位流量关系的因素较为复杂，主要有洪水涨落、下游回水顶托、河段冲淤等自然因素以及附近水利工程等人为活动因素[7-8]，各种因素通过直接或间接的方式引起河道断面面积、比降、糙率、流速等水力因素变化，从而导致水位流量关系发生变化。

4.1 断面冲淤变化

过流断面受冲淤变化影响时，水位面积关系曲线会发生变动，从而使水位流量关系曲线亦发生变动。采用皇庄站洪水期实测断面面积和水位数据建立水位面积关系如图 2 所示，可以看出，1983 年断面年内冲淤交替频繁，点群相对分散，同一水位下面积变化幅度较大，总体上位于关系点群最左侧；2005—2017 年点据相互混合，年际间变化不明显，整体较 1983 年右移，呈冲刷状态；2021 年水位面积关系点据继续右移，呈带状分布，位于点群最右侧。即同水位下，皇庄站过水断面呈逐年冲刷的趋势。

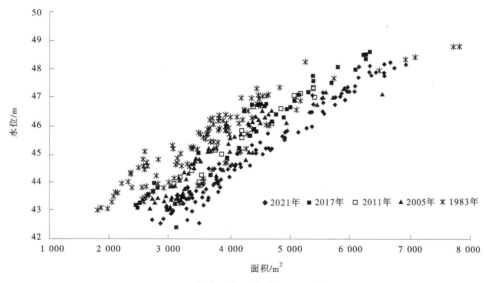

图 2 皇庄站典型年水位面积关系

为更直观地说明断面冲淤变化程度，采用皇庄站实测大断面数据，计算不同水位下过水断面面积（见表 3），以警戒水位 48 m 为例，1983—2005 年断面冲刷面积增加 540 m²，占原面积的 9%，2005—2017 年变化不明显，2017—2021 年断面面积增加 240 m²，占原面积的 3.6%，由此看来，2005 年后，断面冲淤变化幅度不大。

表 3　皇庄站典型年各水位级下断面面积　　　　　　　单位：m²

年份	43 m	45 m	47 m	48 m
1983	2 560	3 370	4 640	5 960
2005	2 940	3 890	5 210	6 500
2011	2 930	3 880	5 140	6 400
2017	2 980	3 930	5 220	6 510
2021	3 110	4 410	5 720	6 750

综上分析，断面冲刷过流面积增大，在其他水力要素一定的情况下，理论上流量应增大，因此断面的冲刷并不是引起水位流量关系偏左的主要原因。

4.2　河段冲淤变化

河段冲淤变化既引起过流断面形态的改变，又影响比降、流速等相应的变化，从而导致水位流量关系的调整。自丹江口蓄水运用后，汉江中下游河道发生了长时间长距离的冲刷调整[9]，皇庄站上距碾盘山 14 km，下距马良 54 km，选取汉江碾盘山—马良河段（hx30—hx60），对 2005—2021 年枯水、平滩条件下冲淤量进行了分析计算，从计算结果（见表 4）看来，2005—2021 年枯水河槽下累计冲刷 7 962 万 m³，平滩河槽 2005—2021 年累计冲刷 7 476 万 m³，河段呈逐年冲刷态势，冲刷部位主要在枯水河槽，枯水以上河槽略有淤积，河段平均河底高程总体下降约 1.92 m。

表 4　碾盘山—马良河段冲淤量计算成果　　　　　　　单位：万 m³

计算工况	时段	碾盘山—划子口 25.2 km	划子口—塘港 18.4 km	塘港—马良 24.4 km
枯水	2005—2012 年	−1 484	−389	−36
	2012—2017 年	−380	−504	−1 338
	2017—2021 年	−1 787	−873	−1 171
	2005—2021 年	−3 651	−1 766	−2 545
平滩	2005—2012 年	−787	−633	−137
	2012—2017 年	−750	−602	−1 286
	2017—2021 年	−1 963	−627	−691
	2005—2021 年	−3 500	−1 862	−2 114

注："−"表示冲刷，"+"表示淤积。

以平滩河槽为例，分段计算冲刷强度，碾盘山—划子口河段冲刷强度 139 万 m³/km，划子口—塘港河段冲刷强度 101 万 m³/km，塘港—马良河段冲刷强度 87 万 m³/km，上游冲刷强度大于下游。从图 3 河道沿程平均河底高程变化可以看出，皇庄站上游段河底高程下降幅度大于下游。为进一步分析皇庄站附近局部河段冲淤情况，选取皇庄站断面上下游长约 17 km 河段（hx34—hx40）进行计算分析。

从近年局部河段冲淤计算结果（见表 5）可以看出，2005—2021 年皇庄以上河段枯水、平滩水位下冲刷量累计达 2 293 万 m³、2 587 万 m³，冲刷幅度较大；而皇庄以下河段枯水以下冲刷 417 万 m³，平滩水位以下表现为小幅淤积，上下游冲刷程度差异显著。平滩水位下 2005—2021 年平均河底高程上游河段降低约 2.36 m，下游河段降低约 0.88 m，导致河道总体比降减小。因此认为，皇庄局部河段的冲淤不平衡，是造成水位流量关系偏左的原因之一。

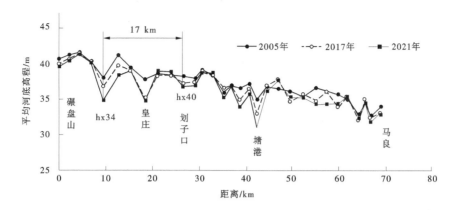

图 3 平滩水位下碾盘山—马良河段沿程平均河底高程变化

表 5 皇庄站局部河段冲淤计算成果

计算工况	时段	皇庄以上河段	皇庄以下河段
		8.9 km	8.1 km
枯水	2005—2012 年	−869	−401
	2012—2017 年	−264	−92
	2017—2021 年	−1 161	76
	2005—2021 年	−2 293	−417
平滩	2005—2012 年	−805	−62
	2012—2017 年	−387	−170
	2017—2021 年	−1 395	255
	2005—2021 年	−2 587	23

注:"−"表示冲刷,"+"表示淤积。

4.3 流速变化

根据皇庄站典型年洪水期实测水位、流速数据,点绘水位流速关系(见图 4)。44 m 水位以下,同水位各年份流速点据相互混合,年际间无系统增大或减小趋势,水位在 44 m 以上,2021 年点据总体位于最左测,流速最小,2017 年点据相较于 2021 年略偏右,1983 年、2005 年、2011 年点据整体位于最右侧。结合前文分析结果,河段局部冲刷不平衡引起河道比降的减小,是导致流速减小的原因之一;另外,2014—2018 年汉江碾盘山—兴隆河段航道整治工程建成,该工程主要采取了筑坝、护滩、洲头守护、疏浚、填槽等工程措施,丁坝群等建筑物的修建,会增大边滩部分河道糙率,在一定程度上引起流速减小[10]。

4.4 回水顶托

皇庄下游 36 km 设立有大同水位站,统计 2005 年、2011 年、2017 年、2021 年典型年洪水期间皇庄—大同站水面平均水位及落差(见表 6)。不难发现,2017 年、2021 年皇庄站、大同站平均水位整体较 2005 年、2011 年偏高,而水位落差则自 2005—2021 年逐年递减,2021 年水位落差较 2005 年下降约 0.46 m。

皇庄下游附近河道无大型支流入汇,距离皇庄站下游约 100 km 的兴隆水利枢纽,其库区回水至坝上游 70 km,皇庄站亦不在其回水影响范围内。根据前文分析,2014—2018 年修建完成碾盘山—兴隆河段航道整治工程,该工程在皇庄站上游 6 km 范围内布置加建丁坝 4 座,加建护滩带 2 条,加长

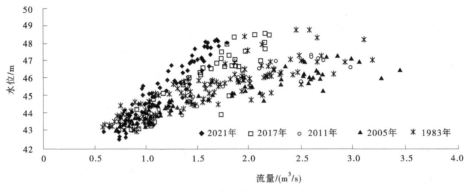

图 4　皇庄站典型年水位-流速关系

丁坝 3 座，护岸 3 处，在皇庄站下游 10 km 范围内新建丁坝 12 座，其中最近一处丁坝距离皇庄站仅 380 m，由于丁坝对水流具有一定的阻水回流效应[10,12]，因此皇庄站附近的新建丁坝群可能是引起下游河道壅水的原因之一。

表 6　典型年皇庄—大同洪水期平均落差　　　　　　　　　　　　　单位：m

典型年	2021	2017	2011	2005
皇庄平均水位	46.29	46.54	42.53	43.37
大同平均水位	43.65	43.75	39.47	40.27
平均落差	2.64	2.78	3.06	3.10

4.5　洪水形态及涨落变化

洪水涨落影响是指在涨落水过程中因洪水波传播引起的不同的附加比降，使断面流量与同水位下稳定流量相比，呈有规律的增大或减小，水位流量关系呈逆时针绳套曲线[13]。

洪水涨落影响的流量公式如下：

$$Q_{\mathrm{m}} = Q_{\mathrm{C}} \sqrt{1 + \frac{1}{S_{\mathrm{C}} U} \frac{\mathrm{d}Z}{\mathrm{d}t}}$$

式中：Q_{m} 为实测流量；Q_{C} 为稳定流量，$Q_{\mathrm{C}} = K \sqrt{S_{\mathrm{C}}}$；$S_{\mathrm{C}}$ 为稳定流时的水面比降，由河道比降和水深沿程变化组成；U 为洪水传播速度；$\frac{\mathrm{d}Z}{\mathrm{d}t}$ 为水位涨落率。

皇庄站历年水位流量关系均呈逆时针绳套曲线，且绳套宽窄不一，2017 年、2021 年相对形态较窄，中心轴线的摆动幅度也很大。中心轴线代表稳定流水位流量关系，其摆动变化主要与稳定流水面比降 S_{C} 有关，与洪峰形态也有一定关联；而水位流量曲线的宽窄形态则与水位过程线关系密切，洪水涨落率越大，水位过程线越陡，水位流量绳套曲线距离同水位的稳定水位流量关系轴线偏离幅度越大，形成的绳套就越宽。

各典型洪水水位过程见图 5，各场次洪水涨落率见表 7。从洪水峰型来看，2005 年、2011 年为单式洪峰，形成单式绳套曲线，2017 年、2021 年为连续复式洪峰，形成复式绳套曲线，一方面，因连续洪水时河槽调蓄作用，导致后一次洪水稳定比降减小，使得各场次洪水绳套曲线轴线依次左偏；另一方面，从涨落率来看，2021 年平均涨水率为历年最小，约为 0.01 m/h，2017 年则属于陡涨缓落型，平均涨水率 0.03 m/h，比 2021 年略大，但小于 2005 年与 1983 年涨水率，涨落率偏小导致了绳套曲线涨水段右偏幅度减小，导致同水位下的流量偏小。

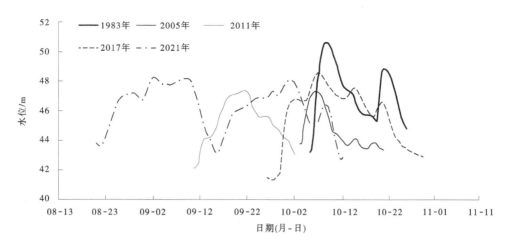

图 5　典型年洪水水位过程线

表 7　各场次洪水涨落率统计

单位：m/h

年份	洪水起止时间	涨水段		落水段	
		平均涨水率	最大涨水率	平均落水率	最大落水率
1983	10 月 5—18 日	0.09	0.22	-0.02	-0.05
	10 月 18—25 日	0.1	0.17	-0.03	-0.07
2005	10 月 3—20 日	0.05	0.27	-0.02	-0.06
2011	9 月 12 日至 10 月 1 日	0.02	0.07	-0.02	-0.06
2017	9 月 26 日至 10 月 29 日	0.03	0.28	-0.01	-0.05
2021	8 月 21 日至 9 月 15 日	0.01	0.05	-0.03	-0.06
	9 月 15 日至 10 月 11 日	0.01	0.05	-0.02	-0.07

5　结论

（1）2017 年、2021 年洪水水位流量关系线较其他典型年偏左。2005—2021 年中、高水同流量下水位年总体呈逐渐抬高的趋势，且流量级越大，水位抬高的幅度也随之增大。

（2）2005—2021 年，过流断面呈冲刷状态，面积增大；实测断面流速减小，河段水位平均落差均呈减小趋势。

（3）2005—2021 年皇庄河段呈冲刷态势；皇庄站以上河段，平滩水位下累计冲刷量达 2 587 万 m³，平均河底高程下降约 2.36 m；皇庄站以下河段平滩水位以下表现为小幅淤积，平均河底高程降低约 0.88 m，皇庄上下游冲淤程度差异，导致河道比降减小，造成流速减小。

（4）2014 年以来汉江碾盘山—兴隆河段航道整治工程修建了大量的丁坝群，一方面丁坝阻水挑流造成水面壅高；另一方面增大了边滩部分的河道糙率，造成流速总体减小。

（5）2017 年、2021 年洪水均为典型复式洪峰，发生连续洪水时因河槽的调蓄作用，洪水稳定比降依次减小，另外，2017 年、2021 年洪水涨水率较小，导致了附加比降偏小，引起同水位下流量偏小。

参考文献

[1] 李玉荣，张俊，张潇，等. 2017 年汉江秋季洪水特性及预报调度分析 [J]. 人民长江，2017，48 (24)：1-15，10.

[2] 李世强，邹红梅，等. 长江中游螺山站水位流量关系分析 [J]. 人民长江，2011，42 (6)：87-89.

[3] 陈桂亚，郑静，张潇，等. 2021 年丹江口水库防洪与蓄水 [J]. 中国水利，2022 (5)：24-27；

[4] 肖潇，毛北平，杨阳，等. 近年汉江皇庄河段水位变化特征及其成因分析 [J]. 人民长江，2018，49 (22)：28-31.

[5] 陈立，房夏康，袁晶，等. 汉江中游河段来水来沙条件复杂变化分析 [J]. 泥沙研究，2020，45 (3)：15-21.

[6] 舒彩文，谈广鸣. 河道冲淤量计算方法研究进展 [J]. 泥沙研究，2009 (4)：68-73.

[7] 熊明，刘东生，沈力行. 螺山站水位流量关系变化分析 [J]. 水利水电快报，1999，20 (18)：5-9.

[8] 吴际伟，纪义彤，宋丽蓉，等. 南渡江龙塘站水位流量关系变化及成因分析 [J]. 人民珠江，2018，39 (8)：37-42.

[9] 白亮，许全喜，董炳江. 丹江口水库蓄水以来汉江中下游河床冲淤变化研究 [J]. 人民长江，2021，52 (12)：15-20.

[10] 韩玉芳. 丁坝的造床作用研究 [D]. 南京：南京水利科学研究院，2003.

[11] 官庆朔，玄鹏，吴先敏，等. 河道丁坝群水流特性及其作用分析 [J] 水电能源科学，2021，9 (12)：93-96.

[12] 郑艳，魏文礼，刘玉玲. 丁坝长度对回流长度影响的数值模拟研究 [J] 沈阳农业大学学报，2014，45 (2)：195-199.

[13] 李琼，张幼成，王洪心，等. 洪水涨落水位-流量分布规律及应用 [J]. 河海大学学报，2019，47 (6)：507-513.

变化环境下金沙江流域洪水频率分析

杜　涛[1,2]　曹　磊[1]　欧阳硕[2]　李　俊[1]　赵　东[1]

(1. 长江水利委员会水文局长江上游水文水资源勘测局，重庆　400020；
2. 长江水利委员会水文局，湖北武汉　430010)

摘　要：受频繁的人类活动以及全球气候变化的影响，诸多水文序列不再具有一致性，基于一致性假设的水文频率分析方法的适用性受到质疑，因此探究变化环境下非一致性水文序列概率分布估计理论和方法具有重大的理论与现实意义。目前，较少有研究将梯级水库群多阻断效应考虑到非一致性洪水频率分析当中。本文以我国十三大水电基地规划中最大的金沙江水电基地为重点研究区域，将流域梯级水库群调蓄因素引入到非一致性洪水频率分析当中，建立洪水频率分布统计参数与流域梯级水库群调蓄能力之间的解释关系，以探究变化环境下更具物理意义的水文序列概率分布。结果表明：相比于时间为协变量，以梯级水库群调蓄能力为协变量的非一致性洪水频率分布模型效果更优。本研究成果可为流域水利工程规划设计、运行管理以及防洪决策等工作提供理论参考。

关键词：金沙江水电基地；梯级水库群；非一致性；洪水频率分析；时变矩

1　研究背景

长江上游梯级水库是流域治理开发保护的骨干性工程，在保障流域防洪安全、供水安全、生态安全等方面发挥着重要作用。然而受频繁的人类活动以及全球气候变化的影响，诸多水文序列不再具有一致性，作为水利水电工程设计依据的历史水文情势将无法反映现在、未来的水文情势[1-2]，基于一致性假设的水文频率分析方法的适用性受到质疑，因此探究变化环境下非一致性水文序列概率分布估计理论和方法具有重大的理论与现实意义。非一致性洪水频率分析大多集中于时变矩理论，即通过构建洪水频率分布的统计参数随时间或其他物理协变量的变化情况来描述洪水时间序列的非一致性特征。Coles[3] 对时变矩法应用于非一致性水文频率分析做了较为详细的介绍。Khaliq 等[4] 详细阐述了极值理论、非独立序列频率分析方法、非一致性序列频率分析方法以及不确定性分析方法。位置、尺度和形状的广义可加模型（generalized additive models for location，scale and shape，GAMLSS）是由 Rigby 和 Stasinopoulos[5] 提出的（半）参数回归模型，可以灵活地模拟随机变量分布的任何统计参数与解释变量之间的线性或非线性关系，近年来在非一致性水文频率分析中得到了广泛的应用。江聪和熊立华[6] 应用 GAMLSS 模型研究宜昌站年平均流量序列和年最小月流量序列的非一致性，其中选取时间作为协变量，结果表明年平均流量序列均值存在明显的线性减少趋势，而年最小月流量线性趋势并不明显，进一步分析发现，该序列均值存在较为明显的非线性趋势变化。

在梯级水库群多阻断效应影响下，诸多流域水文时间序列已非天然随机状态，导致传统基于一致性假设的洪水频率分析方法不再适用。目前，较少有研究将梯级水库群多阻断效应引入到非一致性洪水频率分析当中。本文以我国十三大水电基地规划中最大的金沙江水电基地为重点研究区域，将流域梯级水库群调蓄因素引入到非一致性洪水频率分析当中，建立洪水频率分布统计参数与流域梯级水库群调蓄能力之间的解释关系，以探究变化环境下更具物理意义的水文序列概率分布。

基金项目：国家重点研发计划（2019YFC0408903）；长江水科学研究联合基金（U2240201）。
作者简介：杜涛（1988—），男，博士，高级工程师，主要从事水文分析与计算等方面的研究工作。

2 研究区域及数据

金沙江是中国第一大河——长江上游河段的重要组成部分，发源于唐古拉山中段各拉丹东雪山和尕恰迪如岗雪山之间。金沙江流域面积约 50 万 km^2，占长江流域总面积的 27.8%；河流全长约 3 500 km，占长江全长的 55.5%；落差约 5 100 m，占整个长江落差的 95%。金沙江干流上游河段为石鼓以上的金沙江河段，石鼓—攀枝花为金沙江中游河段，攀枝花以下为下段。作为我国十三大水电基地之首，金沙江上游规划有西绒—奔子栏共 13 座水电站，中游规划有梨园—银江共 8 座水电站，下游规划有乌东德—向家坝共 4 座水电站。其中，中下游已基本建成投产，现正在开展上游段水电开发工作。金沙江流域梯级水库群多阻断效应已经形成，受此影响，金沙江干流控制站屏山站水文时间序列已非天然随机状态。因此，开展梯级水库群影响下的金沙江流域非一致性洪水频率分析，对流域水利工程规划建设以及防洪决策等具有重要意义。

屏山水文站为金沙江干流下游控制站，屏山站 1950—2015 年逐日平均流量数据来自长江水利委员会水文局，选取其年最大 1 d 流量序列作为洪水极值事件进行研究。屏山站位于东经 104°12′，北纬 28°38′，控制面积 458 592 km^2。本文还收集了金沙江干流已建、在建及规划的 25 个梯级基本特性成果，用于构建屏山站上游水库指数因子。屏山站上游流域各水库参数统计见表 1。

表 1 屏山站上游流域各水库参数统计

水库	坝址控制流域面积/万 km^2	调节库容/亿 m^3	水库	坝址控制流域面积/万 km^2	调节库容/亿 m^3
西绒	14.190 0	0.51	梨园	22.010 0	1.73
晒拉	14.220 0	0.36	阿海	23.540 0	2.38
果通	14.260 0	0.21	金安桥	23.740 0	3.46
岗托	14.745 1	32.25	龙开口	24.000 0	1.13
岩比	14.958 1	0.377	鲁地拉	24.730 0	3.76
波罗	16.051 9	0.86	观音岩	25.650 0	5.55
叶巴滩	17.348 4	5.37	金沙	25.890 0	0.112
拉哇	17.602 7	7.2	银江	25.980 0	
巴塘	17.643 6	0.2	乌东德	40.610 0	30.2
苏洼龙	18.382 5	0.72	白鹤滩	43.030 0	104.36
昌波	18.443 6	0.081	溪洛渡	45.440 0	64.6
旭龙	18.950 0	0.74	向家坝	45.880 0	9.03
奔子栏	18.990 0				

金沙江流域水系及梯级分布见图 1。

3 研究方法

3.1 非参数方法的非一致性识别

水文气象要素的非正态性分布使得经典统计方法失效，非参数检验方法成为水文气象要素非一致性分析较为实用的工具。Mann-Kendall（M-K）趋势检验法是世界气象组织推荐用于检验水文气象序列趋势性及其显著性的一种方法[7]。Pettitt 变点检验法计算简便且不受少数异常值干扰，可以确切给出突变点发生的时间以及显著性水平，在水文、气象等领域应用十分广泛[8-11]。因此，本文选取以 M-K 和 Pettitt 检验法对水文序列进行初步非一致性识别。

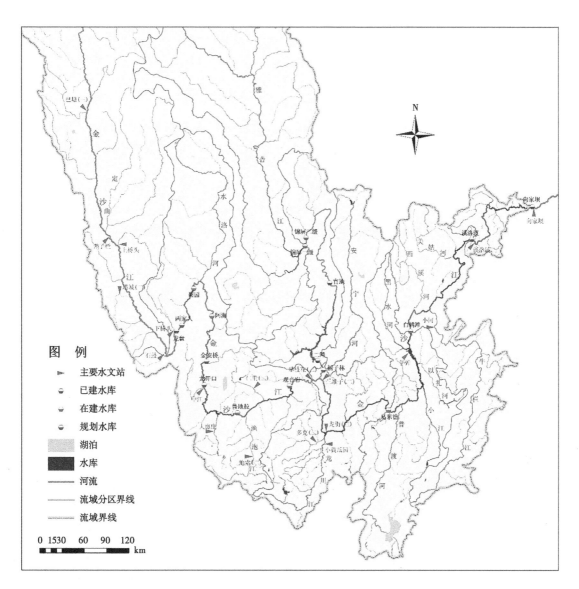

图 1 金沙江流域水系及梯级分布

3.2 基于 GAMLSS 的非一致性洪水频率分析

考虑位置、尺度和形状参数的广义可加模型（generalized additive models for location，scale and shape，GAMLSS）是由 Rigby 和 Stasinopoulos 提出的一种半参数回归模型[5]，它克服了广义线性模型和广义可加模型的局限性，将响应变量服从指数分布族这一假设放宽到可服从更广义的分布族，包括一系列高偏度和高峰度的连续的和离散的分布[5,12]，同时可以描述响应变量的任一统计参数与解释变量（协变量）之间的线性或非线性关系。近年来，GAMLSS 模型被越来越多地应用在水文领域非一致性水文频率分析当中[13-17]。本文以水库指数为协变量，构建屏山站非一致性洪水频率分布模型。

3.3 水库指数因子

为了量化水库调蓄作用对下游径流过程的影响，López 和 Francés 提出了一个无量纲的水库指数 RI，该指数假设水库对径流过程的调蓄作用与水库的库容和集水面积成正相关关系[15]。López 和 Francés 将 RI 表示为：

$$RI = \sum_{i=1}^{N} \left(\frac{A_i}{A_T}\right) \left(\frac{V_i}{C_T}\right) \tag{1}$$

式中：N 为水文站上游水库总数；A_T 为水文站控制流域面积；A_i 为水文站上游各个水库集水面积；

C_T 为水文站多年平均年径流量；V_i 为水文站上游各个水库的总库容。

Jiang 等[18] 对 López 和 Francés 所提的水库指数进行了改进，采用水文站上游各水库总库容之和 V_T 代替水文站多年平均年径流量 C_T，将 RI 表示为：

$$\mathrm{RI} = \sum_{i=1}^{N} \left(\frac{A_i}{A_T}\right)\left(\frac{V_i}{V_T}\right) \qquad (2)$$

为了更加体现水库调蓄作用对下游水文站径流过程的影响，本文在 Jiang 等的研究基础上，对水库指数 RI 做进一步改进，认为水库对径流过程的调蓄作用与水库的集水面积和调节库容成正相关关系，具体表示如下：

$$\mathrm{RI} = \sum_{i=1}^{N} \left(\frac{A_i}{A_T}\right)\left(\frac{V_{i调}}{V_{T调}}\right) \qquad (3)$$

式中：$V_{i调}$ 为水文站上游各个水库的调节库容；$V_{T调}$ 为水文站上游各水库调节库容之和。

3.4 模型选取及评价准则

本文采用 AIC 准则[19] 选取最优非一致性模型，用 worm 图[20]、分位图、Filliben 相关系数（Fr）[21] 以及 Kolmogorov-Smirnov（KS）检验统计量（D_{KS}）[22] 评价模型拟合优度。

4 结果分析

4.1 初步非一致性检验

屏山站 1950—2015 年实测年最大 1 d 流量序列如图 2、图 3 所示，分别选取 M-K 趋势检验法和 Pettitt 变点检验法对实测洪水序列的趋势性特征和跳跃性突变进行初步非一致性识别，显著性水平 α 取 0.05。结果表明，屏山站年最大 1 d 流量序列均存在一定程度的下降趋势，同时在 2005 年前后也出现了向下跳跃性突变，但在显著性水平 α 取 0.05 的情况下，两种非一致性形式均不显著。进一步分析实测洪水序列发现，在 20 世纪 70 年代中期到 90 年代以及 2000 年以后波动性有所减弱，由此猜想屏山站年最大 1 d 流量序列非一致性可能不是单纯的趋势性或者单一变点的跳跃性。

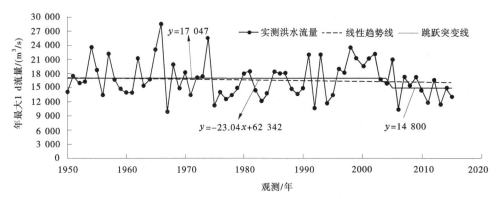

图 2 屏山站最大 1 d 流量序列及非一致性趋势/跳跃线

4.2 金沙江流域水库指数

屏山站以上金沙江干流规划梯级中，中游及下游已基本建成投产，现阶段正在开展上游范围内规划梯级建设情况。本文收集了金沙江干流已建、在建及规划的 25 个梯级基本特性成果，用于构建屏山站上游水库指数因子。在此基础上，依据式（3）计算屏山站上游流域水库指数，结果表明，各水库建立节点与屏山站洪水序列发生突变的年份比较一致，由此可见上游梯级水库群的多级阻断效应对屏山站洪水序列非一致性确实可能存在一定程度的影响。

4.3 关联梯级水库群调蓄因素的非一致性洪水频率分析

本文选取 Weibull 分布、Gumbel 分布、Gamma 分布、Normal 分布以及 Logistic 分布等 5 种常用的两参数分布以及 P-Ⅲ 分布和 GEV 分布 2 种常用的三参数分布作为备选洪水频率分布线型。对于三参

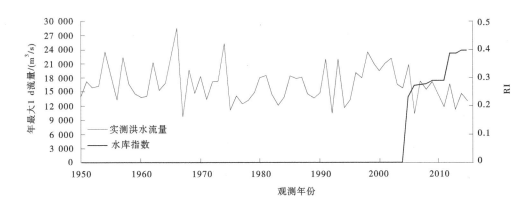

图 3　屏山站上游流域水库指数 RI 随时间变化图

数的 P-Ⅲ分布和 GEV 分布，由于其形状参数较为敏感，通常不考虑该参数的非一致性。

在时变矩理论的基础上，结合 GAMLSS 模型，分别以时间 t 和水库指数 RI 为协变量，研究屏山站洪水频率分布统计参数随协变量的变化情况，构建屏山站年最大 1 d 流量序列时变非一致性频率分布模型。

当以时间 t 为协变量时，各非一致性模型拟合结果 AIC 值表明，GU 分布为最优分布，位置和尺度参数为常数为最优非一致性模型，相应 AIC 值为 1 279.0，见图 4、表 2。

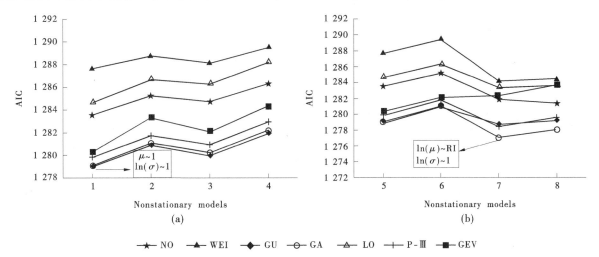

图(a)中1:$g(\mu)\sim1,g(\sigma)\sim1$；2:$g(\mu)\sim1,g(\sigma)\sim t$；3:$g(\mu)\sim t,g(\sigma)\sim1$；4:$g(\mu)\sim t,g(\sigma)\sim t$

图(b)中5:$g(\mu)\sim1,g(\sigma)\sim1$；6:$g(\mu)\sim1,g(\sigma)\sim$RI；7:$g(\mu)\sim$RI$,g(\sigma)\sim1$；8:$g(\mu)\sim$RI$,g(\sigma)\sim$RI

图 4　屏山站非一致性洪水频率分布模型拟合结果比较

表 2　屏山站非一致性频率分析结果及评价指标统计量

拟合模型	估计参数	AIC	Filliben 相关系数 Fr	KS 统计量 D_{KS}
非一致性 GU 分布[1]（t 为协变量）	$\mu_0=37.3$　$\sigma_0=2.11$	1 279.0	0.995	0.059
非一致性 GA 分布[2]（RI 为协变量）	$\mu_0=9.75$　$\mu_1=-0.479$　$\sigma_0=-1.49$	1 277.0	0.995	0.086

注：1. 统计参数与协变量间关系：$\mu_t=\mu_0$，$\ln(\sigma_t)=\sigma_0$

2. 统计参数与协变量间关系：$\ln(\mu_t)=\mu_0+\mu_1RI_t$，$\ln(\sigma_t)=\sigma_0$。

其中 Filliben 相关系数及 KS 统计量在 $\alpha=0.05$ 的临界值分别为 $F_\alpha=0.978$ 和 $D_\alpha=1.36/\sqrt{66}\approx0.167$，$F_r$ 大于 F_α 或者 D_{KS} 小于 D_α 则表示非一致性模型通过拟合优度检验。

虽然根据 AIC 准则已选出 GU 分布位置和尺度参数均为常数为最优非一致性模型，然而模型具体表现如何未知，下面将对所选模型效果进行评价。模型的残差正态 QQ 图和 worm 图表明，残差正态 QQ 图除个别点偏离外，大部分点都分布在 1∶1 线附近，并且 worm 图中所有点都分布在 95% 置信区间（上、下两条虚线）内，定性说明所选非一致性模型效果较好，见图 5。进一步统计模型标准化正态残差序列的 Filliben 相关系数以及 KS 检验统计量等定量评价指标，结果表明，各评价指标均说明经验残差序列的正态性，意味着所选模型较为合理。

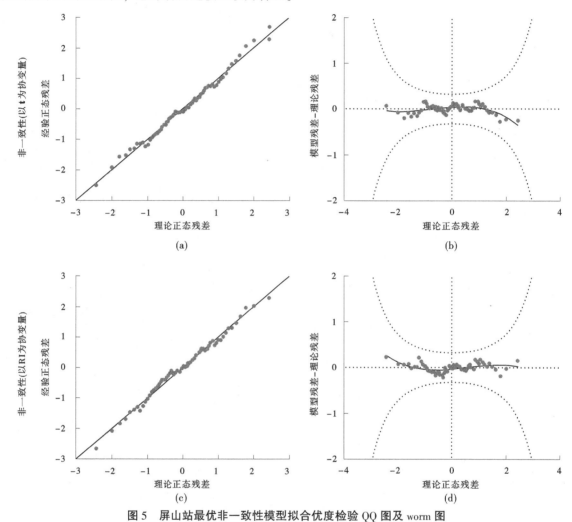

图 5　屏山站最优非一致性模型拟合优度检验 QQ 图及 worm 图

以 t 为协变量所得的非一致性模型从效果上可以接受，然而其缺乏一定的物理意义，并且默认了基于历史观测样本序列所得出的非一致性趋势在未来将无限制地持续下去，因此不免有些不妥之处。考虑到上游梯级水库群的建立对屏山站洪水序列非一致性可能存在一定程度的影响，下面选取更具物理意义的 RI 作为协变量进行非一致性洪水频率分析。

当以 RI 为协变量时，各备选分布拟合非一致性 GAMLSS 模型结果的 AIC 值表明，GA 分布为最优分布，其位置参数 μ 为 RI 的线性函数为最优非一致性模型，其他分布下的非一致性模型 AIC 值相比于该模型均有一定程度的增加。值得指出的是，以 RI 为协变量的最优非一致性模型 AIC 值为 1 277.0 时，明显小于以 t 为协变量的最优非一致性模型的 1 279.0，说明选取 RI 为协变量不仅使所得模型具有一定的物理意义，而且得到的模型效果更优。

定性及定量评价结果表明，模型能够通过各拟合优度检验。综合各方面来看，无论定性上还是定量上，以 RI 为协变量的最优非一致性模型效果很好，并且优于以 t 为协变量的情况。

最后，分别给出以 t 为协变量和以 RI 为协变量两种情况下各自最优非一致性模型分位曲线图，总体来看，以水库指数为协变量的分位曲线综合考虑了流域各个时期修建水利工程引起的洪水序列非一致性，能够明显拟合出序列的下降趋势/向下跳跃突变，拟合结果相比时间为协变量更为合理。屏山站最优非一致性模型分位曲线见图 6。

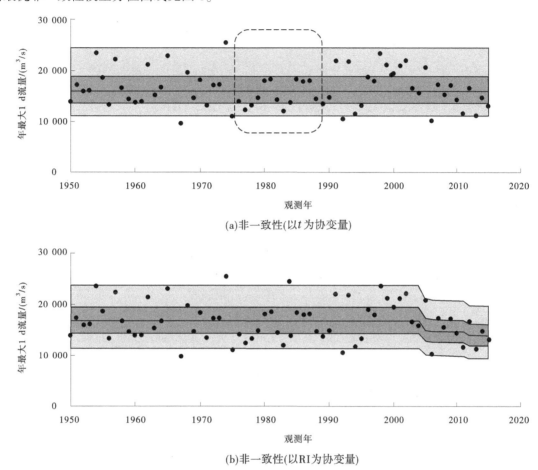

(a)非一致性(以 t 为协变量)

(b)非一致性(以RI为协变量)

图 6 屏山站最优非一致性模型分位曲线

5 结论

受频繁的人类活动以及全球气候变化的影响，诸多水文序列不再具有一致性，基于一致性假设的水文频率分析方法的适用性受到质疑，因此探究变化环境下非一致性水文序列概率分布估计理论与方法具有重大的理论与现实意义。本文以我国十三大水电基地规划中最大的金沙江水电基地为重点研究区域，将流域梯级水库群调蓄因素引入非一致性洪水频率分析当中，建立洪水频率分布统计参数与流域梯级水库群调蓄能力之间的解释关系，以探究变化环境下更具物理意义的水文序列概率分布。

通过将该方法应用于受梯级水库群调蓄影响较为显著的金沙江流域进行实例验证，得到如下结论：

（1）屏山站洪水序列存在一定程度的下降趋势，同时在 2005 年前后也出现了向下的跳跃性突变，但两种非一致性形式均不显著。

（2）以梯级水库指数为解释变量的最优非一致性模型，不仅能够提高模型的拟合效果，而且具有更强的物理意义。

（3）本研究成果可以为流域水利工程规划设计、运行管理以及防洪决策等工作提供理论参考。

参考文献

［1］ Katz R W, Parlang M B, Naveau P. Statistics of extremes in hydrology［J］. Advances in WaterResources, 2002, 25（8）: 1287-1304.

［2］ Milly P C D, Betancourt J, Falkenmark M, et al. Stationarity is dead: whiter water management?［J］. Science, 2008, 319（5863）: 573-574.

［3］ Coles S. An introduction to statistical modelling of extreme values［M］. London: Springer, 2001.

［4］ Khaliq M N, Ouarda T B M J, Ondo J C, et al. Frequency analysis of a sequence of dependent and/or non-stationary hydro-meteorological observations: a review［J］. J. Hydrol, 2006, 329（3-4）: 534-552.

［5］ Rigby R A, Stasinopoulos D M. Generalized additive models for location, scale and shape［J］. Journal of the Royal Statistical Society: Series C（Applied Statistics）, 2005, 54: 507-554.

［6］ 江聪, 熊立华. 基于 GAMLSS 模型的宜昌站年流量序列趋势分析［J］. 地理学报, 2012, 67（11）: 1505-1514.

［7］ Mittchell J M, Dzerdzeevskii B, Flohn H, et al. Climate Change［M］. WMO Technical Note No. 79, World Meteorological Organization, 1966.

［8］ Dou L, Huang M B, Yang H. Statistical assessment of the impact of conservation measures on streamflow responses in a watershed of the Loess Plateau, China［J］. Water Resources Management, 2009, 23（10）: 1935-1949.

［9］ 徐宗学, 刘浏. 太湖流域气候变化检测与未来气候变化情景预估［J］. 水利水电科技进展, 2012, 32（1）: 1-7.

［10］ 杨大文, 张树磊, 徐翔宇. 基于水热耦合平衡方程的黄河流域径流变化归因分析［J］. 中国科学: 技术科学, 2015, 45（10）: 1024-1034.

［11］ Pettitt A. A nonparametric approach to the change point problem［J］. Applied Statistics, 1979, 28: 126-135.

［12］ 杜鸿. 气候变化背景下淮河流域洪水极值事件概率分析研究［D］. 武汉: 武汉大学, 2014.

［13］ Villarini G, Serinaldi F, Smith J A, et al. On the Stationarity of Annual Flood Peaks in the Continental United States During the 20th Century［J］. Water Resources Research, 2009, 45（8）: 2263-2289.

［14］ 江聪, 熊立华. 基于 GAMLSS 模型的宜昌站年流量序列趋势分析［J］. 地理学报, 2012, 67（11）: 1505-1514.

［15］ López J, Francés F. Non-stationary flood frequency analysis in continental Spanish rivers, using climate and reservoir indices as external covariates［J］. Hydrology and Earth System Sciences, 2013, 17: 3189-3203.

［16］ Zhang Q, Gu X H, Singh V P, et al. Stationarity of annual flood peaks during 1951—2010 in the Pearl River basin, China［J］. Journal of Hydrology, 2014, 519（D）: 3263-3274.

［17］ 熊立华, 江聪, 杜涛, 等. 变化环境下非一致性水文频率分析研究综述［J］. 水资源研究, 2015, 4（4）: 310-319.

［18］ Jiang C, Xiong L, Xu C, et al. Bivariate frequency analysis of nonstationary low-flow series based on the time-varying copula［J］. Hydrological Processes, 2015, 29（6）: 1521-1534.

［19］ Akaike H. A new look at the statistical model identification［J］. IEEE Transactions on Automatic Control, 1974, 19（6）: 716-723.

［20］ Buuren S V, Fredriks M. Worm plot: a simple diagnostic device for modeling growth reference curves［J］. Statistical in Medicine, 2001, 20: 1259-1277.

［21］ Filliben J J. The probability plot correlation coefficient test for normality［J］. Technometrics, 1975, 17（1）: 111-117.

［22］ Massey F J Jr. The Kolmogorov-Smirnov test for goodness of fit［J］. Journal of the American Statistical Association, 1951, 46（253）: 68-78.

一种基于双音多频技术的无线超声波流速仪

左 念 徐 典 胡 葵

（长江水利委员会水文局长江中游水文水资源勘测局，湖北武汉 430012）

摘 要：在目前的水文测量中，流速仪往往扮演着不可或缺的角色，它可以帮助测量目标河段流量，以此来预报该流域的洪涝灾害。但主流的转子式流速仪在实际工作中很容易受到各种干扰，导致测量效率大大降低。本文提出一种基于双音多频技术的无线超声波流速仪。该流速仪与水下电池集成为一体，流量数据通过无线传输，且采用多普勒效应进行测流，在一定时间内取多次流速数据，再进行卡尔曼滤波取得最优值，准确率与精度相对于传统流速仪来说都有所提升。

关键词：双音多频；超声波流速仪；多普勒效应；卡尔曼滤波

转子式流速仪为当今水文行业中用于测量流速的主流方法，因其稳定性好、测量精度高一直受到众多水文工作者的推崇。但是在数以万计的流速测量工作当中，也出现过许多问题，主要就体现在集成度不够高，在铅鱼上还需要进行大量的走线。在高洪期间信号线很容易被上游倾泄下来的树枝、泥沙等杂物挂断，导致信号无法传输，或是流速仪信号在传输过程中因为模拟地纯净度不高，而导致信号受到干扰，水上控制器无法采集到准确的数据。而目前现有的流速测量方式也存在各自的问题，例如 ADCP 测流[1]，目前的 ADCP 设备会受到水体含沙量的影响，且设备维护成本较高，亦或者采用超声波时差法[2]，但这种方法不能应用于带有气泡或者颗粒的液体测量，且管壁干扰对测量结果的影响较大。

1 设计概况

基于这类问题，本文推出一项基于双音多频技术的无线超声波流速仪[3-4]。这种流速仪可以完美替换掉传统流速仪，不需要其余的安装流程或者硬件结构。采用该超声波流速仪，在安装时不会在铅鱼表面上出现大量的走线，能够避免上游漂浮物将信号线挂断的情况。传统转子式流速仪因为内部机械结构比较精细，在使用过程中需要避免磕碰，而超声波流速仪采用了定制的超声波探头，这种探头相比于传统的转子式流速仪，更加坚固，抗碰撞能力更强，不容易受到损坏。且超声波流速仪本身带有一个微控制器，能够将采集的第一手数据进行多次平均处理，这样能够保证数据的准确性，然后将要传输的数据调制成双音频信号，经过水体—钢丝绳—大地回路将信号传递至水上控制盒。通过双音频调制的信号抗干扰能力大大增强，不用担心传统转子式流速仪测流时所产生的信号毛刺而导致的流速信号的错误传输，大大提高了信号传输的稳定性。图1为多普勒流速仪实物。

在设备上电之后，放置在尾翼内的压力传感器采集当前大气压力 P_0，作为判定深度的清零数据。当接收到入水信号之后，单片机通过超声波测深模块向河底发送多个高频脉冲，并接受反射回来的脉冲，得到发出和接收之间的时间差，通过速度×时间公式得到当前垂线的河道深度。

$$h_0 = \Delta t \cdot C/2$$

到达测量点之后，测量命令由水上控制盒发出，水下设备接收后执行相应命令，完成当前与流速的测量。通过测量当前点压强，再与入水前所测的大气压强进行计算，便可以得到当前点的水深。

作者简介：左念（1981—），男，高级工程师，主要从事水文设备开发工作。

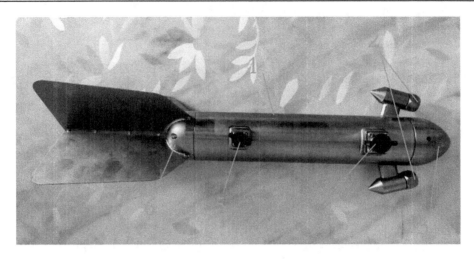

1—流速仪主体；2—超声波测速传感器；3 —导流罩（内含水温探头）；

4—信号传输与充电接头；5—超声波测深换能器接头；6—尾翼（内含压力测深传感器）。

图 1　多普勒流速仪实物

$$h = (P - P_0) / \rho_g$$

流速的测量根据多普勒频移效应，比较发射与接收的超声波频率差值，通过多普勒频移方程推断出流速计算公式为：

$$V = \frac{1}{2F_0 \cos\theta} C \cdot \Delta F_d$$

式中：C 为声速，其作为频移方程中重要的计算参数，无法忽略水体温度对声速的影响，故而在仪器入水时和流速测量前增加了水体温度测量的环节，让流速计算更加准确。温度测量采用 DS18B20 来完成，其原理通过比较低温晶振与高温晶振所产生的频率来确定当前温度，具有精度高、速度快、抗干扰等特点。

2　无线传输

2.1　信号传输现状

在进行高水测流工作时，流速仪的信号传递问题一直让人无法忽视，全国许多地方水文站依旧利用拉偏索来完成信号传递的过程，该方法会增加工作量，使外业工作的开展更加困难。也有很多地区采用了水下信号电池来通过大地—循环索这一回路来进行信号传递，但这种传递方式只是单纯的传递电平信号，并无法真正意义上实现水下信号筒与水上信号盒之间的通信，一旦水下部分出现逻辑紊乱，水上控制盒无法很好地识别，需要人工进行干预才能完成测流作业。

2.2　DTMF 电路

本文提出的流速仪自己本身具备控制单元，通过 DTMT 技术进行调制或解调，能够接受水上控制部分的命令，也能将采集的数据传输给水上控制部分，实现水上、水下控制单元的通信。该种通信方式，有校验位加入，故不会有误码被接受，避免产生错误的测流动作。

本文选用了 MT8880 芯片来完成双音多频技术的实现，MT8880 作为一个带有滤波器的双音多频信号收发器，自身内部还有一个带有增益可调放大器的接收器，具有很强的抗干扰能力，其性能足够满足设计需要。

本文采用 DIP 封装，其外围电路如图 2 所示。

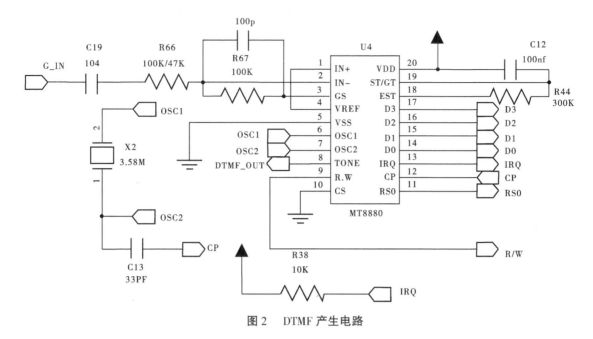

图 2　DTMF 产生电路

2.3　多音双频编码

1、2 号引脚为了接收双音多频信号，首先加了一个 100 nf 的瓷片电容用于耦合，通过在输入端加入高阻值的电阻，提高芯片内部运算放大器的输入阻抗，降低失调电流，使增益能够达到理想状态。VREF 作为参考电压接入运算放大器的正向输入端，电压值约为供电电压的一半。OSC1、OSC2 两个引脚外接一个 3.58 MHz 的外部晶振，为芯片提供工作频率。

MT8880 将 D0~D3、R/W、RSO、IRQ 与单片机相连，用于发送控制指令或是传输数据。具体操作方式与并行液晶显示屏类似，通过 R/W 引脚输出的高低电平来确定当前动作的读数据或写数据，再通过片选信号 RSO 来确定工作目标为数据寄存器或状态寄存器，而 D0~D3 四个引脚用于接收（发送）数据（命令）。MT8880 工作状态见表 1

表 1　MT8880 工作状态

RSI	R/W	内部寄存器及功能
0	0	写数据发送寄存器
0	1	读数据接收寄存器
1	0	控制寄存器
1	1	读状态寄存器

IRQ 作为一个标志位，在引脚上接一个高阻值的电阻，将其电平拉高，当接收到 DTMF 信号或准备发送 DTMF 信号时，该引脚会由高电平转为低电平。TONE 则作为输出引脚，用于发送 DTMF 信号。

MT8880 的双音多频信号由一组低音频信号和一组高音频信号调制而成，每组有 4 个信号，对应不同的频率的正弦波信号，高低音频任意两种正弦信号叠加，便可产生 16 种多音双频信号，公式如下，其中 f_1、f_2 为低音和高音信号频率：

$$F = A\sin(2\pi f_1 t + 2\pi f_2 t)$$

通过设置适合的采样频率，对这 16 种多音双频信号进行采样，并用采样值建表，每种 DTMF 信号对应一个字符，且对应一组 BCD 码用于数据传输。编码表见表 2。

表 2 DTMF 编码

F_{LOW}	F_{HIGH}	DIGIT	D3	D2	D1	D0
697	1 209	1	0	0	0	1
697	1 336	2	0	0	1	0
697	1 477	3	0	0	1	1
770	1 209	4	0	1	0	0
770	1 336	5	0	1	0	1
770	1 477	6	0	1	1	0
852	1 209	7	0	1	1	1
852	1 336	8	1	0	0	0
852	1477	9	1	0	0	1
941	1 336	0	1	0	1	0
941	1 209	*	1	0	1	1
941	1 477	#	1	1	0	0
697	1 633	A	1	1	0	1
770	1 633	B	1	1	1	0
852	1 633	C	1	1	1	1
941	1 633	D	0	0	0	0

通过表 2，并设置相应的通信协议，使水上控制器与水下信号源能通过 2 片 MT8880 来进行通信。

2.4 外围电路设计

考虑到信号长距离传输会有比较强的信号干扰，故在信号输出端加入 LM358 和 LM386 作为输出电压的滤波和放大。将 LM358 输出端接到反相输入端形成负反馈，虽然只是单倍增益，但其作为电压跟随器，输入电阻极大而输出电阻较小，能保证后级电路不受前级电路的干扰，相当于在输出端与功率放大器之间加入一级隔离层。并且对于后级功率放大电路来说，高输入阻抗可以保证失调电流足够小，以确保输出的信号强度能够趋近于理想结果，且避免了信号在前级电路的损耗。图 3 为电压跟随器电路。

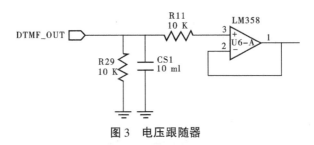

图 3 电压跟随器

DTMF 信号的频率正好符合 LM386 音频放大器的工作频率区间。LM386 内部集成三级放大电路（见图 4），在 1 脚和 8 脚之间接入不同容值的电容可以调节增益倍数。在该电路中，将这 2 个引脚悬空，只需要其本身自带的 20 倍增益便可以满足设计条件。3 脚接入的电阻可以控制输出电流的大小，

7 脚作为旁路引脚应悬空或接入一个小容值的电容到地，不然无法输出音频信号。5 脚作为输出引脚，接上一个退耦电容，将高频杂波滤除，同时接上一个较大阻值的电容用于隔离直流信号，并耦合交流信号。

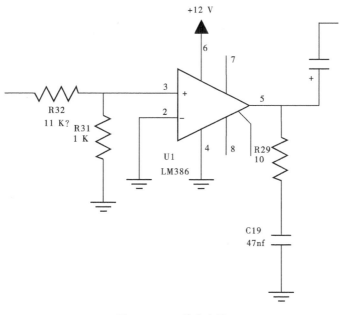

图 4   DTMF 放大电路

经过最后这两级隔离和放大，就能确保 DTMF 信号能完整地被目标机接收，实现水下远距离的无线通信。

3   数据处理

现有测流算法一般套用流速仪出厂时定好的公式，再将测流时间与流速信号代入公式进行计算。这种长时间的测流方式可以保证测流系统的稳定性与测流精度。这种方法存在一种问题：如果在长时间内只进行一次测流，在测流过程中发生信号丢失的话，就需要人为来进行干预，但是信号丢失如果出现在一段时间内，或者流速较大，这时加入人工干预会对整个测流结果的严谨性和准确度产生影响。

3.1   流速处理方式

该流速仪优势在于流速采集速度快，能够在短时间内采集多个数据，但高采集速率也带来了精度不高的问题。为此，设计水下信号源时就使得其自身带有处理数据的能力，在前端采集数据时先将其进行多次平均，再向水上控制器发送流速数据。水上控制器会将收集到的流速信号进行卡尔曼滤波，这种滤波方式一般适用于存在不确定干扰的系统。在 100 s 的测流时间内，会产生 50~60 个这样初步处理过的平均流速，这些流速信号会以离散状态分布，由于流速值在 100 s 内基本可以视为恒定不变，故这些离散点满足高斯分布。高斯分布是使用卡尔曼滤波算法的重要条件，故在此系统中可以使用卡尔曼滤波[5-6]。

3.2   卡尔曼滤波

首先设收到的流速信号为 X，从第一个到最后一个编号为 0，1，…，n，可以通过 x_0、x_1 来预测出下一个流速值大小，再使用实测值 x_2 对其进行修正，将得到的值记为 x_2'，看作当前最优估计，再代入下一次流速估计当中，用 x_1 与 x_2' 再进行对于 x_3' 的预测，以此类推，可以得到数量为 $n-1$ 的一个流速最优预估值的集合。该集合也满足高斯分布，将实测值的高斯分布与预估值的高斯分布所重合部分的值再求均值，得到的数据即为流速最优解[7-12]。

从表 3 可以看出，超声波流速仪与转子式流速仪在进行 15 次比测之后，除了在第一点测量时，由于环境因素影响，没有测量到数据，其他数据误差一般在 1% 以内，满足比测要求。使用卡尔曼滤波来进行流速测定，虽然现在没有足够的数据来支撑和验证该方案的稳定性，但是通过不断实验来修正卡尔曼公式的参数，理论上便可以无限趋近于真实值。

表 3　超声波流速仪与转子流速仪比测数据

组号	垂线号	水深/m	信号数	计时/s	流速 1/（m/s）	流速 2/（m/s）	水深/m	备注	准确度/%（流速 2×0.925-流速 1）/流速 1/%
			11	102.0	0.532				−100
1		1.05	12	107.9	0.548	0.599	1.05		1
			13	103.7	0.569	0.616			0
2		3.06	11	100.8	0.537	0.586	3.06		1
			12	100.6	0.585	0.629			−1
3		5.05	11	102.8	0.527	0.576	5.05		1
			12	107.0	0.553	0.595			0
4	垂线 1	7.05	11	103.0	0.527	0.568	7.05		0
			12	102.3	0.58	0.618			−1
5		9.07	10	105.8	0.466	0.51	9.07		1
			9	100.7	0.441	0.48			1
6		10.81	8	109.8	0.361	0.39	10.81		0
			8	103.1	0.385	0.412			−1
			7	100.9	0.345	0.373			0
7		5.01	11	101.8	0.532	0.579	5.01		1
8		1.04	12	102.7	0.574	0.618	1.04		0

4　结语

本文提出的基于双音多频技术的超声波多普勒流速仪在测流方式以及数据处理方面完成了创新，解决了铅鱼信号线杂乱以及数据传输干扰的问题。抛弃了传统的计算时间与电平边沿信号的方式，采用多普勒效应来计算出当前流速在通过频率信号作为载体完成数据的传输。而卡尔曼滤波则带来了一种全新的得到当前时段河道流速的方式，通过对遵循高斯分布的流速离散点进行估计，再与真实值进行比较，在多次迭代之后便能够得到当前流速的最优估计值。该流速仪完美地解决了信号传输不稳定的问题，使测量效率大大增加，而且将原转子流速仪可能会出现的人机交互环节省去，为以后实现远程缆道测流打下了良好的基础。

参考文献

[1] 王骏秋，王江，王成．声学多普勒流量流速剖面仪宽带与窄带性能分析 [J]．水利建设与管理，2016，36 (10)：31-34.

[2] 兰纯纯．时差法超声波流量计的研究 [D]．重庆：重庆大学，2006.

［3］梁思达．多通道超声波流速仪的设计与研究［D］．郑州：华北电力大学，2021.

［4］韩冰．时差法超声波流量计在矩形渠道测流中的应用分析［J］．仪器仪表标准化与计量，2022（2）：29-31，34.

［5］冯志宏，胥永刚．基于 LabVIEW 的 DTMF 信号分析系统［J］．电子世界，2019（13）：128-129，132.

［6］郑晓亮．基于瓦斯含量法的煤与瓦斯突出预测关键技术研究［D］．淮南：安徽理工大学，2018.

［7］黄金虎，乔祁．基于滑动窗滤波与卡尔曼滤波的信息融合［J］．科学技术创新，2022（13）：21-24.

［8］冯浩东，焦焕炎．基于扩展卡尔曼滤波的 T-S 模糊模型建模方法［J］．现代电子技术，2022，45（15）：139-145.

［9］杜保亮．基于高斯混合模型的运动动作跟踪研究［J］．信息技术，2022（7）：1-5，11.

［10］刘宁庄，戴伟．基于卡尔曼滤波的质量流量计误差修正算法［J/OL］．电子测量技术：1-7［2022-08-08］．http：//kns．cnki．net/kcms/detail/11．2175．TN．20220719．1657．004．html.

［11］刘明堂，吴思琪，党元初，等．基于 Kalman-GOCNN 最优融合模型的悬移质含沙量在线检测［J］．水利水电快报，2022，43（5）：20-27.

［12］单欣宇．求解线性矩阵方程的随机迭代法［D］．兰州：兰州大学，2020.

宜宾水位站周旬尺度低水位的 AutoML 预报模型

陈柯兵[1]　李圣伟[1]　雷雪婷[2]

（1. 长江水利委员会水文局，湖北武汉　430010；
2. 长江航道规划设计研究院，湖北武汉　430040）

摘　要：基于 AutoML 技术，进行了宜宾水位站枯水期周旬尺度最低水位预报的研究。建立了以向家坝、高场、横江三站的水位流量信息以及宜宾站的水位信息为输入的宜宾站最低水位预报模型，并从模型构建与评估、预报精度、输入因子重要性等角度开展了分析。研究结果表明，微软 Azure AutoML 平台可便捷地进行自动化机器学习模型的构建；针对最低水位变化较为稳定的阶段，基于实测信息的宜宾站最低水位预报模型可达到较高精度；宜宾站预见期内最低水位同前期水位的相关性较强，向家坝站的流量与水位，是除宜宾站水位外最重要的信息。

关键词：最低水位预报；航道尺度；自动化机器学习；宜宾；向家坝

1　引言

长江干线宜宾合江门至泸州纳溪 91 km 航道（简称叙泸段）属国家三级航道。该段航道位于川江最上游，上与金沙江、岷江相接，下与三峡库区、泸渝段航道及川江港口整体相联，是沟通云、贵、川、渝三省一市的水运主通道[1]。近年来，金沙江、岷江流域水电站对叙泸段航道的影响愈发显著，金沙江下游河段有向家坝（距宜宾约 30 km）、溪洛渡两座大型水电站，岷江支流流域有紫坪埔、瀑布沟、城东等众多水电站，这些水电站的日调节模式完全改变了叙泸段航道天然来水规律，所带来的枯水期时间延长、水位日变幅增大等问题进一步增加了叙泸段航道维护工作难度。

长江航道最为重要的对外服务公共产品是航道尺度。长江航道对外发布的航道尺度包括年度养护计划尺度、分月维护尺度和周预报尺度。周预报航道养护尺度是当周周末对下一周尺度的预报[2]，相对于年度、月度计划尺度，周预报航道养护尺度更为接近预报周期内的航道实际尺度，与船舶组织营运、合理配载及运输效益的联系更为紧密，是社会各界的关注点。长江干线航道周尺度预测预报将结合流域气象水文预报和干支流主要水利枢纽流量调度信息，预测未来一周水位变化；以重点水道实测航道尺度为基础，结合水位预测数据安全富余需求，预测下一周重点水道航道尺度，并据此确定各区段航道预测预报尺度[3]。

近年来，采用人工神经网络等机器学习方法进行水位预报，在水文[4]与航道[5]领域逐渐成为热点。利用机器学习开展研究工作，一般均包含数据清洁、特征选择、模型选择、参数优化以及最终模型验证等几个步骤。这些步骤当中仍然包含大量既耗时又重复的手动操作流程。自动化机器学习（AutoML）则通过技术手段，使机器可以自动建模、自动调参，将整个机器学习过程自动化，减少人类专家在整个机器学习过程中的参与[6]。Azure AutoML 是微软在 2018 年发布的自动建模平台，支持模型结构搜索和超参数搜索。在算法上是支持分类、回归和时序预测的常用算法。

宜宾河段河床底质多为卵石，河床较为稳定，不同年份同水位期下航道尺度差距不大[7]。为探索 AutoML 技术在水位预报领域的运用效果，推动基于机器学习技术的水位预报模型应用于航道周预

基金项目：长江航道局科技项目（HBT-15122010-220330）。

作者简介：陈柯兵（1993—），男，博士，工程师，主要从事水文水资源分析计算研究工作。

报尺度的生产实践。本文基于微软 Azure AutoML 平台，以长江干线航道最上游的宜宾水位站为例，开展水位预报研究。

2 研究数据与方法

2.1 研究数据

收集数据资料为 2014—2021 年（10 月至次年 4 月，枯水期）的向家坝、横江、高场、宜宾等站的水位、流量整编资料，数据时间间隔为 1 d。向家坝水文站为金沙江下游干流控制站，位于向家坝水电站下游约 2 km，横江与金沙江汇合口上游约 1 km 处。横江水文站为金沙江下段支流横江控制站，距离河口约 15 km。高场水文站为长江上游支流岷江控制站，距离河口约 27 km。宜宾水位站为金沙江下游干流控制站，位于岷江与金沙江汇合口上游约 350 m 处。

对宜宾站预见期内的最低水位开展预报模型建模，使用数据如表 1 所示。

表 1 宜宾站水位预报模型的输入与输出因子

输入/输出	10 月 15 日	10 月 16 日	10 月 17 日	10 月 18 日	10 月 19—25 日	10 月 19—28 日
向家坝、高场、横江（水位流量）	输入	输入	输入	输入	—	—
宜宾（水位）	输入	输入	输入	输入	输出（7 d 内最低）	输出（10 d 内最低）

为了探索预报模型性能受预见期的影响，共建立两种不同预见期的模型，模型输出因子（因变量，又称为标签变量）分别为：宜宾站未来 7 d 内出现的最低水位、未来 10 d 内出现的最低水位。举例说明，如表 1 所示，若预报发布日期为 10 月 18 日，模型输入为 10 月 15—18 日的向家坝、高场、横江三站的水位、流量信息以及宜宾站的水位信息，则模型输出分别为 10 月 19—25 日内宜宾站的最低水位（未来 7 d，后文称模型 1）、10 月 19—28 日内宜宾站的最低水位（未来 10 d，后文称模型 2）。

2.2 Azure AutoML 计算流程

本文采用微软 Azure 机器学习平台（microsoft azure machine learning studio, Azure ML）中的 AutoML 功能对宜宾站水位数据进行建模。Azure ML 是一种面向机器学习与大数据分析的云服务平台，能够有效地提升采用机器学习方法进行数据分析的效率[8]。该平台的优势[9] 主要有：能够在单个试验中一次性尝试多种模型并比较结果，有助于找到最适合的解决方案。在同一个试验中建立多算法模型，对预测结果进行对比分析，通过选择合适的学习算法和海量数据的训练，从而达到建立预测模型的目的。

基于 Azure AutoML 的数据分析流程，主要由选择数据资产、配置作业、选择任务和设置、超参数配置（仅计算机视觉建模，本文不涉及）、验证和测试等步骤组成。Azure AutoML 中内置了大量不同的机器学习算法，由于 Azure 云平台强大的计算能力，在机器学习模型构建的过程中，可逐一使用不同的机器学习算法，便于从中挑选最佳的算法建立模型并开展后续的分析研究。现将部分算法简要介绍如下，详细说明可参考链接[10-11]：①Voting Ensemble 算法，该算法是一个集合算法，它包含多个基本回归模型，并对这些模型结果进行加权平均，以形成最终预测。②StackEnsemble 算法。该算法是一种简单的集成学习算法，首先构建多个不同类型的一级学习器，并使用它们来得到一级预测结果，然后基于这些一级预测结果，构建一个二级学习器，来得到最终的预测结果。Stacking 的动机可以描述为：如果某个一级学习器错误地学习了特征空间的某个区域，那么二级学习器通过结合其他一级学习器的学习行为，可以适当纠正这种错误。

3 结果分析

在宜宾站水位预报模型构建过程中，选择任务和设置步骤中选取主要指标为 R^2 分数（决定系数），退出条件训练作业时间为 0.5 h。

在验证和测试步骤中，将收集的 2014—2021 年数据系列分为两大部分：2014—2020 年样本资料作为模型构建样本（供 train 和 validation 过程使用），2021 年的资料作为模型精度分析样本（供 test 过程使用）。精度分析样本在模型构建过程中不会使用，作为全新样本资料，用于分析预报模型实际使用时的潜在精度指标。

3.1 模型构建与评估

Azure AutoML 基于 2014—2020 年样本资料建立的两种不同预见期模型：模型 1 和模型 2，对应效果排名靠前的算法与 R^2 分数（决定系数），如表 2 所示。可以发现，在两种预见期的模型下，效果最好的算法分别为 VotingEnsemble 与 StackEnsemble。VotingEnsemble 是一个集合算法，它包含多个基本回归模型，并对这些模型结果进行加权平均，以形成最终预测。StackEnsemble 是一种简单的集成学习算法，首先构建多个不同类型的一级学习器，并使用它们来得到一级预测结果，然后基于这些一级预测结果，构建一个二级学习器，来得到最终的预测结果。

表 2　使用不同机器学习算法的模型 1 和模型 2 的 R2 指标（决定系数）

模型 1		模型 2	
算法名称	R^2 分数	算法名称	R^2 分数
VotingEnsemble	0.918	Stack Ensemble	0.912
Stack Ensemble	0.915	Voting Ensemble	0.912
MaxAbs Scaler, Light GBM	0.914	MaxAbs Scaler, LightG BM	0.911
Standard Scaler Wrapper, Random Forest	0.914	Robust Scaler, Extreme Random Trees	0.904
MinMax Scaler, Random Forest	0.909	MaxAbs Scaler, Random Forest	0.901

我们对效果最好算法下的两种模型，开展后续分析。表 3 展示了模型在 2014—2020 年、2021 年两时期的详细指标，值得注意的是，这些指标均由 Azure AutoML 系统自动计算，无须额外进行设置。指标的具体说明可参考链接[12]，如解释方差（explained_ variance）衡量模型对目标变量变化的解释程度，它是原始数据方差与误差方差之间的递减百分比。

由表 3 中数据可以发现，在 2014—2020 年（train 和 validation 过程），两模型均能得到较好的性能，而在 2021 年（test 过程），预见期为 10 d 的模型 2 效果较差。此结果表明，预见期是影响宜宾站枯水位预报精度的重要因素。

3.2 2021 年预报精度分析

图 1 展示了宜宾站预见期内最低水位整编值（可反映实测情况）与两种不同预见期的模型预报值在 2021 年的对比情况，可以发现如下特点：

（1）由于本文对枯水期（10 月至次年 4 月）进行研究，故 2021 年数据被分为了 1—4 月、10—12 月两阶段。观察实测数据，可以发现实际的最低水位往往处于波动之中，且由于未来几天内的最低水位可能为相同值，研究数据呈现出台阶状的阶段性变化。

表 3 模型 1 和模型 2 在两不同时间阶段的多个指标对比

模型效果指标	模型 1（7 d）		模型 2（10 d）	
	2014—2020 年	2021 年	2014—2020 年	2021 年
解释方差	0.918	0.862	0.913	0.806
平均绝对误差	0.285	0.391	0.282	0.431
平均绝对百分比误差	0.109	0.150	0.108	0.165
中值绝对误差	0.244	0.315	0.205	0.308
标准平均绝对误差	0.039	0.053	0.038	0.059
标准中值绝对误差	0.033	0.043	0.028	0.042
标准均方根误差	0.051	0.071	0.052	0.080
R2 分数	0.918	0.858	0.912	0.806
均方根误差	0.373	0.519	0.381	0.589
Spearman 相关	0.842	0.892	0.827	0.865

（2）两种不同预见期的模型均能在一定程度上判断最低水位的变化趋势，尤其针对最低水位变化较为稳定的阶段，如图 1 中 11 月末至 12 月末，实际最低水位与预报最低水位之间极为接近。

（3）而对于预报最低水位的误差，在图 1 中 1 月末至 2 月末、10 月下旬至 11 月上旬，最大误差可以达到 1 m 左右，预报模型的性能有待进一步提高，可考虑在目前仅基于实测信息（当前与前期时段）模型的基础上，纳入向家坝、横江、高场等站点的流量、水位预报数据。

3.3 输入因子重要性分析

此外，Azure AutoML 在构建模型的过程中，能提供量化的输入变量间的相对重要性，可以帮助建模者对输入因子的重要性进行评估。表 4 利用该功能，统计了不同预见期的两个模型的前 5 个重要变量。从表 4 中可以发现如下规律：①宜宾站预见期内最低水位同前期水位的相关性较强，两模型排名前三的重要变量均为近期的宜宾站水位。②向家坝的流量与水位，是除宜宾站水位外最重要的信息，见表 4 中加粗的变量。而高场与横江的水位流量信息相对重要性较低，未出现在表 4 中。

表 4 不同预见期模型的重要输入因子排名

模型	重要性 1	重要性 2	重要性 3	重要性 4	重要性 5
模型 1	当天的宜宾水位	前一天的宜宾水位	前三天的宜宾水位	当天的**向家坝流量**	当天的**向家坝水位**
模型 2	前三天的宜宾水位	当天的宜宾水位	前一天的宜宾水位	当天的**向家坝流量**	前两天的宜宾水位

4 结论

本文基于微软 Azure AutoML 平台，为长江航道重要的对外服务公共产品——航道周预报尺度，开展了最低水位预报模型构建与应用分析的探索，以长江干线航道最上游的宜宾站为例，构建了其枯水期周旬尺度低水位的预报模型，并从模型构建与评估、预报精度、输入因子重要性等角度开展了分析，结论如下：

（1）微软 Azure AutoML 平台可便捷地进行自动化机器学习模型的构建，其网络具有易于访问、低代码（Low-Code）的特点，可极大地降低机器学习建模的门槛，适用于水位预报模型的构建。

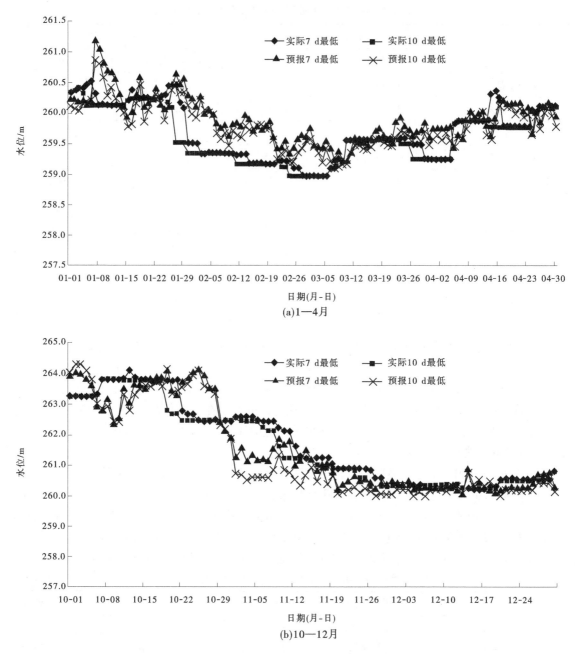

(a)1—4月

(b)10—12月

图1　2021年最低水位整编值与模型预报值的对比

（2）以2021年枯水期为例，针对最低水位变化较为稳定的阶段，基于实测信息的宜宾站最低水位预报模型即可达到较高精度。模型输入因子重要性分析结果表明，宜宾站预见期内最低水位同前期水位的相关性较强，向家坝的流量与水位，是除宜宾站水位外最重要的信息。

参考文献

［1］雷淳宇，王誉寰．长江叙泸段航道枯水期航道维护工作措施浅析［J］．中国水运（下半月），2014，14（7）：296-297.

［2］汪维，胡山松．长江安徽段航道尺度预测预报合理性分析［J］．中国水运·航道科技，2021（5）：13-18.

［3］王海峰，何俊峰，宋发智．提高宜昌中水门至大埠街河段航道尺度预测预报精准度研究［J］．中国水运，2020（3）：80-82.

［4］梁晨. 基于长短时记忆网络的洞庭湖水位预测以及三峡工程对洞庭湖水位的影响研究［D］. 武汉：武汉大学, 2019.

［5］王枭雄. 内河航道智能水位预测模型研究［D］. 大连：大连海事大学, 2019.

［6］陈雨强. 可降低 AI 应用门槛的自动机器学习技术［J］. 人工智能, 2018（5）：48-55.

［7］李文杰, 王皓, 龙浩, 等. 长江叙渝段航道最大开发尺度研究［J］. 水利水运工程学报, 2021（2）：20-26.

［8］熊甜, 郑松, 徐哲壮, 等. 基于 Azure 机器学习平台的大学校园用电分析与预测［J］. 电气技术, 2018, 19（5）：5-9.

［9］易植. Windows Azure 新服务, 让机器学习触手可及［J］. 英才, 2014（9）：101.

［10］Microsoft. 使用 Python（v2）设置 AutoML-Azure Machine Learning | Microsoft Learn［EB/OL］.［2022-10-17］. https：// learn. microsoft. com/zh-cn/azure/machine-learning/how-to-configure-auto-train.

［11］Microsoft. 使用自动化机器学习进行特征化-Azure Machine Learning | Microsoft Learn［EB/OL］.［2022-10-17］. https：// learn. microsoft. com/zh-cn/azure/machine-learning/how-to-configure-auto-features.

［12］Microsoft. 评估 AutoML 试验结果-Azure Machine Learning | Microsoft Learn［EB/OL］.［2022-10-17］. https：// learn. microsoft. com/zh-cn/azure/machine-learning/how-to-understand-automated-ml.

复杂水情下基于 Apriori 算法的 H-ADCP 流速相关因素提取方法

邓颂霖　许弟兵　杜兴强

（长江水利委员会水文局荆江水文水资源勘测局，湖北荆州　434000）

摘　要： 为提升 H-ADCP 流量在线监测系统在受水利工程影响时的测验断面测验精度，利用水文站长期监测的大量水文数据，引入 Apriori 算法寻找水文数据中隐含的水文或水利因素相互关系，挖掘出强关联因素并分析其物理意义，建立高坝洲水文站实测指标流速和断面水位，红花套站和枝城站水位强关联规则，制定多元线性回归模型推算断面平均流速和流量。结果表明，方案基本满足相应流量报汛要求，解决设备全程自记问题，可为高坝洲水文站及类似受水利工程影响测站的 H-ADCP 流量监测系统构建测速和推流方案提供参考。

关键词： H-ADCP；数据挖掘；Apriori 算法；高坝洲水文站

　　随着水利工程或设施的新建，水文站点测流断面水情复杂，影响断面流速时空分布的均匀性，将水平式声学多普勒流速剖面仪（简称 H-ADCP）测得的断面某一水层流速分布与断面平均流速的相关性变得相对复杂，使原本用一元一次或一元二次方程描述的由分析流速网格数据关系找到合适区间得到的代表流速与断面平均流速的关系失效，影响 H-ADCP 流量在线监测设备使用效果。为了解决该问题，刘墨阳等[1] 用最小二乘法求解模型参数，用机器学习中的 LASSO 回归模型进行参数估计，构建汉江白河水文站推流方案成果满足规范要求，但 LASSO 回归模型复杂；LE COZ 等[2] 基于 H-ADCP 获取的流速数据，根据理论垂向流速分布，推算得到全断面流量，但对流态复杂断面和回水影响不适用；韦立新等[3] 将 H-ADCP 和垂向定点式 ADCP 相结合，分别得到水平平均流速和垂线平均流速，建立多元线性回归模型，得到南京水文实验站不同流速级代表流速与断面平均流速的关系，依托先进测量仪器提升断面流速监测质量，该方案投资大、施工难度高并需不断尝试组合断面流速的关系，对大多数测站不适用；杜兴强等[4] 分不同水位级率定了高坝洲水文站的代表流速与断面平均流速的关系，该方法在分级时忽略或有意跳过了某些因素同时也不能全量程监测，需紧盯水位流量变化及时调整仪器安装位置；袁德忠等[5] 采用支持向量机、BP 神经网络、极限学习机等机器学习方法，根据清泉沟水文站 H-ADCP 数据模拟其断面流速分布，其方法复杂，物理关系不明确，实际使用不方便，但其探索了机器学习方法与传统水文测验结合的可行性。

　　对水文站而言，长期监测包含了大量数据，其隐藏着一些重要的水文或水利因素相互关系。数据挖掘技术正好为寻找水文监测数据中隐含的水文或水利因素提供了全新思路和有效手段[6]。本文将数据集中挖掘关联规则的经典算法 Apriori 算法[7] 引入 H-ADCP 流量推流中，根据测站特性和因素相关物理意义挖掘代表因素与断面平均流速关系，探索在众多影响因素集中找出频繁项集的方式，研究坝上水位、断面水位、相关站水位等强关联规则的方法，挑选合适影响因素分析 H-ADCP 流速与断面平均流速的相关性，为 H-ADCP 流量在线监测比测投产提供技术参考。

作者简介： 邓颂霖（1984—），男，高级工程师，主要从事水文分析与预报工作。

1　Apriori 算法

Apriori 算法是一种广泛应用于挖掘数据关联规则的以概率为基础的经典数据挖掘算法。Apriori 算法主要利用了向下封闭属性[8]：如果一个项集是频繁项目集，那么它的非空子集必定是频繁项目集。在运算过程中首先生成 1-频繁项目集，再利用 1-频繁项目集生成 2-频繁项目集，然后根据 2-频繁项目集生成 3-频繁项目集，依次类推，直至生成所有的频繁项目集，最后从频繁项目集中找出符合条件的关联规则[9-10]。

Apriori 算法关联规则的形式化描述如下：

（1）制定最小支持度及最小置信度；

（2）Apriori 算法使用了候选项集的概念，通过扫描数据库产生候选项目集，如果候选项目集的支持度不小于最小支持度，则该候选项目集为频繁项目集；

（3）从数据库中读入所有事务数据，得出候选 1 项目集 C1 及相应的支持度数据，通过将每个 1 项目集的支持度与最小支持度比较，得出频繁项目集合 L1，然后将这些频繁 1 项目集两两连接，产生候选 2 项目集和 C2；

（4）再次扫描数据库得到候选 2 项目集合 C2 的支持度，将 2 项目集的支持度与最小支持度比较，确定频繁 2 项目集。类似地，利用这些频繁 2 项目集 L2 产生候选 3 项目集和确定频繁 3 项目集，依次类推；

（5）反复扫描数据库，与最小支持度比较，产生更高项的频繁项目集合，再结合产生下一级候选项目集，直至不再产生出新的候选项目集。

支持度是对关联规则重要性的衡量，体现关联规则的代表性。记为 support $(X \rightarrow Y)$。一个项目集 $i_1 \subseteq I$ 在 D 上的支持度是包含 i_1 的事物在 D 中所占的百分比，即

$$support(i_1) = \frac{|\{T_n \mid i_1 \subseteq T_n, \ T_n \in D\}|}{|D|}$$

对于形如 $X \rightarrow Y$ 的关联规则，其支持度定义为

$$support(X \rightarrow Y) = \frac{D \text{ 中包含 } X \cup Y \text{ 的项目集数}}{D \text{ 中的项目集总数}}$$

对于 I 的非空项目集 i_1，若其支持度大于或等于预先设定的最小支持度阈 min_sup，则称 i_1 为频繁项目集。若 i_1 包含 k 个项，则又称为频繁 k 项目集。

置信度是对关联规则准确度和衡量，体现关联规则的强度。记为 confidence $(X \rightarrow Y)$。即在所有出现 X 的事务中出现 Y 的频率。定义为

$$confidence(X \rightarrow Y) = \frac{D \text{ 中包含 } X \cup Y \text{ 的项目集数}}{D \text{ 中仅包含 } X \text{ 的项目集数}}$$

强关联规则：关联规则的置信度和支持度均满足预先设定的最小值。

2　应用实例

2.1　研究区概况

高坝洲水文站为国家基本水文站，是长江流域支流清江的出口控制站，为清江水电开发、荆江防洪提供水文数据。高坝洲水文站测验河段顺直，基本水尺断面上游 2 km 有高坝洲水利枢纽工程，下游约 0.7 km 处有弯道，下游约 10 km 为汇入长江的清江河口，受上游水利工程开关闸和长江顶托等的影响，水位流量关系十分复杂（见图 1），高坝洲水文站水系示意图见图 2。该站测验断面呈 "W" 形，河床为卵石礁板，河宽约 340 m，高水时主泓居中，中低水时主泓偏右，在测验断面左岸紧贴岸边修建了一座垂直滑道型混凝土 H-ADCP 试验监测台，支架位于起点距 30.0 m 处（见图 3），由于缆道测流断面在 H-ADCP 断面下游约 493 m 处，故 H-ADCP 断面处平均流速由实测流量除以缆道流

量测验平均时间对应的此处断面面积得到。2018 年底杜兴强等基于代表流速法采用分水位级建立了比较简单实用的一元二次方程推流公式,后续为满足全量程要求,需对 H-ADCP 在线流量方案进行优化调整,综合分析上下游各水利因素找到最佳影响因素。

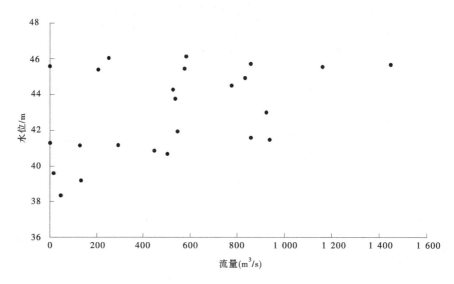

图 1   高坝洲水文站 2021 年实测水位流量图

注:有的测次因水电站放水涨落太快废弃。

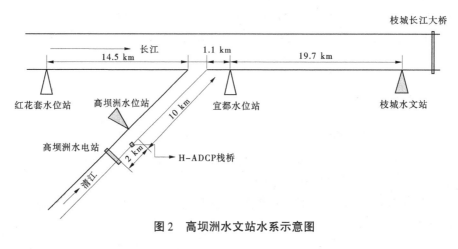

图 2   高坝洲水文站水系示意图

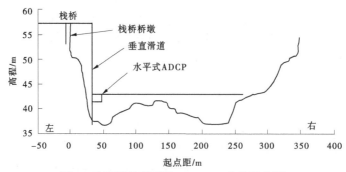

图 3   高坝洲站断面及 H-ADCP 安装示意图

2.2   数据预处理

在数据挖掘前需对数据进行预处理,为其提供简洁、一致、准确的数据,处理方式包括数据的尺度量化和数据转换[11],为了简化使用 2021 年相关站逐日平均水位和流量资料作为示例。首先对各站的逐日数据进行离散化处理，水位或流量若有分级成果采用分级成果，若无则参考相近站或按资料分析合理确定。按关联因子支持度较大、因子较少的原则，根据 Apriori 算法数据关联分析方法，对各站数据进行等级划分，见表1。

表 1 数据离散化示例

测站名称	项目	分级	分级代码	备注
高坝洲 水文站	水位/m	<40，40.01~44，44.01~48.5，>48.5	G1，G2，G3，G4	
	流量/（m³/s）	<700，700~1 400，1 400.01~2 100，>2 100	GD1，GD2，GD3，GD4	
长阳水位站	水位/m	<77.5，77.5~78.5，78.51~80，>80	C1，C2，C3，C4	代替坝上水位
红花套水位站	水位/m	<40，40~44.01，44.01~48，>48	H1，H2，H3，H4	
宜都水位站	水位/m	<39，39~43，43.01~47，>47	Y1，Y2，Y3，Y4	
枝城水文站	水位/m	<37.7，37.7~40.7，40.71~46.7，>46.7	Z1，Z2，Z3，Z4	按水位级划分
	流量/（m³/s）	<10 000，10 000~20 000，20 001~30 000，30 001~40 000，>40 000	ZD1，ZD2，ZD3，ZD4，ZD5	

2.3 基于 Apriori 算法的代表流速因子优选

在参数设置中，首先将最小支持度设置为5%，最小置信度设置为30%，发现数据修枝不明显，存在很多组合，达不到优化关联规则，说明高坝洲水文站流量与上下游各站皆存在一定的关联，表明高坝洲水文站流量推算的复杂性。随后将最小支持度分别设为10%、20%、40%，发现设为40%、最小置信度设置为90%时组合明显减少，但满足要求的仍有12项，其中与高坝洲水文站各分级流量主要关联因子集中在高坝洲水文站水位、红花套水位站水位、枝城水文站水位和长阳水位站水位，考虑各级关联因子出现频次、物理意义和挑选原则，选择高坝洲水文站水位、红花套水位站水位和枝城水文站水位与其流量关联。

2.4 优选流速因子与指标流速推流模型建立

H-ADCP 在线流量测验第一步推算概化流速 V_g。V_g 采用 2017—2021 年 H-ADCP 实测指标流速和主要关联因子与断面平均流速关系建立相关关系[12]。2017—2021 年测验次数为 89 次，流量最大值为 6 540 m³/s（2020 年 7 月 19 日），最大断面流速 2.39 m/s，H-ADCP 实测指标流速为零附近数据为死水。分析公式为：

$$V_g = 0.172\ 2Z_1 + 0.536\ 2V_i + 0.197\ 5Z_2 - 0.362\ 7Z_3$$

式中：Z_1 为 H-ADCP 处断面水位，m；Z_2 为红花套水位站水位，m；Z_3 为枝城水文站水位，m；V_i 为 H-ADCP 实测指标流速，采用实测单元的 6~50 区间平均值。

第二步，建立 V_g 与断面平均流速 V_c 的关系（见图4），公式为 $y=-0.301\ 2x^4+1.699\ 6x^3-3.009\ 2x^2+2.925\ 8x-0.586\ 8$，判定系数 $r^2=0.973\ 9$。偏离综合线最大点（$V_g=0.487\ 9$、$V_c=0.593\ 6$）原因分析中。

第三步，由断面平均流速 V_c 和断面面积计算流量。在线监测流量变化过程段次以控制流量变化过程为原则。以 2022 年 1—5 月合计 12 次实测流量成果进行检验，误差统计见表2，因 2022 年主汛期来水特殊，故选择 4 月 23 日 8 时至 5 月 24 日 8 时作水库出库流量与推算流量相对误差变化过程图（见图5）。由图5知，两者误差范围为 -56.97%~48.43%，误差大部分在 ±10% 内，均值为 -8.20%，整体看满足相应流量报汛要求。其中，误差较大者都集中在水库出库流量变化急流中，分析初步原因：第一，干流长江来水不大时，水库突然下闸特别是满发流量快速减小至生态流量，使洪水波波形和流速改变[13]，导致约 1.5 km 的 H-ADCP 测得的流量比水电站记录的下泄流量偏大；第二，干流长江来水较大顶托明显时，水库下泄显示高于生态流量但 H-ADCP 测得的流量较小。上述两个问题目前正在借助大数据从水情相似性去挖掘并寻找解决方案中。

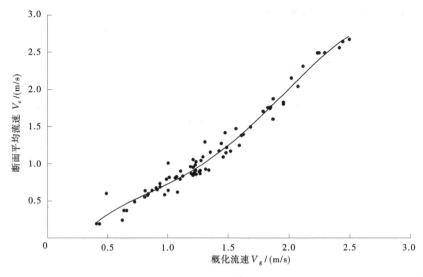

图 4　V_g 与断面平均流速 V_c 关系图

表 2　2022 年实测流量验证误差统计

序号	时间 （年-月-日 T 时：分）	相对误差/%	序号	时间 （年-月-日 T 时：分）	相对误差/%
1	2022-01-24T16：18	−0.48	7	2022-04-16T15：25	−15.21
2	2022-02-07T17：28	−5.25	8	2022-04-28T15：30	−10.79
3	2022-02-24T11：00	−5.29	9	2022-05-07T10：40	−7.35
4	2022-03-09T10：48	−3.51	10	2022-05-20T11：25	2.15
5	2022-03-25T19：08	−3.98	11	2022-05-26T13：23	5.78
6	2022-03-30T15：20	1.53	12	2022-05-30T10：35	−8.64

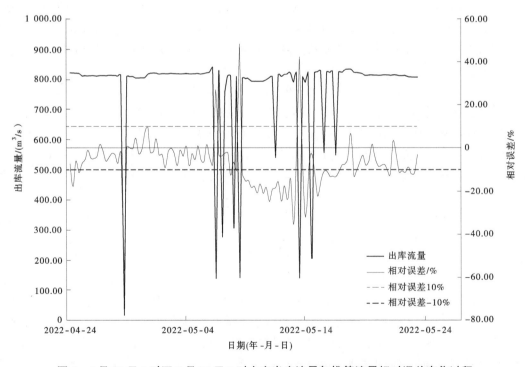

图 5　4 月 23 日 8 时至 5 月 24 日 8 时水库出库流量与推算流量相对误差变化过程

3 结论

本文将 Apriori 算法引入水文站 H-ADCP 指标流速及相关因子优选并建立推流模型，提出了基于 Apriori 算法的复杂水情下数据挖掘优化规则提取方法。通过高坝洲水文站推流实例研究表明。

（1）基于 Apriori 算法的复杂水情下数据挖掘优化规则提取方法能够从众多因素中集中挖掘水文或水利因素，如顶托物理量、断面变化量等之间的隐含优化关系形成关联规则，得到的方案合理可行。

（2）优选流速因子与指标流速推流模型基本满足相应流量报汛要求，解决 H-ADCP 全量程自记问题。

（3）数据挖掘算法的核心在于数据，水文测站优势也是具有长系列数据。Apriori 算法的关联规则表结构简单，可操作性强，具备了解决类似水情下优化方案的潜在普适能力。

H-ADCP 流速代表性以及对应的实测流量成果精度直接影响推流关系率定，决定推流成果质量。因此，在采用 Apriori 算法进行方案优化时，必须注重数据质量和强关联因素之间的物理意义，当因素间物理意义发生变化时需及时验证和调整方案。

参考文献

［1］刘墨阳，蒋四维，林云发，等．复杂水情下 H-ADCP 流量在线监测推流方法［J］．水利水电科技进展，2022，42（2）：27.

［2］LE COZ J，PIERREFEU G，PAQUIER A. Evaluation of river discharges monitored by a fixed side-looking Doppler profiler［J］．Water Resources Research，2008，44（4）：1-13.

［3］韦立新，蒋建平，曹贯中．基于 ADCP 实时指标流速的感潮段断面流量计算［J］．人民长江，2016，47（1）：27-30.

［4］杜兴强，沈健，樊铭哲．H-ADCP 流量在线监测方案在高坝洲的应用与改进［J］．水文，2018，38（6）：81-83.

［5］袁德忠，曾凌，蒋正清．机器学习模型在 H-ADCP 在线测流系统中的应用［J］．人民长江，2020，51（11）：70-75.

［6］郭旭宁，秦韬，雷晓辉，等．水库群联合调度规则提取方法研究进展［J］．水力发电学报，2016，35（1）：19-27.

［7］崔妍，包志强．关联规则挖掘综述［J］．计算机应用研究，2016，33（2）：330-334.

［8］刘花．基于 Apriori 算法的关联分析［J］．信息与电脑，2019（19）：132.

［9］史静．数据挖掘技术在自动气象站网管理中的研究和应用［D］．天津：南开大学，2013.

［10］聂盼盼，李英海，王永强，等．基于 Apriori 算法的水库优化调度规则提取方法［J］．水利水电技术，2021，52（10）：166-167.

［11］于丽敏，李志，杨诗琦，等．基于 Apriori 算法的气象大数据相关性分析［J］．信息与电脑，2020（15）：76-77.

［12］张辉．在线测流技术在水利信息系统建设中的应用［C］//中国水力发电工程学会自动化专委会 2021 年年会暨全国水电厂智能化应用学术交流会论文集．南京，2021：1-2.

［13］程海云，陈力，许银山．断波及其在上荆江河段传播特性研究［J］．人民长江，2016，47（21）：31-32.

洪水复盘分析与思考
——以 2021 年黄河秋汛洪水为例

吴梦莹 彭 辉

（水利部水文司，北京 100053）

摘 要：每一场洪水都是宝贵的资源富矿，面对全球气候变化和人类活动影响下暴雨洪水多发重发态势，及时复盘分析洪水过程，探索最新水文规律，对切实提升防洪减灾水文监测预报预警能力意义重大。以 2021 年黄河中下游发生的历史罕见秋汛洪水为例，深入复盘洪水过程及其规律，查找水文测报薄弱环节，研究提出强化"四预"举措，为今后发生的大洪水及时开展复盘分析提供借鉴。

关键词：黄河秋汛；复盘分析；洪水预报；能力提升

我国是全球气候变化的敏感区和影响显著区[1]。2021 年，习近平总书记在山东省济南市主持召开的深入推动黄河流域生态保护和高质量发展座谈会上强调，要高度重视全球气候变化的复杂深刻影响，从安全角度积极应对，全面提高灾害防控水平，守护人民生命安全[2]。近年来，受全球气候变化和人类活动影响，我国气候形势愈发复杂多变，水旱灾害的突发性、异常性、不确定性更为突出，局地突发强降雨、超强台风、区域性严重干旱等极端事件明显增多[3]。面对我国水旱灾害多发重发态势趋强、一些流域雨情汛情历史罕见的情势，水文部门主动适应和把握全球气候变化下水旱灾害的新特点新规律，全链条、全过程紧盯每一场次洪水，及时开展洪水调查和复盘分析，挖掘模型准确参数、探索最新水文规律，为有力有序有效应对洪水风险夯实基础。

本文以 2021 年黄河中下游发生的历史罕见秋汛洪水为例，从降雨特征与成因、洪水过程、洪水还原分析、主要站过流能力分析等方面进行复盘，检视洪水预报成效和不足，研究提出强化预警、预报、预演、预案"四预"措施的举措，着力提高防洪减灾水文监测预警预报水平，以资借鉴。

1 秋汛洪水复盘分析

1.1 雨水情特点

2021 年 8 月下旬至 10 月上旬，受低压底部多分裂短波槽东移南下和西北太平洋副热带高压异常偏强、偏西共同影响[4-5]，冷暖空气持续交汇于黄河流域，黄河中游连续发生 7 场中到大雨及以上降水过程，其间全流域累积面雨量 282.5 mm，较常年同期偏多 1.5 倍。此次黄河中游秋雨主要呈现出开始时间早、历时长、雨量大、雨区重叠度高的特点。根据国家气候中心监测，2021 年华西秋雨于 8 月 23 日开始，较常年偏早 17 d；黄河中游秋雨自 8 月下旬开始持续至 10 月上旬结束，时长近 50 d，其间泾渭河、三花（三门峡—花园口，下同）区间连续降水总日数分别为 39 d 和 32 d，达到总时长的 60%~70%；黄河中游累积面雨量 330.2 mm，较常年同期偏多 1.8 倍，其中三花干流、伊洛河、沁河偏多 3~5 倍，北洛河、泾河、渭河下游、汾河偏多 2 倍左右，山陕南部偏多 1 倍，均列有实测资料以来同期第 1 位；黄河中游 7 场明显强降水过程主要集中在泾渭河、三花区间以及山陕南部、北洛河、汾河，其中泾渭河和三花区间受 6 场降水过程直接影响，各场过程主雨区在上述两区间高度

作者简介：吴梦莹（1987—），女，工程师，主要从事水文技术管理相关工作。

重叠。

受持续降水影响，黄河中下游地区发生历史罕见秋汛洪水，呈现洪水场次多、过程长、洪峰高、水量大等特点。黄河干流自 2021 年 9 月 27 日至 10 月 5 日 9 d 内连续出现 3 次编号洪水，其中中游潼关站编号 2 次、下游花园口站编号 1 次，潼关站在 3 号洪水期间出现 1979 年以来最大洪水，洪峰流量为 8 360 m³/s；花园口站流量在 4 000 m³/s 以上历时达 27 d，在 4 800 m³/s 左右历时近 20 d。秋汛期间，黄河支流渭河出现 6 次洪水过程，共历时 46 d，经水库调蓄后伊洛河黑石关站、沁河武陟站分别出现 5 次、3 次明显洪水过程；渭河、伊洛河、沁河发生 9 月历史同期最大洪水，汾河、北洛河发生 10 月历史同期最大洪水，渭河华县站、汾河河津站出现历史最高洪水位；渭河华县站、伊河东湾站、洛河卢氏站洪峰流量超 1 000 m³/s 的洪水过程分别出现 6 次、5 次、6 次。

1.2　洪水还原分析

考虑黄河干支流小浪底、陆浑、故县、河口村等水库的调蓄作用，主要对黄河干流和伊洛河、沁河洪水进行还原分析。

伊洛河 2021 年 8 月下旬至 9 月下旬发生多次洪水过程，伊河陆浑水库、洛河故县水库削减上游洪峰均达 60% 以上，经陆浑水库、故县水库联合调度，削减伊洛河黑石关站洪峰流量 33%。黑石关站实测、还原流量过程线见图 1。

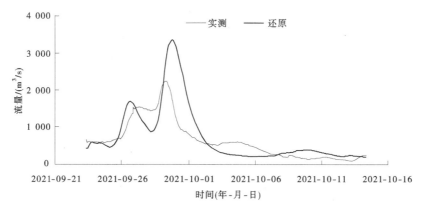

图 1　伊洛河黑石关站实测、还原流量过程线

沁河 2021 年 9 月下旬至 10 月上旬先后出现 2 次洪水过程，沁河河口村水库削减上游洪峰流量分别为 28.1%、36.9%，削减沁河武陟站洪峰流量分别为 14%、43%。武陟站实测、还原流量过程线见图 2。

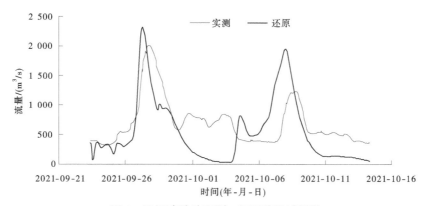

图 2　沁河武陟站实测、还原流量过程线

黄河干流中下游 2021 年 9 月 27 日至 10 月 5 日相继出现 3 场编号洪水，经小浪底水库防洪运用，3 场编号洪水削减率均达到 60% 以上。经还原计算，1、2 号洪水期间小浪底水库最大入库流量 8 390 m³/s，且 5 000 m³/s、7 000 m³/s 以上流量持续时间长，分别达 132 h、96 h，为避免干支流洪水遭

遇,小浪底水库下泄流量控制在 850~3 280 m³/s,最大削减率达 87%。3 号洪水期间小浪底水库最大入库流量 9 030 m³/s,出库流量维持在 4 000 m³/s 左右,最大削峰率为 61.7%。秋汛期间小浪底水库共拦蓄洪水 81.5 亿 m³。花园口站实测、还原流量过程线见图 3。

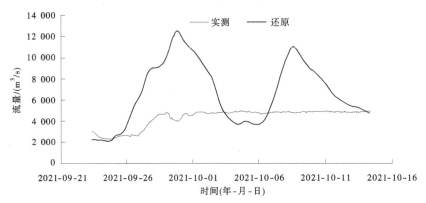

图 3　黄河花园口站实测、还原流量过程线

由以上还原分析可知,若没有干支流水库的调蓄削峰,黄河花园口站将出现 2 次洪峰流量超过 10 000 m³/s 的洪水过程,分别为 9 月 29 日 12 500 m³/s、10 月 8 日 11 000 m³/s。通过水库运用调度,充分发挥其拦洪削峰错峰作用,避免了黄河潼关站以上来水与三花区间洪水遭遇,削减花园口站洪峰流量 68%、57%,见表 1,对黄河下游洪峰流量、3 d 洪量和 7 d 洪量影响显著,有效缓解了下游防洪压力。

表 1　黑石关站、武陟站、花园口站 2021 年秋汛洪水还原特征值成果

河名	站名	洪峰流量			3 d 洪量		
		还原后/ (m³/s)	还原前/ (m³/s)	百分比/ /%	还原后/ 亿 m³	还原前/ 亿 m³	百分比/ %
伊洛河	黑石关	3 360	2 260	−33	5.84	4.43	−24
沁河	武陟	2 320	2 000	−14	3.62	3.50	−3
		1 950	1 110	−43			
黄河	花园口	12 500	4 000	−68	28.64	12.61	−56
		11 100	4 800	−57			

河名	站名	7 d 洪量			15 d 洪量		
		还原后/ (m³/s)	还原前/ (m³/s)	百分比/ %	还原后/ 亿 m³	还原前/ 亿 m³	百分比/%
伊洛河	黑石关	9.61	7.43	−23	11.90	10.66	−10
沁河	武陟	6.35	6.13	−4	10.99	10.43	−5
黄河	花园口	55.16	29.37	−47	101.87	62.32	−39

1.3　主要站过流能力分析

1.3.1　黄河干流中游潼关站

潼关站主河槽从 2011 年开始逐步往左岸滚动,2021 年最终固定在左岸。断面多年来形态变化较大,2002—2018 年平面上从 1 000~1 350 m 摆动到 370~770 m,2018—2021 年河道整体表现为冲刷,平均冲刷深度 1.14 m。2021 年秋汛期间,受 1 号、3 号编号洪水影响表现为涨冲落淤,汛后潼关站相较于 2019 年和 2020 年汛后有所冲刷,过流能力持续增加,平滩流量 9 700 m³/s。

1.3.2 黄河干流下游主要站

2021 年秋汛期间,花园口站、夹河滩站、高村站表现为涨淤落冲,孙口站、艾山站、泺口站、利津站冲淤基本平衡,尤其是自艾山站以下洪水期间河道冲淤愈发不明显。洪水过后,各水文站相应流量级水位均有所降低,过流能力增加,黄河下游河道 2 000 m³/s 流量级水位与 2002 年汛前相比普遍下降了 2~3 m,平滩流量 5 000~8 000 m³/s,其中孙口站过流能力最小。

1.3.3 黄河支流渭河华县站

华县站主河槽 2021 年汛前为 2 个弯道构成的河槽,经 2021 年秋汛洪水被冲为顺直河道。2019—2021 年,华县站河道整体表现为冲刷,平均冲刷深度 3.81 m。2021 年秋汛期间表现为前淤后冲,汛后与汛前相比断面平均冲刷 2.07 m,断面形态由汛前平坦断面冲刷为 V 形断面。洪水过后同流量级(流量小于 1 500 m³/s)水位变化不大。

2 洪水预报及误差分析

2.1 洪水预报

2021 年秋汛洪水共历时 70 余 d,其间黄河水利委员会水文部门首次发布黄河中下游重大水情预警,超常规对未来 10 d 小浪底以上及小花(指小浪底—花园口站,下同)区间来水形势进行预估,每天滚动制作陆浑、故县、河口村 3 座水库入库及潼关、黑石关、武陟、花园口 4 站未来 7 d 洪水过程预报,开展洪水常态化预报 1 633 站次,总体预报精度较好,为此次秋汛洪水防御决策和黄河水工程精细化联合调度提供了重要的基础支撑。

在正式发布的黄河中下游洪水预报 52 站次中,洪峰流量预报合格率为 86.5%,峰现时间预报合格率为 73.1%。提供未来 7 d 洪水过程预报成果 280 余份,其中潼关站 7 d 水量预报合格率 84.4%,预报平均误差 10.2%。在开展潼关站 10 月 5—14 日水量预报过程中,根据预报的降水过程,综合考虑土壤饱和度等流域下垫面变化和干支流来水情况,滚动修正水量预估、预报结果,均在 30 亿~40 亿 m³,实况为 42.58 亿 m³,经分析,此次过程中降雨落地之前的预报误差在 25% 左右,降雨落地之后的预报误差逐步降低至 20% 以内。随着降雨过程的结束及洪水过程的演进,预报精度开始明显提高,10 月 6 日预报潼关未来 7 d(6—12 日)来水量为 33.95 亿 m³,实况为 34.47 亿 m³,10 月 7 日预报潼关站未来 7 d(7—13 日)来水量为 31.90 亿 m³,实况为 31.39 亿 m³,预报误差分别仅有 1.5% 和 1.6%。

2.2 洪水预报误差分析

2.2.1 预报方案适应性不足

预报模型和方法适应性不足,缺乏针对性策略以应对区间来水突变、漫滩归槽、洪水顶托等不利因素,方案整体精度偏低;下垫面变化显著,洪水演进规律变得更加复杂,现有模型结构及其参数难以准确反映现状条件下的产汇流规律;加之多年不来大洪水,缺乏完善预报方案和优化模型参数的"样本"数据。

2.2.2 降水预报存在不确定性

2021 年秋汛形势异常严峻,水库精细化调度对洪水预报提出了超常规要求,预见期 3 d 以上的预报精度主要受降水预报影响,而降水落区、雨强存在不确定性,制约了预报精度。此次秋汛期间,降水过程预报较为准确,但降水落区和强度具有一定偏差,多次出现实际降水较预报偏大的情况,需要随着降水预报实时滚动修正洪水预报成果,以减小误差。

2.2.3 水利水保工程影响较大

目前黄河流域内中小水库、淤地坝、橡胶坝等水利水保工程众多,改变了流域产汇流规律,影响洪水预报精度。2021 年秋汛洪水历时长、水量大,中小水库前期拦蓄洪水,后期考虑水库安全运行进行泄水,由于数量众多,工程运行实时信息难以获取,给洪水预报带来较大困难。

2.2.4 未控区间加水及漫滩洪水演进复杂

黄河龙华河湫区间、潼小（潼关—小浪底，下同）区间、小黑武花（指小浪底、黑石关、武陟、花园口，下同）区间等未控区集水面积较大，加水难以准确估算，黄河小北干流及渭河、汾河、北洛河下游河道宽浅，大洪水期间易漫滩，出现滩槽水量交换及河床变动，洪水演进复杂，增加了洪水预报难度。2021 年秋汛期间汾河、北洛河、渭河下游发生严重漫滩，制约了洪水预报的精度。

3 思考和建议

在应对 2021 年黄河中下游历史罕见秋汛洪水过程中，黄河水文部门水文测报工作有力支撑了洪水防御和水工程联合调度，但面对严峻复杂的秋汛洪水以及全球变化等新形势下对水文测报工作提出的新要求，也暴露出一些不足，迫切需要采取措施补齐补强短板弱项，切实提升防洪减灾水文监测预报预警能力。

3.1 主要不足

水文站网有待完善，黄河小北干流、渭河华县以下南山支流等存在监测空白，难以全面及时监视水情。监测能力还需提升，流量、泥沙等自动监测能力不足，水文整体自动测报率偏低；适合黄河流域高含沙量洪水过程监测等条件的自动监测仪器设备创新研发和推广应用力度不够。"四预"能力有待加强，降水预报制约仍然突出，洪水预报模型和方法适应性不够，预报系统功能不够完善，与水工程调度应用结合度不高；预警覆盖范围不全，社会公众服务不够广泛，信息表达不直观，以断面水情为主，缺乏通俗形象的信息解读；预演基础较为薄弱，算法算力不足，洪水预报模型算法有待改进和完善，在小浪底等水库调度中，只能依靠手动反向演算，效率低，且缺乏基础信息，影响预演结果的准确性；洪水防御预案支撑能力不足，在黄河干支流水工程联合调度中，水文预报仅可对单库或串联水库群进行单目标正向演算，且预报结果只能给出关键节点最高水位（最大流量），风险影响分析不够精细，难以满足和支撑制订精细化洪水防御预案的需求。

3.2 主要建议

3.2.1 构建黄河现代化国家水文站网

针对 2021 年黄河中下游秋汛洪水测报中暴露出的部分河流存在监测空白问题，充分考虑黄河流域生态保护和高质量发展需求，结合水文"十四五"规划的实施，补充完善黄河河源区、入海口等重点区域、省界及重要控制断面、中游无控区间的水文站网，优化调整泥沙监测站网，试点推进水生态监测等，不断拓宽水文监测领域和覆盖范围，加快构建现代化国家水文站网。

3.2.2 推进水文监测提档升级

依托黄河水利委员会水文局下属勘测局组建水文测控中心，统筹推进"驻巡结合"测报管理模式改革。加大流量、泥沙在线监测仪器设备研发应用力度，推进实现泥沙重要控制断面与有水沙调度需求的水文站实现泥沙自动监测；尽快淘汰落后的高洪测验设备，实现高洪测验现代化设施设备全覆盖；加大航拍、卫星遥感影像数据等在洪水演进、洪水淹没区等监测分析中的应用，推广雷达测雨、无人机测流等新技术。强化黄河水情自动报汛建设，加强各测站自动报汛能力建设，以丰富的水情信息来实现对雨水情过程的反演。

3.2.3 提升"四预"支撑能力

应用现代技术，构建现代化的水文情报预报业务系统与服务平台。在预报预警方面，优化气象、洪水预报业务系统，提升暴雨洪水预报精度，延长预见期；对洪水预警预报模型进行改进和完善，以点带面，选择典型区域对传统水文预报模型进行改进完善，对分布式洪水预报模型进行精细化改进处理，融合二维水动力学模型结果，构建水文数字流场，初步实现洪水过程模拟和预警预报功能；开展吴龙（指吴堡—龙门，下同）区间典型支流产沙输沙规律及预报模型研究；推进宁蒙河段冰凌生消演变全过程模拟预报；研究分析水利水保工程影响下流域产汇流机制，提高区域洪水径流预报能力。在预演预案方面，初步实现对黄河干流和重要支流洪水过程模拟推演和数字流场映射，实现预报调度一体化。

参考文献

[1] 中国气象局气候变化中心. 中国气候变化蓝皮书 (2020) [M]. 北京：科学出版社，2020.

[2] 新华社. 习近平在深入推动黄河流域生态保护和高质量发展座谈会上强调 咬定目标脚踏实地埋头苦干 久久为功 为黄河永远造福中华民族而不懈奋斗 [J]. 中国水利，2021 (21)：1-3.

[3] 李国英. 在 2022 年水利工作会议上的讲话 [J]. 中国水利，2022 (2)：1-10.

[4] 魏向阳. 2021 年黄河秋汛洪水防御成效与启示 [J]. 中国水利，2022 (4)：1-3.

[5] 范国庆，郭卫宁，张永生，等. 2021 年黄河秋汛洪水特点及预报实践 [J]. 中国水利，2022 (4)：4-6.

京杭大运河 2022 年全线贯通补水
水文监测分析与评价

王 哲 朱静思 安会静 韩朝光 李 宇

（水利部海河水利委员会水文局，天津 300170）

摘 要：为探究京杭大运河 2022 年全线贯通补水期间各水文要素及水生态变化规律，本文对京杭大运河黄河以北补水河段进行了全面监测分析。结果表明：京杭大运河干流累计补水 8.398 亿 m^3；补水期间全线贯通并保持有水，形成水面面积 45.1 km^2，有水河长和水面面积较去年同期分别增加 151.8 km 和 10.7 km^2；各补水水源及补水线路水质良好，整体水生态状况有所好转；补水河道中心线两侧 10 km 范围内许多河段地下水平均水位下降幅度有所减小，补水干线累计渗漏量总计 22 681.2 万 m^3，平均渗漏率 22%，补水对干线周边地下水潜在影响面积可达 2 760.57 km^2，地下水水源置换效果明显。

关键词：京杭大运河；水文监测；地表水；地下水；水生态

1 引言

京杭大运河是世界上里程最长且最古老的人工运河，北起北京，南至杭州，全长约 1 797 km，对沿线地区工农业经济发展起着不可或缺的作用，被誉为仅次于长江的第二 "黄金水道"。然而，受全球气候环境变化及人类工程活动影响，京杭大运河黄河以北河段水资源严重短缺，部分河道断流、水生态环境退化等问题越来越突出，引起了社会的广泛关注[1-2]。此外，由于京杭大运河流经城市众多，水环境质量直接影响沿岸地区用水安全[3]，加之其地形、水文、生态等因素的复杂性和周围土地利用的变化性[4]，使得整个运河不同河段情况表现出明显不同。

众所周知，华北地区水资源供需矛盾十分突出，尤其是京津冀地区，长期的地下水超采已经造成了地下水水位下降、河湖水面干涸等一系列生态环境问题[5-7]。缓解华北地区水资源供需矛盾是目前亟待解决的问题，曹文庚等[8] 对南水北调受水区保定平原开展了地下水水位回升条件下的水质演化预测研究，结果表明：南水北调供水及压采后，华北平原局部地区地下水位已呈现回升趋势，水位恢复对地下水漏斗区域水质改善具有一定的积极作用。可见，引外部水源补水对缓解华北地区水资源匮乏、改善地下水和修复水生态是行之有效的。为此，2022 年 4 月，水利部联合北京、天津、河北、山东四省（市）开展了京杭大运河 2022 年全线贯通补水工作，统筹南水北调东线一期北延工程供水、本地水、引黄水、再生水及雨洪水等多个水源向黄河以北河段进行补水[9]，实现京杭大运河全线通水。然而，外部水源对河道冲刷、水质变化和地下水动态变化等情况有何影响是不清楚的。因此，对比分析京杭大运河黄河以北段补水前后水文条件变化是至关重要的。

本文从补水工作实际需要出发，对补水河段补水量、水质、水生态、地下水水位、有水河长和水面面积等水文要素开展动态监测，建立了京杭大运河黄河以北段的河流回补评价模型，评估地下水水位变化情况。旨在为推进华北地区河湖生态环境复苏和地下水超采综合治理工作奠定基础，为大运河

基金项目：国家自然科学基金重点支持项目（U21A2004）。

作者简介：王哲（1984—），男，高级工程师，主要从事水文水资源方面的研究工作。

的保护、利用、传承做出贡献。

2　研究区概况

京杭大运河全程由通惠河、北运河、南运河、鲁运河、中运河、里运河和江南运河七段组成，不同河段的流向、水源和排蓄条件各不相同且十分复杂。京杭运河自北而南流经京、津2市和冀、鲁、苏、浙4省，贯通中国五大水系——海河、黄河、淮河、长江、钱塘江和一系列湖泊；从华北平原直达长江三角洲，地形平坦，河湖交织，其地理位置见图1。京杭大运河区内以秦岭—淮河为界，分属亚热带季风气候区和温带大陆性季风区，南北气候差异较大，包括华北平原、江淮平原等[10]。

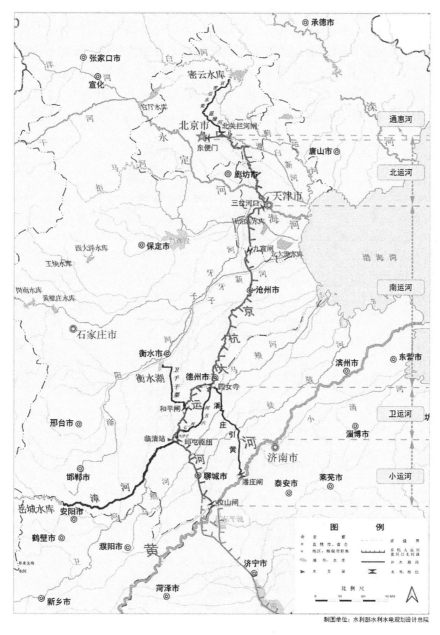

图1　京杭大运河地理位置

京杭大运河黄河以北河段长822 km，占京杭大运河全长的45.82%。自20世纪70年代开始，由于城市和工业用水量迅速增加，水资源尚未得到合理利用和拦河筑坝等原因，黄河以北河段由分段通航和季节性通航逐渐演化为现在几乎断航[11]。而且，京杭大运河水环境质量以黄河作为分界线，黄河以北河段水质较差，基本为劣V类[12]。

3 京杭大运河 2022 年全线贯通补水方案

本次补水，以京杭大运河黄河以北河段作为主要贯通线路，北起北京市东便门，经通惠河、北运河至天津市三岔河口，南起山东省聊城市位山闸，经小运河、卫运河、南运河至天津市三岔河口，涉及京、津、冀、鲁四省（市），流经 8 个地级行政区。补水路径分为 4 条，其中：南水北调东线一期北延工程经小运河、六分干、七一河、六五河为南运河补水，补水量 1.83 亿 m^3，全部入京杭大运河；岳城水库经漳河向卫运河、南运河补水，补水量 2.0 亿 m^3，入京杭大运河 1.62 亿 m^3；潘庄引黄经潘庄引黄渠首、潘庄总干渠、马颊河、沙杨河、头屯干渠、漳卫新河倒虹吸，向南运河补水，补水量 0.3 亿 m^3，入京杭大运河 0.24 亿 m^3；密云水库经京密引水渠、温榆河等向北运河补水，补水量 0.3 亿 m^3，入京杭大运河 0.25 亿 m^3。再生水及其他水源补水 0.72 亿 m^3，全部入京杭大运河[13]。

本次补水在京杭大运河黄河以北段及各补水线路加密布设监测断面，实施水文监测，及时掌握各水源补水实施进度及水头演进情况。分别对 56 处地表水站开展每日水位、流量监测和 836 处地下水站开展实时水位监测，并定期开展 27 处地表水水质断面、9 处水生态断面和 63 处地下水水质站的采样监测，进行 4 次补水沿线遥感监测，并选取重要节点及主要河段开展无人机航拍。本次补水水文站网分布见图 2。

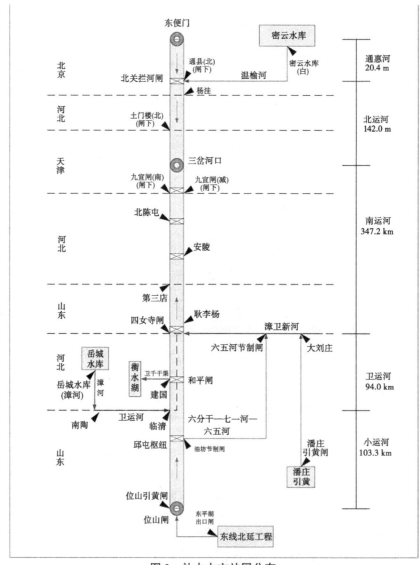

图 2 补水水文站网分布

4 监测结果分析

4.1 地表水

4.1.1 各补水线路累计补水量

截至6月1日8时，已累计向京杭大运河黄河以北河段补水8.398亿 m^3 ，累计补水量达到计划补水量的1.6倍，各补水线路的完成情况见表1。

表1 各补水线路完成情况

补水线路	6月1日源头控制站补水流量/（ m^3/s ）	累计补水量/亿 m^3	计划调水量/亿 m^3	完成情况/%
密云水库	密云出库（白河）2.80	0.309 3	0.30	103.1
岳城水库	岳城水库（漳河）80.0	3.474	2.00	173.7
潘庄引黄	潘庄引黄闸 —	0.716 5	0.30	238.8
东线北延工程	东平湖出口闸 27.4	1.888	1.83	103.2

4.1.2 补水河段水位变化

补水期间，通惠河段受北京市再生水及雨洪水影响，现状常年有水，河道水位受补水影响较小；小运河段为南水北调东线一期工程输水河段，水位受南水北调输水调度影响较大；卫运河段沿山东、河北两省边界，受2021年卫河洪水影响，临清、南陶等主要控制断面流量较大，河道水位受补水影响较小，故本次仅对北运河和南运河段进行补水前后水位变化趋势分析（见图3）。对比补水前后水位变化可以看出：6月1日8时水位与补水水头到达前、5月18日水位相比，北运河代表性控制点通县、张家湾、杨洼和土门楼水位均上涨，仅筐儿港水位下降；而南运河代表性控制点耿李杨、第三店、安陵、北陈屯和九宣闸6月1日8时水位较补水水头到达前水位上涨，与5月18日水位相比，仅北陈屯水位上涨。

4.1.3 典型水文站水位和过水断面面积变化

南运河典型地表水水文监测结果列于表2，从表2中可以看出，补水期间，耿李杨站、第三店站和九宣闸站最高水位分别为19.85 m、17.43 m和6.93 m，最低水位分别为16.99 m、14.89 m和4.69 m；最大过水断面面积分别为164.7 m^2、166.1 m^2和101.0 m^2，最小过水断面面积分别为25.4 m^2、56.0 m^2和0。其中，九宣闸站在南水北调东线北延工程补水线路水头到达前闸下断面为干涸状态，故该站的最低水位取的是河底高程，最小过水断面面积为0。

表2 南运河典型地表水水文监测结果

水文站	最高水位/m	最低水位/m	差值/m	最大过水断面面积/ m^2	最小过水断面面积/ m^2	差值/ m^2
耿李杨站	19.85	16.99	2.86	164.7	25.4	139.3
第三店站	17.43	14.89	2.54	166.1	56.0	110.1
九宣闸站	6.93	4.69	2.24	101.0	0	101.0

以耿李杨站为代表绘制地表水水位、过水断面面积变化图（见图4），从图4中可以看出，耿李杨站前期水位较高，水头到达前（3月26日水头到达）水位骤降，补水期间水位呈阶段性上升趋势，后期水位逐渐降低。这主要是因为水头到达前下游拦河橡胶坝蓄水导致前期水位较高，水头即将到达前拦河橡胶坝放水，水位骤降，伴随着潘庄引黄、岳城水库补水水头到达及补水源头流量加大，水位

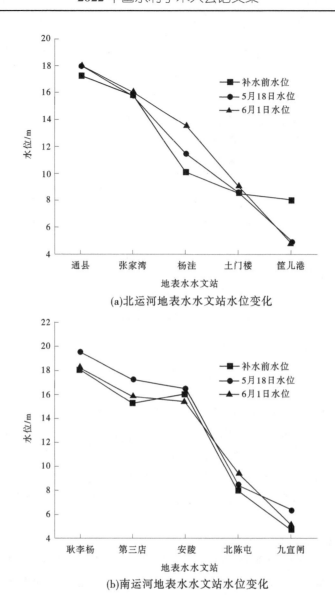

(a)北运河地表水水文站水位变化

(b)南运河地表水水文站水位变化

图3　补水河段水位变化趋势

逐渐上升，后期潘庄引黄线路停止补水、岳城水库补水流量减小后，水位逐渐下降。过水断面面积有相同的变化规律。南运河第三店站地表水水位和过水断面面积变化规律相似，这里不再赘述。值得注意的是，补水前九宣闸站闸下断面为干涸状态，过水断面面积为0，补水期间水位、过水断面面积变化前期呈上升趋势，南运河闸开启后呈下降趋势；5月22—25日闭闸往南运河输水，马厂减河为河干状态。

4.2　遥感解译河长、水面面积

根据2018年以来卫星遥感影像数据，京杭大运河黄河以北河段除通惠河、北运河常年有水外，其余河段均存在局部干涸情况或仅汛期有水。小运河、卫运河、南运河长期干涸断流的河段长度分别达33 km、34 km 和84 km，分别占河段总长度的32%、34%和24%[14]。京杭大运河全线贯通补水后，河流水面连通，补水效果凸显。京杭大运河2021年3月和2022年5月部分河段卫星遥感影像见图5，分析影像可得：生态补水河段有水河长725.1 km，水面面积45.1 km^2。与2021年同期相比，生态补水河段有水河长增加151.8 km，水面面积增加10.7 km^2；与此次补水前相比，水面面积增加4.1 km^2，有水河长保持稳定。

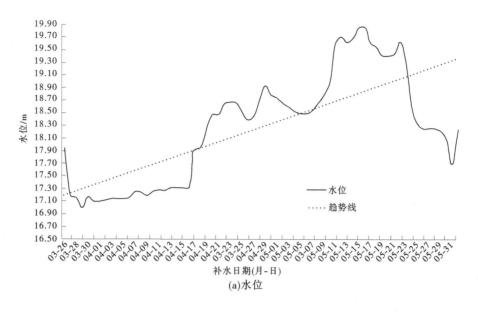

(a)水位

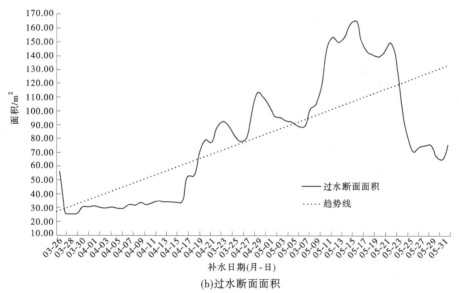

(b)过水断面面积

图4　耿李杨站水位、过水断面面积变化

4.3　水质、水生态状况

4.3.1　补水河段水质状况

补水期间水质跟踪监测结果表明，各补水水源及补水线路水质良好，均保持在Ⅱ～Ⅲ类，大运河干流水质与补水前相比有较大幅度提升。其中，北运河补水前水质为Ⅲ～Ⅴ类，补水后为Ⅲ～Ⅳ类，消除了Ⅴ类水体；小运河补水前后均为Ⅲ类；卫运河补水前为Ⅲ～Ⅴ类，补水后为Ⅱ类；南运河补水前为Ⅲ～Ⅳ类，补水后多为Ⅱ类。

4.3.2　补水河段水生态状况

补水前、后分别在京杭大运河干流补水沿线卫运河、南运河、北运河下游河段7个水生态监测断面开展浮游植物的采样调查和实验室检测。总体上，在京杭大运河沿线共检出浮游植物8门200种，比补水前增加了24种，Shannon-Wiener多样性指数从4.24上升至4.58，整体水生态状况有所好转。其中，卫运河共检出浮游植物7门28种，比补水前增加了2门，但种数保持不变，Shannon-Wiener多样性指数由2.43上升至2.81；北运河共检出浮游植物6门77种，比补水前增加了19种，Shannon-Wiener多样性指数由3.36下降至3.17；南运河共检出浮游植物8门176种，比补水前增加了1门43种，Shannon-Wiener 多样性指数由 3.46 上升至 3.98。

4.4 地下水

4.4.1 地下水水位变化分析

河道中心线两侧 10 km 范围内不同河段地下水水位变幅见表 3。从平均水位来看，本次补水期间平均水位均高于 2021 年同期，2022 年 6 月 1 日大运河河道中心线两侧 10 km 范围内浅层地下水水位整体上升 0.85~4.52 m。

对比补水前后不同河段地下水站点水位变化，可以看出，补水以来大运河河道中心线两侧 10 km 范围内浅层地下水水位整体小幅下降，下降幅度为 0.26~1.58 m。这主要受降水偏少和春灌开采等因素综合影响，通过对历史数据进行分析也证明了这一点。

(a)2021年3月卫运河德州市故城县段　　(b)2021年3月南运河沧州市青县段　　(c)2021年3月南运河沧州市沧县段

(d)2022年5月卫运河德州市故城县段　　(e)2022年5月南运河沧州市青县段　　(f)2022年5月南运河沧州市沧县段

图 5　京杭大运河 2021 年 3 月、2022 年 5 月部分河段遥感解译影像对比情况

表 3　京杭大运河河道中心线两侧 10 km 范围内水位变幅

河段名称	河道中心线两侧范围/km	2022 年 6 月 1 日对比 2021 年同期水位变幅/m	2022 年 6 月 1 日对比补水前水位变幅/m
北运河	0~2	1.10	-1.42
	2~5	1.16	-1.40
	5~10	1.57	-1.50
南运河	0~2	1.11	-0.26
	2~5	0.85	-0.26
	5~10	1.79	-0.43
卫运河	0~2	4.52	0.03
	2~5	3.08	-0.45
	5~10	2.61	-0.71
小运河	0~2	1.73	-0.37
	2~5	2.25	-1.17
	5~10	2.20	-1.58

补水期间,局部站点在地下水开采程度较小和河道回补共同影响下,地下水水位出现回升趋势,其中北运河梨园站(距河道中心线 4.36 km)水位上升 0.6 m,南运河安陵站(距河道中心线 0.1 km)水位上升 0.56 m,卫运河白马湖站(距河道中心线 2.75 km)水位上升 1.14 m。而且,与 2021 年相比,部分河段地下水水位下降的站点也有所减少,地下水监测站水位下降站点比例为 51%,上升为 5%,稳定为 44%,与 2021 年同时段相比,北运河 2~5 km、5~10 km 范围的水位下降站点比例分别由 72%减少至 69%、73%减少至 60%;南运河 2~5 km 范围内水位下降站点比例由 38%减少至 25%。

此外,受补水影响,部分河段地下水平均水位下降幅度和下降速率小于 2021 年同期。与 2021 年同时段相比,补水期间北运河 2~10 km、南运河 2~5 km、卫运河 0~2 km 范围内地下水水位下降幅度减小。小运河由于衬砌受补水影响较小,主要受春灌影响,0~10 km 范围内水位下降幅度增加;与 2021 年同时段相比,北运河 2~10 km、南运河 0~5 km、卫运河 0~10 km、小运河 0~2 km 范围内下降速率均变小,卫运河和小运河部分河段开始小幅回升,由以往 6 月地下水水位开始回升提前至 5 月回升,补水对地下水水位影响明显。

4.4.2 河道渗漏量分析

基于水量平衡方法,利用降雨、蒸发及取用水等监测数据,以河段为单元计算各河段渗漏率,补水干线累计渗漏量总计为 22 681.2 万 m³,渗漏率为 22%。其中,北运河渗漏率为 19%,符合北运河山前地区岩性颗粒较粗适宜渗透和中下游地区常年有水渗漏率较小共同影响的特征,北运河干流渗漏量为 3 929.2 万 m³;南运河渗漏率为 12%,符合南运河河道黏性土较多渗透性较弱的特征,南运河渗漏量为 3 619.2 万 m³;卫运河渗漏率为 39%,符合卫运河河道黏性土比例相对较小渗透性较强的特征,卫运河渗漏量为 13 937.2 万 m³;小运河渗漏率仅为 6%,符合小运河输水干渠有 74 km 衬砌、渗透性弱的特征,小运河地下水渗漏量为 1 195.6 万 m³。

4.4.3 地下水影响范围分析

采用 MODFLOW 地下水数值模拟方法建立了京杭大运河黄河以北段河流回补评价模型,模拟分析有无回补两种情况下地下水水位的变化以确定最大回补影响范围。对有回补方案模拟河道渗漏量全部进入含水层情况,该方案确定的是通过河流回补入渗潜在的相对最大影响范围。补水对干线周围地下水回补影响结果见表 4,分析可得,补水对干线周边地下水潜在影响最大距离可达 8.88 km,累计潜在影响面积为 2 760.57 km²,补水对地下水水位上升影响最大超过 2 m。

表 4 地下水回补影响分析统计

补水河湖	潜在影响最大距离/km	潜在影响平均距离/km	潜在影响面积/km²
北运河	5.11	1.54	438.60
南运河	6.22	1.39	981.74
卫运河	8.88	5.98	1 124.56
小运河	7.23	1.10	215.67
合计			2 760.57

4.4.4 深层地下水水源置换分析

本次补水期间共涉及天津市静海区、河北省沧县等 13 个区(县)的灌溉水水源置换,地下水水源置换效果明显。其中,天津市静海区累计置换面积 10.57 万亩;沧州市实施水源置换的区县共 7 个,累计置换面积 30.1 万亩;衡水市实施水源置换的区(县)共 3 个,累计置换面积 32.5 万亩;邢台市实施水源置换的区(县)共 2 个,累计置换面积 4.51 万亩。补水期间深层地下水水位降幅与 2021 年同时段相比,天津市静海区减少 0.92 m;沧州市东光县、青县、沧县、南皮县降幅分别减少 2.10 m、1.95 m、1.78 m、1.07 m,其他区(县)降幅增加;衡水市故城县降幅减少 0.20 m,阜城县、景县降幅增加；邢台市清河县水位由降转升，变幅相差 3.71 m；临西县降幅减少 0.45 m；位于水源置换区的部分深层地下水监测站点水位下降速率较 2021 年同期变缓。

5　结论

（1）截至 6 月 1 日 8 时，累计向京杭大运河黄河以北河段补水 8.398 亿 m^3，完成计划总补水量的 163.1%，补水后大运河干流水质与补水前相比有较大幅度的提升，整体水生态状况有所好转。

（2）补水期间，京杭大运河全线贯通并保持有水，形成水面面积 45.1 km^2，有水河长和水面面积较 2021 年同期分别增加 151.8 km 和 10.7 km^2，补水河道中心线两侧 10 km 范围内许多河段地下水平均水位下降幅度有所减小，下降速率总体小于 2021 年。

（3）补水干线累计渗漏量总计 22 681.2 万 m^3，平均渗漏率 22%，北运河、南运河和卫运河河段补水量渗漏率为 12%~39%；补水对干线周边地下水潜在影响面积可达 2 760.57 km^2；地下水水源置换取得了明显效果。

参考文献

[1] 林祚顶. 京杭大运河 2022 年全线贯通补水水文监测与分析 [J]. 中国水利，2022（11）：10-12.

[2] 轩玮，赵洪涛，王慧，等. 南水北调东线北延工程助力京杭大运河全线贯通——一场复苏河湖生命的接力 [J]. 中国水利，2022（9）：1-3.

[3] Xiaolong W，Jingyi H，Ligang X，et al. Spatial and seasonal variations of the contamination within water body of the Grand Canal，China [J]. Environmental Pollution，2010，158（5）：1513-1520.

[4] 柴琪. 近四十年京杭大运河水质分布时空变化遥感研究 [D]. 徐州：江苏师范大学，2020.

[5] 栗清亚，裴亮，孙莉英，等. 京津冀区域产业用水时空变化规律及影响因素研究 [J]. 生态经济，2020，36（10）：141-145.

[6] 张莉莎. 北京水资源压力人口驱动作用分析 [D]. 北京：首都经济贸易大学，2013.

[7] 王媛霞，洪东. 京杭大运河北源地水质安全评价与保护措施 [J]. 四川水泥，2018（12）：115.

[8] 曹文庚，杨会峰，高媛媛，等. 南水北调中线受水区保定平原地下水质量演变预测研究 [J]. 水利学报，2020，51（8）：924-935.

[9] 王亚男，陈喜波. 基于全域历时态的京杭大运河景观遗产价值判断与保护利用策略探析 [J]. 城市发展研究，2018，25（8）：59-65.

[10] 高月香，李想，徐豪杰，等. 京杭大运河生态现状与环境保护——以江苏段为例 [C] //中国环境科学学会 2021 年科学技术年会论文集（三）.

[11] 买又红，冯房柱，徐骅. 京杭运河黄河以北复航经济性分析 [J]. 中国水运（上半月），2011（4）：51-52.

[12] 史丽华，张翠. 中国大运河生态环境分析与景观建设的建议——以京杭运河为例 [J]. 安徽农业科学，2015（28）：197-200.

[13] 人民网. 京杭大运河全线贯通补水行动正式启动预计补水 5.15 亿立方米 [EB/OL].［2022-09-03］. http：//finance.people.com.cn/n1/2022/0414/c1004-32399244.html.

[14] 陈德清，王旭，崔倩，等. 京杭大运河 2022 年全线贯通补水遥感监测 [J]. 中国水利，2022（11）：13-15.

基于 EGM2008 的区域似大地水准面精化模型构建与应用

戴永洪　张晓萌　吴　昊

（长江中游水文水资源勘测局，湖北武汉　430012）

摘　要：本文介绍了基于 EGM2008 地球重力场模型和移去恢复法的似大地水准面精化方法，并提出长江中游流域似大地水准面精化模型及优化策略；结合长江中游流域现有资料和 EGM2008 模型，采用二次多项式和 BP 神经网络，建立区域似大地水准面模型并进行精度分析；最后提出对精化似大地水准面工程的相关建议。

关键词：长江中游流域；似大地水准面精化；地球重力场模型；移去恢复法；二次多项式拟合；神经网络；误差分析

1　研究背景与意义

建立分辨率高、精度高的似大地水准面模型，可精确获取地面控制点的正常高[1]。目前，地球重力场模型（如 EGM96、EGM2008、EIGEN-6C4）的分辨率及精度和地面重力数据的精度及密度不断提高，精化似大地水准面模型，提高野外测量生产效率值得重点研究。

近年来，针对不同地球重力场模型精化似大地水准面的应用研究较多。赵忠海等[2-4]利用 EGM2008 模型的拟合结果可达到四等水准测量要求；柴志勇等[5]对比了 EGM96 模型和 EGM2008 模型进行 GNSS 高程拟合求解正常高的方法，得出 EGM2008 模型在面积大或地形起伏大时拟合求解正常高的效果更优，利用少量水准点和 EGM2008 模型即可获取较高精度的正常高。李明飞等[6]精化似大地水准面时研究不同移去恢复法转换模型拟合平原和高山区高程，发现基于 EGM2008 的移去恢复法精度均优于直接二次曲面拟合的移去恢复法，其中平原区 EGM2008-多面函数模型性能最佳。王正亮等[7-9]采用不同数学拟合模型，发现平原和山区 EGM2008 重力场模型辅助高程拟合效果更优，并指出 GNSS 观测精度及网形设计、平差计算和分辨率更高的重力场模型将进一步提高高程拟合效果。

2　区域似大地水准面精化模型的建立

本文针对长江中游流域带状特征及现有资料，采用地球重力场模型 EGM2008 和不同数学拟合算法精化似大地水准面，主要研究内容如下：

（1）结合 EGM2008 地球重力场模型、移去恢复法和不同数学拟合算法精化似大地水准面。

（2）针对长江中游流域地形特征，改进区域似大地水准面精化方法并综合分析试验数据。

2.1　EGM2008 地球重力场模型

图 1（a）中为利用克里金插值计算的长江中游流域水准高分布图，图 1（b）为利用克里金插值计算的对应 EGM2008 模型高程异常分布图，可知长江中游水准高和模型高程异常绝对值均呈由西向东逐渐减小的趋势。

作者简介：戴永洪（1979—），男，高级工程师，主要从事河道勘测工作。

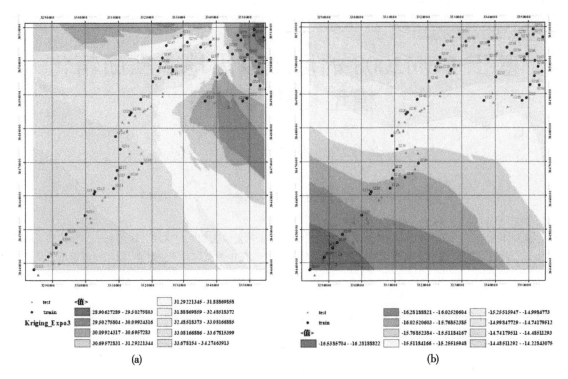

图 1　长江中游水准高及高程异常数值分布

因此，本文考虑大地水准面上方地形密度建模，选择 geoid 函数（地球重力势的一个特定等势面，等于未受干扰海面及其在大陆下方延续，由高度异常加上地形相关校正项来近似）和 WGS-84 椭球体参考框架，作为计算高程异常数值的数学参考模型，如图 2 所示。基于 EGM2008 模型，坐标参考系统选择 WGS-84，数学参考模型选择 geoid 函数，计算长江中游流域 GNSS 水准点高程异常模型数值。

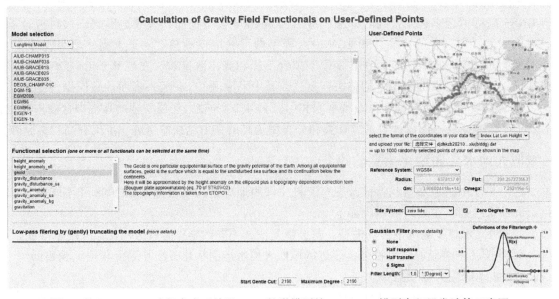

图 2　基于 WGS-84 坐标参考系统及 geoid 数学模型的 EGM2008 模型高程异常计算示意图

2.2　数据预处理

2.2.1　坐标中心化

计算反映测区地形特征的 GNSS/水准点的坐标均值，将每个 GNSS/水准点坐标减去该均值[8-9]。

2.2.2　高程异常残差中心化

计算 GNSS/水准点实测高程异常与模型高程异常差值均值，并对每个 GNSS/水准点高程异常差值去除该系统误差[8-9]。

2.3　概率加权模型

本文针对多项式拟合模型，建立了加权区域似大地水准面模型，通过比较加权与不加权区域似大地水准面模型间差异，分析 GNSS/水准点对模型的影响程度，选择适当的 GNSS/水准点作为控制点，建立最适合研究区域的似大地水准面精化模型，加权区域似大地水准面模型的建立流程如图 3 所示。

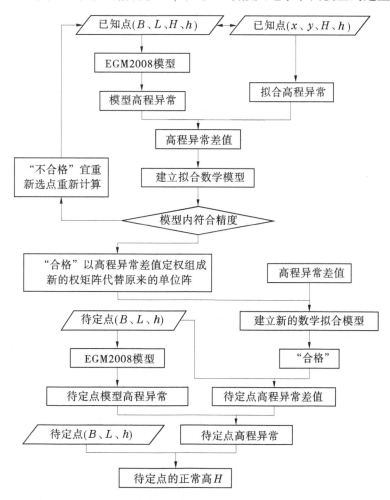

图 3　基于概率加权的二次曲面拟合残差高程异常流程

3　基于 EGM2008 模型的移去恢复法

移去恢复法核心思想是在高程转换前移去重力场模型计算的高程异常，拟合高程异常残差数学模型，再基于待求点坐标和重力场模型恢复移去的模型高程异常，最终获取待求点高程异常[9]，本文基于移去恢复法和不同数学模型拟合高程异常残差，建立最佳长江中游流域似大地水准面，计算流程如图 4 所示。

4　区域似大地水准面精化算例及误差分析

4.1　实验数据介绍

图 5 为长江中游流域参与高程异常模型建模的 GNSS 水准点（共 52 个）与检验模型精度的 GNSS 水准点（共 60 个）的部分分布图，其中部分 GNSS C 级点采用三等水准联测，其余 GNSS C 级和 E 级点采用四等水准联测。图 6、图 7 展示了基于训练和测试数据的几何高程异常与模型高程异常，其中

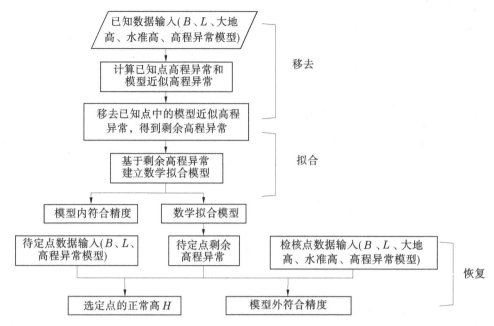

图 4　基于移去恢复法计算高程异常流程

部分 GNSS 水准点高程异常残余分量大于 10 cm。以 GNSS/水准点几何高程异常为真值,直接利用 EGM2008 模型,训练数据模型高程异常均值为-15.209 471 m,中误差为 0.621 221 m;测试数据模型高程异常均值为-16.185 593 m,中误差为 0.808 923 m,可见需要针对长江流域地形特征和已有 EGM2008 模型,研究数学拟合模型和移去恢复法,建立长江中游流域似大地水准面精化模型,有助于提升测试 GNSS 水准点的正常高计算精度。

图 5　长江中游流域 GNSS 水准点分布示意

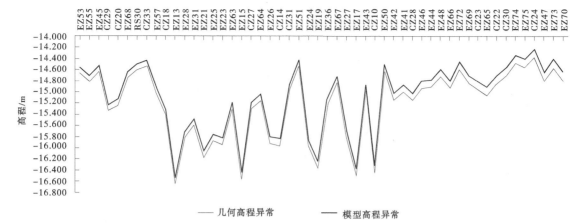

图6 训练数据几何高程异常和模型高程异常统计（均值-15.209 471 m，中误差0.621 221 m）

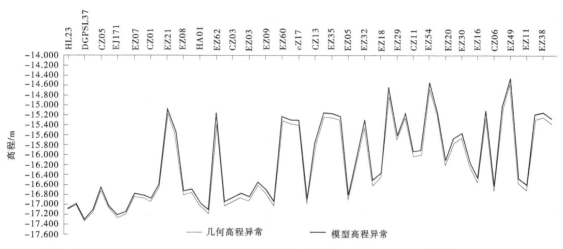

图7 测试数据几何高程异常和模型高程异常统计（均值-16.185 593 m，中误差0.808 923 m）

4.2 精度评价标准

似大地水准面模型精度评定指标有内符合精度和外符合精度。根据相关规范可知各级似大地水准面精度及分辨率不应低于表1[10]。

表1 各级似大地水准面精度和分辨率

等级	似大地水准面精度		似大地水准面分辨率
	平地、丘陵地	山地、高山地	
国家	±0.3 m	±0.6 m	15′×15′
省级	±0.1 m	±0.3 m	5′×5′
城市	±0.05 m		2.5′×2.5′

本文实验属于城市似大地水准面精化研究，对应地面分辨率及精度要求如表1所示，选取了部分GNSS/水准点采用不同数学拟合算法并设置不同参数数值。

根据参与计算的 n 个 GNSS/水准点高程异常值 ζ_i（$i=1,2,\cdots,n$），与通过数学拟合模型计算得到的 GNSS/水准点高程异常值 $\zeta_{拟合}$，计算残差 $v_i = \zeta_i - \zeta_{拟合}$，按式（1）模型内符合精度 $\sigma_内$[11] 为：

$$\sigma_内 = \pm\sqrt{[vv]/(n-1)} \qquad (1)$$

式中：n 为参与计算的 GNSS 水准点个数。

根据参与检核的 m 个 GNSS/水准点的高程异常值 ζ_j（$j=1,2,\cdots,m$），与通过数学拟合模型计算得到的 GNSS/水准检核点的高程异常值 $\zeta_{拟合}$，计算其残差 $v_j = \zeta_j - \zeta_{拟合}$，按式（2）模型外符合精度 $\sigma_{外}$[11] 为：

$$\sigma_{外} = \pm\sqrt{[vv]/(m-1)} \tag{2}$$

式中：m 为参与检核的 GNSS 水准点的个数。

4.3　基于不同加权策略的二次曲面拟合模型精度统计分析

表 2 展示了不同加权策略的二次曲面拟合模型的精度指标，其中基于概率加权、基于按距离反比例加权及等精度加权的二次曲面拟合模型的内检核精度较为一致，但采取概率加权策略的二次曲面拟合模型外检核精度为 0.017 9 m，效果最佳。可见，基于长江中游流域 GNSS/水准数据和 EGM2008 重力场模型的二次曲面拟合方法，其最小二乘平差过程中的定权策略，概率加权方法要优于其他加权策略。

表 2　基于不同加权策略的高程异常二次曲面拟合模型内外符合精度

项目	概率加权	按距离加权	等精度加权
内检核精度	0.013 6 m	0.013 6 m	0.013 5 m
外检核精度	0.017 9 m	0.046 m	0.046 1 m

图 8、图 9 分别为基于概率加权的二次曲面拟合模型的训练数据和测试数据对应的高程异常残余分量及真误差示意图，可以看出训练数据高程异常残余分量真值和预测值较好地吻合，其真误差绝对值均在 3 cm 以内。测试数据高程异常真误差绝对值也均在 5 cm 以内，符合相关规范要求。

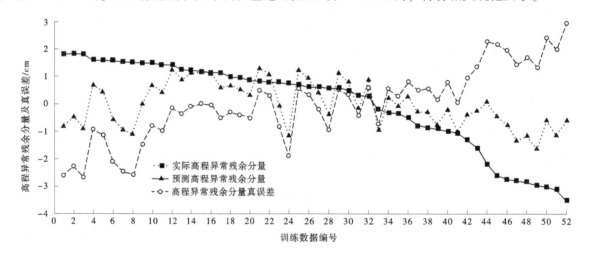

图 8　训练数据高程异常残余分量及真误差示意图

4.4　神经网络拟合模型精度统计分析

图 10 展示了执行中心化处理（""）和未执行中心化处理（"wnww"）后及采用不同隐藏层神经元个数的神经网络模型的训练和测试数据精度指标，可知执行中心化处理后神经网络模型测试数据外检核精度，高于未执行中心化处理的精度，采取隐藏层神经元个数为 11 时对应内检核精度 0.011 1 m，外检核精度 0.046 0 m，符合相关规范要求。

图 11 和图 12 分别展示了采取隐藏层神经元个数为 11 时及执行中心化处理的神经网络模型的训练和测试数据高程异常残余分量及真误差统计，可知训练数据高程异常残余分量真误差绝对值均在 3 cm 以内，测试数据高程异常残余分量真误差绝对值大部分均在 5 cm 以内，符合相关规范要求。

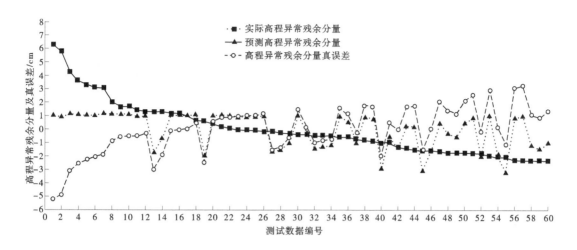

图 9   测试数据高程异常残余分量及真误差示意图

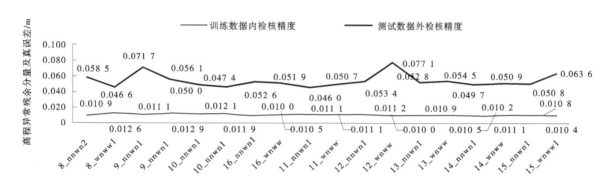

图 10   神经网络高程异常残余分量及真误差（测试数据）

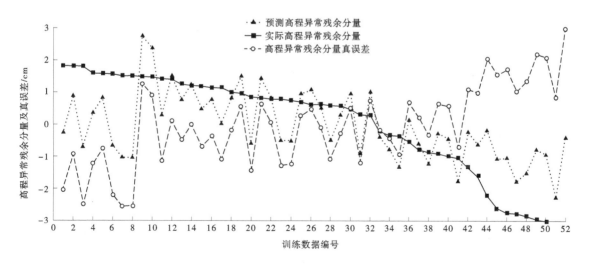

图 11   神经网络高程异常残余分量及真误差（训练数据）

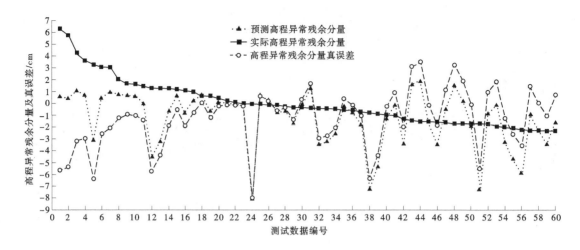

图 12　神经网络高程异常残余分量及真误差（测试数据）

5　结论

　　本文介绍了长江中游似大地水准面精化方法，根据实验结果可知似大地水准面精度和分辨率关键在于：一是起算点分布情况、分辨率和精度，本文实验数据选取中游流域布设的 C 级和 E 级 GNSS 水准点，呈带状分布特征，并且研究区域内实验数据和测试数据选取遵循随机原则，同时保证训练数据分布范围顾及整个测区，最终基于训练数据建立的似大地水准面精化模型，在研究区域内具备较好的泛化性能；二是针对研究区域地形特征，可选取基于地球重力场模型的移去恢复法，利用基于概率加权的二次曲面拟合模型和神经网络模型，建立最佳符合研究区域的似大地水准精化模型。

参考文献

［1］郭际明，孔祥元．大地测量学基础［M］．武汉：武汉大学出版社，2005.

［2］赵忠海，朱李忠．基于重力场模型的 GNSS 点高程拟合研究［J］．测绘与空间地理信息，2018，41（10）：39-42.

［3］刘杰，张剑，郭亮．EGM2008 重力场模型在长江流域 GNSS 高程拟合的应用分析［J］．北京测绘，2017（S2）：45-47.

［4］肖杰，张锦，邓增兵，等．矿区似大地水准面精化方法研究［J］．测绘通报，2015（2）：14-18.

［5］柴志勇，宋学山，殷刚．EGM96 模型与 EGM2008 模型在高程转换中的应用比较分析［J］．水利水电工程设计，2017，36（1）：53-55.

［6］李明飞，吴军超，秦川．基于移去-恢复法的局部似大地水准面精化模型对比研究［J］．大地测量与地球动力学，2020，40（9）：952-956.

［7］王正亮，薛荣军，南城，等．EGM2008 辅助的 GPS 高程转换方法应用分析［J］．现代测绘，2018，41（3）：31-34.

［8］罗文生．高原地区区域似大地水准面精化与误差分析研究［D］．昆明：昆明理工大学，2015.

［9］蒋勇．大中型湖泊对精化局部似大地水准面的影响［D］．昆明：昆明理工大学，2008.

［10］CH/T 1040—2018《区域似大地水准面精化精度检测技术规程》概述［J］．测绘标准化，2019.

［11］李建成，陈俊勇，宁津生，等．地球重力场逼近理论与中国 2000 似大地水准面的确定［M］．2003.

基于低空遥感影像的河道典型植被要素自动提取研究

张晓萌　吴　昊

（长江中游水文水资源勘测局，湖北武汉　430012）

摘　要：本文基于低空遥感影像，建立河道典型植被要素样本集，并提出河道植被提取技术方案，自适应地提取河道典型植被要素。本文主要研究内容包括几个方面：①建立了基于低空遥感影像的典型植被提取样本集；②设计了基于聚焦感知模块的低空遥感影像河道典型植被提取模型，实现不同典型植被自适应提取，充分挖掘影像光谱空间纹理信息和深层语义信息；③对比基准线方法，融合了聚焦感知模块的基准线方法提升精度（precision）和平均交并比（MIOU, Mean Intersection over Union）为 7.37% 和 49.49%，河道典型植被自适应提取网络具有一定有效性和泛化能力，可满足植被提取的实际应用需求。

关键词：低空遥感影像；深度学习；语义分割；植被提取；注意力

1　研究背景与意义

复杂环境背景下的典型地形要素高精度智能化快速提取，是科学研究领域所关注的热点和难点。而使用高分影像为主要数据源提取典型地形要素，可为土地资源管理与监测、生态环境变化等领域应用奠定良好基础，经济社会效益显著。其中植被典型地形要素提取专题图，为了解自然资源和生态环境提供有效参考数据，具有重要的战略意义。综上所述，研究典型地形要素自动识别与快速提取关键技术，构建典型地形要素提取完整技术流程，突破基于空间光谱一体化特征的典型地形要素快速提取技术难点，为植被要素矢量数据快速生产应用，提供有效技术支撑，具备重大科学研究价值、战略意义、社会经济效益和生态效益。

2　基于低空遥感影像的河道典型植被要素自动提取研究现状

为解决异物同谱和同物异谱导致植被典型地形要素及其他典型地形要素类内差异增大和类间差异减小的问题，Zhu 等[1] 提出针对基于深度卷积神经网络（DCNNS, deep convolutional neural networks）的典型地形要素分类方法综述，其中基于深度学习的遥感卫星影像典型地形要素分类方法相关实验证实了 DCNNs 在遥感卫星影像典型地形要素识别提取中的可行性。Li 等[2] 提出一种时相聚焦感知方法，用于区分不同类型作物目标间的轻微物候性差异。Zhong 等[3] 对时间序列数据影像计算增强型植被指数（EVI, enhanced vegetation index），区分夏季作物类型。Sidike 等[4] 提出一种深度渐进扩张深度神经网络，制作植被、杂草和作物等不同类型植被要素专题图。Farooq 等[5] 使用卷积神经网络学习中等层级和高等层次空间特征分类杂草。Zhang 等[6] 提出适配聚类模型和人工神经网络模型集成分类器，分割提取真实道路影像场景中的植被典型地形要素。Chen 等[7] 提出改进的卷积神经网络提取精细空间分布信息。综上可见，基于聚焦感知机制挖掘空间纹理信息和上下文信息的全自动化植

作者简介：张晓萌（1995—），女，助理工程师，主要从事河道勘测工作。

被典型地形要素识别提取算法的研究目前较少。

3 基于低空遥感影像的河道典型植被自适应提取方法

为解决多空间上下文和多尺度典型植被要素提取，设计了植被敏感特征聚焦感知模块自适应提取典型植被要素，主要研究内容包括：①设计了一种基于植被敏感特征聚焦感知的河道典型植被语义分割网络，保留影像空间细节和高级语义信息，由基准线网络和改进的聚焦感知模块组成。基于聚焦感知机制的河道典型植被语义分割模型的有效性，通过 GF-2 数据集全覆盖范围影像分割结果验证。②提出了一种针对不同类型植被的植被敏感特征聚焦感知模块，即包含高层级和低层级语言信息的联合聚焦感知机制，解决植被要素提取过程中类间差异减小和类内差异增大的问题，并设置对比实验分析植被敏感特征聚焦感知模块对植被提取的影响。

图 1 为基于低空遥感影像的河道典型植被自适应提取技术流程图，首先基于低空遥感影像执行样本选取、数据增强、样本优化等环节，建立河道典型植被要素提取训练数据集；然后基于影像特征建立编码模块、植被敏感特征聚焦感知模块和解码模块，建立基于聚焦感知机制的植被典型地形要素自适应提取模块；最后基于植被敏感特征聚焦感知模块改进和原始基准线方法提取结果进行精度评价。

植被敏感特征聚焦感知模块旨在解决植被典型地形要素提取难点：①不同植被类型目标具备不同光谱、形状和纹理信息，而神经网络不同层包含不同层级植被敏感特征；②不同植被类型目标在训练样本集中比例差异较大，导致网络模型无法学习并聚焦于敏感植被特征。为避免上述情况，基于聚焦感知机制从特征要素图的空间和通道维度，挖掘植被特征间的全局依赖关系，增强植被特征表达能力，聚焦植被敏感特征，从而解决植被差异化样本数量不均衡的问题，获取更为精细的影像分割结果。通道聚焦感知模块基本结构和空间聚焦感知模块基本结构分别如图 2 和图 3 所示。

表征遥感影像空间结构和上下文信息的模型精细程度，制约着植被要素提取精度，而网络模型的特征要素图包含的原始影像信息的丰富程度，与该图层相对于原始影像的视觉感受野大小密切相关。通常带孔卷积操作可以指数级增长神经网络模型的视觉感受野，同时避免显著减小特征要素图的空间分辨率。若将预训练分类基准网络移除最后池化层，避免输出特征要素图空间分辨率显著降低，而改为空洞卷积层，由此建立的前端模块（frontend module）无须增加参数即可获取稠密的分割预测结果，若进一步使用前端模块输出作为背景模块（context module）的输入并单独训练，可提高分割预测结果的空间定位精度。背景模块通过多个不同扩张程度的空洞卷积层级联，可聚合的多尺度的上下文信息，并改善前端模块获取的预测结果，这一过程视为针对原始影像的上下文信息建模[8-9]，因此本文选取基准线网络为 deeplab v3+[10]，并在此基准网络上加入植被敏感特征聚焦感知模块。

4 对比实验分析

4.1 实验区域介绍

本文实验数据选取 129 张 GF-2 图像，创建二进制植被标签数据集，其中植被类型涵盖了农田、森林和草甸，背景类型涵盖了建筑物和水域。通过无重叠区域切割获得大小为 512×512 的 21 672 个和 5 418 个图像斑块，分别用于训练和验证。数据集示例如图 4 所示，第一行、第二行、第三行分别展示了二进制标签、原始影像分类标签和原始影像。

4.2 评价指标

典型植被要素提取实验结果的评价指标、采用 Kappa 系数、整体准确率和类别特定的准确率等评估测度评估。

准确率（precision rate）表示在真实地理标签中标注标签为植被类型的正样本中，对应预测结果标签中的标注标签为植被类型的正样本数量所占比例，也可称为精准率。即准确率表示真实标签属于植被，而且实际预测为植被所占像素比率：

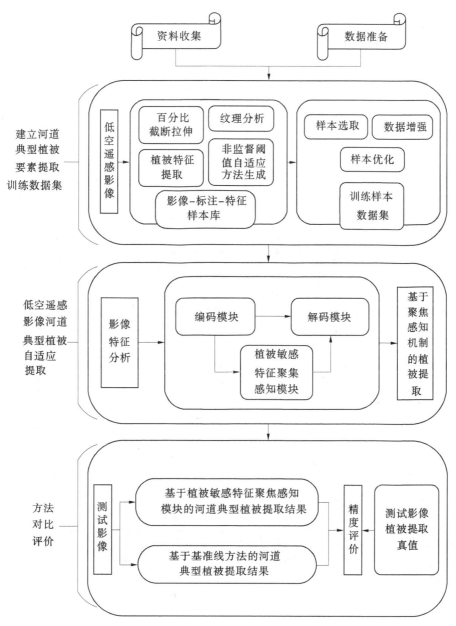

图 1　基于低空遥感影像的河道典型植被自适应提取技术流程

图 2　通道聚焦感知模块基本结构

$$\text{precision rate}(p) = \frac{k_{11}}{k_{11} + k_{21}} \tag{1}$$

召回率（recall rate）表示在预测结果标签中标注标签为植被类别的正样本中，对应真实地理标签中的标注标签为植被类型的正样本数量所占比例。即召回率表示预测为植被，而且真实标签也为植被所占像素比率：

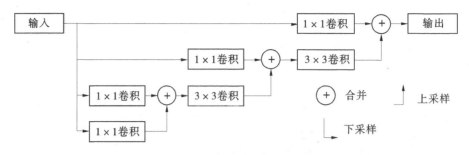

图 3　空间聚焦感知模块基本结构

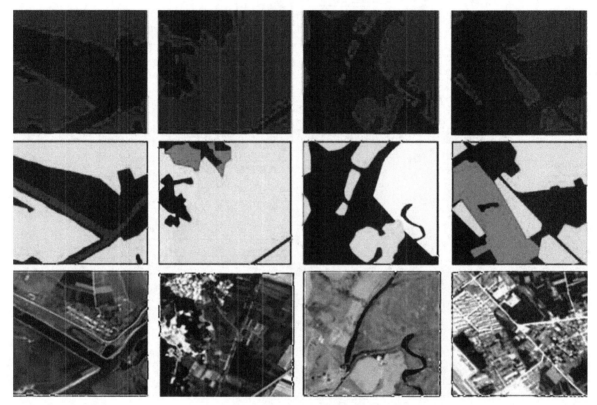

图 4　典型植被要素深度学习数据集示意图

$$\text{recall rate}(r) = \frac{k_{11}}{k_{11} + k_{12}} \tag{2}$$

$$F = \frac{(\alpha^2 + 1)pr}{\alpha^2(p + r)} = \frac{2pr}{(p + r)_{\alpha^2 = 1}} \tag{3}$$

F-Measure 表示精确率和召回率的调和平均，最常用的为 F1-分数。

整体分类精度（accuracy）表示被正确分类为植被像素数与整张分类预测结果所有像素总数的比率：

$$\text{accuracy} = \frac{k_{11} + k_{22}}{k_{11} + k_{12} + k_{21} + k_{22}} \tag{4}$$

Kappa 系数作为衡量分类结果的一致性和分类精度的重要指标。式（5）中，N 表示整张分类预测结果的像素总数；$\sum\limits_{i} k_{ii}$ 表示混淆矩阵中对角线元素之和，是所有被正确分类为植被的像素数总和；$k_{i\sum} k_{\sum i}$ 表示真实标签为第 i 类的像素总和与预测结果为第 i 类的像素总和（i 取值为植被或者非植被）。

$$Kappa = \frac{N\sum_i k_{ii} - \sum_i k_{i\sum}k_{\sum i}}{N^2 - \sum_i k_{i\sum}k_{\sum i}} \tag{5}$$

准确率［precision rate（p）］、召回率［recall rate（r）］的取值范围为［0，1］，对应数值越大表示植被要素提取精度越高。1-precision rate（p）表示的漏检率对应制图精度，判断模型优劣。1-recall rate（r）表示的误检率对应用户精度，判断预测结果为植被和非植被类型的可靠性。整体分类精度（accuracy）的取值范围为［0，1］，数值越大表示植被要素提取精度越高。

Kappa 系数的取值范围为［-1，1］，通常位于［0，1］内，Kappa 数值大于 0.80 时，植被要素提取结果与地面真实数据的一致性较高，即植被提取精度较高；Kappa 介于 0.40~0.80 则植被提取精度一般；Kappa 数值小于 0.40 时，表示植被提取精度较差。

整体分类精度（accuracy）为考虑对角线方向上被正确分类为植被的像素数，Kappa 系数同时考虑对角线以外的各种漏分和错分的像素数。为避免单个精度指标评价植被提取结果产生的片面性，需获得更多的精度信息，本文采用多种精度指标，对植被要素提取结果进行评价。

以上评价指标均基于混淆矩阵相关元素，详情见表 1。

表 1　典型植被要素提取结果混淆矩阵

预测结果	真值标签		总计
	植被	非植被	
植被	k_{11}	k_{12}	$k_{11}+k_{12}$
非植被	k_{21}	k_{22}	$k_{21}+k_{22}$
总计	$k_{11}+k_{21}$	$k_{12}+k_{22}$	

4.3　分类结果可视化分析

图 5 依次展示了原始测试影像、人工标注的真实标签影像、基准线方法植被要素提取结果和基于植被敏感特征聚焦感知模块的植被要素提取结果。可见，基准线方法很难准确提取城市绿化带和城市草地，这几个植被类型通常与道路和居民区建筑物相互混杂，而道路和居民区建筑物通常具备规则形状和纹理特征，所以需建模植被特征的不同空间结构，如尺寸、形状和上下文信息，通过植被敏感特征聚焦感知，导致具备一致标签类型的像素间的完整性以及具备不同标签类别的像素间的区分性。

尽管多时相影像纹理和形状特征通常随时间发生变化；由于土壤、湿度、农作物类型和作物的生长周期等影响，植被光谱响应呈现了显著差异，因此直接采用基准线方法，很难获得完整的植被提取结果。通过设计植被敏感特征聚焦感知模块，我们提取不同类型植被敏感特征并解耦植被显著特征，此时植被和其他背景类型间存在的类间差异较小而类内差异较大的问题，可得到一定程度的缓解。植被敏感特征聚焦感知模块也可执行适配上下文推理，从而提升分割结果的整体准确率和分割斑块的一致性。

4.4　分类结果定量分析

表 2 中，与基准线方法 Deeplab v3+[10] 相比，融合了植被敏感特征聚焦感知模块的基准线方法，可分别提升精度（precision）、Kappa 系数、平均交并比（mIoU）、准确率（precision rate）、召回率（recall rate）和 F1-score 为 7.37%、47.31%、49.49%、41.92%、42.48%和 43.62%，可见融合了植被敏感特征聚焦感知模块后，模型可充分挖掘不同类型植被特征的空间结构和上下文信息，最终植被要素提取结果与真实标注结果更为吻合。

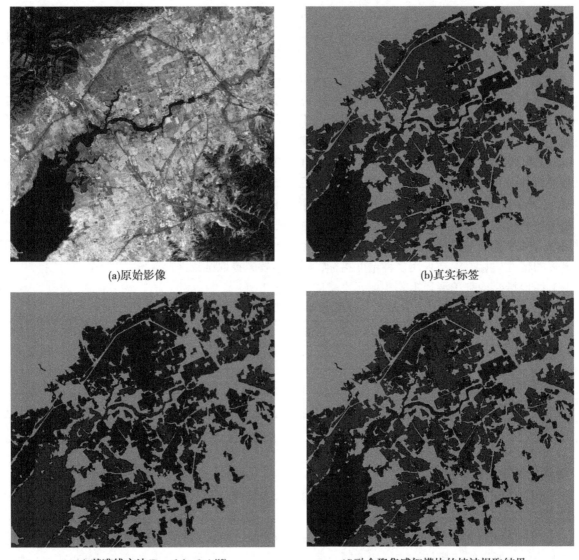

(a)原始影像   (b)真实标签

(c) 基准线方法(Deeplab v3+) [10]   (d)融合聚集感知模块的植被提取结果

图 5 测试影像及植被提取结果

表 2 植被提取结果精度统计

项目	整体分类精度/%	Kappa系数	平均交并比/%	准确率/%	召回率/%	F1−score
基准线	90.17	0.386 0	27.90	57.96	34.98	0.436 3
基准线+聚焦感知模块	97.54	0.859 1	77.39	99.88	77.46	0.872 5

5 结论

本文提出了一种针对低空遥感影像的基于植被敏感特征聚焦感知的河道典型植被要素自适应提取模块,基于现有先进语义分割模型,融合植被敏感特征聚焦感知模块执行上下文适配推理。本文提出的方法规避了基于归一化差分植被指数(NDVI, normalized difference vegetation index)的植被提取方法需提供近红外波段的限制,本文提出的方法可有效部署而无须提供其他光谱波段信息,也规避了逐像素监督分类方法需提供大量训练样本和标签的限制。利用深度学习植被提取模型,本文方法通过自适应提取河道典型植被地形要素,可极大程度减少待分类影像的处理时间。相比于基准线方法,基于聚焦感知模块的基准线方法可提升精确度（precision）和平均交并比（mIoU）为 7.37% 和 49.49%，证实了本文提出的基于植被敏感特征聚焦感知的河道典型植被自适应提取模块的有效性和泛化能力，可满足河道地形测绘项目中对河道典型植被要素提取的实际应用需求。

参考文献

［1］ Zhu X X, et al. Deep learning in remote sensing: A comprehensive review and list of resources ［J］. IEEE Geoscience and Remote Sensing Magazine, 2017, 5 (4): 8-36.

［2］ Li Z, Chen G, Zhang T. Temporal Attention Networks for Multitemporal Multisensor Crop Classification ［J］. IEEE Access, 2019, 7: 134677-134690.

［3］ Zhong L, Hu L, Zhou H. Deep learning based multi-temporal crop classification ［J］. Remote sensing of environment, 2019, 221: 430-443.

［4］ Sidike P, et al. DPEN: deep Progressively Expanded Network for mapping heterogeneous agricultural landscape using WorldView-3 satellite imagery ［J］. Remote sensing of environment, 2019, 221: 756-772.

［5］ Farooq A, et al. Multi-Resolution Weed Classification via Convolutional Neural Network and Superpixel Based Local Binary Pattern Using Remote Sensing Images ［J］. Remote Sensing, 2019, 11 (14): 1692.

［6］ Zhang L, Verma B. Roadside vegetation segmentation with Adaptive Texton Clustering Model ［J］. Engineering Applications of Artificial Intelligence, 2019, 77: 159-176.

［7］ Chen Y, et al. Extracting Crop Spatial Distribution from Gaofen 2 Imagery Using a Convolutional Neural Network ［J］. Applied Sciences, 2019, 9 (14): 2917.

［8］ Yu F, Koltun V. Multi-scale context aggregation by dilated convolutions ［J］. arXiv preprint arXiv: 1511.07122, 2015.

［9］ Yu F, Koltun V, Funkhouser T. Dilated residual networks ［C］//In Proceedings of the IEEE conference on computer vision and pattern recognition, 2017.

［10］ Chen L C, et al. Deeplab: Semantic image segmentation with deep convolutional nets, atrous convolution, and fully connected crfs ［J］. IEEE transactions on pattern analysis and machine intelligence, 2017, 40 (4): 834-848.

基于 DHSVM 模型的不同植被对产流过程的影响研究

王思奇[1]　宋昕熠[2]　朱宏鹏[3]　鲁　帆[1]　江　明[1]

(1. 中国水利水电科学研究院水资源研究所，北京　100038；
2. 长沙理工大学水利与环境工程学院，湖南长沙　410114；
3. 保定市水政监察支队，河北保定　071000)

摘　要：植被类型及覆盖变化是影响流域水文过程的重要因素之一。本文选择海河流域大清河山区的西大洋水库以上流域作为研究区域，采用 DHSVM 水文模型模拟流域产汇流过程，研究不同植被对实际蒸散发量和土壤含水量的影响，讨论植被类型变化与流域入库径流量序列变化趋势间的关联性。结果表明：基于模拟得到耕地的实际蒸散发量比林地偏高约 26 mm，比草地偏高约 77 mm；林地、耕地的土壤含水量相差不大，比草地偏高约 60 mm。相同降水量条件下，流域内草地转变为耕地和林地，会使流域产流量下降。本文研究成果可为所在流域水资源评价与规划提供参考。

关键词：植被变化；DHSVM 模型；产流过程；径流衰减；西大洋水库

1　引言

植被变化会产生一定的水文效应，例如森林植被参与水文循环过程，根系吸水、叶片气孔的蒸腾等都是水循环过程中比较重要的环节。已有大量研究表明不管在干旱地区和湿润地区，植被覆盖率增加都会对径流量造成显著的衰减。例如：那曲流域草地覆盖变化对产汇流过程的影响研究表明，随着草地覆盖度的增大，其对应的地表径流累积产流量减少[1]；太行山地区的 NDVI 增加，若假定降水不变，植被变化将导致径流减少 16.6%～66.7%[2]；对黄土区内坡面植被的研究表明增加区域植被覆盖度，可减少场次暴雨的产流量、降低土壤含水量[3]；黄河中游植被变化影响流域水量转化，植被增加直接导致流域蒸散发量明显上升，从而使蓝水流下降[4]；北洛河源区的研究同样表明，退耕还林（草）、水土保持政策驱动下植被呈现大规模的恢复，是径流量减少的直接因素[5]；东江流域的研究表明，当现有的针叶林生态系统退化为草地时，多年平均蒸散发量会减少 25.3%，且多年平均径流量增加 24.4%[6]。海河流域林地增加、草地减少的情况下，汛期径流量减少，且其径流系数随林地面积增加而下降[7]。

本文选择海河流域中部大清河山区的西大洋水库以上流域作为研究区域，分析其年径流序列及流域植被类型的变化情况，采用分布式水文模型 DHSVM 对流域的产汇流过程进行模拟，根据得到的模拟结果计算不同植被下实际蒸散发量和土壤含水量的变化规律，进而分析植被变化对流域产流量变化的影响，研究成果可为流域水资源评价与合理规划提供参考。

2　研究区及数据来源

西大洋水库位于海河流域中部大清河山区，控制流域面积 4 420 km²，占唐河流域面积的 88.7%，

基金项目：国家重点研发计划项目（2018YFC0406501）；国家自然科学基金（51679252）。
作者简介：王思奇（1997—），女，硕士研究生，研究方向为水文学及水资源。
通信作者：鲁帆（1981—），男，正高级工程师，主要从事气候变化与水资源研究工作。

总库容 12.58 亿 m³，调洪库容 8.79 亿 m³，兴利库容 5.15 亿 m³，设计洪水位 147.53 m，校核洪水位 152.96 m。目前水库的防洪标准是 500 年一遇洪水设计，10 000 年一遇洪水校核，是一座以防洪为主，兼顾城市供水、灌溉、发电等综合利用的大（1）型水库，工程等级为一级。具体位置见图 1。本文选择流域内及周边范围内灵丘、涞源、曲阳、阜平、唐县 5 个气象站 2006—2013 年的逐日降水、温度、风速等气象数据，代表性水文站西大洋水库站（E114.78°，N38.73°）1961—2018 年的入库径流数据，流域 2001—2018 年的 MODIS 植被数据，其中水文气象数据主要来源于中国气象数据网及海河流域水文年鉴，植被类型数据来源于美国国家航空航天局发布的 MODIS 产品 MCD12Q1（https：//ladsweb. modaps. eosdis. nasa. gov/search/order/1/MCD12Q1-6）。

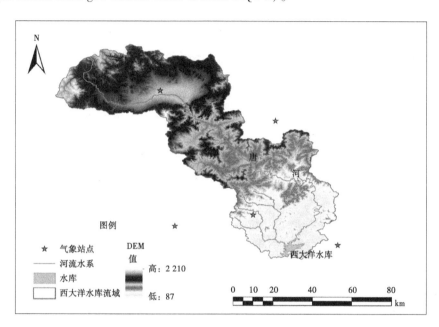

图 1 研究区域

3 研究方法

　　DHSVM 是美国西北太平洋国家实验室研发成功的一种分布式水文模型[8]，该模型基于流域 DEM 对划定的网格蒸散发、积雪融化、土壤水运动、产流等水文过程进行动态模拟[9]，主要包括蒸散发、积雪、融雪、不饱和土壤水分运动、饱和土壤水分运动、坡面汇流和河道汇流七大模块[10]。模型以 DEM 的节点为中心，将实际所研究的流域简化为比较有规则的网格，并逐个网格对流域水文过程进行动态模拟，不过由于所处的空间位置不同，且在模型内会对每个网格设置各自的植被类型和土壤等属性，在所设置的时间步长内，模型能够通过内部存储的复杂物理过程，对于每个网格都联立水量平衡和能量平衡方程并进行求解，根据每个网格的水文过程模拟得到全流域水文过程的变化，其中相邻网格间水流交换的实现主要通过壤中流和地表径流的形式[11]。本次模拟中每个单元格的水量平衡公式为：

$$\Delta S_{s1} + \Delta S_{s2} + \Delta S_{s3} + \Delta S_{io} + \Delta S_{iu} + \Delta W = P - E_{io} - E_{iu} - E_{to} - E_{tu} - E_s - P_2 \qquad (1)$$

式中：ΔS_{s1}、ΔS_{s2}、ΔS_{s3} 分别为上、中、下层土壤水分增量；ΔS_{io}、ΔS_{iu} 分别为上、下冠层植被截留的降水量；ΔW 为积雪变化量；P 为降水量；E_{io}、E_{iu} 分别为上、下冠层植被蒸发量；E_{to}、E_{tu} 分别为上、下冠层植被蒸腾量；E_s 为土壤层水分蒸发量；P_2 为下层土壤下渗水量。

　　采用线性趋势法[12] 和 Kendall 秩次相关检验法[13] 两种方法作为互补，对径流量序列进行趋势分析。其中线性趋势主要是在水文要素和时间之间建立线性回归方程，进而检验水文气象序列随着时间序列是否存在递增或递减的趋势；Kendall 秩次相关检验法主要是对已有的水文要素序列构建相关

统计量 U，通过比较得到统计值的绝对值 $|U|$ 与一定显著性水平 α 下的临界值 $U_{\alpha/2}$ 对比，如果 $|U| > U_{\alpha/2}$，则说明变化显著，而且当 $U > 0$ 时序列变化属于显著上升，$U < 0$ 时序列属于显著下降。若 $|U| < U_{\alpha/2}$，则表示水文要素序列变化趋势不显著。

4 基于 DHSVM 模型的模拟分析

4.1 模型构建与验证

模型驱动数据主要包括流域坐标、时间选项、地形、气象、土壤、植被类型等，输入西大洋水库流域范围，并将逐日的降水、平均气温、风速、相对湿度、短波和长波辐射作为气象数据输入，土壤数据根据 HWSD（Harmonized World Soil Database）土壤数据建立，选择逐年土地利用作为输入，且土地利用类型按照 IGBP 全球植被分类计划进行划分；植被数据选择 MODIS 植被产品作为输入。考虑到流域面积及地理位置，为得到更准确的气象数据，选择流域及其周围的灵丘、涞源、曲阳、阜平、唐县 5 个气象站的逐日降水、温度、风速等气象数据，而根据对其数据范围的掌握，本文使用气象数据的终止年份为 2013 年，考虑数据获取及模型运行情况，模型模拟的时间范围选择所有数据集的交集，因此输入 2006—2013 年所需的驱动数据，并选择 2006 年、2007—2010 年、2011—2013 年分别作为预热期、率定期和验证期。

为评估模拟结果与实测结果的差异，采用纳什效率系数（NSE）、决定系数（R^2）作为评估指标，其中 NSE 和 R^2 越接近于 1，说明模拟序列与实测序列相关程度越高。对比西大洋水库以上流域模拟与实测径流值，结果表明模拟与实测序列较为一致，对于日径流模拟，西大洋水库流域在率定期 NSE = 0.68、R^2 = 0.73，验证期 NSE = 0.61、R^2 = 0.66。月径流过程与实测过程较为接近，西大洋水库以上流域的 NSE 为 0.82，R^2 均在 0.8 以上。因此，可认为本次构建的模型能较好地模拟西大洋水库以上流域的水文过程。

4.2 模型模拟结果分析

由于研究区域内城市建筑等用地占土地利用总面积的比例较小，因此进一步整理模型模拟结果，对比分析主要土地利用类型（耕地、林地、草地）实际蒸散发及土壤含水量的年际、年内变化，结果如下。

（1）不同植被下的实际蒸散发变化。

根据模型模拟得到流域 2006—2013 年实际蒸散发量，模拟结果如图 2 所示。流域内林地、草地和耕地的实际蒸散发量，三者实际蒸散发量的年际年内变化如图 3、图 4 所示。林地、草地和耕地实际蒸散发量的年均值分别为 507 mm、456 mm 和 533 mm，对于实际蒸散发量年均值的顺序为：耕地 > 林地 > 草地，耕地比林地偏高约 26 mm，比草地偏高约 77 mm。对不同植被实际蒸散发量的年内变化进行分析，三者的实际蒸散发量的月均值在 1—2 月和 12 月均较小，在 2—6 月呈现显著的上升趋势，6—8 月维持在一定范围内，9—11 月呈现显著的下降趋势。

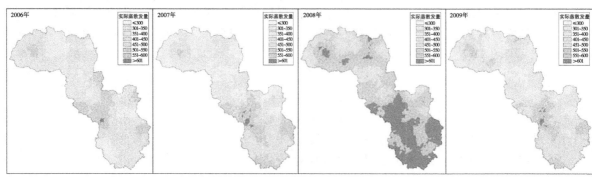

图 2　西大洋水库以上流域实际蒸散发变化（2006—2013 年）

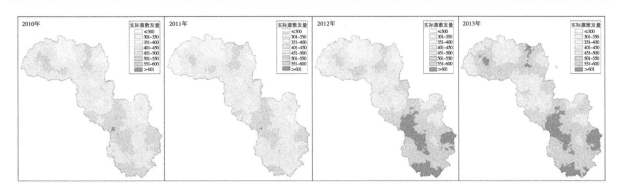

续图 2

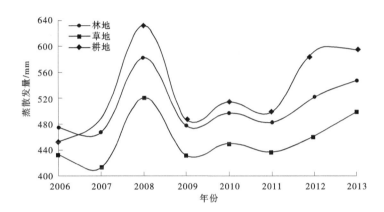

图 3 林地、草地、耕地的实际蒸散发量年际变化

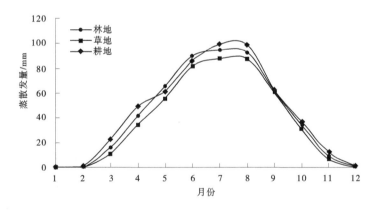

图 4 林地、草地、耕地的实际蒸散发量年内变化

（2）不同植被下的土壤含水量变化。

根据模型模拟得到流域 2006—2013 年土壤含水量，模拟结果如图 5 所示。流域内林地、草地和耕地土壤含水量的年际与年内变化如图 6、图 7 所示。三者的年际变化基本一致，林地、草地和耕地土壤含水量的年均值分别为 186 mm、124 mm 和 181 mm，土壤含水量的年均值变化顺序为：林地>耕地>草地，但是林地和耕地基本相差不大，林地比草地偏高约 60 mm。对不同植被土壤含水量的年内变化进行分析，草地在 1—12 月土壤含水量的月均值均小于林地和耕地，且三者土壤含水量的月均值在 4—6 月均较小。

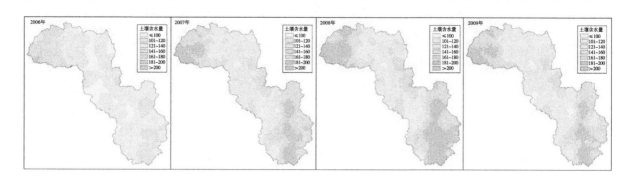

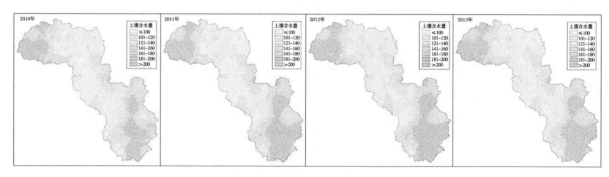

图 5　西大洋水库以上流域土壤含水量变化（2006—2013 年）

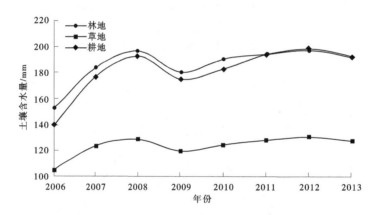

图 6　林地、草地、耕地的土壤含水量年际变化

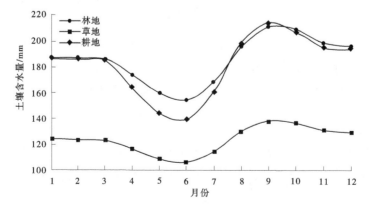

图 7　林地、草地、耕地的土壤含水量年内变化

5　讨论

用线性回归法分析西大洋水库 1961—2018 年年入库径流量的变化趋势，数据序列及拟合的线性趋势结果见图 8，年入库径流量序列呈现显著减小的趋势。利用 Kendall 秩次相关检验法对水库的年入库径流量序列进行趋势检验，序列统计量 U 的值为 -4.26，$|U|$ 大于显著性水平 $\alpha = 0.1$ 和 $\alpha = 0.05$ 下的双尾检验临界值（1.64 和 1.96），说明在 $\alpha = 0.1$ 及 $\alpha = 0.05$ 的显著性水平下年径流量序列呈现显著的变化，且为下降趋势。

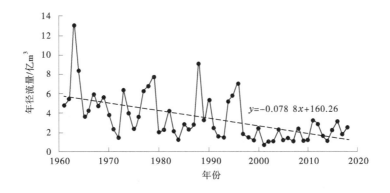

图 8　站点年径流量序列变化

利用 MODIS 数据分析西大洋水库以上流域 2001—2018 年的植被变化情况，产品根据 IGBP（International Geosphere Biosphere Programme）全球植被分类计划将植被类型共划分为 17 类，其空间分辨率为 500 m，分辨率较高，其结果能反映近年区域植被变化情况。植被数据表明：西大洋水库流域草地、密闭灌丛面积下降，稀树草原面积增加，如图 9 所示。选取 2001 年和 2018 年主要植被（草地、耕地、稀树草原及密闭灌丛）占比变化进行分析，如表 1 所示。相较于 2001 年，西大洋水库流域草地面积减少，2018 年占比较 2001 年下降 3.6%，耕地面积占比变化基本不变，稀树草原面积占比增加至 5.8%，较 2001 年占比增加 2.2 倍，密闭灌丛面积占比减少约 50%。

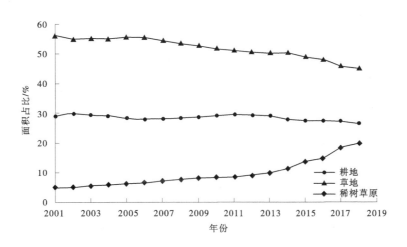

图 9　大清河山区主要土地覆被面积变化

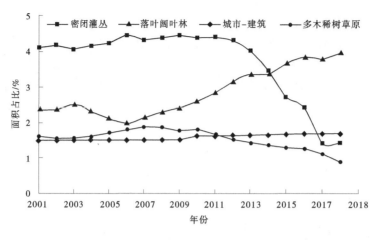

续图 9

表 1　流域主要植被覆盖占比变化　　　　　　　　　　　　　　　　　　　　　%

区域	年份	草地	耕地	稀树草原	密闭灌丛
西大洋水库流域	2001	67.5	28.3	1.8	1.1
	2018	63.9	28.0	5.8	0.6

如果其他外部条件不变，相同降水量条件下，草地的实际蒸散发量小于林地和耕地，草地向林地转化会导致流域的实际蒸散发量增加，进而会减少流域的产流量；此外，由于林地和耕地的土壤含水量大于草地，流域土壤蓄水能力增加将更有利于地表水下渗补给地下水体，进而导致流域产流量减少。因此对于西大洋水库流域，近年来草地转化为林地，会使流域产流量减少，随着植树造林等水土保持措施的持续实施，流域地表水资源短缺形势可能更为严峻。模拟结果表明了植被变化对产流量变化影响较大。除植被变化外，气候、水利水保工程等也是径流变化的重要原因。定量分析不同驱动因素对于流域实测径流量变化的贡献非常重要，需要进一步深入研究。

6　结论

本文基于 DHSVM 水文模型对流域实际蒸散发量和土壤含水量进行模拟，以及对西大洋水库流域年径流量序列的整体趋势、植被类型变化情况分析，主要有以下结论：

（1）模型模拟结果表明，实际蒸散发量年均值的顺序为：耕地>林地>草地，耕地比林地偏高约 26 mm，比草地偏高约 77 mm。土壤含水量的年均值顺序为：林地>耕地>草地，但是林地和耕地基本相差不大，林地比草地偏高约 60 mm。

（2）相同降水量条件下，流域草地转化为耕地和林地，其他外部条件保持不变，草地的实际蒸散发量小于林地和耕地，而林地和耕地的土壤水量大于草地，能够储蓄更多水量，那么流域的实际蒸散发量和土壤含水量增加，下渗量增加，会导致流域的产流量减少。西大洋水库以上流域草地、密闭灌丛面积下降，林地面积增加可能是年入库径流量显著下降的一个重要原因。后续研究将结合其他下垫面变化因素进一步分析径流衰减的成因及各因素的贡献。

参考文献

［1］严登明，翁白莎，宋新山，等．那曲流域草地覆盖变化对降雨产流过程的影响［J］．水资源保护，2019，35（6）：44-51.

［2］Yuan Z, Yan D, Xu J, et al. Effects of the precipitation pattern and vegetation coverage variation on the surface runoff characteristics in the eastern Talhang Mountain ［J］. Appl Ecol Environ Res, 2019, 17（3）：5753-5764.

［3］李怀恩, 赵静, 王清华, 等. 黄土区坡面与小流域植被变化的水文效应分析 ［J］. 水力发电学报, 2004（6）：98-102.

［4］刘昌明, 李艳忠, 刘小莽, 等. 黄河中游植被变化对水量转化的影响分析 ［J］. 人民黄河, 2016, 38（10）：7-12.

［5］陈玫君, 穆兴民, 高鹏, 等. 北洛河上游径流变化特征及其驱动因素研究 ［J］. 中国水土保持科学, 2018, 16（6）：1-8.

［6］魏玲娜, 陈喜, 王文, 等. 基于水文模型与遥感信息的植被变化水文响应分析 ［J］. 水利水电技术, 2019, 50（6）：18-28.

［7］郝振纯, 苏振宽. 土地利用变化对海河流域典型区域的径流影响 ［J］. 水科学进展, 2015, 26（4）：491-499.

［8］Wigmosta M S, Vail L W, Lettenmaier D P. A distributed hydrology-vegetation model for complex terrain ［J］. Water resources research, 1994, 30（6）：1665-1679.

［9］熊立华, 郭生练. 分布式流域水文模型 ［M］. 北京：中国水利水电出版社, 2004：179-197.

［10］Wigmosta M S, Nijssen B, Storck P, et al. The Distributed Hydrology Soil Vegetation Model ［J］. Mathematical Models of Small Watershed Hydrology & Applications, 2002, 22（21）：4205-4213.

［11］EH, Link, TE, et al. Validation and sensitivity test of the distributed hydrology soil-vegetation model（DHSVM）in a forested mountain watershed ［J］. HYDROL PROCESS, 2014, 28（26）：6196-6210.

［12］闫宝伟, 潘增, 薛野, 等. 论水文计算中的相关性分析方法 ［J］. 水利学报, 2017, 48（9）：1039-1046.

［13］鲁帆. 中长期径流预报技术与方法 ［M］. 北京：中国水利水电出版社, 2012.

无线遥控雷达波测流系统
在顺峰水文站的应用分析探讨

朱志杰[1,2]　罗爱招[1,2]　周小莉[1,2]　魏超强[1,2]　谢储多[1,2]

（1. 赣江中游水文水资源监测中心，江西吉安　343000；

2. 鄱阳湖水文生态监测研究重点实验室，江西南昌　330002）

摘　要：针对吉安地区中小河流洪水特性陡涨陡落、历时短，巡测大队又存在辖区点多面广的情况，流域大洪水期间进行流量巡测全覆盖存在很大困难。为推进中小河流水文站水文现代化水平，赣江中游水文水资源监测中心引进了缆道式遥控雷达波测流系统。本文依据顺峰水文站 2022 年洪水过程资料，对该系统的分析率定、误差分析、成果验证进行了分析。结果表明，雷达波测流系统在中高水时各项测量指标符合《河流流量测验规范》（GB 50179—2015）[1] 的要求，解决了中高水测验困难的问题，减轻了劳动力，可以在其他水文测站推广与应用。

关键词：无线遥控移动雷达波测流系统；线性关系；率定分析；水位流量关系曲线检验

针对吉安地区中小河流洪水特性陡涨陡落、历时短，巡测大队又存在辖区点多面广的情况，流域大洪水期间进行流量巡测全覆盖存在很大困难。尤其是顺峰水文站位置偏远，巡测不便；高洪水时漂浮物多，采用传统设备入水测流不安全，应用无线遥控雷达波测流系统（简称雷达波测流系统）进行流量测验十分必要。为此，赣江中游水文水资源监测中心在顺峰水文站安装雷达波测流系统，通过与 2022 年洪水过程走航式 ADCP 实测资料进行对比分析，率定相关系数并进行成果验证，探索雷达波测流系统应用的可行性。

雷达波测流系统的应用分析研究在我国各个流域多有报道，吕清华等[2] 采用归一算法探索出符合水文特点的河道流量测验方法，分别绘制水位-实测流量、指标流量关系曲线，计算出不同水位下的比值 K，并点绘相应水位与雷达波系数 K 关系曲线图进行三线检验，结果符合《水文资料整编规范》（SL/T 247—2020）[3] 规定；钟维斌等[4] 通过点绘雷达波虚流量与对比系数 K 关系图分析雷达波测流系统各流量级的稳定性，对各流量级实测流量级雷达波虚流量关系曲线进行三线检验，通过对突出点的分析探索了风力风向及雨强对雷达波测流的影响；邓云升等[5] 通过建立雷达波虚流量与实测流量的比对系数 K，采用算术平均法确定综合 K 值，建立水位-雷达波流量关系曲线，后采用实测流量通过关系线三线检验。

1　基本情况

顺峰水文站位于江西省万安县顺峰镇顺峰村，是遂川大队所辖最远的一个中小河流水文站，距大队近 150 km，巡测人员到达现场进行流量测验需近 4 h。属长江流域赣江水系白鹭水，测验断面集水面积 154 km²，属中小河流水文站、巡测站。

测验河段顺直，水流平稳，两岸均有护坡，能控制到调查最高洪水位，上下游邻近无干、支流汇入，测流断面下游 110 m 处有 1 座实用堰，对本站低水流量测验影响较大。

作者简介：朱志杰（1988—），男，本科，主要从事水文测验工作。

顺峰水文站是典型的山区性河流,洪水主要集中在汛期,洪水过程陡涨陡落,洪峰持续时间短,中高水时河道受自然冲淤变化。一定时段内水位流量关系相对稳定,全年采用临时曲线法定线推流。

2 雷达波测流系统介绍

2.1 仪器简介

雷达波测流系统由简易缆道、雷达测速传感器 S3 SVR(测速范围 0.50~18.00 m/s,测速精度 ±0.05 m/s,最大测程 100 m)、自动行车、测流控制器、太阳能供电系统和水位计构成。

2.2 雷达波测流系统原理与工作方式

雷达波测流系统通过仪器自身在缆索上精确移动定位起点距,采用以非接触方式测量水道断面上若干条垂线表面流速,继而得到若干条垂线间断面平均流速,根据实测的断面资料来完成断面流量的计算与传输。

流速测量利用多普勒频移效应原理,仪器发送固定频率雷达波(34.7 GHz)斜向射到水面,一部分雷达波被水面波浪反射回来,反射回来的雷达波产生多普勒频移信息被仪器接收,测出反射信号和发射信号的频差,计算出水面波浪的流速,由于水的表面是波浪的载体,可以认为波浪和水面流速相同。顺峰水文站为三类精度站,垂线测速外包线控制在 ±15%,即同一测速垂线位置最大、最小值不大于 30%[2]。

3 分析率定

3.1 分析方法

采用走航式 ADCP 与雷达波测流系统同步施测,按照不同水位级布置施测号数,测次分布基本均匀合理。雷达波测流系统基于多普勒测速原理,流速越大,漂浮物越多,反射波越强,系统工作越稳定[2],计算雷达波虚流量与 ADCP 实测流量的对比系数,以 ADCP 实测流量为纵坐标,雷达波虚流量为横坐标建立相关关系图,并进行线性相关性分析[5]。

3.2 资料收集情况

比测资料采用 2022 年 4 月 26—27 日实测流量资料,合计 9 次实测流量,实测最高水位 103.12 m,2022 年最高水位为 103.14 m。根据 2022 年实测资料点绘顺峰水文站三关线,通过水位-流速关系曲线得出,水位在 102.50 m 以下断面平均流速小于 0.43 m/s,超出雷达波测流系统测速范围且通过原始资料看出雷达波测流系统大部分垂线丢失流速。本次雷达波测流系统分析资料选取全年水位在 102.50 m 以上的资料合计 33 测次,测次水位范围为 102.51~103.14 m,与 ADCP 实测流量测次范围基本一致。

3.3 水位流量关系分析

点绘水位-ADCP 实测流量关系曲线见图 1,并做三种检验,进一步分析确定所定水位-流量关系的合理性和对定线推流的精度进行评价。通过表 1 可知,水位-实测流量关系曲线检验合格。

3.4 对比系数分析

计算 ADCP 实测流量资料时间同步的雷达波测次相对应的对比系数,建立线性相关图。率定系数过程见表 2、图 2。分析得出:计算表采用算术平均法取两位小数为 0.84。关系图线性关系分别为 0.846 3,R^2 为 0.992 4,可采用算术平均法取两位小数为 0.84 作为流量系数。

3.5 率定系数误差分析

根据雷达波系统流量 $Q_{雷}$ 与雷达波系统虚流量 $Q_{虚}$ 的相关关系 0.84,计算雷达波系统流量 $Q_{雷}$,分析 $Q_{雷}$ 与实测流量 $Q_{实}$ 的误差,相对误差精度不大于 10% 的合格率达 100%,平均误差为 0.26%,见表 3。

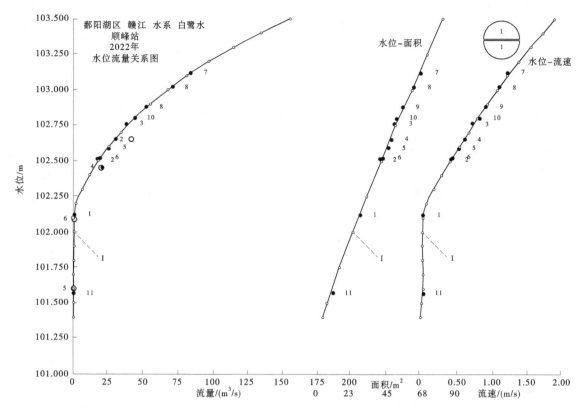

图 1 水位-ADCP 实测流量关系曲线

表 1 水位-ADCP 实测流量关系曲线三项检验

名称	数值	是否合理
符号检验	0	是
适线检验	−1.58	是
偏离数值检验	−0.40	是
标准差	6.1	是
系统误差	−0.7	是

表 2 ADCP 实测流量与雷达波虚流量对比系数计算

雷达波测次号	雷达波测流水位/m	雷达波虚流量/（m³/s）	ADCP 实测流量/（m³/s）	虚流量与实测流量的比值
20	102.52	23.1	17.8	0.77
22	102.75	42.4	38.2	0.9
24	102.69	37.7	30.7	0.81
26	102.59	29.3	25.7	0.88
29	102.53	24.8	20.4	0.82
35	103.14	102.0	84.8	0.83
36	103.01	80.3	71.7	0.89
37	102.91	64.5	52.6	0.82
38	102.81	53.2	44.3	0.83
平均				0.84

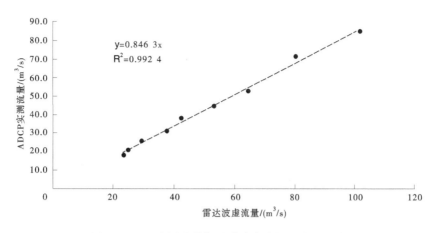

图 2 ADCP 实测流量与雷达波虚流量对比系数关系

表 3 雷达波系统流量 $Q_雷$ 误差评定

测次号	雷达波测流水位/m	雷达波虚流量/(m³/s)	ADCP 实测流量/(m³/s)	$Q_雷$/(m³/s)	相对误差/%
20	102.52	23.1	17.8	19.4	9.0
22	102.75	42.4	38.2	35.6	−6.8
24	102.69	37.7	30.7	31.7	3.3
26	102.59	29.3	25.7	24.6	−4.3
29	102.53	24.8	20.4	20.8	2.0
35	103.14	102.0	84.8	85.7	1.1
36	103.01	80.3	71.7	67.5	−5.9
37	102.91	64.5	52.6	54.2	3.0
38	102.81	53.2	44.3	44.7	0.9
平均值					0.26

将本次雷达波测流系统 102.50 m 以上的 33 测次全部采用系数 0.84 换算成 $Q_雷$，将 33 个测次 $Q_雷$ 与水位-实测流量关系曲线进行三项检验和标准差计算，验证所确定的流量系数的合理性。结果（见表 4）表明：标准差为 5.4%，随机不确定度为 10.9%，系统误差为 1%，参照三类站定线精度要求，所有指标均符合水文规范要求。

表 4 $Q_雷$ 与水位-实测流量关系曲线三检成果

名称	数值	是否合理
符号检验	0.35	是
适线检验	−0.53	是
偏离数值检验	1.01	是
标准差	5.4	是
系统误差	1	是

4 成果验证

4.1 流量过程线对比

选取 2022 年 4 月 27 日 2 时 40 分至 4 月 28 日 20 时单次洪水过程，分别采用 ADCP 实测流量临时曲线推求的流量过程线，与雷达波流量过程线进行对比，见图 3。可见流量过程基本一致。

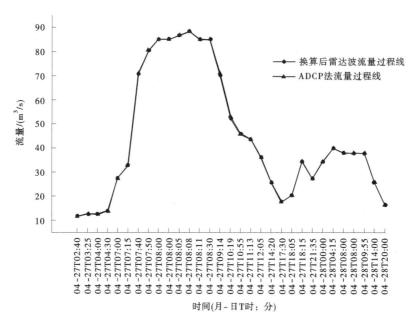

图 3　流量过程对比

4.2 最大次洪总量对比

根据表 5 单次洪水过程误差洪水总量和洪峰流量误差均较小，在误差范围内，率定关系合理[6]。

表 5　次洪径流总量对比

洪水时间 （月-日 T 时：分）	洪水总量/亿 m³			洪峰流量/（m³/s）		
	ADCP 法	在线雷达波	误差	ADCP 法	在线雷达波	误差
04-27T02：40— 04-28T20：00	0.049	0.049	0	88.5	87	-1.7

5 结论

本文对顺峰水文站雷达波在线监测系统的分析率定、误差分析等进行了研究，结果表明，比测期间雷达波在线测流系统总体运行良好，系数率定为 0.84，线性相关关系显著，精度满足水文资料整编要求，可以作为顺峰水文站流量 102.50 m 水位以上的常规测验方法使用。

虽然雷达波测流系统在使用中具有一定局限性，比如小流速测验效果较差，受风速及雨强影响，但相对于传统测流方法来说，不仅可以解决高洪时期漂浮物较多的影响，还可以实现自动、完整、高效的流量测验，提高了测流成果的时效性，能有效解决巡测大队辖区点多面广流域大洪水期间进行流量巡测全覆盖的难题。此系统可以在流速较大的山区性河流水文测站推广与应用，为实现水文现代化、自动化提供了有效技术支撑。

参考文献

［1］中华人民共和国住房和城乡建设部. 河流流量测验规范：GB 50179—2015［S］. 北京：中国计划出版社，2016.

［2］吕清华. 非接触式雷达波测流技术在大路铺水文站的应用［J］. 水利科技与经济，2022（3）：7-11.

［3］中华人民共和国水利部. 水文资料整编规范：SL/T 247—2020［S］. 北京：中国水利水电出版社，2021.

［4］钟维斌. 雷达波在线测流系统在屯溪水文站的应用［J］. 水资源开发与管理，2022（6）：68-73.

［5］邓云升. 周家河水文站无线遥控雷达波测流系统系数率定分析［J］. 陕西水利，2022（7）：55-57.

［6］中华人民共和国水利部. 水文巡测规范：SL 195—2015［S］. 北京：中国水利水电出版社，2016.

闽江南北港涨落潮分流比变化特征分析

余志明[1]　邹清水[1]　谌颖琪[2]　徐　普[2]　王立辉[2]

（1. 福建省水文水资源勘测局闽江河口水文实验站，福建福州　350000；
2. 福州大学土木工程学院，福建福州　350108）

摘　要：闽江下游南、北港分流比变化导致河道剧烈演变带来巨大安全隐患，本文根据南、北港分流状况复杂的特性对其涨落潮分流比进行了重新定义，并基于2020年科贡断面实测流量数据和文山里、解放大桥等潮位站的资料对南、北港涨落潮的分流比变化特征进行探究。结果表明：南、北港分流比在大小潮期内变化复杂是由闽江下游径潮动力的相互作用，流态复杂等因素所导致；南、北港分流比在涨潮时段和落潮时段，分流比特征差异明显；南、北港涨落潮分流比的变化特征受到南北河道高程差异及流速因素的影响，其形成机制较为复杂，需要进一步的分析水动力成因。

关键词：闽江下游；涨落潮；分流比；特征分析

1　引言

闽江发源于闽、浙、赣三省交界的武夷山脉，由发源地至长门河口长度为541 km，流域总面积60 992 km²，是福建省最大的河流。闽江下游分为南、北两港，近几十年来，因河道演变和上下游径潮动力边界条件的变化，南、北港分流比发生改变。杨首龙[1] 等对闽江南、北港分流比变化进行时段划分，并分析了各时段南、北港分流比变化的定量数据及形成原因。陈兴伟[2] 等结合历史实测资料，对闽江下游河道枯水条件下水动力特性及其变化进行了分析，认为河道干流及南、北港河道河床严重下切是枯水动力条件变化的主要原因。潘东曦[3] 基于2003—2015 年实测河道地形资料，分析南、北港河道横向、纵向及平面的演变特征，研究其演变机制。认为南、北港河床变化导致分流比变化，北港分流比呈不断减小趋势。因分流比变化导致闽江下游河道演变较剧烈，给南、北港防洪、航运、桥梁、码头、堤防、用水安全等带来一系列影响，因此对闽江南北港涨落潮分流比变化特征分析具有重要意义[4-5]。

2　研究背景与涨落潮分流比定义

2.1　研究背景

闽江水口以下称下游，从水口至长门主河道长 117 km。水口至竹岐段长 46 km；竹岐至淮安段长 14 km。自淮安起，河道在福州市南台岛的分割下形成了南、北港，分别绕岛两侧流向下游。南港经乌龙江大桥至罗星塔长约 34 km，河道宽浅、洲滩多，洪水期成为主要泄洪排沙河道，北港穿过福州市区至罗星塔长约 32 km，河道窄深常流水，为通航河道。南北两港在罗星塔汇合后转向东北流经闽安峡谷至长门入海口[6]。

本文主要基于2020年科贡断面实测流量数据及闽江下游文山里、解放大桥等潮位站收集的资料，对闽江南、北港涨落潮分流比展开分析。闽江下游形势图及潮位站点分布如图1所示。

作者简介：余志明（1964—），男，高级工程师，站长，主要从事水文水资源研究工作。

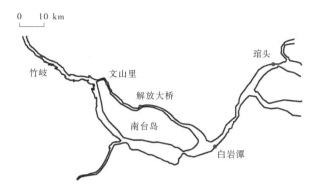

图 1　闽江下游形势与各潮位站点位置分布

2.2　南、北港涨落潮分流比

分汊河道是由多条河槽组成的水道，这些河槽通常来自同一主干，但在向下游移动时，它们不断分开，相互汇通和重新汇合在一起。分流入各汊道的水量占流经所有汊道的总水量之比即为分流比[7]。对于有潮河口来说，分流比可分为潮流分流比与径流分流比两种形式，闽江下游南北港既包含径流又包含潮流，分流状况较为复杂，现有水文资料分析表明，原来用竹岐站和文山里站的流量资料来分析闽江南、北港分流比的方法，无法反映因潮流作用加强对闽江下游南北港分流的作用，因此需要重新定义南、北港涨落潮分流比[8-9]。

涨落潮分流比是指在一个涨潮或落潮全过程中通过闽江南北港之间，含边滩和主槽在内全部断面的涨潮、落潮量占同步测得的南、北港涨潮、落潮总量的百分比。设南、北港的断面流量分别为 Q_S、Q_N，则南、北港的分流比为

$$\mu_N = \frac{Q_N}{Q_N + Q_S}$$
$$\mu_S = \frac{Q_S}{Q_N + Q_S} \tag{1}$$

式中：S、N 分别表示南、北港。感潮河段全潮平均分流比是指全潮过程中，分流入南北港的总水量占流经南、北港总水量的百分比。涨潮分流比是指在涨潮全过程中，南、北港的涨潮量占同步测得的南北港涨潮总量的百分比；落潮分流比是指在落潮全过程中，南、北港的落潮量占同步测得的南北港落潮总量的百分比。

$$\overline{\mu_N} = \frac{\sum T_i Q_{Ni}}{\sum T_i Q_{Ni} + \sum T_i Q_{Si}}$$
$$\overline{\mu_S} = \frac{\sum T_i Q_{Si}}{\sum T_i Q_{Ni} + \sum T_i Q_{Si}} \tag{2}$$

3　结果分析与讨论

3.1　计算结果分析

本文收集了 2020 年 9 月 1 日至 11 月 19 日南港科贡断面的实时流量，对北港文山里断面，则由文山里和解放大桥的实测水位应用流量水位落差计算表计算获得数据，根据文山里潮位过程线，制作成以 24 h 为间距的潮周期科贡和文山里断面分流比变化图，从中选取典型小潮和大潮全潮期，分析闽江下游南、北港分流比在潮周期内的变化规律。

2020 年 10 月 4—5 日是大潮期，根据南港科贡断面的实测数据和文山里水文站的推算流量，统

计大潮期闽江下游南北港分流比特征，如图 2 和图 3 所示。

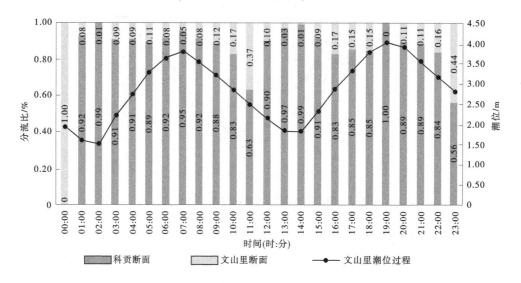

图 2　2020 年 10 月 4 日闽江南北港文山里与科贡断面逐时分流比

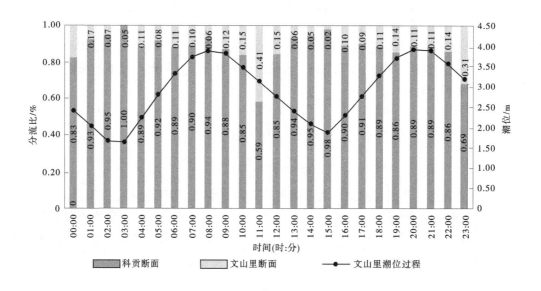

图 3　2020 年 10 月 5 日闽江南北港文山里与科贡断面逐时分流比

由图 2、图 3 可知，北港文山里断面的平均分流比为 0.14，南港科贡断面为 0.86。北港文山里断面涨潮段平均分流比为 0.08，随着潮位的上涨，分流比有增加的趋势；落潮段平均分流比为 0.12，随着潮位的降低，分流开始增加，随后随潮位的降低而减小。在大潮期间，文山里断面最大分流比发生在涨憩后 3~4 h，分流比在 0.30 以上。

2020 年 10 月 10—11 日是小潮期，闽江下游南北港分流比特征如图 4 和图 5 所示。

由图 4、图 5 可知，北港文山里断面的平均分流比为 0.26，南港科贡断面为 0.74。北港文山里断面涨潮段平均分流比为 0.21，随着潮位的上涨，分流比有增加趋势；落潮段平均分流比 0.33，随着潮位的降低，分流比开始增加，随后随潮位的降低而减小。在小潮期间，文山里断面最大分流比发生在涨憩后 1~2 h，分流比在 0.30 以上。

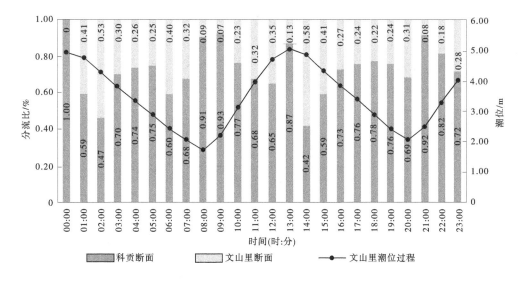

图 4　2020 年 10 月 10 日闽江南北港文山里与科贡断面逐时分流比

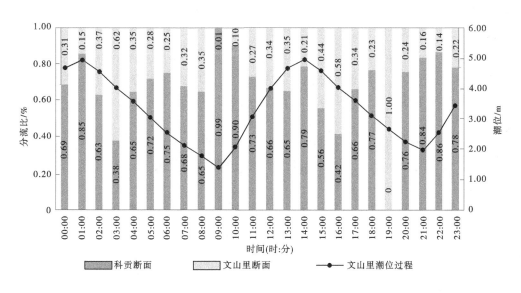

图 5　2020 年 10 月 11 日闽江南北港文山里与科贡断面逐时分流比

　　上述分析表明，闽江下游南、北港分流比在大潮期和小潮期内变化复杂，主要是由闽江下游径潮动力的相互作用、流态复杂等因素所导致。

3.2　分流比特征分析

　　为更好地统计闽江下游南、北港分流比的一般规律，统计过程中，扣除南港科贡断面和北港文山里断面分流比为 1.0 和 0 等奇异值。

3.2.1　全潮分流比

　　根据 2020 年 9 月 1 至 11 月 19 日期间闽江南港科贡断面的实测数据和北港文山里断面水位推算流量数据，统计得出闽江下游北港文山里断面分流比为 0.20，南港科贡断面分流比为 0.80。对比相关研究报告的结论，本次分析的结果与现有闽江下游南、北港分流比研究结果基本一致[10]。进一步应用计算获得的闽江下游南、北港逐时分流比数据，与文山里水文站的逐时潮水位数据进行逐级分析，获得文山里断面在不同潮水位情况下的分流比情况，如图 6 所示。

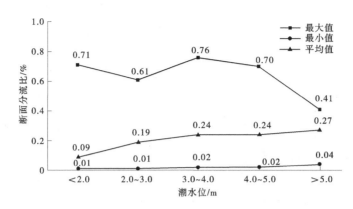

图 6 2020 年 9 月 1 日至 11 月 19 日不同潮水位工况下文山里断面分流比

由图 6 可知，在不同潮水位情况下，闽江下游北港文山里断面分流比有如下特征：

（1）闽江下游北港文山里断面的平均分流比随潮水位的增加而增加，这种变化规律反映了闽江下游分流比在低水位情况下，南港科贡断面底高程较文山里断面低，在底床坡降作用下，南港科贡断面为闽江主要过流通道的现状；随着潮水位的增加，南北港底床坡降作用减小，侯官与科贡、文山里断面之间的水面线比降趋同，因此在高潮水位情况下，闽江下游南北港分流比主要与流量断面面积和过流宽度有关。

（2）闽江下游北港文山里潮水位大于或等于 2.0 m 时，文山里断面平均分流比为 0.19～0.27，与全潮期统计的南、北港文山里断面的分流比基本接近。表明闽江下游南、北港平均分流比统计指标，对文山里潮水位大于或等于 2.0 m 情况具有指示作用。

3.2.2 涨落潮过程分流比

根据 2020 年 9 月 1 日至 11 月 19 日期间闽江南港科贡断面的实测数据和北港文山里断面水位推算流量数据，统计分析闽江下游南、北港分流比在潮流周期涨落潮时段的最大值、最小值和平均值，如表 1 所示。

表 1 2020 年 9 月 1 日至 11 月 19 日文山里断面涨落潮过程分流比变化特征

项目	涨潮	落潮	涨憩时刻	落憩时刻	涨潮段最大分流比	落潮段最大分流比
最大值	0.76	0.71	0.41	0.52	0.76	0.71
最小值	0.02	0.03	0.02	0.01	0.10	0.12
平均值	0.19	0.25	0.15	0.07	0.28	0.44

由表 1 可知，闽江下游北港文山里断面分流比有如下特征：

（1）涨潮平均分流比 0.19，落潮平均分流比 0.25。涨潮时段，南、北港下游通过下门洲北港进潮量比例，较落潮时段，南北港上游通过文山里断面北港退潮量小。说明目前南港是闽江下游涨落潮的主要通道。

（2）涨憩时刻文山里平均分流比与涨潮时段的平均分流比差别不大，表明北港文山里在涨潮及涨潮最后时刻（潮周期中高潮水位）的平均分流比主要受南、北港过流断面面积和断面宽度的控制。

（3）落憩时刻北港文山里断面平均分流比为 0.07。表明北港文山里在落潮最后时刻（潮周期中潮水位最低）的平均分流比较落潮时段小，南北港的分流比与河道底床高程比降及水面线比降有关，南港为主要落潮流通道。

应用计算获得的闽江下游南北港涨落潮时段的最大值、最小值和平均值分流比数据，与文山里水文站的逐时潮水位数据进行逐级分析，获得文山里断面在不同潮水位情况下的闽江下游南北港涨落潮时段的分流比特征，如图7所示。

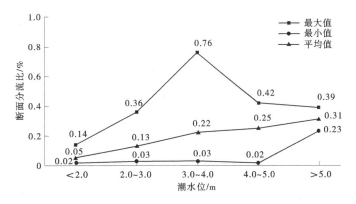

（a）涨潮断面分流比

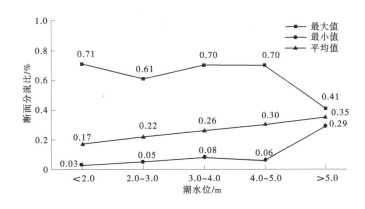

（b）落潮断面分流比

图7　2020年9月1日至11月19日不同潮水位工况文山里断面涨落潮时段分流比

由图7可知，在不同潮水位情况下，闽江下游北港文山里断面分流比有如下特征：

（1）闽江下游北港文山里断面的涨落潮平均分流比，随潮水位的增加而增加，且分流比为0.05～0.35；同一潮水位，涨潮平均分流比小于落潮平均分流比，表明南港为闽江下游涨落潮主要通道，且涨潮和落潮的影响因素有所差别。

（2）从不同潮水位情况分析，涨落潮时段，北港文山里断面分流比的最大值、最小值变化分析。潮水位在5.0 m以下涨潮时段，分流比的最大值为0.14～0.76，变化幅度较大；潮水位在5.0 m以下落潮时段，分流比的最大值为0.61～0.71，变化较稳定。

（3）从不同潮水位情况下，北港文山里断面涨落潮时段分流比的最小值变化均为小值。分析原因，北港文山里断面在不同潮水位情况，均有可能在涨落潮转流时刻及附近，出现流速值较小，实测流量将为小值。

3.2.3　涨落潮分流比奇异值分析

在2020年9月1日至11月19日期间的闽江下游北港文山里断面涨落潮分流比的数据分析中，某时刻出现了分流比为0或1.0的奇异特征值，上文为研究涨落潮分流比的一般规律，在统计中予以剔除，本节则对其形成原因做初步分析。

一般北港文山里断面涨落潮分流比为0奇异值，主要出现在落憩时刻，涨落潮分流比为1.0奇异值，则主要出现在潮周期中，涨憩后落潮阶段的2～4 h内。潮周期中的落憩时刻为潮周期中潮水位最低值，南、北港的分流比受河床高程坡降和水面线坡降影响较为明显，因现阶段南港上游分流入口较北港分流入口高程低，在低水位情况下，闽江干流上游径流绝大部分流量在水面线坡降作用下，进入南港河道；北港入口水面线坡降小，或接近 0，流速小、流量小。但该情况，并不表示北港没有水流，仅说明北港河道内水流流速小，甚至接近 0 的奇异值。

上述奇异值在理论上，每一个潮周期均有可能出现，上述分析仅对流速因素进行了初步分析，实际上，分流比奇异值的产生机制较复杂，需要通过实测数据统计分析和数值计算、模型试验等技术手段，从河道水动力成因角度进行分析。

4 结语

本文对闽江下游南、北港涨落潮分流比进行了统计分析，分析结果表明：

（1）闽江下游南、北港分流比在大潮期和小潮期内变化复杂，主要是由闽江下游径潮动力的相互作用，流态复杂等因素所导致。

（2）南、北港分流比在涨潮时段和落潮时段，分流比特征有明显差异。一般北港文山里断面落潮分流比大于涨潮分流比，落憩时刻，分流比最小，涨憩时刻的分流比相应较大，且变化不明显。

（3）闽江下游南、北港涨落潮分流比的变化特征，受南、北河道高程差异及流速因素的影响，其形成机制较为复杂，需要进行进一步的水动力成因分析。

参考文献

[1] 杨首龙，吴时强，陈昭宾. 闽江下游天然河床的未来演进趋势 [J]. 水利水电技术，2013，44（9）：111-114.

[2] 陈兴伟，刘梅冰. 闽江下游感潮河道枯水动力特性变化分析 [J]. 水道港口，2008（1）：39-43.

[3] 潘东曦. 闽江下游南北港近期演变特点和分析 [J]. 水利科技，2017（1）：1-8.

[4] Wang F, Shao W, Yu H, et al. Re-evaluation of the Power of the Mann-Kendall Test for Detecting Monotonic Trends in Hydrometeorological Time Series. Front. Earth，2020，8（14）. doi：10. 3389/feart. 2020. 00014.

[5] 傅赐福，董剑希，刘秋兴，等. 闽江感潮河段潮汐–洪水相互作用数值模拟 [J]. 海洋学报，2015，37（7）：15-21.

[6] 黄永福. 闽江下游河床演变及其影响研究 [J]. 水利科技，2010（4）：15-17.

[7] 赵潜宜. 河网型分流河道分流分沙规律研究 [D]. 武汉：长江科学院，2015.

[8] 张忍顺，李坤平. 感潮分汊河道平均分流、分沙比确定方法探讨 [J]. 海洋工程，1996（4）：46-53.

[9] 葛亮. 分汊河道分流特性的研究与应用 [D]. 南京：河海大学，2004.

[10] 张鹏，石成春，逄勇，等. 闽江下游径流量和北港分流比变化及其对水龄的影响研究 [J]. 水资源与水工程学报，2015，26（5）：40-45.

水工堰槽在天然河道测流的适用性研究及应用

高 翔[1] 陈龙驹[2] 孙 静[1]

(1. 黄河水利委员会上游水文水资源局，甘肃兰州 730030；
2. 河南水文勘测规划设计院有限公司，河南郑州 450000)

摘 要：天然河道流态不均匀、泥沙含量和漂浮物较多且天然河道流量分布级大，难以实现天然河流水位全变幅流量测验。本文通过系统分析水工堰槽特点，结合天然河道特性，提出一种适用于天然河道的水工测流槽，以解决低水测验问题，为在天然河道上利用水工堰槽进行流量监测的推广应用提供参考和指导性意见。

关键词：低水流量测验；水工堰槽；天然河道

1 引言

　　水工堰槽被广泛应用在水利工程、灌区水量调度、水资源分配、引排水等渠道水量监测方面。受天然河道测验河段地形与水流特性限制，现有测流仪器设备很难满足测验要求，通过在天然河道采用水工堰槽进行测流的研究，使得部分河流因常年或枯水期经常出现断面内水深太小、流速太低或受到回水影响较大，不能使用流速仪法进行测流等问题得以有效解决[1]。

2 水工堰槽在天然河道测流比选

2.1 测流堰的天然河道测流比选

　　测流堰在天然河道测流的适用范围：①薄壁堰适用于施测小流量；②宽顶堰宜用于能够定期清淤除草、含沙量较小的河道；③三角形剖面堰具有一定冲沙性能，适用于水头损失小、测流精度要求高的天然河道；④平坦 V 形堰的测流幅度大，既能测低水，也能测高水，适用于暴涨暴落的山溪性河流，但因是三维堰，施工较难掌握[2]。几种标准堰的测流范围及应用限制见表1。

表1 几种标准形式的测流堰测流范围及应用限制

堰槽形式	尺寸				流量幅度（m³/s）		计算流量的不确定度范围/%	几何限制	非淹没限制/%
	堰高 P/m	堰宽 b/m	边坡	堰长 L/m	最大	最小			
三角形薄壁堰	θ=90°				1.80	0.001	1~3	H/P 01	水舌下通气
矩形薄壁堰（全宽）	0.2	1			0.67	0.005	1~4	H/P 05	水舌下通气
	1	1			7.70	0.005	1~4	H/P 05	水舌下通气

作者简介：高翔（1987—），女，工程师，主要从事水文资料整汇编及泥沙颗粒分析工作。

通信作者：陈龙驹（1988—），男，工程师，主要从事水文设施设计研究工作。

续表 1

| 堰槽形式 | 尺寸 | | | | 流量幅度（m³/s） | | 计算流量的不确定度范围/% | 几何限制 | 非淹没限制/% |
	堰高 P/m	堰宽 b/m	边坡	堰长 L/m	最大	最小			
矩形薄壁堰（收缩）	0.2	1			0.45	0.009	1~4	H/P 09	水舌下通气
	1	1			4.9	0.009	1~4	H/P 09	水舌下通气
锐缘矩形宽顶堰	0.2	1		0.8	0.26	0.03	3~5	$H/1.5$	80
	1	1		2	3.07	0.13	3~5	$H/1.5$	80
圆缘矩形宽顶堰	0.15	1		0.6	0.18	0.03	3~5	$H/1.5$	66
	1	1		5	3.13	0.1	3~5	$H/1.5$	66
V 形宽顶堰	0.3	$\theta=90°$		1.5	0.45	0.007	3~5	$1.5<H/P<3$	80
	0.15	$\theta=150°$		1.5	1.68	0.01	3~5	$1.5<H/P<3$	80
三角形剖面堰	0.2	1			1.17	0.01	2~5	$H/P1≤3.5$	70
	1	1			13	0.01	2~5	$H/P1≤3.5$	70
平坦 V 形堰	0.2	4	1：10		5	0.014	2~5	H/P 14.5	74
	1	80	1：40		630	0.055	2~5	H/P 55.5	74

注：H 为上游总水头；P 为堰高。

2.2 测流槽的天然河道测流比选

测流槽的适用范围：①测流槽主要适用于中小河流或人工河渠施测流量，而用于高精度连续流量测验。各类测流槽均适用于基本水文站、实验站和灌排渠道的流量测量。②长喉道槽仅限于在自由流条件下应用，喉道内的流速必须通过临界流速，喉道内底高程应能使在整个设计流量范围内产生自由流。测流槽设计前应确定下游河槽的水位-流量关系，可参照河道特性用曼宁公式近似估算下游水位。③在稳定流或缓变流条件下，短喉道槽适用于自由流和淹没流。

天然河道测流槽设计选型：相对于测流堰而言，测流槽用于测量较大的流量，更适用于有泥沙输移的河道，特别是有推移质输沙的河段。①矩形喉道测流槽建筑比较简单，尺度较易于适应河道的大小，容易安装在矩形河槽上。②梯形测流槽适用的场合与矩形测流槽相似，适用于较大水流变幅内精度要求较高的测流情况。③U 形测流槽主要用于污水管道和其他未满管流的水流测量。④巴歇尔测流槽和孙奈利测流槽能在自由流和淹没流条件下运行，可用于水流稳定或缓慢变化的明渠和灌渠上[3]。

3 应用情况

根据测流槽适用条件，结合现场情况，黄河流域青阳岔、吉县、大村、新市河、裴沟、子长等水文站天然河道均进行长喉道单值化测流槽的建设和应用，有效地解决非汛期低水测验，达到流量的实时监测。本文以黄河流域青阳岔水文站长喉道单值化测流槽为例，详细论述测流槽在天然河道的应用情况。

3.1 测站基本情况

青阳岔水文站是大理河的把口站，位于陕西省横山县石湾镇石仁坪村，其主要作用是监测青阳岔降水、径流等水文要素，为下游水文预报和黄河水调提供水情。

3.2 槽型设计

3.2.1 设计方案

长喉道单值化测流槽主要适用于较小河流施测流量，根据测验断面的自然特性和水文、水力条件，将断面进行改造设计优化，满足低水流量测验需要，经过率定实现水位流量关系单值化。青阳岔水文站测流槽主要由进口收缩段、顺直段、出口消能防冲段等部分组成，总长 36 m，其中进口收缩段长 10 m，顺直段长 15 m，出口消能防冲段长 11 m，测流槽坡降按照河道原始坡降设计，且不得小于 0.2%。测流槽水位监测采用自记水位计实时监测水位，可以达到实时监测流量。

（1）进口收缩段。进口收缩段总长 10 m，采用 C25 现浇钢筋混凝土导墙与河道两边岸坡连接，导墙墙后采用石笼护底，与现有河道两侧岸坡相连，石笼护底沿水流方向对导墙外沿有 5 m 超长，用以防止高水淹没导墙后对墙后的淘刷。导墙截面为梯形，顶宽 0.6 m，迎水面垂直，背水侧坡度为 1∶0.3，基础宽度为 1.8 m，基础前段设置齿墙，齿墙深度为 2 m。考虑到大洪水对测流槽的局部冲刷，导墙下游侧采用毛石混凝土硬化，坡度为 5%，保证大洪水顺利过渡。

（2）顺直段。测流槽顺直段总长 15 m。顺直段横断面采用矩形喉道，喉道宽 3 m，底板采用 C25 现浇钢筋混凝土，底板厚 20 cm。底板下设 10 cm 厚 C25 混凝土垫层，下部土地基应夯实。外侧采用 C25 现浇钢筋混凝土导墙，导墙采用梯形型式，顶宽 0.6 m，底部基础宽 1.8 m，基础埋深 1 m，出河床面 1 m。两侧均采用毛石混凝土硬化。

（3）出口消能防冲段。此段主要由扩散段、消能段、防冲段组成。出口扩散段紧接顺直段出口，扩散段斜度为 1∶3，长 2 m，采用 C25 现浇钢筋混凝土底板，两侧采用 C15 现浇钢筋混凝土导墙，导墙采用梯形形式，尺寸结构同前。消能段采用 C25 现浇钢筋混凝土消力池，紧接扩散段，长 4 m，宽 4 m 顺延扩宽，消力池深 0.5 m。接消力坎为 1 000 mm 厚石笼护底防冲段，顺水流方向长 5 m，防护宽度为河底宽度。长喉道单值化测流槽断面、平面布置及剖面图见图 1~图 3。

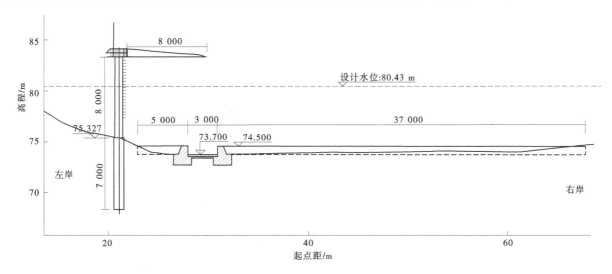

图 1 长喉道单值化测流槽断面布设

3.2.2 设计计算

（1）冲刷计算。设计参考资料《堤防工程设计规范》（GB 50286—2013）[4] 平顺护岸冲刷深度计算：

$$h_s = H_0 \times \left[\left(\frac{U_{cp}}{U_c} \right)^n - 1 \right] \tag{1}$$

式中：h_s 为局部冲刷深度，m；H_0 为冲刷处的水深，m；U_{cp} 为近岸垂线平均流速，m/s；U_c 为泥沙的启动流速，m/s；卵石河床采用长江科学院公式计算；n 为与防护岸坡在平面上的形状有关，一般取 1/4~1/6

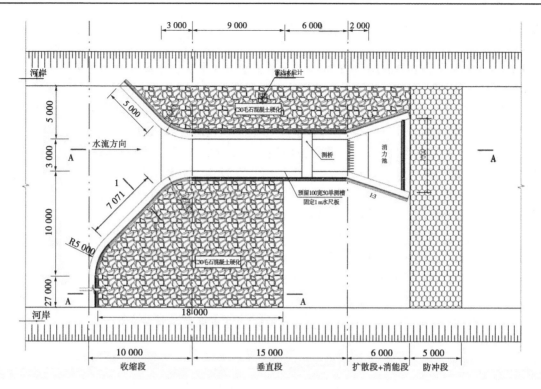

图 2　长喉道单值化测流槽平面布置　（单位：mm）

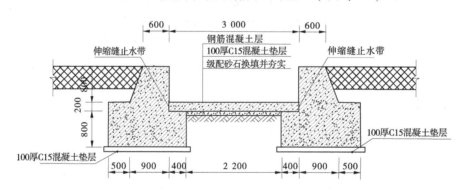

图 3　长喉道单值化测流槽剖面　（单位：mm）

河床采用长江科学院公式计算：

$$U_c = 1.08 \sqrt{g d_{50} \frac{r_s - r}{r}} \left(\frac{H_0}{d_{50}}\right)^{1/7} \tag{2}$$

式中：d_{50} 为河床的中值粒径，m；H_0 为行近水流水深，m；r_s、r 分别为泥沙与水的重度，kN/m^3；g 为重力加速度，m/s^2。

U_{cp} 的计算应符合下列规定：

$$U_{cp} = U \frac{2\eta}{1 + \eta} \tag{3}$$

式中：U 为行近流速，m/s；η 为水流流速分配不均匀系数，根据水流流向与岸坡交角 α 角查表采用。

通过计算可得青阳岔站相关结果见表 2。

表 2 青阳岔站冲刷计算成果

断面名称	冲刷处的水深 H_p/m	平均流速 U/（m/s）	泥沙启动流速 U_c/（m/s）	系数 n	$(r_s-r)/r$	d_{50}	H_0	冲刷深度 h_s/m	平均流速 U_{cp}/（m/s）	水流流速不均匀系数 η	水流方向与岸坡夹角 α/（°）
青阳岔	6.73	9.23	1.70	0.17	1.08	0.10	11.07	1.873	9.23	1.00	≤15

由于测流槽建址处下部多为强风化岩石，且齿墙深度均大于 2 m，同时均考虑石笼护坦防冲刷处理，因此冲刷计算满足设计要求。

（2）稳定性计算。

参见《水闸设计规范》（SL 265—2001）[5]，根据现场地勘报告可知，测流槽地基类别为砾石，查表可知摩擦系数 $f=0.5$。

测流槽竖向荷载主要为自重和活荷载，活荷载采用 2.0 kN/m²，混凝土容重采用 25 kN/m³，挡墙截面面积为 $A=3$ m²。挡墙截面见图 4。

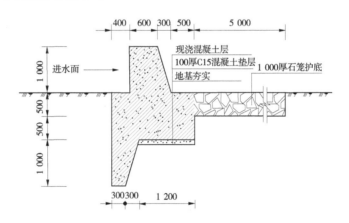

图 4 挡墙截面 （单位：mm）

水平荷载考虑到墙前水与墙顶齐平，墙后无水情况，则基础底到顶水深 $H=2$ m，水容重 $\gamma=10$ kN/m³。

$$P = \gamma H^2/2 = 10 \times 2^2/2 = 20(\text{kN/m})$$

由此可知：$K_c = f\sum G/\sum H = 0.5 \times (G_1 + G_活)/P = 1.905 > 1.2$（安全），且未考虑土的侧向土压力以及齿墙对稳定作用，因此本测流槽安全稳定性大大满足规范要求。

（3）测流槽设计流量计算。

根据《水工建筑物与堰槽测流规范》（SL 537—2011）[6]，青阳岔水文站长喉道单值化测流槽喉道采用矩形，进口收缩段的导墙采用曲线形，以减缓水流流态变化，使水流平稳进入喉道顺直段。测流槽设计流量计算采用水力学能量守恒公式，根据测验河段基本参数，采用以下公式对测流槽过流能量进行计算：

$$Z_1 + \frac{a_1 v_1^2}{2g} = Z_2 + \frac{a_2 v_2^2}{2g} + h_j + \vec{J}L \tag{4}$$

式中：v_1、v_2 分别为渐变段首、末断面平均流速；a_1、a_2 分别为上、下断面的动量修正系数；Z_1、Z_2 分别为上、下游断面水位高程，m；h_j 为进口渐变段局部水头损失，可采用公式 $h_j = \zeta_1 \frac{v_2^2 - v_1^2}{2g}$；$\vec{J}$ 为渐变段首、末断面平均水力坡度，按以下公式计算；L 为进口渐变段长度。

$$\vec{J} = \frac{Q^2}{w^2 C^2 R^2} \tag{5}$$

$$w = \frac{w_1 + w_2}{2} \tag{6}$$

$$C = \frac{C_1 + C_2}{2} \tag{7}$$

$$R = \frac{R_1 + R_2}{2} \tag{8}$$

v_1 可看作是自然河道的断面平均流速，可由该站历年积累的水位流速关系曲线等资料估算，同时由水位流量关系曲线经查得水位为 74.4 m 时，流量为 35 m³/s，将流量值及其他值代入上述公式和能量方程，可以解出 v_2，根据测流槽设计，水位为 74.4 m 时，测流槽喉道宽 3 m，深 0.8 m，断面面积 $A = 3 \times 0.8 = 2.4 (\text{m}^2)$，$A \times v_2$ 即得出流量。计算结果经过与青阳岔水文站历年测报方案进行对比，流量范围数值吻合，满足该站低水测验需求。

3.2.3 流量测验

青阳岔水文站长喉道单值化测流槽测流方式采用建立水位流量单值化，水位监测采用自记水位计实时监测水位，从而可以达到实时监测流量。经过比测率定，建立水位-流量关系，满足了低水测验。

3.2.4 对水环境的影响

修建测流槽通常会降低局部水流流速，造成水动力不足，从而导致水中氧气和矿物质含量的减少，河流整体水环境污染的可能性增加，需要适当加强水环境监测力度，实时跟踪，维持水体水环境的基本平衡。

4 结论

随着"智慧水文"建设的加速推进，水文监测能力大幅提升，监测手段已由人工观测逐步转向自动化监测，水文测站也逐步向"有人看管、无人值守"的方向发展。水工堰槽解决了在天然河道测流的问题，利用水工堰槽配合自记水位计，实现自动测流，提高了低水位测验精度。本文结合黄河水文特性，设计了长喉道单值化测流槽，为水工堰槽在黄河流域的应用打下了坚实基础并为推动水文现代化建设提供了技术支撑。

参考文献

[1] 朱晓原，张留柱，姚永熙. 水文测验使用手册 [M]. 北京：中国水利水电出版社，2013.

[2] 李善征，张春义，吴敬东. 明渠堰槽测流技术综述 [J]. 北京水务，2003（1）：23-25.

[3] 赵世斗，孔德志，王堃. 天然河道测流槽自动测流技术应用研究 [J]. 人民黄河，2021（S2）：138-140.

[4] 中华人民共和国水利部. 堤防工程设计规范：GB 50286—2013 [S]. 北京：中国计划出版社，2013.

[5] 中华人民共和国水利部. 水闸设计规范：SL 265—2001 [S]. 北京：中国水利水电出版社，2016.

[6] 中华人民共和国水利部. 水工建筑物与堰槽测流规范：SL 537—2011 [S]. 北京：中国水利水电出版社，2013.

鄂北调水工程对湖北省缺水地区
水资源承载力影响研究

汪敏华　王正勇　张代超

（湖北省襄阳市水文水资源勘测局，湖北襄阳　441003）

摘　要： 选择鄂北地区襄阳市范围内水资源量较为进展的"三北"地区为典型区域，针对典型区域水资源利用现状，基于区域用水的供需平衡分析，分析不同水平年、不同灌溉模式下，鄂北调水对襄北地区水资源承载力的影响，丰富和提升襄阳地区水资源综合规划水平，对区域经济社会及生态环境可持续发展具有十分重要的理论意义与应用价值。结果表明，随着经济社会的发展，区域用水量呈递增趋势，进而增加了缺水率，同时人均用水量降低及水资源开发利用率提高均影响水资源承载力；采用薄浅湿晒节水灌溉模式能在一定程度上提高"三北"地区的水资源承载力；鄂北调水后，唐东地区（襄州区唐白河及枣阳市唐白河）承载力有较大幅的提高。

关键词： 襄北地区；水资源承载力；模糊评价法；鄂北调水；灌溉方式

水资源承载力是指在一定区域内，在一定生活水平和一定的生态环境质量下，天然水资源的可供水量能够支持人口、环境与经济协调发展的能力或限度。水资源承载能力作为可持续发展和水资源安全战略研究的基础，对于实现区域水-生态-社会经济复合系统的协调发展具有重要意义，也是当前水科学研究领域中的重点和热点问题之一。

湖北省多年平均降水量为 1 180 mm，水资源量较为丰富。但由于受水汽来向和地形等因素影响，空间分布不均匀，特别是湖北省北部襄阳、随州、广水等地，多年平均径流深为 200~450 mm，是全省水资源最贫乏地区，作为重要粮食生产基地，该地区的水资源状况极大地制约了其粮食生产能力的提高。本文选择鄂北地区襄阳市范围内水资源量较为进展的"三北"地区为典型区域，针对典型区域水资源利用现状，基于区域用水的供需平衡分析，分析不同水平年、不同灌溉模式下，鄂北调水对襄北地区水资源承载力的影响，丰富和提升了襄阳地区水资源综合规划水平，对区域经济社会及生态环境的可持续发展具有十分重要的理论意义与应用价值。

1　研究区域

襄阳地处湖北省西北部，水资源短缺且时空上分布不均，人均占有水资源量仅 1 100 m³，低于全国、全省平均水平。据 1959—2012 年水文资料分析，54 年间襄阳市属大旱年份的有 29 年，中旱年份的有 7 年，而且主要集中在"三北地区"。全市 70% 的降水集中在 5—10 月，且西南山区水资源量高于北部丘陵岗地，尤其处于老河口、枣阳、襄阳北部的"三北"岗地往往是"十年九旱"。

"三北"地区占全市 37.3% 的国土面积、58.1% 的人口、61.7% 的耕地、65.8% 的粮食产量、64.7% 的国民生产总值、76.1% 的用水量。近年来，随着襄阳经济社会的快速发展，水资源需求量也急剧增加，从 2000 年的 22 亿 m³（GDP，368 亿元）增加至 2005 年的 29.7 亿 m³（GDP，592 亿元）、2011 年的 34.1 亿 m³（GDP，1 538 亿元）。经济社会持续高速发展，水资源需求量也急剧增加。区域

作者简介： 汪敏华（1978—）女，高级工程师，主要从事水文水资源方面的工作。

内不同程度上存在着资源型缺水、工程型缺水以及水质型缺水问题。

鄂北地区水资源配置工程投资 180 亿元，全长 269.67 km，全程自流，惠及襄阳市襄州区、枣阳市，随州市曾都区、随县、广水市，孝感市大悟县等 6 县（区），见图 1。作为湖北省自主建设的投资规模最大、覆盖面积最广、受惠人口最多的工程，鄂北地区水资源配置工程将从根本上解决鄂北地区缺水干旱问题。因此，本文结合不同水平年、不同灌溉方式，定量分析鄂北调水对襄北缺水地区水资源承载力的影响，对全面规划、科学配置、合理开发、高效利用、统一管理襄阳"三北"地区的水资源有重要参考意义。

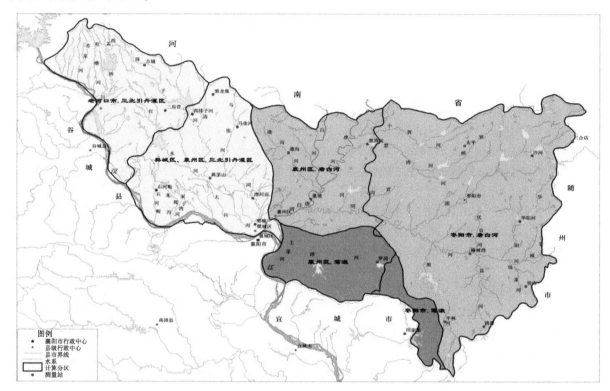

图 1 分析区域范围和计算分区

2 研究方法

2.1 模糊评价模型

水资源承载力潜力是个模糊量，存在"潜力很大""潜力比较大""潜力一般""潜力较小"等多个级别，但是它们都不能用一个简单的"是"或"否"来回答。

模糊综合评价法正是运用数学知识对多种因素制约的事物和现象做一个总体评价。为了适应水资源承载能力的这一特点，运用模糊综合评价法，建立模糊集合，通过模糊综合评价模型能够较好地对水资源承载力潜力进行多因素、多层次的综合评价，从而全面地反映区域水资源承载力的潜力状况。

给定两个有限域 $U = \{U_1, U_2, \cdots, U_n\}$，$V = \{V_1, V_2, \cdots, V_n\}$，其中 U 代表综合评判因素所组成的集合，V 代表评语所组成的集合，则模糊评判为 $B = A \cdot R$，式中 A 为 U 上的模糊子集，$A = \{a_1, a_2, \cdots, a_n\}$，$0 \leqslant a_i \leqslant 1$，$a_i$ 为 U 对 A 的隶属度，它表示单因素 U_i 在评定因素中所起作用的大小，也在一定程度上代表 U_i 的评定等级；而评判结果 B 则是 V 上的模糊子集，$B = \{b_1, b_2, \cdots, b_n\}$，$0 \leqslant b_j \leqslant 1$，$b_j$ 则为等级 V_j 对综合评判所得模糊子集 B 的隶属度，它们表示综合评判的结果。然后根据 V_1、V_2、V_3、V_4、V_5 分级指标对应的评分值 α_1、α_2、α_3、α_4、α_5 即可求得区域水资源承载能力综合评判值，最后进行区域水资源承载力的综合评价与分析。

评判矩阵为：

$$
\boldsymbol{R} = \begin{bmatrix} r_{11} & r_{12} & \cdots & r_{1n} \\ r_{21} & r_{22} & \cdots & r_{2n} \\ \vdots & \vdots & & \vdots \\ r_{m1} & r_{m2} & \cdots & r_{mn} \end{bmatrix}
$$

式中：r_{ij} 为 U_i 的评价对等级 V_j 的隶属度，矩阵 $\boldsymbol{R}$ 中第 i 行 $R_i = (r_{i1}, r_{i2}, \cdots, r_{in})$ 即为对第 i 个因素 U_i 的单因素评判结果。评价计算中矩阵 $\boldsymbol{A}$ 代表各因素对综合评判重要性的权系数，因此满足 $a_1 + a_2 + \cdots + a_m = 1$，同时模糊变换 $\boldsymbol{A} \cdot \boldsymbol{R}$ 也就可退化为普通矩阵计算。

为使隶属函数在各级之间能平滑过渡，消除各个等级之间数值相差不大而评价等级相差一级的现象，可将其进行模糊化处理。对于 V_2、V_3、V_4 这些中间区域，令落在区域中点隶属度为 1，两侧边缘点的隶属度为 0.5，中点向两侧按线性递减处理。对 V_1 和 V_5 两侧区间，则令距临界值越远隶属度越大，在临界值上隶属度为 0.5，按以上叙述构造各评价等级隶属度函数的计算公式。现令 V_1、V_2、V_3、V_4、V_5 相邻区域的临界点分别为 k_1、k_3、k_5、k_7，V_2、V_3、V_4 区域中点分别为 k_2、k_4、k_6。

2.2 评价指标体系

水资源承载力评价指标体系的建立是水资源承载力研究中的一个关键问题。影响区域水资源承载力的因素很多，涉及水资源系统的各个方面，影响因素有水资源利用率、人均供水量、供水模数、需水模数、人口密度、生态用水率、人均占有水量等。

在本次水资源承载力综合评价中，选取了人均水资源量、水资源利用率、供水模数、需水模数、生态用水率、缺水率等 6 个主要因素作为评价因素，各因素的含义如下：

水资源利用率：多年平均供水量与可利用的水资源总量之比（%）；

人均水资源量：多年平均供水量与总人口数量之比（m³/人）；

供水模数：多年平均供水量与土地面积之比（万 m³/km²）；

需水模数：多年平均需水总量与土地面积之比（万 m³/km²）；

生态用水率：生态用水总量与总需水量之比（%）。

缺水率：缺水总量与总需水量之比（%）。

将上述 6 个评价因素对水资源承载力影响程度划分为 5 个等级，每个因素各等级的数量指标见表 1。

表 1 评价因素分级指标

评价因素	V_1	V_2	V_3	V_4	V_5
水资源利用率/%	≤10	10~20	20~30	30~40	≥40
人均水资源量/（m³/人）	≥400	350~400	300~350	240~300	≤240
供水模数/（万 m³/km²）	≤10	10~25	25~45	45~60	≥60
需水模数/（万 m³/km²）	≤10	10~25	25~45	45~60	≥60
生态用水率/%	≥5	5~4	4~3	3~2	≤2
缺水率/%	0	0~10	10~15	15~18	≥18

其中 V_5 级表示状况较差，说明水资源承载力已经接近饱和值，进一步开发利用潜力较小，发展下去将发生水资源短缺。因而水资源将制约国民经济的发展，这时应采取相应的对策；V_1 级属情况较好，表示本区水资源仍有较大的承载力，水资源利用程度、发展规模都较小，因而这时本区发展对水资源的需求是有保障的，水资源供给情况较为乐观；V_3 级情况介于以上两级之间，表明本区水资

源供给开发利用已有相当规模，但仍有一定的开发利用潜力，区内国民经济发展对水资源供给需求有一定的保证；V_2 和 V_4 分别居于 V_1、V_3 和 V_5 之间。

3 结果与讨论

3.1 襄北地区水资源平衡分析

水资源供需平衡分析基于水量平衡原理进行，供需平衡计算如下：

$$\Delta Z = W_x - Q_g$$

式中：ΔZ 为供需平衡值，万 m^3；Q_g 为供需平衡分析时段的实际供水量，万 m^3；W_x 为供需平衡分析时段的需水量，万 m^3。

当 $\Delta Z>0$ 时，表明实际需水量大于实际供水量，可供水量不能满足用水需求，出现供需失衡状态；当 $\Delta Z=0$ 时，表明该时段内实际需水量能够得到满足；ΔZ 值越大，表明缺水量越大。

"三北"地区水资源本次仅考虑地表水。对各计算单元内部的塘堰、小水库只供给该计算区的农业灌溉用水；大、中型水库主要供给该区的生活用水、工业用水、第三产业用水、生态用水以及农业用水。提水工程可供水量均匀分配至年内各月，供给农业用水。以月为时间尺度，对各月单独进行水资源供需平衡分析，考虑浅灌适蓄和薄浅湿晒两种灌溉模式，计算不同水平年不同区域水量平衡。

由于篇幅限制，以下仅列出 2030 年多年平均情况，考虑鄂北调水情况下，不同灌溉模式的区域供需平衡结果。由表 2 可知，缺水主要集中在枣阳市、襄州区的莺澉和唐白河片区，缺水率（缺水量占同期需水量）在不同水平年均达到 20%以上。不同灌溉模式对比分析表明，采用薄浅湿晒的灌溉模式，区域各分区缺水量可减少 5%~15%。

表 2　2030 年多年平均情况调水工程实施前后供需平衡结果　　　　单位：万 m^3

调水情景	行政区域	水资源区	浅灌适蓄			薄浅湿晒		
			可供水量	需水量	缺水量	可供水量	需水量	缺水量
不实施鄂北调水	襄州区	唐白河	17 237.13	23 854.01	6 616.88	16 992.83	23 240.17	6 247.34
	襄州区、樊城区	"三北"引丹灌区	62 631.35	71 301.81	8 670.46	61 657.4	69 744.88	8 087.49
	襄州区	莺澉	9 321.77	15 284.17	5 962.4	9 370.54	14 817.93	5 447.39
	枣阳市	唐白河	61 816.15	82 474.24	20 658.09	61 211.59	79 875.02	18 663.43
	枣阳市	莺澉	1 700.34	2 367.76	667.42	1 698.98	2 304.3	605.33
	老河口市	"三北"引丹灌区	27 005.91	28 848.57	1 842.66	26 350.94	28 101.09	1 750.15
实施鄂北调水	襄州区	唐白河	21 776.31	23 854.01	2 674.48	21 373.18	23 240.17	2 520.3
	襄州区、樊城区	"三北"引丹灌区	62 631.35	71 301.81	8 670.46	61 657.4	69 744.88	8 087.49
	襄州区	莺澉	9 321.77	15 284.17	5 962.4	9 370.54	14 817.93	5 447.39
	枣阳市	唐白河	78 223.15	82 474.24	6 874.4	77 226.27	79 875.02	5 845.14
	枣阳市	莺澉	1 700.34	2 367.76	667.42	1 698.98	2 304.3	605.33
	老河口市	"三北"引丹灌区	27 005.91	28 848.57	1 842.66	26 350.94	28 101.09	1 750.15

3.2 不同条件下襄北地区水资源承载力评价指标体系

根据水资源供需平衡分析数据，分别计算不同水平年不同评价区域水资源承载力评指标值。区域 2020 水平年不同条件下，各评价因素如表 3 所示。

表3 考虑鄂北调水2020年“三北”地区水资源承载力评价指标值

行政区域	水资源分区	水资源利用率		人均水资源量		供水模数		需水模数		生态用水率		缺水率	
		浅灌适蓄	薄浅湿晒	浅灌适蓄	薄浅湿晒	浅灌适蓄	薄浅湿晒	浅灌适蓄	薄浅湿晒	浅灌适蓄	薄浅湿晒	浅灌适蓄	薄浅湿晒
襄州区	唐白河	118.06	115.67	433.66	424.91	21.86	21.42	23.34	22.74	10.70	8.65	25.78	5.82
襄州区、樊城区	“三北”引丹灌区	262.08	258.43	505.92	498.88	47.42	46.76	54.05	52.94	4.26	4.32	12.26	11.67
襄州区	莺澈	63.25	63.15	342.51	341.95	13.37	13.35	21.17	20.52	16.99	17.02	36.85	34.95
枣阳市	唐白河	109.36	108.55	625.57	620.95	24.99	24.80	25.86	25.05	12.50	10.04	22.95	0.97
枣阳市	莺澈	37.56	37.49	460.91	460.07	8.58	8.57	11.23	10.93	34.40	34.46	23.60	21.59
老河口市	“三北”引丹灌区	203.60	198.75	434.80	424.45	25.32	24.71	26.99	26.30	5.95	6.09	6.19	6.03

结合各评价指标的分级（见表1），从单向指标评价结果可知，在水资源利用率中，枣阳市莺澈在单因子评价中为4~5，其他的区域中水资源利用率都已经达到5级，表明在水资源开发利用率方面开发过度，承载力会越来越小；在人均水资源量因素中，襄州区莺澈及襄州区唐白河达到V_2级，其他区域都达到V_1级，表明可以承载更多的人口；在供水模数、需水模数因素中枣阳市莺澈分别为V_1级和V_2级，表明单位面积的用水量不多，承载能力很好；襄州区樊城区“三北”引丹灌区达到V_4级，承载能力已快接近V_5级，达到饱和度；生态用水率因素中，除了襄州区、樊城区“三北”引丹灌区达到V_2级，其他都为V_1级；缺水率因素中，老河口市为V_2级，襄州区、樊城区引丹灌区为V_3级，其他都为V_5级。

采用相同方法计算不同条件下2030水平年多年平均情况下，襄北地区水资源评价指标。由于篇幅限制，计算结果在此不再列出。

3.3 调水前后襄北地区各水平年不同灌溉模式的水资源承载力评价

由上述评价因素指标值，根据模糊隶属度计算方法，计算得到考虑与不考虑两种情景下，各分区水资源承载能力对应不同等级的隶属度结果，如表4所示。

表4 考虑鄂北调水情况下2020年各分区水资源承载等级隶属度结果

行政区域	水资源分区	V_1		V_2		V_3		V_4		V_5	
		浅灌适蓄	薄浅湿晒	浅灌适蓄	薄浅湿晒	浅灌适蓄	薄浅湿晒	浅灌适蓄	薄浅湿晒	浅灌适蓄	薄浅湿晒
襄州区	唐白河	0.172	0.169	0.486	0.515	0.142	0.116	0.006	0.006	0.194	0.194
襄州区、樊城区	“三北”引丹灌区	0.091	0.090	0.100	0.142	0.360	0.325	0.236	0.241	0.213	0.202
襄州区	莺澈	0.139	0.140	0.259	0.264	0.102	0.096	0.029	0.030	0.471	0.470
枣阳市	唐白河	0.240	0.311	0.404	0.340	0.156	0.148	0.007	0.007	0.193	0.193
枣阳市	莺澈	0.334	0.337	0.166	0.163	0	0	0.181	0.194	0.320	0.306
老河口市	“三北”引丹灌区	0.162	0.159	0.435	0.453	0.203	0.188	0.003	0.003	0.197	0.197

根据隶属度最大原则，枣阳市莺澈片区水资源承载能力最好，为1级；襄州区唐白河片区、襄州

区莺澈片区、枣阳市唐白河片区水资源承载力最差，达到 5 级；襄州区、樊城区“三北”引丹灌区及老河口市“三北”引丹灌区水资源承载能力分别为 3 级和 2 级，表明这两个片区水资源承载力还存在一定潜力。

为了更直观地反映不同区域水资源承载能力水平，对不同等级承载能力区间进行评分，$V_1 \sim V_5$ 共 5 个等级的评分结构分别为 0.95、0.75、0.5、0.25、0.01。这样可以定量反映各等级因素对承载能力的影响程度，数值越高，表明水资源的开发潜力越大。

根据上述不同水平年水资源分区水资源承载等级隶属度结果与对应等级的评分值即可推求出水资源承载力的综合评分值，计算结果如表 5、表 6 所示。

表 5　不考虑鄂北调水情况下，各分区水资源承载力综合评分

行政区域	水资源分区	浅灌适蓄		薄浅湿晒	
		2020 年	2030 年	2020 年	2030 年
襄州区	唐白河	0.377 1	0.374 9	0.377 6	0.375 0
襄州区、樊城区	“三北”引丹灌区	0.402 3	0.414 5	0.416 9	0.428 9
襄州区	莺澈	0.389 3	0.388 7	0.391	0.391 4
枣阳市	唐白河	0.401 6	0.397 3	0.408 5	0.400 9
枣阳市	莺澈	0.490 1	0.485 6	0.494 1	0.487 3
老河口市	“三北”引丹灌区	0.584 3	0.581	0.587 6	0.584 4

表 6　考虑鄂北调水情况下，各分区水资源承载力综合评分

行政区域	水资源分区	浅灌适蓄		薄浅湿晒	
		2020 年	2030 年	2020 年	2030 年
襄州区	唐白河	0.602 5	0.582 6	0.608 2	0.589 7
襄州区、樊城区	三北引丹灌区	0.402 3	0.414 5	0.416 9	0.428 9
襄州区	莺澈	0.389 3	0.388 7	0.391 0	0.391 4
枣阳市	唐白河	0.612 4	0.598 8	0.628 8	0.612 2
枣阳市	莺澈	0.490 1	0.485 6	0.494 1	0.487 3
老河口市	“三北”引丹灌区	0.584 3	0.581 0	0.587 6	0.584 4

由上述结果可以看出，为了提高“三北”地区水资源承载力，在规划水平年所有种植水稻区域均需采用薄浅湿晒节水灌溉模式；襄阳市莺澈区水资源承载力水平最低，主要原因为用水量偏大，缺少大中型水库对水源进行调蓄因而缺水率较高，由于该区域需水总量相对较少，因此建议该区域可适当考虑开源或发展喷灌等节水灌溉方式，以减少用水量，降低缺水率，提高水资源承载力。

襄州区唐白河片区受益于鄂北调水，在规划水平年承载能力已达到较好的水平，且用水总量在红线以内，因此建议在发展节水灌溉的前提下，适当扩大灌溉面积。襄阳市引丹灌区在规划水平年处于良好水平，且 2030 年用水总量在红线以内，但 2020 年用水略大于红线，因此有必要加快节水进度，或适当减少水稻种植面积以减少用水需求。

4　结论

通过模糊综合评价法，针对不同灌溉方式、不同调水工程情况，对“三北”地区现状年和预测年的水资源承载力潜力分别进行了分析评价，得出了未来假定水资源供需情况下的水资源承载力潜力的大小及其变化，通过承载力变化趋势的分析可为政府决策、规划提供更为清晰可靠的指导和依据。主要结论如下：

（1）水资源承载力在时间分布上呈递减趋势。这主要是由于随着经济社会的发展，用水量呈递增趋势，进而增加了缺水率，同时人均用水量降低及水资源开发利用率的提高均影响水资源承载力。

（2）水资源承载力在空间分布上，"三北"地区西部水资源承载力较高，中部最低，东部略微增加。其中西部由于引丹水量的进入，人均水资源量有了较大提高、缺水率相应降低，因此承载力较高。鄂北调水后，唐东地区（襄州区唐白河及枣阳市唐白河）承载力也大幅提高。

（3）减少用水量，增加外引水资源量是提高水资源承载力的有效措施。

（4）节约用水，建立健全节水型社会建设制度体系，落实各项节水措施，推进节水创新工作，把节水贯穿到经济社会发展和生产生活的全过程中，节约水资源，增强水资源承载能力。

（5）污水处理，中水回用，在城市新区和产业园区推行"优水优用、循环利用、梯级利用"，进一步强化水资源刚性约束。

参考文献

[1] 崔凤军. 城市水环境承载力及其实证研究 [J]. 自然资源学报，1998（1）：72-78.

[2] 傅湘，纪昌明. 区域水资源承载能力综合评价 [J]. 长江流域资源与环境，1999（2）：31-37.

[3] 高彦春. 区域水资源供需协调分析及模拟预测 [D]. 北京：中国科学院地理科学与资源研究所，1998.

[4] 马宏志. 石羊河流域水资源承载能力分析 [D]. 北京：清华大学，1998.

[5] 冯尚友. 水资源持续利用与管理导论 [M]. 北京：科学出版社，2000.

[6] 许有鹏. 干旱区水资源承载能力综合评价研究——以新疆和田河流域为例 [J]. 自然资源学报，1993（7）：229-237.

[7] 傅湘，纪昌明. 区域水资源承载能力综合评价——主成分分析法的应用 [J]. 长江流域资源与环境，1999（2）：168-173.

[8] 高彦春，刘昌明. 区域水资源开发利用的阈限分析 [J]. 水利学报，1997（8）：73-79.

基于引排差法的灌区耗水系数研究

吕文星[1]　李　焯[2]　张　萍[1]　刘东旭[1]

(1. 黄河水文水资源科学研究院，河南郑州　450004；

2. 黄河水利委员会水文局信息中心，河南郑州　450004)

摘　要： 本文采用引排差法对青海省西河灌区典型地块耗水系数进行计算。在典型地块设置了1个斗渠引水口和1个退水口，并对其全年引退水流量进行了监测。同时在典型地块内设置5眼地下水监测井，用于计算地下退水量。在综合考虑地表退水和地下退水的基础上，采用引排差法计算耗水系数。结果表明，西河灌区典型地块耗水系数为0.839。

关键词： 耗水系数；监测试验；引排差法；西河灌区；青海省

1　引言

水资源作为基础性自然资源与战略性经济资源，担负着支撑人类经济社会发展、维系生态环境安全的重任。然而，20世纪70年代以来，随着世界人口的剧增、经济的高速发展，对水资源的需求量进一步提高，提高水资源的利用效率是经济和社会实现可持续发展的根本途径。

青海省黄河流域农田灌溉耗水量占总耗水量的70%左右[1]，农业灌溉用水在青海省国民经济用水中占有非常高的比重，保障农业用水是提高青海农业稳定发展的主要支撑条件，也是全省水资源优化配置的基本依托。

在此背景下，本文采用引排差法计算耗水系数，优缺点鲜明。虽然该方法引退水量监测全面，基础资料翔实，对加强灌区灌溉管理、节约水资源、水量调配具有指导意义，但同时也存在资料多、工作量大、时效慢等缺陷[2-3]。

本文对建立稳定高效的节水机制，依靠科技创新促进灌溉用水方式的改革，科学探究农业灌溉耗水系数，搞好流域的灌溉事业，保障流域乃至全国的经济建设、社会发展和粮食安全具有重要的作用。

2　材料与方法

2.1　试验设计

2.1.1　引退水断面及地下水监测井布设

西河灌区典型地块选在第十四支渠灌溉区内，位于河西镇红岩村，邻近西河，形状类似梯形，共16块农田。面积1 hm²，主要种植农作物为冬小麦和油菜。典型地块现有引水口、退水口各1处，地下水监测井5处。典型地块引退水断面及地下水监测井布设情况见图1。

2.1.2　引退水量监测

典型地块引退水口断面采用流量过程线法推流。灌溉期间，观测人员随时与村民沟通，及时掌握灌溉情况，在产生退水时将随时进行监测，以满足推求引退水流量过程曲线的需要。西河灌区典型地块引退水口断面水文监测方案见表1。

基金项目： 第二次青藏高原综合科学考察研究（2019QZKK0203-05）。

作者简介： 吕文星（1985—），男，高级工程师，博士，主要从事水土保持和水文水资源研究工作。

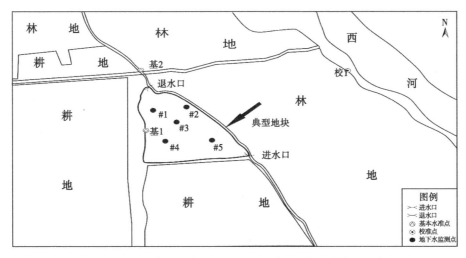

图1 西河灌区典型地块引退水断面及地下水监测井布置示意图

表1 西河灌区典型地块引退水量监测方案

序号	断面名称	位置	纬度	经度	断面形状	断面顶部宽度/m	监测方式	频次	测流方式	垂线布设	测速历时	测深
1	XH-JS	红岩村	36°00′31.4″	101°24′31.96″	U形	0.30	驻测	每次灌溉时测流4次	流速仪法	3	大于100 s	悬杆
2	XH-TS	红岩村	36°00′35.45″	101°24′27.68″	U形	0.28	驻测	有退水时随时监测	流速仪法	3	大于100 s	悬杆

2.1.3 地下水监测及地下退水计算

（1）地下水动态监测。

依照《地下水监测规范》（SL/T 183—2005）[4]的要求，每次监测地下水水位应测量两次，间隔时间不应少于1 min，当两次测量数值之差不大于0.02 m时，取两次水位的平均值；当两次测量偏差超过0.02 m时，应重复测量。地下水水位观测采用悬垂式电子感应器人工观测。每次测量成果当场核查，及时点绘各地下水井的水位过程线，发现反常及时补测，保证监测资料真实、准确、完整、可靠。灌溉期利用灌区典型地块地下水水井进行地下水动态观测，记录观测地下水埋深和水位变化。

（2）地下退水量计算方法。

采用观测井平均地下水水位变化、分布面积和变幅带给水度乘积计算蓄水变化量[5]。

$$W_{dd} = F \times \mu \times \Delta h \tag{1}$$

式中：F 为面积，hm^2；μ 为给水度；Δh 为水位变化幅度，mm。

2.2 引排差法

本文基于典型地块尺度上的灌溉试验及相关参数等有关资料分析，间接推求耗水量，来计算农田灌溉耗水系数[6]。

$$K_d = \frac{\sum_{i=1}^{n} M_{sti} - \sum_{j=1}^{m} W_{pmj} - \sum_{j=1}^{n} W_{ddj}}{\sum_{i=1}^{n} M_{sti}} \tag{2}$$

式中：K_d 为典型地块耗水系数；M_{sti} 为典型地块引水量，m^3；W_{pmj} 为斗农渠退水口退水量，m^3；W_{ddj} 为地块渗漏损失，本项计算应减去降水入渗影响，m^3。

2.3 数据处理

采用 Excel 进行数据整理和分析，采用 Excel 和 CAD 作图。

3 结果与分析

3.1 引退水量试验结果

典型地块春灌期为 2014 年 3 月中旬，苗灌期为 2014 年 4 月 17 日、5 月 10 日和 6 月 5 日。冬灌期为 10 月 3—4 日、11 月 18 日，共两次。西河灌区典型地块引水量采用实测流量过程线法推求。

西河灌区典型地块第一次苗灌引水量 938.05 m^3，第二次苗灌引水量 844.25 m^3。第一次冬灌引水量 1 362.6 m^3，第二次冬灌引水量 619.8 m^3。

3.2 地下水变化规律

3.2.1 地下水动态变化过程

由于各地下水监测井地面高程不相等，总体上看来，5 眼地下水监测井的地下水位变化基本一致；灌溉期次日地下水水位开始上升，变幅不大；汛期因降水量影响地下水水位逐渐上升，高于非汛期地下水水位。河道水位低于地下水水位，河道与地下水水位变化趋势基本一致，符合地下水补给河水的规律。

典型地块内地下水井水位受河水位影响，从春灌期至 6 月初为汛期前，河水位较低，典型地块地下水补给河水，所以 4 月 17 日的春灌和 5 月 10 日的苗灌均未引起典型地块内地下水水位上升，反而大趋势是在下降。10 月 3 日和 11 月 18 日的冬灌则引起了典型地块内地下水水位上升。西河灌区典型地块苗灌、冬灌期地下水位、河道水位过程线对照见图 2。

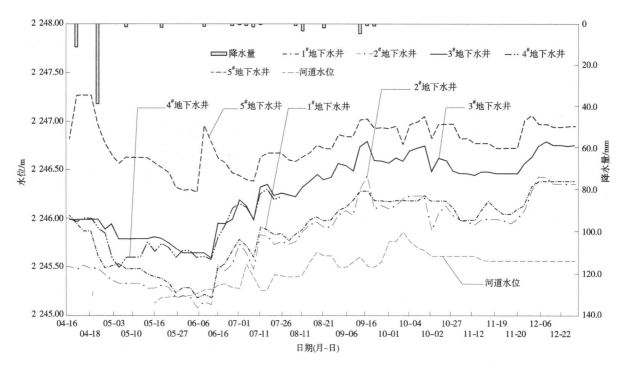

图 2 西河灌区典型地块地下水水位、河道水位过程线对照图

3.2.2 地下退水量计算

本次地下水退水量计算只考虑两次冬灌的 $1^\#$~$5^\#$ 地下水观测井的水位变化情况。水位变幅见表 2。春灌期地下水位平均变幅为 0.26 m，苗灌期地下水位平均变幅为 0.14 m。

表2 观测井地下水水位变化统计
单位：m

井编号	冬灌1	冬灌2
1	0.11	0.29
2	0.05	0.45
3	0.22	0.31
4	—	—
5	0.31	0.28
平均	0.17	0.33

冬灌期地下水水位平均变幅 Δh 分别为 0.17 m 和 0.33 m。典型地块土壤顶层为黏土，底部为砂砾石，因此给水度 μ 参考中粗砂下限值，取 0.10；典型地块面积 F 为 1 hm^2。经计算得到典型地块冬灌期灌溉后地下退水量分别为 172.5 m^3 和 332.5 m^3。

3.3 引排差法计算耗水系数

综合考虑地表和地下退水量后，根据式（2）采用引排差法可计算得到大峡灌区典型地块全年耗水系数为 0.839。

4 结论

西河灌区典型地块引水量为 3 144.9 m^3；地表无退水，地下退水量为 505 m^3。综合考虑地表和地下退水量后，采用引排差法计算得到西河灌区典型地块全年耗水系数为 0.839。

5 眼地下水井的地下水水位变化基本一致，灌溉期次日地下水水位开始上升，变幅不大；汛期因降水量影响地下水水位逐渐上升，高于非汛期地下水位。河道水位低于地下水位，河道与地下水水位变化趋势基本一致，符合地下水补给河水的规律。

引排差法计算农业灌溉耗水系数，优点是引、退水监测全面，基础资料可靠，但同时也存在工作量大、时效慢、资料涉及面广等缺陷，今后可结合模型模拟等方法开展相关研究。

参考文献

［1］黄河水利委员会. 黄河水资源公报［R］. 郑州：黄河水利委员会，2014.

［2］吕文星，周鸿文，王永峰，等. 青海省大峡灌区典型地块作物耗水系数研究［J］. 湖北农业科学，2015，54（19）：4692-4697.

［3］周鸿文，吕文星，常远远，等. 青海省大峡渠灌区典型地块农业灌溉耗水监测试验与模拟研究［J］. 水利水电技术，2016，47（12）：136-142.

［4］中华人民共和国水利部. 地下水监测规范：SL 183—2005［S］. 北京：中国水利水电出版社，2006.

［5］Hongwen Zhou, Wenxing Lyu, Hongbo Tang. Effect of Irrigation on Groundwater Dynamic Change in the Typical Irrigated Area of Qinghai Province［J］. Agricultural Science & Technology，2016，17（7）：1718-1722.

［6］吕文星，周鸿文，高源，等. 青海省格尔木市农场灌区典型地块耗水系数研究［J］. 江苏农业科学，2017，45（21）：263-268.

近 60 年宁夏产水能力时空变化趋势及驱动力分析

王生鑫[2] 张 华[1] 杜 历[1] 杜军凯[2] 马思佳[1] 王佳俊[1]

(1. 宁夏回族自治区水文水资源监测预警中心，宁夏银川 750000；
2. 中国水利水电科学研究院，北京 100044)

摘 要：基于 1956—2016 年长时间产水数据序列，以宁夏水资源三级分区套地市行政区为基本单元，利用 Mann-Kendall 趋势分析、Pettitt 突变检验方法研究宁夏近 60 年来的产水能力与结构变化，借助土地利用转移矩阵分析了产水变化的下垫面驱动机制。结果表明：①近 60 年宁夏产水能力有所下降，有 60% 的基本单元产水量有下降趋势，且主要集中在宁夏南部地区，北部地区则呈现增加趋势；②全区大部分地表产水量占比逐渐下降，地下水与不重复量所占比例则有小幅增加，同时重复量即基流有所增加；③北部城镇化建设加快，南部植被覆盖状况改善等土地利用变化是宁夏产水能力变化的重要驱动因素。

关键词：产水能力；产水结构；土地利用；Mann-Kendall 检验；Pettitt 检验

1 引言

水资源是维持区域经济社会发展以及生态稳定的重要资源。产水能力是反映区域水资源数量以及产出水平的重要指标，研究其变化特征以及驱动机制，对于把握区域水资源量变化情势，指导水资源的合理开发利用具有重要意义。目前关于产水能力的研究主要集中于地区产水时空格局、产水变化、气候变化以及人类活动影响引发的水文效应等方面。关于长时间尺度上的产水时空格局以及产水变化分析，一般是利用数理统计法[1]、趋势检验[2-3]、突变检验[3] 等方法开展相关研究，气候变化以及人类活动带来的产水变化研究常利用 SWAT 模型[4-6]、分布式水文模型[7]、INVEST 模型[8-11] 等结合情景分析展开研究。已有研究表明产水是一个较为复杂的过程，受区域气候、土地利用、地形地貌等多种因素的共同影响[12]，气候变化是影响区域产水能力变化的重要影响因素[13-14]，人类活动即不同的土地利用/植被类型通过影响流域水循环过程中的蒸散、下渗和持水，也能够引发区域的产水变化[15]。另外，蒸散发、地形地貌、土壤等也对区域产水量有不同程度的影响[16-17]。

近年来，随着宁夏经济社会的不断发展，水资源短缺成为制约当地发展的因素之一。为了合理利用水资源，缓解供需矛盾，需要摸清水资源本底情况，对宁夏近几十年来的水资源产出能力进行系统分析，把握产水能力的变化趋势以及驱动机制。然而，现有研究大都基于 INVEST 模型或短期水资源公报资料分析宁夏地区水源涵养量和水资源承载力变化[18-21]，缺乏以长期水文观测资料为主的产水结构分析，未能对该区水资源各组成做全面分析，限制了我们对该区水资源变化规律的详尽理解。基于此，本文利用 Mann-Kendall 时间序列分析、Pettitt 突变分析等方法对 1956—2016 年间宁夏各地区的地表径流、地下径流模数、产水深变化进行分析，并进一步分析产水结构的变化规律，结合土地利用转移矩阵探究土地利用变化引发的水资源效应。

基金项目：中国工程院院地合作项目"黄河流域（宁南山区）水土保持与生态环境建设战略研究"（2020NXZD7）。
作者简介：王生鑫（1985—），男，工程师，硕士，主要研究方向为水文水资源及水权。

2 数据收集与研究方法

2.1 研究区概况

　　宁夏位于西北地区东部、黄河上中游中段，与甘肃、内蒙古和陕西毗邻，是典型的大陆气候。宁夏全区多年平均降水总量 149.65 亿 m^3，折合平均年降水深 289 mm，不足全国平均值的一半，多年平均产水模数 2.34 万 m^3/km^2，折合产水深 23.4 mm。宁夏下辖银川、石嘴山、吴忠、固原、中卫 5个地级市，全境大部分地区属于黄河流域，另有小部分地区属于西北诸河区，在水资源分区为 3 个二级区，7 个三级区，主要分布有清水河、苦水河、葫芦河、泾河、红柳沟等流域。

2.2 数据收集

　　为了全面反映出宁夏产水能力的变化情况，兼顾土地利用变化分析需求，以水资源三级分区套地市行政区（见图 1）为基本单元进行分析。水文基础数据序列来源于宁夏水文水资源监测预警中心监测评价数据序列，包括 1956—2016 年宁夏各基本单元的地表径流量数据、地下水资源量数据、地表地下重复量、水资源总量数据等。土地利用分析数据来源于中国科学院资源环境科学与数据中心，采用 1985 年、2015 年同时期遥感影像数据，经 ArcGIS 重分类、融合、相交处理形成土地利用转移矩阵数据。

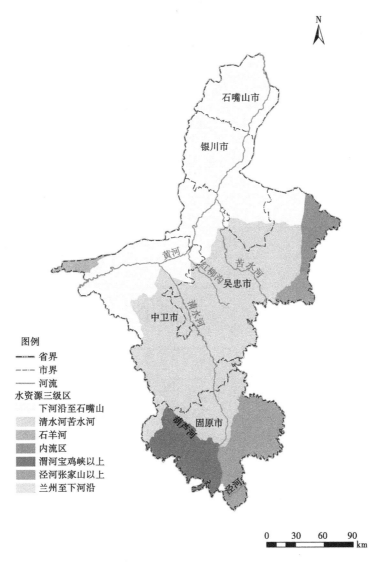

图 1 宁夏水资源三级区套地市分区

2.3 研究方法

2.3.1 时间序列分析方法

Mann-Kendall 趋势检验法、Pettitt 突变检验方法都是典型的非参数检验方法，在气象领域和水文领域应用非常广泛。本文采用 Mann-Kendall 趋势检验法分析宁夏 1956—2016 年的地表径流深、地下产水模数、产水深的变化趋势。采用 Pettitt 检验分析宁夏 1956—2016 年地表径流深、地下产水模数、产水深数据序列的势突变情况。由于 Mann-Kendall 趋势分析法与 Pettitt 突变检验方法都是直接输出统计量与各参数的计算结果，无法直接观察序列的具体变化情况。Mann-Kendall 突变检验能够反映出序列在时间上的变化过程，因此本文借助 Mann-Kendall 突变检验方法来观察地表径流深、地下产水模数、产水深数据序列突变的具体情形，分析数据序列在突变前后发生的变化情况。

2.3.2 土地利用转移矩阵

土地利用转移矩阵可全面具体地分析区域土地利用变化的数量结构特征与各用地类型变化的方向，因而在土地利用变化和模拟分析中具有重要意义，并得到了广泛应用[22-23]。

土地利用转移矩阵中衡量土地利用变化的参数主要有土地利用净变化量、土地利用总变化量、土地利用交换变化量[24]。如表 1 所示，交换变化量 P_{ij}（$i \neq j$）就是一段时期内某一地类转换为其他地类的数量，通常出现在转移矩阵中的非对角线位置；净变化量是指在一段时期内各土地类型增加、减少面积之和；总变化量则是两者绝对值之差，同时也等于交换变化量与净变化量之和。净变化量可以反映地区在一定时期内的土地利用类型、数量上的转换关系，但不能反映空间上的变换关系[25]，而总变化量加总土地类型在该时期的转入与转出数量，包含交换变化量信息，能够一定程度地反映空间上的土地转换关系[26]，因此采用两者互为补充。

表 1 土地利用转移矩阵

T1	T2					
	地类 1	地类 2	⋯	地类 n	总计（P_{i+}）	减少（D_i）
地类 1	P_{11}	P_{12}	⋯	P_{1n}	P_{1+}	$D_1 = P_{1+} - P_{+1}$
地类 2	P_{21}	P_{22}	⋯	P_{2n}	P_{2+}	$D_2 = P_{2+} - P_{+2}$
⋮	⋮	⋮	⋮	⋮	⋮	⋮
地类 n	P_{n1}	P_{n2}	⋯	P_{nn}	P_{n+}	$D_n = P_{n+} - P_{+n}$
总计（P_{+j}）	P_{+1}	P_{+2}	⋯	P_{+n}	1	
增加（C_j）	$C_1 = P_{+1} - P_{1+}$	$C_2 = P_{+2} - P_{2+}$	⋯	$C_3 = P_{+n} - P_{n+}$		
总变化量	$\lvert C_1 \rvert + \lvert D_1 \rvert$	$\lvert C_2 \rvert + \lvert D_2 \rvert$	⋯	$\lvert C_n \rvert + \lvert D_n \rvert$		
净变化量	$\lvert C_1 - D_1 \rvert$	$\lvert C_2 - D_2 \rvert$	⋯	$\lvert Cn - D_n \rvert$		

3 结果与讨论

3.1 地表径流深变化

在 0.05 显著检验水平下，1956—2016 年宁夏地区地表径流呈现"南减北增"的变化特点。吴忠、银川南部、中卫北部呈现并不明显的增加趋势且变化速率相对较为缓慢；呈现减小变化趋势的面积占比在 57.38%，主要分布在固原、石嘴山，变化速率普遍较大且通过显著性检验的基本单元更多。经 Pettitt 突变检验分析，6 个基本单元的地表径流深在 60 年间发生过突变，分别是兰州至下河沿分区的中卫部分（2000 年）、清水河与苦水河分区的银川部分（1968 年）、清水河与苦水河分区的固原部分（2000 年）、泾河张家山以上分区的固原部分（1997 年）、渭河宝鸡峡分区固的原部分（1995 年）、石羊河分区的中卫部分（1997 年）。以上地区绝大部分都是地表径流深呈现显著变化的基本单元，突变的时间集中在 20 世纪 90 年代，说明在这一时期，这类地区地表产水状况突然发生变化。图 2 显示了各单元在突变前后发生的具体变化，之前呈现减少趋势的地区出现减小速率突然变大或者变为增加趋势。

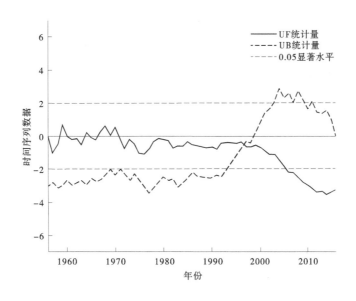

（a）兰州至下河沿分区的中卫部分

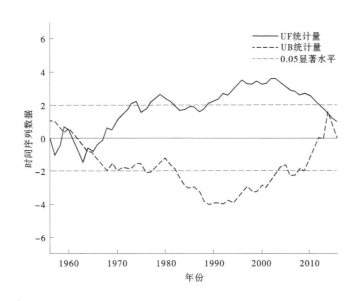

（b）清水河与苦水河分区的银川部分

图 2　突变单元 M-K 趋势分析统计量曲线

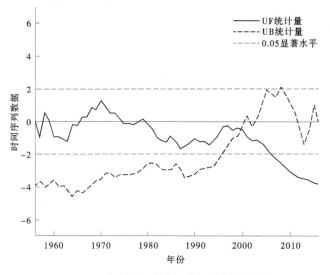

（c）清水河与苦水河分区的固原部分

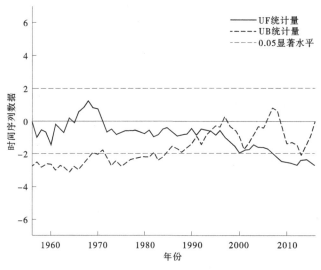

（d）泾河张家山以上分区的固原部分

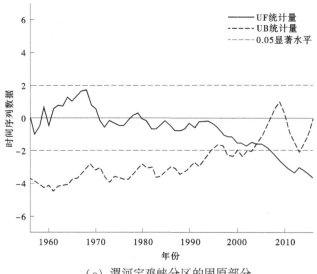

（e）渭河宝鸡峡分区的固原部分

续图 2

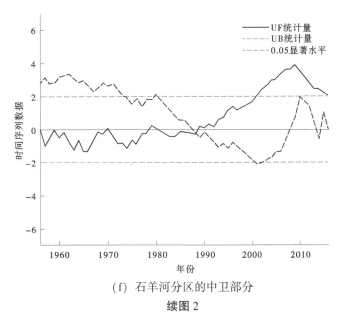

(f) 石羊河分区的中卫部分

续图2

3.2 地下径流模数变化

宁夏大部分地区地下水径流模数近60年变化并不明显，只有清水河与苦水河吴忠部分呈现显著增加的趋势，变化速率并不大。6个单元的地下径流模数呈现减少的趋势，5个单元呈现增加趋势。同地表水减少地区分布类似，地下水产水变少的地区分布在固原市、中卫市部分地区。增加地区则分布在吴忠、银川以及中卫部分地区。清水河与苦水河吴忠部分的地下径流模数存在突变，发生在2001年，突变发生前该地区地下径流模数呈现减少趋势，之后则呈现明显增加趋势。

3.3 产水深变化

1956—2016年，宁夏地区产水深总体上呈现减小的变化趋势，15个基本单元中的9个呈现减少趋势，面积占比在57.38%，4个基本单元呈现明显的减少趋势，分别为兰州至下河沿分区的中卫部分、清水河与苦水河分区的固原部分、泾河张家山以上分区的固原部分、固原的渭河宝鸡峡以上分区，变化速率较大；6个基本单元呈现增加的趋势，且变化均不显著，速率较慢。图3 Pettitt突变检验结果显示，显著减少的基本单元的产水深时间序列也存在突变点，突变前后变化与地表径流深发生的突变情形存在一致性。可能是降雨量减少导致的地表产水能力突变，继而引发地区总产水能力产生一致变化。

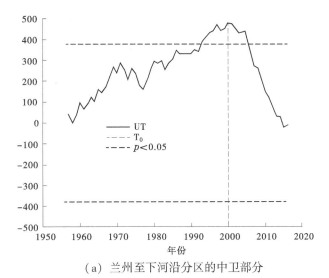

（a）兰州至下河沿分区的中卫部分

图3 突变单元Pettitt分析统计量曲线（注：T_0 为突变点，UT为突变检验统计量）

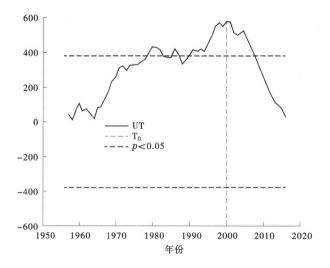

（b）清水河与苦水河分区的固原部分

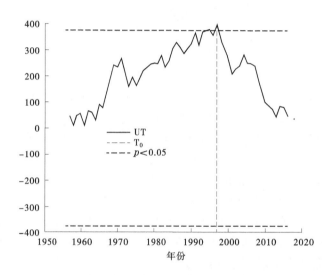

（c）泾河张家山以上分区的固原部分

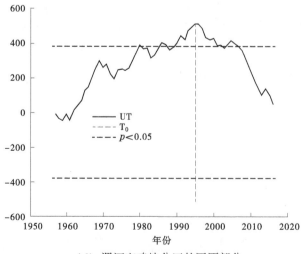

（d）渭河宝鸡峡分区的固原部分

续图 3

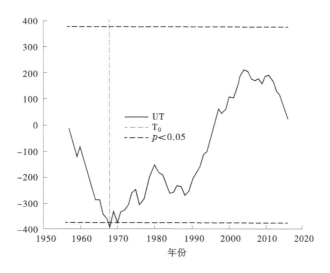

（e）清水河与苦水河分区的银川部分

续图 3

3.4 产水结构变化

产水总量以及地表产水深呈现增加趋势的地区集中在吴忠、银川南部、中卫北部，固原市、中卫市南部则有明显的下降趋势，银川、石嘴山两地有不明显的下降趋势。相较于地表产水，地下径流模数变化幅度较小，除吴忠部分地区受黄河水补给影响出现显著增加外，其他地区地下径流模数的变化不大。产水结构方面，石羊河流域中卫部分地表产水占比区域产水总量有所增加，地下水、重复量、不重复量占比减少，其他各地区地表产水占比均有不同程度的减少，地下水占比则有所增加，同时不重复量与重复量即基流所占比例有所增加。清水河与苦水河固原部分地表产水比例下降最多，为13%，地下水与基流占比分别增加15%、3%，吴忠部分地表产水所占比例略有降低，地下水、重复量、不重复量所占比例都有所增加；下河沿至石嘴山银川、石嘴山部分径流所占比例下降，地下水、重复量与不重复量所占比例增加，吴忠、中卫各部分所占比例变化不大；泾河张家山以上固原部分地表产水与不重复量所占比例均未变，地下水与重复量增加；渭河宝鸡峡部分径流减小，地下水、重复量、不重复量所占比例增大；内流区径流占比减小，不重复量增大，其他部分变化不大。产水结构出现的这种变化可能与下垫面变化有关。当地开展的水土流失治理、退耕还林等工程措施，极大地改善了下垫面植被覆盖状况，导致地表截流能力、土壤蓄水能力增强，从而减少地表径流。

3.5 土地利用变化的水资源效应

地区产水能力的变化与结构除与气候因素即降雨量变化等有关外，与人类活动影响也有着密切联系，通过分析同时期土地利用转换，进一步探究产水能力与结构变化的驱动原因。

表2是宁夏1985—2015年间土地利用转移矩阵，总体来看，1985年以来宁夏土地利用变换最为频繁的是草地与旱地，总交换量分别占计算总面积为15.8%、7.67%，净交换量最大的为草地、旱地、沙地以及建设用地，其中草地与沙地主要是减少面积，旱地与建设用地主要是增加面积。转换速度最快的地类为各类建设用地、裸土地、林地、河渠、水库坑塘，各类建设用地30年间增加825%，裸土地面积增加214%，各类林地面积增加160%，河渠面积减少57.5%，水库坑塘面积增加近40%。造成土地利用变化的主要原因是人口不断的增加、城镇化建设的不断加快、水库蓄水工程以及调水工程的建设、退耕还林、耕地保护、水土保持建设等制度措施的实施。建设用地增加导致下垫面不透水层面积增加，地区地表产水能力增强，但林地面积增加，植被的冠层、根系以及其枯枝落叶能通过截留、增大土壤蓄渗能力、减缓坡面漫流等而起到减少径流的作用。从径流变化分析来看，自1985年以来宁夏地区地表产水出现小幅度减少，说明退耕还林带来的林地面积增加起到了重要作用。另外，人口增加带来的耗水量增大以及各项水利工程对于上游来水的拦蓄也是造成径流减少的原因[27]。

表 2 　1985—2015 年宁夏土地利用转移矩阵 　　　　　　　　　　　　　　　　　　%

1985 年	2015 年									
	水田	旱地	林地	草地	水面	城镇建设用地	农村居民点	未利用土地	总计	减少面积
水田	5.45	0.05	0.03	0.03	0.09	0.26	0.18	0.05	6.14	0.70
旱地	0.06	20.30	0.27	1.79	0.05	0.17	0.21	0.28	23.13	2.84
林地	0.05	0.10	3.91	0.15	0.01	0.05	0.02	0.11	4.40	3.85
草地	0.60	3.93	0.77	41.67	0.24	0.66	0.18	1.62	49.67	39.25
水面	0.30	0.16	0.02	0.14	1.18	0.04	0.01	0.30	2.15	0.95
城镇建设用地	0	0	0	0.02	0	0.29	0.01	0.00	0.32	0.29
农村居民点	0.05	0.07	0	0.01	0	0.03	1.10	0	1.26	0.15
未利用土地	0.32	0.52	0.18	0.82	0.11	0.24	0.04	10.70	12.93	9.94
总计	6.83	25.13	5.18	44.63	1.68	1.74	1.75	13.06	100.00	
增加面积	5.45	20.30	3.85	39.25	0.95	0.29	1.10	9.94		
总交换量	1.39	4.83	1.34	5.38	0.73	1.44	0.65	3.12		
净交换量	2.08	7.67	1.88	15.80	1.92	1.48	0.80	6.10		

各分区的土地利用总交换量、净交换量与全区基本一致，交换最频繁的基本都是草地与旱地，旱地面积增加，草地面积减少。

自治区南部山区包括清水河与苦水河固原、泾河张家山以上固原部分、渭河宝鸡峡以上分区近年来大力实施的水土流失治理、退耕还林等措施使得林地、耕地面积增加，下垫面条件明显改善，水土流失治理程度大幅提高，水土涵养能力明显提升，地表自然截留、入渗、填洼等能力增强，地表产水显著减少，而基流略有增加。通过小流域综合治理、淤地坝及水库建设、病险水库除险加固等项目的实施，水面面积增加，也对产水量的减少有一定影响[28]，同时导致地表产水比例下降，基流、地下径流模数比例上升。

沿黄地区的下河沿至石嘴山分区属于自治区的重点开发区，城镇化建设进程较快，建设用地以及旱地面积增加很快，下垫面不透水层面积不断增加，同时地区水库坑塘面积也在快速增加，另外除石嘴山外的其他部分在经历了前期围湖造田后，近年来为维持地区生境稳定，打造自然景观以及实现调蓄功能等，湖泊水域面积也在不断恢复。水面面积变化会对地区产水能力产生一定影响，地区水面面积增加[24]产水量会减小，但从净交换量来看，建设用地、旱地变化量所占比例更大，对地表产水的影响更大，加之降水量同期也略有增加，导致该地区产水总量以及地表产水量有所增加。

4　结论与展望

基于 1956—2016 年长期水文观测资料，利用 Mann-Kendall 趋势分析、Pettitt 突变检验方法、土地利用转移矩阵等开展了宁夏水资源各组成要素变化趋势、产水结构变化分析、土地利用变化的水资源效应。结果显示：

（1）总体来看，近 60 年宁夏全区产水深呈现减小的趋势，产水能力呈下降趋势。产水总量与地表产水近 60 年呈现"南减北增"的变化特点，且都在 20 世纪 90 年代出现突变。地下径流模数则变化不大。各分区中，有 60%的基本单元产水量呈现减少的趋势，其中的大部分单元变化趋势显著且产水量在 20 世纪 90 年代有突变情况，全区 40% 的基本单元呈现产水增加的趋势，但变化并不明显。近 60 年宁夏全区大部分地区地表产水占据比例有小幅下降，地下水与不复量占比逐渐增大。石羊河流域中卫部分地表产水占比区域产量水总量有所增加，地下水、重复量、不重复量占比减少，其他各地区地表产水占比均有不同程度的减少，地下水占比则有所增加，同时不重复量与重复量即基流所占比例有所增加。

（2）1985 年以来，宁夏土地利用变换最为频繁的是草地与旱地，转换速度最快的地类为建设用地、裸土地、林地、河渠、水库坑塘。宁夏沿黄地区城镇化建设速度、人口增速较快、下垫面不透水层面积不断增加对该地区产水总量以及地表产水量增加有一定影响。南部山区则通过改善植被覆盖状况，使下垫面截流能力得到增强，一定程度上导致地表产水量及产水总量有所减少。

由于本文主要基于长时间水文观测资料开展产水变化分析，背后驱动因素仅针对土地利用变化一项做出分析，在研究范围及深度方面还有所欠缺，今后要加强降雨、区域气候、地形地貌等因素对产水变化的影响研究，并深入研究各因素对产水变化贡献的量化方法，更加深刻地揭示产水变化驱动机制。

参考文献

[1] Vassilev I, Bojdar N G. River runoff changes and recent climatic fluctuations in Bulgaria [J]. GeoJournal, 1996, 40 (4): 379-385.

[2] 李佳秀，陈亚宁，刘志辉. 新疆不同气候区的气温和降水变化及其对地表水资源的影响 [J]. 中国科学院大学学报，2018, 35 (3): 370-381.

[3] 金君良，张建云，王国庆，等. 黄河源区水文水资源对气候变化的响应 [J]. 人民黄河，2012, 34 (10): 11-12.

[4] 温海燕，李琼芳，李鹏，等. 土地利用变化对流域产水特性的影响研究 [J]. 水电能源科学，2013, 31 (1): 12-14, 60.

[5] 陆志翔，杨永刚，邹松兵，等. 汾河上游土地利用变化及其水文响应研究 [J]. 冰川冻土，2014, 36 (1): 192-199.

[6] 李莹，黄岁樑. 滦河流域景观格局变化对水沙过程的影响 [J]. 生态学报，2017, 37 (7): 2463-2475.

[7] 朱双，李建庆，罗显刚，等. 气候变化和都市化双重驱动下流域未来水文响应 [J]. 人民长江，2021, 52 (11): 86-91, 127.

[8] 郭洪伟，孙小银，廉丽姝，等. 基于 CLUE-S 和 InVEST 模型的南四湖流域生态系统产水功能对土地利用变化的响应 [J]. 应用生态学报，2016, 27 (9): 2899-2906.

[9] 王亚慧，戴尔阜，马良，等. 横断山区产水量时空分布格局及影响因素研究 [J]. 自然资源学报，2020, 35 (2): 371-386.

[10] 王耕，韩冬雪. 基于 InVEST 模型的大凌河上游区产水功能分析 [J]. 人民黄河，2020, 42 (2): 42-47.

[11] 胡砚霞，于兴修，廖雯，等. 汉江流域产水量时空格局及影响因素研究 [J]. 长江流域资源与环境，2022, 31 (1): 73-82.

[12] 孙琪，徐长春，任正良，等. 塔里木河流域产水量时空分布及驱动因素分析 [J]. 灌溉排水学报，2021, 40 (8): 114-122.

[13] 赵亚茹，周俊菊，雷莉，等. 基于 InVEST 模型的石羊河上游产水量驱动因素识别 [J]. 生态学杂志，2019, 38 (12): 3789-3799.

[14] 杨洁，谢保鹏，张德罡. 基于 InVEST 模型的黄河流域产水量时空变化及其对降水和土地利用变化的响应 [J]. 应用生态学报，2020, 31 (8): 2731-2739.

[15] 傅春，黄悦容，裴伍涵. 赣江流域产水功能对土地利用变化的响应 [J]. 中国农村水利水电，2022 (4): 31-40.

[16] 戴尔阜，王亚慧. 横断山区产水服务空间异质性及归因分析 [J]. 地理学报，2020, 75 (3): 607-619.

[17] 丁家宝，张福平，张元，等. 气候与土地利用变化背景下青海湖流域产水量时空变化 [J]. 兰州大学学报（自

然科学版），2022，58（1）：47-56.

[18] 赵自阳，李王成，王霞，等．基于主成分分析和因子分析的宁夏水资源承载力研究［J］．水文，2017，37（2）：64-72.

[19] 贺梦微，杨小林．2010—2019 年黄河流域水资源承载力时空动态研究［J］．水利科学与寒区工程，2022，5（6）：59-63.

[20] 汪晓珍，吴建召，吴普侠，等．2000—2015 年黄土高原生态系统水源涵养、土壤保持和 NPP 服务的时空分布与权衡/协同关系［J］．水土保持学报，2021，35（4）：114-121，128.

[21] 赵雪雁，马平易，李文青，等．黄土高原生态系统服务供需关系的时空变化［J］．地理学报，2021，76（11）：2780-2796.

[22] 徐岚，赵羿．利用马尔柯夫过程预测东陵区土地利用格局的变化［J］．应用生态学报，1993，4（3）：272-277.

[23] 刘瑞，朱道林．基于转移矩阵的土地利用变化信息挖掘方法探讨［J］．资源科学，2010，32（8）：1544-1550.

[24] 刘盛和，何书金．土地利用动态变化的空间分析测算模型［J］．自然资源学报，2002（5）：533-540.

[25] 段增强，张凤荣，孔祥斌．土地利用变化信息挖掘方法及其应用［J］．农业工程学报，2005（12）：60-66.

[26] 任立良，张炜，李春红，等．中国北方地区人类活动对地表水资源的影响研究［J］．河海大学学报（自然科学版），2001（4）：13-18.

[27] 高俊峰，闻余华．太湖流域土地利用变化对流域产水量的影响［J］．地理学报，2002（2）：194-200.

[28] 李昌峰，高俊峰，曹慧．土地利用变化对水资源影响研究的现状和趋势［J］．土壤，2002（4）：191-196，205.

流量在线监测系统技术解决方案研究

吴 琼 张 莉 邓 山

（长江水利委员会水文局，湖北武汉 430010）

摘 要：本文以流量为例，系统梳理了流量在线监测方法、设备、适用性、可行性分析及测站特性分析、推流模型建立、系统集成、成果整理等全业务链，研究建立了流量在线监测系统技术解决方案，形成了流量监测技术与保障体系，并提出了在线监测整体解决方案，支撑在线监测能力提升与发展，为加快水文监测新技术的应用，助力水文现代化、智能化水平做出贡献。

关键词：流量；在线监测；解决方案

1 引言

我国河流湖泊众多，目前，我国江河湖库水文要素在线监测能力有较大的提升，但大江大河流量、泥沙监测技术不能满足长期在线监测的需求，数据资料的完整性和连续性得不到保障。在线监测设备严重依赖进口，部分观测尚未实现自动化、智能化，监测精度无法保证。因此，研发出高精度、低成本并具有自主知识产权的新型水文要素在线监测技术与装备，突破大江大河流量、泥沙等水文要素在线监测等瓶颈，是实现国务院明确要求"健全水资源监控体系"急需解决的关键技术问题[1-2]。

经过改革开放 40 年的建设和发展，中国水文事业取得了长足进步。随着中央逐步加大水文基本建设投资，水文监测能力建设持续加强，水文监测技术不断改进，基于超声波、雷达、对地观测系统、信息网络的新技术、新装备、新方法不断应用和推广，声学多普勒流速剖面仪（ADCP）、电波流速仪、超声波测深仪、全球定位系统（GNSS）等大批水文先进技术和仪器设备得到广泛应用，雷达测雨、无人机、遥感遥测等新技术应用成果丰硕，水文监测的自动化与信息化水平大幅提升。近年来，流量在线监测技术在传感器及嵌入式技术的推动下取得了很大进步，基于声学、光学、雷达及图像的测流仪器显著提高了水文测验的效率及安全性。然而对水文监测人员而言，新技术的全面理解和选择应用往往是项艰巨的任务。

随着经济社会的发展，社会对水文行业的要求越来越高，为了满足各方面需求、解决受水利工程影响测站的水文测验问题，开展流量在线监测势在必行。本文在系统梳理目前水文行业应用较为广泛的流量在线监测设备的原理、性能、适宜性及流量推求的方法的基础上，梳理了流量在线监测业务链，制定了水文在线监测技术解决方案其核心框架流程包含基础研究、可行性研究、设备安装调试、现场比测、推流模型建立和监测成果发布等。解决方案整体流程遵循水文监测技术标准体系，满足规范要求，整体流程依托水文在线监测智能管理一体化平台实现。

2 基础研究及可行性研究

2.1 基础研究

对水文监测人员而言，新技术的全面理解和选择应用往往是项艰巨的任务。在制定解决方案前应系统梳理目前水文行业应用较为广泛的流量在线监测[3] 设备的原理、性能、适宜性及流量推求的方

基金项目：国家重点研发计划项目（2018YFC1508002）。

作者简介：吴琼（1980—），女，高级工程师，科长，主要从事水文水资源监测及管理工作。

法，比如声学多普勒法、超声波时差法[4]、雷达测速法、大尺度粒子图像测速法、卫星测流等流量在线监测方法及光学散射测沙的基本原理、技术指标、使用条件、安装应用要求及流量计算的方法与相关要求，以供水文监测及管理人员参考。

2.2 可行性研究

河流流量在线监测是水文现代化的重要支撑。随着仪器设备的不断发展，河流流量在线监测的方式方法不断增多，对于某个水文站，该站是否具备在线测流的可行性、采用什么方法监测、在什么地方监测、其精度指标如何，这些关键技术问题是在水文站成功实现流量在线监测的关键技术问题，是需要科学分析制定的。流量在线监测实质上是通过有限流速的在线监测来推求流量，在线监测能否实现的关键在于是否能找到具有代表性的流速区域。代表性流速指标分布规律研究技术路线见图1。

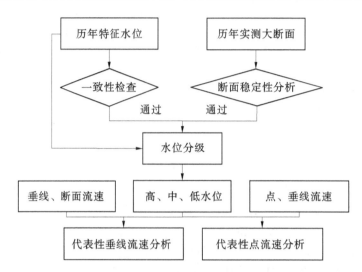

图1 代表性流速指标分布规律研究技术路线

2.2.1 测站特性分析

在选择在线监测方案之前，首先应开展测站特性分析。通过对历史资料的分析，加强对本站特性的认识，再进行流速代表性分析，确定出适合本站的在线监测方案。流量在线监测的可行性分析至少应包括断面分析、水位–流量关系分析、断面流速分布分析等几方面内容。

2.2.2 在线监测可行性分析

目前流量在线监测大多是采用代表流速法。所谓代表流速即在断面流速中，寻找到若干个测点、垂线或水层来代表断面平均流速，需代表流速与断面平均流速有良好且较为稳定的关系。采用数值法也需要所测流速有良好的代表性[5]。

（1）表面流速代表性较好时，可选用侧扫雷达、点雷达测速仪、视频测流等表面流速测验设备。

（2）水平层流速代表性较好时，可采用 H-ADCP、声学时差法等设备。

（3）垂线流速代表性较好时，可采用 V-ADCP 等设备。

（4）当表面、水层或垂线等组合的代表性较好时，可采用组合方案进行在线监测。

通过可行性分析，可以更好地了解测站特性，能更好地指导设备选型、安装、参数设置及比测率定，为实现在线监测提供重要支撑。

3 设备安装及数据入库

3.1 设备安装

在完成在线监测可行性分析及测站特性分析后即可开展设备选型、安装，设备安装与设置应满足规范要求。

仪器安装前应检查下列内容：

（1）换能器是否有污损、变形、破损、紧固件松动等现象。

（2）供电系统输出电压是否符合仪器标称要求。

（3）逐一清点使用的电缆和插接件。

仪器安装支架应符合下列要求：

（1）结构牢固稳定，不因风力、波浪或水流冲击或测船航行等原因导致倾斜或摇晃。

（2）宜采用防锈、防腐蚀能力强，质量轻、强度大的非铁磁材料。

（3）宜配置仪器防撞、防丢失等装置。

3.2　数据库表设计

在线测流设备厂家一般只给出测验区域的平均流速或者根据自己的算法计算出流量，再找水文站要比测数据进行简单的模型率定，最后输出流量成果。这种厂家包办的做法虽然省事，但往往精度不佳。

本文认为，厂家的工作就是准确识别流速，无论是何种在线监测设备，均是对流速的识别，厂家只需将识别后的点流速数据通过标准格式发到水文测验核心数据库，水文部门来完成比测率定和推流计算等工作。

因此，需要在采集阶段将测得的流场数据库表化，定义在线监测数据的二维数据库表结构与接口文件格式。通过标准库表将在线监测的二维流场数据和设备状态信息接入系统，进行统一管理，为比测率定和算法部署、推流提供基础数据支撑。视频测流、H-ADCP、超声波时差法、侧扫雷达等在线监测设备的库表设计已完成。

3.3　数据集成

在线监测系统一般包括多要素采集与控制终端设备，包含流量监测设备、水位传感器、风速风向传感器等多种要素数据，通过无线或有线传输方式，将采集到的监测数据发送到采集处理平台，实现了流量在线装备的系统集成，流量在线监测系统集成拓扑图如图2所示。同时，系统应集成大断面等测站基础数据，通过数据汇集后提供在线率定、推流等服务。

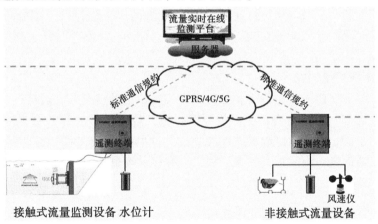

图2　在线监测系统集成拓扑示意图

4　比测率定

4.1　比测要求

用于比测分析的全断面流量资料，应采用走航式ADCP或流速仪多线多点法施测，流速仪施测的垂线数和测点数布置，其单次流量误差应小于本站任务书规定的误差指标值的75%。比测时应避免全断面流量施测与代表流速施测相互干扰，如流速仪侵占H-ADCP声道、走航式ADCP与H-ADCP声波相互交错，测验船舶影响视频或雷达测流信号等，应适当错开两断面。

比测时机的选择与测次布置，应符合以下要求：

（1）分析本站流量变化与相应的流速变化，区分不同水位级和流速级进行比测，多个代表流速关系的，每一代表关系的水位或流速均应进行分级比测。

（2）每一水位或流速分级进行 3~5 次比测，条件不足时至少进行 2 次。

（3）除明确可以确定的粗差外，不得舍弃比测点据，每一关系线用于定线的有效点据不少于30 个。

（4）间测站和巡测断面在巡测方案确定的巡测期内进行。

（5）代表流速的测次与全断面测流的测次同步。

流速变率较大，受测验条件限制，无法实现代表流速与全断面平均流速的观测中时刻完全一致的，可将固定式 ADCP 的测次间隔加密至近似连续观测，代表流速样本数据按照全断面平均流速参比样本的测次时间，从代表流速过程线上摘录获得。不应在较大间隔测次上采取插补、推算。

采用连实测过程线法的主要因素是流量变化不稳定，如果代表流速和断面流量的观测不同步，就会因流量变化不稳定、完全同步同历时观测操作很困难，所以采取过程线摘录是一个行之有效的方法，但需要通过高频次测次准确控制转折变化。关系线使用期间发生超关系线范围的，应及时补充比测。

对于受水位变化影响使得代表流速关系不能保持单一稳定，但可以通过改化使得关系线单一性改善的，应先对代表流速自身进行改化，使其与其所在主流区的部分断面平均流速相比较，两者变化趋势、幅度基本一致，将代表流速改化后再与断面平均流速建立关系。

4.2 关系率定

在线流量监测系统实际上均为代表流速的在线监测，监测到流速后还需将实时流速转换为实时流量，流量计算的常用方法有数值法和代表流速法两类。其中代表流速法主要可分为回归分析和机器学习两类。

5 系统集成及服务

随着经济社会的发展，社会对水文行业的要求越来越高，为了满足各方面需求、解决受水利工程影响测站的水文测验问题，开展流量在线监测势在必行。而通过系统对在线监测整体环节进行管理显得极为迫切。

5.1 在线监测自动测报系统构成

整个在线监测系统主要由采集、传输和处理水文实时数据的传感器、通信设备和计算机等装置组合而成。具体由测量设备、信息传输通道、数据接收端、数据处理、APP 数据显示五部分组成，自动测报系统结构如图 3 所示。系统完成水文要素测报全过程只需几分钟时间即能完成数据收集、处理和上报，及时提供水情信息。满足数据收集、报汛、数据共享需要。

5.2 在线监测管理系统

5.2.1 系统目标

开发集测站管理、特性分析、比测率定、数据采集、数据处理、发报上传等功能于一体的通用软件，为在线站的运行提供统一的运行管理平台。同时具备多源信息融合功能，兼容目前已有的流量测验数据，可进行不同数据源的组合计算。

基于 B/S 架构设计，通过权限设置，业务管理部门可对全江流量在线监测站点运行情况进行实时监控，随时掌握第一手信息。

5.2.2 系统功能

系统中考虑测站代表性分析—在线监测流场数据接入—算法集成—多源融合推流—在线整编—多元化成果输出，满足整个水文业务链条的管理需求，同时提供三维流场的可视化展现。

（1）管理功能。管理自动监测站的基础信息、仪器及安装信息、维护信息等。

（2）特性分析。包括断面稳定性分析、水位流量关系分析、代表性分析等。代表性分析包括代

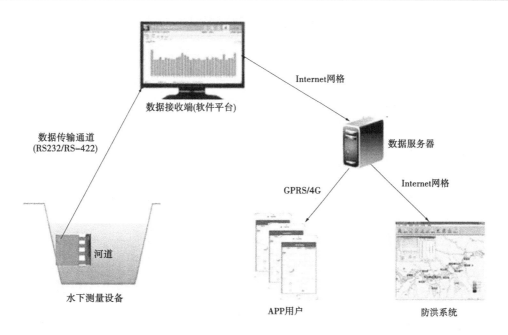

图 3 在线监测自动测报系统示意图

表垂线、代表水平层、表面流速代表性、代表测点分析及各种组合情况的代表性分析。根据代表性分析结果推荐流量在线监测方案（含组合方案）。

（3）比测率定。率定分析代表流速与断面平均流速的关系，对代表流速与断面平均流速关系线进行检验。

（4）数据采集。各种仪器的流速流场（包括回波强度等设备参数）、水位数据实时采集。

（5）处理计算。根据信号参数、可信度、信噪比等信息，对单元流速进行分析处理；单元流速滤波处理；根据代表流速与断面平均流速关系和计算方法，实时计算代表流速和推算断面过水流量，对推算的流量进行滤波处理；显示自动站的流量、水位过程线，并进行流场反演。

（6）发报上传。具备数据查询、导出、备份等功能，在线水位、流量资料发送至整编库和报汛库。

5.3 在线整编系统

在线监测数据推送至整编库之后就进入整编环节，但传统整编的时效性较差，成果滞后性严重，难以满足经济社会对水文资料的时效性要求。因此，需应用现代信息技术和水文资料整编技术，开发符合规范标准的水文资料在线整编系统，自动进行水文监测数据质量评估，实现水文监测信息的在线整编、实时处理和日清月结，提高水文整编数据的准确性和时效性。同时，开展水量平衡、水量还原计算等，提高水文数据整编处理的效率和智能化水平，满足在线监测数据的整编需求[6]。

在线监测数据系统集成的主要流程包括数据接收、分中心数据处理、数据摘录、月报数据处理、数据校核、数据入库和数据整编等 7 个过程，如图 4 所示。

（1）数据接收。自动监测采集系统一段时间间隔记录一个数据（一般每 5 min 记录一次），数据实时发送到水情分中心数据库中。

（2）分中心数据处理。水情分中心数据接收系统通过数据预处理功能对伪数据、异常数据等进行处理，对问题数据进行修正。

（3）数据摘录和月报数据处理。勘测分局工作人员每月初对录入的水位进行处理，手动添加或删除过程线中的水位，微调水位过程线，保证每月的最高水位、最低水位、8 时水位必须摘录，洪水过程不能变形，尽可能对洪水过程线进行精简。

（4）数据校核。校审包括一校、二校、审查。监测数据校核包括自动检查数据是否按时上传、

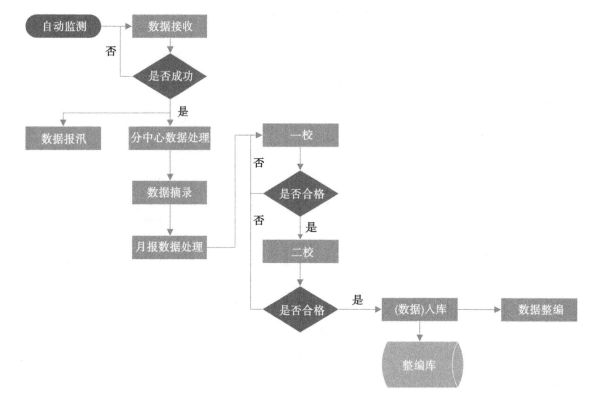

图 4　在线监测数据流程图

数据值是否在规定范围内、数据值是否在变化、是否为伪值。月报校核主要包括：月报按月生成后进行校测，主要校核数据摘录是否符合规范要求，摘录是否合理。

（5）数据入库。数据校核完成后，成果将数据导入至整编数据库。勘测按月对监测数据利用在线整编软件进行整编。

5.4　系统集成功能

最终系统集成将实现全面适配前端、精细数据入库、无缝对接整编、全流程在线、创新展现形式等目标。

全面适配前端：全面适配流速仪等传统监测数据及各类在线监测数据，满足在线监测数据处理和比测率定需求。

精细数据入库：ADCP 及各类在线监测全部原始精细数据结构化入库，预留水动力大数据应用可能。

无缝对接整编：无缝对接水文整编软件 5.0 及在线整编系统。

全流程在线：从测站管理、设备管理、测验数据，到整编汇编，实现全流程在线化、自动化、智能化。

创新展现形式：引入 3D 图表可视化展现方式，实现流场反演等功能。

6　结论

本文在以往系统的基础上研究我国江河湖库水文测站适用的在线监测技术，提出在线监测部署技术方案与可行性，并结合我国水文测验相关规范的要求，针对声学多普勒、超声波时差法、图像测速法、侧扫雷达等流量在线监测及光学散射测沙技术的仪器本身、适用条件和流量计算数学模型进行了系统分析，在开展典型现场实践和比测分析的基础上，系统梳理了流量等水文要素的在线监测方法、设备、适用性及可行性分析、推流模型建立、系统集成、成果整理等全业务链，研究建立了流量在线监测系统技术解决方案，形成了江河湖库水文要素监测技术与保障体系，并提出了在线监测整体解决方案，支撑在线监测能力提升与发展。

参考文献

［1］王俊，等．现代水文监测技术［M］．北京：中国水利水电出版社，2016.

［2］王俊，熊明，等．水文监测体系创新及关键技术研究［M］．北京：中国水利水电出版社，2015.

［3］吴志勇，徐梁，唐运忆，等．水文站流量在线监测方法研究进展［J］．水资源保护，2020，36（4）：1-7.

［4］邓山，赵昕，张莉，等．南水北调工程陶岔站时差法流量计推流技术研究［J］．人民长江，2022，53（4）：86-90.

［5］邓山，胡立，左建，等．H-ADCP代表流速与断面平均流速拟合精度研究［J］．人民长江，2020，51（10）：100-104.

［6］张亭，赖厚桂，牟芸，等．长江水文资料在线整编系统应用研究［J］．水利水电快报，2022，43（7）：117-121.

灌区耗水监测试验与模拟研究

李 焯[1] 吕文星[2]

(1. 黄河水利委员会水文局信息中心，河南郑州 450004；
2. 黄河水文水资源科学研究院，河南郑州 450004)

摘 要：提高水资源的利用效率是经济和社会实现可持续发展的根本途径。开展青海省礼让渠灌区典型地块耗水系数研究，对完善灌区取水、需水和配水计划，制定合理的灌溉制度具有重要意义。本文通过对青海省礼让渠灌区典型地块进行引退水量监测，同时采用引排差和模型模拟两种方法计算耗水系数。结果表明，两种方法计算得到的礼让渠灌区典型地块耗水系数分别为 0.781 和 0.863。采用数学模型模拟方法，虽然对灌溉水循环的物理机制清晰，但耗水系数对重要参数的取值较为敏感；而引排差法对小流量、大变幅和复杂构造断面的监测仍会产生测验误差。

关键词：耗水系数；引排差法；模型模拟；礼让渠灌区

通过对 2012 年《黄河流域水资源公报》[1] 和《青海省水资源公报》[2] 数据的分析，青海省黄河流域农田灌溉耗水量占总耗水量的 70% 左右，农业灌溉用水在青海省国民经济用水中占有非常高的比重，保障农业用水是提高青海农业稳定发展的主要支撑条件，也是全省水资源优化配置的基本依托。然而随着经济社会的进一步发展，青海省黄河流域耗水量持续增加，目前已接近 1987 年国务院发布的《黄河可供水量分配方案》（国办发〔1987〕61 号）（简称"八七分水方案"）中分配给青海省的供水指标，水资源供需矛盾成为区域经济社会可持续发展的主要制约因素。

耗水系数作为评价流域用水消耗程度的关键指标，由于计算方法不同等因素，《黄河水资源公报》和《青海省水资源公报》中存在较大差异。

农田灌溉耗水量包括作物蒸腾、棵间蒸散发、渠系水面蒸发和浸润损失等水量[3]。目前计算农业灌区耗水率的方法，大致可归纳为两类：一类是利用灌溉试验、渠系水有效利用系数、地下水计算参数等间接推算耗水率，即"间接法"，也称"引排差法"[4]。另一类是通过灌区水量平衡分析直接计算耗水系数，通过对农业灌区降水、灌溉水、土壤水和地下水"四水"平衡转化模型[5-8]，直接计算农田水分消耗率，即"直接法"。另外，在黄河干流部分河段进行水量平衡时，依据河道上下游水文测站资料和区间来水、取水、退水资料，来推算控制河段水量误差，进而间接推求区间综合消耗水量，称"河段平衡法"[9]，属于间接法中的具体应用。目前同时结合实际流量测验和模型模拟两种方法对比研究灌区耗水率的报道较为少见。

在此背景下，本文分别采用引排差法和 VSMB 模型模拟法开展青海省湟水流域礼让渠灌区典型地块耗水系数研究，对完善灌区取水、需水和配水计划，制定合理的灌溉制度提供技术支撑。

1 灌区概况

礼让渠灌区位于湟水左岸，西起湟中县多巴镇黑嘴村，东至城北区马坊办事处三其村，跨越城北区、湟中县两个行政区，礼让渠灌区以湟水和西纳川为灌溉水源，为有坝式引水。根据渠首来水和灌区需水情况，湟水支流云谷川择机向干渠补水或干渠向云谷川退水。干渠全长 25 km，年均供水总量

基金项目：第二次青藏高原综合科学考察研究（2019QZKK0203-05）。

作者简介：李焯（1983—），女，高级工程师，主要从事水文水资源相关研究工作。

1 510 万 m³, 渠道设计流量 1.60 m³/s, 现引水流量 0.8 m³/s, 该渠设计灌溉面积 2.24 万亩, 实际灌溉面积 1.7 万亩。干渠已全部采用水泥 U 形渠衬砌完成, 斗农渠衬砌率达 85%。

礼让渠灌区主要作物种类为小麦、油菜和蔬菜, 由于农户承包, 种植结构随市场需求而变化, 主要作物种植结构为: 小麦、油料等大田作物和蔬菜各占 50%。

礼让渠灌区属湟水河谷冲积平原区, 以壤土为主, 下部为砂砾石层, 土体较薄。地貌景观呈明显四级阶梯状。灌区区域属半干旱气候区, 年降水量为 330~450 mm; 蒸发量大, 年平均气温 3~6 ℃, 春旱占干旱年份的 58%; 年平均风速 1.6~1.9 m/s, 川水地区在 11 月初上冻, 解冻期一般在 3 月下旬至 4 月上旬, 冻土层深在 134 cm 以内。

礼让渠灌区典型地块引、退水量监测断面有引水口断面 1 处, 退水口断面 2 处, 共计 3 处监测断面, 见图 1。

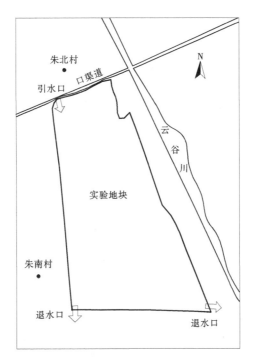

图 1　礼让渠灌区典型地块监测断面布置图

2　材料与方法

2.1　引退水量监测

礼让渠灌区典型地块引水口门单一, 灌区内渠系系统完整, 退水口门 2 处, 且直接排入云谷川河道, 便于监测, 能完整控制该典型地块引退水变化过程。

礼让渠灌区典型地块监测时, 如水位有变化每日 9 时、17 时观测, 水位稳定时每日 9 时观测一次, 水位采用委托观测的方式进行测量。通过灌区区段管理人员, 及时了解和掌握闸门开启情况, 根据闸门开启和水位变化情况, 酌情增加水位观测次数。灌区典型地块退水断面由于退水渠没有正规渠道, 断面不规整, 且退水时间不固定, 退水量小, 设立水尺观测水位难度大, 故不监测水位。

采用悬杆流速断面法以及量水建筑物法进行流量测验, 监测方式为委托观测来水时间和专业人员巡测流量相结合。典型地块退水口断面采用流量过程线法推流。

从灌区干渠引水、区间补水和退水口门计量, 采用流速仪或设置量水设施进行流量测验, 率定水位-流量关系曲线或实测流量过程线法推流[10-11]。灌区农田退水在灌溉期要进行巡测。

礼让渠灌区典型地块引、退水口断面水文监测方案见表 1。

表 1　礼让渠灌区典型地块引、退水口断面水文监测方案

序号	断面名称及代号	位置	监测方式	频次	测流方式	垂线布设	测速历时	测深
1	典型地块进水口（LR–JS）	朱北村	巡测	根据水位变化过程和满足推算引入水量布置测次	根据水量大小分别采用 LS10 型流速断面法、量水建筑物法	2~3 条	不少于 100 s	悬杆
2	典型地块退水口 2 处（LR–TS1、LR–TS2）	朱北村	巡测	春、冬、苗灌期间，根据流量变化过程和满足推求退水量过程随时布置测次	量水建筑物法			

2.2　引排差法

本文基于典型地块尺度上的灌溉试验及相关参数等有关资料分析，间接推求耗水量，来计算农田灌溉耗水系数[12-13]。

$$K_d = \frac{\sum_{i=1}^{n} M_{sti} - \sum_{j=1}^{m} W_{pmj} - \sum_{j=1}^{n} W_{ddj}}{\sum_{i=1}^{n} M_{sti}} \tag{1}$$

式中：K_d 为典型地块耗水系数；M_{sti} 为典型地块引水量，m^3；W_{pmj} 为斗农渠退水口退水量，m^3；W_{ddj} 为地块渗漏损失，本项计算应减去降水入渗影响，m^3。

2.3　模型构建

通用土壤水分平衡模型（the Versatile Soil Moisture Budget Mode1，简称 VSMB）由加拿大的 Baier 和 Robertson 于 1966 年首次提出[14]，作为土壤水分预测的概念模型，其特点是将土壤分为多层，采用日常气象数据和土壤参数模拟土壤各层的水分动态分布，特别适用于灌溉入渗过程中土壤水分的剖面分布和地下水水位模拟。

VSMB 模型将包含土壤根系的土壤剖面分为若干层（一般为 4~6 层，层数和厚度可根据植被的根系分布变化，通常最深一层对应为最大根系深度），每一层均有独立的根系密度分布和田间持水量特性。后又引入了永久凋萎系数和饱和含水量，以确定土壤水分对作物生长的有效性，从而为灌溉制度的调整提供依据[15]。图 2 为其原理示意图。

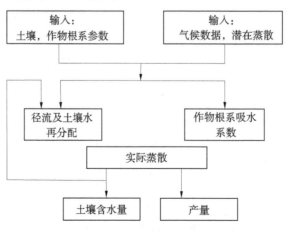

图 2　VSMB 模型的原理框图

VSMB2000 模型为模块式结构，以各物理量的模拟计算构成子模块，子模块之间相对独立，并且以参数或物理量的传递构成其衔接，完成模型的整体功能。凭借有关土壤的物理参数，利用作物的根系参数、气象资料数据以及潜在蒸散量，建立控制文件、输出文件和日气象文件，在 VSMB 模型程序运行界面输入各文件名，模拟田间土壤各层次水分动态变化。输出结果包括：各层次土壤含水量、实际蒸散、下渗、径流、地下水埋深等。

本程序要读取几个输入文件，一个是强制性的（控制文件），另外至少要创建一个输出文件。本程序有几个选项，根据控制文件中的参数来选择，主要有：①在土层内和两个土层之间插入系数 Cfkz（k-coefficients 更早）和根部深度；②采用潜水位函数；③允许用户用 Baier and Robertson 公式或者自己给定值或公式计算土壤蒸散量；④应用冬季预算函数；⑤允许用户指定气象输入数据文件的变量格式；⑥产生各个土层相应的水分随时间的图形输出；⑦生产变量格式打印输出；⑧创建补充输出文件给用户选择做进一步分析。

2.4 模型参数获取

采用环刀浸透法测定土壤容重、孔隙度（总孔隙度、毛管孔隙度、非毛管孔隙度）、饱和含水量、毛管含水量、田间持水量、土壤含水量等指标[16]。气象资料来源于中国气象科学数据共享服务网。作物的根系参数通过试验测量确定。

3　结果与分析

3.1　引排差法计算耗水系数

礼让渠灌区典型地块有 1 个引水口监测断面（LR-JS），有 2 个退水口监测断面（LR-TS1、LR-TS2），退水进入云谷川后流入湟水。

典型地块灌溉为每天上午开始，下午结束。每天灌溉开始和结束前各监测一次，3 月 19 日至 6 月 25 日，共监测流量 65 次。流量监测情况见表 2。

表 2　礼让渠灌区典型地块流量监测情况

站名	测深垂线数	测速垂线数	测速垂线测点	测速历时/s	测流次数	左岸边系数	右岸边系数	最大流量/（m³/s）
引水口（LR-JS）	4	2	1	≥100	44	0.9，临时断面 0.75	0.9，临时断面 0.75	0.113
退水口 1（LR-TS1）	4	2	1	≥100	6	0.9	0.9	0.016
退水口 2（LR-TS2）	4	2	1	≥100	15	0.8	0.8	0.022

礼让渠灌区典型地块监测期 LR-JS 引水量为 6.281 万 m³，退水量为 0.976 3 万 m³，其中 LR-TS1（朱北）退水量为 0.129 6 万 m³，LR-TS2（朱北）退水量为 0.846 7 万 m³。礼让渠灌区典型地块监测期引退水量见表 3。

表 3　礼让渠灌区典型地块监测期引退水量统计　　　　　　　单位：万 m³

灌溉期	引水量	LR-TS1 退水量	LR-TS2 退水量	退水量合计
春灌	1.987	0.034 6	0.095 0	0.129 6
苗灌	4.294	0.095 0	0.751 7	0.846 7
合计	6.281	0.129 6	0.846 7	0.976 3

采用引排差法计算得到礼让渠灌区典型地块 2013 年耗水系数为 0.781。

3.2 模型模拟耗水系数

经模拟，礼让渠灌区典型地块在 2013 年降水量 413.1 mm，净灌溉水量 568 mm，实际蒸散发量 656.3 mm，深层渗漏（补给地下水）量 139.5 mm。可认为净灌溉水量中有 86.3%消耗于蒸发蒸腾，14.2%渗漏进入地下水并最终回归地表水体（河流），折算成耗水系数为 0.863。模拟结果 RMSE 为 3.28，具有较高的代表性。模拟结果见图 3（图中 SOILMO 为模拟土壤含水量，SWC 为观测土壤含水量，均为体积含水量，下同）、图 4（图中 PREC+IRR 为降水和灌溉水量，PET 为潜在蒸散发量，AET 为实际蒸散发量，单位均为 mm，下同）。礼让渠灌区典型地块 2013 年 1 月 1 日至 12 月 31 日模拟结果见表 4。

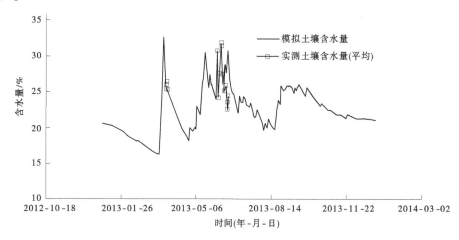

图 3 礼让渠灌区典型地块土壤水分变化过程

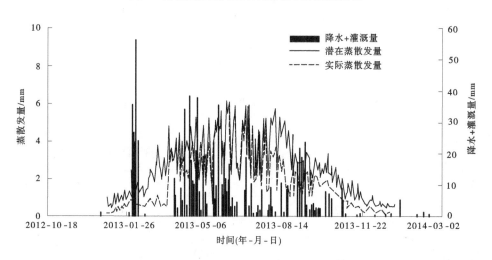

图 4 礼让渠灌区典型地块降水、灌溉和蒸发量变化过程

表 4 礼让渠灌区典型地块 2013 年 1 月 1 日至 12 月 31 日模拟结果

月份	降水+灌溉/mm	潜在蒸散发量/mm	实际蒸散发量/mm	地表径流量/mm	深层渗漏量/mm	可利用水量/%	模拟土壤含水量/%
1	0.0	28.8	16.3	0	0	60.0	20.6
2	1.3	42.8	25.2	0	0	46.0	18.2
3	207.2	90.2	66.1	0	25	57.0	20.4
4	18.6	114.2	84.6	0	0	64.1	20.9

续表 4

月份	降水+灌溉/mm	潜在蒸散发量/mm	实际蒸散发量/mm	地表径流量/mm	深层渗漏量/mm	可利用水量/%	模拟土壤含水量/%
5	245.1	119.9	140.8	0	24.4	83.5	24.2
6	252.3	130.5	158.4	0	44.2	94.8	26.3
7	74.5	108.5	114.2	0	0	76.9	22.7
8	107.9	127.0	91.8	0	0	69.2	21.6
9	54.9	75.7	69.1	0	0	94.4	25.3
10	10.5	63.1	50.6	0	0	82.7	23.6
11	6.7	31.0	19.2	0	0	69.8	21.7
12	2.6	19.3	11.2	0	0	66.0	21.1
合计	981.6	951.0	847.5	0	93.6		

4　结论

礼让渠灌区典型地块监测期总引水量 6.281 万 m³，总退水量 0.976 3 万 m³。典型地块渗漏系数 19.4%，基于引排差法计算得到的礼让渠灌区典型地块 2013 年耗水系数为 0.781。

基于 VSMB 模型的礼让渠灌区典型地块 2013 年 1 月 1 日至 12 月 31 日模拟结果表明净灌溉水量中有 86.3% 消耗于蒸发蒸腾，折算成 2013 年耗水系数为 0.863。

两种方法的主要区别：一是对灌溉水下渗进入地下水，再回归地表水体水量的确定方法和结果不同；二是对土壤蓄水变量的计算不同。采用数学模型模拟，虽然对灌溉水循环的物理机制清晰，但耗水系数对重要参数的取值较为敏感；引排差法对小流量、大变幅和复杂构造断面的监测仍会产生测验误差。

参考文献

[1] 黄河流域水资源公报 [R]. 郑州：黄河水利委员会，2012.

[2] 青海省水利厅. 青海省水资源公报 [R]. 西宁：青海省水利厅，2012.

[3] 邓宇杰，肖昌虎，严浩，等. 长江流域不同行业耗水率初步研究 [J]. 人民长江，2011，42 (18)：65-67，94.

[4] 王学全，卢琦，高前兆，等. 内蒙古河套灌区引用黄河水量分析 [J]. 干旱区研究，2005，22 (2)：146-151.

[5] 周鸿文，孙艳伟，吕文星，等. 基于 SWAT 模型的青海引黄灌区耗水系数模拟 [J]. 江苏农业科学，2017，45 (23)：248-250.

[6] 史晓亮. 基于 SWAT 模型的滦河流域分布式水文模拟与干旱评价方法研究 [D]. 长春：中国科学院研究生院 (东北地理与农业生态研究所)，2013.

[7] 雷志栋，杨汉波，倪广恒，等. 干旱区绿洲耗水分析 [J]. 水利水电技术，2006，37 (1)：15-20.

[8] 雷志栋，倪广恒，丛振涛，等. 干旱区绿洲水资源可持续利用中的几个热点问题的认识 [J]. 水利水电技术，2006，37 (2)：31-33.

[9] 金双彦，张萍，张春岚，等. 水量统一调度以来黄河宁夏河段引黄耗水量分析 [J]. 水文，2015，35 (6)：82-86.

[10] 中华人民共和国住房和城乡建设部. 水位观测标准：GB/T 50138—2010 [S]. 北京：中国计划出版社，2010.

[11] 国家技术监督局，中华人民共和国建设部. 河流流量测验规范：GB 50179—2015 [S]. 北京：中国标准出版

社，2015.

[12] 吕文星，周鸿文，高源，等. 青海省格尔木市农场灌区典型地块耗水系数研究 [J] . 江苏农业科学，2017，45
（21）：263-268.

[13] 周鸿文，吕文星，常远远，等. 青海省大峡渠灌区典型地块农业灌溉耗水监测试验与模拟研究 [J] . 水利水电
技术，2016，47（12）：136-142.

[14] Baier W G W Robertson. A new versatile soil moisture budget [J] . Can. J. Plant Sci，1996：299-315.

[15] 周鸿文，翟禄新，吕文星，等. 基于 VSMB 模型的灌溉水损耗模拟研究 [J] . 湖北农业科学，2015，54（23）：
5866-5871，5940.

[16] 张洪江. 长江三峡花岗岩地区优先流运动及其模拟 [M] . 北京：科学出版社，2005.

基于 LSTM 深度学习方法的长江源日径流预报研究

江 明[1] 鲁 帆[1] 于嵩彬[1] 王晓钰[1,2] 孙 进[1]

(1. 中国水利水电科学研究院水资源研究所，北京 100038；
2. 中国矿业大学资源与地球科学学院，江苏徐州 222116)

摘 要：利用长江源区 2006—2018 年的气象水文资料，建立基于 LSTM 深度学习的日径流预报模型，研究了不同数据输入、预见期及模型参数对预报精度的影响。结果表明：多变量数据作为输入的预报精度优于单变量输入，预见期为 1 d、3 d、5 d 时的纳什系数分别为 0.99、0.96、0.92，预报精度随预见期的增长有所降低；预报精度受神经网络层数影响较小，但随记忆历史时序数据的增多而提高，随神经元数量先增大而减小，在 20 个时达到最优。LSTM 模型能对时序依赖水文数据进行高精度预报。

关键词：长江源；日径流；水文预报；长短时记忆神经网络

1 引言

"十四五"时期，我国将加快构建具有预报、预警、预演、预案功能的智慧水利体系[1]，发展高精度的水文预报技术对于智慧水利建设至关重要。传统水文预报方法主要有上下游相关法和水文模型法[2]，前者根据上下游水文要素之间的相关关系进行预报，后者建立流域降雨径流模型，从物理成因的角度进行水文预报。随着计算机信息技术的发展，应用人工神经网络和深度学习开展水文模拟与预测是水文学研究的热点之一，其中长短时记忆神经网络（Long-Short Term Memory，LSTM）属于循环神经网络（RNN）的一种[3]，由于其内部具有独特的环路网络结构，非常适合用来处理具有长时依赖的气象水文序列数据，在降雨径流模拟预报等研究中取得了较好的效果[4-6]。目前，一些学者采用降雨、径流等数据作为输入驱动 LSTM 模型，研究其对径流过程的学习和模拟性能，结果表明 LSTM 具有良好的记忆能力，可以较好地模拟和预报径流[7-9]。然而已有研究在模型输入数据对预报精度影响方面缺乏深入的探讨，同时模型超参数的设置也较关键。长江源是我国重要的水源涵养区，也是全球气候变化的敏感区域，预报长江源区径流过程具有重要的实际意义，本文基于长江源区内实测气象和径流资料，针对不同输入数据建立 LSTM 模型进行径流预报，分析模型输入数据和不同超参数对径流预报精度的影响。

2 区域概况与数据

长江源地处青藏高原腹地，通常指青海省直门达水文站以上的集水区域，位于东经 112°45′~96°24′，北纬 32°44′~36°12′，流域总面积约 13.8 万 km²，平均海拔达 4 500 m，主要水系包括正源沱沱河、南源当曲、北源楚玛尔河。长江源属于亚寒带半湿润-半干旱气候区，年均气温 -1.5~5.6 ℃；

基金项目：第二次青藏高原综合科学考察研究项目资助（2019QZKK0207）；国家自然科学基金项目（U2240201）。
作者简介：江明（1998—），男，硕士研究生，研究方向为水文水资源。
通信作者：鲁帆（1981—），男，正高级工程师，主要从事气候变化与水资源研究工作。

年降水量 300~630 mm，自西北向东南递增，年内分配极不均匀，5—9 月降水量占全年的 90%~95%。本文选择长江源及其周边范围内五道梁、沱沱河、曲麻莱、清水河、石渠 5 个气象站点 2006—2018 年的逐日降水、平均气温以及直门达水文站 2006—2018 年的日径流数据，其中气象资料来自中国气象数据网，径流资料来源于水文年鉴，水文、气象站点分布位置如图 1 所示。

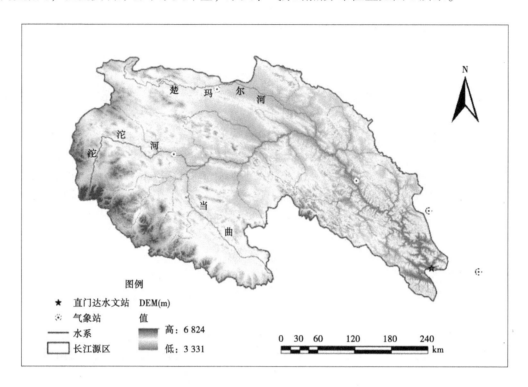

图 1　长江源区概况及气象水文站点分布

3　研究方法

神经网络一般包含输入层、隐藏层和输出层，各层由神经元细胞组成，其中循环神经网络（RNN）的神经元不仅可以接收信息，还可以通过循环迭代函数来存储上一个神经元的信息，常被用来处理时间序列数据。然而传统的 RNN 随着网络复杂度的加深，往往会发生梯度消失、爆炸、长期记忆不足的问题，难以有效学习到时间序列数据的内在特征和长期依赖关系[3]。LSTM 作为一种特殊的 RNN，在传统 RNN 结构的基础上增加了记忆单元状态（c_t）、输入门（i）、输出门（o）和遗忘门（f）4 种结构，这一改变有效克服了上述问题，大大提升了记忆和处理长时间序列信息的能力。LSTM 网络神经元结构如图 2 所示，每个循环单元接收上个神经元的记忆单元状态（c_{t-1}）和隐藏层状态变量（h_{t-1}），依次经过遗忘门（f_t）、输入门（i_t）和输出门（o_t），输出当前神经元的记忆单元状态（c_t）和隐藏层状态变量（h_t）传入下一个神经元，同时输出当前时刻的预测结果 y_t。输入门决定了当前时刻的输入数据如何传递到单元状态，遗忘门控制了记忆单元需要遗忘长序列信息的程度，输出门确定了当前时刻单元需要输出多少信息传递下一时刻的神经元，模型内神经元从输入至输出计算过程如下。

$$f_t = \sigma(W_x^{(f)} x_t + W_h^{(f)} h_{t-1} + b^{(f)}) \tag{1}$$

$$\widetilde{C}_t = \tanh(W_x^{(c)} x_t + W_h^{(c)} h_{t-1} + b^{(c)}) \tag{2}$$

$$i_t = \sigma(W_x^{(i)} x_t + W_h^{(i)} h_{t-1} + b^{(i)}) \tag{3}$$

$$c_t = f_t \odot c_{t-1} + i_t \odot \widetilde{C}_t \tag{4}$$

$$o_t = \sigma(W_x^{(o)} x_t + W_h^{(o)} h_{t-1} + b^{(o)}) \tag{5}$$

$$h_t = o_t \odot \tanh(c_t) \tag{6}$$

式中：$\widetilde{C}_t$ 为记忆更新向量；W、b 分别为对应门或细胞状态的权重矩阵和偏置向量；$\odot$ 为阿达玛乘积，矩阵对应元素相乘；x_t 为 t 时刻的神经元的输入；σ 为 sigmoid 激活函数；tanh 为双曲正切激活函数，计算公式分别如下：

$$\sigma(x) = \frac{1}{1 + e^{-x}} \tag{7}$$

$$\tanh(x) = \frac{e^x - e^{-x}}{e^x + e^{-x}} \tag{8}$$

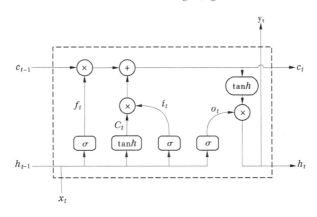

图 2　LSTM 网络神经元结构示意图

LSTM 模型的建立重点是神经网络超参数的设置，这些参数无法从训练数据学习得到，模型主要超参数有隐藏层层数、每个隐藏层中神经元数量、学习率、训练包数据大小、迭代次数等，本研究中这些参数由人工设置，根据经验和率定结果进行取值调整（见表 1），超参数的取值关系到模型预报精度的高低，本文将分析其对预报的影响。模型另一种参数为权重偏置参数，此参数在 LSTM 模型训练过程中不断更新，通过优化算法使损失函数最小，取得最优权重偏置参数，模型优化方法采用自适应矩估计（Adam）算法，选择均方误差函数（MSE）作为损失函数。

表 1　LSTM 模型主要超参数设置

参数名	参数含义	取值
num_ layers	隐藏层层数	1
hidden_ size	单个隐藏层中神经元数量	20
learning_ size	学习率	0.01
batch_ size	训练包数据大小	32
epochs	迭代次数	100
droupout	防止过拟合	0.1

为定量描述 LSTM 模型对长江源区日径流预报的表现性能，本文采用纳什效率系数 NSE（nash-sutcliffe efficiency coefficients）、相对偏差 RB（relative bias）、均方根误差 RMSE（root mean square Error）作为评价模型预报精度的指标，具体计算公式和细节可参考文献 [10]。

4 结果与分析

为评价不同数据输入对 LSTM 模型径流预报的影响，本文设置 3 种不同的输入方案。方案一输入变量为逐日降雨和温度数据，从长江源区降雨径流关系中提取特征进行径流预报；方案二输入变量为历史日径流数据，从径流自身序列提取变化规律和挖掘特征信息进行径流预报；方案三则综合前两种方案，以逐日降雨、温度、径流 3 类变量作为输入。为验证深度学习模型的预报能力，在各方案下设置不同的预见期（1 d、3 d、5 d），即模型输入第 t 天及之前 $L-1$ 天（$\left[x_{t-(L-1)},\cdots,x_{t-1},x_{t}\right]$）的气象水文数据，来预测未来第 $t+1$（Q_{t+1}）、$t+3$（Q_{t+3}）、$t+5$（Q_{t+5}）天的日径流量，其中输入数据长度 L 为记忆天数，记忆天数设置为 5~30 d，将在后续讨论其对预报精度的影响。根据以上设置分别建立 LSTM 预报模型，采用 2006—2016 年共 11 年的逐日数据作为模型训练期，2017—2018 年共 2 年逐日数据作为模型验证期。

4.1 模型参数影响分析

在建立 LSTM 深度学习模型中，超参数设置是重要的一环，为研究模型参数变化对预报的影响，选取隐藏层层数（num_layers）、隐藏层神经元数量（hidden_size）以及记忆天数（L）3 种参数，以方案一输入数据为例，采用控制变量法分别进行研究，选取纳什系数 NSE 和均方根误差 RMSE 作为评判指标。

隐藏层层数、隐藏层神经元数量以及记忆天数设置对 LSTM 模型预报精度的影响结果如图 3 所示。隐藏层层数和每层神经元的数量决定了 LSTM 预测模型的结构，层数和神经元数量越多，权重参数就越多，模型越复杂，由图 3（a）、（b）可知，加深层数对模型预测效果提升不大，1 层 LSTM 隐藏层能够有效的学习时序气象水文数据内在的规律；预报精度随神经元数量先增大后减小，在 20 个左右时效果最优；由图 3（c）可知，记忆天数对模型预测能力有显著影响，随着记忆天数的增加，NSE 逐渐增大，RMSE 逐渐降低，记忆天数为 5 d 和 30 d 时，NSE 分别为 0.63、0.89，输入历史越多的气象数据，模型能够提取的特征信息越多，能够取得越高的预报精度，总体而言，合适的参数可以有效提高水文预报精度。

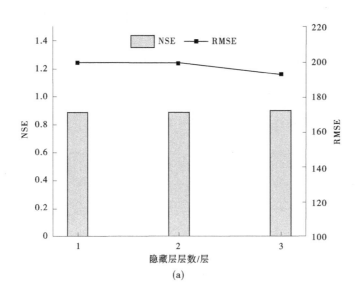

(a)

图 3　不同参数设置对 LSTM 模型预报精度的影响

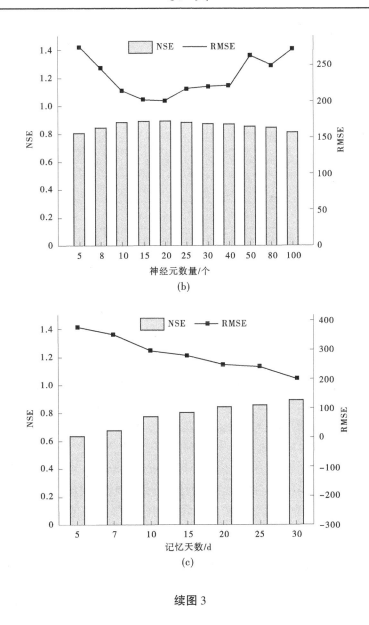

续图 3

4.2 模型预报精度评价

根据上述分析,本文择优选取 LSTM 模型超参数,具体设置值见表 1,在不同预测方案及预见期下长江源区日径流预报结果评价指标如表 2 所示。由表 2 可知,基于 LSTM 深度学习模型在日径流的预报上有良好表现,纳什系数 NSE 均在 0.85 以上,相对误差也在 ±5% 以下。方案一、二、三在预见期为 1 d 时的 NSE 分别为 0.89、0.99、0.99,均方根误差 RMSE 分别为 199.75、54.56、52.16,可见输入降雨、温度数据预测径流的预报精度低于其余两种输入,从历史径流本身数据中挖掘出后一时段与前一时段的关系相对从建立降雨径流关系而言预报效果提升更大,总体而言预报效果优劣顺序为方案三>方案二>方案一,可见输入数据的不同对于水文预报会产生一定影响。方案一从降雨径流关系的角度出发进行预测,长江源区是典型高原寒区流域,除降雨外,径流的组成要素也包含了部分冰川冻土,人类活动和下垫面条件的变化都会改变径流量的大小,方案三综合了气象水文信息,预报精度相对来说效果最好。

表 2 LSTM 模型不同预测方案不同预见期的预报结果统计

预测方案	评价指标	Q_{t+1}	Q_{t+3}	Q_{t+5}	记忆天数 L
方案一	NSE	0.89	0.88	0.86	30
	RB/%	−1.72	−2.63	−3.31	
	RMSE/(m³/s)	199.75	209.43	228.49	
方案二	NSE	0.99	0.94	0.88	5
	RB/%	1.61	−2.69	0.61	
	RMSE/(m³/s)	54.56	142.08	210.26	
方案三	NSE	0.99	0.96	0.92	5
	RB/%	1.09	−0.25	−2.22	
	RMSE/(m³/s)	50.16	115.15	178.35	

随着预见期增长，各预测方案的预报精度也随之降低，方案二预见期 1 d NSE 为 0.99，延长至 3 d 和 5 d NSE 分别为 0.94、0.88，RMSE 也逐渐增大，预报值与实测值的偏差变大，其他方案的预报精度在第 3、5 天也有着不同程度的下降，预见期越长，预测值与记忆天数序列数据之间的相关性越弱，模型能学习到的规律越少，预测的不确定性进一步增大。图 4 展示了方案三下 LSTM 模型在不同预报期下 2017—2018 年日径流实测值与预报值系列对比，可知，LSTM 模型对年内日径流预测值与实测值序列非常接近，预测值年内日径流的变化趋势基本与实测值一致，纳什系数 NSE 均在 0.9 以上，相对误差在±3%以内。在汛期（5—9 月），长江源区径流变化剧烈，在径流波峰处未出现峰值过高或过低，在非汛期（10 月至次年 4 月），源区径流量序列平稳无较大变化，模型预测值对径流有着良好的表现，LSTM 深度学习模型建立起了气象水文前后时间序列强烈的依赖关系。预见期增长也使预测值与实测值偏差变大，在汛期出现了偏移现象，径流值波动更加剧烈，峰值差距增加明显，但总体年内变化趋势基本相同。总体而言，LSTM 模型能对时序依赖的水文数据进行高精度预报，基于深度学习的水文预报技术可为流域未来构建智慧水利体系提供相关支撑。

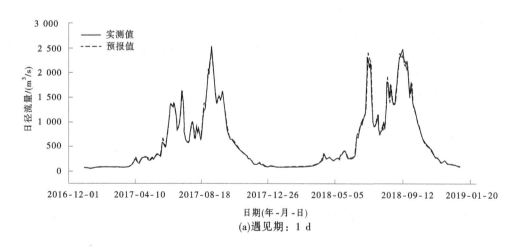

(a)遇见期：1 d

图 4 LSTM 模型不同预见期日径流预报结果（方案三）

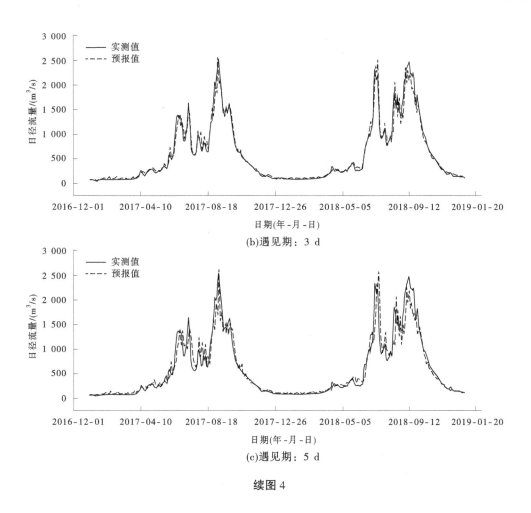

(b)遇见期：3 d

(c)遇见期：5 d

续图4

5 结论

本文依据长江源区2006—2018年降水、气温及径流数据，建立了基于LSTM深度学习的日径流预报模型，分析了模型参数设置对预报精度的影响，评价了不同变量数据输入对日径流预报的影响及不同时间尺度预见期的预报精度，主要结论如下：

（1）LSTM深度学习日径流预报模型能够有效挖掘时间序列数据变化规律和前后依赖特征，综合气象、水文等变量数据作为输入的预报精度优于单个变量作为输入的预报精度，纳什系数可达0.9以上，相对误差在±3%以内。

（2）合适的参数可有效提高水文预报精度，加深层数对预报精度影响较小，预报精度随着神经元数量增加先增大而后减小，记忆历史时序数据越多，预报精度越高。

（3）随预见期的增长，模型预报精度显著降低，预测值与记忆天数序列数据之间的相关性越弱，模型能学习到的规律越少，预测的不确定性进一步增大。

参考文献

［1］蔡阳，成建国，曾焱，等. 加快构建具有"四预"功能的智慧水利体系［J］. 中国水利，2021，20：2-5.

［2］杨大文，杨汉波，雷慧闽. 流域水文学［M］. 北京：清华大学出版社，2014.

［3］Hochreiter S, Schmidhuber J. Long short-term memory［J］. Neural computation, 1997, 9（8）：1735-1780.

［4］刘新，赵宁，郭金运，等. 基于LSTM神经网络的青藏高原月降水量预测［J］. 地球信息科学学报，2020，22（08）：1617-1629.

［5］Wu H, Yang Q, Liu J, et al. A spatiotemporal deep fusion model for merging satellite and gauge precipitation in China ［J］. Journal of Hydrology, 2020, 584：124664.

［6］Kumar D, Singh A, Samui P, et al. Forecasting monthly precipitation using sequential modelling ［J］. Hydrological sciences journal, 2019, 64 (6)：690-700.

［7］熊一橙, 徐炜, 张锐, 等. 基于 LSTM 网络的长江上游流域径流模拟研究 ［J］. 水电能源科学, 2021, 39 (9)：22-24, 40.

［8］黄克威, 王根绪, 宋春林, 等. 基于 LSTM 的青藏高原冻土区典型小流域径流模拟及预测 ［J］. 冰川冻土, 2021, 43 (4)：1144-1156.

［9］殷兆凯, 廖卫红, 王若佳, 等. 基于长短时记忆神经网络 (LSTM) 的降雨径流模拟及预报 ［J］. 南水北调与水利科技, 2019, 17 (6)：1-9.

［10］姜淞川, 陆建忠, 陈晓玲, 等. 基于 LSTM 网络鄱阳湖抚河流域径流模拟研究 ［J］. 华中师范大学学报 (自然科学版), 2020, 54 (1)：128-139.

基于土壤墒情监测技术分析降雨径流数学关系——以大冶湖为例

沈国进[1]　张利平[2]

（1. 湖北省黄石市水文水资源勘测局，湖北黄石　435000；
2. 武汉大学水利水电学院，湖北武汉　430072）

摘　要： 针对中小河流存在预报精度不够高、水文预报模型降雨径流关系物理意义不明等问题，进一步厘清产流数学关系，寻找具有代表性及归纳性的降雨径流关系，对今后预报向物理模型迈进有一定的指导意义。本文将土壤墒情监测技术与降水径流关系进行了整合，对 API 模型产流进行改进，指明填洼为湿度地区主要降雨损失，在此基础上提出了吸盘型产流法。其降雨径流数学关系在大冶湖 API 模型预报方案中得到了检验，径流深合格率由 76% 提升至 96%，洪峰水位合格率由 76% 提升至 92%，预报精度整体均得到了一定的提升。

关键词： 吸盘型产流；土壤墒情；降雨径流关系；大冶湖流域；API 模型

1　引言

随着配套的水文站点布设和水文资料的收集，在现代计算机技术的飞速发展加持下，流域水文模型的研究得到了质的飞越，由黑箱子模型蜕变为了集总式概念性模型，并进一步向分布式进阶，目标是最后达到物理模型。对产流有很多研究且存在不同的差异性，包括国内的湿润地区蓄满产流、干旱半干旱地区的超渗产流、日本的串联并联的水箱模型、美国注重土壤不同透水性的 SWAT 模型等。随着社会对大洪水的关注，水文模型更多的精力放在了水动力学和基于 GIS 的地形变化汇流计算上，而忽视了对降雨径流关系的求解，因为到达一定阈值，降雨生成的径流成了较为固定的相关关系。但是受到了产流的影响，水文模型很难前进一步，为了摆脱这一个困境，让降雨径流关系物理化、数学化，对产流具有高度敏感性的大冶湖流域进行分析，以 API 模型的消退系数法计算的 P_a 和基于吸盘产流计算的 P_a 进行对比研究。

2　数据与方法

2.1　流域特征和站点情况

大冶湖流域位于湖北省黄石市，面积 1 106 km²，地理位置东经 115°02′~115°11′，北纬 30°04′~30°08′，地势自西北向东南倾斜，周边多丘岗，中部较平坦。常水位下湖面面积 57.6 km²，相应湖容 18 362 万 m³，平均水深 3.2 m，受出口人为控制，降雨生成的径流会持续在大冶湖中聚积。大冶湖流域内有 7 个省级重点站，其中 2 个为水位站，1 个为水文站。年平均降水量 1 436.3 mm，而汛期降水量就占了全年的 70%。年平均蒸发量为 704.4 mm。

流域内及周边有 2 个土壤墒情站，其中还地桥站为旬月观测的人工土壤墒情站，本次计算采用从

作者简介： 沈国进（1989—），男，工程师，主要从事水文情报、预报领域的研究工作。

通信作者： 张利平（1971—），男，教授，博士生导师，研究方向为变化环境下的水文水资源、水文模拟与气候变化。

2013 年 9 月建站开始至 2019 年 12 月共计 200 个旬月数据，军垦农场站为介电类的时域反射法（TDR）自动墒情站，2014 年 4 月至 2019 年 9 月共计 1 980 d 数据参与分析计算。由于两站的流域蒸发和降雨具有近似同步性，土壤都为黏土，可以进行对比分析，通过环刀法和采用沙箱进行土样退水测得两站的田间持水量分别为 26.39% 和 30.78%。根据土壤墒情和流域特性分析，稳定下渗率 f_c 可以在后续的预报不参与计算。使用了单位 oracle 数据库自 2012 年建库以来的 1 h 间隔实时降雨、水位数据和 E601B 型蒸发器观测的日蒸发量来保证计算精度。

2.2 吸盘型产流原理

水箱模型与吸盘型产流对比见图 1。产流过程在水量变化上形状类似吸盘的面产流，降水落到平面呈现油分子或者水波在水面的传递方式，随时间呈圆形扩散，然后进行坡面汇流。如果流域本身坡度较大，在合并汇流关系后，就可以逐步概化为类似串联水箱模型结构，它理论上同时适用于蓄满产流和超渗产流，其关键是下渗能力 f_M 的变化。大冶湖流域中由于地势平缓呈现吸盘并联结构，达到蓄满后开始产流。吸盘产流由土壤湿度变化、单位产流面积变化和降雨三重影响，吸盘的体积 V 和降雨量 P 共同决定着产流量的多少，其面积 S 与土壤湿度 θ 成指数关系。

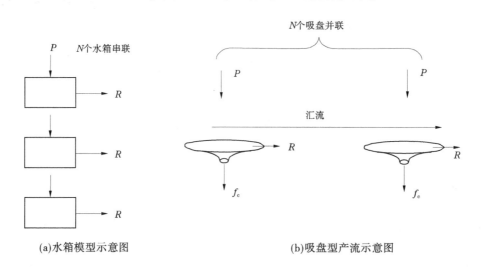

(a)水箱模型示意图　　　　　　　　(b)吸盘型产流示意图

图 1 水箱模型与吸盘型产流对比

$$S = i\theta^j \tag{1}$$

$$V = \int_{W_1}^{W_2} S\mathrm{d}\theta = \int_{W_1}^{W_2} i\theta^j \mathrm{d}\theta = \frac{i}{j+1}\theta^{j+1}\bigg|_{W_1}^{W_2} = P_{a_2} - P_{a_1} \tag{2}$$

当底部面积 S 不随 θ 变化时，即

$$S = i\alpha \tag{3}$$

$$V = \int_0^{W_0} S\mathrm{d}\theta = \int_0^{W_0} i\alpha \mathrm{d}\theta = i\alpha\theta\bigg|_0^{W_0} = Pa_0 \tag{4}$$

当土壤湿度 θ 也不随时间变化，即稳定下渗 f_c 时：

$$V = \int_0^{\Delta t} S\mathrm{d}\theta = \int_0^{\Delta t} Sf_c = Sf_c\Delta t = i\alpha f_c\Delta t \tag{5}$$

超渗产流表示为：

$$V \approx P_{a_2} - P_{a_1} = P_{a_2} - i\alpha f_c\Delta t \tag{6}$$

以大冶湖流域吸盘产流面积 S 与土壤湿度 θ 成线性关系为例（$j=1$，$i = 2WMM = 240$ mm）

$$S = i\theta \tag{7}$$

对于处于湿润地区的大冶流域 f_c 很小，在计算中可以忽略：

$$V = \int_0^{W_0} S\mathrm{d}\theta = \int_0^{W_0} i\theta\mathrm{d}\theta = \frac{i}{2}\theta^2 \bigg|_0^{W_0} = P_{a_0} \tag{8}$$

式中：θ、W 均为土壤湿度（%）；W_1、W_2 为各个时段的湿度（%）；P_{a1}、P_{a2} 为各个时段的湿度，mm；W_0、P_{a0} 为降雨前土壤初始湿度（%）；i、J、α 为系数，为了计算方便，而 i 定义为 mm，j、α 无单位；f_c 为稳定下渗率，mm/Δt。

吸盘型计算示意图见图 2。

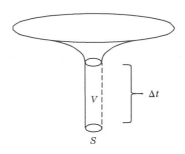

图 2　吸盘型计算示意图

2.3　分析方法

由于 API 模型参变量 P_a 是以土壤湿度定义的，这与吸盘产流的定义相同，且后续计算涉及流域蓄水曲线不均匀性的降雨径流相关图和单位线原理上均一致，所以可以直接将原 API 模型的 K 值消退系数法和吸盘产流计算的 P_a 直接进行代入模型计算对比。但是目前土壤墒情观测的为质量含水量的变化，需要在田间持水量的对比下变为相对土壤湿度，且还地桥站的旬月土壤墒情不足以满足计算要求，因此联合 2 个土壤墒情站点数据，分析符合流域土壤湿度变化的蒸发模型及参数。

三层蒸发模型在 WUM、WLM、WDM 分别为 20 mm、20 mm、80 mm 拟合度最好，通过该参数的三层蒸发模型推算，军垦农场和还地桥站多年土壤湿度均值分别为 81.68% 和 81.61%；垂线平均标准差分别为 10.53% 和 9.92%，结果较为合理。蒸发扩散系数 C 通过土壤蒸发量 E_s 与流域蒸发能力 E_p 对比分析值为 0.13。通过三层蒸发模型计算的土壤湿度代入吸盘产流计算的 P_a 与原 API 方案的消退系数法计算的 P_a 对比，见图 3~图 5。

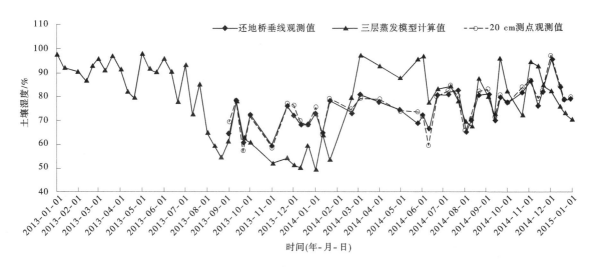

图 3　2013—2014 年三层蒸发模型计算土壤湿度与实际监测值对比

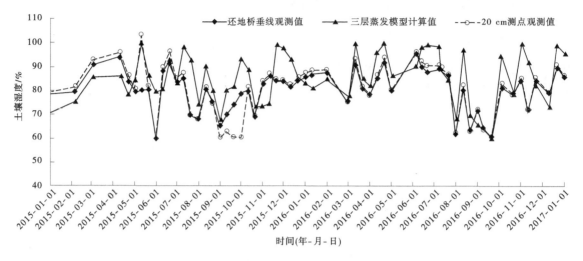

图 4 2015—2016 年三层蒸发模型计算土壤湿度与实际监测值对比

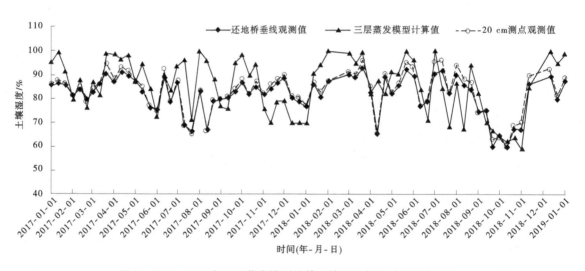

图 5 2017—2018 年三层蒸发模型计算土壤湿度与实际监测值对比

3 计算结果

API 模型 K 值法与吸盘产流计算径流深、洪峰水位、洪峰时间结果对比见表 1～表 3。

表 1 API 模型 K 值法与吸盘产流计算径流深结果对比
单位：mm

序号	洪水起时间（年-月-日 T 时）	P	实测 R	许可误差	K 值法 P_a	计算 R	误差	评定结果	吸盘 P_a	计算 R	误差	评定结果
1	2012-04-28T08	286.8	177.9	20.0	95.7	200.1	22.2	不合格	99.4	196.9	19.0	合格
2	2012-05-28T08	105.2	79	15.8	107.9	74.8	-4.2	合格	105.5	72.8	-6.2	合格
3	2012-06-25T08	84.6	24.8	5.0	44.8	20.6	-4.2	合格	54.8	24.1	-0.7	合格
4	2012-07-12T08	86.7	26.7	5.3	48.0	22.6	-4.1	合格	62.6	28.6	1.9	合格
5	2012-08-08T08	100.3	28.7	5.7	34.2	23.4	-5.3	合格	48.8	30.4	1.7	合格

续表1 单位：mm

序号	洪水起时间（年-月-日 T 时）	P	实测 R	许可误差	K 值法 P_a	计算 R	误差	评定结果	吸盘 P_a	计算 R	误差	评定结果
6	2013-06-06T08	97.9	64.8	13.0	92.9	59.8	-5.0	合格	97.6	59.7	-5.1	合格
7	2014-04-17T08	101.1	57.4	11.5	104.4	68.3	10.9	合格	101.6	65.9	8.5	合格
8	2014-05-13T08	183.9	97.1	19.4	110.7	105.9	8.8	合格	109.6	97.5	0.4	合格
9	2014-06-24T08	177.1	85	17.0	67.1	98.3	13.3	合格	80.0	101.9	16.9	合格
10	2015-02-19T08	172.0	86.6	17.3	98.9	120.4	33.8	不合格	60.1	87.6	1.0	合格
11	2015-04-01T08	203.5	137.7	20.0	106.2	152.2	14.5	合格	102.5	149.2	11.5	合格
12	2015-05-07T08	342.5	165.2	20.0	68.1	184.5	19.3	合格	68.8	183.8	18.6	合格
13	2015-06-20T08	103.5	58.8	11.8	109.0	74.2	15.4	不合格	94.5	61.8	3.0	合格
14	2016-04-01T08	192.5	109.1	20.0	92.1	131.2	22.1	不合格	80.5	120.7	11.6	合格
15	2016-04-15T08	149.5	86.1	17.2	95.2	100.0	13.9	合格	93.1	98.2	12.1	合格
16	2017-03-18T08	116.2	94.8	19.0	118.8	87.6	-7.2	合格	111.9	86.6	-8.2	合格
17	2017-04-08T08	73.6	42	8.4	110.5	50.9	8.9	不合格	117.4	57.0	15.0	不合格
18	2017-06-08T08	128.5	61.9	12.4	53.0	47.2	-14.7	不合格	71.8	62.1	0.2	合格
19	2017-06-29T08	188.8	122.3	20.0	100.5	136.0	13.9	合格	105.5	139.8	17.5	合格
20	2018-02-27T08	84.4	54.5	10.9	104.2	55.3	0.8	合格	105.7	55.6	1.1	合格
21	2018-05-17T08	167.2	85.3	17.1	91.2	99.7	14.4	合格	74.6	83.4	-1.9	合格
22	2018-06-28T08	118.2	48	9.6	65.2	49.0	1.0	合格	71.0	53.6	5.6	合格
23	2019-05-24T08	137.4	81.5	16.3	78.5	75.7	-5.8	合格	84.7	81.3	-0.2	合格
24	2019-06-16T08	227.9	118.6	20.0	63.3	136.0	17.4	合格	57.1	131.1	12.5	合格
25	2019-07-11T08	100.5	34.9	7.0	45.9	28.5	-6.4	合格	61.5	34.5	-0.4	合格

表2 API 模型 K 值法与吸盘产流计算洪峰水位结果对比 单位：m

序号	洪水起时间（年-月-日 T 时）	起算水位	实测洪峰	许可误差	K 值法			吸盘产流法		
					预报洪峰	洪峰误差	洪峰评定	预报洪峰	洪峰误差	洪峰评定
1	2012-04-28T08	15.06	18.17	0.20	18.34	0.17	合格	18.29	0.12	合格
2	2012-05-28T08	17.48	18.20	0.14	18.11	-0.09	合格	18.07	-0.13	合格
3	2012-06-25T08	17.78	18.25	0.10	18.17	-0.08	合格	18.23	-0.02	合格
4	2012-07-12T08	17.46	17.91	0.10	17.83	-0.08	合格	17.95	0.04	合格
5	2012-08-08T08	17.93	18.47	0.11	18.38	-0.09	合格	18.51	0.04	合格
6	2013-06-06T08	16.58	17.85	0.20	17.75	-0.10	合格	17.75	-0.10	合格
7	2014-04-17T08	15.57	16.45	0.18	16.70	0.25	不合格	16.62	0.17	合格

续表 2

序号	洪水起时间（年-月-日 T 时）	起算水位	实测洪峰	许可误差	K 值法			吸盘产流法		
					预报洪峰	洪峰误差	洪峰评定	预报洪峰	洪峰误差	洪峰评定
8	2014-05-13T08	16.68	18.30	0.20	18.46	0.16	合格	18.31	0.01	合格
9	2014-06-24T08	17.46	18.27	0.16	18.19	-0.08	合格	18.47	0.20	不合格
10	2015-02-19T08	14.71	16.31	0.20	16.96	0.65	不合格	16.29	-0.02	合格
11	2015-04-01T08	15.27	17.45	0.20	17.64	0.19	合格	17.52	0.07	合格
12	2015-05-07T08	15.16	18.32	0.20	18.35	0.03	合格	18.32	0	合格
13	2015-06-20T08	17.32	18.15	0.17	18.32	0.17	不合格	18	-0.15	合格
14	2016-04-01T08	14.82	16.92	0.20	17.30	0.38	不合格	17.09	0.17	合格
15	2016-04-15T08	16.68	18.31	0.20	18.34	0.03	合格	18.31	0.00	合格
16	2017-03-18T08	14.94	16.38	0.20	16.20	-0.18	合格	16.18	-0.20	合格
17	2017-04-08T08	16.59	17.14	0.11	17.22	0.08	合格	17.34	0.20	不合格
18	2017-06-08T08	15.98	17.21	0.20	16.86	-0.35	不合格	17.14	-0.07	合格
19	2017-06-29T08	17.11	18.92	0.20	19.00	0.08	合格	19.06	0.14	合格
20	2018-02-27T08	14.75	15.45	0.14	15.57	0.12	合格	15.57	0.12	合格
21	2018-05-17T08	16.09	17.51	0.20	17.73	0.22	不合格	17.42	-0.09	合格
22	2018-06-28T08	16.83	17.30	0.10	17.30	0.00	合格	17.39	0.09	合格
23	2019-05-24T08	16.52	18.09	0.20	17.95	-0.14	合格	18.05	-0.04	合格
24	2019-06-16T08	17.25	18.53	0.20	18.63	0.10	合格	18.54	0.01	合格
25	2019-07-11T08	17.37	18.04	0.13	17.90	-0.14	合格	18.03	-0.01	合格

表 3　API 模型 K 值法与吸盘产流计算洪峰时间结果对比

序号	实测洪峰时间（年-月-日 T 时）	总历时/h	许可误差/h	排水量/万 m³	K 值法			吸盘产流法		
					预报洪峰时间（年-月-日 T 时）	时间误差/h	峰时评定结果	预报洪峰时间（年-月-日 T 时）	时间误差/h	峰时评定结果
1	2012-05-21T19	563	24	3 065.1	2012-05-21T20	1	合格	2012-05-21T23	4	合格
2	2012-06-08T17	273	24	4 570.2	2012-06-08T17	0	合格	2012-06-08T16	-1	合格
3	2012-07-06T13	269	24	0	2012-07-04T10	-51	不合格	2012-07-04T10	-51	不合格
4	2012-07-22T03	235	24	362.3	2012-07-22T10	7	合格	2012-07-24T03	48	不合格
5	2012-08-21T07	311	24	0	2012-08-18T05	-74	不合格	2012-08-20T23	-8	合格
6	2013-06-15T00	208	24	0	2013-06-13T02	-46	不合格	2013-06-13T05	-43	不合格
7	2014-04-26T04	212	24	1 796	2014-04-24T04	-48	不合格	2014-04-24T02	-50	不合格
8	2014-06-04T07	527	24	1 488.6	2014-06-04T12	5	合格	2014-06-04T07	0	合格

续表3

序号	实测洪峰时间（年-月-日T时）	总历时/h	许可误差/h	排水量/万 m³	K 值法			吸盘产流法		
					预报洪峰时间（年-月-日T时）	时间误差/h	峰时评定结果	预报洪峰时间（年-月-日T时）	时间误差/h	峰时评定结果
9	2014-07-06T06	286	24	4 700	2014-07-06T12	6	合格	2014-07-06T18	12	合格
10	2015-03-02T12	268	24	2 049.7	2015-03-02T07	−5	合格	2015-03-02T02	−10	合格
11	2015-04-08T15	175	24	3 681.8	2015-04-08T19	4	合格	2015-04-08T17	2	合格
12	2015-06-09T09	793	24	1 169.3	2015-06-10T01	16	合格	2015-06-09T23	14	合格
13	2015-06-23T10	74	24	1 717.7	2015-06-23T18	8	合格	2015-06-23T17	7	合格
14	2016-04-09T00	184	24	1 640.4	2016-04-09T15	15	合格	2016-04-09T12	12	合格
15	2016-04-24T02	210	24	213.1	2016-04-24T00	−2	合格	2016-04-24T00	−2	合格
16	2017-04-01T13	341	24	3 493.1	2017-04-01T11	−2	合格	2017-04-01T13	0	合格
17	2017-04-11T20	84	24	1 597	2017-04-12T00	4	合格	2017-04-12T02	6	合格
18	2017-06-15T22	182	24	158.1	2017-06-15T22	0	合格	2017-06-15T17	−5	合格
19	2017-07-03T13	101	24	2 985	2017-07-04T08	19	合格	2017-07-04T03	14	合格
20	2018-03-10T00	256	24	3 028.1	2018-03-09T05	−19	合格	2018-03-09T01	−23	合格
21	2018-06-04T07	431	24	1 598.5	2018-06-03T12	−19	合格	2018-06-03T17	−14	合格
22	2018-07-03T23	135	24	2 676.7	2018-07-03T10	−13	合格	2018-07-03T16	−7	合格
23	2019-05-28T16	104	24	130	2019-05-28T23	7	合格	2019-05-28T21	5	合格
24	2019-06-23T06	166	24	5 686.9	2019-06-23T12	6	合格	2019-06-23T13	7	合格
25	2019-07-26T16	368	24	0	2019-07-26T12	−4	合格	2019-07-26T12	−4	合格

相对比基于消退系数 K 值法，吸盘产流法能让大冶湖预报模型有质的提升，通过 25 场次洪水中检验其径流深合格率由 76% 提升至 96%；洪峰水位合格率由 76% 提升至 92%；洪峰水位标准差由 0.21 m 变为了 0.11 m；洪峰时间合格率不变，仍为 84%，说明吸盘产流在描述大冶湖流域产流原理时具有很好的适用性。如果对 2012062508、2012071208、2013060608 出口水利工程关闭及尾水影响做合格处理，正确的洪峰时间合格率可以达到 96%。

4 结论与展望

吸盘产流理论在大冶湖洪水预报中有很好的适用性，相比基于消退系数的 K 值法，吸盘产流法在大冶湖洪水预报评定中精度有一定的提升，由原先的乙等精度提高到甲等精度。通过数据分析对比，径流深合格率由 76.0% 提升至 96.0%，洪峰合格率由 76.0% 提升至 92.0%；洪峰水位标准差由原来的 0.21 m 提升至 0.11 m。吸盘产流理论同时也应该能解释蓄满产流和超渗产流，它赋予原先概念性的参数物理定义，与土壤湿度、蒸发模型相结合，逐步将水文预报模型参数物理化。通过土壤墒情监测技术对预报模型进行参数率定，指明原先大冶湖预报模型计算湿润地区时忽略深层土壤含水容量并与实际存在不符，三层蒸发模型 WUM、WLM、WDM 分别为 20 mm、20 mm、80 mm 拟合度最好，深层含水量权重反而应为最大。但是受到运用限制和检验，还存在不足以及改进的地方。

（1）本文目前仅仅在湿润地区大冶湖进行了大体上的拟合分析，未来还需要根据其理论建立一套完整的水文预报模型，并在不同流域进行参数率定及场次洪水检验。根据吸盘产流理论，超渗产流超过稳定下渗率的降雨仍会有部分被吸盘本身消耗掉，后续还需要进行论证。

（2）未来吸盘产流如何在流域的不均匀性和水文学原理、水力学原理汇流中耦合运用值得期待。

参考文献

［1］葛守西．现代洪水预报技术［M］．北京：水利电力出版社，1999．

［2］章四龙．洪水预报系统关键技术研究与实践［M］．北京：中国水利水电出版社，2006．

［3］董艳萍，袁晶瑄．流域水文模型回顾与展望［J］．水力发电学报，2008，34（3）：20-23．

［4］包为民．水文预报［M］．4版．北京：中国水利水电出版社，2009．

［5］詹道江，徐向阳，陈元芳．工程水文学［M］．4版．北京：中国水利水电出版社，2010．

［6］瞿思敏，包为民．实时洪水预报综合修正方法初探［J］．水科学进展，2013，14（2）：167-171．

［7］曹磊，陈川建．连续API产汇流模型的改进及应用［J］．水利水电快报，2017，38（12）：31-35．

［8］中华人民共和国水利部．土壤墒情监测规范：SL 364—2015［S］．北京：中国水利水电出版社，2016．

［9］中华人民共和国国家质量监督检验检疫总局，中国国家标准化管理委员会．水文情报预报规范：GB/T 22482—2008［S］．北京：中国标准出版社，2009

基于珠江三角洲 25 次同步水文实验的水量分配比规律分析

吴春熠[1]   肖珍珍[1]   吴梦莹[2]

(1. 水利部珠江水利委员会水文局，广东广州   5100611；
2. 水利部水文司，北京   100053)

摘   要：珠江三角洲是中国人口集聚最多、创新能力最强、综合实力最强的三大城市群之一，水安全保障及经济社会发展等需要水文的技术支撑。运用同步水文实验的方法，在分析 15 次洪水期、10 次枯水期同步水文实验结果基础上，对区域内重要水系节点分流比水文变化规律进行分析研究。结果表明，珠江三角洲八大口门及西北江水系主要河汊水量分配比随上游来水水情不同而相应变化，但总体变化幅度不大，分配比较为稳定。

关键词：珠江三角洲；同步；水文实验；分配比

近年来，受人类活动和气候变化影响，全球众多江河水文情势已发生明显改变，珠江流域也不例外，一是 2021 年遭遇旱情，降雨量、来水量严重偏少，上游东江韩江、遭遇罕见连年干旱，导致三角洲磨刀门水道在主汛期出现咸潮，枯水期磨刀门水道咸潮显著增强，而东江三角洲咸潮则连续突破历史极值，东莞第二水厂氯化物含量更是达到 1 280 mg/L，为有记录以来的最高值，受影响人口众多；二是 2022 年 5 月以来，珠江流域连续出现 11 次强降雨过程，造成西江发生 4 次编号洪水，北江发生 2 次编号洪水，230 条河流发生超警洪水，其中北江第 2 号洪水更发展成了超百年一遇特大洪水，对英德、韶关等区域造成极大破坏。地处珠江流域下游的珠江三角洲所处地理位置特殊，同时受到降雨、上游洪水、下游潮汐、人类活动的影响，近年来水文情势变化规律尤其复杂。苏定洪等[1] 2021 年对在近 20 年来西北江三角洲主要水道水量分配比进行了分析，得到总体变化幅度不大的结论。随着 2019 年及 2020 年珠江三角洲历史上最大规模的两次同步试验资料的积累，有必要进行进一步的分析，为保障粤港澳大湾区水安全，进一步加强珠江三角洲及河口的治理、保护和管理提供基础支撑和服务。

1   研究区概况

珠江三角洲是一个复合型的三角洲，由西北江三角洲和东江三角洲组成，西、北江三角洲是以思贤滘、崖门、虎门三地为顶点的三角形区域，东江三角洲是以石龙、黄埔、虎门三地为顶点的三角形区域。自思贤滘以下的西、北江三角洲面积 8 370 km²，包括入注的潭江、沙坪水、高明河、流溪河、雅瑶水等中小河流流域面积共 18 520 km²。自石龙以下的东江三角洲面积 1 380 km²，包括入注的沙河、增江等中小河流及独流入河口湾诸河面积共 8 300 km²。西江河口段自思贤滘西滘口至磨刀门企人石，包括西江干流水道、西海水道、磨刀门水道等三个河段，全长 139 km；北江河口段自思贤滘北滘口经北江干流水道、顺德水道、沙湾水道至番禺小虎山淹尾，全长 105 km；东江河口段自东莞石龙经东江北干流至增城禺东联围，全长 42 km。三角洲内冲积平原和河网平原面积约占 80%，丘陵

作者简介：吴春熠（1984—），男，高级工程师，科长，从事水文与水资源工作。

山地约占 20%，多集中在南部。平原上兀立着的台地、丘陵、残丘星罗棋布，贯穿其中的网河水道纵横交错，自东而西汇集于虎门、蕉门、洪奇门、横门、磨刀门、鸡啼门、虎跳门和崖门等八大口门入南海，构成独特的"诸河汇集，八口分流"的水系特征。

2 数据来源与实验方法

主要采用 1999 年以来水利部珠江水利委员会水文局组织，在珠江三角洲开展的 15 次洪水期、10 次枯水期同步水文实验资料（实验时间见表 1），每次同步实验均包含大、中、小潮共 16 个完整潮流期。在珠江三角洲网河区八大口门及主要河汊布设 20 个实验断面（断面位置见图 1），同步监测水位、流速等水文资料。25 次实验均执行《感潮水文测验规范》（SL 732—2015）等标准规范，实验资料整编分析执行《水文资料整编规范》（SL 247—2012）等标准规范。25 次实验各断面逐时水位、流速等资料记录完整，无缺测现象。各要素实验方法如下。

表 1　26 次同步水文实验资料

枯水期同步水文实验				洪水期同步水文实验			
序号	实验日期（年-月）	序号	实验日期（年-月）	序号	实验日期（年-月）	序号	实验日期（年-月）
1	2000-02	9	2018-01	1	1999-09	9	2014-08
2	2005-01	10	2019-01	2	2007-09	10	2015-08
3	2008-12	11	2019-12	3	2008-09	11	2016-08
4	2013-01			4	2009-07	12	2017-08
5	2014-01			5	2010-09	13	2018-08
6	2015-01			6	2011-08	14	2019-06
7	2016-02			7	2012-07	15	2020-06
8	2016-02			8	2013-06		

水位：测验断面有水文（位）站的，直接采用水文（位）站的水位观测资料；测验断面无水文（位）站的，在测验断面附近设立临时自记水位站，安装浮子式、压力式等水位计自动观测水位，且每日人工校核水位不小于一次。

流速：视断面情况，一是使用测船和旋桨式流速仪（如 LS25-1、LS20B、ZSX-Ⅲ 直读式流速流向仪）等仪器逐时进行流速测验。仪器设备都经过专业检定且在有效期内，仪器悬挂离船舷不少于 1.0 m，测船在开始测验前用差分 GNSS 在测验垂线上定位抛锚。在测验过程中随时检查测船位置，发生移位等情况及时重新定位；二是使用声学多普勒流速剖面仪（H-ADCP）进行流速测验，测量方案（包括仪器型号、测层选定、安装位置等）与率定 $V_m \sim V_{cp}$ 关系曲线测验时保持一致。

大断面：使用回声测深仪测量水深、全站仪或差分 GPS 定位系统测定各点的起点距。大断面测量岸上部分测至最高水位 0.50~1.00 m 以上，测量起止时间观测水位，水位变幅小于或等于 0.05 m 时，取两次平均值作为计算水位；水位变幅大于 0.05 m 时，作水位涨落改正，并以开始水位作为计算水位。对水深起伏变化较大的区域适当加密测点，每个断面均进行往、返二次测量，断面的往、返测闭合差均在规范允许的范围内。

图 1   实验断面位置示意图

3   水量分配比分析

3.1   西、北江水量在八大口门的分配比

利用历次实验得出的水文数据分析计算得出黄冲等八大口门水量分配比进行研究，其结果见表 2 和表 3，变化过程线见图 2、图 3。

表 2   枯水期测验八大口门水量分配比对照

断面	分配比/%										
	2019 年 12 月	2019 年 1 月	2018 年 1 月	2016 年 2 月	2015 年 1 月	2014 年 1 月	2013 年 1 月	2008 年 12 月	2005 年 1 月	2000 年 2 月	均值
黄冲	2.9	5.01	2.1	7.5	8.3	8.7	10.8	5.7	5.2	9.3	6.6
西炮台（二）	7.3	5.62	5.6	5.7	5.2	8.5	5.7	4.7	5.2	7.0	6.0
黄金（大林）	3.4	3.12	4.5	4.0	5.1	6.1	6.8	3.4	3.7	1.7	4.2

续表 2

断面	分配比/%										
	2019 年 12 月	2019 年 1 月	2018 年 1 月	2016 年 2 月	2015 年 1 月	2014 年 1 月	2013 年 1 月	2008 年 12 月	2005 年 1 月	2000 年 2 月	均值
挂定角	34.3	26.54	34.6	30.0	29.3	26.7	24.2	30.5	33.2	23.6	29.3
横门	15.2	11.27	14.3	14.3	14.5	14.0	15.1	16.7	21.2	12.5	14.9
冯马庙（二）	12.2	18.24	12.8	11.5	12.8	13.4	14.6	10.1	11.3	14.4	13.1
南沙	13.3	18.32	15.5	17.9	19.7	14.4	13.9	15.3	9.4	22.2	16.0
大虎（二）	11.4	11.87	10.5	9.0	5.1	8.3	8.9	13.7	10.8	9.2	9.9

表 3　洪水期测验八大口门水量分配比对照

断面	分配比/%							
	2020 年 6 月	2019 年 6 月	2018 年 8 月	2017 年 8 月	2016 年 8 月	2015 年 8 月	2014 年 8 月	2013 年 6 月
黄冲	6.9	3.6	3.4	3.4	3.2	4.3	2.6	4.4
西炮台（二）	3.9	4.5	6.8	6.8	5.3	4.9	5.1	5.1
黄金（大林）	3.9	3.9	4.1	4.1	4.0	4.3	4.3	5.1
挂定角	30.4	29.3	32.0	32.0	29.3	29.3	32.4	34.0
横门	12.0	12.8	14.1	14.1	12.9	13.5	13.2	13.5
冯马庙（二）	11.0	11.8	9.2	9.2	10.2	12.7	11.8	11.8
南沙	18.9	19.1	18.0	18.0	22.1	18.7	18.5	18.1
大虎（二）	13.0	15.0	12.4	12.4	13.0	12.3	12.1	8.1

断面	分配比/%							
	2012 年 7 月	2011 年 8 月	2010 年 9 月	2009 年 7 月	2008 年 9 月	2007 年 9 月	1999 年 9 月	均值
黄冲	3.7	1.8	6.1	4.3	4.1	3.9	4.2	4.0
西炮台（二）	5.0	5.5	4.0	4.7	4.9	4.5	3.4	5.0
黄金（大林）	4.6	3.4	3.6	3.9	3.6	4.1	3.9	4.1
挂定角	28.3	35.4	29.6	30.4	32.1	30.2	26.4	30.7
横门	13.5	15.1	12.8	13.7	14.4	12.5	13.9	13.5
冯马庙（二）	11.6	14.0	12.0	11.1	11.1	15.0	10.8	11.6
南沙	20.5	16.0	16.3	20.5	20.0	19.2	21.9	19.0
大虎（二）	12.8	8.9	15.5	11.5	9.8	10.6	15.5	12.2

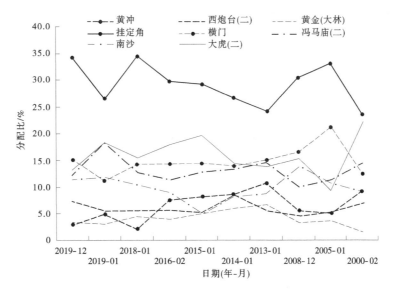

图2　枯水期测验八大口门水量分配比变化过程

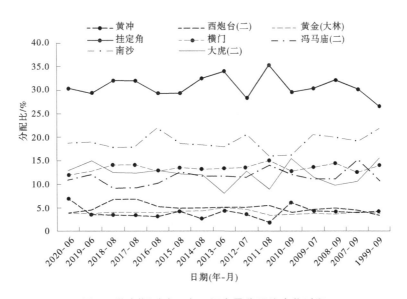

图3　洪水期测验八大口门水量分配比变化过程

　　总体而言，一是八大口门的水量分配比枯季和洪季都是挂定角最大，历次实验均值枯季达到了29.3 %，洪季达到了30.7 %。枯季黄金（大林）最小，均值为4.2 %；洪季黄冲最小，均值为4.0%。表明珠江三角洲八大口门中不论是枯季还是洪季，磨刀门水道潮流量最大，枯季鸡啼门水道潮流量最小，洪季崖门水道潮流量最小。二是八大口门水量分配比历次实验因水情不同而有所差异，但总体上相差不大，其中枯水期水量分配比百分数值变化相对较大，但最近几年来有渐趋稳定的趋势；洪水期测验测得的八大口门水量分配比百分数值相对稳定。

3.2　主要河汊水量分配比

3.2.1　西江水系主要河汊水量分配比分析

　　西江上游来水流经天河、南华后分别注入东海水道和西海水道，分别对东海水道以下主要河汊和西海水道以下主要河汊做分析。表4、表5分别为依据6次实验资料统计的西江、北江水系主要河汊水量分配比成果。

表4　西江水系主要河汊水量分配比统计

水道	断面	2001年2月	2005年1月	2019年12月	枯季均值	1999年7月	2007年8月	2020年6月	洪季均值
鸡鸦水道	南头	14.5	13.5	13.3	13.8	12.7	12.5	12.0	12.4
小榄水道	小榄（二）	6.9	5.6	7.3	6.6	5.6	8.0	5.0	6.2
容桂水道	容奇	10.6	7.6	9.5	9.2	9.6	11.5	12.1	11.1
桂洲水道	海尾	7.1	4.7	4.5	5.4	7.1	6.8	7.0	7.0
黄圃沥	乌珠	0.9	0.8	0.8	0.8	1.3	1.1	1.7	1.4
黄沙沥	黄沙沥	3.4	2.1	3.4	3.0	3.1	2.6	3.8	3.2
荷麻溪	百顷	缺	24.1	22.0	23.1	19.3	19.9	22.1	20.4
磨刀门水道	大敖	缺	25.6	22.7	24.2	18.7	23.5	20.5	20.9
江门河	北街闸	2.44	1.4	1.2	1.7	缺	1.5	1.6	1.6
荷麻溪	睦洲口	12.6	11.0	12.5	12.0	7.5	6.6	9.5	7.9
螺洲溪	竹洲	3.0	4.0	5.7	4.2	3.3	3.0	4.2	3.5
磨刀门水道	竹银	26.0	34.6	34.1	31.6	27.3	33.8	34.3	31.8

表5　北江水系主要河汊水量分配比统计

水道	断面	2001年2月	2005年1月	2019年12月	枯季均值	1999年7月	2007年8月	2020年6月	洪季均值
顺德水道	石仔沙	16.3	13.8	15.9	15.3	16.4	12.9	13.1	14.1
潭洲水道	澜石	2.9	2.4	3.0	2.8	5.0	4.6	4.9	4.8
顺德水道	霞石	缺	8.5	14.7	11.6	14.8	11.2	11.9	12.6
李家沙水道	三围	5.5	3.1	3.0	3.7	2.9	2.8	2.6	2.8
平洲水道	沙洛围	2.2	3.0	2.5	2.6	4.4	4.7	3.9	4.3
大石涌	大石	0.2	0.2	-0.1	0.1	1.1	0.5	0.7	0.8
紫泥河	三善左	1.9	1.0	1.7	1.5	2.5	2.0	1.9	2.1
顺德水道	三善滘	15.1	7.4	13.0	11.8	12.0	9.0	10.3	10.4
蕉门水道	亭角	缺	1.3	5.8	3.5	3.8	缺	3.7	3.8
沙湾水道	三沙口	6.9	4.8	5.6	5.8	9.0	3.9	6.1	6.3
上横沥	上横	4.1	3.9	2.9	3.6	6.2	6.4	5.3	6.0
下横沥	下横	9.2	5.8	6.3	7.1	10.8	9.1	9.5	9.8
洪奇沥水道	冯马庙（二）	14.4	7.9	12.2	11.5	10.2	14.8	11.0	12.0

（1）东海水道以下主要河汊水量分配比分析。南头、容奇断面是西海水道来水的主要下泄通道，其水量分配比较小榄（二）、海尾断面大；南头、海尾断面的洪季水量分配比较枯季有所降低，容奇

则相反；小榄（二）、乌珠和黄沙沥断面洪枯季相差不大。

（2）西海水道以下主要河汊水量分配比分析。百顷断面和大敖断面的水量分配比相近，均为枯季水量分配比大于洪季。睦洲口断面枯季水量分配比大于洪季，而竹洲和竹银断面则洪枯季相差不大。北街闸断面的水量分配比较小，而竹银站最大。

3.2.2 北江水系主要河汊水量分配比分析

（1）东平水道下游出口控制断面中，顺德水道的石仔沙断面水量分配比最大，其洪枯多年平均值为14.7%，潭洲水道的澜石断面只有3.8%；顺德水道来水和潭洲水道一部分来水汇合后主要经沙湾水道下泄注入狮子洋，沙湾水道（三沙口）的多年洪枯季平均水量分配比占了6.1%。

（2）洪奇沥的来水比较复杂，北江来水通过东平水道、顺德水道、顺德支流与西江来水在容桂水道汇合后流向洪奇沥，洪奇沥再加上桂洲水道、黄圃沥及黄沙沥的西江来水一部分流向洪奇门，另一部分流向上横沥和下横沥。从实测资料分析，洪奇沥门［冯马庙（二）断面］为洪奇沥上游来水的主要下泄通道；从洪枯季对比来看，3个断面均洪季多年平均水量分配比较枯大。

4 结语

（1）八大口门水量分配比以磨刀门的挂定角断面最大，蕉门水道的南沙断面次之；主要河汊的水量分配比随上游来水水情不同而相应变化，但总体变化幅度不大，主流干道承担着主要的洪水下泄流量，水量分配比较其他支流为大。总体水量分配比较为稳定。西北江水系主要河汊水量分配比方面，荷麻溪、大敖、睦洲口、上横、下横断面洪枯两季水量分配比变化较大，其他断面变化均较小，水量分配比较为稳定。

（2）珠江三角洲地区因河网复杂，水动力分析多采用一、二维联解模型。模型的精度是区域内水情预报、河道冲淤变化分析、咸潮预测的基础，对保障粤港澳大湾区水安全，珠江三角洲及河口的治理、保护和管理至关重要。由于在加入2019年12月及2020年6月两次珠江三角洲历史上最大规模的两次同步实验资料后八大口门及西北江水系主要河汊分配比仍旧较为稳定，因此原有的成熟水动力模型不用进行大的调整，但建议使用上述两次同步实验资料进行复核及微调。

（3）近年来，珠江三角洲地区虽然人类活动频繁，河道地形亦有一些变化，但由于相关部门河道管理得力，并未对八大口门及西北江水系主要河汊分配比产生较大影响。

参考文献

[1] 苏定洪，苏晨，李清海. 近20年来西北江三角洲主要水道水量分配比规律分析［J］. 广西水利水电，2021（5）：40-45.

[2] 袁菲，杨清书，杨裕桂，等. 珠江口东四口门径流动力变化及其原因分析［J］. 人民珠江，2018，39（2）：26-29.

[3] 姚章民，王永勇，李爱鸣. 珠江三角洲主要河道水量分配比变化初步分析［J］. 人民珠江，2009（2）：43-45，51.

[4] 周文浩，欧志勇. 20世纪90年代西北江三角洲水文情势变化原因分析［J］. 人民珠江，2005（S1）：50-52，73.

[5] 成忠理. 珠江三角洲网河区及八大口门水文情势年代变化分析［J］. 中山大学学报（自然科学版），2001（S2）：29-31.

[6] 何为. 珠江河口分汊机制及其对排洪和咸潮上溯的影响［D］. 上海：华东师范大学，2012.

风场扰动对降雨收集率影响的风洞实验和仿真模拟研究

蔡　钊[1]　张飞珍[2]　王文种[3]　刘宏伟[1]　廖敏涵[1]

（1. 南京水利科学研究院，江苏南京　210029；

2. 杭州市南排工程建设管理服务中心，浙江杭州　310020；

3. 南京水利水文自动化研究所，江苏南京　210012）

摘　要：风场在雨量计器口附近产生的畸变是造成降水观测误差的重要来源之一，本研究利用室内风洞试验和 CFD（计算流体力学）数值模拟相结合的手段从机制上探究风场影响雨量计降水收集的原因，研究结果显示：风场在器口上方 5 cm 附近会形成高风速区域，相对于自然风速增加约 20%，同时在集雨器内部会形成负压涡旋回流区域，造成雨量计降水到达雨量计集雨器低于降水收集产生较大误差；风洞试验与数值模拟结果的吻合度良好，且防风圈可将雨量计上方的高风速区域提高约 4 cm，并将最大风速降低 7% 左右，研究结果可为未来矫正风场扰动误差提供基础理论支撑。

关键词：数值模拟；风洞试验；风场扰动

1　研究背景

在降水观测中，对于雨量观测设备，风影响一直是造成降水收集率偏低的一个重要的原因，在实际的观测实验中，风对降雪的收集率的影响甚至可超过 50%[1]。风在雨量观测设备集水区域造成的风场畸变主要发生雨量计器口附近，对降雨特别是降雪的观测准确性产生很大的影响。研究表明，雨量计器口的器口厚度、面积均会影响风在雨量计集雨器上方形成的风场畸变程度[2]。Stagnaro 等[3-4]使用 CFD（computational fluid dynamics，计算流体力学）数值模拟的方法对 T200B 型雨量计以及装配防风圈的雨量计进行仿真模拟，发现单层和双层防风圈会显著降低风场到达雨量计集雨器上方的风速，从而对降水收集产生有利影响。Colli 等[5-6]也是用数值模拟和现场实验观测的方法，证实了防风圈对于雨量计降水收集的有利作用。但上述研究均为国外研究者的相关成果，国内针对雨量计的研究更多集中于降水观测实验分析[7-9]，对雨量计相关风场影响的 CFD 数值模拟和风洞试验研究较少；且国外学者模拟工作所使用的雨量计与国内 GB 型雨量计在器口收集面积、器口倒角角度、器口厚度等方面都不相同。因此，亟待需要对我国使用的雨量计进行风场扰动影响的数值模拟和实验工作，探究风场扰动对降水收集影响的原理，可为进一步提高降水测量的准确性，以及订正风影响降水观测误差的数据提供理论依据和参考。

2　材料与方法

2.1　室内风洞实验

风洞试验使用中国国电环境保护研究院的回流式边界层风洞实验室内进行，此风洞实验室于

基金项目：国家自然科学基金（91647203）资助。

作者简介：蔡钊（1991—），男，博士，工程师，研究方向为水文实验与水文仪器。

2015 年建成[见图 1(a)]，风速范围为 0~30 m/s，风扇直径为 5.1 m，可模拟空气污染实验、风环境模拟实验、物质传输模拟实验等。回流式边界层风洞实验段尺寸大，气流性能优良，风速平顺性较好，既可以闭路回流式运行，也可以开路直流式运行，对模拟结果的验证较好。环形风洞具有室内控制室[见图 1(b)]，可精准控制风洞内机械臂[见图 1(e)]的运动，控制精度可达到 0.001 m。由于在对比数值模拟结果和风洞试验数据时采用了同图 1(d)中三条线上的数据比对，因此精准的机械臂控制保证了数据的比对准确性。在机械臂上安装了可以测量点风速的 TSI9565 型风速仪[见图 1(c、d)]，风速仪的具体参数如表 1 所示，此款风速仪采用针式皮托管来测量风速，其分辨率为 0.01 m/s，精度为±1.5%左右，可达到实验的精度要求。

(a)环形风洞的整体全貌

(b)室内控制室

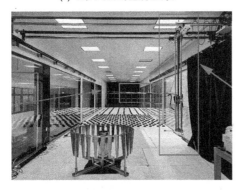

(c)环形风洞内

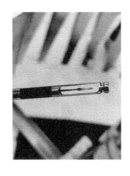

(d)测量风速的风速仪

(e)机械控制杆

图 1　本研究所使用的国电环境保护研究院的环形风洞

表 1　TSI9565 型风速测量仪的主要参数

测量参数	属性	参数范围
风速（皮托管）	范围	1~78.7 m/s
	精度	在 10.16 m/s 下，±1.5%
	分辨率	0.01 m/s
静压，差压	范围	−28.0~ +28.0 mmHg， −3 735~+3 735 Pa
	精度	读数的±1% 或±1 Pa
	分辨率	1 Pa， 001 mmHg
大气压	范围	68.93~124.08 kPa
	精度	读数的2%
	数据存储	26 500 个数据和 100 个数据组
	数据存储间隔	1 s~1 h
	时间分辨率	1 s

2.2 数值模拟

仿真模拟建模所使用的雨量计为南京自动化研究所生产的国标翻斗式雨量计。其集雨器内直径为 0.2 m，边缘厚度为 0.5 cm、倒角为 45°，防风圈建模依据 WMO 标准，其中防风圈的直径为 1.23 m，叶片的总数量为 32，叶片的厚度为 1 mm。网格划分采用非结构化网格剖分方法，最终形成的网格数为 223 万，见图 2。

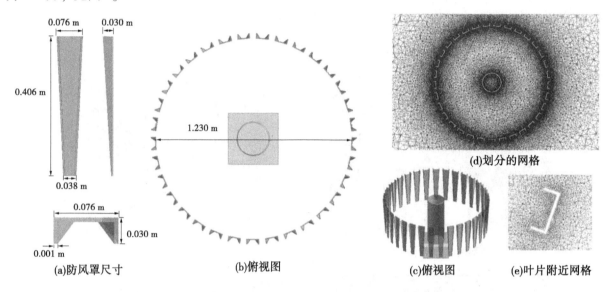

(a)防风罩尺寸　　　　(b)俯视图　　　　(c)俯视图　　(e)叶片附近网格

图 2　雨量计及装配 Alter 和 Tretyakov 防风圈的三维模型和划分的网格

3 结果与分析

3.1 数值模拟结果分析

图 3 为数值模拟中单个雨量计、添加防风圈雨量计风速分布结果，由图 3（a）可知风场在雨量计集雨器上方附近会形成高风速区域，造成风场产生较大的畸变，而在集雨器内部则形成了负压的涡旋回流区域，这是风场扰动造成雨量计降水收集偏低的一个重要原因。通过图 3（a）和图 3（c）的对比可以看出，防风圈的主要作用是将高风速区域集中在防风圈附近，降低风场到达雨量计集雨器器口上方的风速，缓解雨量计集雨器内部的涡旋回流情况，从而对降水收集起到有利作用。

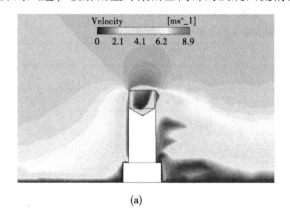
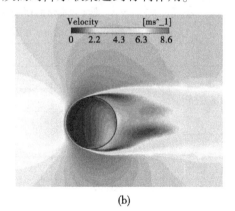

(a)　　　　　　　　　　　　　　　　(b)

图 3　数值模拟结果（$U_\infty = 7$ m/s）

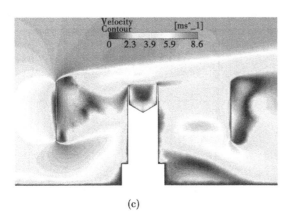

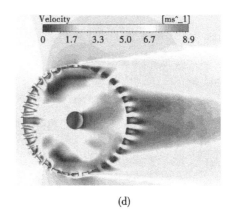

(c)

(d)

续图 3

3.2 风洞实验结果及对比分析

在进行实验数据的比对时，由于风速仪只能测量单个点的风速，因此选定图 4 中三条线上，每条线 10~15 个点进行风速测量，用于对比数值模拟的结果。我们在得到每个点的风速时，均等待 10 s 后风速仪数值稳定后在进行 20 s 的数值记录，之后每个点的风速即为 20 s 数据的平均值，这样做的目的是保证移动机械臂后前 10 s 的数据不稳定，待其稳定后再进行 20 次数据测量以保证实验数据的准确性。

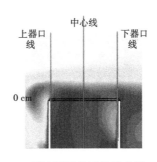

(a)风洞内安装雨量计和防风圈　　(b)风速测量位置的示意图

图 4 风洞实验风速测量的位置

通过单个雨量计[见图 5(a)]、添加 Alter 防风圈的雨量计[见图 5(b)]的风洞实验值和模拟的比对可知，数值模拟的结果和风洞实验的实际数据整体吻合度较高。且从图 5 中对比可看出，在雨量计不添加防风圈时，最大风速发生在器口上方 5 cm 处，相对于自然风速增加约 10%。对比单个雨量计和添加 Alter 防风圈雨量计上方的风速后，发现防风圈不仅可将雨量计集雨器上方的最大风速抬高约 0.15 m，同时可以使最大风速较小约 20%，具有较好的作用。

从单个雨量计的对比[见图 5(a)]可看出，在上器口线上的数据对比吻合度非常高，但在中心线和下器口线上出现了前 2~3 个点吻合度较低的情况。造成此现象的原因是风在经过雨量计器口时产生了较大的畸变，使得在中心线上，高于器口高度约为 5 cm 的位置产生了风速较大的畸变区域。而此区域的下方存在较大范围的涡旋回流区，在此涡旋区域内风的流速和流向处在不稳定的状态，而通过皮托管测量风速的风速仪是靠风压力来换算风速的，涡旋区域的风压，特别是风压的方向也处在不稳定的状态，因此风速仪的测量值可能存在误差较大的情况。而除去中心线和下器口线风洞试验的前 3 个值，其他值的吻合度相当高。从添加 Alter 防风圈的实验和模拟结果对比[见图 5(b)]可看出，不同于单个雨量计的实验模拟对比吻合度，EML 雨量和添加 Alter 防风圈的实验和模拟结果在下器口线上的吻合度最好，在上器口线上的吻合度相对较差。但即使是在吻合度相对较差的上器口线上，实验值与模拟值的差距始终不会超过±4%，说明 CFD 数值模拟在模拟风场经过雨量计的畸变扰动具有很高的可信度。

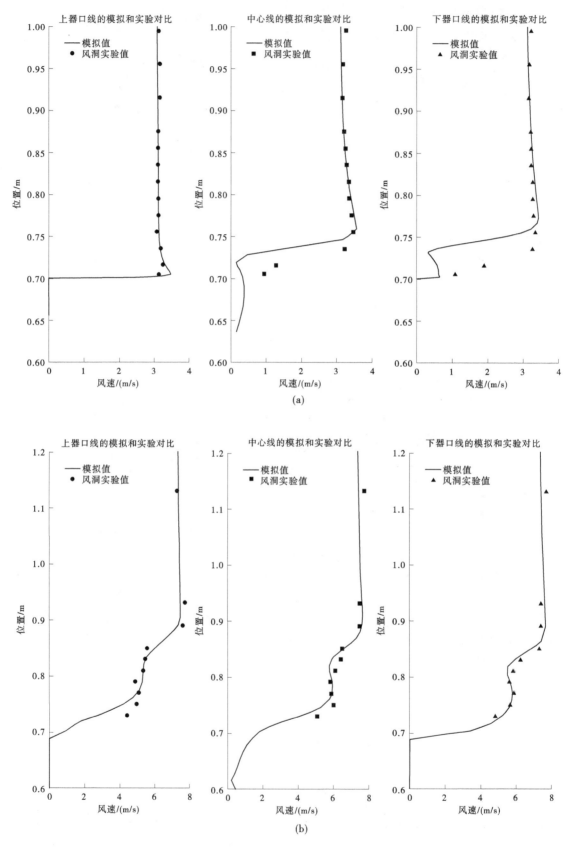

图 5　单个雨量计 ($U_\infty = 3$ m/s)、添加 Alter 防风圈 ($U_\infty = 7$ m/s) 的风洞实验值和模拟值之间的对比

4 结论

为精细化探究风场扰动对雨量观测设备产生影响的根本原因以及雨量计防风圈的具体作用，进行风洞实验和数值模拟研究，得出如下结论：

（1）由数值模拟结果可知，风场在雨量计集雨器上方附近会形成高风速区域，位置约在器口上方 5 cm 处，造成风场产生较大的畸变，相对于自然风速增加约 20%，在集雨器内部则形成了负压的涡旋回流区域，这是风场扰动造成雨量计降水收集偏低的重要原因。

（2）防风圈的主要作用是将高风速区域集中在防风圈附近，降低风场到达雨量计集雨器器口上方的风速，缓解雨量计集雨器内部的涡旋回流情况，从而对降水收集起到有利作用。

（3）除涡旋回流区域外（器口上方 5 cm 以下），风洞实验结果与数值模拟结果的吻合度非常高，同时防风圈可将单个雨量计器口上的高风速区域提高约 4 cm，并可将最大风速降低 7% 左右。

参考文献

［1］Sevruk B. Correction of precipitation measurements ［R］. Geneva：World Meteorological Organisation, 1985：13-23.

［2］Simi M, Maksimovié. Effect of the siphon control on the dynamic characteristics of a tipping bucket raingauge ［J］. Hydrological Sciences Journal, 1994, 39 （1）：35-46.

［3］Stagnaro M, Colli M, Giovanni Lanza L, et al. Performance of post-processing algorithms for rainfall intensity using measurements from tipping-bucket rain gauges ［J］. Atmospheric Measurement Techniques, 2016, 9 （12）：5699-5706.

［4］Thériault J M, Rasmussen R, Ikeda K, et al. Dependence of snow gauge collection efficiency on snowflake characteristics ［J］. Journal of Applied Meteorology and Climatology, 2012, 51 （4）：745-762.

［5］Colli M, Lanza L G, Rasmussen R, et al. The collection efficiency of shielded and unshielded precipitation gauges. Part II：Modeling particle trajectories ［J］. Journal of Hydrometeorology, 2016, 17 （1）：245-255.

［6］Colli M, Rasmussen R, Thériault J M, et al. An improved trajectory model to evaluate the collection performance of snow gauges ［J］. Journal of Applied Meteorology and Climatology, 2015, 54 （8）：1826-1836.

［7］廖爱民, 刘九夫, 张建云, 等. 基于多类型雨量计的降雨特性分析 ［J］. 水科学进展, 2020, 31 （6）：852-861.

［8］杨大庆, 姜彤, 张寅生, 等. 天山乌鲁木齐河源降水观测误差分析及其改正 ［J］. 冰川冻土, 1998, 10 （4）：384-399.

［9］任芝花, 李伟, 雷勇, 等. 降水测量对比试验及其主要结果 ［J］. 气象, 2007, 33 （10）：96-101.

2022年马连河"7·15"暴雨洪水简析

蒙雅雯　徐永红

（黄河水利委员会委西峰水文水资源勘测局，甘肃庆阳　745000）

摘　要：对2022年马连河流域"7·15"暴雨洪水进行了简要分析，结果表明：①此次洪水具有降雨持续时间长、强度大、雨区范围广、暴雨中心区产流能力强，洪水传播速度快等特点。降雨过程覆盖马连河全流域，且暴雨中心始终在流域中上游，暴雨中心区最大点日雨量达236.2 mm（马岭站），最大雨强为105.6 mm/h（野狐沟站）；②洪德、庆阳、贾桥等3站均出现沙峰较洪峰滞后的情况，雨落坪站出现沙峰较洪峰靠前的情况，洪水过程持续时间2~3 d，起涨至洪峰历时较短，洪峰形态一般呈陡涨陡落型，峰形尖瘦、近似对称，雨洪滞时较小；③此次洪水洪德—庆阳区间，有大量区间来水，使庆阳次洪水量远大于洪德次洪水量，而输沙量沿程略有衰减；庆阳、贾桥—雨落坪区间，次洪水量和输沙量沿程衰减较小。

关键词：马连河；暴雨；特性；演进；输沙量

1　雨情概况

受低涡、副热带高压共同影响，预计7月14—16日黄河中下游有一次强降雨过程，山陕区间、泾渭洛河、汾河、龙三干流、三花区间、黄河下游将有暴雨，局部大暴雨。7月14日，黄河中游部分地区有中雨，其中山陕间、泾渭洛河部分地区有大到暴雨，50 mm以上雨区笼罩面积约3万 km²。上述地区伴有短时强降水，小时雨量20~50 mm，局地可达60 mm以上。7月15日，黄河中游大部有中到大雨，其中山陕南部、汾河部分，龙三干流大部及渭河局部有暴雨到大暴雨。100 mm以上雨区笼罩面积约0.5万 km²，50 mm以上雨区笼罩面积约5.5万 km²。上述地区伴有短时强降水，小时雨量30~50 mm，局地达70 mm以上。

7月14—16日降雨时间主要集中在7月15日2—20时，从7月14日夜间开始，测区自北向南出现了较大降雨过程。经统计，截至7月15日8时，测区128个雨量站普降大到暴雨，部分地区降大暴雨。有7个雨量站日降水量达到100~200 mm以上，14个雨量站日降水量达到50~100 mm以上，最大为马岭站，为236.2 mm。西峰测区7月14日平均降水量为31.0 mm，流域降水量统计如表1。

表1　西峰测区马连河流域7月14日降水量统计　　　　　　　单位：mm

流域	最大日降水量		最小日降水量		流域平均降水量
	降水量	站名	降水量	站名	
洪德以上	71.4	武渠子	6.0	红涝池	33.1
庆阳以上	236.2	马岭	12.8	合道	64.1
东川流域	126.4	玄马	24.2	杨岔	73.2
合水川流域	64.8	大岔	4.0	板桥	24.4
庆阳—雨落坪区间	18.2	罗山府	0.4	楼子头	8.4

作者简介：蒙雅雯（1986—），女，工程师，从事水文勘测工作。

截至 7 月 16 日 8 时，测区自北向南降中到大雨，部分地区降暴雨。有 3 个雨量站日降水量达到 100 mm 以上，12 个雨量站日降水量达到 50~100 mm 以上，最大为野狐沟 165 mm。西峰测区 7 月 15 日平均降水量为 27.1 mm，流域降水量统计见表 2。

表 2 西峰测区 7 月 15 日降水量统计　　　　　　　　　　　　　　　　　　单位：mm

流域	最大日降水量		最小日降水量		流域平均降水量
	降水量	站名	降水量	站名	
洪德以上	58.2	武渠子	2.2	杏树湾	15.7
庆阳以上	165.0	野狐沟	2.2	樊家川	42.1
东川流域	60.2	玄马	1.4	陶老庄	13.8
合水川流域	62.4	板桥	15.4	向家庄	28.2
庆阳—雨落坪区间	89.0	店子	11.2	驿马关	41.1

2 洪水特性分析

2.1 水沙过程

受强降雨过程影响，降雨集中、强度大、累计雨量大，形成陡涨陡落、峰高量小的洪水过程。马连河洪德站 7 月 14 日 12 时 0 分水位开始上涨，起涨流量 1.95 m³/s，相应水位 1 271.27 m，17 时 6 分到达峰顶，洪峰流量为 423 m³/s，相应水位 1 275.28 m，最大含沙量为 758 kg/m³。马连河庆阳站 7 月 15 日 2 时 0 分水位开始上涨，起涨流量 4.70 m³/s，相应水位 1 042.80 m，10 时 54 分到达最大洪峰，洪峰流量 4 930 m³/s，相应水位 1 054.35 m，最大含沙量 661 kg/m³。东川贾桥站 7 月 14 日 20 时 0 分水位开始上涨，起涨流量 1.68 m³/s，相应水位 1 067.83 m；7 月 15 日 9 时 30 分到达峰顶，洪峰流量 532 m³/s，相应水位 1 072.47 m，最大含沙量 478 kg/m³。马连河雨落坪站 7 月 15 日 12 时水位开始上涨，起涨流量 21.3 m³/s，相应水位 897.64 m，19 时 0 分达到峰顶，洪峰流量 4 290 m³/s，相应水位 906.31 m，最大含沙量 747 kg/m³。

2.2 水沙特性

本次洪水主要由马连河流域强降雨产汇流形成，洪水陡涨陡落、携沙能力强，洪水期间水面漂浮物和水草较多，水急浪大，"7·15"洪水过程各水文站最大洪水特征值统计见表 3。

表 3 西峰测区马连河流域"7·15"洪水特征值统计

站名	洪峰流量			历年最大流量		历年最大流量平均值/（m³/s）
	流量/（m³/s）	较历年最大/%	较历年平均/%	流量/（m³/s）	日期（年-月-日）	
洪德	1 000	51.5	147	1 940	1997-07-30	681
贾桥	530	22.8	77.9	2 320	2010-08-09	680
庆阳	5 100	97.5	446	5 230	1956-08-17	1 144
雨落坪	4 290	82.2	317	5 220	1977-07-06	1 353

续表 3

| 站名 | 最大含沙量 | | | 历年最大含沙量 | | 历年最大含沙量平均值/（kg/m³） |
	含沙量/（kg/m³）	较历年最大/%	较历年平均/%	含沙量/（kg/m³）	日期（年-月-日）	
洪德	929	76.1	89.5	1 220	1988-07-17	1 038
贾桥	515	52.5	67.2	981	1993-07-10	766
庆阳	918	75.2	95.3	1 220	1986-07-29	963
雨落坪	908	86.5	103	1 050	1968-07-16	883

洪德、庆阳、贾桥等 3 站均出现沙峰较洪峰滞后的情况，雨落坪站出现沙峰较洪峰靠前的情况，洪水过程持续时间 2~3 d，起涨至洪峰历时较短，形成陡涨陡落的洪峰。各水文站"7·15"洪水水沙峰历时统计见表 4。

表 4 西峰测区马连河流域"7·15"洪水水沙峰历时统计

站名	洪水起涨时间（月-日 T 时：分）	洪峰出现时间（月-日 T 时：分）	洪水结束时间（月-日 T 时：分）	洪峰/（m³/s）	沙峰出现时间（月-日 T 时：分）	沙峰/（kg/m³）	起涨至洪峰历时/h	洪水持续时间/h	沙峰时间—洪峰时间/h
洪德	07-14 T12：00	07-14 T17：06	07-16 T08：00	423	07-14 T22：48	758	5.1	44	5.7
庆阳	07-15 T02：00	07-15 T10：54	07-18 T08：00	4 930	07-15 T12：00	661	8.9	78	1.1
贾桥	07-14 T20：00	07-15 T09：30	07-16 T20：00	532	07-15 T12：42	478	13.5	48	1.5
雨落坪	07-15 T12：00	07-15 T19：00	07-17 T20：00	4 290	07-15 T11：00	747	7.0	56	−6.3

2.3 洪水演进特点

2.3.1 洪水传播时间

选取马连河流域干流、支流东川至马连河把口站雨落坪站区间计算洪水的传播时间，马连河流域"7·15"洪水在各站的传播时间见表 5、表 6。

表 5 马连河流域 7·15 洪水传播时间统计

河名	站名	洪峰/（m³/s）	洪峰出现时间（月-日 T 时：分）	沙峰/（kg/m³）	沙峰出现时间（月-日 T 时：分）	洪峰传播时间/h
马连河	洪德	423	07-14T17：06	758	07-14T22：48	17.8
	庆阳	4 930	07-15T10：54	661	07-15T12：00	8.1
东川	贾桥	532	07-15T09：30	747	07-15T12：42	9.5
马连河	雨落坪	4 290	07-15T19：00	478	07-15T11：00	12.6

表6 马连河"7·15"洪水洪德—庆阳，贾桥、贾桥—雨落坪洪水传播时间及削峰率统计

洪德		庆阳		贾桥		合成流量/（m³/s）	雨落坪		削峰率/%	传播时间/h		
流量/（m³/s）	时间（月-日 T时：分）	流量（m³/s）	时间（月-日 T时：分）	流量（m³/s）	时间（月-日 T时：分）		流量/（m³/s）	时间（月-日 T时：分）		庆阳—雨落坪	贾桥—雨落坪	洪德—庆阳
423	07-14 T17：06	4 930	07-15 T10：54	532	07-15 T09：30	5 460	4 290	07-15 T19：00	21.5	8.1	9.5	17.8

由表5、表6可知，在庆阳以上流域，洪德站7月14日17时6分洪峰流量423 m³/s，受区间大暴雨加水影响，庆阳站7月15日10时54分洪峰流量4 930 m³/s，洪水传播时间17.8 h；雨落坪以上流域，贾桥站7月15日9时30分洪峰流量532 m³/s，不考虑区间加水两站合成流量5 460 m³/s，雨落坪7月15日19时0分洪峰流量4 290 m³/s，庆阳—雨落坪洪水传播时间为8.1 h，贾桥—雨落坪洪水传播时间为9.5 h，该场洪水削峰率21.5%。

2.3.2 洪水过程沿程变化

7月15日洪水过程各站也均为陡涨陡落的洪水峰形，洪德站洪峰流量较小且为复式峰，庆阳站洪峰主要为区间大暴雨形成，因此洪德—雨落坪河段洪峰增幅很大，为4 500 m³/s，庆阳—雨落坪河段洪峰略有衰减，衰减值为640 m³/s。

2.3.3 含沙量沿程变化

7月15日洪水洪德、庆阳、雨落坪、贾桥沙峰分别为758 kg/m³、661 kg/m³、747 kg/m³、478 kg/m³，洪德—庆阳沙峰沿程衰减，衰减值为97 kg/m³，支流东川贾桥沙峰与马连河干流庆阳沙峰基本同时出现，因此雨落坪沙峰为庆阳、贾桥来沙的叠加，因此庆阳—雨落坪沙峰沿程增加，增加值为86 kg/m³（见表7）。

表7 马连河流域各站最大瞬时含沙量统计

站名	最大瞬时含沙量/（kg/m³）				
	距洪德距离/km	"7·11"洪水	沙峰出现时间	"7·15"洪水	沙峰出现时间
洪德	0	926	07-11T01：00	758	07-14T22：48
庆阳	151	918	07-12T01：00	661	07-15T12：00
雨落坪	258	908	07-12T10：00	747	07-15T12：42
贾桥	515		07-12T6：00	478	07-15T11：00

3 水沙量分析

3.1 上下游洪量分析

通过计算洪水过程，可知洪德站的次洪水量为0.1 349亿 m³，庆阳站的次洪水量为1.160 0亿 m³，庆阳站次洪水量远大于洪德站次洪水量原因是洪德—庆阳区间大范围降暴雨到大暴雨，有大量区间加水；庆阳站、贾桥站的次洪水量之和为雨落坪站次洪水量的1.10倍，即庆阳站与贾桥站水量之和沿程出现较小的衰减，由于前期降雨范围较广、累积雨量大，土壤含水量增大。两次洪水过程次洪水量统计见表8。

表 8 "7·15"洪水过程主要测站次洪水量统计

河名	站名	洪峰流量/ (m³/s)	出现时间 (月-日 T 时：分)	开始时间 (月-日 T 时：分)	结束时间 (月-日 T 时：分)	次洪水量/亿 m³
马连河	洪德	423	07-14T17：06	07-14T12：00	07-16T08：00	0.134 9
	庆阳	4 930	07-15T10：54	07-15T02：00	07-18T08：00	1.160 0
东川	贾桥	532	07-15T09：30	07-14T20：00	07-16T20：00	0.135 2
合计						1.295 2
马连河	雨落坪	4 290	07-15T19：00	07-15T12：00	07-17T20：00	1.174

3.2 上下游沙量分析

通过计算洪水过程可知洪德站输沙量为 13.23 万 t，庆阳站次输沙量为 11.90 万 t，沙量沿程略有衰减；贾桥站沙峰均滞后于洪峰仅 1.5~5 h，庆阳站洪峰沙峰基本同时出现，板桥站的沙峰早于洪峰一天出现，三站次输沙量之和为雨落坪次输沙量的 94%，说明区间支流固城川还有沙量加入。洪水过程次输沙量统计表见表 9。

表 9 "7·15"洪水过程主要测站次输沙量统计

河名	站名	沙峰输沙量/ (kg/m³)	出现时间 (月-日 T 时：分)	开始时间 (月-日 T 时：分)	结束时间 (月-日 T 时：分)	次洪水量/亿 m³
马连河	洪德	758	07-14T22：48	07-15T13：36	07-18T20：00	13.23
	庆阳	645	07-15T11：00	07-15T02：00	07-18T08：00	11.90
东川	贾桥	478	07-15T11：00	07-14T20：00	07-16T20：00	3.54
合水川	板桥	440	07-14T22：30	07-14T08：00	07-16T06：00	0.938
合计						16.378
马连河	雨落坪	747	07-15T12：42	07-15T00：00	07-21T20：00	17.35

3.3 降雨径流分析

为进一步分析马连河流域的产汇流特性，对本次洪水庆阳以上，贾桥以上，庆阳、贾桥至雨落坪区间的产洪和汇流特性进行初步分析，计算其次洪径流系数（次洪水量与相应区域内降雨水量之比）和雨洪滞时（主雨结束至峰现时间的时差）。通过对洪德、庆阳、贾桥、雨落坪等 4 站 7 月 15 日降水过程的场次降水量、产流量，计算得各个次洪径流系数统计见表 10，雨洪滞时统计见表 11。

表 10 马连河流域主要测站次洪径流系数统计

区域范围	集水面积/ km²	洪峰流量/ (m³/s)	出现时间 (月-日 T 时：分)	平均面 降水量/mm	次降水总 量/亿 m³	次洪水 量/亿 m³	次洪径 流系数
洪德以上	4 640	423	07-14T17：06	44.4	2.060 2	0.134 9	0.065
庆阳以上	13 603	4 930	07-15T10：54	106.2	14.446 4	1.160 0	0.080
贾桥以上	2 988	532	07-15T09：30	87	2.599 6	0.135 2	0.052
庆阳、贾桥—雨落坪	19 019	4 290	07-15T19：00	48.2	9.167 2	1.174 2	0.128

表 11　马连河流域主要测站雨洪滞时统计

区域范围	场次降雨 （月-日）	平均面降水量/mm	最大日雨量/mm	雨量站	主雨结束时间 （月-日 T 时：分）	洪峰流量 （m³/s）	出现时间 （月-日 T 时：分）	雨洪滞时/h
洪德以上	07-14—07-15	44.4	71.4	武渠子	07-14T15：00	423	07-14T17：06	2.1
庆阳以上	07-14—07-15	106.2	236.2	马岭	07-15T08：00	4 930	07-15T10：54	2.9
贾桥以上	07-14—07-15	87	126.4	玄马	07-15T09：00	532	07-15T09：30	0.5
庆阳、贾桥—雨落坪	07.14—07-15	48.2	18.2	罗山府	07-15T19：00	4 290	07-15T19：00	

3.3.1　下垫面情况

洪德以上集水面积 4 640 km²，至河口距离 275 km，该站段于黄河流域泾河水系马连河，洪水主要来源于耿湾川和山城川，流域形状为扇形，山溪性河流，河道比降大，暴雨洪水汇流快。测站以上流域为丘岭、山峁、沟壑地形，土壤为疏松黄埌土，植被覆盖较差，北部河源处接近宁夏沙漠区。

庆阳以上集水面积 13 603 km²，至河口距离 124 km，该站设于黄河流域泾河水系马连河，洪水主要来源于马连河干流，左岸有支流樊家川、右岸有支流马坊川和合道川加入。流域形状近似扇形，具有山溪性河流的特点，洪水陡涨陡落。地貌除驿马镇、桐川乡有部分较宽塬面外，其余塬面支离破碎，川、台狭小，山区梁峁起伏、沟壑纵横，呈残塬沟壑与丘陵沟壑地貌类型，地势西北高、东南低。植被组成简单、分布稀少，多为灌木和草本植物，覆盖率小，分布不均。

贾桥以上集水面积 2 988 km²，至河口距离 14 km，该站设于黄河流域泾河水系东川，洪水主要来源于上游柔远川和元城川。流域形状近似扇形，山溪性河流，河道比降大，汇流快。属黄土高塬丘陵沟壑区，境内山、川、塬兼有，梁、沟、峁相间。流域东部为子午岭林区，植被覆盖较好，其余地区植被多为灌木草本植物，覆盖率较小。

雨落坪以上集水面积 19 019 km²，至河口距离 16 km，该站设于黄河流域泾河水系马连河，洪水主要来源于马连河干流，以及东川、合水川、固城川等区间支流。流域形状近似扇形，具有山溪性河流的特点。境内基本地貌为：东部梁、峁、沟壑交错，中西部多川台河谷与高塬沟壑相间，地形为东北高，西南低。流域东部为子午岭，植被覆盖率较高，中西部为农田或灌木。

3.3.2　区间产流分析

通过表 10 可以看出，"7·15"洪水，雨落坪以上区间次洪径流系数呈波动式增大趋势，洪德—庆阳变大，庆阳—贾桥减小，到把口站雨落坪站显著增大，区间平均次洪径流系数为 0.081，此次降雨范围较广、累积雨量大，加之受前期降雨过程影响，土壤含水量趋于饱和，区间合水川、固城川区域也有持续性降雨，部分径流汇入马连河，使区间产洪能力进一步增强，雨落坪区域次洪径流系数高达 0.128。

3.3.3　雨洪滞时分析

7 月 15 日洪水洪德站、贾桥站因上游强降雨产生，庆阳洪水主要由洪德—庆阳区间大暴雨产生，雨落坪洪水主要由上游站洪水演进而来。从表 11 可以可知，洪德以上暴雨中心为武渠子，距离较近，洪德站 7 月 14 日 17 时 6 分出现 423 m³/s 的洪峰流量，雨洪滞时为 2.1 h；贾桥以上暴雨中心为玄马，距离仅 8 km，贾桥站 7 月 15 日 9 时 30 分出现 532 m³/s 的洪峰流量，雨洪滞时仅为 0.5 h；庆阳站暴雨中心位于马岭—三十里铺一带，距离较近，降雨强度最大达 80 mm/h，庆阳站 7 月 15 日 10 时 54 分出现 4 930 m³/s 的洪峰流量，雨洪滞时为 2.9 h。

洪德、庆阳、贾桥等三站以上流域下垫面均为梁、峁、沟壑，植被覆盖率较低，且降雨强度较大，因此雨洪滞时较小，同时雨洪滞时还受暴雨中心与水文站距离影响，距离近，雨洪滞时相对较小。

参考文献

[1] 轩党委，高玄，许珂艳. 伊洛河流域"2021·9"大洪水分析 [J]. 黄河水文，2022 (1)：19-23.

射洪（二）水文站水工建筑物推流应用分析

于　川

（四川省遂宁水文水资源勘测中心，四川遂宁　629000）

摘　要： 水工建筑物推流是实现流量在线监测的有效测验方式之一，对推动落实水文测验方式改革有重要意义。遂宁水文水资源勘测中心在射洪（二）水文站上游螺丝池水电站开展水工建筑物推流（含电功率推流）试点，率定流量系数，对比分析误差，接入实时监测数据，开发展示查询平台，取得较好效果。目前，螺丝池水电站水工建筑物推流已应用于射洪（二）水文站枯期流量监测及整编。

关键词： 螺丝池水电站；射洪（二）水文站；水工建筑物推流；图像抓拍

1　站点基本情况

1.1　射洪（二）水文站基本情况

射洪（二）水文站位于四川省射洪市太和镇，东经 105°23′，北纬 30°53′，集水面积为 23 545 km²，距河口 244 km，该站为涪江干流控制站，属国家重要水文站，监测项目有降水、水位、流量、泥沙、水质、墒情。

该站基本断面位于下游打鼓滩水电站库区，受回水影响基本断面测流及推流困难。目前，中低水时采用走航式 ADCP 在基本断面上游 3 km 不受回水顶托影响的枯水断面测流，水位流量关系较稳定，为临时线。高水时下游打鼓滩闸门全开，在本站基本断面采用缆道施测，水位流量关系为单一线。近 5 年每年测流 62~98 次。

1.2　螺丝池水电站基本情况

螺丝池水电站大坝位于射洪（二）水文站基本断面上 4 km 处，区间没有支流汇入。工程属河床式开发，沿坝轴线从左至右布置为左岸挡水坝段、泄洪闸、冲沙闸、发电厂房、船闸（废弃）、右岸挡水坝段。另有小螺电（广玉电站）从大坝上游 4.5 km 处左岸引水发电，退水在大坝下游 1.9 km 处左岸汇入涪江。水库调节特性为不完全日调节。整个螺丝池水电站断面过流由主厂房电站发电流量、河道闸孔泄流流量、小螺电发电流量（较小）三部分组成。

电站主厂房内设 3 台 12.6 MW 水轮发电机组，电站额定水头 12.5 m，单机额定流量 120 m³/s。电站尾水渠沿涪江右岸河壕布置，全长 2 137.7 m。电站集控中心有实时发电出力、水位、闸门开度等监控数据。

泄洪闸共 18 孔，每孔 12 m×13.5 m，闸底高程 325.0 m，闸高 20.43 m，均采用分离式底板的闸室结构型式。泄洪闸堰型为平底宽顶堰，堰顶高程 325 m。

小螺电装机 4 台 1.15 MW，满发流量约 60 m³/s。该电站从大坝上游约 100 m 处引水，主要利用丰水期余水发电，尾水在坝下约 600 m 处退入主河道，有逐日发电量记录（非逐小时）。

螺丝池水电站主要工程特性见表 1。

作者简介：于川（1988—），男，工程师，从事水资源分析评价、水文监测、建设管理工作。

表1 螺丝池水电站主要工程特性

序号	项目名称	单位	数量
一	水库		
1	校核洪水位	m	344.28
2	设计洪水位	m	340.80
3	闸坝上游正常蓄水位	m	337.70
4	正常蓄水位以下库容	亿 m³	0.585
二	拦河闸		
1	型式		开敞式
2	闸底高程	m	325
3	最大闸高	m	20.08
4	孔数	孔	18
5	闸门型式		平面钢闸门
6	闸门尺寸	m	12×13.5
三	主要机电设备		
1	水轮机台数	台	3
1)	型号		ZZD673-LH-410
2)	台数×单机出力	台×千瓦	3×12 600
3)	额定水头	m	12.5
4)	额定流量	m³/s	120
2	发电机台数	台	3
1)	型号		SF12.6-48/6400
2)	单机容量	MW	3×12 600

2 水工建筑物推流原理

水电站等水工建筑物自身就是良好的量水建筑物。根据建筑物的形式、开启情况、流态等因素,用实测流量资料率定效率系数或流量系数后,即可以水力学公式推算流量,从而逐步减少实测流量次数,实现流量在线监测。

(1) 电功率推流按式 (1) 计算:

$$Q = \frac{N}{9.8\eta H} \tag{1}$$

式中: Q 为流量, m³/s; N 为各机组的总功率, kW; η 为效率, 包括水轮机/发电机/变压器/传动装置等的效率，以及水头损失等；H 为水头，即前池水位减尾水水位，m。

（2）自由孔流流量按式（2）计算：

$$Q = \mu n b e \sqrt{2gH} \tag{2}$$

式中：μ 为自由孔流流量系数；n 为闸孔数；e 为闸门开启高度，m；H 为水头，即上游水位减底板高程，m。

（3）自由堰流流量按式（3）计算：

$$Q = C n b \sqrt{2g} H^{3/2} \tag{3}$$

式中：C 为自由堰流流量系数；b 为堰口单孔宽度，m；H 为水头，即上游水位减底板高程，m。

（4）淹没堰流流量按式（4）计算：

$$Q = C_1 n h_L \sqrt{2g\Delta Z} \tag{4}$$

式中：C_1 为淹没堰流流量系数；h_L 为堰下游实测水头，m；ΔZ 为实测堰上、下游水位差，m；

3 系数率定

3.1 电功率推流系数率定

为保障发电效率，螺丝池水电站长时间保持高水头（12 m 以上）、高出力（7 MW 以上）运行。根据水轮机特性曲线，在高水头高出力区间水轮机效率一般保持定值。

通过在尾水渠采用 ADCP 实测流量，共收集了 2020—2021 年 34 次实测流量比测分析，覆盖了 1~3 台机组、63%~97% 出力发电工况、发电水头 12.5~14 m 区间。根据实测流量反算电功率推流效率系数（包含了水头损失、水轮机系数、发电机系数的综合效率）。建立率定的效率系数与实测发电功率与额定功率百分比的关系线，见图 1。经检验，曲线标准差 2.0%、随机不确定度 4.0%、系统误差 0.2%，曲线检验合格。

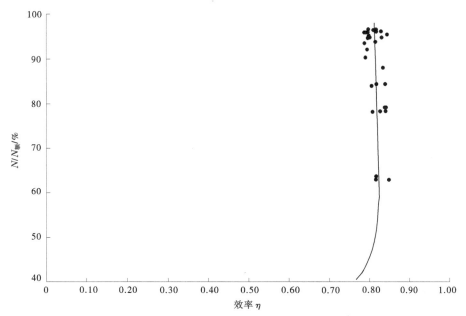

图 1　电功率效率系数与实测发电功率与额定功率百分比关系线

该曲线拟合关系式：

$$\eta = 0.8037 (N/N_{\text{额}})^{-0.085}$$

式中：η 为电功率推流综合效率系数；N 为单台发电机功率，MW；$N_{\text{额}}$ 为发电机额定功率，取定值 12.6 MW。

由于螺丝池水电站设计为河床式电站，径流量较大，根据其发电方案，电站常年保持高水头运行，发电功率与额定功率百分比一般都在 60% 以上，近年来未出现低于 60% 出力工况。因此，在实际应用中，60% 以上出力工况的电功率推流效率系数可取常值 0.81。

3.2 闸孔出流流量系数率定

3.2.1 闸孔泄流流量系数率定方案

闸孔流量系数分孔流（自由孔流、淹没孔流）、堰流（自由堰流、淹没堰流）四种工况。根据河床式电站调度规律，螺丝池大坝闸孔出流平枯水期以自由孔流为主；洪水期自由堰流、淹没堰流均可能出现。因此，重点率定自由孔流、堰流工况下流量系数。

由于螺丝池大坝下游河道无缆道、桥梁等渡河设施，测流难度大，因此率定方案为：采用大坝下游 2.8 km 涪江六桥断面 ADCP 实测流量减去螺丝池渠道发电流量、小螺电发电流量得出闸孔流量。收集相应时段闸门开度、水头反算流量系数。建立孔流流量系数 μ-闸门相对开度 e/H、堰流流量系数 C-淹没度 h_t/H 关系线。

3.2.2 自由孔流流量系数

共收集到 2020 年实测流量 22 次比测分析，覆盖了闸门相对开度 e/H 值 $0.07 \sim 0.40$ 工况、流量覆盖 $630 \sim 5\,400\ \mathrm{m^3/s}$。根据实测流量反算自由孔流流量系数。建立率定的自由孔流流量系数与闸门相对开度的相关关系线，见图 2。经检验，曲线标准差为 3.3%、随机不确定度为 6.6%、系统误差为 0%，检验合格。

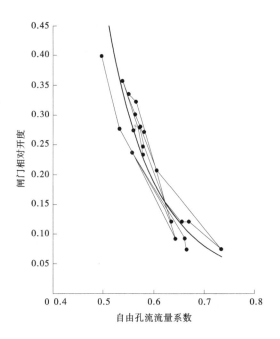

图 2　自由孔流流量系数与闸门相对开度关系曲线

该曲线拟合关系式：

$$\mu = 0.458\,5\,(e/H)^{-0.16}$$

式中：μ 为自由孔流流量系数；e 为闸门开启高度，m；H 为水头，m。

3.2.3 堰流（高洪闸门全开）流量系数

（1）自由堰流流量系数。

高洪闸门全开时螺丝池水电站洪水至射洪（二）站传播时间不到 10 min，利用 2020 年 8 月 14—19 日期间射洪站实测（查线）流量 10 次比测分析，覆盖了淹没度 h_t/H 值 $0.26 \sim 0.66$ 工况、流量覆盖 $5\,780 \sim 14\,400\ \mathrm{m^3/s}$ 区间。根据实测流量反算自由堰流流量系数，见表 2。建立率定的自由堰流流量系数 $C \sim$ 淹没度 h_t/H 的关系线，见图 3。经检验，曲线标准差 2.7%、随机不确定度 5.4%、系统误差 0.9%，曲线检验合格。

表2　洪水闸门全开堰流综合流量系数率定表（淹没出流）

时间	实测（查线）流量/（m³/s）	淹没度 h_1/H	前池水位	尾水水位	综合系数 C
8月16日12时	15 800	0.73	337.68	334.25	0.37
8月16日15时	18 900	0.91	339.49	338.15	0.36
8月16日19时	20 400	0.91	340.15	338.77	0.36
8月17日5时	20 400	0.95	339.4	338.66	0.39
8月17日8时	19 800	0.92	339.2	338.1	0.39
8月17日20时	19 600	0.92	339.75	338.5	0.36
8月18日8时	17 000	0.92	338.3	337.2	0.37
8月18日12时	16 100	0.92	337.95	336.95	0.36

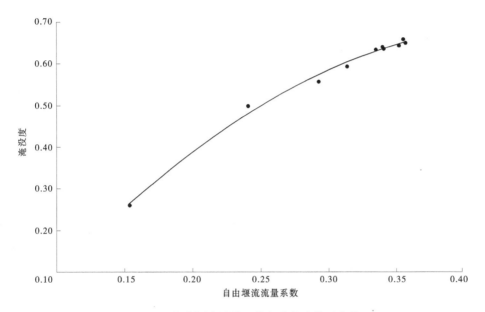

图3　自由堰流流量系数与淹没度关系曲线

该曲线拟合关系式为

$$C = 0.814x^2 - 0.181\,4x + 0.129\,1$$

式中：x 为淹没度 h_1/H，h_1/H ＝（下游水位－底板高程325 m）／（上游水位－底板高程325 m）。

（2）淹没堰流流量系数。

淹没堰流利用2020年8月16—18日期间射洪（二）站实测（查线）流量8次比测分析，覆盖了淹没度 h_1/H 值0.73~0.95工况、流量覆盖15 800~20 400 m³/s区间（洪峰流量重现期约20年一遇）。根据实测流量反算淹没堰流流量系数，见表2。率定的淹没堰流流量系数 C 为0.36~0.39，实际应用流量系数可取常值0.37。

4　推流成果对比

以螺丝池水电站电功率流量+河道闸孔出流流量+小螺电发电流量合成断面流量，与射洪（二）水文站2020年1—9月实测资料整编日平均流量、"8·11""8·16"洪水过程流量对比，检验率定系数的合理性。

4.1　日平均流量对比检验

经对比分析，日均流量整体偏差较小，各月日均流量系统误差为−2.2%~1.0%，见表3。其中6

月电站数据丢失较多不做对比,8 月 16 日该站发生 20 年一遇洪水后,电站集控中心故障引起发电数据丢失,至 9 月 1 日恢复。故 8 月对比数据偏小相对较多。

表 3　2020 年 1—9 月日平均流量对比检验

月份	系统误差/%	不确定度/%	备注
1	0.4	6.0	满足要求
2	−2.2	7.4	满足要求
3	0.8	7.6	满足要求
4	−0.7	7.0	满足要求
5	1.0	6.2	满足要求
7	−0.3	5.6	满足要求
8	−7.1	29.6	超 20 年一遇洪水期间发电数据丢失,导致偏小
9	0.5	6.8	满足要求

4.2　高洪闸门全开下洪水过程对比检验

8 月 11 日 10 时至 15 日 0 时、8 月 16 日 4 时至 19 日 9 时大洪水期间,泄洪闸全开泄流。利用射洪站(二)水文两场实测洪水过程,检验高洪闸门全开下水工建筑物推流成果。经对比,"8·11"洪水过程螺丝池水工建筑物推流成果较射洪(二)水文站实测资料洪峰偏小 3.1%,洪量偏大 0.8%;"8·16"洪水过程推流成果较实测资料洪峰偏大 1.2%,洪量偏小−0.1%,见表 4、图 4~图 7。

表 4　2020 年高洪闸门全开下洪水过程对比检验

项目		8 月 11 日 10 时至 15 日 0 时	8 月 16 日 4 时至 19 日 12 时
射洪(二)水文站实测	洪峰/(m³/s)	13 400	20 600
	洪量/亿 m³	20.22	44.76
螺丝池水工建筑物推流	洪峰/(m³/s)	12 989	20 850
	偏差%	−3.1	1.2
	洪量/亿 m³	20.38	44.71
	偏差/%	0.8	−0.1

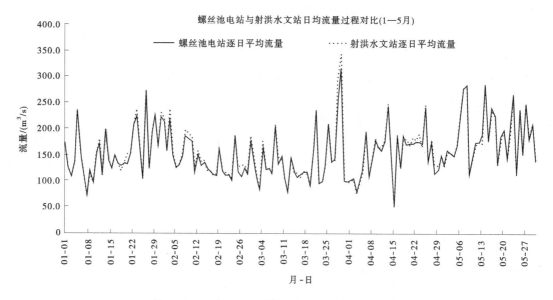

图 4　1—5 月日平均流量对比(电功率推流为主)

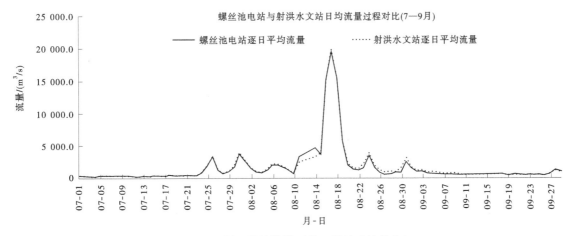

图5　7—9月日平均流量对比（闸孔出流为主）

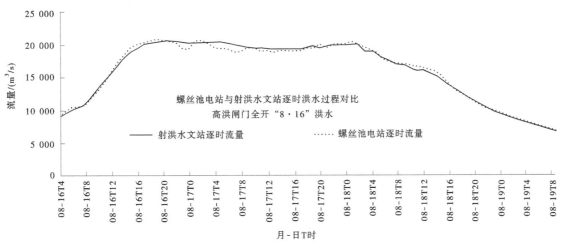

图6　"8·16"洪水过程对比（堰流为主）

图7　"8·11"洪水过程对比（孔流堰流均有）

5　数据采集传输方案

电站出力、闸门开度、水位等相关数据多存储在安全Ⅰ区、Ⅱ区或Ⅲ区监控系统，与电站数据通信应遵循通道安全、数据保密的原则。为保证电站数据和网络安全，采用数据图像抓拍、加密传输方式实现。

（1）数据图像抓拍系统符合《电力监控系统安全防护规定》（国家发改委第 14 号令）、《电力监控系统网络安全防护导则》（GB/T 36572—2018）。新增一台服务器通过安全隔离方式与现有计算机监控系统通信，除此之外，该服务器不与任何其他系统有有线或者无线连接；新增一台图像抓拍服务器为独立机器不与现有计算机监控系统有任何物理连接，通过无线方式与遂宁水文中心服务器连接，完全避免数据采集系统对原电站监控系统的影响。

（2）数据图像抓拍系统对采集数据进行加密处理，在采集、传输及展示过程中均保证电站数据安全，防止经营数据泄露。禁止电站数据明文网络通道传输，遂宁水文水资源勘测中心系统平台对外展示水利工程（电站）出库流量、水位成果。

（3）需抓取的数据包括：坝上水位、坝下水位、机组尾水位、机组出力、闸门开度等实时数据，用于计算水电站实时出库流量。

（4）系统建设之前，遂宁水文水资源勘测中心与国网遂宁公司、电站业主签定数据保密协议，并对系统进行安全测评。

系统采用本地拍照计算机监控系统二维码画面，然后经图像识别软件识别出数据，数据经过加密处理后通过 DTU 传输至遂宁水文中心服务器。拍照频率为次/5 min，并可根据情况调整拍照频率。抓拍服务器部署图像识别软件、数据加密软件、数据传输软件。

网络结构见图 8～图 10。

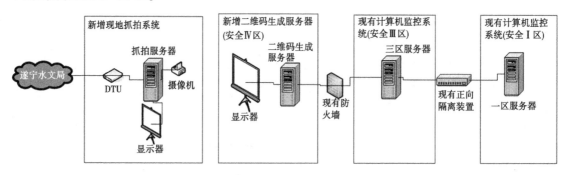

注：二维码生成服务器与安全三区采用IEC104方式进行数据采集

图 8　水电站数据抓拍网络结构

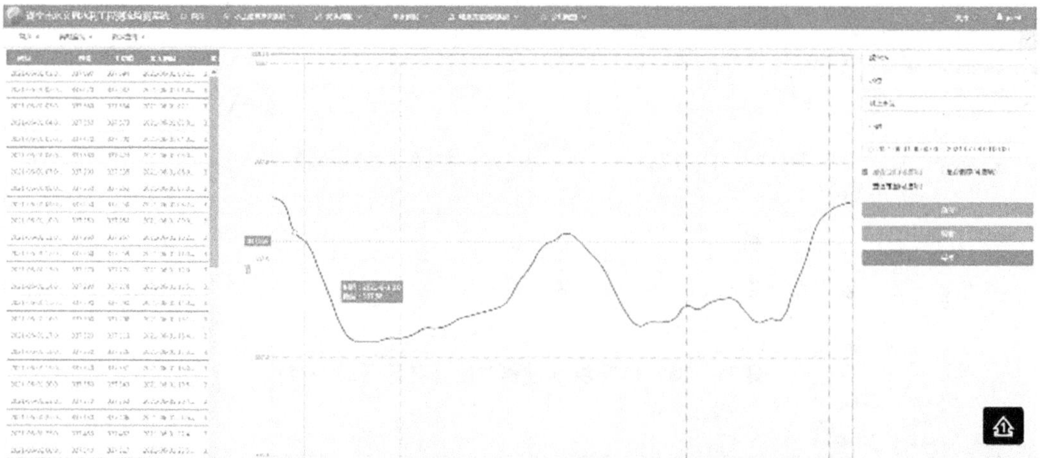

图 9　坝前水位获取成果截图

图 10　水工建筑物推流成果截图

目前已在螺丝池电站试点安装了数据图像采集系统采集设备，通过抓拍获取数据，实现实时流量推算。涪江梯级电站逐步部署完善后，实时监测成果应用于涪江流域水利工程的联合水调、电调。

6　结论与建议

6.1　结论

（1）流量系数率定成果见表5。

表 5　射洪（二）水文站水工建筑物推流流量系数率定成果

水工建筑物工况	流量系数（电功率效率）
电功率效率	$\eta = 0.803\ 7\ (N/N_{额})^{-0.085}$ 或采用常值 0.81
自由孔流流量系数	$\mu = 0.458\ 5\ (e/H)^{-0.16}$ 计算或查图 2
自由堰流流量系数 $h_1/H \leqslant 0.7$	流量系数 $C = 0.814x^2 - 0.181\ 4x + 0.129\ 1$（$x$ 代表淹没度 h_1/H）或查图 3
淹没堰流流量系数 $h_1/H > 0.7$	采用常值 0.37

（2）11 月至次年 5 月螺丝池电站以发电过流为主，电功率推流精度较高，基本可用于代替射洪（二）水文站枯期测流、整编。重点做好数据图像采集系统维护及螺丝池电站管理人员沟通，确保闸门、发电、电站停机检修等均有准确记录。如电站技术改造更换机组设备等，应重新率定比测分析系数。

（3）6—10 月螺丝池电站断面过流由主厂房电站发电流量、河道闸孔泄流流量、小螺电（广玉电站）发电流量三部分组成。由于小螺电发电无逐小时记录、闸门开度组合较复杂，流量系数需进一步率定比测，建议暂作为射洪（二）站测流备用方案。高洪闸门全开时堰流系数稳定精度较高，可作为射洪站高洪测验方案。

6.2　建议

（1）为提高闸孔出流流量系数精度，需分别单独率定每孔闸门不同开度的流量系数。受泄洪闸下游河道测验条件限制，实测流量难度和工作量较大，建议今后逐步完善。

（2）螺丝池电站闸位计采用轴连接闸位计，根据实测对比，部分闸门开度误差接近 10 cm，影响河道闸孔泄流推流精度。建议补充安装激光闸位计等更精确设备，以进一步提高水工建筑物推流精度。

参考文献

[1] 中华人民共和国住房和城乡建设部. 河流流量测验规范：GB 50179—2015 [S]. 北京：中国计划出版社，2016.

[2] 中华人民共和国水利部. 水工建筑物与堰槽测流规范：SL 537—2011 [S].

[3] 赵志贡，岳利军，赵彦增，等. 水文测验学 [M]. 郑州：黄河水利出版社，2005.

广东省地下水监测站网现状研究

肖珍珍¹ 吴春熠¹ 宋 凡²,³

(1. 水利部珠江水利委员会水文局，广东广州　510000；

2. 水利部信息中心（水利部水文水资源监测预报中心），北京　100053；

3. 水利部水文水资源监测评价中心（水利部国家地下水监测中心），北京　100053)

摘　要： 地下水监测是掌握地下水水位（埋深）、水温、水质、水量等动态要素，研究其变化规律的长期性工作。本文从总体情况、基本类型区和特殊类型区对广东省地下水监测站网布设现状、存在问题及升级优化合理性进行分析。结果表明，广东省现有的地下水监测站网覆盖21个市，但未实现县级行政区全覆盖，特殊类型区监测站点密度未达控制要求，面向业务应用主题的信息服务系统有待完善。应通过增设地下水监测站点、提升地下水监测设备性能、完善地下水监测信息管理系统等措施，完善地下水监测站网体系，为广东省地下水资源的科学管理提供理论基础。

关键词： 地下水；监测站网；广东省

1 引言

地下水是水资源的重要组成部分，是支撑经济社会发展的重要自然资源，是维系良好生态环境的要素之一，也是重要的应急水源[1]。党中央、国务院高度重视地下水管理、保护与监测工作。2021年12月，《地下水管理条例》（简称《条例》）正式施行，其中第四十六条明确规定县级以上地方人民政府水行政、自然资源、生态环境等主管部门根据需要完善地下水监测工作体系，加强地下水监测。地下水监测是掌握地下水监测要素变化动态，长期积累的地下水监测动态资料，可为研究区域地下水变化规律提供科学依据[2]。

在广东省地表水源较缺乏地区，如雷州半岛地区、粤北岩溶山区等，城市供水、农村人畜饮水、农业灌溉较大程度依靠地下水源。地下水不合理开发引发了地面沉降和塌陷、地下水降落漏斗、地质污染、海水入侵等生态环境问题[3]。广东省地表水资源丰富以开发利用地表水为主，地下水开采总量较少，开采量逐年减少，且以分散的、规模小的开采方式为主。根据2021年广东省水资源公报[4]，2021年全省用水总量407.0亿m³，其中地下水用水量8.6亿m³，仅占用水总量的2.1%；在全省21个地市中，湛江市地下水开采量最大（主要分布在雷州半岛），为4.4亿m³，占全省地下水开采量的51.2%，其余主要分布在粤东和粤北地区。本文对广东省地下水监测站网现状从行政区、水资源三级区、特殊类型区等角度进行分析，简述存在的问题并提出加强站网布设、提升设备性能、完善地下水监测信息管理系统等对策。

2 地下水监测现状

2.1 总体情况

2015年6月，国家地下水监测工程正式启动，同年7月，广东省正式开展国家级地下水监测站点布设工作。2020年，国家地下水监测工程建设已全面完成。广东省国家级地下水水专业监测井达

作者简介： 肖珍珍（1992—），女，工程师，主要从事地下水监测及水文基础设施建设等工作。

通信作者： 宋凡（1989—），男，高级工程师，主要从事地下水监测、水文地质、渗流模拟等方面的工作。

到 320 个，其中自然资源部门 224 个，水利部门 96 个。2018 年，依托广东省水资源监控能力建设项目，广东省在湛江市雷州半岛地下水超采区建设省级地下水水位自动监测井 7 个。327 个地下水监测井覆盖了全省的 21 个地级市。各市地下水监测站点分布情况见表 1。

表 1　各市地下水监测站点分布情况

单位：个

市级行政区	总数	按地下水类型统计			按监测层位统计		监测空白县
		孔隙水	裂隙水	岩溶水	潜水	承压水	
广州	45	21	12	12	12	33	2
深圳	4	2	2	0	1	3	5
珠海	5	3	2	0	1	4	1
汕头	13	12	1	0	0	13	0
佛山	13	10	1	2	4	9	1
韶关	26	3	4	19	2	24	2
河源	12	6	5	1	0	12	2
梅州	15	8	5	2	1	14	3
惠州	11	5	6	0	2	9	1
汕尾	8	0	8	0	0	8	0
东莞	5	3	2	0	2	3	0
中山	4	2	2	0	1	3	0
江门	12	7	5	0	6	6	0
阳江	12	8	3	1	2	10	0
湛江	64	61	3	0	6	58	0
茂名	14	10	4	0	3	11	1
肇庆	12	4	1	7	0	12	1
清远	30	5	5	20	0	30	3
潮州	6	5	1	0	0	6	1
揭阳	8	6	2	0	0	8	0
云浮	8	3	2	3	1	7	0
总计	327	184	76	67	44	283	23

　　根据表 1，广东省 21 个地市中，站点最多的为湛江市，64 个；广州市次之，为 45 个，站点最少的为深圳市和中山市，为 4 个。按地市站点分布统计，情况与 2021 年广东省水资源公报中地下水开发利用程度相一致。按地下水类型统计，结果为孔隙水、裂隙水、岩溶水分别为 184 个、76 个、67 个。按监测层位统计，结果为潜水 44 个、承压水 283 个。根据广东省水文地质条件，松散岩类孔隙

水在雷州半岛成片分布并有多层结构、珠江三角洲分布面积也较大，且其他地区也有零星分布。碳酸盐岩类岩溶水较集中分布在粤北地区[5]。基岩裂隙水包括红层碎屑岩类孔隙裂隙水、层状岩类裂隙水，块状岩类裂隙水及火山岩孔洞裂隙水，分布面积约占全省土地面积的71%。

广东省现有地下水监测井分布情况见图1。从图1可知，在国家地下水监测工程及广东省水资源监控能力建设项目建设后，广东省有23个监测空白县，涉及韶关、肇庆等12个地市。监测空白县数量较多的地市主要在深圳市、清远市、梅州市，分别为5个、3个、3个，可能的原因是该地市地下水资源需求程度低，或城市开发程度大建设监测井用地困难等。

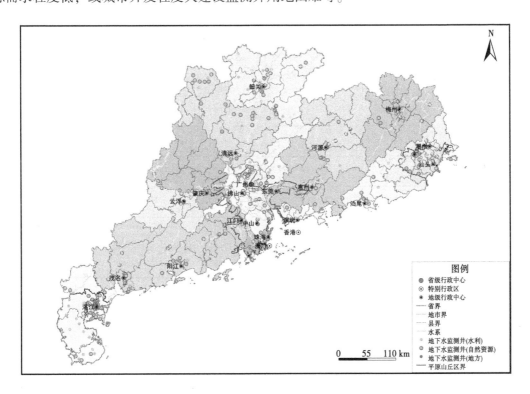

图1　广东省现有地下水监测井分布情况

2.2　基本类型区

根据全国第三次水资源调查评价结果，广东省平原区面积为2.4万km²，山丘区面积为15.36万km²。湛江市区开发利用程度最高，开采系数为0.4，开发利用程度为中等，广东省其他地区均为弱开采区。参考地表水资源三级分区，对广东省地下水监测站网进行统计，见表2、表3。

表2　各平原区站网布设统计

序号	平原区名称	面积/万 km²	现状站数/站	现状密度/（站/10³km²）
1	西北江三角洲	0.948 7	50	5.3
2	东江三角州	0.156 3	6	3.8
3	韩江白莲以下及粤东诸河	0.343	23	6.7
4	粤西诸河	0.878 7	58	6.6
5	黔浔江及西江（梧洲以下）	0.032 5	6	18.5
6	东江秋香江口以下	0.018	1	5.6
	合计	2.4	144	6.0

表 3 各山丘区站网布设统计

序号	山丘区名称	面积/万 km²	现状站数/站	现状密度/（站/10³km²）
1	西北江三角洲	0.936 4	21	2.2
2	东江三角州	0.627 3	10	1.6
3	北江大坑口以上	1.353	23	1.7
4	北江大坑口以下	2.948	36	1.2
5	韩江白莲以下及粤东诸河	1.358 7	13	1.0
6	粤西诸河	2.348 8	32	1.4
7	黔浔江及西江（梧洲以下）	1.453	11	0.8
8	东江秋香江口以下	0.838 5	11	1.3
9	韩江白莲以上	1.638	14	0.9
10	东江秋香江口以上	1.515	12	0.8
11	桂贺江	0.307 1	0	0.0
	合计	15.36	183	1.2

从表 2 可以看出，平原区站点密度为 6.0 站/10³km²，现状站个数最多为粤西诸河区，为 58 个。从表 3 可以看出，山丘区站点密度为 1.2 站/10³km²，现状站个数最多为北江大坑口以下，为 36 个。

2.3 特殊类型区

2.3.1 超采区

根据《全国地下水超采区水位变化通报》（水资管〔2020〕173 号），广东省超采区为湛江市硇洲岛、霞山区、赤坎区，硇洲岛为一般超采区，霞山区、赤坎区为严重超采。硇洲岛超采面积为 56 km²，为浅层超采区；霞山区、赤坎区超采面积分别为 200 km² 和 145 km²，合计 345 km²，为深层超采区。根据《地下水监测工程技术规范》（GB/T 51040—2014）[6]，超采区布设密度要求为 15~30 站/10³km²。超采区站网布设见表 4。

表 4 超采区站网布设统计

序号	超采区面积/km²	超采区类型	涉及超采县级区	现状站数/个	现状密度/（站/10³km²）
1	56	一般、浅层	硇洲岛	1	17.8
2	145	严重、深层	赤坎区	2	13.8
3	200	严重、深层	霞山区	4	20.0

由表 4 可以看出，广东省湛江市硇洲岛、霞山区监测站密度符合《地下水监测工程技术规范》（GB/T 51040—2014）要求，而赤坎区监测站现状不满足《地下水监测工程技术规范》（GB/T 51040—2014）的最低密度要求。

2.3.2 海咸水入侵区

广东省沿海地区出现地下水水位下降引起海水入侵问题的地区主要为湛江市硇洲岛[7]。硇洲岛现有国家级监测站 1 处，布设密度为 17.8 站/10^3km^2，不满足《地下水监测工程技术规范》（GB/T 51040—2014）中海咸水入侵区 20~30 站/10^3km^2 的布设密度要求。

3 存在的问题

3.1 站网覆盖不全、重点区域站网密度不足

广东省地下水监测站主要集中在地下水资源开发利用程度较高地区进行布设，分布在三大平原区（雷州半岛、珠江三角洲和潮汕平原）和粤北岩溶山区，其他地区的监测井分布相对较少。随着加强县级行政单元水资源管理的需要，以及对地下水超采区、生态补水区、生态脆弱区等区域加强水利行业强监管的需要，已建的站网监测体系不能满足当前应用需求。23 个监测空白县及特殊类型区（超采区、城市建成区、地下水污染区、岩溶塌陷区等）的地下水监测井建设亟须补充完善。

3.2 技术装备水平需提升

广东省 327 处地下水监测站目前运行较为稳定，到报率、交换率、信息完整率基本可达 90% 以上。然而，在珠江三角洲的高温高湿等恶劣环境条件下设备的可靠性、稳定性还比较差，故障率偏高；偏远地区公网信号弱或 2G 基站不维护地区存在数据正常报送不能有效保证，需要利用北斗卫星作为通信信道技术应用，全面提升监测仪器设备和信息传输的稳定性、可靠性。

3.3 信息化应用服务能力需加强

国家地下水监测工程中建设的广东省地下水信息系统，在数据深加工与数据融合方面尚未形成服务产品体系，在地下水超采区指标管控、预警、动态评价及地下水资源实时评价等方面存在信息化支撑能力不足、效率不高等问题，亟须加强面向应用主题的信息化产品服务能力建设。

4 结论与展望

4.1 结论

（1）广东省国家级及省级地下水专业监测井 327 个，按照地市统计，站点最多的为湛江市，64 个；广州市次之，为 45 个；站点最少的为深圳市和中山市，为 4 个。按地下水类型统计，结果为孔隙水、裂隙水、岩溶水分别为 184 个、76 个、67 个。按监测层位统计，结果为潜水 44 个、承压水 283 个。21 个地市的 122 个县级行政区中，存在 23 个监测空白县。

（2）对基本类型区的布设密度进行分析可知，广东省平原区站点密度为 6.0 站/10^3km^2，山丘区站点密度为 1.2 站/10^3km^2，现状站个数最多为北江大坑口以下，为 36 个。对超采区及海水入侵区等特殊类型区的布设密度进行分析可知，广东省湛江市硇洲岛、霞山区监测站密度符合《地下水监测工程技术规范》（GB/T 51040—2014）要求，而赤坎区监测站现状不满足《地下水监测工程技术规范》（GB/T 51040—2014）的最低密度要求。湛江市硇洲岛不满足《地下水监测工程技术规范》（GB/T 51040—2014）的海咸水入侵区最低密度要求。

（3）广东省地下水监测站网存在站网覆盖不全、重点区域站网密度不足、技术装备水平仍需提升、信息化应用服务能力需加强等问题。

4.2 展望

2021 年 12 月 21 日，水利部、国家发展改革委联合印发《全国水文基础设施建设"十四五"规划》（水规计〔2021〕383 号），将国家地下水监测二期工程列为"十四五"重点建设项目。2021 年，水利部部署开展国家地下水监测工程（二期），在此项目中，加强广东省地下水监测，针对单元内未布设监测站点的主要含水层建立新的监测井孔，以便收集单元内相关含水层完整、长期、连续的动态监测资料，从而更精确地掌控单元内整个地下水系统的动态变化规律。充分考虑高温、高湿、高盐等恶劣环境下的地下水监测设备，保证数据及时传输。完善地下水监测信息管理系统，以保证地下水监测数据采集、处理、运输、存储、共享一体化，地下水监测网络信息传输管理协同高效运行。

参考文献

［1］朱学愚．地下水水文学［M］．北京：中国环境科学出版社，2005.

［2］章树安，孙龙，杨桂莲．关于提升国家地下水监测体系和综合分析能力的研究与思考［J］．中国水利，2021（7）：9-12.

［3］李湘姣，吴甜．广东省地下水资源可持续利用与保护对策［J］．水文，2009，29（S1）：134-136，143.

［4］广东省水利厅．2021年广东省水资源公报［N］．南方日报，2022-05-31（A05）.

［5］魏国灵，王渊，王松，等．粤北岩溶水文地质特征及其对工程建设影响研究［J］．西部探矿工程，2020，32（1）：99-104.

［6］中华人民共和国住房和城乡建设部．地下水监测工程技术规范：GB/T 51040—2014［S］．北京：中国计划出版社，2015.

［7］张妙美．广东省硇洲岛海水入侵研究［J］．地下水，2018，40（5）：138-139，159.

淄博市平原区浅层地下水超采区划定探讨

孟凡宇　王秀坤　丁厚钢

（淄博市水文中心，山东淄博　255000）

摘　要：淄博市位于山东省中部，地下水是淄博市的重要供水水源，历史上的长期开采，导致产生了部分地下水漏斗区。上一轮地下水超采区划定距离现在时间较长，淄博市近年通过限采、压采、禁采等措施对地下水进行严格管理，地下水水位已有大幅回升，地下水动态已产生较大变化，本次对重新划定地下水超采区做探讨性分析，评价期为 2011—2020 年。分别采用水位动态法和引发问题法两种方法对现状地下水超采区进行了划分，并对划分结果进行了对比分析探讨。

关键词：淄博市；平原区；地下水超采区

1　概述

淄博市平原区地下水超采区划定范围主要为山前平原、河谷平原地区，总面积 2 070 km²。根据收集的水文地质资料可知，受沉积环境、古地理、古气候、地质构造等因素的影响，淄博市平原区含水层在垂向上的岩性、分布形态和发育程度存在着差异，导致其地下水储存条件、水力性质、水化学条件、富水性及地下水动态等水文地质要素发生相应变化。因此，以含水层的岩性组合、分布、埋藏深度、水质和地下水开发利用状况，将平原区地下水分为浅层地下水和深层地下水两大类，本文研究目标含水层为浅层地下水。

淄博市平原区浅层地下水主要分为山前冲洪积平原地下水和黄泛平原潜水-浅层微承压水。山前冲洪积平原主要分布于胶济铁路以北的周村、张店、临淄、桓台等地，由孝妇河和淄河冲洪积扇组成，冲洪积扇由山前到前缘，一般颗粒由粗变细、层次由少变多、埋深由小变大。黄泛平原潜水-浅层微承压水分布于高青县，含水层为粉细砂层，受黄河泛滥、决口及沉积环境的影响，浅层淡水主要分布在沿黄地带及两条古河道带内。

因上一轮地下水超采区划定距离现在时间较长，地下水动态已产生较大变化，本次对重新划定地下水超采区做探讨性分析，划分方法采用水位动态法和引发问题法，评价期为 2011—2020 年，采用评价期内监测资料进行分析。

2　水位动态法

2.1　划分方法

通过对淄博市 2011—2020 年浅层地下水监测资料进行统计分析，地下水开采引起地下水水位呈持续下降态势的区域划为超采区，其中浅层地下水水位年均下降速率大于 1.0 m/a 的区域划为严重超采区。

2.2　监测井水位动态分析

为充分反映地下水开发利用对地下水水位的影响，最大限度排除降雨因素，对 98 个平原区浅层地下水监测站点的资料，结合所属县级行政区历年降水量和地下水开发利用情况，逐站进行代表性时

作者简介：孟凡宇（1989—），女，工程师，主要从事水文水资源监测工作。

段选择合理性分析,选取降水接近平水年水平、开发利用程度正常的连续年份作为代表性时段,以计算评价期地下水水位变化速率。

经分析计算,浅层地下水水位下降的共有 39 个站,下降速率为 0.01~0.58 m/a。其中下降速率在 0.20 m/a 以内的有 23 站,在 0.20~0.50 m/a 的有 15 站,在 0.50 m/a 以上的有 1 站。水位下降速率详见表 1,根据水位下降速率画出水位年均下降速率分区见图 1。

表 1   浅层地下水水位下降速率成果

监测站序号	水位年均下降速率/（m/a）	监测站序号	水位年均下降速率/（m/a）	监测站序号	水位年均下降速率/（m/a）	监测站序号	水位年均下降速率/（m/a）
站点 1	0.31	站点 11	0.09	站点 21	0.58	站点 31	0.13
站点 2	0.19	站点 12	0.09	站点 22	0.45	站点 32	0.03
站点 3	0.15	站点 13	0.06	站点 23	0.10	站点 33	0.04
站点 4	0.32	站点 14	0.08	站点 24	0.33	站点 34	0.02
站点 5	0.21	站点 15	0.06	站点 25	0.25	站点 35	0.02
站点 6	0.09	站点 16	0.27	站点 26	0.05	站点 36	0.07
站点 7	0.35	站点 17	0.28	站点 27	0.11	站点 37	0.01
站点 8	0.32	站点 18	0.07	站点 28	0.24	站点 38	0.22
站点 9	0.26	站点 19	0.44	站点 29	0.08	站点 39	0.03
站点 10	0.17	站点 20	0.37	站点 30	0.06		

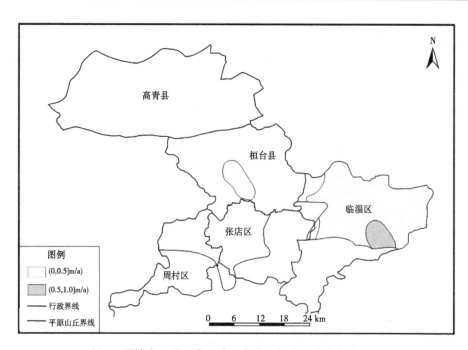

图 1   淄博市平原区浅层地下水水位年均下降速率分区图

2.3 划分结果

按照上述划分标准及计算分析成果，淄博市共划分浅层地下水超采区 2 处，总面积 448.46 km²，因水位下降速率均小于 1.0 m/a，全部划分为一般超采区，无严重超采区。水位动态法划分超采区分布见图 2。

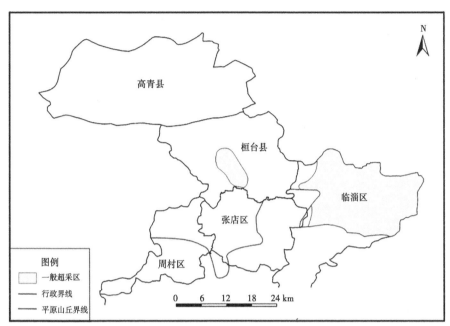

图 2 水位动态法划定浅层地下水超采区分布图

3 引发问题法

3.1 划分方法

以因开发利用地下水引发了生态与地质环境问题为主要依据划分超采区，引发问题主要指以下两方面：

（1）地下水开采引发了地面沉降、海（咸）水入侵、地裂缝、土地沙化等生态与地质环境问题的区域划定为超采区，经调查，淄博市不存在此类问题，不作为本次划分依据。

（2）地下水埋深较大，存在生态与地质环境问题风险的区域，以及历史上长期超采形成的漏斗区，在 2011—2020 年期间虽已实现采补平衡、地下水水位不再呈下降趋势，但地下水水位未恢复至合理埋深，不利于水资源开发利用的区域，根据管理需要可划定为超采区。

淄博市历史上因地下水开采形成部分漏斗区，近年来通过严格的限采、压采、禁采等措施，漏斗区地下水位水已有一定程度上升恢复，但存在还未恢复至合理埋深情况，本次以此为依据进行超采区划分。

3.2 确定划分标准

淄博市平原区浅层地下水含水层主要岩性为卵砾石、砂砾石，向北逐渐渐变为含砾中粗砂、中粗砂，通过查阅多处地下钻孔资料，含水层顶板埋深一般在 17~22 m，厚度一般为 15~25 m。结合淄博市平原区水文地质条件及水资源管理需要综合分析，本次超采区划定合理埋深标准确定为：一般超采区 15 m，严重超采区 30 m。即埋深未恢复至 15 m 范围划为一般超采区，埋深未恢复至 30 m 范围划为严重超采区。

3.3 划分结果

采用现有监测井监测资料绘出现状地下水埋深等值线图，按照上述划分标准进行超采区划定，其中临淄区刘营断层以南与淄河以东区域，因第四系厚度较薄不采用此标准划分。最终全市共划分浅层地下水超采区 3 处,总面积 495.04 km²。其中,一般超采区 2 处,面积 433.92 km²,严重超采区 1 处,面积 61.12 km²。引发问题法划分超采区分布见图 3。

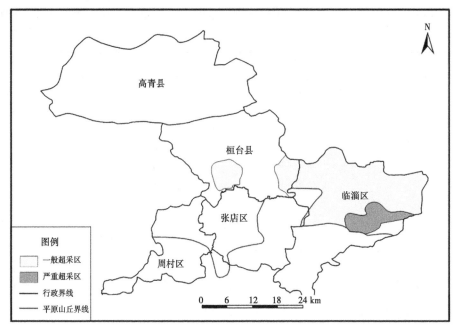

图 3　引发问题法划定浅层地下水超采区分布

4　结语

4.1　上一轮超采区划定成果

上一轮地下水超采区评价初始水平年为 2001 年,现状水平年为 2010 年,评价期为 2001—2010 年。根据评价成果,淄博市平原区共划定浅层地下水超采区 4 处,总面积 945 km²,其中一般超采区 1 处,面积为 572.52 km²;严重超采区 3 处,面积为 372.48 km²。

4.2　本次两种方法划分结果对比

本次采用的两种方法不同划分结果对比见表 2。两种方法划定区域有较大部分重合,无论超采区总面积还是严重超采区面积均比上一轮划分面积有大幅减少,表明淄博市近年来地下水水资源管理严格,取得较大成效。

两种划分方法相比,引发问题法划定超采区面积较水位动态法大 46.58 km²,不同之处主要为桓台、临淄交界处区域,此区域水位动态法未划为超采区,而引发问题法划为超采区,且引发问题法在临淄区东南部划定了 61.12 km² 的严重超采区。另外两方法划定的桓台县南部区域形状有所不同。

表 2　两种方法划分结果对比

划分方法	超采区面积/km²	一般超采区面积/km²	严重超采区面积/km²	较上一轮超采区面积减少/km²
水位动态法	448.46	448.46	0	496.54
引发问题法	495.04	433.92	61.12	449.96

水位动态法在原理上对监测数据要求较高,需要在各个区域不同含水层都有一定数量的长期水位监测井,根据长期监测数据才能比较全面的分析统计区域内地下水水位的变化态势,现有监测站网不能充分满足此方法需求,而引发问题法更加适合淄博市实际,能相对较全面地反映超采区现状,因此引发问题法的划分结果更为合理。在后续的正式划分工作中,应充分考虑两种方法的合理性,综合划定地下水超采区。

参考文献

［1］李华，董晓敏，张伟. 天津市地下水超采区评价及综合治理成效分析［J］. 海河水利，2022（4）：32-35.

［2］徐晓琳，马秀梅，张天宇，等. 甘肃省地下水超采状况及治理成效探讨［J］. 地下水，2022，44（4）：68-71.

［3］朱常坤. 苏锡常平原限禁采区地下水超采区评价方法研究［J］. 水文，2022，43（4）：5.

［4］郭秀红，赵辉. 浅谈地下水超采区划分［J］. 中国水利，2015（1）：41-43.

［5］李泽鹏，何鑫，陆垂裕，等. 水位动态法评价地下水超采影响因素分析［J］. 人民黄河，2021，43（S2）：71-74.

基于净雨量与洪水涨幅关系线模型的研究

韦广龙[1]　邹　毅[2]　黎协锐[2]　李必元[3]

(1. 广西南宁水文中心南宁水文中心站，广西南宁　530008；
2. 广西财经学院，广西南宁　530003；
3. 广西南宁水文中心，广西南宁　530001)

摘　要：小流域洪水特点是来得快，去得快。在小流域开展洪水预报，难点是如何延长预报预见期，关键性是如何建立预报模型，提高预报精度。本文围绕建立预报模型这一关键性技术进行分析研究，解决延长预报预见期的问题。通过选择小流域新江、上林、良凤江等站降雨洪水资料分析，建立净雨量与洪水涨幅关系线模型、洪峰水位与涨水历时关系线模型，进而得出相应的洪峰水位预报方案和洪峰峰现时间的预报方案，经与水位涨率预报法对比，预报预见期延长 2~5 h，经对洪水预报检验，洪峰水位预报的精确率在 90% 以上。

关键词：小流域；净雨量；关系线模型；洪水预报方案；研究

小流域受暴雨影响易引发洪水，其洪水特点是暴涨暴落，来得快，去得快。小流域河流洪水汇流时间短，用河段洪水计算方法常不能满足防洪对预见期的要求。由降雨量直接计算流域出口断面的径流量，可以增长预见期。因此，小流域洪水预报有难度。目前国内沿用的洪水预报模型，有降雨径流经验相关模型[1-2]、特征河长模型[3]、马斯京根法模型[4-5]、新安江模型[6]、陕北模型等[7]，但应用后预报精度低，预报准确率低于 80%。选好洪水预报相关因子是建立预报模型的关键，相关因子关系线的相关系数越高，预报准确率越高。本文选用新江、上林、良凤江 3 个小流域站，其中新江站为郁江三级支流站，流域面积 217 km²，建于 2015 年，实测水位资料只有 6 年；良凤江站为郁江一级支流站，流域面积 497 km²，建于 2015 年，实测水位资料只有 6 年；上林站为红水河一级支流站，流域面积 354 km²，建于 1956 年，有 60 多年实测水位资料。通过对新江、上林、良凤江 3 站洪水进行分析率定，采用净雨量 R_i 与洪水涨幅 H_t 相关，建立净雨量 R_i 与洪水涨幅 H_t 关系线，从而建立新江、上林、良凤江 3 站洪峰水位预报模型。

1　雨量洪水资料选择

1.1　雨量资料选择

1.1.1　雨量点选择

根据《水文预报》(第 5 版)，实时洪水预报系统雨量站选择的基本要求是在能反映流域降雨的空间变化和满足洪水预报模型精度要求的前提下所选雨量站点尽可能少[8]。

小流域分布应选上、中、下站点，原设站点有多的，则加左、右站点，能满足洪水预报模型精度要求。

1.1.2　面雨量计算

根据洪水预报模型精度要求，流域面雨量采用算术平均法计算。新江、上林、良凤江 3 站选择的

基金项目：国家自然科学基金项目 (41867071)。

作者简介：韦广龙 (1958—)，男，工程师，主要从事水文水资源研究工作。

通信作者：邹毅 (1983—)，男，博士，主要从事数学数理统计研究工作。

雨量点为原设立雨量站，雨量站数分别是3站、4站、8站，采用算术平均法计算面雨量。雨量站数选择是根据原有雨量站点满足建模型要求，新江站按流域上、中、下为1∶1∶1选3站，上林站按流域上、中、下为1∶2∶1选4站，良凤江站按流域上、中上、中、中下、下为1∶2∶2∶2∶1选8站。

1.2 净雨量计算

1.2.1 净雨系数计算

在流域降雨产流[9-10]过程，如果植物截留、土壤滞蓄、地面坑洼蓄这三种蓄量不大，常把这三种蓄量合并作为土壤蓄水量来处理。故此，由降雨形成的一次洪水过程的流域产流量计算的水量平衡方程可简化为：

$$R_t = P_t - E_t + W_t - W_{t+1} \tag{1}$$

式中：P_t 为流域降雨量，mm；R_t 为流域产流量，mm；E_t 为流域蒸散发量，mm；W_t、W_{t+1} 为 t 与 $t+1$ 时刻的土壤蓄水量，mm。

净雨系数 K_p：

$$K_p = R_i / P_m \tag{2}$$

式中：K_p 为流域净雨系数；R_i 为流域净雨量，即为流域产流量 R_t，mm；P_m 为流域平均雨量，即为流域降雨量 P_m（面雨量），mm。

1.2.2 净雨量计算

净雨量的计算称为产流计算。

根据式（2）得，净雨量：

$$R_i = K_p \times P_m \tag{3}$$

式中：R_i 为流域净雨量，mm；K_p 为流域净雨量系数；P_m 为流域面雨量（面雨量），mm。

流域净雨系数 K_p 分别经过各流域历史洪水的流域平均雨量（面雨量）与流域平均径流深建立相关而得。新江、上林、良凤江3站分别采用2016—2019年、1981—2019年、2015—2020年历史洪水雨量、径流深、水位资料，建立面雨量 P_m 净雨量 R_i 相关关系，经分析，净雨系数 K_p 采用0.90。

1.3 洪水资料选择

1.3.1 洪水尺度选择

根据《水文预报》（第5版），洪水资料选择要考虑各种不同特点洪水的代表性，主要有大、中、小洪水尺度代表性，不同季节、不同暴雨类型、不同暴雨中心位置、不同降雨强度、不同暴雨历时和单峰与复式洪水等的代表性。

（1）流域出口断面即水位流量监测点的选择：流域面积 100~500 km² 的小流域，区间无水工程。

（2）洪水资料时间的选择：取近20年的洪水资料：2000—2020年。

（3）洪水涨幅的选择：水位涨幅在 1.0 m 以上的洪水。

选择（1）主要是对小流域的洪水进行研究[11]，选择（2）、（3）是考虑到建立洪水预报模型与近年的洪水关系较为稳定，才能达到精准预报和满足服务需求。

1.3.2 洪水场次选择

根据洪水资料选择要求，分别选择广西郁江二级支流新江站、良凤江站和红水河一级支流上林站，各站洪水水位资料分别为2016—2019年、1981—2019年、2015—2020年，按照大、中、小洪水尺度代表性选择要求，上林站选取15次洪水，新江站、良凤江站均选取10次洪水涨水过程进行模型建立与分析；同时各站均选取2019年及2020年的2场洪水进行模型检验。

2 关系线模型的建立

2.1 关系线分析

2.1.1 洪水时段设置

可根据洪水历时设置洪水时段，大河流洪水历时长，小河流洪水历时短。根据《水文预报》（第

5 版），对于资料条件许可的流域，特别是有遥测自动采集系统的流域，时段长可适当取短些，在我国通常取 1 h，如果是小流域，也可取半小时。因此，小河流每时段设为 0.5 h 或 1 h，大、中河流每时段设为 3 h、2 h 或 1 h，设置时段 t_i 的计算公式为

$$t_i = T_c / K_t \tag{4}$$

式中：t_i 为洪水设置时段，h；T_c 为洪水起涨至洪峰的总历时，h；K_t 为洪水的涨水段时段总数。

2.1.2 基本依据

建立净雨量 R_p 与洪水涨幅 H_t 关系线模型的依据：将一次洪水涨水水位过程线描述为一元三次方函数曲线，其一阶导数函数式一元二次方函数曲线为抛物线，根据抛物线的对称性特点，将其引用到涨水水位涨率过程，利用前总涨幅分析推算后总涨幅的对称原理，计算得洪峰水位见图 1。水位涨率从小到大，再由大到小。即从 0 至峰顶，从峰顶回落到 0，水位涨率到极点就是数学函数中的拐点。起涨点是一次洪水开始涨水的起点，洪峰点是一次洪水涨水过程的峰顶点，拐点是一次洪水涨水过程中的时段水位涨率最大的水位点。

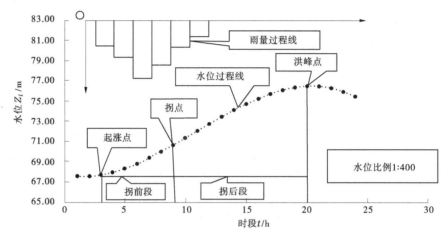

图 1 ××站雨量水位过程线示意图

从图 1 可知，由流域降雨量过程在监测站断面所形成洪水水位过程，T_o 为洪水起涨至最大涨率（拐点）的历时，h。从起涨点到洪峰点为涨水段，起涨点到拐点为拐前段，拐点到洪峰点为拐后段。

将一次洪水涨水水位过程描述为一元三次方函数曲线[12]，其洪水涨水水位过程线：

$$\int (Z_i) = at^3 + bt^2 + ct + d \quad (a < 0)。 \tag{5}$$

将式（5）作一次导数，得

$$Z_i' = 3at^2 + 2bt + c \tag{6}$$

设 $H_T = Z_i'$，$s = 3a$，$j = 2b$，则

$$H_T = st^2 + jt + c \quad (s < 0) \tag{7}$$

式中：H_T 为洪水涨水水位涨率，m；s 为系数；c 为常数。

式（7）即为一次洪水涨水水位过程的水位涨率过程描述式。

涨水过程水位涨幅计算，即一次洪水涨水的水位涨幅 H_t 等于洪峰水位 Z_y 与起涨水位 Z_t 之差：

$$H_t = Z_y - Z_t \tag{8}$$

式中：H_t 为洪水水位涨幅，m；Z_y 为洪水洪峰水位，m；Z_t 为洪水起涨水位，m。

2.2 建立关系线模型

采用净雨量 R_i 与洪水涨幅 H_t 关系线模型进行洪峰水位预报，关键技术是建立净雨量 R_i 与洪水涨幅 H_t 关系线模型，要先建立净雨量 R_i 与洪水涨幅 H_t 相关，通过对净雨量 R_i 与洪水涨幅 H_t 相关的模拟，得出该站点的净雨量 R_i 与洪水涨幅 H_t 关系线模型，再进行洪峰水位计算。由于预报方案存在偏

差，需要对洪峰水位预报误差进行校正[13]。通过修正，得到洪峰水位方案修正系数 K_S。由此，建立××站净雨量 R_i 与洪水涨幅 H_t 关系线模型，净雨量 R_i 与洪水涨幅 H_t 关系线模型有线性模型和非线性关系线模型[14]。

2.2.1 线性关系线模型

$$H_t = K_S \times (K_V \times P_m + K_O) \tag{9}$$

式中：H_t 为洪水水位涨幅，m；P_m 为面雨量，mm；K_S 为修正系数；K_V 为系数；K_O 为常数。

2.2.2 非线性关系线模型

$$H_t = K_S \times (K_Z \times P_m^2 + K_X \times P_m + K_O) \quad (K_Z < 0) \tag{10}$$

2.2.3 洪峰水位 Z_y 预报模型

$$Z_y = Z_t + H_t \tag{11}$$

将式（9）代入式（11）得线性关系线模型：

$$Z_y = Z_t + K_S \times (K_V \times P_m + K_O) \tag{12}$$

将（10）式代入（11）式得非线性关系线模型：

$$Z_y = Z_t + K_S \times (K_Z \times P_m^2 + K_X \times P_m + K_O) \tag{13}$$

2.3 洪峰峰现时间预报

洪水预报预见期就是洪水能提前预测的时间[15]。洪水预报预见期通过洪峰峰现时间预报模型计算得出。

洪峰峰现时间预报是在洪峰水位预报得出洪峰水位计算值后，再以洪峰水位计算值计算洪峰峰现时间。洪峰峰现时间预报要首先建立洪峰水位 Z_y 与涨水历时 T_C 关系线模型，然后通过采用该模型进行洪峰时间计算，得到洪峰峰现时间。

2.3.1 洪峰水位与涨洪历时关系模型建立

根据历年洪水水位资料，建立洪峰水位 Z_y 与涨水历时 T_C 关系线模型。涨水历时即从起涨水位开始时间至洪峰水位峰现时间的总时段。

洪峰水位 Z_y 与涨水历时 T_C 关系线有线性模型和非线性关系线模型，即

（1）线性关系线模型：

$$T_C = L_S \times (L_V \times Z_y + L_O) \tag{14}$$

式中：L_S 为修正系数；L_V 为系数；L_O 为常数；其他符号含义同前。

（2）非线性关系线模型：

$$T_C = L_S \times (L_Z \times Z_y^2 + L_X \times Z_y + L_O) \quad (L_Z < 0) \tag{15}$$

2.3.2 洪峰峰现时间预报模型

洪水洪峰峰现时间关系线模型：

$$T_y = T_t + T_C \tag{16}$$

（1）线性关系线模型：

将式（14）代入式（16）得，

$$T_y = T_t + L_S \times (L_V \times Z_C + L_O) \tag{17}$$

（2）非线性关系线模型：

将式（15）代入式（16）得，

$$T_y = T_t + L_S \times (L_Z \times Z_y^2 + L_X \times Z_y + L_O) \tag{18}$$

3 预报方案分析

3.1 洪峰水位预报

水位过程线是指水位随时间变化的曲线，洪水水位过程线是水位经历起涨、洪峰、落平的过程[16]。在进行洪峰水位预报分析时，根据净雨量 R_i 与洪水涨幅 H_t 关系线模型进行洪峰水位预报的

要求，选择 3 个流域面积在 500 km² 以下的不同流域的水位监测站，水位资料为 2000 年以来的洪水资料。为此，选择新江、上林、良凤江 3 站进行净雨量 R_i 与洪水涨幅 H_t 关系线模型分析。

新江、上林、良凤江 3 站通过建立净雨量 R_i 与洪水涨幅 H_t 关系线，以关系线相关系数 β 大（$\beta \geq 0.900\,0$）、计算方式简单（优先选择线性关系线）作为确定线性与非线性模型的原则。新江、上林、良凤江 3 站洪峰水位分别根据关系线模型式（12）、式（13）得到，净雨量 R_i 与洪水涨幅 H_t 关系线模型分别为：

新江站：

$$Z_y = Z_t + 1.039(0.043\,4\,R_i + 0.553\,4) \tag{19}$$

上林站：

$$Z_y = Z_t + 0.990(-0.000\,2\,R_i^2 + 0.065\,6 R_p - 1.386\,4) \tag{20}$$

良凤江站：

$$Z_y = Z_t + 0.999(0.029\,5\,R_i + 0.032\,8) \tag{21}$$

新江站建立净雨量 R_i 与洪水涨幅 H_t 关系线见图 2，采用式（19）净雨量 R_i 与洪水涨幅 H_t 关系线模型进行洪峰水位预报的计算，计算成果见表 1。

表 1　新江站采用净雨量 R_i 与洪水涨幅 H_c 关系模型预报洪峰水位计算成果

序号	洪号	面雨量 P_x/mm	净雨量 R_i/mm	起涨水位 Z_t/m	洪峰水位 Z_c/m	洪水变幅 H_c/m	计算涨幅 H_t/m	预测洪峰水位 Z_s/m	预测准确率/%	合格（是√否×）
1	20160817	122.5	110.3	68.90	74.17	5.27	5.55	74.45	94.8	√
2	20161025	28.2	25.3	67.95	69.58	1.76	1.72	69.67	97.6	√
3	20170318	75.5	68.0	67.54	71.42	3.88	3.64	71.18	93.8	√
4	20170819	70.0	63.0	68.18	71.64	3.46	3.42	71.60	98.7	√
5	20170824	99.3	89.4	67.94	72.46	4.52	4.60	72.54	99.2	√
6	20170827	45.2	40.7	68.76	71.08	2.32	2.41	71.17	96.1	√
7	20170830	38.3	34.5	68.48	70.49	2.01	2.13	70.61	94.1	√
8	20180625	193.0	173.7	67.60	76.15	8.55	8.41	76.01	98.3	√
9	20180724	111.3	100.2	67.93	73.22	5.29	5.09	73.02	96.3	√
10	20190401	64.8	58.3	67.79	71.07	3.28	3.20	70.99	97.7	√
平均									96.6	

表 1 中，预测准确率（%）＝［1-（预测误差绝对值）］×100%＝［1-|（计算涨幅 H_v-实测涨幅 H_c）／实测涨幅 H_c|］×100%，实测涨幅 H_c＝洪峰水位 Z_y-起涨水位 Z_t，计算涨幅 H_v 按式（9）计算得其值。

新江站采用洪峰水位 Z_y、预报模型采用式（19）计算，合格率为 100%，平均准确率为 96.6%，其关系线见图 2。

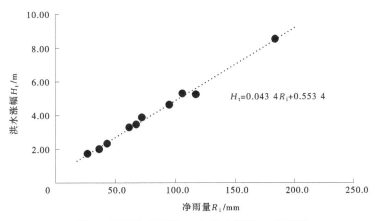

图 2　新江站净雨量 R_i 与洪水涨幅 H_t 关系线

上林站、良凤江站洪峰水位预报模型分别采用式（20）、式（21）计算，上林站洪峰水位预报合格率为 100%，平均准确率为 97.5%，良凤江站洪峰水位预报合格率为 100%，平均准确率为 95.1%，其净雨量 R_i 与洪水涨幅 H_t 关系线分别见图 3、图 4。因这两站计算方法与新江站洪峰水位预报计算方法相同，故其计算成果表在此省略。

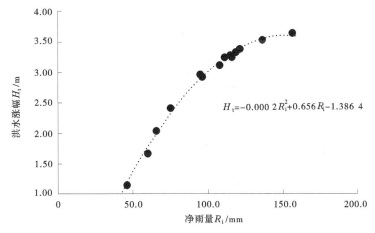

图 3　上林站净雨量 R_i 与洪水涨幅 H_t 关系线

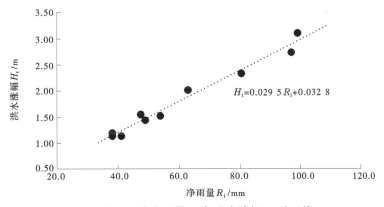

图 4　良凤江站净雨量 R_i 与洪水涨幅 H_t 关系线

3.2　峰现时间预报

根据 2.3 节中建模方法，首先建立洪峰水位 Z_y 与涨水历时 T_c 关系线，再按照洪峰峰现时间预报模型式（18）进行计算，得出新江、上林、良凤江 3 站洪峰峰现时间 T_y 预报模型分别为：

新江站：

$$T_y = T_t + 0.988(-0.119\,3Z_s^2 + 19.617Z_s - 778.7) \tag{22}$$

上林站：

$$T_y = T_t + 1.030(-0.818\,9Z_s^2 + 183.76Z_s - 10\,289) \tag{23}$$

良凤江站：

$$T_y = T_t + 1.015(-0.269\,5Z_s^2 + 41.978Z_s - 1\,621.1) \tag{24}$$

新江、上林、良凤江 3 站实测洪峰水位 Z_y 与涨水历时 T_c 关系线见图 5、图 6、图 7，分别采用式（22）～式（24）建立洪峰水位 Z_y 与涨水历时 T_c 关系线模型，进行洪峰峰现时间 T_k 预报的计算，新江站计算成果见表 2。

表 2　新江站采用洪峰水位 Z_y 与涨水历时 T_c 关系线模型进行洪峰时间 T_y 预报计算成果

序号	洪号	洪水起涨（月-日 T 时：分）	洪峰峰现时间（月-日 T 时：分）	计算洪峰水位 Z_s/m	实测历时 T_c/h	预测历时 T_s/h	预测准确率/%	合格（是√否×）
1	20160817	08-16T20：00	08-17T17：00	74.45	21	19.8	94.1	√
2	20161025	10-25T09：00	10-25T17：00	69.67	8	8.6	92.9	√
3	20170318	03-18T07：00	03-18T20：00	71.18	13	13.7	95.0	√
4	20170819	08-18T11：00	08-19T01：00	71.60	14	14.2	98.5	√
5	20170824	08-24T20：00	08-25T14：00	72.54	18	16.4	90.9	√
6	20170827	08-27T01：00	08-27T13：00	71.17	12	13.0	91.6	√
7	20170830	08-29T15：00	08-30T03：00	70.61	12	11.5	95.9	√
8	20180625	06-24T09：00	06-25T08：00	76.01	23	22.8	99.3	√
9	20180724	07-24T05：00	07-24T22：00	73.02	17	17.4	97.5	√
10	20190401	04-01T04：00	04-01T18：00	70.99	14	12.5	89.6	√
平均							94.5	

表 2 中，新江站采用洪峰峰现时间 T_y、预报模型采用式（22）计算，合格率为 100%，平均准确率为 94.5%，其关系线见图 5。

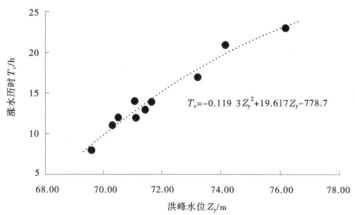

$$T_c = -0.119\,3Z_y^2 + 19.617Z_y - 778.7$$

图 5　新江站洪峰水位 Z_y 与涨水历时 T_c 关系线图

上林站、良凤江站洪峰峰现时间预报模型分别采用式（23）、式（24）计算，上林站峰现时间预报合格率为 100%，平均准确率为 97.5%，良凤江站峰现时间预报合格率为 100%，平均准确率为 97.3%，其关系线分别见图 6、图 7。因这两站计算方法与新江站洪峰峰现时间 T_y 预报计算方法相同，故其计算成果表在此省略。

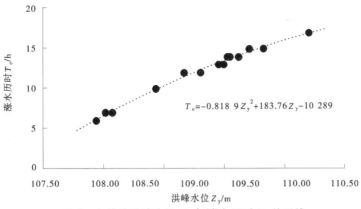

图 6　上林站洪峰水位 Z_y 与涨水历时 T_c 关系线

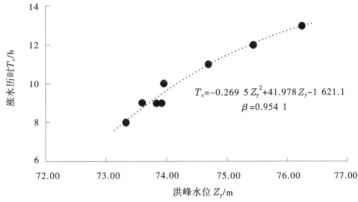

图 7　良凤江站洪峰水位 Z_y 与涨水历时 T_c 关系线

4　模型检验评估

4.1　预报精度分析

根据前述计算结果可知，新江、上林、良凤江 3 站预报洪峰水位的平均准确率分别 96.6%、97.5%、95.1%，预报方案的合格率均为 100%，三站预报洪峰峰现时间 T_y 的平均准确率分别是 94.5%、97.5%、97.3%，预报方案的合格率均为 100%。

4.2　预报模型检验

新江、上林、良凤江 3 站洪水预报模型所选净雨量根据日降雨量计算得出，为日模资料，洪水资料为次洪水资料。因此，新江、上林、良凤江 3 站洪水预报模型采用 2 年的次洪水检验。

4.2.1　洪峰水位预报检验

新江站选择 2019 年 5 月 28 日、2020 年 8 月 5 日 2 次洪水进行洪峰水位预报，选择雨量站是新江、那利、那他，两场洪水日平均降雨量分别为 87.3 mm、24.8 mm，经计算日净雨量分别为 76.6 mm、22.3 mm，根据新江站洪水洪峰水位 Z_s 预报模型［式（19）］，计算得洪峰水位 Z_s 值分别为 69.91 m，70.47 m。上林、良凤江 2 站洪峰水位 Z_s 预报检验计算方法与新江站相同，故此省略。三站洪水洪峰水位 Z_s 预报检验成果见表 3。

表3 采用净雨量 R_i 与洪水涨幅 H_c 关系模型预报洪峰水位 Z_s 预报检验成果

站名	洪号	面雨量 P_m/mm	净雨量 R_i/mm	起涨水位 Z_t/m	洪峰水位 Z_c/m	实测变幅 H_c/m	计算涨幅 H_v/m	预报洪峰水位 Z_s/m	预报准确率/%	合格（是√否×）
新江	20190528	89.8	80.8	67.68	70.09	2.41	2.29	69.97	94.9	√
	20200805	21.5	19.3	68.89	70.38	1.49	1.45	70.34	97.0	√
上林	20190715	63.2	56.9	106.36	108.04	1.68	1.70	108.06	98.7	√
	20200625	44.2	39.8	106.89	107.68	0.79	0.83	107.72	94.8	√
良凤江	20190719	53.5	48.2	71.86	73.22	1.36	1.45	73.31	93.4	√
	20200807	56.1	50.5	72.39	73.95	1.56	1.52	73.91	97.4	√
平均									96.0	

表3中，预测准确率计算方法与表1相同。新江、上林、良凤江3站洪峰水位 Z_s 分别采用预报模型式（19）~式（21）计算，预报检验成果良好，预报方案合格率为100%，平均准确率96.0%。

4.2.2 预报精度对比

新江、上林、良凤江3站采用净雨量 R_i 与洪水涨幅 H_c 关系模型预报洪峰水位的精度均比降雨径流相关模型（水文模型）预报洪峰水位的精度对比，降雨径流相关模型预报洪峰水位，首先建立净雨量 R_i 与径流量关系模型，然后建立径流量与洪峰水位的关系模型来推算洪峰水位，本文以洪峰流量作径流量替代相关因子，对新江、上林、良凤江3站采用降雨径流相关模型预报洪峰水位分析，因论文篇幅限制，这三站的分析计算过程在此省略，只列出三站的2020年各一次洪水的洪峰水位预报精度对比结果，见表4。

表4 两种预测模型的预测洪峰水位精度对比计算成果

站名	洪号	面雨量 P_m/mm	净雨量 R_i/mm	实测洪峰水位 Z_c/m	实测变幅 H_c/m	预报洪峰水位 Z_s/m		预报准确率/%	
						净雨变幅模型	降雨径流模型	净雨变幅模型	降雨径流模型
新江	20200805	21.5	19.3	70.38	1.49	70.34	70.51	97.0	91.3
上林	20200625	44.2	39.8	107.68	0.79	107.72	107.56	94.8	85.3
良凤江	20200807	56.1	50.5	73.95	1.56	73.91	73.86	97.4	95.5
平均								96.4	90.7

表4中，洪峰水位预报准确率（%）=100%-预报误差（%）（绝对值），预报误差（%）=[（预报洪峰水位-实测洪峰水位）/实测水位变幅]×100%，预报准确率（%）≥85%为合格。

由表4计算成果可知，新江、上林、良凤江3站采用净雨量 R_i 与洪水涨幅 H_c 关系模型预报洪峰水位的精度均比降雨径流相关模型预报洪峰水位的精度高，平均预报准确率之比为96.4%∶90.7%，高出5.7%。

4.2.3 峰现时间预报检验

按照新江站洪水洪峰峰现时间预报模型式（22）计算，计算得洪峰峰现时间 T_y 计算值，预报历时分别是9.5 h、11.1 h，预报准确率分别为92.1%、98.8%。因上林站、良凤江站洪峰峰现时间 T_y 计算方法相同，故此省略。新江、上林、良凤江3站洪水洪峰时间 T_y 预报检验成果见表5。

表5　采用洪峰水位 Z_y 与涨水历时 T_c 关系线模型进行洪峰时间 T_y 预报检验成果

站名	洪号	水位起涨时间 T_t（月-日T时：分）	洪峰峰现时间 T_y（月-日T时：分）	洪峰水位 Z_s/m	实测历时 T_c/h	预报历时 T_s/h	预报准确率/%	合格（是√否×）
新江	20190528	05-28T14：00	05-28T23：00	69.97	9	9.7	92.1	√
新江	20200805	08-04T17：00	08-05T04：00	70.34	11	11.1	98.8	√
上林	20190715	07-15T06：58	07-15T13：40	108.06	6.7	6.8	99.0	√
上林	20200625	06-25T15：00	06-25T19：00	107.72	4.0	3.7	91.7	√
良凤江	20190719	07-19T17：00	07-20T02：00	73.31	9	8.0	89.3	√
良凤江	20200807	08-07T06：00	08-07T15：00	73.91	9	9.4	95.1	√
平均							94.3	

4.3　预报预见期对比

4.3.1　关系线模型的预见期

根据新江、上林、良凤江3站的洪水号分别为20200805、20200625、20200807的雨量水位数据，采用洪峰水位 Z_y 与涨水历时 T_c 关系线模型分析得，预报预见期分别是11.1 h、3.7 h、9.4 h，预报准确率分别为98.8%、91.7%、95.1%。预报预见期的计算：因为采用雨量分析，预报预见期从起涨水位的时间为预报开始时间，到出现洪峰水位的时间历时。

表5中，预报洪水峰现时间＝水位起涨时间＋预报历时，预报历时的准确率＝（1−预报误差绝对值）×100%，预报误差＝（预报历时−实测历时）/实报历时。新江、上林、良凤江3站分别采用洪水洪峰时间 T_y 预报模型式（22）～式（24）计算，检验成果良好，预报方案合格率为100%，平均准确率94.3%。

4.3.2　水位最大涨率法的预见期

根据新江、上林、良凤江3站洪水号分别为20200805、20200625、20200807的雨量水位数据，采用洪水涨水过程的拐点（见图1）水位最大涨率法分析，利用小河流涨水段的拐前历时与拐后历时近似相等特性计算可得，预报预见期分别为6 h、2 h、4 h，预报准确率分别为83.0%、100%、100%。预报预见期的计算：预报开始时间从水位上涨出现最大涨率的时间，到出现洪峰水位的时间历时为预报预见期，计算成果见表6。

表6　采用水位最大涨率法推算洪峰时间计算成果

站名	洪号	最大涨率时间 T_t（月-日T时：分）	洪峰峰现时间 T_y（月-日T时：分）	洪峰水位 Z_s/m	峰现历时 T_c/h	预报历时 T_s/h	预报准确率/%	合格（是√否×）
新江	20200805	08-04T22：00	08-05T04：00	70.47	6	5	83.0	√
上林	20200625	06-25T17：00	06-25T19：00	107.72	2	2	100	√
良凤江	20200807	08-07T11：00	08-07T15：00	73.91	4	4	100	√

4.3.3　两种方法的预见期对比

新江、上林、良凤江3站分别采用关系线模型法和水位最大涨率法分析，所得的预报预见期对比可知：关系线模型法比水位最大涨率法分别延长5 h、2 h、5 h，即预报预见期延长2～5 h。

5　模型应用

5.1　有水文站流域运用

上林水文站，2019年7月15日暴雨洪水，根据流域5个雨量站降雨量计算流域面雨量 P_m 为

63.2 mm，根据上林水文站流域面雨量 P_m 与净雨量 R_i 相关系数为 0.90 计算，得到净雨量 R_i 为 56.9 mm。根据上林水文站净雨量 R_i 与洪水涨幅 H_t 关系线模型：$Z_y = Z_t + 0.990 \times (-0.000\,2R_i^2 + 0.065\,6\,R_i - 1.386\,4)$，进行洪峰水位预报计算，得到本次暴雨洪水的水位涨幅为 1.70 m，即洪峰水位为起涨水位+水位涨幅 = 106.36 + 1.70 = 108.06 m，实际出现洪峰水位 108.04 m，洪峰水位预报准确率为 98.7%。

5.2 无水文站流域运用

5.2.1 洪水径流量计算

无水文站流域应用净雨量 R_i 与洪水涨幅 H_t 关系线模型进行洪峰水位预测，首先根据流域面雨量 P_m 计算净雨量 R_i，由净雨量 R_i 计算流域洪水径流量，采用单位线法计算径流量，得到流域断面出口逐时流量过程。

以邕宁区新江河 2018 年 6 月 25 日暴雨洪水为例。根据流域 2 个雨量站降雨量计算流域面雨量 P_m 为 193.0 mm，根据新江河流域面雨量 P_m 与净雨量 R_i 相关系数为 0.90 计算，得到净雨量 R_i 为 173.7 mm。

计算总地表径流 $Q_a = 173.7 \times 217 \times 100 / 3\,600 = 1\,047$ m³/s（1 h = 3 600 s），采用单位线法计算得各时段地表径流 Q_t 和总地表径流 Q_a（见表 7）。

表 7　新江河单位线法计算径流量

| 时间（日、时） | 净雨量 R_i/mm | 单位线 q_t/（m³/s） | 部分径流 $h/10q$ (t) | | | | | 地面径流 Q/（m³/s） | 地下径流 Q/（m³/s） | 断面流量 Q_t/（m³/s） |
			$h=45.5$	$h=50.5$	$h=39.5$	$h=29.7$	$h=8.5$			
0	0	0	0					0	0	0
1	45.5	1.69	8	0				8	1.0	6.68
2	50.5	6.98	32	9	0			41	2.0	39.0
3	39.5	12.77	58	35	7	0		100	2.0	98.0
4	29.7	10.78	49	64	28	5	0	146	2.0	144
5	8.5	8.67	39	54	50	21	2	166	2.0	164
6	0	5.98	27	44	43	38	5	157	2.0	155
7		4.64	21	30	34	32	11	128	2.0	126
8		3.18	14	23	24	26	10	97	2.0	95.4
9		2.30	10	16	18	18	8	70	2.0	68.0
10		1.53	7	12	13	14	5	51	2.0	49.0
11		0.88	4	8	9	9	4	34	2.0	32.2
12		0.42	2	4	6	7	3	22	2.0	20.0
13		0.23	1	2	3	5	2	13	2.0	11.2
14		0.15	1	1	2	3	1	8	2.0	6.00
15		0.00	0	1	1	1	1	4	2.0	1.69
16				0	1	1	0	2	1.0	0.65
17						0	0	0	0	0
统计	173.7							1 047	30.0	1 017

5.2.2 洪峰流量预测

根据新江河（新江站）断面采用单位线法计算各时段地表径流量的成果，绘制新江河逐时流量过程线（见图8），在表7中，各时段地表径流量的最大值即预测洪峰流量，新江河（新江站）断面洪峰流量为 166 m³/s，汇流时间为 5 h。

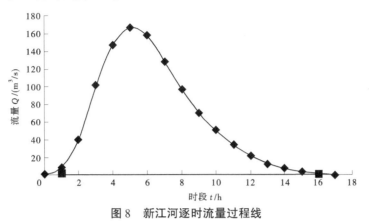

图8 新江河逐时流量过程线

5.2.3 洪峰水位预测

根据新江河（新江站）断面历年洪水的次洪水涨幅 H_t 与相应流域净雨量 R_i 建立相关，其净雨量 R_i 与洪水涨幅 H_t 关系线模型加入洪水起涨水位 Z_t，即得新江河（新江站）断面洪峰水位预测模型，$Z_y=Z_t+H_t$。因此，需要建立新江河（新江站）断面历年洪水的洪峰流量与洪水涨幅 H_t 关系线（见图9），计算洪峰流量为 166 m³/s，进行查算得到本次暴雨洪水涨幅为 8.10 m，即预测洪峰水位为起涨水位＋水位涨幅＝67.91＋8.10＝76.01 m，实际出现洪峰水位 75.81 m，误差 0.20 m，洪峰水位预报准确率为 97.5%。

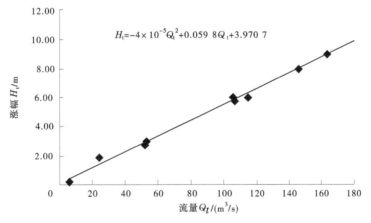

$$H_t=-4\times 10^{-5}Q_t^2+0.059\ 8Q_t+3.970\ 7$$

图9 新江河洪水涨幅 H_t ~ 洪峰流量 Q_t 关系线

5.3 模型运用社会效益

以邕宁区新江河 2018 年 6 月 25 日暴雨洪水为例。根据流域 2 个雨量站降雨量计算流域面雨量 P_m 为 193.0 mm，根据新江河流域净雨量 R_i 相关系数为 0.90 计算，得到净雨量 R_i 为 173.7 mm。以净雨量 173.7 mm 计算各地表径流 Q_a，得出洪峰流量 166 m³/s，采用单位线法计算得各时段地表径流 Q_t，根据新江河（新江站）断面洪峰水位预测模型 $Z_y=Z_t+H_t$ 计算得到洪峰水位 76.01 m，洪水涨幅 8.1 m。根据洪水预测成果向邕宁区新江镇政府发出：邕宁区新江河 2018 年 6 月 25 日 6 时出现洪水涨幅 8.1 m，洪峰水位 76.01 m，超警戒水位 3.0 m 的洪水预警信息，提醒做好相应防范工作，及时避险。这次洪水为邕宁区新江河新中国成立以来第一大洪水，洪水过后，邕宁区新江镇政府表扬了南宁水文中心站，因提前 5 h 得到洪水预警信息，提前转移人员和财产，把损失减少到最低限度，无人员伤亡，取得了良好的社会效益。

6 结语

本文通过对新江、上林、良凤江 3 站净雨量与洪水涨幅关系线模型的研究，得出以下主要结论：

（1）净雨量与洪水涨幅关系线模型预报法的特点为方法简便、实用，预报精度高、预报预见期长。通过针对小流域洪水预报研究可知，新江、上林、良凤江 3 站洪水平均涨水历时为 6~14 h，与水位最大涨率法对比，预报预见期延长 2~5 h。

（2）净雨量与洪水涨幅关系线模型预报法的关键技术：在洪峰水位预报方面，是建立净雨量与洪水涨幅关系线，确定洪峰水位预报模型的修正系数；在洪峰水位预报方面，是建立实测洪峰水位 Z_y 与涨水历时 T_c 关系线，确定洪峰峰现时间预报模型的修正系数。

（3）净雨量与洪水涨幅关系线模型预报法的应用：通过建立洪峰水位及峰现时间的线性或非线性关系线模型，在小流域新江、上林、良凤江 3 站进行洪峰水位预报的应用，洪峰水位及峰现时间的预报效果良好，预报方案合格率均为 100%，预报准确率在 90% 以上。

参考文献

[1] 李福威. 降雨径流经验相关模型在桓仁水库洪水预报中的应用 [J]. 东北水利水电, 2002, 20 (1)：35-37.

[2] 肖鹏, 张立. 降雨径流经验相关关系计算机优选途径探讨 [J]. 吉林水利, 2004 (7)：4-6.

[3] 谢平、梁瑞驹. 基于特征河长法的概念性流域地貌汇流模型 [J]. 河海大学学报, 1994 (5)：108-110.

[4] 陈森林. 马斯京根法非线性演算模型的差分牛顿迭代解法 [J]. 水文, 1992 (1)．30-33.

[5] 杨雪. 非线性马斯京根模型研究与应用 [D]. 西安：西安理工大学, 2015.

[6] 赵人俊. 流域水文模拟–新安江模型与陕北模型 [M]. 北京：水利水电出版社, 1984.

[7] 李大洋, 梁忠民, 侯博, 等. 垂向混合模型在漖河在洪水预警中的应用 [J]. 人民黄河, 2018 (6)：6-8.

[8] 为民. 水文预报 [M]. 5 版. 北京：中国水利水电出版社, 2009.

[9] 芮孝芳, 宫兴龙, 张超, 等. 流域产流分析及计算 [J]. 水利发电学报, 2009, 28 (6)：146-150.

[10] 孙秀玲. 流域产流量预报方法研究 [D]. 济南：山东大学, 2001.

[11] 韩通, 李致家, 刘开磊, 等. 山区小流域洪水预报实时校正研究 [J]. 河海大学学报（自然科学版）, 2015 (3)：208-214.

[12] 边红霞. 一元三次函数的图像及应用 [J]. 中学教学参考. 理科版, 2017 (2)：1-2.

[13] 周梦, 陈华, 郭富强, 等. 洪水预报实时校正技术比较及应用研究 [J]. 中国农村水利水电, 2018 (7)：90-95.

[14] 郝树堂, 孙三祥, 雷鹏帅. 工程水文学 [M]. 北京：中国铁道出版社, 2016.

[15] 芮孝芳, 王伶俐. 具有预见期的洪水演算方法研究 [J]. 水科学进展, 2000, 11 (3)：291-295.

[16] 管华. 水文学 [M]. 2 版. 北京：科学出版社, 2011.

非典型节律理论在太湖地区 2021 年降雨预测模拟中的应用

秦建国[1]　姚　华[1]　范忠明[2]　盛龙寿[1]　朱　玲[1]　朱立国[1]

（1. 江苏省水文水资源勘测局无锡分局，江苏无锡　214031；
2. 无锡市水利工程管理中心，江苏无锡　214063）

摘　要：在非典型节律理论的基础上，使用两种新方法研究太湖地区旱涝演化的自然规律，并在模拟中进行应用研究。结果表明，非典型节律理论可以识别年际降雨序列中的旱涝周期和气候转折点，传统的周期和突变理论无法解决这两个难题；无锡站的旱涝演化规律作为区域预测模型的基础，可将旱涝灾害的预见期从原来 2~3 周提高到现在的 1 年以上；气候突变是理想的分界点，本次研究完成了近现代水文历史、气候历史的细分标准建设；非典型节律和厄尔尼诺–拉尼娜是年际尺度最重要的指标，加强研究能提高预测模拟水平。

关键词：非典型节律；旱涝周期；气候突变；预测模拟；转折点

隐含震荡周期和转折点的识别曾是水文时间序列分析最大的难点，也是中长期水文预报无法取得进展的根本原因[1-3]。但是笔者 2009 年在研究太湖地区旱涝演化规律时有一个重大的发现：1978 年前后存在突变现象[4-6]。2010—2016 年笔者提出了非典型周期的概念，解决了无锡站年际降雨序列（1950—2014 年）周期性分析的难题，完成了第一个气候转折点（气候突变的临界点）的验证工作[7]。2017—2019 年提出"分段特征一致性"，将无锡站周期分析拓展到近百年（1920—2017 年），并且发现气候转折点 3 个[8]。这一时期，笔者还完成了太湖地区 4 个典型年雨情的预测模拟工作[9-12]。至此，基本解决了利用降雨资料无法建立可靠的旱涝演化序列的难题，但是不断提高预测模拟的水平仍然是未来研究的重点。

1　研究资料

无锡站位于太湖地区的腹地，无锡市西南的大运河畔[13]。根据江苏省气象局的研究，无锡站是太湖地区代表性最好的雨量站[14]。因此，本文的研究对象是无锡站的实测降水资料，时间序列是 1950—2021 年，其中 1950 年数据根据历史文献资料插补（见图 1）。

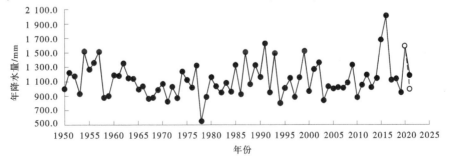

图 1　无锡站年际降水过程线（1950—2021 年）

基金项目：无锡市太湖蓝藻治理专项（2021）。
作者简介：秦建国（1970—），男，高级工程师，从事中长期水文预报和气候研究工作。

2 研究方法

2.1 成因分析法

ENSO 作为年际尺度上热带海气系统的最强信号，对东亚夏季风有重要的影响。2020 年 8 月赤道中东太平洋发生了一次中等强度的拉尼娜现象，峰值出现在 2020 年 10 月，消亡于 2021 年 3 月。一般认为，拉尼娜现象衰减年的夏季，西太平洋副热带地区高度场偏低，西太平洋副热带高压位置明显偏北，导致我国夏季的主降雨带北移，在华北、东北地区的上空徘徊，使北方部分地区降雨异常偏多[15]。因此，2021 年夏季我国长江流域没有形成大范围暴雨洪水的条件，雨情将明显弱于 2020 年同期。

2.2 历史演变法

按照历史演变法，无锡站 2021 年降水量的预测结果是：最大可能性的上限是 1 676.6 mm（2015年）、下限是 801.1 mm（1994 年），预测值为 1 238.8 mm；大于 2 019.2 mm（2016 年）和小于552.9 mm（1978 年）的出现是最小可能性；也不能排除出现在 552.9 ~ 801.1 mm 或者 1 676.6 ~2 019.2 mm 的可能性[16-17]。

2.3 气候突变分段法

气候突变是气候领域的新概念，至今没有明确的定义。参照突变理论，一些专家给出了一个简单的定义：气候突变是指气候由一种稳定状态跃升至另一种稳定状态的现象，变化过程急剧[18]。按照传统的突变理论，引发突变的因素都是随机产生的，所以无法预测。但是根据本文提出的非典型节律理论，气候突变是一种非典型的自然节律，不但可以预测，而且可以作为近现代历史的分界点完成气候细分标准建设。非典型节律研究的是广义自然节律的范畴，由于验证的难度较大，研究的人一直较少。

气候突变分段法是以近现代气候转折点做切割，根据分段特征一致性，解决时间序列分析主要矛盾的方法，简称分段法。人们常常错误地以为"时间序列越长、代表性越好"。但是笔者早在 2009年就发现第一个气候转折点，后来陆续找到 3 个气候转折点，并且完成了验证工作。因此，分段法的目的是降低序列的模拟难度，提高预测效率[8]。

根据分段法，无锡站可以分成旱涝特征不同的三个时段，而且每个时段节点对应的都是一次气候突变。由于气候突变的临界点（1934 年、1978 年、2013 年）都是我国世纪少见的夏季特大干旱灾害年景，而且每个世纪出现的次数不多，是自然科学领域近现代历史理想的分界点[8]。表 1 中最后一行为预测项。

表 1　无锡站年际旱涝周期的组合

段号	时段	组号	时段	独立周期的结构	新周期	特性
第一时段	1934—1978 年	1	1950—1955 年	1 个逆 3 年周期+1 个正 2 年周期	5 年周期	逆
		2	1955—1961 年	2 个顺 3 年周期	6 年周期	顺
		3	1961—1967 年	1 个逆 4 年周期+1 个正 2 年周期	6 年周期	逆
		4	1967—1973 年	1 个顺 4 年周期+1 个正 2 年周期	6 年周期	顺
		5	1973—1978 年	1 个逆 3 年周期+1 个正 2 年周期	5 年周期	逆
第二时段	1978—2013 年	1	1978—1994 年	1 个正 4 年周期+6 个正 2 年周期	不明显	正
		2	1994—2003 年	3 个顺 3 年周期	不明显	顺
		3	2003—2007 年	2 个正 2 年周期	不明显	正
		4	2007—2013 年	2 个顺 3 年周期	不明显	顺
第三时段	2013—2056 年	1	2013—2019 年	1 个顺 4 年周期+1 个正 2 年周期	6 年周期	顺
		2	2019—2024 年	1 个逆 3 年周期+1 个正 2 年周期	5 年周期	逆

2.4 非典型周期法

按照传统的周期理论，旱涝周期不符合严格的物理定义，属于"假周期、准周期"；按照混沌理论，则属于"概率周期"。但是根据对无锡站的研究，旱涝周期可以部分实现趋势的精确预报，明显与传统观念不符。按照我们提出的非典型节律理论，旱涝周期属于"非典型周期"的范畴[8]。

根据非典型周期的原则：若将时间序列中一个年际升降的完整过程，看作一个周期性变化的基本单元，那么图1中的过程线是由三种基本单元组成，分别是2年、3年、4年周期；按照上升期或者下降期时长的变化，非典型周期还具有正（两侧等时）、顺（上升期长、下降期短）、逆（上升期短、下降期长）等3种时间特性。2种特征组合后，可形成6种类型的基本单元，分别是正4年、顺4年、逆4年、顺3年、逆3年、正2年周期。

每个相邻时段的特征也不相同。第一时段，由5种类型的独立周期组成，邻近的2个独立周期可以组合在一起，形成大的复合周期；复合周期也具有时间趋势特性，其中独立周期为正时需要隐藏，为顺、逆时即作为复合周期的时间特征，以反映它们的自然属性。第二时段，由3种类型的独立周期组成，不具有复合周期的特征，但是可以归类合并成正、顺相间的4个部分。第三时段，目前只有2个独立周期组成，由于主要特征与第一时段基本类似，暂时认为其具有复合周期的特点。

根据第一时段总结的经验，暂定第三时段（2013—2019年）是一个顺6年的复合周期；按照复合周期的特征推算，未来必然出现一个逆5年或者逆6年类型的复合周期；逆5年型周期只有"升—降—降+升—降"型一种情况，逆6年周期包括"升—降—降+升—降—降、升—降—降—降+升—降"型两种情况。因此，2021年的旱涝趋势下降的可能性很大，其预测值区间在1 017.7~1 300 mm。

3 洪水频率分析

太湖流域地处长江三角洲的南岸，多年平均降雨量约为1 186 mm。根据对区域代表站年降雨量观测资料的统计：在1951—2021年间，无锡站多年平均降雨量略大于1 110 mm；其中年降雨量超过1 200 mm（偏涝年景下限）的年景有20次，出现的频率为3.55年/次；超过1 300 mm（洪涝年景下限）的年景有16次，出现的频率为4.44年/次。因此，太湖地区洪涝灾害出现的频率与长江流域基本一致，都是4年/次，且连续2年出现大洪水的概率较低[19-20]。

4 相似年景对比分析

无锡站年降雨量超过1 400 mm的年景共有9次，与2020年降雨量数值的最大偏差是±27.0%，其中：次年趋势下降的有8次，最大降幅是44.2%，最小降幅是16.3%，平均降幅是33.5%（见表2）。与2020—2021年气候条件最接近的是年降雨量超过1 400 mm，并且次年趋势下降的年景，而且1954年、1987年与2020年的气候状况类似，上半年都是厄尔尼诺的衰减期、下半年出现了拉尼娜；并且次年是拉尼娜的衰减期，年降雨量平均降幅23.5%。

表2　无锡站与2020—2021年雨情相似年景对比

序号	年份	本年降雨量/mm	相似度/%	次年降雨量/mm	相似度/%	降幅/%	太湖地区次年气候特征
1	1954	1 521.3	95.7	1 273.0	107.3	16.3	偏涝
2	1957	1 510.5	95.0	884.4	74.5	41.5	偏旱
3	1987	1 500.4	94.4	1 066.7	89.9	28.9	西部丘陵偏旱
4	1991	1 630.7	102.6	945.5	79.7	42.0	正常偏旱
5	1993	1 487.0	93.5	801.1	67.5	46.1	偏旱
6	1999	1 522.8	95.8	969.6	81.7	36.3	偏旱
7	2016	2 019.2	127.0	1 127.2	95.0	44.2	内河大水
8	2020	1 590.0	100.0	1 186.5	100.0	25.4	南部偏涝

5　结果与讨论

5.1　太湖 2021 年雨情的先兆特征

表 3 中总结了对太湖地区年际降雨影响最大的 6 种先兆特征，其中 4 种先兆特征对未来旱涝趋势的指示作用是下降的，另外两种先兆特征的指示作用不明确，但是与前者没有冲突。需要注意的是：在确定未来旱涝趋势的走向时，任何一个单一指标都不能简单地决定未来的趋势走向，必须有 3 个以上的先兆特征共同确定，且与其他指标没有明显的冲突，才能确定未来的趋势走向；否则就需要寻找其他指标，进一步验证其趋势变化；根据杨鉴初先生的研究，非典型周期特征的认定需要 30 年左右的资料，然而每个时段的时长仅为 40 年左右，这是目前年际时间序列研究中最大的难点。

表 3　影响太湖地区 2021 年降雨的先兆特征

序号	方法	先兆特征	备注
1	成因分析	拉尼娜衰减年的夏季，西太副热带地区高度场偏低，副高压位置明显偏北，我国主降雨带会离开长江流域北上	宏观条件
2	频率分析	长江流域暴雨洪水出现的频率是约 4 年/次，在 2020 年大洪水的情况下，2021 年再发生大洪水的可能性不大	宏观条件
3	相似年景对比	1954 年、1991 年、1999 年、2016 年与 2020 年类似，都是太湖大洪水年景，其次年无锡站降雨大幅减少，平均降幅是 34.7%；1954 年、1987 年、2020 年的气候背景类似，其次年是拉尼娜的衰减期，降雨的平均降幅为 23.5%，预测值约为 1 216.4 mm	宏观条件
4	历史演变	无锡站 2020 年降雨量达到 1 590 mm 后，次年的最大可能性是在 801.1~1 676.6 mm，2021 年降雨量预测值约为 1 238.8 mm	微观条件
5	气候突变分段	该时段年降雨量的最大可能性是在 1 017.7~1 676.6 mm，2021 年无锡站降雨量的预测平均值约为 1 397.2 mm	微观条件
6	非典型周期	根据非典型节律理论，2020 年将是非典型旱涝周期的一个顶点，未来旱涝趋势为必然下降，最大可能性是 1 017.7~1 300 mm，预测值约为 1 158.8 mm	微观条件

另外，对暴雨洪水发生年景出现的先兆特征进行系统研究，是提高中长期预报水平的主要途径。目前，多数气象学者将预报研究的方向瞄准在宏观的气候成因领域，忽视了微观世界先兆特征的研究，这也是中长期预报无法突破的重要原因。

5.2　无锡站综合预测模拟成果

按照成因分析，在拉尼娜现象衰减期的夏季，我国降雨带往往会出现北移，长江流域不容易出现大范围暴雨洪水，属正常年景的可能性较大，2021 年降雨量的预测区间为 1 066.7~1 273.0 mm，平均为 1 169.8 mm；按照频率分析，长江流域连续两年出现大洪水的可能性不大；按照对比分析，相似年景的次年降雨量平均降幅为 33.5%，2021 年的取值范围为 801.1~1 273.0 mm，平均为 1 037 mm；按照历史演变法，2021 年的最大可能性是在 801.1~1 676.6 mm，平均为 1 238.8 mm；按照分段法，2021 年的最大可能性是 1 017.7~1 676.6 mm，平均为 1 347.2 mm；按照非典型周期法，无锡站 2019—2022 年的旱涝趋势是逆 3 年周期，即为"升—降—降"型，所以 2021 年的旱涝趋势是下降的。

根据多种条件的综合预测：2019—2022 年期间，无锡站的旱涝趋势是逆 3 年非典型周期的可能性极大；无锡地区 2020—2021 年的旱涝趋势是下降的，而且下降的幅度较大；无锡站 2021 年降雨量的最大可能性的上限为 1 300 mm、下限为 800 mm，预测值为 1 050 mm。

5.3 太湖地区预测模拟成果

太湖地区预测值是在无锡站预测值的基础上乘以系数 K（K=太湖地区多年平均值/无锡站多年平均值=1.068），其波动范围为 854.4~1 388.4 mm，平均值为 1 121.4 mm，比多年平均值偏少约 4.0%。因此，太湖地区 2021 年旱涝的预测结果是：太湖地区的旱涝趋势与无锡站相同，都是大幅下降的趋势，但是下降幅度略小于无锡站；预计太湖地区 2021 年降雨量较 2020 年减少 1~2 成，面平均降雨量接近常年值，夏季出现区域较大洪水的可能性不大，但也不能排除局部暴雨带来的洪涝灾害。

5.4 区域实况

2021 年无锡站年降雨量为 1 186.5 mm，比多年平均值偏多约 7.9%；太湖流域面平均年降水量为 1 370.4 mm，较常年偏多 15.5%；太湖地区年内降雨的时空分布失衡，总体是南部大于北部；受台风"烟花"的强降雨影响，太湖发生 1 号洪水，地区河网水位普遍超警超保，多站超历史记录；但太湖全年最高水位为 4.20 m，出现在 8 月 1 日，仅超过警戒水位 0.40 m。

5.5 成果评价

由表 4 可知，无锡站和太湖地区 2021 年降雨的预测精度较高，其中趋势预测的成功率是 100%，数值预测的相对误差是在 10%~20%，都在合格以上，可以满足我国社会发展对中长期预报的需求。

表 4 太湖地区 2021 年度降雨预测成果评价

地点	上限/mm	下限/mm	预报值/mm	允许误差/%	实测值/mm	与多年比/%	相对误差/%	预报精度
无锡站	1 300.0	800.0	1 050.0	±20	1 186.5	106.9	11.5	合格
太湖地区	1 388.4	854.4	1 121.4	±20	1 370.4	115.9	18.2	合格

6 结论

（1）研究表明，非典型节律理论可以识别年际降雨序列中的旱涝周期和气候转折点，并且完成验证工作，传统的周期和突变理论无法解决这两个难题。

（2）无锡站的旱涝演化规律作为区域预测模型的基础，可将太湖地区旱涝灾害的预见期从原来 2~3 周提高到现在的 1 年以上。

（3）气候突变发生的时间都是我国中东部地区的特大干旱灾害年景，而且每个世纪出现的次数不多，这是地球自然科学历史中理想的分界点，本次研究完成了近现代水文历史、气候历史的细分标准建设。

（4）在时间序列的研究中，不但存在非典型周期和非典型突变的现象，还存在一些目前暂时无法验证的其他非典型节律的现象，在等待我们去发现和识别。

（5）非典型节律理论突破了传统自然节律理论严格物理定义的束缚，可以回答混沌理论无法实现中长期水文预报和气候预测的问题，随着研究的深入，将会产生更多的新方法。

参考文献

［1］葛朝霞，薛梅，宋颖玲．多因子逐步回归周期分析在中长期水文预报中的应用［J］．河海大学学报（自然科学版），2009，37（3）：255-257.

［2］易淑珍，王钊．水文时间系列周期分析方法探讨［J］．水文，2005，25（4）：26-29.

［3］桑燕芳，王中根，刘昌明．水文时间序列分析方法研究进展［J］．地理科学进展，2013，32（1）：20-30.

［4］秦建国，朱玲，任小龙，等．无锡地区太湖春汛成因分析［J］．江苏水利，2010（7）：19-21.

［5］秦建国．对无锡地区湿润年景周期性变化的思考［J］．人民长江，2010，41（Z1）：50-55.

［6］秦建国，张泉荣，洪国喜，等．太湖地区 2011 年春季严重干旱成因与预测［J］．水资源保护，2012，28（6）：

29-36.

［7］秦建国，张涛，孙磊，等．气候转折期前后无锡站年际旱涝周期水文特征对比分析［J］．水文，2017，37（6）：51-57.

［8］秦建国．非典型周期和气候突变的识别与判定［J］．水文，2020，40（1）：23-28.

［9］秦建国．太湖地区 2015 年主汛期雨情展望及后期对比分析［J］．江苏水利，2019（8）：14-20.

［10］秦建国，朱龙喜，盛龙寿，等．"2016 太湖大洪水"年景的雨情预测模拟［J］．江苏水利，2020（5）：1-7.

［11］秦建国，尤征懿，陈寅达，等．年际序列分析的 2 种新方法与旱涝预测模拟［J］．中国市政工程，2020（5）：88-91.

［12］秦建国，边晓阳，蔡晶，等．太湖地区 2020 年洪水先兆特征与降雨预测模拟研究［J］．江苏水利，2021（9）：56-61.

［13］朱骊，乐峰，张建平，等．城市水利工程对京杭大运河无锡段水位影响分析［J］．水文，2014，34（4）：92-96.

［14］秦建国，洪国喜，张涛，等．无锡站年际降水趋势、特征与预报分析［J］．水文，2013，33（4）：92-96.

［15］赵俊虎，陈丽娟，章大全．2021 年夏季我国气候异常特征及成因分析［J］．气象，2022，48（1）：107-121.

［16］秦建国，吴朝明，姚华，等．气候突变点前后无锡站年际降水序列历史演变特征［J］．人民长江，2021，52（3）：76-80.

［17］秦建国，洪国喜，朱骊，等．无锡地区降水年际变化趋势分析与历史演变法的应用［A］．中国水文科技新发展——2012 中国水文学术讨论会论文集［C］．南京：河海大学出版社，2012.

［18］符淙斌，王强．气候突变的定义和检测方法［J］．大气科学，1992，16（4）：482-493.

［19］刘沛林．长江流域历史洪水的周期地理学研究［J］．地球科学进展，2010，15（5）：503-508.

［20］盛龙寿，秦建国，姚华，等．无锡市区 2017 年暴雨洪水及其成因分析［J］．江苏水利，2020（12）：32-34.

漳河"21·7"洪水水情分析

高　翔

（水利部海委漳卫南运河管理局水文处，山东德州　253009）

摘　要： 系统介绍了 2021 年漳卫南运河"21·7"暴雨洪水漳河的雨情、水情和调度情况，分析了观台水文站、岳城水库站、洪水调度错峰以及蔡小庄水文站洪水水情；分析了水库库区汇流情况、入库水量、坝前水位反推洪峰以及水库以下至蔡小庄水文站过水情况等。岳城水库在"21·7"洪水中极大地发挥了拦洪削峰作用，有效减轻了漳河下游防洪压力，确保漳卫南运河防洪安全；在以后的洪水预报中，应考虑库区众多支流的汇入；以及进行科学、系统的有序采砂，以维护河势稳定，保障防洪和供水安全。

关键词： 漳河；岳城水库；水情分析；防洪调度；采砂

1　引言

漳河发源于山西高原和太行山，是海河流域漳卫南运河水系的主要支流。流域面积 1.95 万 km^2，河长 460 km，绝大部分属山区，上游大部分处在海拔 1 000 m 以上的山区。合漳以上分清漳河和浊漳河 2 支，均源于太行山腹地。漳河上游山区，两岸地势陡峭，河谷狭窄，水流曲折，陡坡流急，并间有赤壁、侯壁、天桥断等几处天然屏障，河床纵比降为 1：200~1：300。全年降水主要集中在汛期，又多以暴雨形式出现，经常发生洪涝灾害[1]。

岳城水库位于漳河出山口处，总库容 13.0 亿 m^3，控制流域面积 1.81 万 km^2，占漳河流域面积的93%，是一座以防洪、灌溉为主的控制性水利枢纽工程，对于漳卫南运河的防洪调度、水资源配置等至关重要。2021 年 7 月，受低涡切变线及低空急流共同影响，7 月 21 日，清漳河中下游、浊漳河下游及漳河干流地区出现大暴雨至特大暴雨，漳卫南运河累计面雨量 210 mm，发生"21·7"洪水，观台水文站实测入库洪峰流量 2 780 m^3/s，岳城水库水位反推最大入库洪峰流量 4 860 m^3/s，为"漳卫河 2021 年第 1 号洪水"。

近年来随着人类生产生活范围的不断扩大，对漳河流域下垫面产生了较大影响，产汇流、径流规律发生一定改变。此次漳河洪水涨势迅猛，兼具其他新特征，急需仔细分析研究产汇流机制、退水机制及地下水情况，完善对汛期径流快速形成机制和规律的科学研究，为漳卫南运河防洪预报和错峰调度提供经验[2]。

2　漳河暴雨洪水特性

岳城水库位于漳河干流出山口处，漳河流域呈扇形，绝大部分分水岭高程在 1 000 m 以上。漳卫南运河流域处于东亚温带季风气候区，夏季因太平洋副热带高压势力加强北上，盛行偏南风，成为赤道气团和海洋气团的交绥地带，造成本流域降雨多集中于 6—9 月的特点，例如"56·8""96·8"大洪水为台风暴雨造成；冬季为极地大陆气团所控制，多西北风，气候冷少雨。本流域夏季还受西风带低槽影响，当东部太平洋副高较强时，又常以切变形式在本流域形成暴雨，例如"63·8"的洪水

作者简介： 高翔（1987—），男，工程师，主要从事水文行业管理、水资源管理与保护工作。

为切变与西南涡相配合所致、此次"21·7"洪水是受低涡切变线及低空急流共同影响所致。暴雨历时不长，一般为 1~2 d。量级较大的暴雨中心一般都发生在太行山南麓或东麓的迎风区，本流域为暴雨中心波及区[3]。

3 "21·7"暴雨雨情分析

根据漳卫南流域雨情 7 月 20 日 8 时至 7 月 24 日 8 时等值面图，漳河流域累计最大降雨量在观台站，为 513.6 mm。岳城水库累计降雨量 409.6 mm。漳河流域观台以上面雨量为 60.0 mm，降水量 10.85 亿 m³，见图 1。

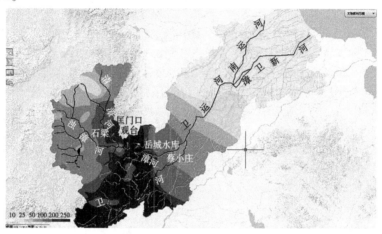

图 1 漳卫南流域雨情分布

4 "21·7"洪水水情和调度分析

4.1 观台水文站水情分析

根据观台站实测资料，7 月 21 日 8 时水位 148.84 m、流量 104 m³/s；7 月 22 日 0 时水位 150.29 m、流量 552 m³/s，8 时流量陡涨至 2 780 m³/s，为该次洪水洪峰流量，10 时水位 153.04 m，为该次洪水最高水位，流量 2 540 m³/s，河道水位开始回落；7 月 27 日 8 时，观台水文站流量回落至 201 m³/s。观台水文站 3 d 洪量为 1.852 亿 m³。7 月 22 日 5—6 时水位、流量涨幅最大，分别为 0.83 m、560 m³/s；观台水文站 7 月 21 日 8 时至 24 日 8 时水位、流量过程线，如图 2 所示。

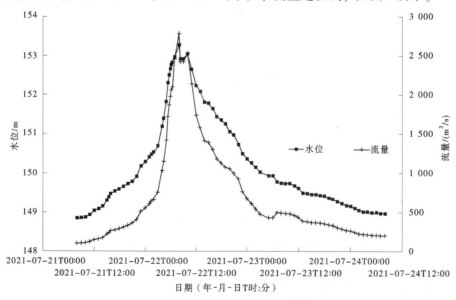

图 2 观台水文站水位、流量过程线

4.2　岳城水库（坝上）站水情分析

岳城水库（坝上）站 7 月 21 日 8 时水位 128.8 m，7 月 22 日 6 时 37 分水位 132.00（汛期起调水位），7 月 22 日 9 时 19 分涨至汛限水位 134.00 m，并持续上涨，7 月 24 日 8 时水位 140.80 m。岳城水库（坝上）站 7 月 21 日 8 时至 24 日 8 时水位过程线如图 3 所示。

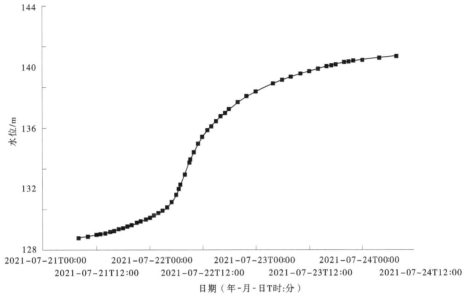

图 3　岳城水库（坝上）站水位过程线

4.3　洪水调度

根据海委防办调度令，岳城水库为卫河行洪错峰 53 h，于 7 月 23 日 17 时开始泄洪 100 m³/s，24 日 16 时加大到 400 m³/s，27 日 9 时达到最大 701 m³/s，28 日 23 时关闸停止泄洪，削峰率 99.98%，拦蓄洪水 2.73 亿 m³。减轻了漳河下游防洪压力，确保漳卫南运河防洪安全。泄洪流量过程线如图 4 所示。

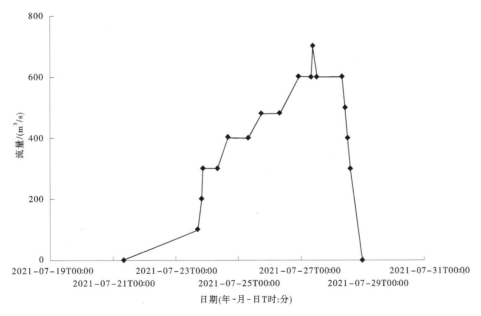

图 4　岳城水库泄洪流量过程线

4.4 蔡小庄水文站水情

根据蔡小庄水文站实测资料，7 月 26 日 13 时 46 分水头到达蔡小庄水文站，与岳城水库泄洪间距 69 h，最大流量 450 m³/s，8 月 3 日 20 时，过水结束，过水总时长 198 h，过水总量 1.226 亿 m³，蔡小庄流量过程线见图 5。

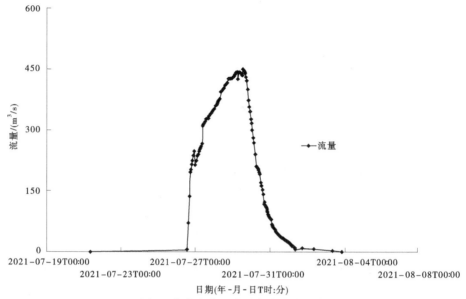

图 5 蔡小庄水文站过水流量过程线

5 "21·7"水情分析

5.1 岳城水库库区汇流

观台水文站为岳城水库入库站，观台—岳城水库坝址区间面积约 300 km²，占岳城水库以上流域面积 18 100 km² 的 1.7%。据调查，岳城水库库区洪水入流沟分北面、西面和南面三部分，北面有东辛安沟、跃峰渠桥沟、都党沟、石场村西沟 4 条洪水入流沟，西面有凤凰寺沟、里沟 2 条洪水入流沟，南面有观台沟、曹家沟、西保障村东沟、乞伏村沟、南孟南桥沟、申家河桥沟、中清流沟和西清流沟 8 条洪水入流沟。

5.2 入库水量分析

7 月 22 日 8 时，观台水文站最大洪峰流量 2 780 m³/s，1 h 入库水量为 1 001 万 m³/s，岳城水库 8—9 时蓄水量变化量为 1 700 万 m³/s，偏差为 41%，由于库区范围较大和观测断面不同，观台水文站入库水量和水库蓄水量变化量存在较大差异。岳城水库入库水量及蓄水量变化量见表 1。

表 1 岳城水库入库流量及蓄水量变化情况

时间/ 月-日 T 时：分	水位/m	蓄水量/ 万 m³	入库流量/ （m³/s）	入库水量/ 万 m³	出库流量/ （m³/s）	出库水量/ 万 m³	蓄水量变化量/ 万 m³
07-21T08：00	128.80	9 160	104		0.542		
07-21T16：00	129.26	9 940	260	524	0.542	1.561	780
07-22T04：00	130.80	12 800	1 030	2 786	0.569	2.400	2 860
07-22T08：00	132.99	17 500	2 780	2 743	0.569	0.819	4 700
07-22T09：00	133.76	19 200	2 420	936	0.569	0.205	1 700
07-22T10：00	134.45	20 900	2 540	893	0.569	0.205	1 700

续表 1

时间/ 月-日 T 时：分	水位/m	蓄水量/ 万 m³	入库流量/ （m³/s）	入库水量/ 万 m³	出库流量/ m³/s	出库水量/ 万 m³	蓄水量变化量/ 万 m³
07-22T11：00	135.04	22 400	2 140	842	0.569	0.205	1 500
07-22T16：00	136.80	27 100	1 300	3 096	0	0.512	4 700
07-23T08：00	139.43	34 800	490	5 155	0	0	7 700
07-23T16：00	140.14	36 900	370	1 238	0	0	2 100
07-24T08：00	140.80	39 100	201	1 644	300	864	2 200
合计				19 859		870	29 940

根据水库水量平衡方程，反推岳城水库的入库水量。因洪水期间水库渗漏水量极小，此次不考虑水库渗漏水量，水量平衡方程按式（1）计算：

$$W_i + W_q = W_o \pm \Delta W \tag{1}$$

式中：W_i 为入库水量，万 m³；W_q 为库区产（亏）水量，万 m³；W_o 为出库水量，万 m³；ΔW 为水库蓄水量变化量，万 m³。

5.3 坝前水位反推洪峰和观台水文站入库洪峰对比分析

根据观台水文站实测流量和坝前水位反推洪峰流量对比，绘制岳城水库入库流量过程线，如图 6 所示。观台水文站入库洪峰流量发生在 7 月 22 日 8 时，为 2 780 m³/s，坝前水位反推洪峰流量出现在 7 月 22 日 9 时，为 4 860 m³/s，时间相差约 1 h，洪峰流量相差 2 080 m³/s，占坝前反推洪峰流量的 42.8%。

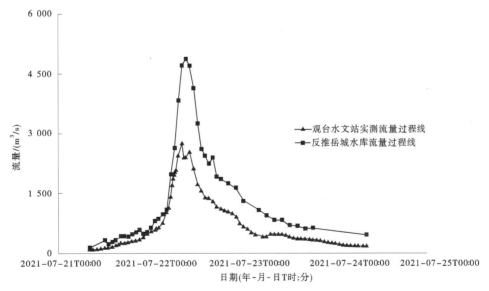

图 6　岳城水库入库流量过程线

5.4 岳城水库以下至蔡小庄水文站过水分析

岳城水库未泄洪前，岳城水库以下漳河为干涸河道，且存在非法采砂现象，造成众多沙坑，严重破坏了河床稳定和生态环境[4]。此次泄洪总量为 2.148 亿 m³，蔡小庄水文站过水量为 1.226 亿 m³，可得 0.922 亿 m³ 水量下渗或滞留于河道中。

6 结语

（1）岳城水库为漳河上一座以防洪、灌溉为主的控制性水利枢纽工程，在漳卫南运河"21·7"洪水中，拦蓄洪水 2.73 亿 m^3，削峰率 99.98%，极大减轻了漳河下游防洪压力，确保漳卫南运河防洪安全。

（2）漳卫南运河"21·7"洪水，观台水文站洪峰流量为 2 780 m^3/s，坝前水位反推洪峰流量为 4 860 m^3/s，偏差比例为 42.8%。因库区存在众多支流，其产流量占水库蓄水量比例较大，导致观台水文站入库水量与水库蓄变量存在较大偏差。因此，当水库库区遭遇较大降雨时，应将测报出的观台水文站入库水量加上库区支流的汇入水量，作为预测岳城水库水位上涨的实际入库水量。

（3）漳河岳城水库以下河段砂石资源丰富，无序采砂现象严重，严重威胁漳河行洪以及基础设施安全。应根据河段不同情况进行系统、科学的划分，设立严禁开采区、可采区、暂时保留区，科学而有序的开展采砂，以维护河势稳定，保障防洪和供水安全。

参考文献

[1] 吴晓楷，安艳艳，赵建勇. 岳城水库"7·19"洪水水情分析 [J]. 海河水利，2017（5）：30-32，49.

[2] 徐宁，朱志强. 基于水文序列分析的漳河地区枯季径流量研究 [J]. 海河水利，2020（S1）：1-3.

[3] 顾巍巍. 水库防洪水文风险分析 [D]. 南京：河海大学，2007.

[4] 赵志才，何玉. 岳城水库河道采砂及影响分析 [J]. 水科学与工程技术，2016（2）：25-28.

国家地下水监测工程主要技术成果综述及有关问题思考

章树安[1,2]

（1. 水利部信息中心，北京　100053；
2. 水利部国家地下水监测中心，北京　100053）

摘　要：本文概述了国家地下水监测工程（水利部分）主要建设成果。较为系统地总结了技术标准体系等
5 个方面取得的主要技术成果以及技术经验。结合水利高质量发展有关要求，分析了存在的主要
问题，提出了需积极推进国家地下水监测二期工程建设、需重构信息系统架构、需加快推进面向
应用主题服务产品开发等方面思考与解决途径。

关键词：地下水；监测；技术成果；综述；问题思考

2020 年 1 月，国家地下水监测工程（水利部分）通过水利部组织的竣工验收，标志着投资 11 亿
元的国家地下水监测系统基本建立，包括建成 10 298 个地下水监测站、1 个国家中心、7 个流域中
心、32 个省级监测中心、280 个地市分中心。首次在我国大规模建成了比较完整的集地下水信息采
集、传输、处理、分析和信息服务于一体的国家级地下水自动监测系统，基本实现对我国主要平原、
盆地、岩溶山区 350 万 km^2 的有效监控；实现了地下水常规业务流程信息化处理，使我国地下水监测
技术水平与信息服务能力有了跨越式发展和提升。但与水利高质量发展有关要求相比，还存在一定差
距，需要进一步提升站网、技术装备和信息服务技术水平和能力。

1　主要技术成果与经验

1.1　形成了完整的工程技术标准体系

根据已颁布的《地下水监测工程技术规范》（GB/T 51040—2014）和水利行标《地下水监测规
范》（SL/183—2005）等的规定，考虑到工程实际建设具有信息采集点多、交换层次多、结构复杂、
数据量大、规范性和安全性要求高等技术特点与难点，已颁布的技术标准不能满足工程建设实际需
要。为更好完成工程建设任务，由水利部地下水项目办颁布了地下水监测数据通信报文规定、软件技
术管理、软件文档管理、数据库表结构与标识符、信息交换规约、信息交换共享办法等 21 个项目技
术标准。组织编制了《地下水水质样品采集技术指南》，明确了地下水水质样品现场采集方法、保存
等技术要求，在水利部门尚属首创。项目标准的制定弥补了已颁布的技术标准不足和空白，形成了较
完整的工程建设技术标准体系，是项目能顺利实施和运行的基础与保障。

1.2　构建了地下水一体化自动监测仪器设备技术体系

水利系统以前建设了不少监测降水、地表水水位等要素的自动监测系统，部分省市已开展过小范
围的地下水自动系统建设，但采用的主要是传感器、遥测终端机以及蓄电池和太阳能浮冲冲电等仪器
设备，体积过大、不易维护，也不适用地下水水位变化较慢、监测频次相对较低、井内空间狭小等特
点。经过广泛调研和系统研究，构建了适合地下水监测特点的一体化自动监测仪器设备技术指标体

作者简介：章树安（1963—），男，正高级工程师，监测中心主任，主要从事水文水资源监测评价工作。

系，将传感器、遥测终端机以及电源、通信天线等全部置于井内，采用了低功耗、小型化遥测终端机和锂电或干电池作为电源，实现了集地下水自动采集传输一体化仪器设备，在工程中成功应用，并形成可量产的国产化自动监测仪器设备生产能力，显著提升了地下水自动监测仪器国产化技术水平。工程采用了保护桶或保护箱井口保护装置，具有保护性好、占地少、不易被破坏、易维护等优点。通过工程实际应用，其监测仪器设备及附属设施技术指标能够满足地下水监测需求。

1.3 创建了地下水水位自动监测仪器检测实验室

针对工程建设前国内地下水自动监测仪器设备技术不成熟、标准不统一、缺乏实验室检测手段等突出问题，根据工程建设需要，在水利部水文仪器质检中心建设了地下水自动监测仪器设备检测实验室，明确了检测内容与技术指标，制定了检测规程，配置了与检测指标相适应的检测设备和装置，形成了完整的检测技术体系。特别是建设了 35 m 井深的人工模拟井，通过人工抽水和注水，模拟地下水水位变化，实现了标准规定的水位变幅精度实验以及稳定性实验。对统一的通信规约进行了符合性检测，规范了仪器送检、抽检等流程。为工程建设提供了有较高可靠性、稳定性的地下水自动监测仪器设备，为工程顺利竣工验收做出了应有贡献，填补了我国地下水自动监测仪器设备实验室检测空白。其检测成果同时被自然资源部有关部门采用。

1.4 构建了高效、多级的信息共享交换和应用服务体系

建成了覆盖全国的地下水数据纵向四级交换，横向与自然资源部有关部门共享交换体系。通过制定较完善的技术标准和统一开发部署策略，在水利系统，实现了地市、省、流域、水利部等不同节点之间数据纵向交换。同时本工程还实现了水利部、自然资源部两部之间监测数据的横向交换共享。水利部、自然资源部通过联合发布信息共享管理办法，明确了信息共享原则、内容、技术方法、交换频次等，建立了两部有效共享机制；解决了海量异构数据共享和融合应用等难题，开创了不同部委间信息共享交换先河，得到了有关领导充分肯定。基于统一技术架构和要求，完成了 12 套应用软件开发与部署，基本实现了常规的地下水业务流程自动化处理和信息化管理，改变了原来主要以人工进行地下水信息处理、统计分析、信息服务等落后局面，应用服务支撑能力明显提升。

1.5 基本掌握建设区范围内水文地质条件，开展了重点区域地下水动态变化规律研究

本工程对于新建井全部开展了岩芯取样、抽水试验、电测井、成井水质采样和检测等工作，编制了成井综合柱状图，形成了一套较完整的水文地质资料以及地下水水质背景值，填补了部分区域水文地质资料空白，为开展有关分析研究奠定了重要基础。本工程通过系统收集近 20 年人工地下水监测数据和近年来自动监测数据，开展了华北、东北等主要平原区逐月等值线图绘制，形成长系列的地下水动态月成果，并对其变化规律进行了系统研究。

1.6 取得主要技术经验

一是统一了站网布设技术要求，协调了不同级别的站网功能，避免了重复建站。二是统一了成井工艺、管材、滤料、止水材料等技术要求，保证了成井质量。三是统一了通信规约和监测仪器技术指标要求，采用了先进的一体化监测仪器设备，保证了监测数据自动接收处理与共享交换。四是建立了监测仪器设备检测实验室，统一开展了自动监测仪器设备检测和抽检，基本保证了监测仪器设备可靠性。五是统一采用保护桶或保护箱井口保护装置，保证了占地少，不易被破坏。六是统一按国家 85基面高程，完成了测站高程、经纬度测量，保证了监测数据一致性，解决了以前地下水大多数只能用埋深表达，不能用水位表达问题。七是统一采购与配置各级中心服务器、数据库等系统软件、防病毒软件等，保障了信息系统安全性、可靠性。八是统一开发部署应用软件和各地定制软件，完成了四级信息服务应用软件建设，保证了资料整编、分析评价等常规业务应用自动化处理。这几个方面统一，为保证工程整体质量和建设目标实现，奠定了重要的技术基础和保障。

2 有关问题及解决途径探讨

2.1 存在的主要问题

国家地下水监测工程建设完成使我国地下水监测和信息服务技术水平迈上了一个新台阶，但与全面建设社会主义现代化、水利和经济社会高质量发展有关要求比，还存在以下主要问题：

（1）监测站网还显不足。据统计，目前全国还有 26 个省份 517 个县级行政区为地下水监测空白区域，不能满足按县级行政区水资源管理要求。部分地下水超采区站网密度不足，达不到技术标准布设站网密度要求，深层地下水监测站还较缺乏。地下水基础研究还很薄弱。

（2）技术装备水平与能力仍需提高。目前部署在高海拔、高寒、高温等恶劣环境条件下自动监测设备的故障率较高；偏远地区公网信号弱或 2G 基站不维护地区存在数据报送畅通率较低；国家、流域、省级中心服务器存储资源和计算资源还不够；已有地市分中心巡测和水质采样设备配置不足，新增设地市水文机构巡测和水质采样设备还需配置。

（3）信息服务支撑能力和网络安全还需提升。与新的需求相比，现有信息系统还存在着智能化水平较低，信息共享不全面，共享交换技术水平还有待提高，缺乏面向地下水"四预"等应用主题的数据产品集和软件，以及相应的算据、算法资源。与《网络安全法》《关键信息基础设施安全保护条例》等要求比，现有信息系统还需进行全面国产化改造。

2.2 需积极推进国家地下水监测二期工程建设

这些问题的存在，将不利于水利部履职《地下水管理条例》，不利于提供水安全保障和强化流域管理等需要。需要坚持需求牵引、实用先进，坚持统一设计、统一部署，坚持充分利用、继承发展，坚持安全可靠、信息共享等原则，加快推进国家地下水监测二期工程前期工作，加快推进二期工程建设。

二期工程建设应在充分利用国家地下水监测一期工程和地方已建的自动监测站基础上，以应用需求为导向，以"满足需求、适当超前"为原则，针对解决上述主要问题，形成与管理需求相适应的国家地下水监测站网体系、与技术发展相适应的自动监测与技术装备体系、与应用需求相适应的信息服务和共享交换体系、与基础研究基本相适应的野外地下水实验体系，适应与满足水利高质量发展和智慧水利建设要求。

2.3 需重构信息系统架构

已统一开发部署的 12 个应用软件，是按照 SOA 分层架构设计的。在监测站信息采集传输的基础上，实现了自动接收、处理、交换、存储和监测信息的管理与业务常规化应用。采用 SOA 架构部署开发的业务软件，解决当时系统间的通信问题，把原先固有的业务功能转变为通用的业务服务，实现业务逻辑的快速复用。但增加的新功能需要重新开发系统，不能快速响应面向地下水应用主题的应用。如地下水超采区水位通报编制、河流生态补水效果评估等，均需重新开发相应的应用软件。

应按照"大系统设计，分系统建设，模块化链接"进行信息系统重新架构，实现统一数据交换、统一数据资源目录、统一应用支撑、统一服务管理。需要研究采用微服务架构体系，重点强调"业务需要彻底的组件化和服务化"，原有的单个业务系统会拆分为多个可以独立开发、设计、运行的小应用。这样的小应用和其他各个应用之间，相互协作通信，来完成一个交互和集成。遵循从垂直建设转向水平建设、从整合应用转向统筹数据，从建设系统转向部署服务的原则，构建采用微服务架构形态，以更好的满足业务不断深化、需求不断增加和细化的实际应用需求。

2.4 需加快推进面向应用主题服务产品开发

目前在全国地下水超采区水位变化通报、超采区指标管控及预警、超采区动态评价、地下水水资源实时评价、地下水水质影响因素综合分析等应用主题服务方面，还缺乏全业务流程的自动化与信息化处理能力，急需加强面向应用主题的产品开发和信息服务能力建设。

要积极探索研究，依托地面水文监测数据、多源遥感数据、水文地质参数、地下水数值模型和三维可视化建模工具等，构建地下水数值模拟系统和水文水资源动态监测评价预警系统，实现对测站运行维护、数据质控和资料整编等闭环自动管理，满足智慧化管理需要；共享与耦合多源数据，实现行政区划、水文地质单元、水资源分区等不同分区的地下水动态分析评价，支撑"地下水双控"管理等需求；在重点区域，基本实现地下水预报、预警、预演、预案功能，支撑精准化服务需要；在河湖生态补水区域，实现地表水与地下水、水量与水质联合分析评价与模拟，满足智慧化模拟需要；形成完善的数据产品集和高效的数据与产品发布应用系统，满足不同层级用户的应用需求。为建设水资源管理与调配系统、水资源承载能力监测预警机制等提供全面技术支撑。

3 结语

地下水监测是掌握地下水水位（埋深）、水温、水质、水量等动态要素变化的一项基础性工作。依据地下水监测信息开展分析评价，研究其变化规律，是履行《地下水管理条例》、适应水利高质量发展要求，制定地下水合理开发利用与有效保护措施、减轻和防治地下水污染及其相关生态环境等问题的重要基础。因此，不断提高地下水站网布设覆盖面和布设密度，加强地下水基础和规律研究，不断提高国产化技术装备水平，提升信息共享能力和面向应用需求的信息服务产品开发和支撑能力，就显得尤为重要和迫切。

参考文献

［1］章树安，孙龙，杨桂莲. 关于提升国家地下水监测体系和综合分析能力的研究与思考［J］. 中国水利，2021（7）：9-12.
［2］章雨乾，章树安. 对地下水监测有关问题分析与思考［J］. 地下水，2021，43（1）：53-56.

闽江流域建阳站洪水模拟及误差分析

杨姗姗[1]　张　乾[2]

(1. 中国水利学会，北京　100053；
2. 中水北方勘测设计研究有限责任公司，天津　300222)

摘　要： 本文主要基于闽江流域建阳站的自然地理特征和产汇流特性进行产流方式论证，选用三水源新安江模型进行历史洪水模拟研究。通过日模和次洪参数率定、洪水模拟计算，对结果进行误差分析，验证在该流域应用新安江模型结构进行洪水模拟及预报的合理性以及所率定出的参数的合理、有效性，为该流域洪水预报编制提供了一定的依据。

关键词： 新安江模型；洪水模拟；误差分析；参数率定

习近平总书记强调，要高度重视全球气候变化的复杂深刻影响，从安全角度积极应对，全面提高灾害防控水平，守护人民生命安全。李国英部长在 2022 年全国水利工作会议上指出，近年来，受全球气候变化和人类活动影响，我国气候形势愈发复杂多变，水旱灾害的突发性、异常性、不确定性更为突出，局地突发强降雨、超强台风、区域性严重干旱等极端事件明显增多。2021 年，郑州"7·20"暴雨最大小时降水量达 201.9 mm，突破了我国大陆小时降雨量的历史极值。李国英部长指出，要提高水旱灾害监测预报预警水平。面对极端天气灾害风险，要强化预报、预警、预演、预案措施。由此可见，水文预报在数字孪生流域的建设中发挥着非常重要的作用。

当前，水文预报研究主要分为基本规律研究和误差修正两方面[1-2]。基本规律研究涉及机制研究的进一步深入、规律描述方法的物理化和综合性。误差修正主要是修正效果有关的研究，包括修正方法[3-4]、修正利用信息、修正内容等方面的研究。

1　新安江模型结构

新安江模型是由河海大学赵人俊教授[5] 提出的概念性水文模型。为了考虑降水和流域下垫面分布不均匀的影响，新安江模型的结构为分散性，分为蒸散发计算、产流计算、分水源计算和汇流计算四个层次结构。蒸散发计算采用三层蒸发模型；产流计算采用蓄满产流模型；分水源计算采用自由水蓄水库结构将总径流划分为地表径流、壤中流和地下径流 3 种；流域汇流计算采用线性水库；河道汇流采用马斯京根连续演算或滞后演算法。每块单元流域的计算流程如图 1 所示。

图 1 中方框外为参数，方框内为状态变量。输入为实测降雨量过程 $P(t)$ 和蒸发皿蒸发过程 $EM(t)$，输出为流域出口断面流量过程 $Q(t)$ 和流域实际蒸散发过程 $E(t)$。

本文中水源划分采用三水源，坡面汇流采用线性水库，河道汇流采用马斯京根法。

2　流域简介

闽江是福建省最大的河流，流域内水系呈扇形分布，建溪、富屯溪、沙溪三大支流在南平汇合，南平以下称闽江。闽江流域地处南方湿润地区，气候暖热，雨量充沛，多年平均年降水量为 1 702.0

基金项目： 水利部水资源节约项目（126224000000190004）；中国特色一流学会建设项目（2021610）。

作者简介： 杨姗姗（1990—），女，工程师，主要从事水资源管理、水文物理规律模拟及水文预报等工作。

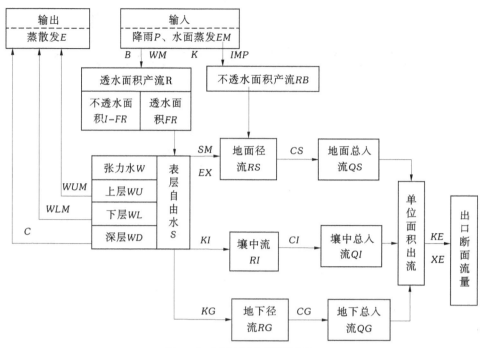

图 1 三水源新安江模型流程

mm，年径流系数在 0.5~0.6；流域内植被良好，地下水埋深浅；流域内洪水大多数由暴雨形成，具有峰高、量大、历时短的特点。从流域的气象条件、下垫面条件和流量过程线的分析可知，该流域降雨径流关系具有蓄满产流的特点，可以按蓄满产流的理论与方法建立产流量预报方案。本文对闽江建阳站采用三水源新安江模型进行计算，建阳流域水系分布见图 2。

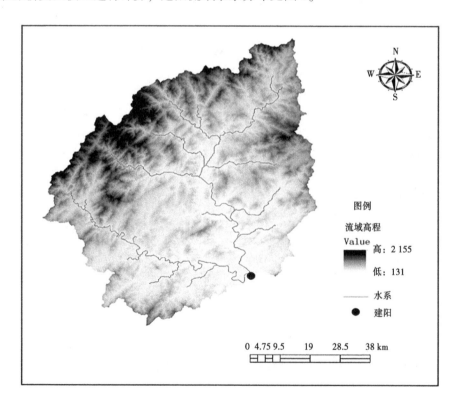

图 2 建阳流域水系分布

3 应用与分析

本文中选用1988—2000年连续13年的日模资料和48场次洪资料进行模型计算(其中1988—1997年10年日模资料作为率定期,1998—2000年3年日模资料作为检验期;日模检验期内的洪水用于次洪检验,即前39场洪水作为率定,后9场洪水作为检验)。计算资料包括:流域内17个雨量站的逐日降雨和时段降雨资料,流域内逐日和时段流量过程,流域内逐日实测水面蒸发资料,有关的特征曲线资料,流域下垫面有关的特性资料。

3.1 日模计算及分析

3.1.1 日模计算

通过对闽江建阳流域的日模参数(主要是K和WM)率定,得该流域的日模参数为:WM=140,K=0.85,日模模拟结果统计见表1。

表1 闽江建阳子流域日模模拟结果统计 (WM=140,K=0.85)

年份	降雨量/mm	蒸发量/mm	实测径流深/mm	计算径流深/mm	绝对误差绝对值/mm	相对误差/%	确定性系数
1988	2 099	945	1 510	1 441	69	4.5	0.787
1989	1 809	891	1 145	1 156	11	−1	0.723
1990	1 717	873	977	987	10	−1	0.602
1991	1 399	972	716	703	13	1.7	0.523
1992	2 134	929	1 403	1 430	27	−2	0.686
1993	1 893	868	1 238	1 237	1	0	0.773
1994	1 917	886	1 212	1 150	62	5	0.774
1995	2 244	862	1 670	1 656	14	0.8	0.661
1996	1 403	968	740	820	80	−10.9	0.418
1997	2 408	789	1 343	1 519	176	−13.2	0.703
平均	1 902	898	1 195	1 210	46	−1.6	0.665

由表1分析可得:10年率定期内年产流量绝对误差小于100 mm的有9年,占总数的90%,绝对误差小于20 mm的有5年,占总数的50%;年产流量的相对误差小于或等于5%的有8年,占总数的80%;确定性系数最大为0.787,最小为0.523,平均为0.665。径流深相对误差较大(大于5%)的有两年,分别为1996年(−10.9%),1997年(−13.2%)。精度统计表明,率定的日模参数基本上是合理的。

3.1.2 日模计算误差分析

结合日模计算中不合格年份,分析造成流域日模模拟结果误差来源主要有以下几方面:

(1)雨量站代表性的影响。闽江建阳流域以上集水面积为4 848 km²,计算中采用17个雨量站,平均站网密度为285 km²/站。对于多年平均降雨量来讲,基本上能够控制降雨的空间分布。但是对于不同的年份、不同时期、不同类型的洪水,其差别较大。且计算面平均雨量时,本文采用算术平均法,没有考虑降雨空间分布不均匀以及雨型改变的影响,与实际情况存在误差。所以,面平均雨量的计算误差是产流量误差的主要影响因素之一[2]。

(2)资料误差影响。由表1,分析和比较降雨量级别相当的1995年和1997两年的日模计算结果可知,虽然1997年的降雨量大于1995年,蒸发量小于1995年,然而实测径流深却小于1995年(相差 300 多 mm），明显存在不合理性。

猜测可能 1997 年的实测流量资料存在问题。通过查找和对比日模和次洪的实测流量资料，发现该年在 7 月 10 日的最大洪峰达到 5 110 m³/s，而在日模资料中该日的实测洪峰流量仅为 3 370 m³/s。可见，在日模资料中，由于时段太长（24 h），受时段均化的影响，所摘录的流量为日平均流量，可能漏掉了真正的洪峰而引入了较大误差。

（3）模型参数影响。本文中的模型参数是用人机交互率定参数[4-5]方法来确定的。人机交互的主要特点是在寻找新参数值时，根据人们的先验知识去判断、估计。显然这种判断、估计不是唯一的。同时，由于本文中对于日模参数只是主要率定了 K 和 WM，对于日模的其余参数均根据经验值给出固定值，用上述方法所率定出的日模模型参数可能不是最优的。

（4）人类活动影响。随着社会经济的快速发展，人类活动的影响加剧，流域内先后修建了一些中小型水库。这些水库蓄泄运用以及水田用水、放水时都会影响产流计算，给模型计算造成误差。

分析 1996 年的洪水过程线和计算结果可知，1996 年降雨量为 1 403 mm，实测径流深为 740 mm。与其余年份相比，该年降雨量较小，比较干旱，可能受小塘坝等中小型水库蓄水的影响，实测径流深减小，而模型计算时则没有考虑这方面影响，所以导致产流模型计算偏大。

3.1.3 日模检验

选取 1998—2000 年的日模资料对模型作应用前的检验分析，计算结果见表 2。

表 2 闽江建阳子流域日模检验期计算结果统计

年份	降雨量/mm	蒸发量/mm	实测径流深/mm	计算径流深/mm	绝对误差绝对值/mm	相对误差/%	确定性系数
1998	2 705	916	2 080	2 086	6	−0.3	0.666
1999	2 102	835	1 413	1 459	46	−3.3	0.570
2000	2 085	758	1 219	1 010	209	17.1	0.697
平均	2 297	836	1 571	1 518	87	4.5	0.644

由表 2 可见，3 年中有 2 年通过检验，相对误差均较小，而 2000 年的相对误差较大，达 17.1%。通过查找和分析 2000 年的日模资料，发现 2000 年闽江建阳站缺少实测蒸发资料，计算时直接移用邻近子流域资料（本文中用洋口子流域 2000 年的蒸发资料替代）。虽然 2 个子流域都同属闽江流域，但受下垫面、人类活动等各方面条件的影响，水文特性有一定的差异性，资料系列前后不一致，在直接移用时引入了误差。

所以，如果不考虑资料不一致的 2000 年，1998 年、1999 年均通过检验。可见，闽江建阳流域采用新安江日模结构具有合理性，且由率定期确定的日模参数也具有合理性和有效性。

3.2 次洪计算及分析

3.2.1 次洪计算

通过对闽江建阳子流域的次洪参数率定，最终确定的次洪参数值见表 3，计算结果见表 4。

表 3 闽江建阳流域次洪参数值

K	WM/mm	WUM/mm	WLM/mm	B	C	SM/mm	EX
0.85	140	20	80	0.4	0.167	30	1.5

KI	KG	CS	CI	CG	KE（h）	XE	
0.25	0.45	0.7	0.85	0.99	1.2	0.3	

表4 闽江建阳流域次洪模拟结果统计

洪号	P/mm	R_{obs}/mm	R_{cal}/mm	$\Delta R/\%$	$Q_{mobs}/$ (m^3/s)	$Q_{mcal}/$ (m^3/s)	$\Delta Q_m/\%$	$\Delta t/h$ -1	DC -1	合格否 -1
42970808	64.4	38.5	33.4	13.2	569	585	-2.8	6	0.039	合格
42970701	407.1	284.3	329.6	-15.9	5 110	3 868	24.3	-1	0.796	不合格
42970618	149.3	71.3	57.1	19.9	1 530	1 594	-4.2	+3	0.828	合格
42970605	131.3	72.1	75.6	-4.9	2 110	2 102	0.4	+3	0.853	合格
42960530	130.3	73.8	86.8	-17.6	2 220	1 901	14.4	0	0.771	合格
42960328	60.5	35.7	31.4	12.0	595	537	9.7	+8	0.400	合格
42960317	212	76.5	89.5	-17.0	1 700	1 366	19.6	+1	0.324	合格
42950813	146.5	99.9	106.6	-6.7	3 920	3 348	14.6	0	0.947	合格
42950626	207.8	156	163.5	-4.8	4 930	4 045	18.0	+2	0.842	合格
42950622	51.7	43.3	37.1	14.3	1 763	1 724	2.2	+5	0.574	合格
42950619	67.4	57.5	66.2	-15.1	3 110	2 640	15.1	-4	0.861	合格
42950614	149.3	87	84.6	2.8	2 140	2 298	-7.4	+3	0.717	合格
42950603	152.6	102.5	102.6	-0.1	2 260	2 000	11.5	-95	0.801	合格
42950424	209.8	162.7	167.8	-3.1	2 110	1 849	12.4	-50	0.652	合格
42940614	333.2	282.7	281.5	0.4	3 891	3 300	15.2	+1	0.802	合格
42940521	124.5	77.6	83.9	-8.1	2 890	2 608	9.8	-1	0.934	合格
42940425	111.8	99	105.6	-6.7	2 310	2 073	10.3	+1	0.814	合格
42930630	154.1	114.7	118.7	-3.5	2 920	2 564	12.2	+3	0.850	合格
42930615	373.8	309.9	349.5	-12.8	7 460	6 021	19.3	+3	0.880	合格
42930523	186.6	110.8	102	7.9	1 826	2 173	-19.0	+2	0.601	合格
42930502	128.1	82.3	71.7	12.9	1 030	898	12.8	+1	0.661	合格
42920831	48.7	20.3	21	-3.4	1 030	907	11.9	+1	0.676	合格
42920704	252.1	206.1	210.7	-2.2	4 600	4 218	8.3	-26	0.925	合格
42920616	111.6	84	97.4	-16.0	2 270	1 822	19.7	+1	0.813	合格
42920514	130.3	86.2	88.8	-3.0	3 970	3 902	1.7	+1	0.922	合格
42920321	259.2	177.7	169.6	4.6	1 780	1 956	-9.9	-40	0.575	合格
42910617	48.2	16.9	18.4	-8.9	562	478	14.9	+3	0.372	合格
42910326	127	75.1	88.1	-17.3	1 210	999	17.4	-47	0.656	合格
42900908	97	44	50.3	-14.3	1 470	1 238	15.8	0	0.898	合格

续表 4

洪号	P/mm	R_{obs}/mm	R_{cal}/mm	ΔR/%	Q_{mobs}/(m^3/s)	Q_{mcal}/(m^3/s)	ΔQ_m/%	Δt/h	DC -1	合格否 -1
42900819	64.5	24.1	23.5	2.5	510	469	8.0	+13	0.270	合格
42900611	135.1	83.7	82.3	-3.0	2 290	2 360	9.2	+1	0.839	合格
42890629	184.5	155.2	165.2	-3.6	3 030	2 599	9.6	+6	0.805	合格
42890618	101.6	66.8	67.7	-3.2	1 954	1 634	9.1	-98	0.612	合格
42890520	185.3	156.8	156.3	-3.9	2 790	2 897	9.6	+1	0.874	合格
42890511	138.3	98.1	110.8	-3.9	2 400	2 177	9.9	+4	0.703	合格
42880620	177.8	138.9	152.6	-3.4	2 970	2 775	9.7	+1	0.870	合格
42880520	262.2	222.1	226	-4.0	6 760	6 335	9.7	+3	0.934	合格
42880405	40.2	37.6	41	-3.5	1 060	848	9.4	+2	0.819	合格
42880228	150.8	114.1	117.5	-3.4	2 870	2 481	9.2	+1	0.845	合格
平均	155.6	108.9	113.6	-3.1	2 562	2 297	9.3	-7	0.727	38/39

由表5可见：在用流域内39场洪水进行次洪率定时，38场合格，合格率为97.4%，平均确定性系数为0.727。按照预报项目的精度评定规定，合格率为甲等，确定系数为乙等。结果表明，率定的次洪参数基本上是合理的。

3.2.2 次洪计算误差分析

次洪模型计算误差除3.1.2中介绍的几个误差原因外，本部分主要从以下两方面来分析次洪模型计算中可能存在的误差。

（1）整体误差探讨。由表5可见：多年平均计算径流深比多年实测平均径流深偏大，而39场次洪计算平均峰量比实测值偏小。

导致前者误差可能的原因：①蒸散发计算偏小；②参数率定受个别洪水影响导致的偏差；③实测强降雨偏大，导致计算产流量偏大。

导致后者误差的可能原因：①河段数不合理；②水利工程的拦蓄作用；③参数率定受资料误差影响的偏差。

（2）确定性系数不高场次洪水分析。由表4可知，虽然39场次洪合格率较高，达97.4%，能够符合预报甲级标准，但确定性系数却不高，平均只为0.727，只能符合乙级标准，最小值甚至只有0.039。对次洪确定性系数较小（小于0.5）的洪水进行统计，见表5。

表 5　闽江建阳流域确定性系数较小洪水统计

洪号	P/mm	R_{obs}/mm	R_{cal}/mm	ΔR/%	Q_{mobs}/(m^3/s)	Q_{mcal}/(m^3/s)	ΔQ_m/%	Δt/h	DC -1	合格否 -1
42970808	64.4	38.5	33.4	13.2	569	585	-2.8	6	0.039	合格
42960328	60.5	35.7	31.4	12.0	595	537	9.7	+8	0.4	合格
42960317	212	76.5	89.5	-17.0	1 700	1 366	19.6	+1	0.324	合格
42910617	48.2	16.9	18.4	-8.9	562	478	14.9	+3	0.372	合格

由表 5 可见,这四场洪水降雨量和产流量均较小(除了 42960317 次洪水),大多数属于小洪水。并结合这四场洪水的流量过程线,流量过程线均呈现较大的波动。分析这 4 场次洪确定性系数不高的原因主要分为以下几个方面:

(1)模型结构误差。本文通过产流方式验证,认为闽江建阳流域符合蓄满产流模型的要求,故采用新安江产流模型进行计算。但在较湿润地区,以蓄满产流为主的流域,久旱后遇雨强特大的暴雨,也会有超渗产流发生。显然,对于一个实际流域而言,混合产流是绝对的,其他两种机制都是相对的[6]。

(2)人类活动影响。流域内先后建立了一些中小型甚至大型水库,如在建阳下游 1988 年建成的沙溪口水库,受这些水库调度和调洪的影响,同时由于新安江模型没有专门考虑地表坑洼、农业活动和水利工程引起的截流,而每个流域内都有一些水田、塘、坝和中小型甚至大型水库,在影响较大的流域,不考虑地表坑洼截流会引起大的误差。

(3)参数率定误差。由于次洪率定出的参数是根据 39 场洪水的平均情况而确定的,考虑的多为大洪水情况,对于像 42970808、42910617 等这样的小洪水或复式洪水不一定适用,所以导致模拟结果不好。

3.2.3 次洪检验

选取日模检验期 1998—1999 年的 9 场次洪资料对模型作应用前的检验分析,计算结果见表 6。

表 6 闽江建阳子流域次洪检验计算成果统计

洪号	P/mm	R_{obs}/mm	R_{cal}/mm	ΔR/%	Q_{mobs}/(m³/s)	Q_{mcal}/(m³/s)	ΔQ_m/%	Δt/h	DC−1	合格否−1
42990825	180.3	116.3	103.8	10.7	1 780	1 821	−2.3	−2	0.874	合格
42990715	130	97.8	84.9	13.2	2 230	2 257	−1.2	+4	0.652	合格
42990521	101.6	77.5	72.2	6.8	1 990	2 278	−14.5	+5	0.624	合格
42990515	127	77	78.2	−1.6	2 040	1 775	13.0	+11	0.884	合格
42990415	105.5	50.2	50.9	−1.4	1 920	1 959	−2.0	+1	0.961	合格
42980608	946	760.2	756.9	0.4	8 350	7 455	10.7	+5	0.865	合格
42980509	145	96.4	102.6	−6.4	3 470	3 302	4.8	+3	0.93	合格
42980301	212.8	146	145.9	0.1	2 650	2 415	8.9	+1	0.898	合格
42980215	121.9	84.9	87.4	−2.9	1 113	980	11.9	+3	0.837	合格
平均	230.0	167.4	164.8	2.1	2 838	2 694	3.3	+3	0.836	9/9

由表 7 可见,9 场次洪全部合格,合格率达 100%,且平均确定性系数也较大,为 0.836,以上均说明:在闽江建阳流域应用新安江模型进行次洪计算具有合理性,且率定出的次洪参数也具有合理性和有效性。

4 结论

本文根据分析闽江建阳子流域自然地理特征和产汇流特性,通过产流方式论证,选择新安江三水源模型对该流域进行洪水模拟计算和误差分析。结果表明:三水源新安江模型在该流域适用性较好,且由历史资料率定出的模型参数合理、有效,在进行洪水模拟计算时能够取得较高的精度。

参考文献

［1］包为民. 水文预报［M］. 北京：中国水利水电出版社，2009.

［2］夏军，王惠筠，甘瑶瑶，等. 中国暴雨洪涝预报方法的研究进展［J］. 暴雨灾害，2019，38（5）：416-421.

［3］杨姗姗，曾明. 降雨误差微分响应岭估计［J/OL］. 水文：1-9［2022－07－25］. DOI：10. 19797/j. cnki. 1000－0852. 20210447.

［4］杨姗姗，包为民，杨小强，等. 微分响应在降雨误差修正中的应用［J］. 中国农村水利水电，2015，75-79.

［5］赵人俊. 流域水文模拟——新安江模型与陕北模型［M］. 北京：水利水电出版社，1984.

［6］包为民. 垂向混合产流模型及应用［J］. 水文，1997（3）：18-21.

山丘区中小流域洪水淹没模拟与分析

钟　华[1]　张　冰[2]　王旭滢[3]

(1. 水利部交通运输部国家能源局南京水利科学研究院，江苏南京　210029；

2. 黄河水利水电开发集团有限公司，河南郑州　450003；

3. 上海勘测设计研究院有限公司，上海　200335)

摘　要：山丘区中小流域洪水具有突发性强、破坏性大等特点，给洪水防御带来了较大挑战。借助模型针对中小流域洪水进行模拟分析，提高模拟精度，有效提高洪水管理能力，减轻洪涝灾害。本文选取浙江省诸暨市集雨面积为 200~3 000 km² 的中小流域为研究对象，采用推理公式、瞬时单位线计算设计洪水，采用水力学模型开展洪水分析，分析沿程水位和流量，在工作底图上绘制不同频率（5 年一遇、10 年一遇、20 年一遇、50 年一遇、100 年一遇）的设计洪水淹没范围。结合承灾体调查成果，统计分析洪水影响的城集镇、村庄、人口，编制山丘区中小流域洪水淹没图，研究成果为中小流域的规划编制、灾害防治、监测预警、应急响应、灾后评估等防灾减灾工作提供信息支撑。

关键词：山丘区；中小河流；洪水淹没模拟

1　引言

中小流域大多位于山丘区或山丘平原的过渡带，由于地形多变复杂，山丘区中小河流的洪水具有汇流时间短、突发性强、频发率高和预测预报难度大等特点[1-4]。近年来，随着气候变化和城市化进程带来的影响，强降雨造成中小河流流域洪水频繁发生，给山丘区人民生命财产安全和社会经济发展带来了严重的威胁[5]。与大江大河流域相比，山丘区中小河流防洪设施少、水文站和气象站分布较少，因此提高中小河流洪水预警、防御及避险转移能力是防汛工作亟待解决的关键问题[6]。

利用水文水动力模型对山丘区小流域洪水进行模拟分析，并编制洪水风险图，对防洪减灾和洪灾评估具有重要意义[7]。国内外学者对中小河流的预报模拟已开展了相关研究。Bellos 等[8] 利用耦合物理的水文与二维水动力模型对小流域洪水进行模拟，取得了较好的结果；Grillakis 等[9] 研究了中小流域不同土壤含水量对山洪强度的影响。刘志雨等[10] 基于分布式水文模型 TOPKAPI 在屯溪流域洪水进行了模拟应用；王璐等[11] 选取了 5 种常用的水文模型对 14 个典型山丘区小流域进行洪水模拟分析，研究不同模型在小流域的适用性。

我国东部沿海丘陵地区人口密集，经济社会发展程度较高，洪水灾害造成的潜在损失也会更大。因此，本文以浙江省诸暨市陈蔡江、开化江、枫桥江、五泄江、永兴河、壶源江 6 条中小河流的上游河段流域作为研究对象，通过推理公式、瞬时单位线进行水文分析计算，构建河道水动力模型，对 5 年一遇、10 年一遇、20 年一遇、50 年一遇、100 年一遇设计洪水情景进行模拟计算，并依据社会经济和人口等资料，对承载体风险影响进行统计分析。

基金项目：国家自然科学基金（51809174）；浙江省重点研发计划（2021C03017）。

作者简介：钟华（1984—），男，高级工程师，主要从事水旱灾害防御工作。

2 研究区与方法

诸暨地处浙江中部，境内河流主要为浦阳江和壶源江，浦阳江流域面积占市域面积的94.5%，支流包含陈蔡江、开化江、枫桥江、五泄江、永兴河、凰桐江。壶源江流经诸暨西北一角，仅占市域面积的4.95%。诸暨市每年既受5—6月梅雨霪雨连绵之苦，又受7—9月热带风暴侵袭，往往导致山洪暴发，内涝难排，浦阳江泛滥成灾。本文选定陈蔡江、开化江、枫桥江、五泄江、永兴河、壶源江6条中小河流的上游区域，研究区域示意图见图1。

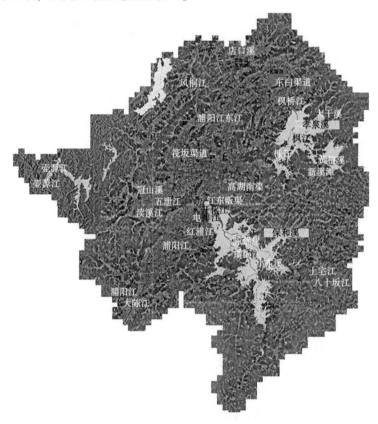

图1 研究区域示意图

以陈蔡江、开化江、枫桥江、五泄江、永兴河、壶源江6条中小河流所在流域为单元，收集整理水文气象、流域边界、河道、土地利用、植被覆盖、土壤类型、遥感影像、1∶10 000地形图、水利工程基础信息及其调度资料、中小河流承灾体等数据。采用实测断面，考虑水库调洪影响，采用一维非恒定流模拟河道洪水演进过程，并用近期实测洪水资料进行率定验证，无实测洪水资料的可移用相似流域模型参数。

采用5年一遇、10年一遇、20年一遇、50年一遇、100年一遇5种典型频率，开展典型频率洪水模拟计算。采用推理公式、瞬时单位线方法推求设计洪水作为边界条件，并考虑干支流、上下游影响，进行洪水遭遇分析。

通过洪水分析计算的洪水水面线，结合历史水灾及局地地形等资料和DEM数据，运用GIS技术，获取洪水淹没范围信息。结合承灾体调查成果，统计分析洪水影响的城集镇、村庄、人口，研究技术路线见图2。

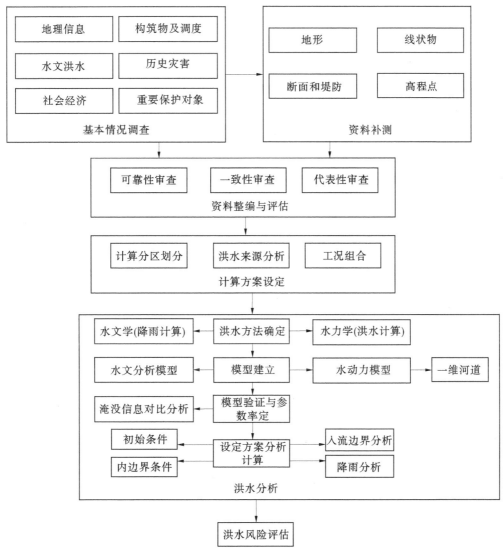

图 2 研究技术路线

3 洪水分析

3.1 水文分析

设计暴雨计算分为陈蔡江、开化江、枫桥江、五泄江、永兴河、壶源江 6 个中小流域。根据流域内实测水文资料条件,流域设计洪水采用暴雨资料推求。

3.1.1 设计暴雨

通过年最大值进行排频分析,得到区域的最大 1 d、最大 24 h、最大 3 d 的设计面雨量。最大 1 h 设计暴雨通过查算《浙江省可能最大暴雨图集》得到,设计暴雨成果见表 1。

3.1.2 设计雨型

据实测大暴雨统计分析,将最大 24 h 雨量于最大 3 d 的第 2 日,第 1、3 两日雨量的分配比例,分别为 3 d 减去 24 h 雨量之差的 45% 和 55%。

最大 24 h 暴雨时程分配按暴雨强度公式求得时段雨量分配系数,各时段的雨量按《浙江省可能最大暴雨图集》中的规则排列。

表 1 设计暴雨成果

河道名称	历时	重现期雨量值（H_p）/mm				
		5 年	10 年	20 年	50 年	100 年
陈蔡江（陈蔡水库以下）	1 h	55.5	68.0	80.0	95.4	107
	6 h	89.5	112	134	163	185
	24 h	130	168	209	262	305
	3 d	165	207	249	303	345
开化江（石壁水库以下）	1 h	55.5	68.0	80.0	95.4	107
	6 h	89.5	112	134	163	185
	24 h	130	168	209	262	305
	3 d	165	207	249	303	345
枫桥江	1 h	55.5	66.9	78.2	92.7	103
	6 h	89.5	112	134	163	185
	24 h	136	176	218	274	319
	3 d	165	207	249	303	345
五泄江	1 h	55	69	81	97	109
	6 h	89	113	136	164	185
	24 h	148	189	231	286	327
	3 d	189	239	290	356	406
壶源江上游	1 h	55.5	68.0	80.0	95.4	107
	6 h	92.8	116	139	169	192
	24 h	139	174	209	254	288
	3 d	172	216	258	315	356
永兴河	1 h	55	67	80	96	108
	6 h	89	113	136	164	185
	24 h	138	169	199	237	266
	3 d	180	256	266	319	359

3.1.3 产流计算

本流域属南方湿润地区，产流方式采用蓄满产流，即在土壤含水量达到田间持水量以前不产流，所有的降水都被土壤吸收；而在土壤含水量达到田间持水量后，所有的降水（减去同期的蒸散发）都产流，在设计条件下，产流计算采用简易扣损法，假定土壤最大含水量 I_{max} 为 100 mm，土壤前期含水量为 75 mm，则初损为 25 mm。最大 24 h 雨量后损值 1 mm/h，其余几日后损值为 0.5 mm/h。

3.1.4 汇流计算

根据《浙江省中小河流设计暴雨洪水图集（产汇流部分）》，汇流方法考虑控制断面以上的集雨面积。根据浙江省的实际情况，一般面积在 50 km² 以下采用推理公式计算方法，公式如下：

$$Q_m = \frac{0.278\ h}{\tau F} \tag{1}$$

$$\tau = \frac{0.278L}{mJ^{1/3}Q_m^{1/4}} \tag{2}$$

式中：Q_m 为洪峰流量，m³/s；F 为汇流面积，km²；τ 为流域汇流历时，h；h 为在全面汇流时代表相应于 τ 时段的最大净雨，在部分汇流时代表单一洪-峰的净雨，mm；L 为沿主河从出口断面至分水岭的最长距离，km；J 为沿流程 L 的平均比降，‰；m 为汇流参数，查阅《水利水电工程设计洪水计算规范》（SL 44—2006）中表 B.2.2 小流域下垫面条件分类表确定 m 值。

面积在 50 km² 以上采用浙江省瞬时单位线法，公式如下：

$$U(t) = \frac{1}{k\Gamma(n)}\left(\frac{t}{k}\right)^{n-1}\mathrm{e}^{-t/k} \tag{3}$$

式中：$U(t)$ 为 t 时刻的瞬时单位线纵高；k 为反映流域汇流时间的参数；n 为调节次数；$\Gamma(n)$ 为 n 阶不完全伽马函数；t 为时间。

3.1.5 水库调洪计算

本次研究范围内共有 4 座水库，分别是陈蔡江上游的陈蔡水库、开化江上游的石壁水库、枫桥江上游的永宁水库和征天水库，需将设计入库洪水经调洪演算后形成水库设计下泄流量作为一维水动力模型的上游边界。水库调洪采用静库容调洪计算方法，即假定水库库容与库水位在 dt 时段内成直线变化，将圣维南偏微分方程组中的连续方程写成以下有限差形式的水量平衡方程式：

$$\frac{I_初 + I_末}{2} - \frac{Q_初 + Q_末}{2} = \frac{V_末 - V_初}{\mathrm{d}t} \tag{4}$$

式中：$I_初$、$I_末$ 分别为时段 dt 初、末的入库流量，m³/s；$Q_初$、$Q_末$ 分别为时段 dt 初、末的出库流量，m³/s；$V_初$、$V_末$ 分别为时段 dt 初、末的水库蓄水量，万 m³。

水库泄水建筑物有溢洪道、泄洪洞等，故流量与水位的关系将随防洪调度中所采用的不同泄水建筑物而定。水库蓄水量与库水位的关系由库容曲线给出。

联解以上方程组，即可求得各时段的坝前水位、水库下泄流量及蓄水量。

根据上述原理，采用试算法迭代求解，逐时段连续演算，完成整个调洪过程。

3.1.6 水文分析结果

针对 6 个中小河流域，根据流域内水系分布和地形走势划分汇水分区。陈蔡江共划分 8 个子汇水区，开化江共划分 16 个子汇水区，枫桥江共划分 16 个子汇水区，五泄江共划分 3 个子汇水区，永兴河共划分 4 个子汇水区，壶源江共划分 16 个子汇水区。陈蔡江内陈蔡水库、开化江石壁水库、枫桥江征天水库和永宁水库采用水库调洪演算得到设计下泄流量，其他水文分区采用设计暴雨推求洪水得到设计洪水流量过程。陈蔡江设计洪水计算分区见图 3，设计洪水成果见表 2。

图 3 陈蔡江设计洪水计算分区

表 2 陈蔡江设计洪水成果

分区编号	集雨面积/km²	溪流长度/km	平均坡降/‰	各频率 $P/\%$ 设计值/（m³/s）				
				5 年	10 年	20 年	50 年	100 年
陈蔡水库	—	—	—	87	87	87	105	206
1	3.1	—	—	9	12	15	18	21
2	3.35	1.8	18	10	13	16	19	22
3	9.56	—	—	31	39	48	60	68
4	5.75	2.8	13.1	17	22	27	33	38
5	31.66	12.448	11.39	147	190	235	298	348
6	17.62	—	—	81	104	129	164	191
7	12.11	6.9	13.45	35	45	55	68	79

3.2 河道洪水演进计算

本次研究区域主要承接周边的山水及自身雨水，水体交换密切，水流势态复杂。水利计算采用一维非恒定流计算方法，建立一维河网非恒定流数学模型，根据河道断面尺寸、坡降等几何特征、上游及支流洪水过程、流域降雨过程和下游河道水位变化过程，进行各种工况组合，逐时逐段计算河道水位、流量。一维明渠非恒定流的基本方程组是 Saint-Venant 方程组：

$$B \frac{\partial Z}{\partial t} + \frac{\partial Q}{\partial x} = q \tag{5}$$

$$\frac{\partial Q}{\partial t} + \frac{\partial}{\partial x}\left(\frac{\alpha Q^2}{A}\right) + gA \frac{\partial Z}{\partial x} + gA \frac{|Q|Q}{Q^2} = qV_x \tag{6}$$

式中：q 为旁侧入流，（m³/s）/m；Q 为河道断面流量，m³/s；A 为过水面积，m²；B 为河宽，m；Z 为水位，m；g 为重力加速度，m/s²；V_x 为旁侧入流流速在水流方向上的分量，一般可以近似为零；K 为流量模数，反映河道的实际过流能力；a 为动量校正系数，反映河道断面流速分布均匀性。

3.2.1 模型概化

根据防洪保护对象所处位置及地形、地势、河势等具体情况，将研究范围内的陈蔡江、开化江、枫桥江、五泄江、永兴河、壶源江干流及主要支流河道尽可能地模拟实际河道情况。

3.2.2 边界条件

上边界以流量边界，下边界采用水位流量关系或山丘区比降较大的区域采用自然泄流推求。

3.2.3 率定验证

因所在中小流域资料较为匮乏，因此先采用经验参数。模型中河道综合糙率的采用：干流较顺直河段糙率取 0.022~0.030；上游山区河道糙率取 0.028~0.035。

3.2.4 计算结果

以陈蔡江沿程各重现期计算水位为例（见表3），同一重现期下水位从上游至下游逐渐降低，同一断面下 5 年一遇~100 年一遇设计水位递增，模型计算结果符合物理规律，可用于中小河流域洪水淹没分析。

表 3 陈蔡江各频率洪水位成果

断面	100 年一遇	50 年一遇	20 年一遇	10 年一遇	5 年一遇
CCJ-1	52.97	52.53	52.44	52.44	52.44
CCJ-2	49.08	48.63	48.53	48.53	48.53
CCJ-3	45.35	44.77	44.63	44.63	44.63
CCJ-4	40.64	40.23	40.13	40.13	40.13
CCJ-5	37.13	36.31	36.13	36.13	36.13
CCJ-6	35.5	34.93	34.78	34.76	34.75
CCJ-7	33.04	32.61	32.54	32.59	32.62
CCJ-8	30.32	29.51	29.21	29.11	29.03
CCJ-9	29.98	29.28	28.81	28.52	28.23
CCJ-10	27.85	27.24	26.85	26.61	26.36
CCJ-11	26.25	25.64	25.26	25.02	24.77
CCJ-12	24.86	24.28	23.88	23.63	23.37
CCJ-13	23.02	22.49	22.09	21.81	21.52
CCJ-14	20.85	20.4	20.04	19.75	19.46
CCJ-15	19.59	19.16	18.82	18.57	18.3
CCJ-16	17.02	16.59	16.4	16.3	16.19
CCJ-17	15.05	14.46	13.99	13.66	13.29
CCJ-18	14.64	14.1	13.66	13.34	12.97
CCJ-19	12.57	12.26	12.02	11.85	11.63

4 洪水淹没模拟与分析

4.1 洪水淹没图绘制

根据模型计算的洪水位，结合各类底图与地形、堤防高程，分析洪水淹没情况并绘制洪水风险图。将 6 条小流域研究区域根据地形、水系、道路等因素划分成小区块。将根据洪水计算得到的沿程水位与沿程堤防高程相比较，分析堤顶高程与水位的差值，以此为基础，判定受淹区域。为与沿程水位进行比较，需进行研究区域内堤防的分段，将沿程水位与分段堤顶高程对比计算，若分段堤顶高程低于沿程水位则判定该堤段漫堤，堤段所在保护范围受淹，最终形成不同重现期下的洪水淹没水深图。

以枫桥江20年一遇洪水淹没图为例（见图4），通过绘制洪水淹没水深图，可看出在流域遭遇20年一遇暴雨时，永宁水库和征天水库下游发生洪水淹没，面积达3.31 km²。淹没范围主要分布在枫桥镇的枫源村、泅村、枫一村、海角村和先进村，其中泅村受灾最为严重。

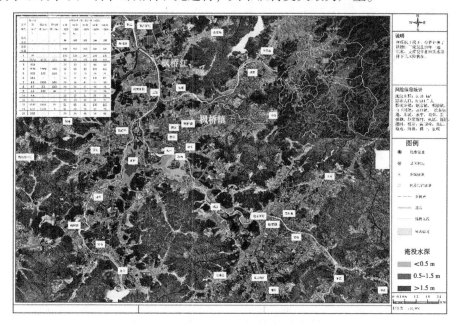

图4 枫桥江20年一遇洪水淹没图

4.2 淹没分析

将每个计算方案的淹没水深划分为3个等级（见表4），不同淹没等级下洪水对保护对象的影响情况各不相同，利用GIS软件将淹没水深图层和房屋面图层、人口要素等进行叠加分析，形成洪水影响统计结果。

表4 淹没水深等级分级方案

等级	水深/m
1	0~0.5
2	0.5~1.5
3	>1.5

对各类指标进行空间展布后，可根据每个计算方案的淹没范围来分析各区域的洪水影响，各方案洪水影响分析成果如表5所示。

表5 洪水影响统计

河流名称	洪水方案	淹没面积/km²	影响人口/人
陈蔡江	5年一遇洪水	0.03	24
	10年一遇洪水	0.05	28
	20年一遇洪水	0.08	34
	50年一遇洪水	0.14	46
	100年一遇洪水	0.33	132

续表 5

河流名称	洪水方案	淹没面积/km²	影响人口/人
开化江（璜山江）	5 年一遇洪水	0.71	124
	10 年一遇洪水	0.89	198
	20 年一遇洪水	11.29	2 534
	50 年一遇洪水	12.39	3 050
	100 年一遇洪水	12.39	3 086
枫桥江	5 年一遇洪水	1.75	304
	10 年一遇洪水	2.34	444
	20 年一遇洪水	3.31	614
	50 年一遇洪水	6.18	1 244
	100 年一遇洪水	6.77	1 316
五泄江（紫阆溪）	5 年一遇洪水	0.23	88
	10 年一遇洪水	0.28	116
	20 年一遇洪水	0.30	122
	50 年一遇洪水	0.31	124
	100 年一遇洪水	0.31	124
永兴河（次坞溪）	5 年一遇洪水	2.70	526
	10 年一遇洪水	2.79	550
	20 年一遇洪水	2.85	564
	50 年一遇洪水	2.93	594
	100 年一遇洪水	2.96	602
壶源江（马剑溪）	5 年一遇洪水	1.20	268
	10 年一遇洪水	1.33	284
	20 年一遇洪水	1.44	316
	50 年一遇洪水	1.51	320
	100 年一遇洪水	1.56	324

由分析结果可知，在 5 年一遇洪水下，陈蔡江、开化江、枫桥江、五泄江、永兴河、壶源江上游小流域均发生不同程度的淹没，其中壶源江、枫桥江、永兴河淹没面积均超过 1 km²，因此在台风暴雨初期需要重点关注沿河低洼地带。随着暴雨重现期的增加，淹没面积和受影响人口亦随之增大，其中开化江和枫桥江的增幅最为显著，在降雨持续且多变的情况下，需持续关注其河段洪水涨势，加强对洪水突变点的防御。

5　结语

本文以浙江省诸暨市中小河流为研究对象，通过构建水文分析、一维河道水动力模型，对陈蔡江、开化江、枫桥江、五泄江、壶源江、永兴河 6 条中小河流上游区域进行洪水淹没模拟与分析，形成山丘区中小河流 5 年一遇、10 年一遇、20 年一遇、50 年一遇、100 年一遇淹没图及对应损失统计。

由计算结果分析可知，诸暨市山丘区 6 条中小河流在流域发生 5 年一遇以上洪水时，沿河低洼容易淹没的区域已经被标绘，沿江乡镇、村庄可以依据该成果，组织辖区内群众开展洪水防御、避险转移等。综合来讲，山丘区中小流域洪水具有突发性强，防洪标准相对较低，暴雨条件下容易造成两岸淹没。开展山丘区中小流域不同设计频率下的洪水演进及淹没分析，绘制洪水淹没图，能够提前预估洪水风险，协助洪水防御决策、群众避险转移部署等。

参考文献

［1］李致家，朱跃龙，刘志雨，等．中小河流洪水防控与应急管理关键技术的思考［J］．河海大学学报（自然科学版），2021，49（1）：13-18.

［2］李红霞，王瑞敏，黄琦，等．中小河流洪水预报研究进展［J］．水文，2020，40（3）：16-23，50.

［3］刘志雨，刘玉环，孔祥意．中小河流洪水预报预警问题与对策及关键技术应用［J］．河海大学学报（自然科学版），2021，49（1）：1-6.

［4］柳林，安会静．中小河流洪水预报的难点与解决方案探讨［J］．海河水利，2013（5）：51-53.

［5］刘志雨，杨大文，胡健伟．基于动态临界雨量的中小河流山洪预警方法及其应用［J］．北京师范大学学报（自然科学版），2010，46（3）：317-321.

［6］李鑫，刘艳丽，朱士江，等．基于新安江模型和BP神经网络的中小河流洪水模拟研究［J］．中国农村水利水电，2022（1）：93-97.

［7］李鲤．山区中小河流洪水淹没图编制研究［J］．吉林水利，2022，（3）：46-49.

［8］Vasilis Bellos, GeorgeTsakiris. A hybrid method for flood simulation in small catchments combining hydrodynamic and hydrological techniques［J］. Journal of Hydrology, 2016, 540.

［9］M. G. Grillakis, A. G. Koutroulis, J. Komma, I. K. Tsanis, W. Wagner, G. Blöschl. Initial soil moisture effects on flash flood generation-A comparison between basins of contrasting hydro-climatic conditions［J］. Journal of Hydrology, 2016, 541.

［10］刘志雨，侯爱中，王秀庆．基于分布式水文模型的中小河流洪水预报技术［J］．水文，2015，35（1）：1-6.

［11］王璐，叶磊，吴剑，等．山丘区小流域水文模型适用性研究［J］．中国农村水利水电，2018（2）：78-84，90.

视觉测流技术在山溪性河流洪水监测中的应用

黄　河　　唐永明

（长江水利委员会水文局上江上游水文水资源勘测局，重庆　400020）

摘　要： 为分析视觉测流技术在山溪性河流洪水监测中的准确性、稳定性和适用性，本文以后溪河宁桥水文站为测点搭建了一套视频测流系统，并开展流量比测实验和方案可行性论证。测验结果表明，视觉测流系统能够在数分钟内完成一次测量，通过后台处理软件迅速计算出断面流量，同工况连续多次测量稳定性高，比测试验时期流量相关关系较好，率定分析后流量跟目标流量可建立稳定转换关系。

关键词： 视觉测流；洪水监测；山溪性河流

1　引言

山溪性河流在高洪期水位暴涨暴落，短时内变幅可达数米，加之水流流速快、漂浮杂物多，极易造成接触式仪器损毁并威胁人身安全[1]。传统的流量监测方法如流速仪法主要依靠人工操作，劳动强度大，风险性高，时效性低，自动监测能力不足，不能满足水文现代化发展的要求[2-5]。近年水利部要求今后水文站原则上按照自动站建设，实现无人值守和自动测报[6]。为满足新时期建设水文现代化测报系统的要求，水文站要创新水文监测手段和方法，充分利用先进的声、光、电技术及自动化监测手段，推进新技术新仪器应用[7-8]。视觉测流技术是一种基于图像的河流水面成像测速技术[9]，对水流的表面流速进行测量，它是一种全自动、非接触式测流系统，具有安全、高效、成果直观等特点[10]。目前，基于视频图像的流量在线监测技术已在国外洪水监测方面取得了较好进展[11-12]，近年来，随着我国水利视频监控系统的逐步完善，通过创新研发和推广我国的视觉测流技术和系统，对于推进水文监测自动化建设具有重要意义。

2　视觉测流技术

视觉测流技术通过光学方法，获取河流表面运动图像，采用机器视觉的图像处理方法，对河流表面运动图像进行分析，计算河流表面流速分布。视觉测流技术本质上是一种图像分析技术，该技术通过对流体中不同模态与示踪的有效识别，获得测量目标全场、动态的流速。根据测量算法的不同，该技术又可分为粒子图像测速法（PIV）和粒子追踪测速法（PTV）。

2.1　PIV原理

图1是PIV技术应用的简单原理图。通过对流场中的跟随性及反光性良好的示踪或河流表面模态的跟踪，在CCD（CMOS）成像设备进行成像。

在相邻的两次测量时间 t 和第二次时间 t'，系统对这两幅图像采用图像处理技术将所得图像分成许多很小的区域，使用自相关或互相关分析区域内粒子位移的大小和方向，就能得到流场内部的二维速度矢量分布。在实测时，对同一位置可拍摄多对曝光图片，这样能够更全面、更精确地反映出整个流场内部的流动状态。

作者简介： 黄河（1988—），男，工程师，从事水文水资源监测与管理工作。

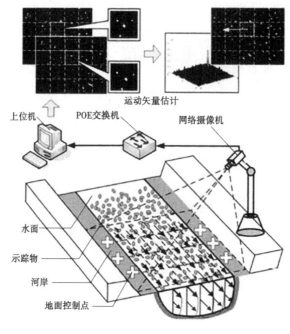

运动矢量估计

上位机 POE交换机 网络摄像机

水面
示踪物
河岸
地面控制点

图1 PIV 简单原理

2.2 PTV 原理

与 PIV 算法类似，PTV 算法也同样假设流体中的示踪或者模态地运动可以代表其所在流场内相应位置流体运动，使用计算机对连续两帧或者多帧图像进行处理分析，得出各点粒子地位移，最后根据粒子位移和曝光地时间间隔，便可以计算出流场中各点地速度矢量，由此获得全流场瞬时流速及其他参数。

相比声学法和雷达法等非接触式测流技术，视觉测流技术具有瞬时全场流速测量的特点，在快速获取瞬时流场、湍流特征、流动模式等方面具有明显优势。该技术能够以天然漂浮物及水面波纹作为水流示踪物，跟踪漂浮对象的移动过程轨迹，解析对象流速流向，并在河道断面上等序分布监测，获得河道断面水面流速场分布成果；事先经过实测比对或有限元分析构建水面流速场解算断面平均流速模型，获取断面平均流速。

3 系统与测点

3.1 系统构成

3.1.1 硬件

硬件核心是高性能的图像采集设备，如高清摄像机，适用流速范围一般为 0.01~10.0 m/s。视觉测流采集终端一般采用三维万向节安装于监控支架上，通过万向节调整安装角度，以确保拍摄范围准确。采集终端供电一般采用市电或太阳能供电。通信系统适用于公网、物联网、局域网环境，采集终端数据传输一般采用宽带或 4G，视觉测流系统构成如图2所示。

3.1.2 软件平台

系统软件具备远程控制、数据采集、数据传输、数据分析、数据展示等功能，界面清晰，操作简单，支持手机 APP、云平台拓展，开放接口便于其他监测系统接入。数据采集可根据业务需求设置采集间隔，可即时获取数据，也可人工远程控制采集数据。数据传输可设置选择回传图像、视频或数据。数据分析可对采集传输的数据通过不同的处理方式，形成断面流场分布情况、变化趋势等分析结果。数据展示支持断面流量曲线图、历史数据表格及月流量变化曲线等形式。视觉流量软件平台是整个测量系统的中控系统，它负责对终端系统的控制，视频图像信息的存储、处理、分析和流场计算等功能。

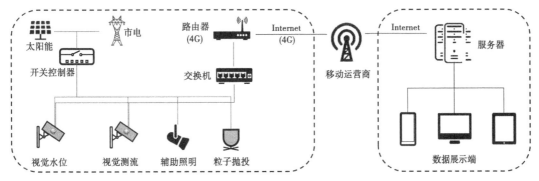

图2 视觉测流系统构成

3.2 测点概况

试验测点后溪河宁桥水文站位于重庆市巫溪县宁桥乡青坪村，后溪河属于典型的山溪性河流，流域面积 685 km^2，测验河段顺直长约 100 m，河宽约 50 m，河床由卵石夹沙组成，两岸为石砌公路，断面比较稳定，历年水位流量关系呈稳定的单一关系。

宁桥水文站视觉测流系统采用侧边集中式安装方式，视觉测流系统探头安装在在宁桥基本水尺断面下游 60 m 处右岸测井顶部平台上，采集终端安装于宁桥水文站站房内，数据服务器搭建在水情分中心，现场测量数据通过网传至水情中心服务器，宁桥水文站视觉测流系统安装见图3。

图3 宁桥水文站视觉系统安装

4 比测试验

4.1 资料收集情况

宁桥水文站视觉测流系统 2020 年 1 月安装后，经过调试后于 2020 年 5 月可采集收集数据，由于山溪性河流非洪水期水位一直处于低水条件，流速小，水面追踪物不足，且受其他环境因素干扰，因此选择 7 月 15 日一次明显涨洪水位较高时开展流量比测试验，比测试验期间，水位变幅为 296.91～298.16 m，比测期流量变幅 387～728 m^3/s。

4.2 稳定性分析

对视觉实测流量相近时间连续测流资料进行分析，挑选出同样工况下重复测量流量分析视觉系统测流的稳定性，将同工况各次流量测次取平均值，再计算每次流量与均值的相对误差，分析情况见表1。可以看出在 7 月 15 日高水试验工况下，视觉流量同工况同水位连续测次与均值的相对误差在 -1.29%～0.93%，不超过±2%，稳定性较好。

表 1　视觉流量稳定性分析

组号	开始测量时间 （年-月-日 T 时：分：秒）	水位/m	视觉流量/（m³/s）	连续流量均值/（m³/s）	各次与均值误差/%
1	2020-07-15T09：04：36	297.54	562	565.5	−0.62
	2020-07-15T09：05：00	297.54	569		0.62
2	2020-07-15T09：55：42	298.05	729	722.3	0.93
	2020-07-15T09：55：59	298.05	713		−1.29
	2020-07-15T09：56：14	298.05	725		0.37

4.3　流量比测

选取 7 月 15 日一次洪水过程对视觉测流系统流量进行比测分析。视觉测流系统测得流速为断面表面流速，通过借用断面计算出流量，由于宁桥水文站视觉测流系统测验时间与流速仪测验时间无法完全同步，而实测流量测次有限，考虑到宁桥站测站控制良好，历年水位流量具有较好的单一关系，可认为同时间水位查线流量接近流速仪法流量。因此，本次采用视觉测流系统实测流量与对应时间查水位流量关系线上流量进行分析。

对比分析结果显示，视觉系统测流流量比查线流量普遍偏大 8.1%~19.7%，根据视觉测流系统测流原理，视觉系统流量为测量水面流速乘以断面面积计算得出，根据天然河道水流的一般规律，水面流速一般大于断面平均流速，因此视觉系统流量偏大是合理的。视觉系统直接计算出的流量为断面虚流量，类似于浮标法，断面虚流量与断面流量真值存在一个小于 1.00 的流量校正系数，流量校正系数为流量真值与虚流量的比值，根据比测数据计算出视觉测流系统流量校正系数为 0.84~0.93，平均值 0.872，与山区河流浮标法浮标系数规范建议值接近[13]，见表 2。

表 2　视觉流量与查线流量对比分析

序号	开始测量时间 （年-月-日 T 时：分：秒）	水位/m	视觉流量/(m³/s)	实测综合线流量/(m³/s)	相对误差/%	流量校正系数
1	2020-07-15T08：05：00	296.91	387	358	8.1	0.93
2	2020-07-15T09：05：00	297.54	569	504	12.9	0.89
3	2020-07-15T09：56：14	298.05	725	626	15.8	0.86
4	2020-07-15T10：05：00	298.14	738	648	13.9	0.88
5	2020-07-15T11：05：00	298.21	796	665	19.7	0.84
6	2020-07-15T11：53：01	298.28	805	683	17.9	0.85
7	2020-07-15T13：05：00	298.56	887	753	17.8	0.85
8	2020-07-15T14：05：00	298.38	817	708	15.4	0.87
9	2020-07-15T15：05：00	298.16	728	653	11.5	0.90

为满足后期视觉测流系统测验资料的投产应用，需要建立视觉测流系统测验流量的换算关系。点绘流量关系相关图（见图 4），采用直线关系拟合，斜率为 0.865，与表 2 各次流量校正系数平均值 0.872 接近，直接取流量校正关系 0.872 还原视觉测流系统流量，并进行误差统计，采用 $Q = 0.872Q_视$ 公式换算，由表 3 可知，本次比测试验视觉流量采用 0.872 流量校正系数还原后与查线推流量相对误差在 −6.3%~4.0%，相对误差大于 ±6% 的仅占一次。由于比测测次较少，且集中于一次洪水，不能代表普遍情况，未来应扩大比测范围和比测次数，增大比测样本容量。

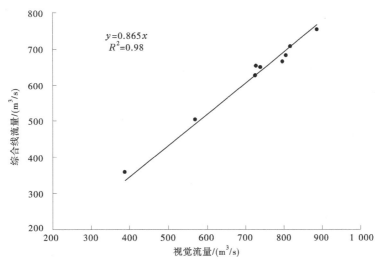

图4 视觉流量和查线流量相关关系

表3 视觉流量率定还原后与查线流量对比分析（流量校正系数0.872）

序号	开始测量时间 （年-月-日 T 时：分：秒）	水位/m	视觉流量/(m³/s)	查线流量/(m³/s)	还原视觉 流量/(m³/s)	还原 误差/%
1	2020-07-15T08：05：00	296.91	387	358	337	-6.3
2	2020-07-15T09：05：00	297.54	569	504	495	-1.8
3	2020-07-15T09：56：14	298.05	725	626	631	0.8
4	2020-07-15T10：05：00	298.14	738	648	642	-0.9
5	2020-07-15T11：05：00	298.21	796	665	693	4.0
6	2020-07-15T11：53：01	298.28	805	683	700	2.5
7	2020-07-15T13：05：00	298.56	887	753	772	2.4
8	2020-07-15T14：05：00	298.38	817	708	711	0.4
9	2020-07-15T15：05：00	298.16	728	653	633	-3.1

5 结论

视觉测流系统能够自动完成流量测验并计算流量，是实现流量在线监测的一种有效方式，尤其在高水条件下具有非接触式全场测量的优势。本文基于视觉测量技术开发的视觉测流系统在山溪性河流上实地安装和应用，并在洪水监测比测中进行了功能评估。比测试验显示视觉测流系统能在短时间内快速测量并通过系统软件平台分析计算出流量，同工况连续多次测量稳定性高，比测试验时期流量相关关系较好，视觉流量还原后与目标流量相对误差较小，由于此次试验仅发生一次洪水期间，收集的样本资料有限，率定结果并不能代表总体，未来应收集更多数量的比例样本进行分析。

目前该国产视觉测量系统存在低流量、小流速、静水面、夜间等工况使用效果不佳等问题，未来研究方面包括：全面采集不同水位、气象和光照条件下的观测数据，在各种工况条件下对软硬件系统进行测试，以水位涨落率控制采集频率对测验方案进行优化；研究夜间光源处理方案，实现夜间采集测量；深入开展和转子式流速仪的同步比测试验研究，评估流速、流量的测量精度。以各水位级多样本开展流量关系的率定分析，将符合规范精度要求的换算关系参数输入软件平台以期集成可直接使用成果的一体化自动视觉测流系统。

参考文献

［1］吕守贵. 高洪时期非常规流速仪法测流的探讨［J］. 黑龙江科学，2016，7（8）：2.

［2］娄利华. 我国水文现代化建设现状及对策探讨［J］. 地下水，2018，40（3）：224-225.

［3］刘代勇，邓思滨，贺丽阳. 雷达波自动测流系统设计与应用［J］. 人民长江，2018，49（18）：64-68.

［4］曹春燕. 水文现代化建设之水文站流量要素现代化监测及实现途径［J］.（第八届）中国水利信息化技术论坛，2020：654-660.

［5］何秉顺，李青. 山洪灾害防御技术现状与发展趋势探索［J］. 中国水利，2014（18）：11-13.

［6］水利部水文司. 关于印发水文现代化建设技术装备有关要求的通知［Z］. 2019.

［7］魏新平. 建立现代水文测报体系的实践与思考［J］. 中国水利，2020（17）：4-6.

［8］吴志勇，徐梁，唐运忆，等. 水文站流量在线监测方法研究展［J］. 水资源保护，2020，36（4）：1-7.

［9］阮哲伟，吴俊，姜宏亮. 基于移动摄影设备的大尺度粒子图像测速研究［J］. 科技资讯，2018，16（4）：2.

［10］张振，周扬，郭红丽，等. 视频测流系统在高洪流量监测中的应用研究［J］. 中国水利学会 2019 学术年会论文集，2019：426-435.

［11］Fujita I. Discharge measurements of snowmelt flood by space-time image velocimetry during the night using far-in-frared camera［J］. Water2017，9，269；doi：10. 3390/w9040269.

［12］Mahmood M A，Sameh A K，Sohei K，et al. Real-time measurement of flash-flood in a wadi area by LSPIV and STIV［J］. Hydrology，2019，6，27；doi：10. 3390/ hydrology 6010027.

［13］中华人民共和国住房和城乡建设部. 河流流量测验规范：GB 50179—2015［S］. 北京：中国计划出版社，2016.

赣中水文发展现状及"十四五"现代化建设探讨

罗晶玉[1,2]　潘书尧[1,2]

(1. 赣江中游水文水资源监测中心，江西吉安　343000；
2. 鄱阳湖水文生态监测研究重点实验室，江西南昌　330002)

摘　要： 本文从赣中水文站网建设、监测能力、信息服务能力等方面阐述了赣中水文发展现状，分析了赣中水文面临的形势和存在的问题，提出了赣中水文"十四五"现代化建设的思路和重点任务，为赣中水文"十四五"现代化事业发展建言献策。

关键词： 赣中水文；水文监测；"十四五"现代化建设

赣江中游水文水资源监测中心为江西省水文监测中心所属分支机构。2021年1月，中共江西省委编制委员会批复同意，在吉安市水文局（吉安市水资源监测中心）的基础上，设立赣江中游水文水资源监测中心。自此，赣中水文实现了区域水文向流域水文改革发展的新形势。

水文事业是国民经济和社会发展的基础性公益事业。现阶段水文工作的主要矛盾是新时代水利和经济社会发展对水文服务的需求与水文基础支撑能力不足。随着经济社会的高质量发展，特别是新时期水文矛盾的转变，对赣中水文提出了更高要求。因此，必须通过深化水文改革，加快技术创新，全面推进水文现代化来加以解决。

为此，本文在梳理赣中水文发展现状的基础上，分析了赣中水文面临的形势，提出了赣中水文"十四五"现代化建设的思路和重点任务，对赣中水文"十四五"现代化事业发展建言献策。

1　赣中水文发展现状

1.1　水文站网建设

经过多年的建设及发展，赣中水文基本形成了种类较齐全、分布较合理、基本满足地方经济发展需求的水文测站站网体系。截至2021年底，赣江中游水文水资源监测中心负责管辖赣江中游流域13个县（市、区）的水文、水位、雨量、地下水、水质、墒情、水生态站及取水用户监控点1 015处，见表1。

表1　赣江中游水文水资源监测中心站网统计

序号	站类	数量（按站类统计）	其中（按观测项目统计）												
			流量	水位	雨量	蒸发	水温	输沙	颗分	墒情	地下水	地表水水质	大气降水水质	水生态	取用水
1	水文站	38	38	38	37	8	4	4	2			8	12	2	
2	辅助站	2	2	2											
3	水位站	179		179	174							24			
4	雨量站	553			553							19			

作者简介： 罗晶玉（1978—），女，工程师，主要从事水文监测工作。

续表1

序号	站类	数量（按站类统计）	其中（按观测项目统计）													
			流量	水位	雨量	蒸发	水温	输沙	颗分	墒情	地下水	地表水水质	大气降水水质	水生态	取用水
5	墒情站	80								80					
6	地下水站	11									11				
7	地表水水质站	34										34			
8	取水量站	118													118
合计（观测项目统计）			40	219	764	8	4	4	2	80	11	85	12	2	118

国家基本水文站的平均密度为 15.03 站/万 km²，达到了《水文站网规划技术导则》（SL 34—2013）的推荐标准（4.1.3 条规定，容许最稀站网在温带、内陆和热带的山区（湿润山区），每站控制面积为 300～1 000 km²）。雨量站平均密度为 218.72 站/万 km²，达到了《水文站网规划技术导则》（SL 34—2013）的推荐标准（5.1.5 规定面雨量站采用平均每 300 km² 一站）。地下水监测站平均密度 4.35 站/万 km²。《水文站网规划技术导则》（SL 34—2013）7.0.4 规定，应不大于 500 km² 一眼井。

辖区流域面积 3 000 km² 以上的 5 条河流已全部实现水文监测全覆盖，流域面积 200～3 000 km² 的 39 条中小河流中有 38 条已布设水文站点，流域面积 100 km² 的 30 条河流已布设 6 个水文站点，基本形成与大江大河相配套的中小河流水文站网监测体系，见图 2。

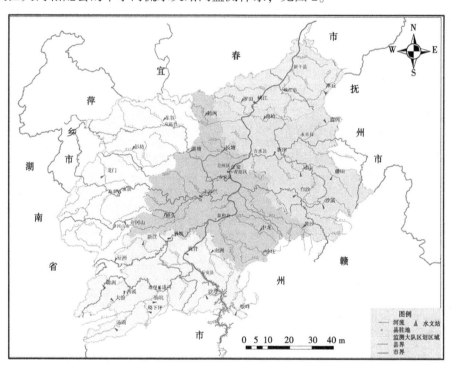

图 1　赣江中游水文水资源监测中心水文站网分布

1.2　水文监测能力

1.2.1　流量监测

赣江中游水文水资源监测中心现有水文站流量测验主要采用缆道流速仪法、走航式 ADCP 测流。渡河方式主要采用缆道、桥测、涉水等，一般情况下流速仪和走航式 ADCP 为常规测验设备。如遇超标准大洪水，常规测验设备无法完成流量测验的情况下，采用浮标法、电波流速仪测流或者比降面积法推算流量等。

随着现代水文科技在水文的应用，赣江中游水文水资源监测中心引进了便携式移动雷达波、无人机测流系统、浮标 ADCP、侧扫 ADCP 等，探索新技术新设备与成熟监测技术的有机融合，为解决高洪测验工作中的安全问题提供了方案。

截至 2021 年底，赣中水文有 7 站实现了流量在线测验，有 3 站实现了高、中、低水全量程流量在线测验。

1.2.2 其他监测项目

赣江中游水文水资源监测中心管辖的水位、降水测验已全部实现了自动测报，蒸发监测自动测报率达 100%，土壤墒情自动测报率达 100%；悬移质含沙量、颗粒分析以人工取样、分析为主，目前自动化程度较低。

水质监测以现场取样后实验室检测为主，大力引进气质联用仪、流动注射仪、气相分子仪、ICP、离子色谱仪及在线 VOC 自动监测系统等各类先进监测设备，强化水生态监测能力建设。共建有水质自动监测站 2 处，可开展监测的指标约 74 个。

1.2.3 水文应急监测

赣江中游水文水资源监测中心组建了应急队，负责赣中水文防汛抗旱水文测报应急监测工作的统筹协调、技术指导、应急支援、野外调查和检查落实等工作。配备的基本测验设备有走航式 ADCP、手持电波流速仪、GNSS 接收机、GPS、全站仪等。随着科技发展在水文应急监测中的运用，中心应急队配备应急监测一体机一套、搭载雷达波测速的无人机、中海达遥控船一艘，用于应对多种突发事件应急时，可实现多水文要素实时监测快速传输，适应更多特殊雨水情下的水文测验工作，推进应急监测能力提升。

1.3 水文信息服务能力

赣中水文依托移动运营商网络接收到水雨情遥测站采集的数据后，利用水文业务网，通过实时雨水情信息交换系统将水雨情信息传输到江西省水文监测中心。16 处基本水文站增加了北斗卫星网络通信信道，水文水资源监测大队和基本水文站还配备有卫星电话，用于应急报汛。赣中水文每年为各级政府防汛抗旱指挥部门及时准确地提供相关水文信息约 4 000 万组。根据天气形势及时提供水文呈阅件、水情预估预测、暴雨山洪灾害及中小河流洪水预警等服务。赣中水文开通了微信公众号服务功能，汛期每日推送雨水情日报信息，提供雨水情信息查询，发布暴雨山洪灾害和中小河流洪水预警信息等。

近年来，江西省水文监测中心在信息化方面投入大量的人力物力，进展良好。开发了 2.0 江西水文信息综合平台，涵盖了站网监测、情报预报、水质水资源、水生态、网络通信等系统。目前，赣江中游水文水资源监测中心使用中国洪水预报系统、自行开发的小程序、应用预报方案等方式开展洪水作业预报，初步建成吉安市大中型水库预报调度系统，实现了吉安市 47 座大中型水库的纳雨能力分析和调度演算功能。

2 面临的形势和存在的问题

2.1 面临的形势

当前，我国已进入新发展阶段，面临的机遇更具战略性、可塑性，面临的挑战更具复杂性、全局性。

2021 年 12 月 11 日和 2022 年 1 月 11 日，国家发改委与水利部先后联合印发了《全国水文基础设施"十四五"规划》和《"十四五"水安全保障规划》，旨在全面提升国家水安全保障能力，为全面建设社会主义现代化国家提供有力的水安全保障。我们必须充分认识到水文之于水安全和经济社会高质量发展的基础支撑和战略保障作用，把推动水文事业高质量发展摆在更加突出的位置。

（1）从统筹发展和安全来看。作为防灾减灾体系中不可或缺的重要部分，水旱灾害防御关系国计民生，是人民生命财产安全和国家安全的有力保障。近几年来，随着气候变化的加剧，全球极端天气气候事件常态化频发，严重影响经济社会发展和安全。2021 年，河南等北方省份遭遇严重暴雨洪涝灾害，影响大、损失重；而南方丰水地区的珠江流域降雨却持续偏少，江西省鄱阳湖水位也持续走低，直逼历史最低值。

因此，我们要加强气候变化对水文水资源的影响评估、定量分析和对极端水文事件的影响研究，挖掘气候变化下水旱灾害的新特点、新规律。加强水文应急监测及预测预报能力建设，提高监测预测预报精度。强化"四预"措施，做好各方面充分准备，有力有序有效应对极端天气事件的灾害风险。

（2）从江西省高质量跨越式发展要求来看。江西省水资源相对丰富，但近年来随着经济的高速发展，水资源有效供应、水生态环境保护、水安全保障等压力也不断增大。一方面，水资源时空分布不均，水文情势发生重大变化，江河来水调配能力不均，有些地方区域工程型缺水、水质型缺水矛盾日益显现。另一方面，无论是应对经济发展风险挑战、保障经济发展稳中求进，还是人民群众对美好生活的向往，对良好水资源水生态水环境的需求都在日益增长。

我们必须加强水资源水生态水环境监测评价和承载能力分析评估，为水资源管理和水生态环境保护治理等工作提供水文技术支撑，为统筹解决新老水问题提供基础支撑。

（3）从新阶段水利高质量发展需要来看。在《江西省"十四五"水安全保障规划》中，提出了"到 2025 年，水旱灾害防御能力明显提升，水资源保障水平显著提高，河湖水生态环境稳定向好，涉水事务监管能力明显增强，水安全保障综合能力显著提升，基本建成与经济社会发展要求相适应的水安全保障体系"的规划目标。

因此，我们要严格按照李国英部长的要求，牢牢把握"水文监测网络建设是水利现代化最重要的基础支撑""水文现代化是支撑新阶段水利高质量发展的基础性、先行性工作"的定位，加快实现水文现代化。

特别在加强智慧水利建设方面，积极打造具有预报、预警、预演、预案"四预"功能的智慧水文，不断提高决策服务的科学性和服务效率，探索水文数字孪生试点工作。

2.2 存在的问题

2.2.1 水文站网布局与功能仍不完善

赣中水文经过多次站网规划的实施和调整，基本建成功能比较齐全的水文站网，但水生态监测基本、城市水文站网发展较慢，目前仅有吉安和峡江 2 个水生态站点。服务于城市涉水事务的城市水文站点不足，不能满足流域经济社会发展对水文部门日益增长的需求。

2.2.2 水文监测能力与水利监管需求仍有差距

目前，赣中水文监测任务的增加、驻测方式的局限及人力资源的不足，导致水文测报工作问题非常突出。

随着江河堤防防洪标准的提高，原有水文测报基础设施标准偏低或损坏，已不能满足水文测报的需要；由于水利工程的建设，河床下切，水位下降，部分水文测站低水无法自记观测；部分设施设备陈旧或超期服役，缺少完善的设备更新周期计划。同时，人工监测为主的监测模式已经无法满足当前水文监测站网的运行监测管理，需要利用现代化高精度自动监测仪器改变传统的监测管理模式。此外，水文应急监测手段有限，应对突发性水事件应急监测能力待提升，缺乏先进、便携的水质检测仪器以及必要的应急交通工具。

3 水文现代化建设探讨

"十四五"时期是开启全面建设社会主义现代化国家新征程的第一个五年。我们要立足新发展阶段、贯彻新发展理念、构建新发展格局，江西省水文工作会议工作报告勾勒出未来五年乃至更长时期江西水文发展新蓝图，水文也迎来了可以大有作为、更需主动作为的"时"和"势"。我们要深刻认识错综复杂的国内外发展环境带来的新特征新要求、新矛盾新挑战，系统推进赣江中游水文事业高质量跨越式发展。

3.1 水文现代化建设思路

建立覆盖全面的"空天地"一体化水文监测体系；实现水文全要素、全量程自动监测，水文数据处理、预测预报和分析评价全流程自动化、智能化、可视化；建设多领域、多层次、多元化的服务产品体系；打造政治过硬、敢于担当、本领高强的水文人才队伍；构建符合现代治水理念，稳定高效可持续的水文管理机制。通过"十四五"时期发展，基本实现赣中水文现代化，为水利和经济社会发展提供扎实支撑。

3.2 水文现代化建设重点任务

（1）进一步完善水文站网功能、布局。进一步强化科技引领，找准水文现代化的突破方向，对标现代化的要求主动融入新发展格局，聚焦水文服务领域的监测空白和新增需求，完善站网综合功能，根据江西水文站网规划，结合水文站全面提档升级工作，在支撑防汛抗旱减灾、水资源管理与保护、水环境水生态和经济社会发展等不同领域的水文水资源监测体系建设，逐步构建布局合理、覆盖全面的赣中水文现代化站网体系，全面推进站网监测范围、水平、能力再突破。

（2）全面推进水文监测自动化、智能化。在监测手段上，通过 GNSS 技术和地面水文监测技术相结合，建立"空天地"一体化水文监测体系。围绕江西水文自动化监测化规划，全面推动水位、雨量、蒸发、流量、泥沙、地下水、墒情等水文要素自动化监测，大幅提升水文监测自动化智能化水平。对现有水文站进行建设提档升级，逐步达到水文要素全量程全自动监测。

（3）全面提升水文服务信息化水平。深化技术服务供给侧改革，推进水文预测预报预警智能化实时化，强化水旱灾害防御支撑，构建现代化的水文情报预报业务系统。坚持短、中、长期预报相结合，结合推广"3 天预报、3 天预测、3 天展望"预报模式的基础上，延长预报的预见期，全力提高预报精准化和服务精细化水平，为防洪调度指挥提高科学的决策支持；加强水质水生态监测分析评价及成果转化，探索综合监测、协同监测，强化共建共管共享，提升水文服务能力和质量，使水文服务全面覆盖社会需求。

4 结语

"十四五"水文现代化建设是推进赣中水文事业发展的重要抓手。为此，我们要立足客户库新发展阶段，围绕经济社会高质量发展要求，必须通过进一步完善水文站网功能和布局、推进水文监测自动化智能化、全面提升水文服务信息化水平等方面推进水文现代化建设，为经济社会发展和水利高质量发展提供有力的基础支撑。

参考文献

［1］邓映之，樊孔明，李文杰．淮河水文现代化建设研究［J］．治淮，2022（2）：52-54.

水文监测无人机在黄河流域孪生水文现代化中的技术应用及研究

方　立[1]　李宇浩[2]

(1. 河南黄河水文勘测规划设计院有限公司，河南郑州　450004；

2. 黄河水利委员会河南水文水资源局，河南郑州　450004)

摘　要：水文站是水文信息采集的基本单元，是水文监测系统建设的重要组成部分，承担着为防汛减灾提供及时有效水情信息的重任。水文监测是水文监测设施的重要组成部分，我国目前有一半的水文测验断面选择其作为主要测验方式，监测、采样工作主要以驾船方式来进行，不及时，不安全，不稳定是其最大的弊端，研发新型监测、采样仪器有重要意义。面对进入新发展阶段、贯彻新发展理念、构建新发展格局的要求，结合黄河水文工作实际，选取具有代表性的黄委小浪底水文站为例，研制水文监测无人机设备。

关键词：无人机；水文监测与采样；技术应用及研究

1　主要内容

该研究研制的水文监测无人机设备，适用于水文监测技术领域，包括机体、微型电机、支撑管、旋转轴、旋翼、支撑架、微型水泵、取样瓶、电池和照相机。具体为：在机体表面的顶端固定安装微型电机，在机体表面四周均固定安装支撑管，在支撑管内部固定安装旋转轴，在旋转轴远离机体一端固定连接旋翼，在机体底部四周均固定安装支撑架，在机体底部固定安装微型水泵，在机体底部固定安装取样瓶，在微型水泵远离吸水管的一端固定连接电池，在电池的另一端固定连接照相机。

该设备的优点在于：通过微型水泵和照相机的设置，在检测人员对水域进行检测工作时，通过该装置上的微型水泵采集到目标区域的水质，相比传统的通过利用船只去监测和采集更加方便快捷。

与传统的水文职工驾驶船只，载着检测人员携带仪器前往指定水域位置去监测和采样的方式相比，该项目研制的水文监测无人机，性能稳定，操作简便，自动化程度高，大大提高了工作效率，为顺利完成水文监测提供了安全可靠的技术保障。

2　概况

2.1　基本情况

小浪底水文站是黄河下游干流的重要控制站，设立于 1955 年 4 月 20 日，于 1991 年 9 月 10 日下迁 4 km 至小浪底（二）水文站，现位于河南省济源市坡头镇泰山村，地理坐标东经 112°24′19″、北纬 34°55′16″，距上游小浪底水库 4 km，距下游西霞院水库 18 km，至河口距离 894 km，集水面积 694 221 km²，见图 1。小浪底水文站是国家基本水文站、国家重要水文站、大河重要控制站，也是小浪底水库的出库控制站，担负着为黄河下游防汛抗旱、水旱灾害防御、水资源管理和收集原型水文信息的重任，为流域经济社会发展提供基础服务依据。

作者简介：方立（1979—），男，高级工程师，从事水利工程及水文与水资源方面的工作。

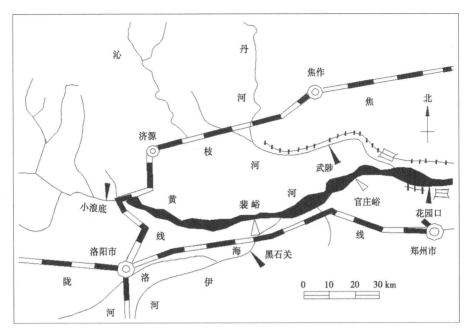

图 1　小浪底（二）水文站测站位置示意图

主要测验项目有水位、流量、单沙、悬移质输沙率、悬移质颗分（取样）、降水、冰凌、水温、岸上气温、比降等，另担负着 4 个雨量站的辅导管理。该站按流量、泥沙测验精度要求及测站重要性划分为流量一类站，泥沙一类站。

主要测验设施：设计最高应用水位 155.31 m、设计测洪能力 5 000 m³/s、设计抗洪能力 19 400 m³/s 的吊船过河缆道 1 套。无动力船 1 艘，机吊两用船 1 艘，冲锋舟 1 艘，共 3 艘。

水沙特性：洪水来源于小浪底水库下泄流量，受小浪底水库闸门启闭调蓄影响，水位涨落及流速沿断面和沿垂线分布变化较大，尤其是小浪底水库泄洪期间，水库水位与排沙洞闸门开启位置和开启高度对下泄洪水的含沙量及流速有较大的影响，导致该站水位流量关系散乱。同时受下游西霞院反调节水库影响，一般蓄水时测验河段水面比降较小，洪水期敞泄时比降较大。小浪底水库运行后，洪水峰型较水库运用前偏胖。西霞院水库运行后，蓄水运用时产生回水也会对该站水位流量关系产生影响，但水库出入平衡运用时则基本无影响。且低水位运用时水位流量关系趋于稳定的单一曲线。小浪底水库运用前，小浪底水文站含沙量全年随季节变化而变化，汛期尤其是洪水期间较大，非汛期较小。小浪底水库运用后，受水库蓄水影响，该站每年 10 月至次年 5 月，河水清澈，含沙量趋近于零。每年 6—9 月受小浪底水库异重流排沙运用，含沙量明显增大，单断沙关系为直线，系数一般在 0.95~1.05。

水库运用以来，该站出现最高水位 137.05 m，最大流量 5 720 m³/s，实测最大流量 5 680 m³/s，实测最大含沙量 452 kg/m³，最大水深 9.9 m。经过几代水文工作者的辛勤努力，该站先后战胜了"58·7""82·8"等大洪水，为黄河防汛提供了准确及时的水文情报，收集了大量宝贵的水文资料，为治黄事业做出了突出贡献，同时也为保护黄河下游及两岸人民的生命财产安全和经济建设发挥了重要作用。

2.2　测验河段情况

2.2.1　测验河段及断面情况

测验河段为天然河道，右岸地势较缓，左岸为陡坎，砂卵石河床，一般情况下较稳定。测验河段顺直，长约 2 km，其中比降断面长 400 m，测流断面主槽宽约 330 m，起点距 230~260 m 处有一河心洲，起点距 320 m 处有近 100 m 长的串沟。高水时水面宽约 380 m。水位达到 137.15 m 时右岸发生漫滩，滩区长 50 m，平滩流量为 6 000 m³/s。上游小浪底水库最大泄流能力为 15 300 m³/s，小浪底水文站断面最大过流能力为 15 300 m³/s。

自基本断面下游 300 m 以下河道逐渐开阔，属于小浪底水库的反调节水库——西霞院水库的库区范围。基上 4 km 处是小浪底水库大坝，基上 667 m 有黄河公路桥一座，对河势有一定的控制作用。基下 3 km 处是济洛西高速大桥，基下 18 km 处是西霞院水库坝址，西霞院水库蓄水运行时回水对小浪底站水位流量关系有一定的影响。

2.2.2 断面布设

共设有 7 个断面：基本水尺断面；流速仪测流断面（兼浮标中断面）位于基下 50 m；上比降断面（兼上浮标断面）位于基上 150 m；下比降断面（兼下浮标断面）位于基下 250 m，上、下比降（浮标）断面间距 400 m。高水比降为（1.50~13.2）×10⁻⁴。

水位观测以自记水位计观测为主，直立式水尺观测校核。基本水尺断面左岸设有雷达水位计 1 台，上、下比降断面左岸各设置非接触式水位计 1 台。上、中、下断面共设立直立式水尺 18 支，采用 85 国家高程，控制水位范围满足大洪水时需要，小浪底（二）水文站测验河段平面见图 2。

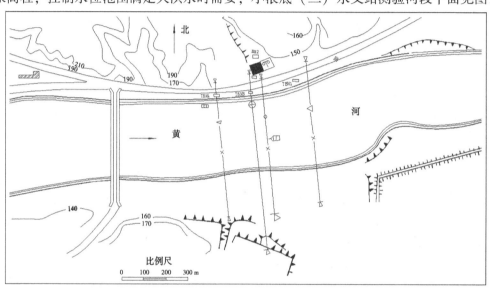

图 2　小浪底（二）水文站测验河段平面图

2.3 影响测验因素

汛期，该站测验断面过水河面宽，水位高，流量和含沙量大，利用船只靠人员去监测和采样，存在一定风险，且一定程度上影响测验精度和质量。

2.4 传统解决方法

传统的监测和采样的方式，需要在做好安全防护措施的情况下，水文职工驾驶船只，载着检测人员携带仪器前往指定水域位置去监测和采样。这样一来不仅工作效率低，而且需要花费大量的人力、物力、财力，并且可能存在一定安全隐患。遇到水深浪大流急的情况，会存在监测和采集数据不够精确的情况。

3 水文监测无人机研制

3.1 水文监测无人机装置构成及原理

本项目研制的水文监测无人机设备，它适用于水文监测技术领域，具体构成包括机体、微型电机、支撑管、旋转轴、旋翼、支撑架、微型水泵、取样瓶、电池和照相机。

具体为：在机体表面的顶端固定安装微型电机，在机体表面四周均固定安装支撑管，在支撑管内部固定安装旋转轴，在旋转轴远离机体一端固定连接旋翼，在机体底部四周均固定安装支撑架，在机体底部固定安装微型水泵，在机体底部固定安装取样瓶，在微型水泵远离吸水管的一端固定连接电池，在电池的另一端固定连接照相机。

该水文监测无人机的原理为：如图3~图5所示，在机体1表面的顶端固定安装有微型电机2，机体1表面的四周均固定安装有支撑管3，支撑管3的内部均固定安装有旋转轴4，旋转轴4远离机体1的一端固定连接有旋翼5，机体1底部的四周均固定安装有支撑架6，支撑架6的内部固定安装有液压杆7，机体1的底部固定安装有微型水泵8，微型水泵8的输出端固定安装有吸水管9，机体1的底部固定安装有取样瓶10，取样瓶10的一端开设有吸水孔11，吸水孔11远离取样瓶10的一端固定连接有微型水泵8，微型水泵8远离吸水管9的一端固定连接有电池12，电池12的另一端固定连接有照相机13。

该水文监测无人机，其特点在于：照相机13的内部固定安装有转动轴14，转动轴14的中部固定安装有摄像头15。吸水管9的表面卡接有软管16。液压杆7的顶端固定安装有平衡垫17。电池12固定安装在机体1的内部。微型水泵8固定安装在机体1的内部。照相机13固定安装在机体1的内部。

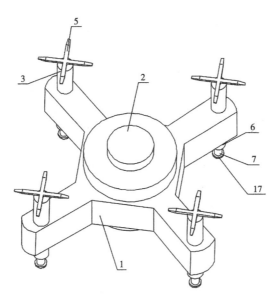

图3　水文监测无人机示意图（顶部）

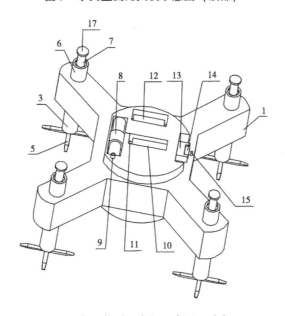

图4　水文监测无人机示意图（底部）

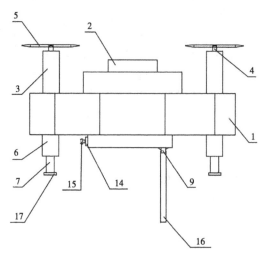

图 5　水文监测无人机示意图（侧面）

3.2　技术关键

该水文监测无人机设备通过机体、微型电机、微型水泵和电池的设置，微型水泵的输出端固定连接有吸水管、吸水管的顶端卡接有软管，当需要采集水源样品时，控制该装置飞行至与水面固定高度，通过微型水泵的运转将软管向内吸水，吸入的水再通过微型水泵转入到取样瓶内部，取样完成后再调整该装置的高度飞行，这样相比检测人员通过船只到达采样指定区域来说省时省力，节约了大量的人力物力。

该水文监测无人机装置通过电池和照相机的设置，当该装置飞行到一定高度时，检测人员可以通过照相机来锁定需要被采集的水源，同时能够对该区域水质进行摄像，能够有效的拍摄出该水源现场情况，有利于检测人员后期对该水质水源做相应的分析和研究工作，相比传统的监测工具，大大的提高了工作效率。

3.3　适用范围及保障

该设备适用于河面宽、水深、流量大等多种情况，性能稳定，操作简便，自动化程度高，不仅可以提高工作效率，降低劳动强度，还能避免可能存在的安全隐患。

4　结论

传统的监测、取样方法步骤烦琐，用时长，效率低，新型无人机设备可以快速、高效、直观地呈现水文监测、水样等河道信息。新型无人机监测设备一人即可完成，能直接呈现水域各种情况，并遥控抽取水样携带返航，不受地形限制，具有劳动强度低、效率高等优点，可快速、高效、直观地呈现水文河道、水域信息，便于水文站人员及时发现水域出现的问题，提前采取措施，减少人民群众的生命和财产损失。

通过研制水文监测无人机设备，从而逐步替代传统人工驾驶船只，载着检测人员携带仪器，前往指定水域位置去监测和采样的方式，既减少了人力、物力、财力，还避免了可能存在的不安全因素，且大大提高了水文监测自动化水平，性能稳定、操作简单、省时节力、安全可靠，降低了职工劳动强度，提高了工作效率和流量测验精度，为黄河流域其他测站解决类似问题积累了宝贵经验，提供了可靠借鉴。

参考文献

［1］无人机通用规范：GJB 2347—1995［S］.

［2］无人机系统飞行试验通用要求：GJB 5434—2005［S］.

［3］中国无人机通用技术标准：Q/TJYEV—2015［S］.

［4］无人机系统飞行试验通用要求：GJB 5434—2005［S］.

［5］河流悬移质泥沙测验规范：GB/T 50159—2015［S］.

［6］水文测量规范：SL 58—2014［S］.

西江流域洪水期月尺度洪水预测方法研究

杜　勇　姚章民

（水利部珠江水利委员会水文局，广东广州　510610）

摘　要： 在分析西江流域暴雨洪水成因和特点的基础上，选用了历史演变法、概率转移法和天气学模糊综合分析预测法这三种长期水文预报方法，对西江流域控制站梧州水文站运用这三种预测方法建立预报方案，进行洪水期月尺度洪水预测，取得了较好的预报效果。预测成果可供防汛相关部门决策参考。

关键词： 洪水；中长期水文预报；西江流域

1　引言

影响中长期水文预报对象的因子众多而复杂，影响因子与预测对象之间关系的复杂性往往超出目前人类的认识能力，以至于中长期水文预报成为自然科学与应用技术领域内的一项研究难题，就目前国内外的研究现状而言仍处于探索和发展阶段，没有完善的理论模式和方法可借用。一般中长期水文预报方法主要是根据河川径流的变化具有连续性、周期性、地区性和随机性等特点来开展研究，主要有成因分析和水文统计两种方法。成因分析法一般是根据前期大气环流特征的各种高空气象要素和后期的水文要素建立相关关系，从物理成因方面进行水文预报。水文统计法是应用数理统计理论和方法，从大量历史水文资料中寻找预报对象和预报因子之间的统计关系或水文要素自身历史变化的统计规律，建立预报模型进行预报，常采用的方法有历史演变法和概率转移法等[1-2]。此外，近代研究结果表明，地球自转速度的变化、海温状况、太阳活动、火山爆发、高山冰雪、臭氧变化以及行星运动位置等天文地理物理因素对水文过程都有一定的影响。分析这些因素与水文过程的对应关系后，可以对后期水文要素可能发生的变化情况做出预测[3-4]。

本文在分析珠江流域暴雨洪水成因和特点的基础上[5]，采用水文统计方法建立月尺度的西江流域洪水预报模型，尝试建立大气环流形势、太阳黑子数年周期变化和海温变化（厄尔尼诺现象和拉尼娜现象）等天文物理因素与江河水量变化之间的相关关系，预测后期可能发生的洪涝灾害。本文主要对西江下游控制站梧州站汛期（4—9月）逐月最大洪水量级进行预测，以此预测西江中下游地区洪水。

2　选用测站概况

西江梧州水文站于1900年建站，位于梧州市浔江与桂江汇合口下游约2 km处，是西江干流的首要控制站，流域集水面积327 006 km²，占西江流域集水面积的94.6%，广西境内85%的年径流总量从该站流入广东。从1949年以后的高洪水位以上的实测资料分析得知，梧州洪水来水量一般情况下，浔江占85%~90%，特殊情况下浔江也不少于70%。西江洪水多发生在6月、7月，洪水主要由锋面

基金项目： 水利部重大科技项目（SKR-2022038）。

作者简介： 杜勇（1976—），男，高级工程师，副主任，主要从事水文预报工作。

雨造成，峰高、量大且洪峰持续时间长，洪水过程一般呈多峰型。西江梧州站洪峰一般以柳江为主，当上游洪峰与下游支流桂江洪峰遭遇时，会形成高量级洪水。本文选取的梧州站历史流量资料年份为1941—2011年。西江梧州站位置见图1。

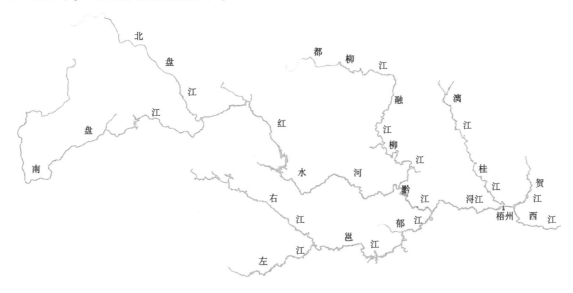

图1　西江梧州站位置示意图

3　预报方法研究

本文主要选用3种预报方法：历史演变法、概率转移法和天气学模糊综合分析预测法，由于受中长期预测技术水平限制，目前情况下，用单一方法对月尺度的洪水进行预测效果不佳，因此多采用多种方法及专家经验判断综合的方法对汛期各月最大流量进行预测。

3.1　历史演变法

3.1.1　基本原理

任一水文气象要素的长期历史实测值，全面反映了这一要素的历史变化规律，尽管影响这一要素的外部因素与内部因素十分复杂，直至目前还不能把它们一一辨认出来，也不能一一确定各个因素的影响程度，但这些因素的综合影响却都已毫无遗漏地反映在这个要素的历史记录之中。因此，可利用某一测站、某一水文气象要素的历史演变曲线，根据外形特征分析其持续性、相似性、周期性、最大最小可能性和转折点来制作预报。

3.1.2　方法应用

对西江梧州站历年汛期逐月最大流量、多年同期最大流量、5年滑动平均变化情况以及年代际变化特点等进行分析和总结规律，从而对汛期逐月最大洪水量级进行定性预测分析。绘制1941—2011年西江梧州站汛期最大流量距平、5年滑动平均、年际变化和趋势线，见图2~图4。由于西江洪水多发生在6月和7月，因此这两个月的最大洪水量级的预测，对于提早部署当年的防汛抗旱工作具有实质性的作用。

分析图3可以看出，6月最大流量的历史演变曲线年际变化较为明显。20世纪40年代，处于洪水频发期，大部分年份洪峰流量较多年同期偏多0~5成。经历五六十年代的调整期，七八十年代进入洪水少发期，90年代至今，则一直处于洪水多发期，且量级较大，部分年份洪峰流量较多年同期偏多5成以上，如历史上较大的几场暴雨洪水"1994·6""1998·6""2005·6""2008·6"都发生在这个时期。同时还可以发现，大洪水发生后的次年会有调整期，洪峰量级不会太大，至少2年以上不会有较大洪水发生；20世纪90年代，以及进入21世纪后，6月西江梧州站洪峰流量偏多的年份有增多的趋势。同理可以分析出其他月份的历史演变规律。根据上述特点，同时结合前几年的历史演变情况，寻找历史相似年，可在每年汛前对当年的汛期最大洪水量级进行趋势预测。

例如，2008 年 6 月珠江流域发生流域性较大洪水，西江干流洪水重现期 20 年一遇，梧州站洪峰流量 46 000 m³/s，根据历史演变曲线规律知大洪水发生的次年会有调整期，量级不会很大，且 2008 年 6 月最大流量距平达 88%，故定性判断 2009 年 6 月梧州站最大流量与多年同期相比偏小，即出现负距平的可能性较大，故可以在此定性预测的基础上结合其他定量预测方法及专家经验对 2009 年 6 月梧州站最大流量进行研判，实际上 2009 年 6 月最大流量距平为 -14%，此定性预测正确。

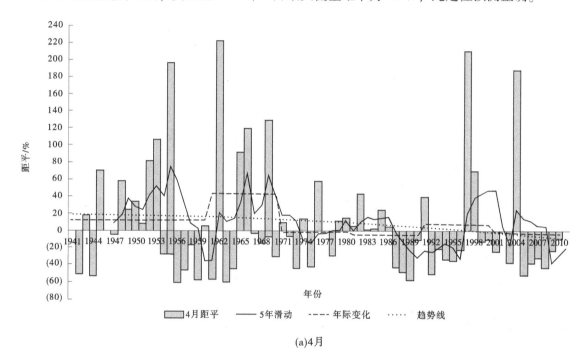

(a)4月

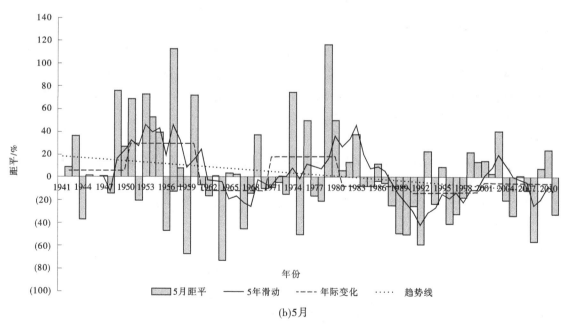

(b)5月

图 2　西江梧州站 4 月和 5 月最大流量趋势变化过程

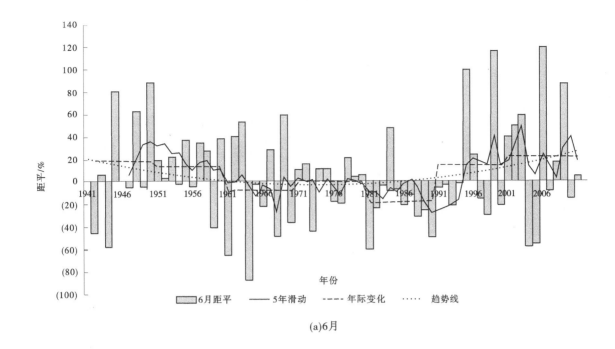

(a)6月

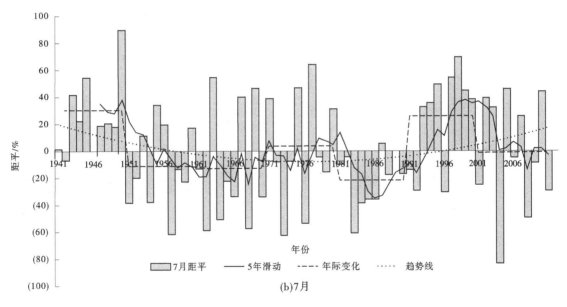

(b)7月

图 3　西江梧州站 6 月和 7 月最大流量趋势变化过程

3.2　概率转移法

3.2.1　基本原理

实际的水文过程既受确定因素的影响，又受到随机因素的影响，是十分错综复杂的过程。这种包含随机性成分和确定性成分的水文过程称为随机水文过程。根据随机水文过程分类的标准可知月最大流量（或最高水位）序列可以看作马尔柯夫过程，则可应用马尔柯夫转移概率预报月最大流量（或最高水位）。马尔柯夫过程具有无后效性，即当过程在时刻 t_0 所处的状态为已知时，过程在时刻 t（$>t_0$）所处的状态与过程 t_0 时刻之前的状态无关。如果知道 t_0 时刻所处的状态转移到 t（$>t_0$）时刻所处状态的概率，则可由此来预报 t（$>t_0$）时刻处于某种状态可能性的大小。根据此种方法可对月最大流量（或最高水位）进行定性概率预报。

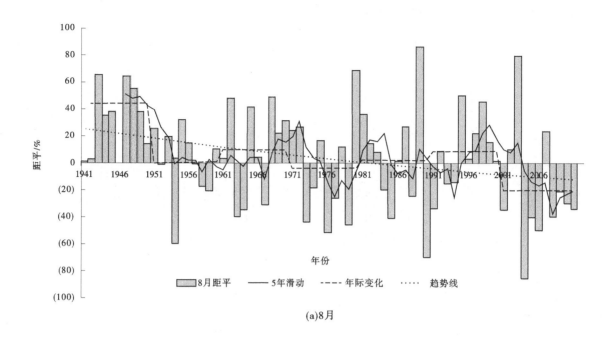

(a)8月

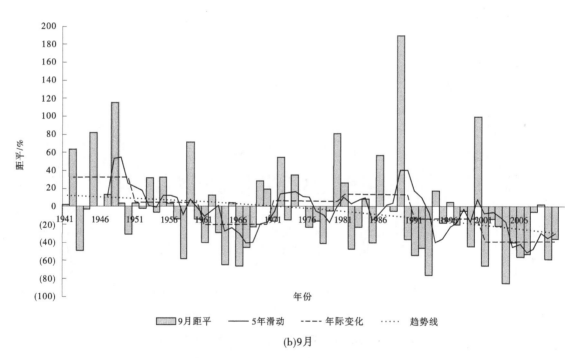

(b)9月

图4 西江梧州站8月和9月最大流量趋势变化过程

3.2.2 方法应用

梧州站 1941—2011 年共 71 年年最大流量，首先计算其经验频率，计算方法如下：

将历史资料序列按由大到小的次序排列为 x_1，x_2，…，x_m，…，x_n。其中，$n=71$。本方法采用数学期望公式进行计算，即

$$P = \frac{m}{n+1} \times 100\%$$

式中：P 为等于或大于 x_m 的经验频率；m 为 x_m 的序号，即等于和大于 x_m 的项数；n 为样本容量，即观测资料的总项数。

按照各历史资料的经验频率，划分为若干个等级，由于梧州站最高水位历史资料年限较长，故划分为 A、B、C、D、E、F、G 7 个等级，划分标准及对应最大流量值划分标准及各等级出现次数见表 1。

表 1　等级划分标准及出现次数

等级	A	B	C	D	E	F	G
	$0<P≤0.15$	$0.15<P≤0.3$	$0.3<P≤0.45$	$0.45<P≤0.6$	$0.6<P≤0.75$	$0.75<P≤0.9$	$0.9<P≤1$
max/(m^3/s)	53 700	36 700	29 700	25 600	22 900	18 900	12 500
min/(m^3/s)	37 500	29 900	25 800	23 200	19 200	12 700	2 830
次数	10	11	10	11	11	11	7

由表 1 可以看出，梧州站 71 年资料中，仅有 7 年最大流量低于 12 700 m^3/s，且以 20 世纪 90 年代前居多，其余各等级所占比例基本持平。

分别计算各等级转移至不同等级的次数，见表 2。

表 2　转移概率

等级	A	B	C	D	E	F	G
转移至 A		2	1	3		2	2
转移至 B	1	2		4	2	1	1
转移至 C	1		2	1	3	3	
转移至 D	1	2	2	1	1	1	2
转移至 E	3	2	1	2	3		
转移至 F	1	2	2		2	2	1
转移至 G	3	1	2			1	1

从表 2 可以看出，A 级转为 E 级和 G 级、D 级转为 B 级、E 级转为 C 级和 E 级、F 级转为 C 级、G 级转为 A 级和 D 级的可能性较大，而 B 级和 C 级的转移概率不是很明显，但可以看出，B 级转为 G 级、C 级转为 A 级和 E 级的概率较低。此种方法在实际运用过程中，需要注意等级的划分，一般来说，等级划分的越多、越细，精度就越高；但同时也应结合样本容量的大小，即历史资料序列的长度来考虑，一般来说，样本容量越大，即历史资料年份越长，等级划分应该越多越细，否则无法真实反应出样本个体从一个级别转移到另一个级别的概率。

以预测 2009 年 6 月西江梧州站最大流量为例说明。2008 年 6 月梧州站最大流量 46 000 m^3/s，由表 1 可知 2008 年 6 月属于 A 级，由转移概率表可知 A 级次年转为 E 级和 G 级的可能性较大，即 2009 年 6 月梧州站最大流量出现在 19 200~22 900 m^3/s、2 830~12 500 m^3/s 这两个范围内的可能性较大，结合其他预测方法及专家经验进行研判得出可能出现 E 级的预测，实际上 2009 年 6 月最大流量为 21 100 m^3/s，属于 E 级，此预测正确。

3.3　天气学模糊综合分析预测法

3.3.1　基本原理

一个流域的径流变化主要取决于降水，而降水又是由一定的环流形势与天气过程决定的，因此径流的长期变化应与大型天气过程的演变有密切关系。天气学预测分析方法就是根据前期大气环流特征以及表示这些特征的各种高空气象要素和流域水文要素，从中分析寻找出异常环流的演变承替规律，然后利用这种规律对后期的水文情况进行预报的一种方法。通过对大量的历史气候资料，主要是高空环流的逐月平均形势与对应的水文要素进行综合分析，概括出旱涝年前期的环流特征模式，然后由前期环流特征作出后期水文情况的定性预报；或者在前期的月平均环流形势图上分析与预报对象关系密切的地区和时段，从中挑选出物理意义明确、统计贡献显著的预报因子，然后用逐步回归或其他多元分析方法与预报对象建立方程，据此进行定量预报。

3.3.2 方法应用

选取 1990—2006 年 17 年的气象因子和流量资料建立西江梧州站 6 月最大流量天气学模糊综合分析预测模型，并取用 2007—2009 年的天气因子和流量资料进行模型检验。建立预测模型的关键之一就是挑选适合的预报因子，目前在水文中长期预测中经常使用的主要有印缅槽指数、青藏高原指数、东亚大槽位置、东亚大槽强度、南方涛动、太阳黑子相对数等 20~30 个气象因子。对这些预报因子进行统计分析，最终筛选出 6 个最优气象因子作为预报因子，用来建立预测模型。这 6 个最优预报因子分别为：当年 1 月印缅槽指数、前一年 11 月北半球极涡中心强度、前一年 11 月东亚大槽位置、前两年 11 月副高脊线、前两年 11 月印缅槽指数、前两年 3 月北半球极涡中心位置，它们与预报对象梧州站 6 月最大流量的相关关系见表 3。

表 3 筛选出的预报因子与预报对象的相关关系

序号	预报因子	预报因子与预报对象的相关系数
1	当年 1 月印缅槽指数	0.59
2	前一年 11 月北半球极涡中心强度	−0.66
3	前一年 11 月东亚大槽位置	0.59
4	前两年 11 月副高脊线	0.64
5	前两年 11 月印缅槽指数	−0.63
6	前两年 3 月北半球极涡中心位置	−0.62

用筛选出的预报因子和预报对象（梧州站 6 月最大流量）建立模糊综合分析预测模型。首先对预报因子进行数据标准化处理，并对各预报因子赋予初始权重系数，建立预报因子与预报对象间的一元线性回归方程，以实测流量和模拟流量之差的平方和最小作为目标函数，使用 Rosenbrock 优选算法对模型参数（因子权重）进行优选，优选结果见表 4 和图 5。从列表和对比图中可以看出，参与参数率定的 17 年梧州站 6 月最大流量的计算值与实测值趋势一致，可以反映当年的丰枯趋势，若以相对误差小于 ±20% 作为合格，合格率达到 76.5%，模拟计算的效果较好。

表 4 梧州站 6 月最大流量参数率定模拟计算结果

年份	因子 1	因子 2	因子 3	因子 4	因子 5	因子 6	实测值/ (m^3/s)	计算值/ (m^3/s)	相对误差/%
1990	27	3	135	17	29	100	23 200	33 172	43.0
1991	22	4	135	17	35	285	23 900	20 101	−15.9
1992	23	2	133	19	36	320	19 500	21 429	9.9
1993	27	7	135	20	38	250	24 200	21 508	−11.1
1994	30	−6	145	23	30	110	49 100	54 427	10.8

续表4

年份	因子1	因子2	因子3	因子4	因子5	因子6	实测值/ (m³/s)	计算值/ (m³/s)	相对误差/%
1995	29	3	137	20	35	120	30 400	32 884	8.2
1996	17	2	136	18	35	290	20 900	22 991	10.0
1997	12	14	135	17	34	280	17 300	16 446	−4.9
1998	34	−1	135	24	29	280	52 900	49 270	−6.9
1999	21	15	138	17	38	290	19 400	15 472	−20.2
2000	21	4	135	19	33	150	34 300	28 816	−16.0
2001	26	8	141	20	32	155	36 700	38 168	4.0
2002	31	2	136	22	34	30	38 900	40 919	5.2
2003	14	9	135	17	33	305	10 500	18 995	80.9
2004	24	10	135	17	40	280	11 000	14 574	32.5
2005	31	3	148	20	33	75	53 700	48 308	−10.0
2006	37	8	136	20	35	265	22 600	27 569	22.0

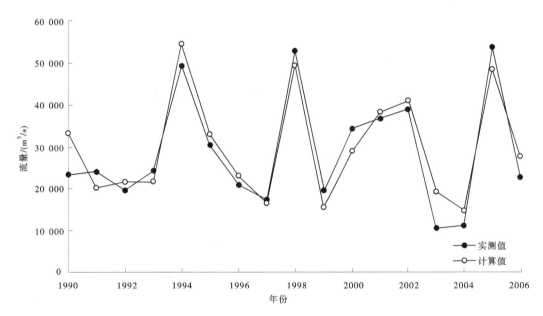

图5 梧州站6月最大流量参数率定计算结果对比

使用2007—2010年4年的实测水文气象资料对此洪水预报模型进行检验[6]，模型检验的计算结果见表5。可以看出，计算结果相对误差小于±20%的共有3年，合格率为75%。

表5 梧州站6月最大流量模型检验计算结果

年份	因子1	因子2	因子3	因子4	因子5	因子6	实测值/ (m³/s)	计算值/ (m³/s)	相对误差/%
2007	22	4	128	18	30	90	28 800	24 874	−13.6
2008	30	3	139	17	28	130	46 000	39 515	−14.1
2009	30	9	132	21	37	280	21 100	21 116	0.1
2010	29	6	132	18	35	270	25 800	19 645	−23.9

此外，从模型的本质上看，模糊综合分析预测法属于一种多元线性回归预测方法，因此对梧州站6月最大流量模糊综合分析预测模型做显著性检验，需要进行线性回归显著性检验和回归系数的显著性检验[1]。根据线性回归的显著性检验方法，经过计算，对于已建立的梧州站6月最大流量模糊综合分析预测模型，由于 $F = 11.6 > F_{(0.05)} = 3.22$，在信度 $\alpha = 0.05$ 时，通过了 F 检验，说明各回归系数为零的假设不成立，模型中选用的6个气象预报因子与预报对象的线性回归是显著的。根据回归系数的显著性检验方法，经过计算，对于已建立的梧州站6月最大流量模糊综合分析预测模型，由于 $t = 8.34 > t_{(0.05/2)} = 2.23$，在信度 $\alpha = 0.05$ 时，通过了 t 检验，说明选用的6个气象预报因子对预报对象是有显著影响的。

同理可以对汛期其他月份建立相应的分析预测模型。

4 主要结论

本文选用了历史演变法、概率转移法和天气学模糊综合分析预测法这三种长期水文预报方法分别建立西江梧州水文站月尺度洪水预报方案，并在实际应用中检验，近年来在西江流域的汛期洪水的长期预测中也取得了较好的预报效果。历史演变法和概率转移法可用于对预报对象的定性分析判断，而天气学模糊综合分析预测法可对预报对象进行定量分析预测，在工作中通常对这两类预测结果进行综合分析运用。水文过程与大气环流、太阳活动、下垫面等因素密切相关，这些因素变化错综复杂，而气候变化将改变全球水文循环现状，自然的气候波动和人类活动共同将造成水文现象更加复杂。现有的研究指出，与气候变化关系密切的极端天气气候事件，如厄尔尼诺、拉尼娜、干旱、洪水、热浪、雪崩和风暴、沙尘暴等，发生的频率和强度都在增加。受上述不确定因素和目前科学技术水平的限制，长期水文预报仍处于探索、发展阶段，预报精度还不能完全满足实际工作需要。但是，大范围旱涝趋势的预测预报仍有一定的参考价值，上述三种方法的预测结果结合专家经验综合研判，得出的预测成果可供防汛相关部门决策参考。

参考文献

[1] 汤成友，官学文，张世民. 现代中长期水文预报方法及其应用 [M]. 北京：中国水利电力出版社，2008.
[2] 范仲秀. 中长期水文预报 [M]. 南京：河海大学出版社，1999.
[3] 包为民，张建云. 水文预报 [M]. 北京：中国水利电力出版社，2001.
[4] 水利部水文局，长江水利委员会水文局. 水文情报预报技术手册 [M]. 北京：中国水利电力出版社，2010.
[5] 姚章民，杜勇，张丽娜. 珠江流域暴雨天气系统与暴雨特征分析 [J]. 水文，2015，35（2）：85-89.
[6] 中华人民共和国水利部. 水文情报预报规范：GB/T 22482—2008 [M]. 北京：中国标准出版社，2008.

基于土壤介电常数推算土壤墒情的
仪器测量技术研究

嵇海祥[1]　胡春杰[2,3]　杨　溯[1,3]　张　晶[1,3]

(1. 水利部南京水利水文自动化研究所，江苏南京　210012；
2. 江苏南水科技有限公司，江苏南京　210012；
3. 水利部水文水资源监控工程技术研究中心，江苏南京　210012)

摘　要：物联网、互联网、大数据的普及带动了信息化建设的脚步，国家号召建设智慧水务，全天候无间隙监测水资源动态。土壤墒情作为重点监测对象之一，其数据的稳定性及可靠性是支撑智慧墒情的基础，测定土壤墒情的传感器有很多种，其原理及特点各不相同，本文针对几种常见土壤墒情的仪器测量技术进行剖析和论证，以起到抛砖引玉的作用。

关键词：土壤墒情；频率步进；TDR

土壤含水量是表达旱情最直接的指标，土壤是一种介质，更贴切的说土壤是一个系统，是由各种颗粒状矿物质、有机物质、水分、空气、微生物等组成的一个复杂系统。其物理特性非常复杂，变异性很大。由于地理位置、气候条件及外界影响，土壤便有了各种各样的差异，甚至同一地段的不同土层，都存在差异。国内外从20世纪中叶就开始进行土壤水分的监测，国内外一直都在进行各种测量方法的研究，随着国家抗旱指挥系统的规划和实施，各省、市区域墒情自动监测即将全面展开，迫切需要自动化土壤水分监测仪器和信息传输系统，以获取连续、可靠的土壤水分信息，为区域旱情分析提供基础数据。

1　测量方法

随着科技的进步，土壤墒情的测量方法也越来越多，目前常用的墒情测量方法（见图1）有烘干法、张力计法、中子法、近红外法和介电法等[1-3]。其中，介电法利用土壤的介电特性，间接实现土壤含水量的测量，是一种快速、有效、可靠、简便的方法[4]。

1.1　频域反射法

频域反射法（frequency Domain reflectometry，简称FDR），其主要特点是传感器的结构有多样性，最常见的是由一对电极（平行列的金属棒或原型金属环）组成一个电容，电极之间的土壤充当电介质，电容与振荡器组成一个调谐电路，振荡器工作频率 F 随着土壤电容的增加而降低，由于水的介电常数远大于土壤的介电常数，所以当土壤中水分含量发生变化时，电容 C 随着土壤含水量的增加而增加，将频率的变化转变为与土壤含水量对应成为非线性关系的电压信号[5]。以管状探针为例，面向测量土壤含水量纵向分布的介电式传感器，其传感器原理借助于两个带状电极间电磁场的边缘分布效应，如图2所示。

传感器套管纵向埋在土壤中，套管由PVC塑料制成，外壁上镶嵌2个金属环状电极，形成圆环式电容结构，电极间的电厂耦合强度与电极周围材料的介电特性密切相关，只要2个电极之间的电场

作者简介：嵇海祥（1972—），男，高级工程师，从事水文水资源方面的研究工作。

通信作者：胡春杰（1990—），男，工程师，从事水利信息化工作。

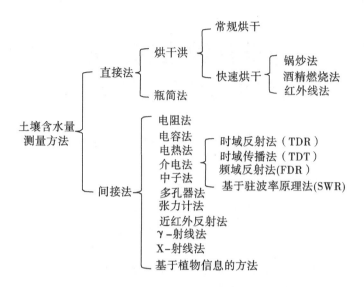

图 1　土壤含水量测量方法

能量足以穿透套管，电极间电场耦合强度则与套管外的土壤含水量有关。

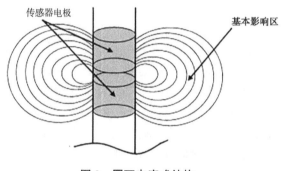

图 2　圆环电容式结构

　　如图 3 所示，当土壤含水量发生变化时，引起铜环部分等效电容值发生改变，从而引起 LC 的震荡频率发生变化，信号再通过后端检波电路采集处理，就得到了最终的频率信号。

$$C_p = 1/[(1/C_x) + (1/C_2) + (1/C_3)] + C_1 \tag{1}$$

$$F = 1/(2\pi\sqrt{L_1 C_p}) \tag{2}$$

式中：L_1 为电感；C_x 为传感器部分等效电容；F 为输出频率，通过测量 F 的相对偏移变化，就可以间接的测量出土壤水分的变化。

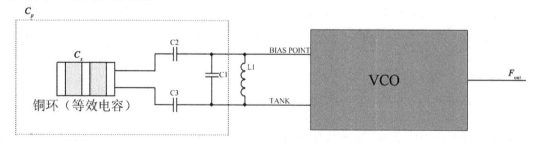

图 3　频域反射等效电路

1.2　频域分解法

　　荷兰 Wageningen 农业大学学者 Hilhorst 通过大量的研究，在 1992 年提出了频域分解方法（Frequency Domain Decomposition，简称 FD）。该法利用矢量电压测量技术，在某一理想测试频率下将土

壤的介电常数 K_a 进行实部和虚部的分解，通过分解出的介电常数虚部可得到土壤的电导率，由分解出的介电常数实部换算出土壤含水量。1993 年，Hihorst 等设计开发出一种用于 FD 土壤水分传感器的专用芯片，使 FD 土壤水分传感器从研究走向生产。Hilhorst 从实验中得出，理想频率范围为 20～30 MHz，此方法受土壤质地影响较大，这是它不可避免的缺陷。

1.3 驻波比法

1995 年，Gaskin 和 Miller 提出了基于微波理论中的驻波比（Standing-WaveRatio）原理的土壤水分测量方法，与 TDR 方法不同的是这种测量方法不再测量反射波的时间差，而是测量它的驻波比，试验表明三态混合物介电常数 K_a 的改变能够引起传输线上驻波比的显著变化。

如图 4 所示，传输线阻抗为 Z_0，负载阻抗为 R_z。当土壤含水量发生变化时，探针阻抗发生变化，从而负载阻抗 R_z 发生变化。当信号经过传输线到达负载时，$R_z \neq Z_0$，阻抗不匹配，信号发生反射，由入射波和反射波的叠加，称之为驻波，驻波波腹电压与波谷电压的比值，称之为驻波系数、驻波比。通过建立驻波比与土壤水分含量的关系式，得到土壤体积含水量。

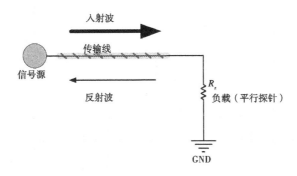

图 4 驻波法等效电路

1.4 时域反射法

时域反射（Time-Domain Reflectometry，简称 TDR）技术，其核心是对电磁波传输时间的精准测量。土壤中，水的介电常数远大于其他介质的介电常数。因此，在土壤中带有能量的电磁波信号平行线传输的速度主要取决于平行线周围介质（土体）的介电常数，而土体的介电常数，主要取决于土体的水分含量。

当电磁波沿着传输线的传输类似光束在传输线中传输，传输线的中断和周边物质的不连续性会使传输中微波的部分能量通过传输线发生反射。当电磁波脉冲到达波导传输线的终端时，实质上脉冲剩余的所有能量都将通过传输线反射回来。这种行为非常像一束光沿着管道传播，在管的终端被镜子反射回起点。

1980 年，G. C. Topp[5] 研究了电磁波在介质中传输的公式：

$$v = c / \left\{ k' \frac{1 + (1 + \tan^2 \delta)^{1/2}}{2} \right\}^{1/2} \tag{3}$$

式中：v 为电磁波在该介质中的传播速度；c 为光速，而损耗因子 $\tan \delta = [k'' + \sigma_{DC} / (\omega \varepsilon_0)] / k'$。G. C. TOPP 指出，土壤基本属于同向线性均匀媒质，其满足：$k'' \ll k'$，且当电磁波的频率足够高时，有 $\sigma_{DC} / (\omega \varepsilon_0 k') \ll 1$。

Topp[8] 等进一步引入了表观介电常数（K_a）的概念：

$$K_a = (c/v)^2 \approx k' \tag{4}$$

一个 TDR 土壤墒情监测系统如图 5 所示。

当一个高带宽的阶跃信号沿同轴电缆在时刻 t_0 达到探针的起始部位时，由于阻抗的改变产生反射，而其余信号沿探针继续前进，在时刻 t_1 到达探针底部时，又产生了第二次反射，考虑电磁波沿长度为 L 的探针的行程，易见：

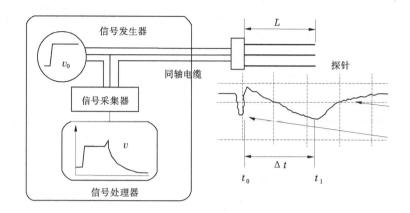

图 5　TDR 测量土壤水分原理

$$v = \frac{2L}{\Delta t} \tag{5}$$

代入式（1）~式（3）得到：

$$K_a = \left(\frac{c \Delta t}{2L}\right)^2 \tag{6}$$

由此可见，对于电磁波沿探针传输时间 Δt 的测量，可以直接得到介质的表征介电常数，当所施加的电磁信号频率足够高时，其近似等于所测介质介电常数的实部。这也是 TDR 技术测量土壤水分的最基本原理，以及其测量结果不受所测量土壤的介电常数虚部 k'' 及电导率的影响的根本原因。

2　论证

为了验证上述分析，设计了几种方法的比测试验。试验变量为电导率，试验载体为纯净水。由于我们的需求是测量土壤水分，而改变水溶液电导率的最简洁方法就是加入不同比例的食盐（氯化钠）。为此我们选择美国 SEC 公司生产的 6050X3 MINITRASE TDR 土壤水分测试仪，德国 IMKO 公司生产的 TRIME-TDR 以及天津特利普尔科技有限公司生产的 SOILTOP-200 土壤水分测定仪，分别对纯净水以及加入不同比例氯化钠的水溶液进行了测试，同时使用上海雷磁公司生产的 DDS-307A 电导率仪对溶液的电导率进行了同步测量。比测试验结果见表 1。

表 1　比测试验

待测液	测量温度/℃	介电常数	电导率仪 电导率/（ms/cm）	SOILTOP-200 K_a	SOILTOP-200 含水量/%	MINITRASE K_a	MINITRASE 含水量/%	TRIME-TDR TDR值	TRIME-TDR 含水量/%
纯水	26.5	77.70	0.06	76.28	88.27	78.4	98.00	84.2	99.99
0.3‰	25.8	77.95	6.03	76.28	88.27	78.9	98.50	74.4	99.99
0.5‰	25.8	77.95	9.90	76.28	88.27	79.0	98.60	59.1	80.41
0.8‰	25.6	78.02	15.61	76.28	88.27	78.5	98.00	53.9	69.38
1.0‰	25.4	78.09	19.25	76.28	88.27	78.7	98.30	48.1	59.15
1.3‰	25.2	78.16	25.00	76.28	88.27	78.5	98.00	44.1	58.62
1.5‰	25.0	78.24	28.30	76.28	88.27	78.8	98.50	45.5	60.00
1.8‰	24.9	78.27	33.70	76.28	88.27	78.6	98.20	42.4	55.42

续表 1

待测液	测量温度/℃	介电常数	电导率仪	SOILTOP-200		MINITRASE		TRIME-TDR	
			电导率/(ms/cm)	K_a	含水量/%	K_a	含水量/%	TDR值	含水量/%
2.0‰	24.7	78.35	36.90	76.60	88.93	78.5	98.10	45.8	63.08
2.3‰	24.6	78.38	41.80	76.28	88.27	79.4	99.10	41.5	56.74
2.5‰	24.4	78.46	44.60	74.38	84.55	74.2	92.80	42.4	57.91
2.8‰	24.2	78.53	50.10	77.89	91.66	—	0	41.3	57.71
3.0‰	24.1	78.56	53.40	75.64	86.99	—	0	41.2	56.36

由表 1 可以看到，MINITRASE 与 SOILTOP-200 均为测量溶液的介电常数，由氯化钠含量引起的变化幅度很小，对于测量结果几乎没有影响。而 TRIME-TDR 测量的 TDR 值，则随着氯化钠含量的增加而急剧下跌，溶液的电导率对其测量结果影响较大。

3 结论

试验表明，TDR 仪器并不随着含盐量的变化而变化，而其他类型仪器受含盐量影响较大。在实际应用中，施肥、下雨、耕种以及农作物的更换，都可能会导致 FDR 法及 SWR 法仪器中的关系式系数发生改变，从而需要大量的率定工作，比较适合应用于对测量精度要求不高、只需要观测土壤水分含量变化趋势的需求中。而 TDR 仪器相对稳定，受外界影响因素较小，比较适合于野外快速精准测量。

参考文献

[1] 段爱旺，孟兆江. 作物水分信息采集技术与采集设备 [J] 中国农业科技导报，2007，9（1）：6-14.

[2] 肖武，李小昱，王为，等. 土壤水分含量测量方法的研究进展 [C] //中国农业工程学会学术年会，2007.

[3] Standards Association of Australia. Methods of testing soils for engineering purposes [M]. North Sydney：The Association，1977.

[4] 王一鸣. 基于介电法的土壤水分测量技术 [C] //中国农业工程学会学术年会，2007.

[5] TOPP G C，YANUKA M，ZEBCHUK W D. Determination of electrical conductivity using time domain reflectometry：soil and water experiments in coaxial lines [J]. Water Resources Research，1988，24（7）：945-952.

BP 神经网络模型在太湖流域重要
河流水位预报的应用

吴　娟[1]　林荷娟[1]　杜诗蕾[2]　钱傲然[1]　季海萍[1]　甘月云[1]

（1. 太湖流域管理局水文局（信息中心），上海　200434）
（2. 上海蓝泰信息咨询有限公司，上海　200434）

摘　要：基于 3 层前馈 BP 神经网络模型，构建了太湖流域重要河流（江南运河、望虞河、太浦河）代表站水位涨幅与降雨、工程因素之间的非线性模型，以均方根误差、绝对值均值相对误差、确定性系数为目标函数，定量地分析 2016—2020 年不同降雨与工程调度条件下望虞河琳桥、太浦河平望、江南运河无锡大与苏州枫桥的水位涨幅变化情况，并采用 Levenberg-Marquardt 算法改进了传统 BP 神经网络收敛速度慢、容易陷入局部极小值的问题。结果表明：2021 年 BP 神经网络模型预报结果与实际洪水涨幅基本接近，具有较高的精度和实用性，可为太湖流域洪水预报预警提供技术支撑。

关键词：BP 神经网络模型；太湖流域；水位预报；江南运河；望虞河；太浦河

1　引言

传统太湖与地区河网水位预报采用太湖流域水文水动力学耦合模型，包括太湖流域产汇流模型与水动力学模型，产汇流模型为水动力学模型提供河流侧向入流与上游山区来水流量边界[1]。平原河网地区水动力学模型由零维、一维模型所组成，通过"联系"（控制水流运动的堰闸、泵站）耦合联立求解，模型共概化了河道 1 793 条，总长 1.5 万 km，河道断面 10 112 个，沿长江、沿杭州湾、环太湖、城市防洪工程等 863 座闸泵[2]。然而太湖流域为典型的平原河网感潮地区，下垫面、工程运行极为复杂，水位变化较敏感，模型闸泵一般采用调度规则，与实际调度存在一定的差异，导致了预报计算效率较低、精度难提高等问题。本文以太湖流域重要河流（江南运河、望虞河、太浦河）河网代表站为例，采用 BP 神经网络模型构建预报方案，进一步提升太湖流域水旱灾害防御"四预"（预报、预警、预演、预案）精度、效率和时效。

BP 神经网络以历史资料为样本，利用网络的自学习能力，识别未知量与影响因子之间的复杂关系[3]。在建模过程中，不需要假设具有物理意义的模型结构或参数，在网络训练和学习过程中，各节点权重系数已包含了模型结构和参数，从而可以模拟任意复杂的非线性过程[4]。BP 神经网络结构由一个输入层、一个或多个隐含层、一个输出层组成。以影响结果的"影响因子"或"特征值"作为 BP 网络的输入样本，每个影响因子分别作为 BP 神经网络输入层的一个节点，识别结果作为 BP 神经网络的输出，当结构确定以后，利用自学习能力识别结果与影响因子之间的复杂非线性映射关系[5]。

BP 神经网络属于单向传播的多层前馈神经网络，在信号前向传播时，信号从输入层出发，经过

基金项目：国家重点研发计划项目（2018YFC0407900）；上海市科技创新行动计划（21002410200）；2021 年水利部水利青年拔尖人才发展基金。

作者简介：吴娟（1987—），女，高级工程师，主要从事水文预报、水资源与水环境研究工作。

多个隐含层逐级处理后到达输出层，每层的神经元状态仅影响下层神经元状态；当输出层得不到期望输出时，则进行误差反向传播，并根据误差调整网络权值，使得神经网络预测输出值无限逼近期望输出[6]。BP 神经网络模型以其良好的泛函能力、较强的自适应性以及较高的容错性[7]，广泛应用于水文水质预报中[8]。

2 BP 神经网络结构与算法

考虑到太湖流域重要河流（江南运河、望虞河、太浦河）代表站水位涨幅与降雨、工程运行存在密切联系，本文利用水利大数据理念设计基于数据驱动的代表站水位涨幅与降雨、工程因素之间的非线性模型[9]。由于 3 层前馈 BP 神经网络能以任意精度逼近任何连续的输入输出映射，且逼近非线性映射较为稳定，因此本文采用基于 sigmoid 隐含层神经元和线性输出神经元的 3 层前馈神经网络，基本结构如图 1 所示。

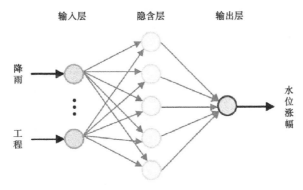

图 1 BP 神经网络模型结构

3 太湖流域重要河流洪水预报 BP 神经网络模型构建

望虞河是沟通太湖和长江的流域性骨干引排河道，兼有泄洪、排涝、引水等任务，全长 60.3 km。太浦河既是承泄太湖洪水和区域涝水的流域性骨干河道，又是向上海市等下游地区供水的主要河道，全长 57.6 km。江南运河是太湖流域内最长的河流，是承泄无锡市、苏州市等区域涝水的重要河道，由镇江至杭州全长 203 km[10]。结合《太湖流域洪水与水量调度方案》[11]与太湖流域防洪实际情况，选取琳桥为望虞河代表站，平望为太浦河代表站，选取无锡大、苏州枫桥为江南运河代表站。BP 神经网络模型构建的关键点首先是输入输出样本选取，其次是模型参数确定。

3.1 输入输出样本选取

从历次洪水涨水过程来看，场次降雨量、反映下垫面条件及土壤含水率的前期影响雨量、反映降雨集中程度的主雨峰（场次降雨过程中最大 1 d 降雨量）对地区河网水位涨水过程影响较大，因此采用场次降雨量、前期影响雨量、主雨峰 3 个样本因子作为降雨参数输入，水位涨幅为输出因子。BP 模型输入输出以一次洪水过程为样本，预见期为 3~5 d 不等。除降雨外，常熟水利枢纽、望亭水利枢纽引排水对望虞河琳桥水位涨幅有一定的影响，太浦闸排水对太浦河平望水位涨幅也有一定的影响。因此，琳桥以场次降雨洪水水位涨幅作为输出，武澄锡虞区场次降雨量、前期影响雨量、主雨峰，常熟净引水平均流量，望亭净引水平均流量作为输入；平望以场次降雨洪水水位涨幅作为输出，杭嘉湖区场次降雨量、前期影响雨量、主雨峰、太浦闸排水平均流量作为输入。受限于城防工程排水资料的缺乏，江南运河代表站无锡大以场次降雨洪水水位涨幅作为输出，选取武澄锡虞区场次降雨量、前期影响雨量、主雨峰作为输入；江南运河代表站苏州枫桥以场次降雨洪水水位涨幅作为输出，选取阳澄淀泖区场次降雨量、前期影响雨量、主雨峰作为输入。

3.2 模型参数确定

率定、验证过程如下：选取 2016—2020 年的样本作为率定集训练网络，2021 年的样本集作为验证集，当误差收敛后停止训练得到最优网络权重参数，以验证集误差表现神经网络的性能。常见神经网络训练算法包括 Levenberg-Marquardt（LM 算法）[12]、Bayesian Regularization（贝叶斯正则化算法）[13]、Scaled Conjugate Gradient（SCG 算法）[14] 等。考虑到 BP 神经网络在训练时存在收敛速度慢、隐含层节点数量难以确定、容易收敛于局部极小值影响等局限性，本文采用兼备高斯-牛顿法的局部收敛性和梯度下降法的全局特性的 LM 算法[15]，通过自适应调整阻尼因子来达到收敛特性、具有更高的迭代收敛速度，LM 算法在非线性优化问题中可以得到稳定可靠解。

BP 神经网络存在最佳隐含层节点数的问题，当隐含层节点数过少时，神经网络不能充分发挥学习能力和拟合能力；当隐含层节点数过多时，增加了神经网络结构的复杂性，导致学习训练过程耗时长、容易陷入局部最优解[16]，本文依次设置 1~15 个隐含层节点训练神经网络，统计均方根误差最小值对应的隐含层节点数。输入层激活函数选取 tansig 型函数、输出层激活函数选取 purelin 函数。

BP 神经网络学习率过小，模型收敛太慢，学习率过大，可能修正过头，导致振荡甚至发散，为了使模型学习效率快而稳定，并考虑误差在梯度上的影响，本模型的学习率设为 0.01。BP 神经网络训练次数越大，网络均方差越小，但随着训练次数的增大，效果越不明显，当神经网络达到训练次数时则结束训练，本文的训练次数设为 12 000 次。

3.3 模型评价

采用均方根误差（E_{RMSE}）、绝对值均值相对误差（E_{AMRE}）展示 BP 神经网络模型计算效果，误差越小、模型效果越好[17]。

$$E_{RMSE} = \sqrt{\frac{1}{n} \sum_{i=1}^{n} (\bar{x}_i - x_i)^2} \tag{1}$$

$$E_{AMRE} = \frac{\left| \frac{1}{n} \sum_{i=1}^{n} |x_i| - \frac{1}{n} \sum_{i=1}^{n} |\bar{x}_i| \right|}{\frac{1}{n} \sum_{i=1}^{n} |x_i|} \tag{2}$$

式中：n 为输出计算值的总个数；i 为计算值序列数；$\bar{x}_i$ 为经过神经网络训练后的计算值；x_i 为与计算值对应的实际值。

采用确定性系数（DC）表示模拟与实测过程之间的吻合程度。

$$DC = 1 - \frac{\sum_{i=1}^{n} (Y_i^{pre} - Y_i^{Obs})^2}{\sum_{i=1}^{n} (Y_i^{Obs} - Y^{mean})^2} \tag{3}$$

式中：Y_i^{pre}、Y_i^{Obs}、Y^{mean} 分别为实测值、预报值、实测值的平均值；n 为数据长度。

DC 取值范围为负无穷至 1，越接近 1 表示模拟效果越好、可信度越高；DC 接近 0，表示模拟结果接近观测值的平均值水平，即总体结果可信，但过程模拟误差大。

4 太湖流域重要河流洪水预报

根据 2016—2021 年全年场次暴雨洪水资料，通过 BP 神经网络模型，定量地分析各种降雨与工程调度条件下望虞河琳桥、太浦河平望、江南运河无锡大与苏州枫桥的水位涨幅变化情况，同时可以在任意降雨、工程调度条件下预测太湖流域重要河流（江南运河、望虞河、太浦河）代表站水位涨幅，为洪水预报预警提供技术支撑。

基于 BP 神经网络模型的琳桥、平望、无锡大、苏州枫桥水位涨幅均方根误差随隐含层节点数的增加而呈现减小的趋势，总耗时呈现增加的趋势。按神经网络均方根误差（E_{RMSE}）、绝对值均值相对误差（E_{AMRE}）均明显较小确定隐含层神经元节点个数，当琳桥隐含层神经元节点为 3 个时，E_{RMSE}、E_{AMRE} 分别为 0.10、0.08；当平望隐含层神经元节点为 9 个时，E_{RMSE}、E_{AMRE} 分别为 0.15、

0.09；当无锡大隐含层神经元节点为 5 个时，E_{RMSE}、E_{AMRE} 分别为 0.12、0.07；当苏州枫桥隐含层神经元节点为 3 个时，E_{RMSE}、E_{AMRE} 分别为 0.11、0.08。根据计算，率定期琳桥、平望、无锡大、苏州枫桥水位涨幅模拟确定性系数分别为 0.84、0.92、0.96、0.87，模拟效果较好。

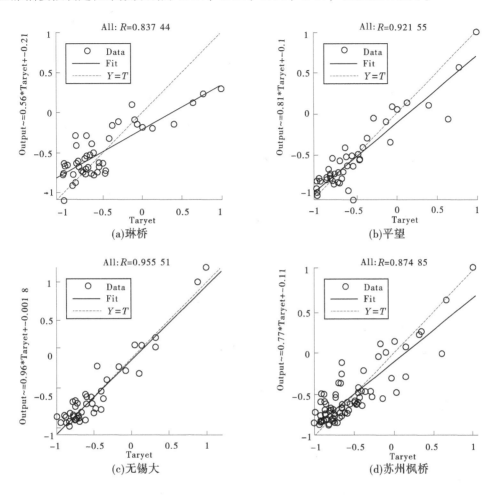

图 2　各代表站率定期模拟效果

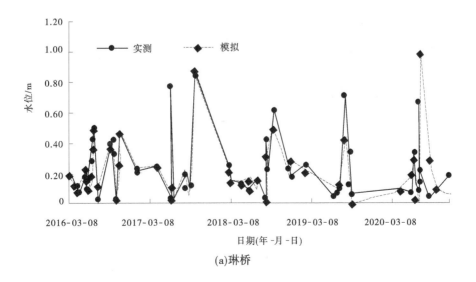

图 3　各代表站率定期次洪模拟过程线

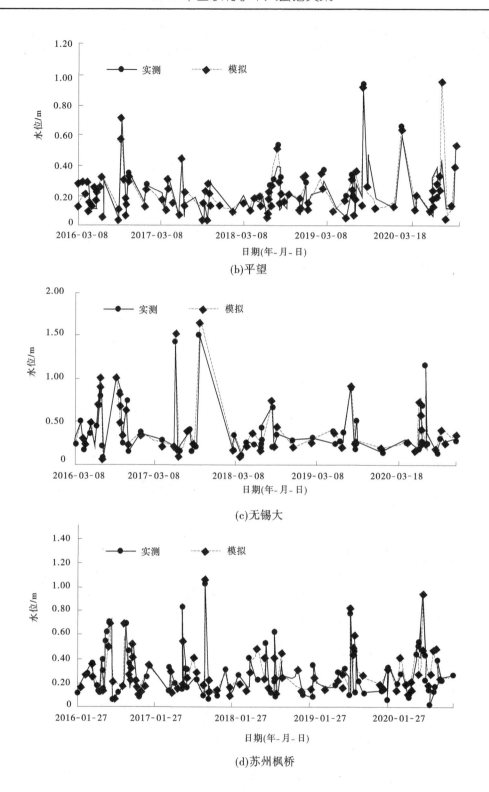

(b)平望

(c)无锡大

(d)苏州枫桥

续图 3

验证期琳桥、平望、无锡大、苏州枫桥 BP 神经网络模型、水文水动力学模型计算的水位涨幅与实测对比，见表 1~表 4。根据水文情报预报规范和地区防汛要求，水位预报许可误差为±0.10 m。BP 神经网络模型对 2021 年琳桥场次洪水涨幅预报误差介于-0.38~0.11 m，水文水动力学模型对琳桥预报误差介于-0.10~0.19 m；BP 神经网络模型对平望预报误差介于-0.06~0.47 m，水文水动力学模型对平望预报误差介于-0.38~0.24 m；BP 神经网络模型对 2021 年无锡大场次洪水涨幅预报误差介于-0.22~0.05 m，水文水动力学模型对无锡大预报误差介于-0.20~0.01 m；BP 神经网络模型对 2021 年苏州枫桥场次洪水涨幅预报误差介于-0.10~0.11 m，水文水动力学模型对苏州枫桥预报误差介于-0.18~0.03 m。经统计，验证期水文水动力学模型计算琳桥、平望、无锡大、苏州枫桥合格率分别为 78%、82%、80%、80%，而 BP 神经网络模型计算合格率分别为 78%、91%、80%、93%，精度高于水文水动力学模型计算成果。BP 神经网络模型、水文水动力学模型对琳桥 20210824、平望 20210810、无锡大 20210824 场次洪水预报误差均较大。由此可见，本文所建立的 BP 神经网络模型可以较好地模拟降雨、工程因素对地区河网代表站水位涨幅的影响，可以作为对太湖流域水文水动力学耦合模型预报的有效补充。

表 1　验证期琳桥水位涨幅模拟结果　　　　　　　　　　　　　　　　单位：m

序号	起始日期 （年-月-日）	实际涨幅	BP 神经网络模型计算涨幅	水文水动力学模型计算涨幅	BP 神经网络模型涨幅误差	水文水动力学模型计算涨幅误差
1	2021-03-31	0.03	0.12	0.07	0.09	0.04
2	2021-04-11	0.06	0.12	0.07	0.06	0.01
3	2021-05-23	0.19	0.18	0.09	-0.01	-0.10
4	2021-06-27	0.03	0.12	0.11	0.09	0.08
5	2021-07-03	0.03	0.11	0.21	0.08	0.18
6	2021-07-16	0.18	0.16	0.08	-0.02	-0.10
7	2021-07-23	0.92	0.54	0.82	-0.38	-0.10
8	2021-08-24	0.11	0.22	0.30	0.11	0.19
9	2021-10-07	0.12	0.15	0.11	0.03	-0.01

表 2　验证期平望水位涨幅模拟结果　　　　　　　　　　　　　　　　单位：m

序号	起始日期 （年-月-日）	实际涨幅	BP 神经网络模型计算涨幅	水文水动力学模型计算涨幅	BP 神经网络模型涨幅误差	水文水动力学模型计算涨幅误差
1	2021-04-11	0.17	0.12	0.12	-0.05	-0.05
2	2021-05-14	0.15	0.18	0.20	0.03	0.05
3	2021-05-26	0.15	0.15	0.15	0	0
4	2021-06-17	0.16	0.20	0.19	0.04	0.03
5	2021-06-25	0.13	0.19	0.19	0.06	0.06
6	2021-07-08	0.16	0.16	0.20	0	0.04
7	2021-07-23	1.19	1.23	0.81	0.04	-0.38
8	2021-08-10	0.46	0.93	0.70	0.47	0.24
9	2021-09-10	0.42	0.45	0.36	0.03	-0.06
10	2021-10-10	0.18	0.12	0.12	-0.06	-0.06
11	2021-10-20	0.09	0.14	0.16	0.05	0.07

表 3 验证期无锡大水位涨幅模拟结果 单位：m

序号	起始日期 （年-月-日）	实际涨幅	BP 神经网络模型计算涨幅	水文水动力学模型计算涨幅	BP 神经网络模型涨幅误差	水文水动力学模型计算涨幅误差
1	2021-03-31	0.13	0.18	0.13	0.05	0
2	2021-04-11	0.21	0.19	0.13	−0.02	−0.08
3	2021-05-23	0.24	0.22	0.20	−0.02	−0.04
4	2021-06-27	0.42	0.22	0.22	−0.20	−0.20
5	2021-07-03	0.39	0.35	0.38	−0.04	−0.01
6	2021-07-08	0.21	0.20	0.17	−0.01	−0.04
7	2021-07-16	0.17	0.21	0.18	0.04	0.01
8	2021-07-23	1.35	1.25	1.36	−0.10	0.01
9	2021-08-24	0.67	0.45	0.54	−0.22	−0.13
10	2021-10-07	0.19	0.22	0.23	0.03	0.04

表 4 验证期苏州枫桥水位涨幅模拟结果 单位：m

序号	起始日期 （年-月-日）	实际涨幅	BP 神经网络模型计算涨幅	水文水动力学模型计算涨幅	BP 神经网络模型涨幅误差	水文水动力学模型计算涨幅误差
1	2021-04-11	0.17	0.20	0.11	0.03	−0.06
2	2021-05-14	0.18	0.23	0.21	0.05	0.03
3	2021-05-19	0.17	0.17	0.15	0	−0.02
4	2021-05-23	0.28	0.19	0.17	−0.09	−0.11
5	2021-05-26	0.21	0.18	0.16	−0.03	−0.05
6	2021-06-10	0.12	0.18	0.10	0.06	−0.02
7	2021-06-17	0.22	0.20	0.18	−0.02	−0.04
8	2021-07-08	0.16	0.19	0.19	0.03	0.03
9	2021-07-23	1.16	1.14	1.05	−0.02	−0.11
10	2021-08-10	0.50	0.61	0.53	0.11	0.03
11	2021-08-24	0.32	0.24	0.24	−0.08	−0.08
12	2021-09-12	0.10	0.19	0.11	0.09	0.01
13	2021-10-10	0.28	0.27	0.18	−0.01	−0.10
14	2021-10-20	0.23	0.23	0.23	0	0
15	2021-11-07	0.25	0.15	0.07	−0.10	−0.18

5　结语

本文采用 3 层前馈 BP 神经网络模拟太湖流域重要河流望虞河琳桥、太浦河平望、江南运河无锡大与苏州枫桥四站的水位涨幅，采用 LM 算法改进了传统 BP 神经网络收敛速度慢、容易陷入局部极小值的问题。

通过选取均方根误差（E_{RMSE}）、绝对值均值相对误差（E_{AMRE}）较小值确定琳桥、平望、无锡大与苏州枫桥四站的隐含层神经元个数，率定期确定性系数介于 0.84~0.96，验证期合格率介于 78%~93%，模拟效果较好，可用于作业预报。本次验证期采用了 2021 年 9~15 场暴雨洪水资料，为使 BP 神经网络模型在今后水位涨幅预报应用中具有更好的适应性，建议今后补充更多的场次暴雨洪水资料进行率定验证，进一步优化模型参数、提高预报方案精度。

参考文献

［1］吴娟，林荷娟，季海萍，等. 城镇化背景下太湖流域湖西区汛期入湖水量计算［J］. 水科学进展，2021，32（4）：577-586.

［2］Wu Juan，Wu Zhiyong，LIN Hejuan，et al. Hydrological response to climate change and human activities：a case study of Taihu Basin，China［J］. Water Science and Engineering，2020，13（2）：83-94.

［3］朱星明，卢长娜，王如云，等. 基于人工神经网络的洪水水位预报模型［J］. 水利学报，2005，36（7）：806-811.

［4］杨志刚，汪春文，魏博文. 人工神经网络优化模型在洪水预报中的应用［J］. 人民长江，2008，39（16）：11-13.

［5］刘欢，陆宝宏，陆建宇，等. 基于 BP 神经网络模型的河道洪水反向演算研究［J］. 水电能源科学，2016，34（3）：52-54.

［6］崔东文，金波. 改进 BP 神经网络模型在小康水利综合评价中的应用［J］. 河海大学学报（自然科学版），2014（4）：306-313.

［7］徐伟，董增川，付晓花，等. 基于 BP 人工神经网络的河流生态健康预警［J］. 河海大学学报（自然科学版），2015（1）：54-59.

［8］杜开连，王建群，葛忆，等. 秦淮河流域东山站洪水位预报模型研究［J］. 水利信息化，2020（3）：25-28.

［9］吴美玲，杨侃，张铖铖. 基于 KG-BP 神经网络在秦淮河洪水水位预测中的应用［J］. 水电能源科学，2019，37（2）：74-77，81.

［10］吴娟，林荷娟，武剑，等. 江南运河水文情势变化分析［J］. 水文，2018，38（4）：78-82.

［11］吴娟，梁萍，林荷娟，等. 太湖流域梅雨的划分及其典型年异常成因分析［J］. 湖泊科学，2021，33（1）：255-265.

［12］崔东文. 水质综合评价的 LM-BP 神经网络通用模型应用［J］. 水资源保护，2013（6）：18-25.

［13］占敏，薛惠锋，王海宁，等. 贝叶斯神经网络在城市短期用水预测中的应用［J］. 南水北调与水利科技，2017，15（3）：73-79.

［14］许丹，孙志林，潘德炉. 钱塘江河口盐度的神经网络模拟［J］. 浙江大学学报（理学版），2011，38（2）：234-238.

［15］华祖林，钱蔚，顾莉. 改进型 LM-BP 神经网络在水质评价中的应用［J］. 水资源保护，2008，24（4）：22-25，30.

［16］胡健伟，周玉良，金菊良. BP 神经网络洪水预报模型在洪水预报系统中的应用［J］. 水文，2015，35（1）：20-25.

［17］吴娟，朱跃龙，金松，等. 三种机器学习模型在太湖藻华面积预测中的应用［J］. 河海大学学报（自然科学版），2020，48（6）：542-551.

珠江三角洲思贤滘洪水预报方法初探

卢康明

（水利部珠江水利委员会水文局，广东广州 510610）

摘　要：本文分析了 2022 年 6 月珠江两次流域性较大洪水遭遇与组成，对比历史流域性较大洪水西江、北江和珠江三角洲主要控制站点的洪水要素，探讨一种快速便捷的珠江三角洲思贤滘洪水预报方法。应用于 2008 年 6 月和 2022 年 6 月三场流域性较大洪水模拟预报，马口站和三水站洪水过程确定性系数均超过 0.95，总体模拟预报效果较好，洪峰水位误差在 0.03~0.24 m，峰现时差 3~12 h。

关键词：珠江三角洲思贤滘；洪水预报；流域性较大洪水

1　问题的提出

珠江三角洲是西江、北江和东江下游的冲积平原，范围包括西、北江思贤滘以下的西北江三角洲和东江石龙以下的东江三角洲，亦是粤港澳大湾区所在地。随着大湾区国家战略的实施，人口与经济将进一步聚集，粤港澳城市群在国家经济社会发展中的作用将越来越大，是"淹不得也淹不起"的地区。珠江流域西北江防洪工程体系骨干工程建设尚未完善[1]，大藤峡水利枢纽仍处于建设期，西江干流部分堤防标准偏低，北江潖江蓄滞洪区安全建设滞后，西江、北江同时发生洪水的可能性仍然存在，珠江三角洲的防洪形势仍较为严峻。

珠江三角洲洪水主要来源于西江、北江、东江三条主要河流。珠江三角洲较大洪水一般由西江洪水和北江洪水在思贤滘遭遇形成。2022 年 6 月珠江连续发生两场流域性较大洪水，珠江三角洲思贤滘马口站和三水站自 2008 年以来首次出现超警戒水位。思贤滘是珠江三角洲网河区的顶点，对西江、北江进入三角洲的洪水起调节作用，水位在 3.5 m 以下有潮汐现象[2]。由于珠江三角洲水流影响因素复杂，珠江三角洲洪水预报以相关方法预报方法研究为主[3-4]，针对西江、北江洪水演进至思贤滘的洪水过程预报研究相对较少。本文分析珠江流域 2022 年 6 月两次流域性较大洪水遭遇与组成，比较历史有实测纪录过程的流域性较大洪水过程中西江、北江和珠江三角洲主要控制站点的洪水要素，探讨一种快速便捷的珠江三角洲思贤滘洪水预报方法。

2　思贤滘 2022 年 6 月洪水遭遇与组成

2022 年 6 月第一场流域性较大洪水［简称"22·6"（1）洪水，下同］期间，西江梧州站洪峰没有与贺江南丰站洪峰遭遇，北江石角站洪峰没有与绥江四会站洪峰遭遇，但是西江梧州站洪峰与北江石角站洪峰在珠江三角洲思贤滘遭遇，并受天文大潮顶托影响，形成马口站和三水站的洪峰，马口站 6 月 15 日 18 时出现洪峰水位 7.66 m，相应流量 43 100 m³/s，三水站 15 日 19 时出现洪峰水位 7.92 m，相应流量 14 300 m³/s。

2022 年 6 月第二场流域性较大洪水［简称"22·6"（2）洪水，下同］期间，西江梧州站洪峰未与贺江南丰站洪峰遭遇，北江石角站洪峰没有与绥江四会站洪峰遭遇，西江梧州站洪峰与北江石角站洪峰没有在珠江三角洲思贤滘遭遇，马口站 6 月 24 日 0 时出现洪峰水位 7.67 m，相应流量 42 900

基金项目：水利部重大科技项目（SKR-2022038）。

作者简介：卢康明（1984—），男，高级工程师，科长，主要从事水文情报预报工作。

m^3/s，三水站 22 日 22 时出现洪峰水位 8.10 m，相应流量 15 000 m^3/s。

统计 2022 年 6 月两次流域性较大洪水马口站+三水站及其上游控制站点洪水特征值，列于表 1。从 3 d 洪水量比较可知，两次流域性较大洪水思贤滘（马口+三水）的洪水主要来源于西江干流洪水和北江干流洪水，西江干流占 6~7 成，北江干流占 2~3 成，其次是西江支流贺江和北江支流绥江，西江支流罗定江和新兴江最少；尽管西江梧州站和北江石角站在两次流域性较大洪水中占思贤滘以上最大 3 d 洪水量比例不相同，其中第二场流域性较大洪水期间北江发生特大洪水，北江洪水量所占比例明显增加，但经思贤滘调节，马口站和三水站的最大 3 d 洪水量所占比例与第一场流域性较大洪水比例基本相当。

表 1 珠江三角洲马口+三水及其上游控制站洪水特征值统计

| 河名 | 站名 | "22·6"（1）洪水 | | | | "22·6"（2）洪水 | | | |
		3 d 洪水量/亿 m^3	占思贤滘以上最大 3 d 洪水量比例/%	峰现时间（月-日 T 时：分）	洪峰流量/（m^3/s）	3 d 洪水量/亿 m^3	占思贤滘以上最大 3 d 洪水量比例/%	峰现时间（月-日 T 时：分）	洪峰流量/（m^3/s）
西江	梧州	94.12	68.3	06-15T 03：25	39 200	87.34	59.8	06-23T 16：25	34 000
贺江	南丰	5.76	4.2	06-14T 16：00	2 510	6.74	4.6	06-22T 09：00	3 050
罗定江	官良	0.55	0.4	06-15T 03：00	394	0.18	0.1	06-23T 02：00	111
新兴江	腰古	0.83	0.6	06-16T 02：00	446	0.83	0.6	06-23T 21：00	350
北江	石角	31.08	22.5	06-15T 19：00	14 400	46.15	31.6	06-22T 11：00	18 500
绥江	四会	3.78	2.7	06-15T 00：00	1 690	2.98	2.0	06-22T 11：00	2 710
西江干流水道	马口	103.51	75.1	06-15T 18：00	43 100	108.78	74.5	06-24T 00：00	42 900
北江干流水道	三水	34.39	24.9	06-15T 19：00	14 300	37.15	25.5	06-22T 22：00	15 000
三角洲	马口+三水	137.90				145.93			

3 流域性较大洪水比较

新中国成立以来，珠江发生的流域性较大洪水年份有 3 年，分别是 1968 年、2008 年和 2022 年。从洪水发生时间来看，3 年的流域性较大洪水均出现在 6 月，将 1968 年 6 月和 2008 年 6 月的流域性较大洪水分别简称为"68·6"洪水和"08·6"洪水。统计西江、北江及珠江三角洲主要水文站四场流域性较大洪水洪峰水文要素列于表 2。梧州、石角、马口、三水 4 场流域性较大洪水过程比较见图 1。

3.1 洪水量级

"22·6"（1）洪水，西江干流梧州站洪峰流量达到 5 年一遇，与"68·6"洪水的梧州站洪峰流量量级相当，但小于"08·6"洪水；北江石角站洪水洪峰流量量级与"68·6"洪水洪峰流量量级相当，大于"08·6"洪水。"22·6"（2）洪水，西江干流梧州站洪峰流量量级总体小于"68·6"洪水和"08·6"洪水；北江石角站洪水洪峰流量量级明显大于"68·6"洪水和"08·6"洪水，达到特大洪水量级。2022年6月两场流域性较大洪水，珠江三角洲马口站洪峰流量量级均大于"68·6"洪水，小于"08·6"洪水，三水站洪峰流量量级均大于"68·6"洪水，与"08·6"洪水相当。

表2   西江、北江及珠江三角洲控制站四场流域性较大洪水洪峰水文要素比较

站名	"68·6"洪水		"08·6"洪水		"22·6"（1）洪水		"22·6"（2）洪水	
	洪峰水位/m	洪峰流量/（m³/s）	洪峰水位/m	洪峰流量/（m³/s）	洪峰水位/m	洪峰流量/（m³/s）	洪峰水位/m	洪峰流量/（m³/s）
梧州	24.66	38 900	24.84	46 000	22.31	39 200	21.73	34 000
石角	13.79	14 900	11.83	13 400	10.79	14 400	12.22	18 500
马口	9.63	40 700	8.26	45 900	7.66	43 100	7.92	42 900
三水	9.91	13 100	8.47	14 600	7.67	14 300	8.10	15 000

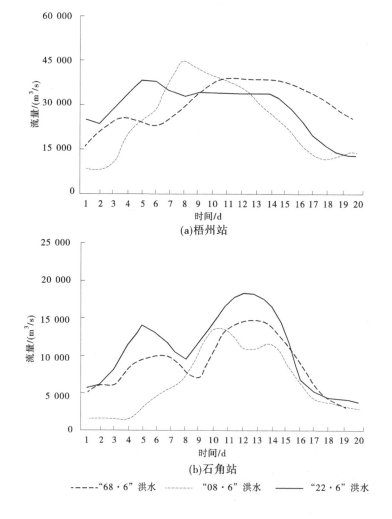

图1   西江、北江及珠江三角洲水文控制站洪水流量过程线比较

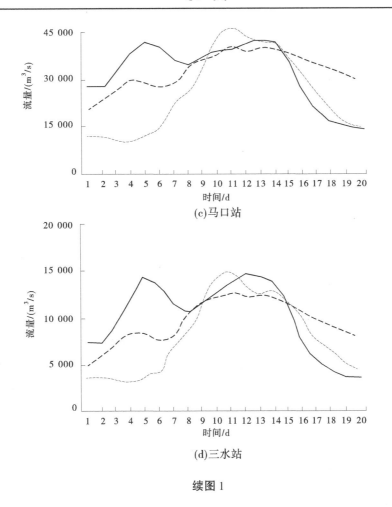

(c)马口站

(d)三水站

续图 1

3.2 洪峰水位

"22·6"（1）洪水，在洪峰流量量级相当情况下，梧州站和石角站洪峰水位明显比"68·6"洪水的洪峰水位低，石角站洪峰流量量级比"08·6"洪水大的情况下，洪峰水位仍然偏低，说明北江石角段河道下切现象明显；由于西江、北江洪水遭遇，因此珠江三角洲马口站和三水站洪峰水位相差不大。"22·6"（2）洪水，北江洪水量级大但未与西江洪水遭遇，因此珠江三角洲三水站洪峰水位比马口站洪峰水位高，且峰现时间更早，两站洪峰水位均低于"68·6"洪水和"08·6"洪水。

3.3 洪水过程线

西江梧州站"22·6"（1）洪水起涨流量较"68·6"洪水和"08·6"洪水更大，但涨幅相对较小，"08·6"洪水涨幅最大；北江石角站"08·6"洪水起涨流量小，涨幅相对更大；珠江三角洲马口站和三水站"22·6"（1）洪水起涨流量较"68·6"洪水和"08·6"洪水更大，"08·6"洪水起涨流量小，涨幅相对更大。

4 流域性较大洪水模拟预报分析

4.1 预报方案的建立

从洪水遭遇和组成分析可知，流域性较大洪水期间珠江三角洲思贤滘洪水主要来源于西江干流和北江干流，故思贤滘洪水预报方案的范围可选择西江梧州站和北江石角站作为上边界。西江梧州站至思贤滘西滘口之间还有 3 条比较大的支流贺江、罗定江和新兴江，北江石角站至思贤滘北滘口有较大支流绥江，但洪水比例均不大，可作为旁侧集中入流。洪水期间，珠江口潮汐影响减弱，可选择马口站和三水站作为预报模型下边界。思贤滘洪水预报模型计算范围见图 2。

预报模型基于圣维南方程组，在上述研究区域离散化，联合上、下边界条件和初始条件构成定解问题方程组，采用较高效的方程组数值解法求解，最终得到预报断面的水位和流量过程。模型的预见期与西江梧州站和北江石角站的预报流量过程有关。西江梧州站和北江石角站以上已建立相对可靠的河系预报方案，在历次洪水预报中应用验证效果优良，为思贤滘洪水预报方案建立奠定较好基础。

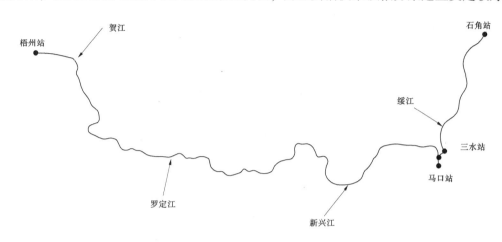

图 2　思贤滘洪水预报模型计算范围示意图

4.2　洪水模拟预报结果

按照研究区域的建模需要，河网结构概化为 6 个节点及 399 个计算断面，基面均统一至 85 高程。上边界条件选用 2008 年 6 月和 2022 年 6 月三场流域性较大洪水西江、北江下游干支流主要控制断面实测流量数据。下边界条件选用马口站和三水站的水位流量关系。思贤滘洪水预报模型计算结果与马口站和三水站同期的实测洪水水位过程进行比较。水位预报过程误差统计见表 3。实测与计算水位过程线比较见图 3。

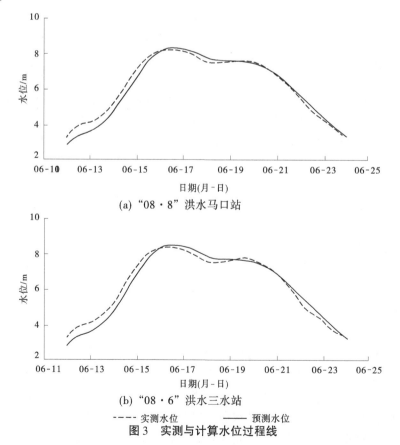

(a)"08·8"洪水马口站

(b)"08·6"洪水三水站

- - - - 实测水位　　——— 预测水位

图 3　实测与计算水位过程线

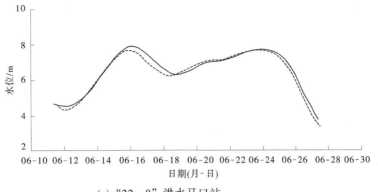

(c) "22·8"洪水马口站

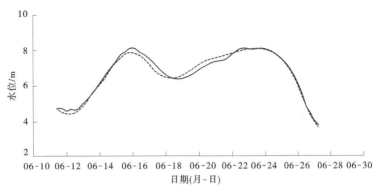

(d) "22·6"洪水三水站

续图3

表3　水位预报过程误差统计

洪水场次	马口站			三水站		
	洪峰水位误差/m	峰现时差/h	过程确定性系数	洪峰水位误差/m	峰现时差/h	过程确定性系数
"08·6"	0.08	8	0.970 8	0.06	9	0.968 2
"22·6"（1）	0.24	12	0.966 9	0.18	4	0.984 1
"22·6"（2）	0.03	3		-0.03	-5	

从计算洪峰水位大小看，"08·6"洪水马口站和三水站洪峰误差均在0.1 m以内，模拟精度较好，"22·6"（1）洪水马口站和三水站洪峰误差略大，"22·6"（2）洪水马口站和三水站洪峰误差小于0.05 m，模拟精度较高；从峰现时间来看，峰现时差基本在12 h以内；从整个洪水过程来看，确定性系数均超过0.95，总体模拟预报效果较好，但"08·6"洪水涨水段和三场洪水退水段有不同程度的整体推后现象。初步分析原因，可能是受河道地形变化的影响。

本次模拟计算采用的地形资料测量时间是1999年，据相关研究，在2000年之后西江干流和北江干流冲刷下切明显[5]，有可能导致西江、北江下游洪水的传播速率增加，因此实际水位过程比模拟预报水位过程发生变化的时间要更早一些。"22·6"（1）洪水涨水段模拟的较好，可能是因为6月5—11日西江发生2022年第2场编号洪水，且6月11—15日是农历五月十三至十七日，处于天文大潮期，导致"22·6"（1）洪水涨水段珠江三角洲底水相对较高，对上游西江、北江干流来水有一定的顶托作用，减缓了西江、北江下游洪水的传播速率。

5 结论

本文对比历史流域性较大洪水西江、北江和珠江三角洲主要控制站点的洪水要素，受河道下切影响，相同洪水量级下，2022 年 6 月各站的洪峰水位最低；2022 年 6 月两场流域性较大洪水期间珠江三角洲思贤滘的洪水主要来源于西江干流洪水和北江干流洪水，且经思贤滘调节，两场洪水过程马口站和三水站的最大 3 d 洪水量所占比例基本相当。

基于洪水组成分析设计珠江三角洲思贤滘洪水预报方法，应用于 2008 年 6 月和 2022 年 6 月三场流域性较大洪水模拟预报，马口站和三水站洪水过程确定性系数均超过 0.95，总体模拟预报效果较好，洪峰水位误差在 0.03~0.24 m，峰现时差 3~12 h。

参考文献

[1] 王宝恩. 系统谋划珠江水利高质量发展 全面提升珠江水安全保障能力 [J]. 水利发展研究，2021，21（7）：7-10.

[2] 李天坚. 思贤滘的水流特征及对西北江下游的影响 [J]. 广东水电科技，1992（3）：7-10.

[3] 陈芷菁. 西江及珠江三角洲相关图洪水预报系统 [J]. 人民珠江，2005，（1）：15-17.

[4] 刘俊勇. 珠江三角洲河网思贤滘、天河节点分流比规律探讨 [J]. 人民珠江，2006，37（5）：15-20.

[5] 袁菲、何用、许劼婧. 近期珠江三角洲地形演变特征及趋势 [J]. 泥沙研究，2022，47（1）：59-64.

卫星遥感流量测验现状及发展方向研究

邓　山　　梅军亚　赵　昕

（长江水利委员会水文局，湖北武汉　430010）

摘　要： 卫星遥感具有实时、高效、数据量大、观测范围广等特点，可为无资料地区提供新的数据来源。为研究利用卫星遥感技术进行河流流量反演的可行性，本文对卫星遥感流量反演技术路线、技术阻碍等方面进行了研究，在此基础上提出了卫星遥感流量反演未来发展技术方向。研究表明：目前卫星流量反演均采用间接方法，通过提取河段参数，利用模型推算流量，存在无法深入水体、时空分辨率不足、时效性不高等问题。在此基础上，本文提出了传统算法方式、时空范式转换、人工智能算法、水文专用卫星等未来发展技术路线，以期为卫星测流技术的发展提供参考。

关键词： 卫星遥感；流量测验；水文测验；可行性；技术路线

1　引言

河流是人类最重要的淡水资源，是全球水循环的主要通道，摸清流域或区域的水资源家底，为水资源的开发、保护方案制订提供基础数据，进而为国家水安全、能源安全和国家权益提供科学支撑，其前提是必须掌握河流径流资料[1-2]。

径流量一般通过布设在河流上的断面（水文站）长期监测流量而得，流量测量方法及精度指标均有较为成熟的水文规范或标准体系，其基本原理大多通过测量断面和不同位置的流速，按流速面积法计算断面流量[3]。

截至 2021 年底，我国共布设基本水文站 3 293 处、专用水文站 4 598 处，但受恶劣气候、交通、经济等因素影响，大部分偏远的河流上只有少量水文监测站点，许多河流甚至根本无法实地测量，特别是我国的西部高原高寒地区，有些河流尚属监测站网空白区[4]。

近年来，对无资料地区的径流过程研究引起了学者的重视[5-6]，该类研究对全面完整的认识全球水文特性，推演气候变化对不同类型地区径流及水资源的影响具有重要科学意义。但全面、系统的水文观测数据缺乏，使研究无资料地区水文过程的基本规律、经验公式和关键参数缺乏验证数据，导致开展更深入研究困难重重。

卫星遥感以其实时、高效、数据量大、观测范围广等优点，在获取水文模型参数方面发挥了重要作用[7-8]。但在直接监测河川径流过程方面，则没有大的进展。如能采用卫星直接测出河流流量，或通过测定流量影响因子，通过水文学或水力学法计算流量，则解决了水文模型验证资料的难题，可大大提高水文模型计算精度。

2　卫星遥感流量测验现状

2.1　技术路线

因受分辨率及水体阻碍作用等因素的影响，尚未见卫星遥感直接观测断面流速的成熟方法。目前，将卫星遥感用于河流流量的收集均采用间接方法。

基金项目： 国家重点研发计划（2022YFC3204502）。

作者简介： 邓山（1989—），男，工程师，从事水文监测技术管理工作。

水文资料是现代社会发展所需的基础数据，但很多地区因自然环境恶劣、经济发展滞后，难以建立传统的实测水文站，造成水文资料匮乏。为了在这些地区获取有效的水文资料，在理论和技术方面应用遥感数据监测河流流量已开展了大量的研究，并取得了一系列的成果[7,9-10]。这些成果可归纳为两类：第一类是利用遥感观测河流中的流量指示物，建立指示物与流量的关系，通过观测这些指示物的变化来估算流量。如 Ling 等[11] 选取长江中的江心洲，利用长序列遥感数据获取江心洲不同时期的出露面积，建立"岛屿面积-径流"的关系曲线监测长江流量变化。此类方法的主要限制是在实际应用中难以找到理想的流量指示物。第二类是利用遥感观测河流水面宽度、水位、河道坡度、波纹等表征河流水力几何形态的对象，并利用水力学方程估算流量。如 Huang 等[12] 在雅鲁藏布江上游段，应用遥感观测河宽与水深，通过改进的曼宁公式计算断面流量。相比第一类方法，因水力几何形态参数广泛存在于河流中且更容易获取，第二类方法具有更大的推广应用价值。

2.1.1 卫星影像提取水体范围

近年来，国内外学者已经利用各种遥感影像（不同分辨率的光学遥感影像、雷达遥感影像、LiDAR 遥感影像以及国产卫星的遥感影像进行地表水体提取的研究，并提出了大量的地表水体自动提取算法[13-15]。这些算法总体可以分为 5 类：①基于像素的统计模式识别方法，包括监督、非监督和机器学习等分类算法；②单波段阈值法；③面向对象的影像分析方法；④光谱混合分解的亚像元制图方法；⑤光谱水体指数法。

2.1.2 卫星高度计测得水位

雷达高度计是一种主动式的微波遥感器，早期的雷达高度计主要用于海洋测量，用于获取海面高度、有效波高和后向散射系数，利用雷达高度计测得的数据可以进一步用于海洋重力异常、大地水准面、海面地形、海底地形、海洋潮汐、风浪和海洋动力学的研究[16-18]。

雷达高度计除能进行海洋测量外，还可以监测内陆水域和河流的水位及流量变化，在过去的十多年，这已成为卫星测高应用研究的一个热点。现在，利用卫星测高可以监测世界上许多大河的水位，有些河流上还能够使用高分辨率的 20 Hz 测高，对观测波形采用重新跟踪技术进行距离校正，进而提高观测精度。近年来，国外一些机构发布了一系列利用多颗测高卫星数据得到的内陆水域水位数据集，如德国 DGFI-TUM 的 DAHITI、法国 LEGOS 的 SOLS 和法国 CNES 的 PEACHI[19]。

2.1.3 多源信息融合推流

多源信息融合推流的主要思路为根据卫星遥感的多源水力信息与实测数据建模进行流量估算。主要包括依据水力几何形态理论，通过低空遥感数据建立表征河流水力几何形态的数字模型；利用卫星遥感长序列数据提取不同时期水面宽度，在建立的水力几何形态数字模型上估算流量；用实测数据评价计算误差，分析多源信息流量估算方法的可靠性[7,9-10]。

从影像处理算法层面来说，目前大多研究是根据卫星影像数据，再结合具体河流，设计识别算法，可移植性不高[20-21]。现在主流应用架构是基于多源遥感数据进行知识抽取，结合水文专业领域知识图谱，构建估算模型，其核心还是高清影像 AI 识别，重点需要提高采集抗干扰、识别抗干扰能力。

2.2 技术阻碍

2.2.1 无法深入水体

河流水流的运动变化主要发生在水体之中，而且往往在较深的水体之中。卫星遥感的方式是电磁波（主要包括可见光及其附近频率范围的电磁波），电磁波用于遥感地球表面的状况可以实现，却很难穿透水面、深入水体，对水流本身进行遥测感知。而流量的复杂变化，主要源于其在水体内的变化，水面的代表性往往较差。这也是非接触式监测方式均难以准确进行流量测验的根本原因。

2.2.2 空间分辨率不足

卫星遥感用于大尺度、大面积的自然监测和分析，已经取得了较好的效果。用于监测湖面、水库等投影面积较大的水体，也有明显进展。然而，河流一般都是被约束在相对狭窄的河道之中。尽管目前的高分遥感卫星的精度，对于大尺度监测而言已较高（最高0.3 m），然而对于河宽一般只有数米至数百米的河流的尺度而言，仍然显得不够精确。

2.2.3 时间分辨率与空间分辨率相悖

一方面，小尺度的河流宽度，要求较高的空间分辨率；另一方面，瞬息万变的水流情势，要求更高的时间分辨率。遥感卫星的内在特性，决定了时间分辨率和空间分辨率的内在矛盾，两者此消彼长，不可兼得。例如，空间分辨率较高的卫星，其时间分辨率极低——WorldView-3，分辨率0.3 m，重访周期13 d；时间分辨率较高的卫星，其空间分辨率极低——高分4号，重访周期分钟级别，空间分辨率400 m。

近年来，随着卫星技术的进步，"一星多用、多星组网、多网融合"的星座大规模应用阶段的到来推动了卫星时间和空间分辨率的提升。

2.2.4 服务时效性不高

传统遥感服务系统影响服务时效的问题主要包括数据获取流程烦琐、可扩展性差、资源分散、处理效率低等方面。目前，吉林一号等商业卫星提供的信息服务系统通过星地一体优化设计，实现内外部资源协调整合，具有需求响应快、服务能力强的特点，已形成由任务规划、卫星成像、数据接收、数据生产到数据分发的整套全自动快速响应流程。通过同步并行和智能化调度，解密解压缩效率和硬件资源使用率大幅提升。常规编程摄影任务，可在36 h内提供标准影像；应急任务可在成像同时数传，用户最快可在15 min内获得生产完成的标准影像。目前仍满足流量测验需求，时效性上需进一步提升。

3 未来发展技术路线

遥感卫星的自身特性，导致了其应用于流量监测困难重重。目前的遥感卫星，无法直接施测流速和流量，主要通过相关方式推算，并采用传统方式加以率定和验证。通过调研发现，遥感卫星进行河流流量监测的研究实践十分有限，几乎处于空白。但是，卫星遥感代表了水文监测的一种可能方向。本文分析研究了卫星测流的几种可能技术途径，可以作为今后重点关注和发展的方向。

3.1 传统推算方式路线

这种方式应用卫星监测水位，利用传统水位流量关系曲线推算流量。在遥感卫星的应用中，可以通过反射光谱推算水深、利用角反射器定标位置等多种方式测定某一固定断面水深和水位，进而通过传统转换关系推算流量。本质上还是传统的水位流量关系推算方式，用于水位设施安装运行难度较大的场景。

3.2 时空范式转换路线

传统的流量监测，其特点在于"有限固定断面+长历时监测"。遥感卫星的特点，与传统流量监测的特点相反，其特点在于"大尺度空间+瞬时感知"。如果要充分利用遥感卫星优势，就应了解和利用卫星的特点，时空范式转换，以空间换时间，用大量空间数据代偿长历时时间数据，即通过高度卫星测量水面高程，获取大量连续大空间尺度沿程水面线高度信息以及其他信息，利用水动力学方法，分析水流沿河长演进特点，获得沿程流量变化信息。

3.3 人工智能算法路线

遥感卫星虽然无法获取流速、水深等传统水力因素信息，却能获得大空间尺度范围内的水面宽、库容线、下垫面、含水量、周边环境、人类活动变化等大量而丰富的相关信息。在传统的水文监测和分析中，是未能、也无法建立这些因素与流量的关系，而仅仅利用有限和明确的水力因素，开展水动力学方法（或者在此基础上简化的水文学方法）的计算，得出流量等水文数据。目前的人工智能算法的优势，正是在于抛弃原有已知的动力学方法，利用海量相关信息，自我学习和完善算法，建立这些信息与流量的关系。

3.4 水文专用卫星路线

水文作为一个极其特殊的行业，目前的任何卫星都不能完全满足其实际需要。流量监测的远景发展，应当研发和发射水文专用卫星，建立自己的专用卫星监测系统。此举不仅能够对指定区域、在指定时间进行高分遥感，更重要的是，研发专门获取相关水力因素的遥测方法，并展高精度流量测验及其他水文服务。

4 结论

目前遥感卫星技术突飞猛进，种类十分丰富，应用比较广泛，在某些行业已经取得了革命性进展和应用。通过调研和分析，我们却发现，由于卫星技术特性与流量监测需求之间的分歧较大，目前既未能发现遥感卫星监测流量的实际案例，也未能发现短期内利用卫星进行高精度流量测验的迹象。尽管如此，通过转变观念、创新技术和转换范式等努力，遥感卫星水文监测仍将是未来发展的重要方向。

参考文献

[1] 王建华. 生态大保护背景下长江流域水资源综合管理思考 [J]. 人民长江, 2019, 50 (10): 1-6.

[2] 蔡阳. 国家水资源监控能力建设项目及其进展. 水利信息化, 2013 (6): 5-10.

[3] 邓山, 胡立, 左建, 等. H-ADCP 代表流速与断面平均流速拟合精度研究 [J]. 人民长江, 2020, 51 (10): 100-104.

[4] 何惠. 中国水文站网 [J]. 水科学进展, 2010, 21 (4): 460-465.

[5] 姬宏伟, 白涛, 刘登峰, 等. 无资料地区不同时间尺度下流量历时曲线推演及其规律分析 [J]. 西安理工大学学报, 2020, 36 (3): 342-348.

[6] 袁德忠, 李雨, 陈力. 无资料地区省界断面流量推算方法研究 [J]. 人民长江, 2015, 46 (8): 32-35.

[7] 岩腊, 龙笛, 白亮亮, 等. 基于多源信息的水资源立体监测研究综述 [J]. 遥感学报, 2020, 24 (7): 787-803.

[8] 张弛, 滑申冰, 朱德华, 等. 卫星与地面观测融合降雨产品精度与径流模拟评估 [J]. 人民长江, 2019, 50 (9): 70-76.

[9] 王鹏飞, 杨胜天, 王娟, 等. 星-机一体的水力几何形态流量估算方法 [J]. 水利学报, 2020, 51 (4): 492-504.

[10] 常好雪. 结合 Sentinel-1 SAR 影像的河川径流量反演研究 [D]. 武汉: 武汉大学, 2018.

[11] Ling F, Cal X, Li W, et al. Monitoring river discharge with remotely sensed imagery using river island area as an indicator [J]. Journal of Applied Remote Sensing, 2012, 6 (1): 063564.

[12] Huang Q, Long D, Du M, et al. Discharge estimation in high-mountain regions with improved methods using multisource remote sensing: A case study of the Upper Brahmaputra River [J]. Remote Sensing of Environment, 2018, 219: 115-134.

[13] 薛源, 李丹, 吴保生, 等. 利用国产 GF-1 卫星数据实现山区细小河流河宽的自动提取 [J]. 测绘通报, 2020 (3): 12-16.

[14] 宋文龙, 路京选, 杨昆, 等. 地表水体遥感监测研究进展 [J]. 卫星应用, 2019 (11): 41-47.

[15] 李丹, 吴保生, 陈博伟, 等. 基于卫星遥感的水体信息提取研究进展与展望 [J]. 清华大学学报 (自然科学版), 2020, 60 (2): 147-161.

［16］孙芳蒂，马荣华．鄱阳湖水文特征动态变化遥感监测［J］．地理学报，2020，75（3）：544-557.

［17］李春来，任鑫，刘建军，等．嫦娥一号激光测距数据及全月球 DEM 模型［J］．中国科学：地球科学，2010（3）：281-293.

［18］程旭华，齐义泉．基于卫星高度计观测的全球中尺度涡的分布和传播特征［J］．海洋科学进展，2008（4）：447-453.

［19］尹雅冉．基于空间大数据的中国典型湖泊水位数据质量评价与优化应用［D］．上海：东华理工大学，2020.

［20］方留杨．CPU/GPU 协同的光学卫星遥感数据高性能处理方法研究［D］．武汉：武汉大学，2015.

［21］朱青．高分卫星影像预处理并行模型的研究与应用［D］．开封：河南大学，2018.

基于光纤传感技术的分布式水文流量监测技术

卢怡行

（河南省三门峡水文水资源勘测局，河南三门峡　472100）

摘　要： 由于分布式水文流量监测技术实际应用中监测结果与实际情况存在较大误差，监测精度较低，提出基于光纤传感技术的分布式水文流量监测技术。利用光纤传感技术获取水文流量数据信号，采用小波分析技术对数据信号滤波处理，剔除噪声信号，并对数据信号进行线性拟合，根据温度与水文流量的线性关系，求出监测点水文流量。经试验证明，在分布式水文流量监测方面设计技术监测精度高于传统技术，具有良好的可行性与可靠性。

关键词： 光纤传感技术；分布式；水文流量监测；小波分析技术

水文流量监测是采用技术和手段对河流、湖泊等自然界水的流量变化规律进行分析和监测，开展一系列复杂而又全面的系统检查。通过监测水文流量，了解到河流、湖泊中水的流量特征。随着对水文流量监测实时性、准确性要求的不断提高，以及信息化技术、无线通信技术的不断发展，水文流量自动化监测是提高水文流量监测技术水平，以及解决分布式水文监测所面临难题的主要途径。2020年10月全国水文工作会议提出：创新与优化分布式水文流量监测技术，融入物联网、无线通信技术，提高分布式水文流量监测自动化水平。由于国内对于分布式水文流量监测技术研究起步比较晚，相关技术和理论还不够成熟，现有的监测技术主要有基于超声波时差法的水文流量监测，其根据超声波在不同介质之间传播差异，计算出水文流量，以及基于水力学法的水文流量监测，其以水力学法作为理论依据，分析水文流量特征。两种技术存在一个共性问题，即在实际应用中监测结果与实际情况不太相符，监测精度较低，已经无法满足分布式水文流量监测需求，为此提出基于光纤传感技术的分布式水文流量监测技术。

1　分布式水文流量监测技术设计

1.1　传感光纤埋设及数据获取

根据分布式水文流量监测需求，采用光纤传感技术获取水文流量信号。光纤传感技术实际是利用光纤传感器感知被测物体相关信号，该技术涉及的设备主要包括通信光缆、信号发射器、光纤传感器，图1为基于光纤传感技术的水文流量信号获取示意图。

如图1所示，此次选用KHDD-8745通信光缆、AFHT-4644A光纤传感器，通过钻孔将通信光缆和光纤传感器埋入河流土体中。光纤传感器埋设点可以在河流的上、中、下游两侧护坡中，埋深根据实际情况确定，将通信光缆与光纤传感器和信号发射器连接在一起，埋入河流土体中，按"口"字形的方式围绕埋设，将通信光缆的两端引到集线坑处，利用局域网将光纤传感器联网，建立光纤传感网络，将采集到的信号发送到数据中心[1]。由于温度场和水文流场在土体中相互作用和影响，故通过光纤传感器获取水文温度信号，监测分布式水文流量[2]。光纤信号发射器向光缆发射一束向前传播的脉冲光信号，脉冲光信号在向前传播过程中产生后向散射作用，沿着光缆向光纤传感器入射端传播，同时在散射作用下脉冲光产生一种信号，该信号光子通量随着水文环境空间分布温度场变化而改变，因而可以得到监测点处温度值，其用公式表示为：

作者简介： 卢怡行（1996—），男，助理工程师，从事水文水资源方面的工作。

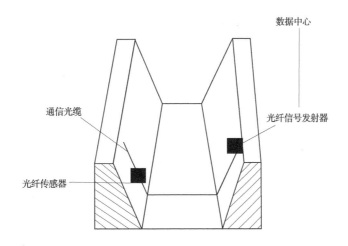

图 1　基于光纤传感技术的水文流量信号获取示意图

$$g = \frac{wqs}{ke(\ln\alpha - \ln\varepsilon)} \tag{1}$$

式中：g 为监测点处温度值；w 为光缆中光纤信号传播速度；q 为光纤的折射率；s 为普朗克系数；k 为真空中的光速；e 为拉曼平移量；α 为温度相关系数；ε 为光纤信号强度[3]。

利用式（1）测量到监测点处温度值，将其传输到数据中心中，为后续水文流量监测分析提供数据依据。

1.2　小波分析除噪及数据拟合

由于原始信号中的高频信号为噪声信号，不具有分析价值，故利用小波分析技术将光纤信号分类处理，分为真实信号和噪声信号，对信号进行去噪。含噪原始数据用公式表示为：

$$S(t) = f(t) + \mu e(t) \tag{2}$$

式中：$S(t)$ 为含噪原始数据；$f(t)$ 为真实信号；$e(t)$ 为噪声信号；μ 为信号维度[4]。

利用一个范围固定窗口，将原始信号分解成多个尺度数据序列组成的数据，窗口大小的分解尺度根据实际情况确定，通过不断分解，高频信号幅值逐渐衰减，在此设定一个阈值，当信号幅值小于设定阈值，则停止分解，保留小于阈值的数据部分，剔除大于阈值的数据部分。将分解后的信号再进行一维小波重组，以此实现小波分析除噪。考虑受其他因素影响，获取的数据信号可能存在误差，因此利用最小二乘法对数据进行拟合处理。假设水文流量监测值为 x，光纤传感技术获取的温度值为 y，当确定一个 x 值后，会得到对应的 y 值，如果二者存在误差，数据点无法落在水文流量与温度线性关系曲线上，其偏差用公式表示为：

$$v_i = \sqrt{\Delta y^2 + \Delta x^2} \tag{3}$$

式中：v_i 为第 i 个数据点水文流量与温度线性关系曲线的偏差；Δy 为第 i 个数据点与曲线所在位置的垂直距离；Δx 为第 i 个数据点与曲线所在位置的水平距离[5]。

该偏差主要由光纤传感技术测量温度偏差引起，利用相关函数表示 x 和 y 的关系，其用公式表示为：

$$y = a + bx \tag{4}$$

式中：a、b 表示两个常数，通过对式（3）、式（4）两边分别平方求和，再对 a、b 两个常数求偏导数，使拟合后的误差 v_i 最小，将数据点拟合到水文流量与温度线性关系曲线上，提升数据精度。

1.3　水文流量监测分析

在上述基础上，根据温度与水文流量关系，求出不同地点水文流量值，河流中水在动态流动下，土体的热流量由水体流动所携带的热量以及土体自身的热传导热量组成，因此在 t 时刻流经单元体的热流量为：

$$q = cpT - \gamma \frac{\partial T}{\partial c} \tag{5}$$

式中：q 为沿水平方向的流经单元体的热流量；c 为水的比热；p 为河流中水的密度；T 为土体的温度；γ 为单元体的导热系数。

利用式（5）计算出土体的热流量，由于热流量与水文流量成正相关关系，即热流量越大，水文流量越大，因此根据热流量与水文流量的线性关系，计算出水文流量大小：

$$v = aqSQ \tag{6}$$

式中：v 为水文流量；a 为常数；S 为明渠过水横断面面积；Q 为明渠过水横断面流量。

明渠过水横断面面积与水渠宽度有关，其计算公式为：

$$S = [\beta + (z_1 - z_0) m] (z_1 - z_0) + S_0 \tag{7}$$

式中：β 为监测点所在渠道宽度；z_1 为监测点所在渠道边坡系数；z_0 为河流平均边坡系数；m 为回归系数；S_0 为水面高程。

将拟合后的数据代入式（6）中，求出不同监测点的水文流量，以此实现基于光纤传感技术的分布式水文流量监测。

2 实验论证分析

为了检验本次设计技术的可行性与可靠性，选取某河流为水文流量监测对象，该河流全长 1 626.41 m，宽度范围为 1.26~5.68 m，河流两岸为混凝土护坡，由于所在区域降雨量较大，水流状态稳定性较差，符合光纤传感设备对监测河段的技术要求。据统计，该河流历史最高水文流量为 28.46 m³/s，最低水文流量为 0.26 m³/s，利用此次设计技术与基于 AI 智能影像识别技术的流量实时在线监测技术，对该河流水文流量进行监测。根据该河流实际情况，准备 6 个光纤传感器，该传感器的量程设定为 28.55 mm，分辨精度设定为 0.1mm/m，尺寸大小为 75 mm×4 000 mm，中心波长范围为 1 528~1 568 nm，纤芯数量为 1，光纤光栅数为 2 500 个，反射率为 0.01%，定点间距 65.45 cm，光栅间距为 1.25 m。将 6 个光纤传感器分别安装在该河流上、中、下游两侧混凝土护坡上，埋深为 3.56 m。从 00：30 开始对水文流量信号进行采集，截至 05：30，共采集到 2.62 GB 水文流量数据。通过对数据计算和分析，得到水文流量监测结果如表 1 所示。

表 1 两种技术水文流量监测结果   单位：m³/s

时刻 （时：分）	实际流量	设计技术	基于 AI 智能影像识别技术的流量实时在线监测技术
00：30	12.62	12.61	12.26
01：30	18.46	18.46	18.02
02：30	11.35	11.36	15.62
03：30	12.54	12.55	13.67
04：30	12.69	12.63	15.49
05：30	15.42	15.42	12.84

通过对表 1 中数据分析，可以得出以下结论：应用设计技术对该河流水文流量进行监测，监测值与实际流量基本一致，最大监测误差仅为 0.03 m³/s，数值较小，基本可以忽略不计，说明设计技术具有较高的监测精度；而应用基于 AI 智能影像识别技术的流量实时在线监测技术对河流水文流量进行监测，监测值与实际流量差距较大，最大监测误差为 4.26 m³/s，远远高于设计技术，这是因为设计技术采用光纤传感技术，根据温度与水文流量的线性关系，计算出水文流量，减少了计算步骤。同

时采用小波分析技术对水文流量信号进行拟合和降噪处理，为分布式水文流量计算分析提供了高质量数据。实验结果证明，在精度方面设计技术优于基于 AI 智能影像识别技术的流量实时在线监测技术，更适用于分布式水文流量监测，同时也验证了光纤传感技术在分布式水文流量监测方面的适用性。

3　结语

此次针对传统技术存在的不足和弊端，将光纤传感技术应用到分布式水文流量监测中，提出一个新的监测技术，实现对传统分布式水文监测技术的优化和创新，有效解决分布式水文流量监测误差较大问题。此次研究对光纤传感技术在分布式水文流量监测中推广和应用，为基于光纤传感技术的分布式水文流量监测技术实践操作提供参考依据，提高分布式水文流量监测技术水平，具有良好的现实意义。但是由于研究时间有限，提出的技术尚未在实际中进行大量应用，在某些方面可能存在一些不足，今后会对基于光纤传感技术的分布式水文流量监测技术优化进行研究，为分布式水文流量监测提供有力的技术支撑。

参考文献

［1］鲁青，张国学，史东华，等．基于 AI 智能影像识别技术的流量实时在线监测集成与应用［J］．水利水电快报，2021，42（9）：97-103.

［2］朱颖洁．侧扫雷达在线流量监测系统在西江流量监测中的应用——以梧州水文站为例［J］．广西水利水电，2020（1）：44-48，56.

［3］赵正军．研究侧扫雷达测流系统功能与应用——以允景洪水文站为例［J］．水利科学与寒区工程，2021，4（2）：139-142.

［4］阮聪，方金鑫，牛智星，等．基于二维测流方式下流量算法模型在天然河道中的研究与应用［J］．陕西水利，2021（2）：27-28，31.

［5］杨丽萍．雷达流量在线监测系统（RG-30）在内蒙古东居延海水文站的应用研究［J］．内蒙古水利，2020（9）：41-44.

黄河下游洪峰增值成因及机理研究

姜凯轩[1]　张振乐[2]

（1. 黄河水利委员会水文局，河南郑州　450004；
2. 阿克苏地区渭干河流域管理局，新疆库车　842099）

摘　要：黄河下游洪峰增值多伴随着小浪底水库排沙运用而发生，具有峰值较大、总量不大的特点。本文对洪峰增值现象进行了理论分析，并构建分析模型进行还原验证，较好地还原了历年来小浪底排沙期在花园口河段形成的洪峰增值过程，证明了河道糙率减小和水流密度增大是黄河下游洪峰增值产生的主要原因，流态变化导致河道槽蓄量排出是增值洪水的主要来源。

关键词：黄河下游；洪峰增值；还原验证

1　研究背景

洪峰增值指在区间没有足够水量加入的情况下，下游产生明显大于上游洪水过程的现象，黄河下游洪峰增值多伴随着小浪底水库排沙运用而发生，主要出现在小浪底—花园口河段，异常洪水向下游不断演进，直至经过利津出海。据统计，小浪底水库建成前黄河下游明显的洪峰增值现象共发生 3 次，最早出现在 1973 年[1]；小浪底水库运行后至 2022 年，明显的洪峰增值现象共发生 9 次，且均伴随着小浪底水库排沙运行出现。由于洪峰增值幅度较大（花园口较小浪底最大增值 3 470 m³/s，2010 年 7 月），为黄河下游防汛工作造成一定的困难，甚至导致洪水漫滩。

历年来，学者对黄河下游洪峰增值现象做了大量的研究，提出了多种洪峰增值可能的成因[2]，其中经过较严谨推导分析的主要有三点：①减阻观点[3-4]，认为高含沙洪水时河道糙率减小是洪峰增值产生的主要原因；②密度差观点[5]，认为洪峰增值是由高密度含沙水流挤压前面的清水所产生的；③河槽形态变化的观点[6]，认为河道形态与过流断面面积沿程变化也会对洪峰增值产生影响。

2　洪峰增值理论

根据质量和动量守恒，本文推导得出黄河下游洪峰增值现象的产生机制为：①河道糙率减小和水流密度增大导致同流量级下水深减小、流速增大；②新流态导致河段槽蓄量减少，排出的槽蓄量在沙波前形成洪水波，从而形成洪峰增值。

2.1　糙率的影响

采用谢才-曼宁公式和质量守恒分析糙率变化对流态的影响：

$$Q = \frac{1}{n} h^{5/3} B s^{1/2} \tag{1}$$

式中：Q 为流量，m³/s；n 为糙率；R 为水力半径，m，当水面较宽而水深较小时，水力半径约等于断面平均水深 h；B 为断面平均宽度，m；s 为水面比降。

由于河道糙率与水体含沙量存在明显的负相关关系[7]，同流量级下，含沙量越大、糙率越小，导致流态向水深减小的方向转变，使得河道槽蓄量也减小。

作者简介：姜凯轩（1992—），男，工程师，主要从事水文测验管理及分析研究工作。

2.2 水流密度的影响

通过动量方程的变式[8] 分析水流密度变化对流态的影响：

$$\frac{\partial v}{\partial t} + (2\alpha_s - \frac{1}{r_s})v\frac{\partial v}{\partial x} + g[F^2(\alpha_s - \frac{1}{r_s}) + 1]\frac{\partial h}{\partial x} + g\frac{h}{B}F^2(\alpha_s - \frac{1}{r_s})\frac{\partial B}{\partial x} +$$

$$g\frac{h}{2\rho}\frac{\partial \rho}{\partial x} + g\frac{\partial Z_b}{\partial x} + g\frac{v^2}{C^2} = 0 \tag{2}$$

式中：t 代表时间轴；x 代表距离轴；α_s 为断面流速分布系数；r_s 为断面上水宽度（包括死水）与过水宽度（不包括死水）的比值；g 为重力加速度，m/s^2；F 为弗劳德数；B 为河宽，m；ρ 为水流密度，kg/m^3；Z_b 为河槽底坡；C 为谢才系数，$m^{0.5}/s$。

对式（2）进行化简分析：①对于天然河道且水流在仅在主槽内运行时，$\alpha_s \approx r_s \approx 1$[8]；②令 $x = vt$，则 $\frac{\partial v}{\partial t} + v\frac{\partial v}{\partial x} \approx 0$；③认为水流重力势能所转化的动能与沿程摩阻可互相抵消，则 $g\frac{\partial Z_b}{\partial x} + g\frac{v^2}{C^2} \approx 0$。经上述简化，沿程河道水深与沿程水流密度呈单一的负相关关系：$\frac{\partial h}{\partial x} = -\frac{h}{2\rho}\frac{\partial \rho}{\partial x}$。含沙量增大引起水体密度增大时，同流量级下流态会向水深减小的方向转变，导致河道槽蓄量减小。

2.3 洪峰增值形成

当上游河段因含沙量增大导致槽蓄量减小时，排出的槽蓄量在泥沙过程之前形成洪水向下游传播，洪水形态由泥沙过程的峰型决定，泥沙峰值越高、洪峰增值越明显，泥沙涨落越迅速，洪水涨落也越迅速，小浪底水库单次排沙总量越大，下游洪峰增值总水量越大。

3 还原验证

3.1 模型结构

通过动量守恒和质量守恒建立分析模型，对小浪底—花园口河段的泥沙输移情况、水面变化情况及洪水过程进行还原。为提高模型的运算效率和通用性，泥沙输移过程采用相似曲线代替。

用泰勒一维线性模型来模拟泥沙沿时间和河长的输移过程：

$$C(x, t) = \frac{M_C}{\sqrt{4\pi K_C t}}\exp\left(-\frac{(x-a-vt)^2}{4K_C t} - kt\right) \tag{3}$$

式中：含沙量 C（kg/m^3）为距离 x（m）和时间 t（s）的函数；M_C 为输沙总质量，kg；K_C 为坦化系数，K_C 越大，泥沙向下输移过程中沙峰坦化现象越明显；v 为沙波输移速度，m/s，与输沙水流流速相同；a 为距离 x 的偏移量，m；k 为输沙衰减系数，k 越大，输沙总质量 M_C 沿程衰减越明显（主要由沿程淤积导致），当 k 为负值，代表 M_C 沿程增加（沿程冲刷）。实验证明，采用参数不同的双峰耦合，可以可靠地描述上游来沙过程，即 $C(x, t) = C_1(x_1, t_1) + C_2(x_2, t_2)$。

模拟沿程水面变化情况，主要用以计算单次洪峰增值总量，认为沿程水深是水流密度和河道糙率的函数：

$$\frac{\partial h}{\partial x} = -\frac{h}{2\rho}\frac{\partial \rho}{\partial x} - \frac{h}{n}\left(\frac{\partial n}{\partial x}\right)^{3/5} \tag{4}$$

式中：$\frac{\partial n}{\partial x}$ 为沿程糙率变化情况，可根据含沙量-糙率经验曲线查得。

本文认为沙峰过程与下游洪峰增值过程存在对应关系，因此也采用泰勒一维线性模型对洪水过程进行还原：

$$Q(x, t) = \frac{M_Q}{\sqrt{4\pi K_Q t}}\exp\left(-\frac{(x-a-vt)^2}{4K_Q t}\right) \tag{5}$$

式中：流量 Q（m^3/s）为距离 x（m）和时间 t（s）的函数；M_Q 为增值总水量，m^3；K_Q 为洪水坦化系数。采用与沙峰过程对应的双峰耦合方式描述洪峰过程：$Q(x, t) = Q_1(x_1, t_1) + Q_2(x_2, t_2)$，$K_Q$ 选值参照相应沙峰过程的 K_C 值。

3.2 评价方法

以小浪底水文站实测水沙资料和花园口水文站实测泥沙资料作为输入，以花园口水文站实测洪水资料做为标准，从总量和过程两方面评价洪峰增值还原成果。

3.2.1 洪峰增值总量评价

当上游来沙过程得到较好的模拟时，增值总水量的还原成果应尽可能与实测资料相等，采用相对误差的形式进行评价：

$$\delta = \frac{M_Q - M_{QO}}{M_{QO}} \times 100\% \tag{6}$$

式中：M_Q 为模拟值；M_{QO} 为实测值，相对误差越小则模拟效果越好。

3.2.2 洪峰增值过程评价

当上游来沙过程得到较好的模拟时，还原洪水过程应尽可能与实测洪水过程相同，采用纳什效率系数对洪峰增值过程进行评价：

$$DC = 1 - \frac{\sum(Q_{ci} - Q_{oi})^2}{\sum(Q_{oi} - Q_{ov})^2} \tag{7}$$

式中：Q_{ci} 为模拟流量值，m^3/s；Q_{oi} 为实测流量值，m^3/s；Q_{ov} 为实测流量值的均值，m^3/s。

纳什效率系数越接近 1，代表模拟值与实测值越接近。

3.3 模拟成果

对 2004—2022 年共 9 次较明显的增值过程进行还原，成果见表 1、图 1。成果表明：在仅考虑河道糙率和水流密度的影响下，还原结果与实测数据有很好的相关关系。还原洪水总量误差均值为 −3.1%，多数年份误差在 ±10% 以内，最大负偏 26.5%，最大正偏 14.0%；还原洪水过程的纳什效率系数均值达到 0.836 9，其中 2006 年还原效果最好（0.958 3），2011 年最差（0.773 8），且单峰形态洪水过程的还原效果好于双峰形态。

表 1　洪峰增值还原结果

年份	2004	2005	2006	2007	2010	2011	2012	2018	2022	均值
花园口洪水总量/%	6.4	−26.5	−6.4	6.7	−3.0	−5.7	−18.5	14.0	4.7	−3.1
花园口洪水过程	0.790 0	0.874 1	0.958 3	0.828 5	0.821 4	0.773 8	0.842 7	0.834 0	0.808 9	0.836 9

注：洪水总量模拟成果以相对误差表示，洪水过程模拟成果以纳什效率系数表示。

4　讨论

还原验证结果表明：①仅考虑河道糙率和水流密度影响的一维线性模型，可以较好地还原小浪底排沙期在花园口河段形成的洪峰增值过程，且历年来花园口河段洪峰增值的总水量与小浪底—花园口河段槽蓄量的减少量接近。证明了高含沙量情况下，河道糙率和水流密度改变是黄河下游产生洪峰增值的主要原因。受河道糙率减小和水流密度增大的影响，小浪底—花园口河段同流量级下水位明显降低，河道槽蓄量明显减小，河段排出的槽蓄量在沙波之前形成涨落迅速的洪水过程，洪水总量、峰型和传播时间与上游来沙总量和输沙过程密切相关。

由于小浪底—花园口河段槽蓄量减少是高含沙量导致的，因此在小浪底水库排沙过程结束，上游来水变清后，河道槽蓄量会逐渐回补，最终达到排沙前的平衡状态。槽蓄量回补过程伴随着水库调度、区间洪水加入、区间引水、河床冲刷等众多干扰因素，在实际测验中不易通过上下游对照发现，但在较大的时间尺度上（月年），小浪底—花园口河段上下游水量基本平衡，证明槽蓄量回补是存在的。

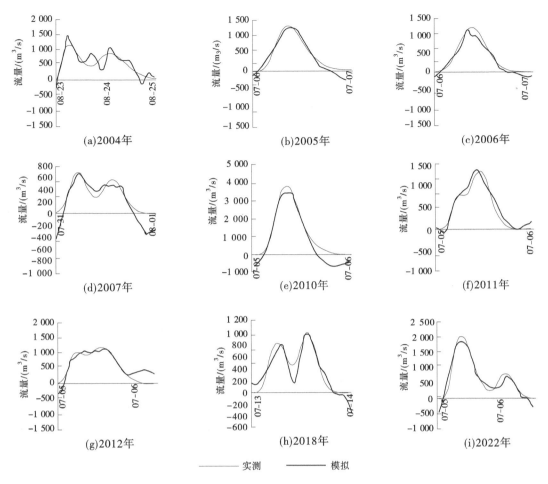

图 1　洪峰增值还原结果（花园口站增水部分）

经分析，模拟误差的主要来源包括：①描述泥沙过程采用的是模拟值而不是实际值，这虽有助于在模拟洪峰时确定各因数，但来沙过程的失真显然会影响到还原成果；②河道糙率采用的是查线数据，实际上河道糙率受综合因素的影响，其与含沙量的线性规律并非很好，采用经验值会导致还原成果的随机误差较大；③洪峰增值现象受到其他因素的影响，包括但不限于水库放水给予水流的动能、沿程河道形态变化和弯道的影响、河道形态沿时间变化（如河床冲淤）等，尽管与河道糙率和水流密度相比这些因素造成的影响很小，但有时不可忽视。

5　结论

通过理论分析和还原验证，本文得出如下结论：

（1）大含沙量引起的河道糙率减小和水流密度增大，是黄河下游洪峰增值产生的主要原因；流态变化导致河道槽蓄量排出是增值洪水的主要来源，在上游来水变清后，河道槽蓄量会逐渐回补。

（2）上游来沙过程与下游洪峰增值过程具有明显的相关性，输沙量越大且时间越集中，洪峰增值总水量越大，沙峰越尖瘦，洪峰也越尖瘦。

（3）洪峰增值的机制决定了其峰值较大、总量不大的特点，虽不会造成下游严重的洪水灾害，但造成下游短暂漫滩的风险是存在的。

参考文献

［1］齐璞，李萍，陈岭，等. 小浪底水库运用后小花间洪峰增值原因分析［J］. 人民黄河，2013（3）：2.

［2］孙赞盈，彭红，荆新爱，等. 近期黄河洪峰增值现象研究综述［J］. 人民黄河，2014，36（3）：1-3，57.

［3］江恩惠，赵连军，韦直林. 黄河下游洪峰增值机制及数值模拟研究［C］//. 中国水利学会 2005 学术年会论文集 ——水旱灾害风险管理，2005：430-436.

［4］李国英. 黄河洪水演进洪峰增值现象及其机理［J］. 水利学报，2008（5）：511-517，527.

［5］王兵，李圣山，张亚伟. 花园口站洪峰增值现象分析［J］. 人民黄河，2008（9）：34-35，99，108.

［6］李薇，谢国虎，胡鹏，等. 黄河洪水洪峰增值机制及影响因素研究［J］. 水利学报，2019，50（9）：1111-1122.

［7］钱宁，万兆慧. 泥沙运动力学［J］. 北京：科学出版社，2003.

［8］Savenije H . Tide and estuary shape-2［J］. Salinity & Tides in Alluvial Estuaries，2005：23-68.

移动水文监测系统若干关键技术研究与实现

李　珏　　高露雄　　陈雅莉

（长江水利委员会水文局，湖北武汉　430010）

摘　要： 水文监测工作是水文工作的基础，目前水文监测仍有大量的水文监测及记载计算工作需要依靠人工完成，数据记载在纸质原始记载计算表上。为实现水文监测无纸化、监测数据实时在线共享，长江水利委员会水文局设计开发了移动水文监测系统。本文对该系统的总体框架进行了介绍，并着重阐述了水文对象构建，移动在线记载计算方法和基于微服务架构的水文监测服务等关键技术。该系统在多地的成功实施运行，证明了其适应性、可靠性、易用性，增强了水文监测数据的服务能力。

关键词： 水文监测；水文对象；移动在线；微服务

1　引言

水文监测工作是水文工作的基础，为提升水文监测水平，水文行业大量引进先进设备[1-2]、方法[3-4]、管理方式[5]，目前大部分地区已经实现了水位、降水等观测项目的自动观测。然而相对复杂的监测项目，以及设备比测[6-8]依然需要依赖人工监测完成。

人工水文监测数据通常利用纸质介质记录，这种方式导致数据查询、使用、保存困难，大量早期监测数据丢失。为提升水文数据的服务能力，各水文部门制作了规范的 Excel 电子表格保存数据，但这种方法实际上进行了两次录入工作，增加了工作复杂度和数据录入错误风险，录入后的表单亦无法反映原记载表中数据修改的痕迹，数据查询和使用的困难依旧难以解决。有的水文机构建设了内业填报的监测数据处理系统[9]，利用数据库管理了水文数据，但该系统主要关注内业工作，依然未能简化外业监测数据记录工作，并记录下监测全过程数据。

针对上述问题，为简化监测数据记载计算，数据实时在线，打通监测与整编的数据环节，提升监测数据的服务水平，实现"互联网+"水文监测[10]，本文设计开发了移动水文监测系统，构建了以测站为单位的水文对象，设计了基于移动设备的监测数据的记载计算方法，核心功能封装成微服务供系统调用。

2　系统总体框架

移动水文监测系统的核心任务是支持监测人员利用移动设备，在监测现场，实现边测、边录、边算，数据直接入库，大幅减轻了监测人员记录、计算、汇集数据的工作量。移动水文监测系统前后端分离，总体框架分为四层，如图 1 所示。

在系统总体框架下，系统的功能模块主要分为基础信息、项目监测、流程管理、监测监控四大部分，如图 2 所示。基础信息的管理核心是测站，通过测站所属机构，将测站与人员信息、权限建立关系，管理测站各类信息，支持测站监测。监测项目包括水位、流量、降水等，以测站为基础，各类监

作者简介： 李珏（1992—），女，工程师，从事水文信息化工作。

通信作者： 陈雅莉（1970—），女，正高级工程师，从事水文信息化工作。

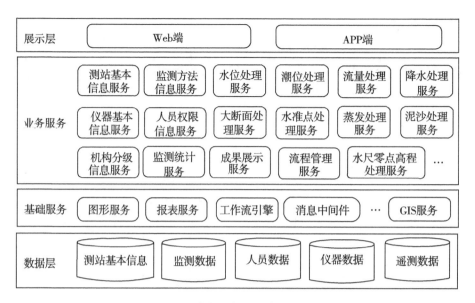

图 1　移动水文监测系统总体框架

测项目功能入口统一，针对不同季节、不同监测方式，同一个监测项目将包含不同监测功能模块。流程管理主要对监测流程进行管理，包括外业监测过程中拍摄的现场影像和数据管理流程。监测监控对监测流程中的测次分布、影像、进度、日志进行监控。

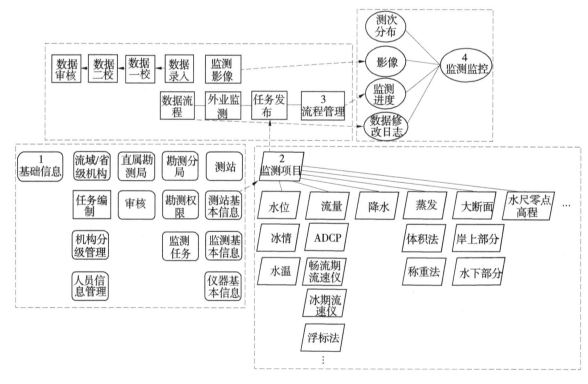

图 2　功能模块

3　关键技术

本系统针对多类数据综合支撑水文监测的要求，构建了以测站为基础的水文对象，并在此基础上，设计了移动在线记载计算方法，以满足监测对设备便携性数据实时汇集共享需求。系统基于微服务架构实现了体系性的水文监测服务，结构灵活易扩展，并能支持其他应用的调用。

3.1　水文对象构建

完成一次人工水文监测，需同时涉及多类数据，如对比人工监测数据和遥测数据，比较水位、流量、降水数据、综合多个分段面数据等。目前，多数水文部门为这些数据分别建设了不同数据库，按照相应行业标准和自身工作习惯，采用了不同站码规则，导致无法利用一个站码，搜索出该测站的各类数据。为简化监测人员录入，需要以测站为单位，构建水文对象，采用唯一编码标识，建立起同一测站不同站码间的联系，进而建立起测站与不同数据之间的联系，实现通过唯一测站编码标识，整合各类数据[11]，进行数据的综合计算与统计分析，支持监测人员及其他相关人员的决策。本系统采用信息化码[12]为测站的唯一标识进行数据组织，如图 3 所示。该编码采用"AABB.CCCC"编码规则，前两位标识测站所属省/流域机构，第三、四位标识测站所属二级机构，后四位为自增型顺序编码。

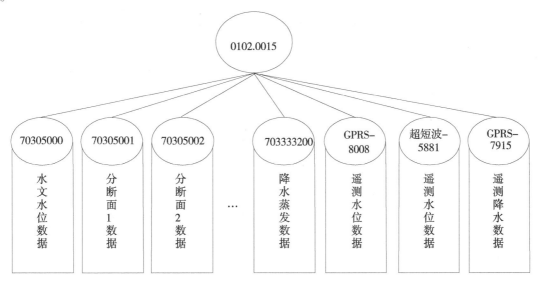

图 3　水文对象构建示意图

3.2　记载计算过程解耦

在传统外业监测中，用于记录数据的介质越便携，越能解放监测人员的双手，提高监测效率。移动设备（如手机、平板电脑）和移动互联网的普及，迎合了水文监测数据记载计算对便携性工具的需求，并打通了监测数据直接传输到数据库服务器的通道，便于数据的统一存储。

利用移动设备进行监测数据记载计算，其最大的问题在于：复杂监测项目需要记载的内容较多且复杂，移动设备受到尺寸、操作方式的限制，对复杂数据录入非常麻烦且费时。为解决该问题，本系统对监测数据记载计算内容进行了分析和分类，对完整的数据记载计算过程进行解耦，让系统的不同部分分别执行。流程结构为测次基本信息录入、实测数据录入、数据计算等三个过程，采用"Web+APP/S"架构支持，其逻辑结构如图 4 所示。

3.2.1　Web 端测次基本信息录入

测次基本信息包括测站信息、监测方法、仪器信息、机构信息、人员信息等，对于单一测站来说，范围基本固定，发生变化的频率较低，能在监测前遍历所有可能性。测次基本信息涉及较多的文字和符号输入，更适合在内业 Web 端进行统一维护，遍历到的各种可能情况，将作为单次测验的选项，供监测人员选择。

3.2.2　APP 端实测数据录入

APP 端以组合框的形式读取已提前录入的测次基本信息列表，供用户在监测现场选择当次对应的信息，减轻实测时的录入工作量。同时，实测数据在监测现场监测获得，通常为数字，利用 APP端在现场录入十分便捷。

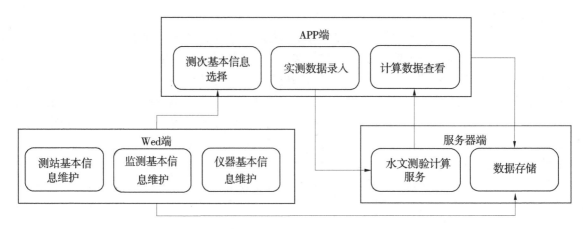

图 4　移动在线记载计算方法逻辑结构

3.2.3　服务端数据计算

数据一般需要在监测当场计算获得，辅助监测人员判断监测结果是否有效，本系统自动实时进行监测计算，减轻了监测人员现场计算工作量，提高了监测工作效率。对于简单的数学运算，本系统利用移动设备的计算资源实现实时计算，提高计算效率；对于复杂运算，则交给服务器端调用相关算法服务进行计算，结果实时反馈给 APP 端，供监测人员查看，减少移动设备资源占用率，同时方便维护更新。

3.3　基于微服务架构的水文监测服务

微服务架构是当前较为流行的一种服务架构模式，将代码庞大、耦合度高的单体架构，划分为一组微小的服务，提供单一的业务功能，各服务间采用轻量级的通信方式进行交互、协作，可单独进行部署运行[13]。水文监测服务的微服务架构如图 5 所示，包含服务注册与管理、负载均衡、容错保护、网关服务等机制[14]。

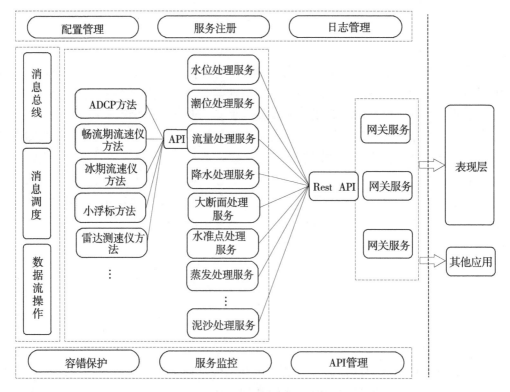

图 5　水文监测微服务架构

本文将复杂、多变的水文监测方法以最小粒度进行封装，一个微服务只负责一项业务，从而降低了系统的复杂性，同时提高了系统的灵活性，当系统推广时，能根据实际水文特征，灵活增加新的监测方法微服务。以测流服务为例，由于测流仪器和季节不同，采用的测流计算方法也不相同，因此将不同测流方式单独封装成微服务，包括ADCP方法、畅流期流速仪方法、小浮标方法等，为方便用户调用，再将调用策略单独封装为流量处理服务，令其根据不同条件切换采用的测流方法微服务，对上层系统只需要暴露流量处理服务接口即可，同时兼顾了处理服务的复用性和易用性。不同监测项目中，重叠的功能方法和计算步骤，采用微服务封装也能进一步提高系统的复用性和灵活性，如水准点、水尺零点高程项目中存在重叠的前视、后视监测及解算等。

4 工程应用

4.1 应用实例

移动水文监测系统由长江水利委员会水文局主持开发，数据库采用SQL Server 2012，服务器操作系统为Windows Server 2012，系统采用B/S架构开发，包括服务器端、浏览器端（桌面Web端，IOS手机移动端、Android手机移动端）。服务器端开发语言为JAVA，多终端通过API接口获取和维护数据，微服务框架采用SpringCloud，界面开发采用JavaScript。

本系统已在长江水利委员会水文局全局内建成实施，并已推广至多地，在我国南、北方水文监测工作中表现出较强的适应性和灵活性，易于扩展。

系统建成后，大幅提高了建设单位的监测自动化水平，用相对少量的系统运维工作人员保障系统的正确运行，代替大量烦琐的人工计算、数据汇集的工作量，从而解放了水文生产力，提高了监测工作效率和监测数据服务能力。

4.2 系统功能

4.2.1 测站基本信息管理

测站基本信息管理在Web端完成，包括测站类型、地理信息、管理单位等基础信息，以及测站站码的管理和监测项目管理，直接影响到本系统中，该测站能综合计算、展示、统计的数据，以及在本系统中能信息记载计算的实测项目。界面如图6所示。

图6 测站基本信息管理界面

4.2.2 Web端后台数据维护

Web端后台维护测站的测次描述信息，某些测次信息为公用信息，如天气、风向等，每个测站都使用同一套信息，但有的测次描述信息以测站为单位，某测站的描述或更改，不能影响其他测站，如人员权限、采用基点、采用仪器等。这些数据完成录入后，将以组合框的形式，在 APP 端读出，供用户根据当次监测情况进行选择。这些信息一般不需要频繁地进行修改，仅当实际发生变化时，才需要再次维护。设备信息维护界面如图 7 所示。

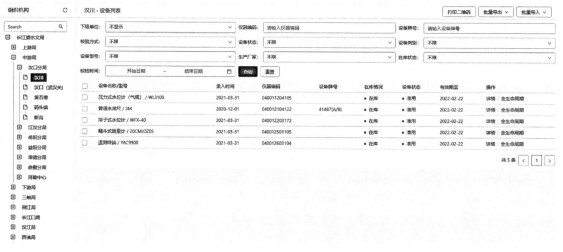

图 7　设备信息维护界面

4.2.3　移动在线记载计算

在手机联网的状态下，移动水文监测系统能通过移动设备的 APP，在线进行水文数据记载计算。利用 APP 直接发起监测任务，并在监测的同时，同步录入实际观测数据，系统根据录入数据实时计算，并返回给用户。监测结束后，成果数据自动计算完成。数据经过录入、一次校核、二次校核、审核后，才能生效。以蒸发量为例，移动在线记载计算界面如图 8 所示。

（a）任务日历　　　　　（b）录入界面　　　　　（c）数据流程进度

图 8　蒸发量移动在线记载计算界面

4.2.4　成果展示

移动水文监测系统提供多种成果展现方式，根据监测人员习惯，可提供监测原始记载记录表，同时根据移动设备的特点和数据分析的多样性，还可在 APP 端提供遥测数据和实测数据对比展示，以及从测次分布、监测进度、监测工作量等多种统计数据的展示。部分成果展示界面如图 9 所示。

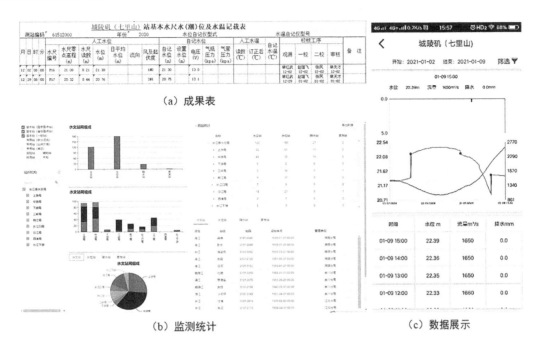

（a）成果表

（b）监测统计　　　　　　　　　　　　　（c）数据展示

图 9　成果展示界面

5　总结与展望

本文设计开发了移动水文监测系统，打通了数据通道，支持多要素水文监测；实现监测、记录同步，记载计算便捷；结构灵活，易于扩展。经过多地的使用与验证，证明本系统的业务流程和计算结果符合水文监测规范，完整覆盖人工监测工作链条，适应性、可靠性、易用性强，增强了人工监测数据的服务能力。

参考文献

［1］马富明．水文流量监测新技术设备运用现状与改进方法［J］．水文，2020，40（2）：66-71.

［2］赵德友．运河水文站流量自动监测系统建立与实现技术［J］．水利信息化，2011（3）：68-68.

［3］王俊．长江水文监测方式方法技术创新的探索与实践［J］．水文，2011（S1）：1-3.

［4］洪敏，安晶，马龙．2个代表性的国外卫星遥感降水观测系统［J］．水利信息化，2018，142（1）：8-13.

［5］章树安，张留柱，马湛．中美水文监测技术比较研究［J］．水文，2007，27（6）：67-70.

［6］梅军亚，陈静，香天元．侧扫雷达测流系统在水文信息监测中的比测研究及误差分析［J］．水文，2020，40（5）：54-60.

［7］蒋建平．国产ADCP精度比测分析［J］．人民黄河，2020（8）：164-168.

［8］陈玉斌．流量自动监测比测率定分析［J］．海河水利，2019（3）：68-70.

［9］陈玉斌．水文资料人工监测数据处理系统设计与应用［J］．水利水电快报，2019，40（4）：65-67.

［10］王俊．基于"互联网+"的长江水文监测体系研究［J］．长江技术经济，2018（2）：74-78.

［11］张文，陈雅莉，徐小迪，等．水利数据多库智能整合机制研究与应用［J］．水利信息化，2018（6）：21-26.

［12］王颖，罗艺，李珏，等．面向水文数据综合应用的编码管理系统［C］// 浙江省水利学会2018年学术年会．

［13］郝江波，唐卫，王慕华，等．基于微服务的气象信息决策支撑系统重构与实践［J］．气象科技，2020，48（6）：829-835.

［14］Spring Cloud Eureka［EB/LO］．［2020-12-02］．https：//github.com/Netflix．

湄公河感潮河段潮汐特征分析

黄　燕[1]　李妍清[1]　汪青静[1]　朱建荣[2]　陈　玺[1,3]

（1. 长江水利委员会水文局，湖北武汉　430010；
2. 华东师范大学 河口海岸学国家重点实验室，上海　200241；
3. 河海大学 水文水资源与水利工程科学国家重点实验室，江苏南京　210024）

摘要：以湄公河三角洲芹苴、媚川、朱笃、新州等水文站实测水文资料为依据，分析了湄公河感潮河段受潮汐影响的沿程变化，结果表明：距入海口 90 km 处全年水位受潮汐影响显著，日不等、月不等现象明显；距入海口 190 km 后，潮汐只在枯季对水位有明显影响，在汛期影响明显变小。应用 T-tide 软件进行的潮汐调和分析表明：湄公河三角洲各站潮汐属不规则半日潮，低潮日不等现象明显，落潮历时大于涨潮历时。研究潮汐变化规律对潮汐预报及防洪、引排水、港口建设、航运等有着重要的参考作用。

关键词：湄公河；潮汐特征；调和分析

潮汐作为一种自然现象，与人类的生产、生活密切相关。潮汐运动不仅影响海上捕捞、海上勘探开发，也影响感潮河段船舶航运、桥梁、码头的建造与运营等。掌握潮波运动规律对河口资源的开发利用和生态环境的维护具有重要意义[1]，可为潮汐预报及港口建设、航运、防洪、引排水等决策提供支持。

澜沧江-湄公河发源于中国青海，在中国境内称澜沧江，出境后称湄公河，流经缅甸、老挝、泰国、柬埔寨和越南，于胡志明市入南海。自柬埔寨金边以下至河口为湄公河三角洲[1]区域，面积近 5.5 万 km²，地势低平，平均海拔不足 2 m，水网密集，土壤肥沃，为东南亚重要的稻米产区之一[2]。湄公河过金边后先分成 2 支，一支称湄公河[（Mekong River，越南境内称前江（Tien River）]，一支称巴塞河[（Bassac River），越南境内称后江（Hau River）]，后由于沙洲的分隔再分 6 支，加上美清河（My Thanh），共计有 9 个河口入海，故湄公河别称九龙江。

湄公河三角洲位于潮区界以下，属感潮河段，既受内陆河川径流的影响，又受外海潮汐顶托的影响，水流呈复杂的周期性的不恒定往复流动[3-4]。本文利用实测水文数据分析了湄公河三角洲区域河流的潮汐特征。

1　资料及分析方法

本次收集了湄公河三角州新州（Tan Chau）、朱笃（Chau Doc）、芹苴（Can Tho）、媚川（My Thuan）和美萩（My Tho）等 5 水文站实测水位、流量资料。各测站资料情况见表 1。

首先，基于新州、朱笃、芹苴、媚川和美萩水文站实测水文资料，分析潮汐对湄公河感潮河段水位、流量过程的影响；其次，应用国际广泛使用的潮汐调和计算软件 T-tide[5]进行了潮汐调和分析，得到 M_2、S_2、K_1、O_1 等多个分潮的调和常数，进而分析湄公河三角洲区域潮汐的一般特征和地域变化规律。

基金项目："一带一路"水与可持续发展科技基金资助项目（2020490811）。
作者简介：黄燕（1966—），女，正高级工程师，主要从事水文水资源分析研究工作。

表 1 水文基本资料

河名	水文站	水位资料		流量资料
		15 min 水位	日均水位	
巴萨河（Bassac River）	朱笃（Chau Doc）	2008-07-07—2012-09-03		2001—2007 年
湄公河（Mekong River）	新州（Tan Chau）	2008-07-07—2012-09-03	2001—2006 年	
后江（Hau River）	芹苴（Can Tho）	2008-07-07—2012-09-03		2001—2007 年
前江（Tien River）	媚川（My Thuan）	2010-08-13—2012-09-03	2001—2006 年	2001—2007 年
美萩河（My Tho River）	美萩（My Tho）		2001~2006 年	

2 实测资料分析潮汐影响

2.1 潮汐对水文过程的影响

2.1.1 受潮汐日不等现象的影响

在一个太阴日内，月球东升西落绕地球一周，使得地球上海水出现两次高潮、两次低潮。但由于月球赤纬变化、地形和海水黏滞性等的影响，潮汐出现日不等现象，据此潮汐类型一般可划分为半日潮、全日潮和混合潮。

图 1 描绘了后江芹苴水文站 2011 年 2 月和 9 月逐时水位变化过程。从图 1 中可以看出，无论是枯季还是汛期，芹苴站的水位均随外海涨、落潮变化影响呈现明显的日内变化特征，大潮期间一日之内水位两涨两落，两次高潮位或低潮位的高度大致相等，为正规半日潮；小潮期间一日之内两个高潮位或低潮位互不相等[1]，日潮不等现象明显，其中低潮日不等现象更为突出，为不正规全日潮，有的已接近全日潮。

图 2 为后江朱笃水文站 2011 年 2 月和 9 月逐时水位过程曲线。可以看出，朱笃站枯季水位也呈现大潮期间半日变化和小潮期间日变化的特征。汛期巴塞河上游来流量增大，再加上本身距入海口较远，朱笃站汛期主要受上游径流控制，水位明显高于枯季，潮汐对水位影响很小，最大约为 0.1 m。

因距入海口距离相当，媚川站与芹苴站、新州站与朱笃站水位受潮汐影响的情形十分类似，可以据此得出结论：湄公河三角洲距入海口 90 km 处全年水位受外海潮汐日变化影响明显；距入海口 190 km 后，枯季潮汐对水位影响作用仍很明显，汛期潮汐对水位的影响变小，径流的影响变大。距入海口越远，水位受潮汐日变化影响越小。

2.1.2 受潮汐月不等现象的影响

月球在一个太阴月内绕地球公转一周，月球、太阳与地球的相对位置发生一次周期性的变化，导致潮汐的月不等现象，谓潮汐的月变化。一般逢农历初一（朔）、十五（望），太阳、月球和地球基本成一直线，太阳引潮力最大程度地加强了月球引潮力，使海水涨得最高、落得最低，潮差最大，称为"大潮"。一般逢农历初八（上弦）、廿三（下弦），太阳、月球和地球近似成直角分布，太阳引潮力最大程度地削弱了月球的引潮力，使海水涨得不高，落得不低，潮差最小，称为"小潮"。

不论哪种类型的潮汐，受潮汐月变化的影响，潮位过程均会在一个月内呈现两高两低的变化，一高一低的变化周期约为 15 d。

（1）水位。图 3 描绘了新州水文站、媚川和美萩水文站 2006 年日均水位随时间变化的过程。日均水位过滤掉了潮汐的半日和日变化，但大小潮的 15 d 周期波动仍有体现。媚川站、美萩站距入海口距离约 90 km、50 km，两站水位每隔 15 d 出现一次高潮位一次低潮位，周期性明显，全年如此，说明两站水位全年受到外海潮汐月不等现象的影响。新州站距入海口约 190 km，12 月至次年 6 月水位 15 d 周期性变化明显，8—11 月 15 d 周期性变化不明显，说明新州站枯期水位受潮汐月不等现象

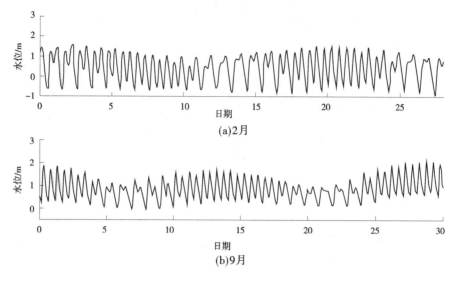

图 1　芹苴站 2011 年 2 月和 9 月水位过程线

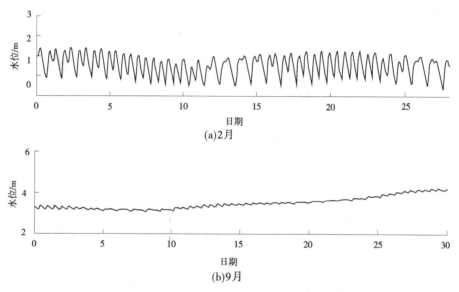

图 2　朱笃站 2011 年 2 月和 9 月水位过程线

影响明显，汛期水位受潮汐月不等现象影响不明显。汛期湄公河流量量级一般在 20 000 m³/s 以上，下泄径流产生的阻力巨大，新州站汛期水位明显高于枯期水位，年最高水位一般出现在 8 月、9 月，说明高水位主要取决于上游湄公河来流量的大小。反映了水文站点越靠近上游，水位受径流影响越大，受天文潮影响越小的变化规律。

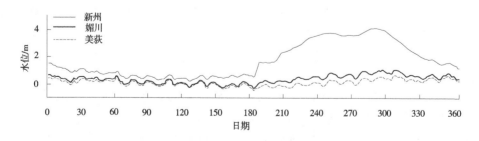

图 3　2006 年新州（Tan Chau）、媚川（My Thuan）和美萩（My Tho）站日均水位过程

（2）流量。图 4 给出了 2006 年朱笃、媚川和芹苴逐日平均流量随时间变化的过程。因媚川水文站和芹苴水文站受潮流影响明显，图中已对其作滑动平均，过滤掉了涨落潮通量的影响。

芹苴水文站、媚川水文站分别位于后江和前江距河口约 90 km 处，两站流量过程受南海潮汐影响呈现明显的 15 d 周期性变化，汛期也不例外。在过滤掉涨落潮通量的影响后，呈现汛期径流大于枯期径流的特性，说明两站汛期流量受上游径流的影响也很大，流量过程是径流与潮汐共同作用的结果。距河口约 190 km 的朱笃站，径流过程在枯期有 15 d 的周期性变化，汛期 15 d 周期性变化不明显，说明该站汛期流量主要受上游来水控制，受潮汐月变化影响较小。

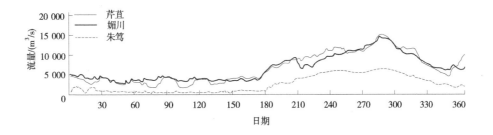

图 4　2006 年朱笃（Chau Doc）、媚川（My Thuan）和芹苴（Can Tho）站逐日流量

通过以上分析可以看出，湄公河三角洲距入海口 90 km 处全年水位、径流受潮汐日不等、月不等现象影响明显，距入海口 190 km 后，枯季水位受潮汐影响仍很明显，汛期水位受潮汐影响变小，径流影响变大。站点越靠近上游，其水位变化受径流影响越大，受天文潮影响越小。

2.2　潮汐特征统计值

以芹苴水文站、媚川水文站实测 15 min 水位资料作为样本，统计潮汐特征值见表 2，最高、最低水位见表 3。

表 2　芹苴水文站、媚川水文站潮汐特征统计值

项目	芹苴				媚川
	2009 年	2010 年	2011 年	平均	2011 年
年平均海平面/m	0.51	0.46	0.61	0.52	0.49
平均高潮位/m	1.10	1.11	1.22	1.15	1.11
平均低潮位/m	-0.09	-0.20	0.00	-0.10	-0.13
平均潮差/m	1.20	1.31	1.22	1.24	1.24
平均涨潮历时	4 h 56 min	4 h 56 min	4 h 53 min	4 h 55 min	4 h 47 min
平均落潮历时	7 h 20 min	7 h 13 min	7 h 23 min	7 h 19 min	7 h 15 min
涨、落潮历时差	2 h 24 min	2 h 17 min	2 h 30 min	2 h 24 min	2 h 28 min

表 3　芹苴水文站、媚川水文站最高、最低水位统计

站名	时间 （年-月）	最高水位		最低水位	
		水位/m	发生时间 （月-日）	水位/m	发生时间 （月-日）
芹苴	2008-07—2009-06	1.95	10-16	-1.24	04-20
	2009-07—2010-06	1.92	11-4	-1.29	05-29
	2010-07—2011-06	1.93	11-07	-1.21	05-11
	2011-07—2012-06	2.16	10-27	-1.35	04-29
媚川	2010-07—2011-06	1.78	11-07	-1.47	05-11
	2011-07—2012-06	2.03	10-27	-1.50	06-21

芹苴水文站 2009—2011 年平均海平面 0.52 m（基面为平均海平面，下同），平均高潮位 1.15 m，平均低潮位 -0.10 m，平均潮差 1.24 m，平均涨潮历时 4 h 55 min，平均落潮历时 7 h 19 min，涨、落潮历时差 2 h 24 min。根据 2008 年 7 月 7 日至 2012 年 9 月 3 日资料统计，最高潮位 2.06 m，出现在 2011 年 10 月 27 日；最低潮位 -1.35 m，出现在 2012 年 4 月 29 日。

媚川水文站 2011 年平均海平面 0.49 m，平均高潮位 1.11 m，平均低潮位 -0.13 m，平均潮差 1.24 m，平均涨潮历时 4 h 47 min，平均落潮历时 7 h 15 min，涨、落潮历时差 2 h 28 min。根据 2010 年 8 月 13 月至 2012 年 9 月 3 日资料统计，最高潮位 2.03 m，出现在 2011 年 10 月 27 日；最低潮位 -1.50 m，出现在 2012 年 6 月 21 日。

由于距入河口距离相当，在河流中的位置也比较类似，故在统计时段中，芹苴、媚川两站平均潮差均为 1.24 m，涨、落潮历时差均接近 2.5 h，最高潮位均出现在 2011 年 10 月 27 日，最低潮位出现的时间不一致，可能与河道地形有关。

3　潮汐特征分析

3.1　潮汐调和分析

以芹苴、媚川、朱笃、新州等 4 个水文站 2011 年全年时间间隔为 15 min 的水位资料为依据，采用潮汐调和分析软件 T-tide[5] 进行潮汐调和分析，得到 4 个主要半日分潮 M_2、S_2、N_2、K_2，4 个主要全日分潮 K_1、O_1、P_1、Q_1，3 个主要浅水分潮 MS_4、M_4、M_6 的振幅和位相（相对于世界时），见表 4。

由表 4 可知，4 站潮汐调和常数具有共同的特点，半日分潮占主要优势；全日分潮次之，全日分潮量级仅比半日分潮略小。半日分潮中半日太阴潮 M_2 最为突出，振幅是半日太阳潮 S_2 的 2.8~3.0 倍、太阴浅水 1/6 日分潮 M_6 的 26~33 倍。全日分潮中日太阴分潮 K_1 最为突出，振幅是分潮 M_6 的 18~24 倍。

各分潮的振幅按距入海口的距离呈现规律性的变化。后江芹苴站半日太阴潮 M_2 振幅为 58.7 cm，至朱笃站降为 35.5 m；半日太阳潮 S_2 芹苴站的振幅为 21.0 cm，至朱笃站降为 12.4 m；日太阳潮 K_1 芹苴站的振幅为 40.6 cm，至朱笃站降为 25 m；日太阴潮 O_1 的振幅芹苴站为 26.7 cm，至朱笃站降为 13.7 m。前江的媚川水文站和新州水文站也呈现同样的规律。Nguyen[6] 认为沿湄公河三角洲海岸半日太阴潮 M_2 和太阳潮 S_2 振幅分别达到 0.9 m 和 0.5 m，日太阳潮 K_1 和日太阴潮 O_1 的振幅分别达到 0.7 m 和 0.5 m。

表4 潮汐调和常数

分潮	后江				前江			
	芹苴		朱笃		媚川		新州	
	振幅 H/cm	迟角 G/（°）	振幅 H/cm	迟角 G/（°）	振幅 H/cm	迟角 G/（°）	振幅 H/cm	迟角 G/（°）
M_2	58.7	304.5	35.5	50.2	57.8	303.1	30	56.9
S_2	21	344.1	12.4	88.6	19.4	340.1	10.7	95.3
N_2	10.4	281.7	6.5	28.7	10.3	282.7	5.9	34.9
K_2	9.2	339.6	6.1	78.3	8.7	334.8	5.8	84.8
K_1	40.6	272.2	25	325.5	40.3	268	21.6	328.7
O_1	26.7	226.4	13.7	271.8	27	220.7	11.7	273.7
P_1	8.1	269.2	4.1	327.4	8.4	268.1	3.6	336.8
Q_1	4.3	217.4	2.3	276.9	4.3	213.1	2	277.9
MS_4	4.7	216.9	3.9	57.7	4.8	188.8	2.8	68
M_4	7.1	171.6	5.6	15	7.1	149.6	4.2	25.7
M_6	1.8	332.8	1.3	281	2.2	307.9	0.9	297.7

从以上分析可以看出，湄公河感潮河段的潮汐混合了日潮和半日潮的特征。半日分潮 M_2、S_2、N_2、K_2，全日分潮 K_1、O_1、P_1、Q_1，浅水分潮 MS_4、M_4、M_6 的振幅从入海口往上游沿程均呈现逐渐减小的趋势，说明天文潮波从入海口向上游传播过程中，受河道地形摩擦、地形变化[7] 和下泄径流阻力作用，天文分潮的影响沿程减小[6,8]，径流的影响沿程增加，反映了湄公河三角洲受潮汐影响的程度从入海口往内陆逐渐减小的特征。

3.2 潮汐特征分析

3.2.1 潮汐类型

潮汐类型一般采用全日分潮和半日分潮振幅的比值为量化指标[9-10] 进行判断，计算公式[11-12] 如下：

$$F = (H_{O_1} + H_{K_1}) / H_{M_2} \tag{1}$$

当 $0<F\leqslant0.5$ 时为规则半日潮；$0.5<F\leqslant2.0$ 为不规则半日潮；$2.0<F\leqslant4.0$ 为不规则全日潮；$F>4.0$ 为规则全日潮。

潮波进入河口浅水区域往往发生变形，用浅水分潮 M_4 与半日分潮 M_2 的振幅比来描述河口的潮汐变形[8]，计算公式[13-14] 如下：

$$G = H_{M_4} / H_{M_2} \tag{2}$$

G 反映潮汐受到浅海影响的大小，若 $G>0.04$ 则说明浅水分潮影响显著。

由表5可知，芹苴、媚川、朱笃、新州等4站 F 值均位于0.5~2.0，G 值均大于0.04，说明湄公河三角洲河流属不规则半日潮，且潮汐变形显著，浅水分潮影响明显。

Nowacki 等的研究表明，湄公河三角洲受两个潮汐来源的影响：来自南海的规则半日潮和来自泰国湾的不规则日潮。前者波动的振幅为 3.5~4.0 m，后者的振幅为 0.8~1.0 m，前者的作用强于后者[15]。故湄公河三角洲河流的潮汐类型是南海的规则半日潮和泰国湾的不规则日潮共同作用的结果。

表 5   各水文站潮汐特征参数

潮汐特征值	后江		前江	
	芹苴	朱笃	媚川	新州
F	1.15	1.09	1.16	1.11
G	0.12	0.16	0.12	0.14
平均潮差/m	1.29	0.78	1.27	0.66
最大潮差/m	3.33	1.97	3.27	1.68
T_1	0.36	0.35	0.34	0.36
G_1	165.9	172.9	174.4	174.5
G_2	77.4	85.4	96.6	88.1

通过潮汐调和分析得出的湄公河三角洲地区河流属于不规则半日潮的结论，与前文通过实测资料分析的感潮河段水文站水位大潮期间为半日潮小潮期间为不规则全日潮的分析结果基本一致。

3.2.2   潮差

采用式（3）、式（4）计算平均潮差和最大可能潮差[14,16-17]。

$$2.02H_{M_2} + 0.58H_{S_2}^2/H_{M_2} + 0.08(H_{K_1}+H_{O_1})^2/H_{M_2} \tag{3}$$

$$2(1.29H_{S_2} + 1.23H_{M_2} + H_{K_1} + H_{O_1}) \tag{4}$$

利用表 4 潮汐调和常数计算得到的平均潮差和最大可能潮差见表 5。后江芹苴、朱笃站平均潮差分别为 1.29 m、0.78 m，可能最大潮差分别为 3.33 m、1.97 m。前江媚川站、新州站平均潮差分别为 1.27 m、0.66 m，可能最大潮差分别为 3.27 m、1.68 m。也存在随着距入海口越远潮差越小的变化趋势。

通过潮汐调和分析得出的芹苴水文站、媚川水文站平均潮差分别为 1.29 m、1.27 m，与前文通过实测资料分析的两站统计时段内平均潮差为 1.24 m 的结果接近。

3.2.3   潮汐的日潮不等

潮汐的日潮不等现象，包括潮高日不等和涨、落潮历时日不等现象。

（1）潮高日不等。潮高日不等现象依据以下公式[14] 判断：

$$T_1 = H_{S_2}/H_{M_2} \tag{5}$$

$$G_1 = g_{M_2} - (g_{K_1}+g_{O_1}) \tag{6}$$

当 $T_1 \geq 0.4$ 时，则潮高日不等现象明显[16]。当 G_1 为 0°（或 360°）、180°、270° 左右时，分别表示该处潮位呈现出高潮日不等、低潮日不等、高潮和低潮均日不等的现象[18]。各水文站 T_1、G_1 值见表 5。4 站的 T_1 值均小于 0.4。说明各站呈现出较不明显的潮高日不等现象。G_1 值即半日分潮与全日分潮迟角差值接近 180°，故此 4 站潮汐均呈现低潮日不等现象。

通过潮汐调和分析得出的湄公河感潮河段潮高日不等现象与根据实测资料分析的芹苴、朱笃站低潮日不等现象的结论一致。

（2）涨、落潮历时日不等。涨、落潮历时日不等现象由式（2）和式（7）[14] 判断。

$$G_2 = 2g_{M_2} - g_{M_4} \tag{7}$$

涨、落潮历时日不等现象是由浅水分潮显著造成的，其差值可由 G 值来判断，G 值越大则差值就越大。涨、落潮历时长短可由分潮迟角差 G_2 来判断，当分潮迟角差为 90° 时，落潮历时长于涨潮历时；当分潮迟角差为 270° 时，涨潮历时长于落涨潮历时。

芹苴、媚川、朱笃、新州等 4 个水文站主要浅海分潮 M_4 与主要半日分潮 M_2 振幅比 G 在 0.12～1.16，表明 4 站潮汐涨、落潮历时不等；G_2 值均在 90° 左右，说明 4 站落潮历时大于涨潮历时，落潮流占优。

通过潮汐调和分析得出的湄公河感潮河段涨、落潮历时不等且落潮历时大于涨潮历时这一特性与实测资料统计结果相符，芹苴和媚川水文站统计时段内落潮历时比涨潮历时长 2.5 h 左右。

4 结论

（1）比较湄公河三角洲上、下游水文站实测水文资料可以看出：距入海口 90 km 处站点全年水位、流量受潮汐影响明显，大潮期间为正规半日潮，小潮期间为不正规全日潮，低潮日不等现象突出；一个月之内出现两次高潮位两次低潮位，受潮汐月不等现象影响明显。距入海口 190 km 后，枯季水位受潮汐影响日不等、月不等现象仍很明显，汛期水位受潮汐影响程度明显变小，径流的影响占优。反映了湄公河三角洲受潮汐影响的程度从入海口往内陆逐渐减小的变化规律。

（2）潮汐调和分析结果表明，湄公河感潮河段各站的分潮组成以半日潮为主，全日潮次之。受南海规则半日潮和泰国湾不规则日潮共同影响，潮汐类型属不规则半日潮；距入海口约 90 km 处平均潮差约 1.3 m，最大潮差约 3.3 m；存在低潮日不等现象，涨、落潮历时不等且落潮历时大于涨潮历时，实测资料统计芹苴和媚川站落潮历时比涨潮历时长 2.5 h 左右。各天文分潮的振幅随着距入海口距离的增加沿程逐渐减小，体现了潮波向上游传播过程中，河道底部摩擦、地形变化和下泄径流阻力共同作用下的天文潮影响沿程减小、径流影响沿程增加的特点。

参考文献

[1] 杨正东，朱建荣，王彪，等. 长江河口潮位站潮汐特征分析 [J]. 华东师范大学学报，2012（3）：111-119.

[2] 钟华平，王建生. 湄公河干流径流变化及其对下游的影响 [J]. 水利水运工程学报，2011（3）：48-52.

[3] 钱睿智，李国芳，王永东. 南水北调东线源头潮汐预报模型研究 [J]. 人民长江，2018，49（20）：35-39.

[4] 华家鹏，李国芳，孔令婷. 长江感潮河段设计流量及流速推求方法研究 [J]. 人民长江，2002，33（11）：16-17.

[5] Pawlowicz R, Beardsley B, Lentz S. Classical tidal harmonic analysis including error estimates in MATLAB using T_ TIDE [J]. Computers and Geosciences, 2002, 28: 929-937.

[6] Nguyen, C. T. Processes and Factors Controlling and Affecting the Retreat of Mangrove Shorelines in South Vietnam [D]. Ph. D. Thesis, Kiel, Germany, Kiel University, 2012.

[7] 王文才，李一平，杜薇，等. 长江感潮河段潮汐变化特征 [J]. 水资源保护，2017，33（6）：121-124.

[8] 杨锋，谭亚，蒋体孝，等. 长江口 Sa 分潮调和常数变化趋势研究 [J]. 人民长江，2014，45（11）：44-46.

[9] 陈宗镛. 潮汐学 [M]. 北京：科学出版社，1980.

[10] 曾定勇，倪晓波，黄大吉. 南麂岛附近海域潮汐和潮流的特征 [J]. 海洋学报，2012，34（3）：1-10.

[11] 王立杨，桑金，乔守文，等. 渤海沿岸 4 个验潮站潮汐特征分析 [J]. 海洋湖沼通报，2020（4）：23-29.

[12] 孙维康，周兴华，冯义楷，等. 山东沿海潮汐的时空特征分布 [J]. 海洋技术学报，2018，37（4）：68-74.

[13] 方国洪，郑文振，陈宗镛，等. 潮汐和潮流的分析和预报 [M]. 青岛：海洋出版社，1986.

[14] 黄祖珂，黄磊. 潮汐原理与计算 [M]. 青岛：中国海洋大学出版社，2005.

[15] Daniel J. Nowacki, Andreas. Ogston, Charles A. Nittrouer, et al. Sediment dynamics in the lower Mekong River: Transition from tidal river to estuary [J]. Geophys, 2015, 120, 6363-6383.

[16] 中华人民共和国交通部. 港口工程技术规范（上册）[S]. 北京：人民交通出版社，1987.

[17] 陆青，左军成，郭伟其，等. 台州湾附近海域潮汐、潮流特征 [J]. 河海大学学报（自然科学版），2011，39（5）：583-588.

[18] 左军成. 海洋水文环境要素的分析方法和预报 [M]. 青岛：中国海洋大学出版社，2006.

三峡库尾重庆段洪水位特征及其影响因素研究

陈 玺 张冬冬 李妍清 戴明龙 徐长江

（长江水利委员会水文局，湖北武汉 430010）

摘 要：三峡水库库尾寸滩站水位流量关系是重庆城区防洪安全的重要指示因子。本文采用三峡建库前后寸滩站水位流量关系变化分析重庆河段洪水位特征，选择不同典型场次洪水分析了影响寸滩站水位流量关系的有关因素。研究表明：①当三峡水库坝前水位超过 159 m 时，寸滩站水位流量关系受三峡回水顶托影响；②断面形态基本稳定，受滨江路工程影响和局部河道冲淤影响有微小变化，未对水位-流量关系产生明显影响；③洪水地区组成和涨落速度的变化对寸滩站水位流量关系产生影响，支流嘉陵江来水较大或寸滩站洪峰之间时间间隔较短均会导致寸滩站同流量条件下水位抬高。

关键词：三峡库尾；重庆城区；水位流量关系；影响因素

三峡水库的首要任务是防洪，能控制荆江河段以上洪水来源的 95%，汉口以上河段洪水来源的 2/3，特别是能控制长江上游各支流水库至三峡坝址区间的约 30 万 km² 集水面积发生的暴雨洪水，对减轻长江中下游洪水灾害具有特殊的控制作用[1]。然而，当上游发生洪水时，水库进行防洪调度，调度过程中坝前水位抬升，防洪调度后坝前水位虽不会对大坝构成威胁[2]，但成库后水力条件发生了较大变化，库尾河段水位流量关系的变化关系着水库变动回水区重要防洪保护对象的防洪安全。

2020 年 8 月 20 日，长江 5 号洪水、嘉陵江 2 号洪水过境重庆，导致重庆中心城区和潼南、铜梁、合川、北碚等 15 个区（县）26.32 万人受灾，直接经济损失 24.5 亿元[3]。2020 年寸滩站最大洪峰流量 77 400 m³/s（重现期略高于 20 年一遇）[4]，最高水位为 191.62 m（超过 50 年一遇设计洪水位 0.12 m）[5]，与三峡水库建库前的 1981 年相比，洪峰流量低于 1981 年的 85 700 m³/s，最高水位却超出 1981 年最高水位 0.21 m。探究寸滩站水位流量关系发生改变的主导因素有利于三峡水库优化调度，保护防洪保护对象安全。

本文依据三峡水库运行前、后系统完整的实测原型观测水文资料，主要开展三峡建库前后库尾重要指示性水文站寸滩站水位流量关系的变化及其受三峡回水顶托影响的临界条件研究，断面形态变化、洪水组成、洪水涨落、连续涨水等因素对寸滩站水位流量关系的影响，研究成果为三峡水库实时调度提供科学的研究基础。

1 研究区概况

三峡水库坝址位于湖北省宜昌市三斗坪，属长江三峡西陵峡，坝址以上流域面积约 100 万 km²，距下游宜昌站约 44 km。水库正常蓄水位 175 m 时，库区面积约 1 084 km²，库区淹没范围为三斗坪—江津，库长约为 660 km，平均宽度为 1.1 km，水库平面形态呈条带状，属于比较典型的河道型水库。

基金资助：智慧长江与水电科学湖北省重点实验室开放基金（ZH20020001）；水文水资源与水利工程科学国家重点实验室基金资助项目（2020490811）。

作者简介：陈玺（1986—），男，高级工程师，主要从事水文水资源分析研究工作。

三峡水利枢纽是长江流域防洪系统中关键性控制工程，于2010年成功蓄水至175 m，标志着水库进入全面发挥设计规模效益阶段。

三峡库区两岸一般为基岩组成，岸线基本稳定，断面变化主要表现在河床的垂向冲淤变化。三峡库区沿程有多个水文（位）站，其中本文研究的变动回水区范围即库尾河段内水文站有3个常年进行水文观测，分别为长江干流的寸滩站，嘉陵江的北碚站和乌江的武隆站，重庆城区防洪规划的主要依据站为朱沱站、寸滩站和北碚站[5]。本文以寸滩站水位流量关系为主要研究对象，同时分析朱沱（干流）和北碚（支流嘉陵江）水情对寸滩站水位流量关系的影响。

三峡库区河流水系及水文站相对位置示意图见图1。

图1　三峡库区河流水系及水文站分布

2　研究方法和数据

相关研究及防洪调度实践[6-7]表明，随着汛期上游来水的增加，三峡水库坝前水位不断抬升，当三峡水库防洪调度后坝前水位超过临界水位时，重庆河段可能受三峡水库回水顶托影响，导致同流量下水位抬高。此时，受上游来水大小的影响和三峡坝前水位顶托等多重因素影响，水位流量关系已不是单一的关系。本文首先采用三峡建库前大水年份的寸滩站实测水位流量成果，分析确定三峡建库前天然的水位流量关系；然后将建库后2010—2020年的实测水位流量成果点绘至天然水位流量关系图上，分析建库后水位流量关系的变化情况；最后分析寸滩站水位流量关系的影响因素。

本文分析长江干流寸滩站建库前天然水位流量关系时采用了1954年、1981年和1990—1999年实测水位流量资料；分析坝前水位为参数的水位流量关系时采用坝前水位代表站茅坪站相应日平均水位数据。三峡水库建成运行以来，长江上游发生了2010年、2012年和2020年较大洪水过程，三峡水库坝前水位在进行防洪实时调度过程中抬升至160 m以上，坝前调洪最高水位分别达161.2 m，163.0 m和167.7 m，研究三峡水库建库后寸滩站水位流量关系变化时，重点研究以上3个大水年份。研究影响因素时则根据需求选择不同场次历史洪水过程。

3　研究结果

3.1　寸滩水文站水位流量关系变化

寸滩水文站建于1939年2月，位于重庆市江北区海尔路412号，地理坐标为东经106°36′，北纬29°37′，集水面积86.7万 km²，距离三峡坝址约605.71 km，控制着岷江、沱江、嘉陵江及赤水河各主要支流汇入长江后的基本水情，属国家重要控制水文站。

根据1954年、1981年和1990—1999年等典型大水年份实测流量资料拟定寸滩站天然水位流量关系线［见图2（a）］，可以看出，寸滩站天然水位流量关系非常稳定，各年的水位流量点据分布较为集中，低水部分呈单一线型，高水部分有绳套现象。

将寸滩站2010—2020年实测水位流量点据点绘在天然水位流量关系线上［见图2（b）］，可以看出，不同年份水位流量关系没有发生趋势性变化，一部分点据与天然水位流量关系线拟合较好，表明该部分点据与建库前天然情况保持一致；另一部分则较天然线明显偏左。将寸滩站 2010—2020 年实测水位流量点据按坝前水位分成 145~155 m、155~165 m、165~175 m 三组，并将其与天然水位流量关系线进行对照分析，初步判断临界坝前水位所在范围为 155~165 m。

对坝前水位 155~165 m 按 2 m 间隔进一步细分为 155~157 m、157~159 m、159~161 m、161~163 m 和 163~165 m 共 5 组，并将其与天然水位流量关系线进行对比分析［见图 2（c）］，可以看出，当坝前水位为 155~157 m、157~159 m 时，寸滩站实测水位流量点据与天然水位流量关系线拟合较好，表明此时寸滩站不受坝前水位影响。当坝前水位为 159~161 m、161~163 m 和 163~165 m 时，寸滩站实测水位流量点据较天然线有较为明显的左偏，且坝前水位越高，左偏越明显。表明寸滩站受三峡回水顶托影响的临界坝前水位为 159 m，当坝前水位低于 159 m 时，寸滩站水位流量关系与天然情况一致，当坝前水位高于 159 m 时，受坝前水位顶托影响，寸滩站水位流量关系左偏。

拟定以三峡坝前水位为参数的寸滩站水位流量关系［见图 2（d）］，可以看出，三峡水库蓄水后，在不同坝前水位条件下，较天然情形，寸滩站同水位条件下过流流量减小，坝前水位越高，流量减小幅度越大。寸滩站水位在 180 m 以上，当坝前水位变化时，寸滩站同流量下水位均有不同程度的抬升。当寸滩站流量为 50 000 m³/s 时，三峡坝前水位在（160±1）~（168±1）m 时，寸滩水位较天然水位流量关系抬升 0.74~3.3 m；当寸滩站流量为 60 000 m³/s 时，三峡坝前水位在（160±1）~（166±1）m 时，寸滩水位较天然水位流量关系抬升 0.7~1.9 m；当寸滩站流量为 70 000 m³/s 时，三峡坝前水位在（160±1）~（162±1）m 时，寸滩水位较天然水位流量关系抬升 0.4~0.6 m，见表 1。

可以推断，2020 年长江干流 5 号洪峰流量 77 400 m³/s，坝前调洪高水位逐渐达到了 167.7 m，在此期间，坝前水位抬高会对寸滩站同流量条件下水位造成一定程度的抬升。本文接下来分析其他可能的影响因素。

表 1　不同三峡坝前水位条件下寸滩站水位流量关系

天然线		同流量下寸滩站水位变化值/m				
流量/ （m³/s）	水位/m	坝前水位 159~161 m	坝前水位 161~163 m	坝前水位 163~165 m	坝前水位 165~167 m	坝前水位 167~169 m
30 000	173.6	0.94	1.44	1.94	3.04	3.9
40 000	177.4	0.8	1.22	1.72	2.82	3.7
50 000	180.9	0.74	1.14	1.53	2.44	3.3
60 000	184.3	0.7	1.0	—	1.9	—
70 000	187.5	0.4	0.6	—	—	—

3.2　其他影响因素分析

3.2.1　断面形态变化

测验河段位于长江与嘉陵江汇合口下游约 7.5 km 处，河段较顺直，左岸较陡。右岸为卵石滩，2005 年因修滨江路工程修建了垂直高约 11 m 的堡坎，高水有 9 条石梁横布断面附近，左岸上游 550 m 处有砂帽石梁起挑水作用，中泓偏左岸。

套汇寸滩站 2003 年以来实测大断面形态，见图 3，寸滩断面形态基本稳定，右岸河槽略有冲刷，2005 年在重庆江北区修建滨江路使得断面面积在 170 m 以上略有缩窄，当水位为 170 m 时，过水断面缩窄约 2%，当水位为 175 m 时，过水断面缩窄不足 1%。2010—2018 年间断面局部河槽冲淤交替变化，未出现同流量的水位增加的趋势，与该站水位流量关系点左偏、上偏的现象不相符，判断断面形态基本未对寸滩站水位流量关系产生影响。

3.2.2 洪水组成

洪水地区组成不同也可能会对寸滩站水位流量关系产生影响。本文选取洪水形态均为单峰且形态相似、10 d 洪量相近、但组成不同的 3 场典型编号洪水进行研究，洪水地区组成见表 2，当支流嘉陵江来水相对较小时，寸滩站水位流量关系未出现绳套；而在次洪 19870718 和次洪 19830729 中，支流嘉陵江来水占比超过 30%，寸滩站水位流量关系线不再稳定，涨落水的水位流量关系成为绳套状，见图 4。说明在一定情况下，嘉陵江来水占比的增加会使寸滩站水位流量关系受到涨落影响，呈现绳套状。

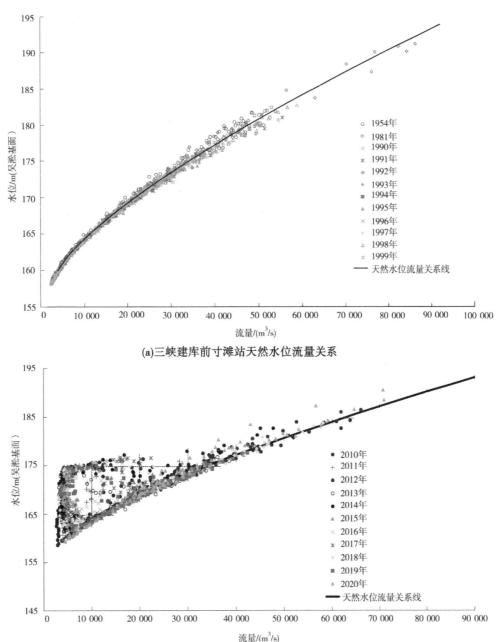

(a)三峡建库前寸滩站天然水位流量关系

(b)三峡建库后2010—2020年寸滩站水位流量点据

图 2 三峡建库前后寸滩站水位流量关系分析

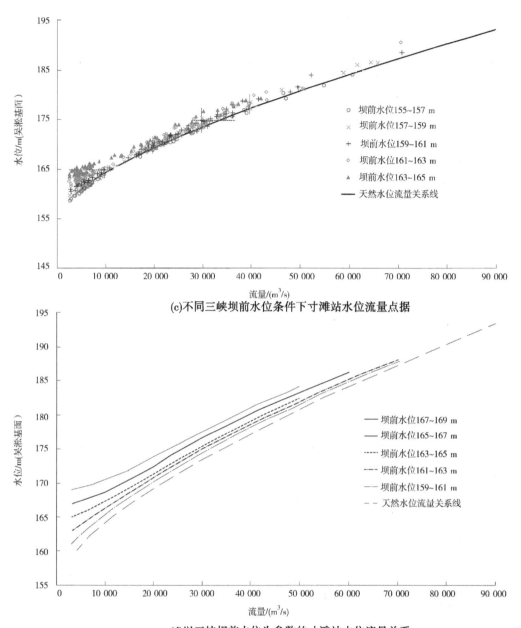

(c)不同三峡坝前水位条件下寸滩站水位流量点据

(d)以三峡坝前水位为参数的寸滩站水位流量关系

续图 2

表 2　典型场次洪水寸滩站洪水地区组成（10 d 洪量）

次洪起始时间（年-月-日）	北碚/寸滩	北碚站洪量 W_1/亿 m^3	朱沱站洪量 W_2/亿 m^3	寸滩站洪量 W/亿 m^3
1959-08-10	0.18	55.38	260.15	315.01
1987-07-18	0.32	101.87	205.11	313.72
1983-07-29	0.43	122.95	169.6	288.4

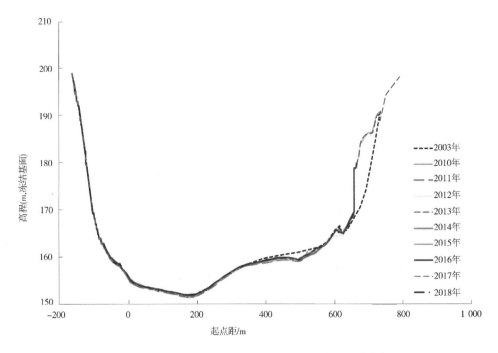

图 3　三峡水库建库前后寸滩水文站实测大断面形态变化

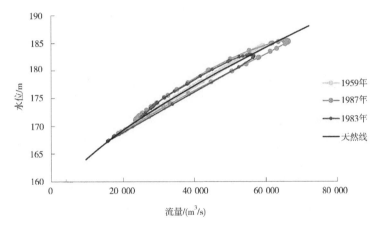

图 4　洪水地区组成不同时寸滩站水位流量关系

3.2.3　洪水涨落

采用洪峰流量与时段平均流量的比值作为洪峰形状系数，同洪峰流量时，洪峰形状系数较大的洪水较为尖瘦，涨落较快，因此利用形状系数反映场次洪水涨落的快慢。选取 1958 年和 1987 年的两场次洪 （19580819 和 19870729），见表 3，结合洪水涨落速度分析相应水位流量关系的响应情况，两场洪水支流北碚站与干流朱沱站来水都较大且洪量相近，仅有洪水涨落速度不同。朱沱站的洪水涨落幅度相差不大，而 1987 年次洪中北碚站和寸滩站的形状系数均大于 1958 年次洪。从两场次洪的水位流量关系图 （见图 5） 可知，1958 年的该场次洪水中寸滩站的水位流量关系较为稳定，呈现单一的关系线；而 1987 年次洪的水位流量关系呈绳套状。因此可以得知，当来水组成相似且洪量相近而洪水涨落较快时，下游寸滩站水位流量关系不稳定，使得寸滩站落水阶段受到壅水影响，同流量的水位显著提升；而涨水段同流量的水位较低，因此来水形状系数较大的场次洪水会使得寸滩站呈现绳套状。

表 3　典型次洪 10 d 洪量及形状系数

次洪洪号	洪量/亿 m³			形状系数		
	北碚站	朱沱站	寸滩站	北碚站	朱沱站	寸滩站
19580819	114.65	197.25	323.05	2.19	1.27	1.56
19870729	101.87	205.11	313.72	2.58	1.29	1.75

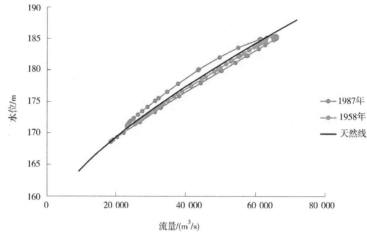

图 5　洪水涨落速度不同时寸滩站水位流量关系

3.2.4　连续涨水

单峰洪水形成的水位流量关系较为简单，一般是集中在水位流量关系线中心线的两侧，呈完整的逆时针绳套状。然而双峰洪水甚至多峰洪水在寸滩站也十分常见，对于双峰洪水而言，连续涨水往往会造成壅水，河道的槽蓄能力变小，使得泄水不畅，水位流量关系发生改变。本文选取寸滩站典型大水年连续涨水时的双峰洪水过程（见图 6），分析连续涨水情况对于水位流量关系线走势的影响。

选取 2012 年 7 月和 2020 年 8 月的两场典型双峰洪水，均为主峰在后，2012 年 7 月洪水的两峰分别达到 50 500 m³/s 和 63 200 m³/s，时间间隔为 18 d，2020 年 8 月洪水的两峰分别达到 54 100 m³/s 和 74 000 m³/s，时间间隔为 6 d。

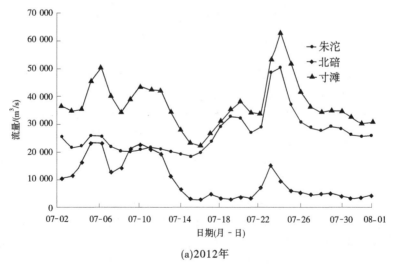

(a)2012年

图 6　2012 年和 2020 年双峰型洪水过程线

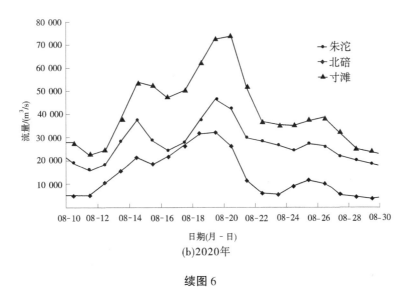

(b)2020年

续图6

由图6中2012年和2020年水位流量关系散点图可知，由于2020年典型次洪的主次峰间隔时间比2012年次洪的间隔时间偏短，导致2020年洪水后峰的起涨流量较大，从而使2020年洪水后峰水位流量关系的落水面较之前发生大幅抬升。

4 结论与建议

本文分析了三峡水库建库前后寸滩站水位流量关系变化，以及对水位流量关系变化造成影响的因素，得出主要结论如下：

（1）三峡水库建库后，寸滩站水位流量关系发生了趋势性变化，当三峡水库坝前水位超过159 m时，寸滩站水位流量关系开始受三峡坝前回水顶托影响。

（2）寸滩站断面形态基本稳定，虽然2005年重庆市修建滨江路以及2010年以来局部河槽略有冲淤变化，但未对水位流量关系产生明显影响。

（3）洪水地区组成和涨落速度的变化对寸滩站水位流量关系产生影响，支流嘉陵江来水较大或寸滩站洪峰之间时间间隔较短均会导致寸滩站同流量条件下水位抬高。

汛期三峡水库实时调度时，水库水位在防洪限制水位上下一定范围内变动，根据2010—2020年三峡水库调度实践，坝前调洪高水位仅有2010年、2012年和2020年超过了159 m，坝前调洪高水位分别达到了161.2 m、163.0 m和167.7m。建议三峡水库在实时调度中对本文提出的坝前顶托临界水位予以考虑，同时应结合以往发生的典型大洪水过程，加强三峡水库实时调度预演研究，尽量减小对重庆河段河道行洪的影响。

参考文献

［1］郑守仁. 三峡工程利用洪水资源与发挥综合效益问题探讨［J］. 人民长江，2013，44（15）：1-6.

［2］熊明. 三峡水库防洪安全风险研究［J］. 水利水电技术，1999，30（2）：39-42.

［3］重庆战洪！［J］. 重庆与世界，2020（9）：10-13.

［4］徐高洪，邵骏，郭卫. 2020年长江上游控制性水文站洪水重现期分析［J］. 人民长江，2020，51（12）：94-97，103.

［5］重庆市人民政府关于主城区城市防洪规划的批复. 重庆市人民政府，渝府〔2007〕第34号.

［6］肖中，赵东，曹磊. 长江上游"10·7"洪水及寸滩站水位流量关系分析［J］. 人民长江，2010，41（21）：39-41.

［7］闵要武，段唯鑫，陈力. 三峡水库调洪运用对寸滩站水位流量关系影响［J］. 人民长江，2011，42（3）：17-19.

雷达（RG-30）在线测流系统测速探头
定位方法创新

赵何冰[1] 苏 南[2]

(1. 黄河水利委员会水文局，河南郑州 450004;
2. 水利部水文仪器及岩土工程仪器质量监督检验测试中心，江苏南京 210012)

摘 要：推进水文现代化建设，需要提升水文站流量自动监测率。流量在线监测系统存在率定工作量大、测量精度低等缺陷。代表垂线法应用到流量监测系统测速传感器断面选取，创新同类型流量测验探头定位方法，从设计和施工环节入手，具有节约工程投资、提升测报质量和减轻生产一线劳动强度等良好效果。

关键词：流量；监测系统；代表垂线；测速；探头；定位；创新

1 引言

水利部资料显示，目前全国有各类水文测站 12 万多处，近 30% 的水文站实现了流量自动监测。全国水文工作会议要求加快推进水文现代化建设，提升水文测报能力，提出"十四五"时期国家基本站流量自动监测率达到 60%[1]。

2020 年全国水文系统已装备在线测流系统近 2 000 套。据用户反映，投入应用的流量自动监系统，存在的缺陷集中在率定工作量大、测量精度低等方面。造成该问题的因素之一是，传统选址凭经验，因人而异，缺乏科学依据。通过对系统设计方案、施工作业、比测率定及后台数据等环节查验分析，推断问题起因是测速传感器的布设缺乏代表性，导致测量结果与断面平均流速关系较差。这种情况在自然河道较为明显。资料显示，本文研究的测速探头定位方法，鲜有应用案例和文献介绍。

2 流量在线监测

2.1 在线监测分类

根据断面平均流速计算原理，流量监测方法分为 3 类：指标流速法、断面流速分布模型法和表面流速法。表面流速法指通过获取测流断面上水面流速，并通过转换得到特征垂线平均流速或断面平均流速进行流量计算的方法。表面流速的获取可以采用缆道雷达、侧扫雷达、粒子图像等非接触式测流仪器和方法[2]。非接触式仪器不受污水及泥沙影响、不影响水流状态，尤其在陡涨险落的山区性河流的监测中具有明显优势。现阶段国内应用较广的表面流速法测流有雷达法和粒子图像法。

2.2 雷达（RG-30）测流

雷达在线测流通过雷达波传感器自动发射和接收功能，利用多普勒原理测定水面流速，辅以流速关系率定成果和测验大断面数据，进而实现非接触式的流量在线自动监测功能[3]。雷达测流设备位于水面上方，以一定的俯角向水面发射雷达波，并接收从水面返回的雷达波信号，根据雷达波反射特性和多普勒测速特性，回波信号的频率变化与水面流速成正比关系，传感器通过检测频率频率变化得到水面流速，计算公式如下：

作者简介：赵何冰（1992—），女，工程师，从事水文测报技术研究与应用工作。

$$v = \frac{C}{2f_0\cos\theta}\ f_{\mathrm{D}} = Kf_{\mathrm{D}} \tag{1}$$

式中：v 为水面流速；f_0 为发射声波频率；f_{D} 为多普勒频移量（频率差）；C 为电波在空气中传播速度；θ 为发射波与水流方向的夹角，是俯角和方位角的合成。

雷达在线流量计算根据表面流速横向分布、河段糙率综合公式等基本原理，实现了由点流速推算断面平均流速，进而计算断面流量。

流量在线监测系统一般应由多个雷达测速仪传感器、水位计传感器、风速风向传感器、数据采集终端（RTU）、防雷单元、电源单元、通信单元等组成。

3 代表垂线法及其应用

常规流量测验中，通过施测布设在测流断面上各条垂线的水深和流速来计算流量。《河流流量测验规范》（GB 50179—2015）规定测速垂线布设的几个原则[4]：

（1）垂线精简方式。可以进行精简分析的，结合其多条垂线进行流量测定的基础上，对其垂线精简分析，确定其最优的垂线精简条数。

（2）垂线间距比例。为降低不同垂线数目对流量测定系统以及随机误差的影响程度，不同垂线的间距与不同水位级下的总的水面宽度之间的比例应该严格按照一类站 7%~10%、二类站 8%~11%、三类站 9%~12% 进行设定。

（3）垂线的适当调整。对于宽深比特别大以及河流漫滩较为严重的测流断面，或者是河床组成较为复杂的河流，应适当增加垂线的条数。

（4）垂线的优化布设。对于水文情势变化较为剧烈且未进行垂线精简分析的站点，少线少点法不能使用时，应酌量减少垂线的条数；但水面宽小于 50 m 时垂线的条数不应小于 5 条，保证其测流精度不低于浮标法。

（5）垂线的数目和布设位置。河床不稳定或者河道主流摆动剧烈的水文测站，垂线不宜过少，流速脉动特别大的区域尽量避免布设。在河道主流部分应尽量多布设垂线。

上述测验方法虽能在精度上满足《河流流量测验规范》（GB 50179—2015）的要求，但操作复杂、历时长、工作强度大，效率低。

3.1 代表垂线分析

代表垂线分析的目标是寻找少量垂线，使得在这些垂线处某个水文要素的实测值可以代表该要素的全断面综合值[5]。通过代表垂线分析，可以建立少量垂线实测要素与全断面测量结果的回归关系，在实际测验中只在这些垂线位置进行要素采样。

代表垂线法是将断面平均测速 $v_{\text{断}}$ 与断面上某一条垂线流速或两条垂线平均流速之间，通过统计分析建立线性回归的数学关系[6]，只在相关的垂线测速，通过公式推算出断面平均流速，再与相应面积相乘得出断面流量，从而达到精简测速垂线数，减少劳动量又保证断面流量精度的目的。

以某测站 2015—2019 年实测流量整编成果为研究资料，进行代表垂线精选。抽取该站中、高水位级以上实测流量资料共 60 份进行统计，并选取不同水位级的 4 次实测流量资料，点绘水深、流速横向分布图（见图 1），可以看出，该站断面、流速横向分布均比较稳定。

将起点距 12.00 m、14.00 m、17.00 m、19.00 m、21.00 m、23.0 m 等 6 条垂线流速，分别与断面平均流速建立线性回归分析，再添加趋势线建立 3 次多项式，结果见表 1。

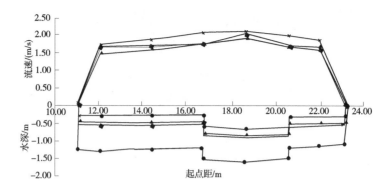

图 1 测站垂线水深-流速分布

表 1 多项式线性统计与分析

序号	起点距	回归方程公式	R^2
1	12.1	$y=-3.430\ 9x^3+18.156x^2+30.276x+17.79$	$R^2=0.912\ 4$
2	14.4	$y=0.705\ 7x^3-3.533\ 6x^2+6.516\ 8x-2.581\ 5$	$R^2=0.980\ 1$
3	16.8	$y=-0.185\ 1x^3+1.337\ 5x^2-2.326\ 3x+2.679\ 4$	$R^2=0.967\ 8$
4	18.7	$y=-0.089\ 8x^3-0.658\ 4x^2+2.494\ 1x-1.356$	$R^2=0.956\ 7$
5	20.6	$y=0.818x^3-4.290\ 8x^2+7.980\ 1x-3.471\ 7$	$R^2=0.976\ 7$
6	22.0	$y=-0.314\ 8x^3+1.966\ 8x^2-3.089\ 6x+2.849\ 3$	$R^2=0.951\ 6$
7	18.7 m 和 20.6 m 双垂线处平均值	$y=0.898\ 2x^3-5.531\ 2x^2+12.009x-7.246\ 3$	$R^2=0.992\ 0$

从表 1 可以看出，一条固定垂线时，14.4 m 处 R^2 值等于 0.980 1，在 6 条固定垂线中最大；在随后 2 条垂线取平均值组合率定时发现，18.7 m 和 20.6 m 双垂线平均值的 R^2 值最大，等于 0.992 0。R^2 值是趋势线拟合程度的指标，它的数值越接近 1，拟合程度越高，趋势线的可靠性就越高。14.4 m 单垂线和 18.7 m 和 20.6 m 双垂线平均流速与断面平均流速相关关系见图 2。

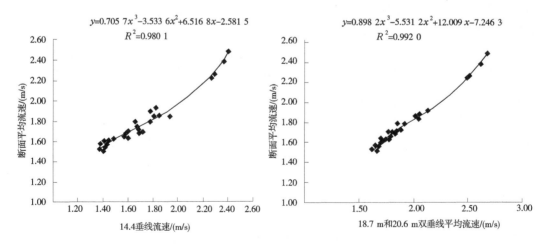

图 2 代表垂线流速率定

进行三线检验，检验成果见表 2。2 条曲线的系统误差、随机不确定度、符号检验、适线检验、偏离数值检验等均满足《水文资料整编规范》（SL/T 247—2020）的要求。

表 2 三线检验统计

项目	计算值		允许值	结果
	14.4 m	18.7 m 和 20.6 m 单垂线双垂线平均		
符号检验	0.49	0.16	1.28（显著性水平 $\alpha = 0.25$）	合理
适线检验	0.66	0.66	1.28（$\alpha = 0.05$）	合理
偏离数值检验	0.13	0.05	1.3（$\alpha = 0.10$）	合理
随机不确定度/%	3.8	2.6	11	合理
系统误差/%	−0.04	0.01	2	合理

根据固定起点距 14.4 m 单垂线流速和 18.7 m 和 20.6 m 双垂线平均流速，分别采用表 1 中拟合的回归方程计算断面平均流速后，用所得结果乘以相应水位面积得出回归流量，再与原实测流量成果进行相对误差分析，结果见表 3。

表 3 回归计算流量与实测流量相对误差统计

	起点距 14.4 m			起点距 18.7~20.6 m 平均			
序号	相对误差/%	序号	相对误差/%	序号	相对误差/%	序号	相对误差/%
1	−0.20	20	2.3	1	−0.9	20	−0.3
2	−0.10	21	0	2	−1.4	21	1.5
3	0.70	22	−1.2	3	1.8	22	0.4
4	−0.31	23	2.0	4	1.4	23	0.1
5	0.34	24	1.7	5	0.5	24	−2.2
6	0.81	25	0.1	6	1.0	25	−1.2
7	−1.90	26	−0.5	7	0.3	26	0.7
8	0.73	27	−3.6	8	−3.4	27	−2.3
9	−2.26	28	0.1	9	−1.4	28	0.5
10	−1.57	29	0.6	10	−1.0	29	−1.2
11	−0.80	11	30	−0.8	−0.3	30	0.5
12	−1.04	31	3.1	12	0.1	31	0.1
13	2.77	32	0	13	−0.2	32	0.6
14	0.27	33	−5.0	14	−0.5	33	1.1
15	1.84	34	−5.2	15	−1.8	34	0.4
16	0.42	35	0.7	16	1.5	35	0.7
17	−0.61	36	0.2	17	0.6	36	1.6
18	1.12	37	0.3	18	−1.1	37	−0.4
19	−0.70	38	−0.7	19	0.2	38	−1.7

以固定起点距 14.4 m 处的垂线实测流速作为代表垂线，计算出的断面流量与实测流量相对误差均小于 10%。相对误差在 5% 以下的占 95%。以起点距 18.7 m、20.6 m 双垂线平均流速作为代表流速，计算出的断面流量与实测流量进行相对误差统计，相对误差值较小，均小于 5%，结果拟合程度

高，说明代表垂线法的测验精度符合该断面的流量测验要求。

至此，得出起点距 14.4 m 处单垂线流速，以及 18.7 m 和 20.6 m 双垂线平均流速，与断面平均流速的之间的 3 次多项式线性回归的关系 R^2 值分别为 0.980 1 和 0.992 0，拟合度较好，可采用代表垂线法推求断面平均流速。在保证精度的条件下，由测 6 条垂线改为测 1~2 条垂线，减少了工作量，提高了工作效率。

3.2 测速传感器定位

没有一种设备是可以满足所有断面和水流情况的，具体应用时应结合测站任务及河道自然属性，选择合适的测流方法，从而确定所需的设备仪器。

受工程投资限制，流量在线监测系统建设，一般情况下都是配备 2~3 个甚至 1 个测速传感器。不能满足《河流流量测验规范》（GB 50179—2015）规定的测速垂线数目要求，因此需要进行测速垂线选取，即测速传感器定位。

流量测验要保证测流的精度，无论采用哪种测流方法，如何通过实测的局部流速获得断面平均流速一直是个难点。提高流量测验精度，关键还是要根据测验河段的水力学特性，充分应用现代化测流手段和数值计算技术，确定特定测站的流量计算方法和模型，率定其所需要的参数。

将代表垂线法应用到流量在线监测系统测速传感器定位与测算区域，传统垂线布设断面平均流速和垂线测定流速相关性分析结果见图 3。

按照《水文测验手册》测点综合精简分析要求需要布设 6 条垂线，从各垂线测定流速和断面平均流速的相关性分析可看出，两者具有较好的相关性，各垂线相关系数总体均在 0.96 以上，起点距对垂线测定流速和断面平均流速相关性影响程度较低。从各垂线中选取相关性较好的 2 条垂线（起点距分别为 94.6 m、150.0 m）及相关性较好的 3 条垂线（起点距分别为 94.6 m、101.5 m、150.0 m），作为测流垂线精简方案。垂线精简后流速相关性分析分别对 2 条和 3 条垂线精简方案的测定的断面平均流速和垂线流速的相关性进行分析，如图 4 所示。

采用 2 条垂线进行测流精简方案后，其垂线测定的流速和断面平均流速之间的相关系数为 0.807 5，而采用 3 条垂线进行测流精简方案后期测定的垂线流速和断面平均流速之间的相关系数也可达到 0.814 8，3 条测流垂线精简方案的流速相关性好于 2 条垂线精简方案下的流速相关性，但 2 条测流垂线精简方案下的流速测定精度也可满足流速相关性要求。

测流垂线精简前后精度分析采用对比观测试验的方式对 2 条测流垂线和 3 条测流垂线精简方案下的流量误差进行分析，并采用测流垂线精简方案统计分析了 16 个实测数据样本下的误差允许范围，误差统计结果见表 4。

表 4 流量测定误差范围统计结果

代表垂线	≤±4.0%/个	累计频率/%	≤±6.0%/个	累计频率/%
2 条（94.6 m、150.0 m）	25	68.7	33	97.2
3 条（94.6 m、101.5 m、150.0 m）	32	95.4	35	98.5

点流量允许误差按照《河流流量测验规范》（GB 50179—2015）的要求，进行测流垂线精简方案后期测流允许误差的范围以内，采用 2 种测流垂线精简方案下的误差均可满足规范要求，且采用 3 条测流垂线精简方案的效果要好于 2 条测流垂线。从误差范围统计结果可看出，2 条和 3 条测流垂线误差 ±6.0% 以内的累积频率在 97.2%~98.5%，按照《河流流量测验规范》（GB 50179—2015）的要求，当累积频率达到 50% 即可以认为系统误差，通过分析，各测流垂线精简方案下的系统误差均可小于 2%，表明测流垂线精简方案可以满足测流精度要求，方案可行，代表垂线法应用效果明显。

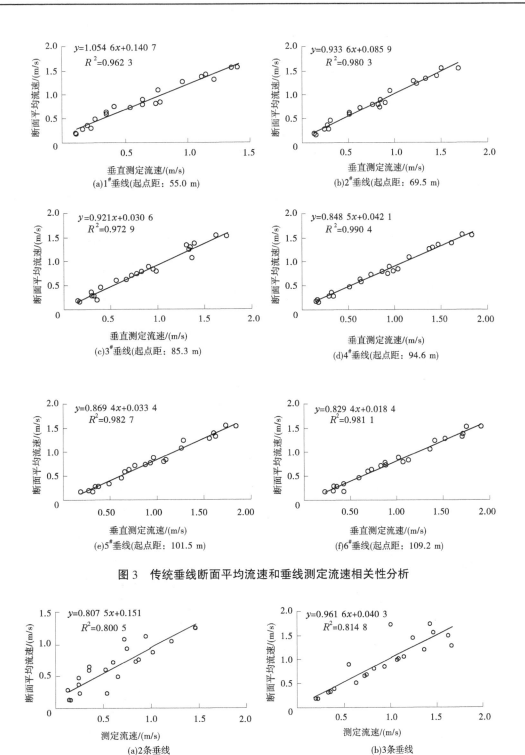

图 3 传统垂线断面平均流速和垂线测定流速相关性分析

图 4 测流垂线精简后断面平均流速和垂线测定流速相关性分析

3.3 应用案例

内蒙古巴彦淖尔二牛湾水文站于 2020 年采用代表垂线法,将原设计方案中测速传感器"均匀布设",调整为代表垂线位置进行布设,新建多探头 RG-30 非接触雷达流量在线监测系统 1 套。雷达在线测流系统比测率定采用流速仪测验成果进行,经分析计算雷达法实测流量的随机不确定度为 2.62%,系统误差为 0.34%,均符合水文相关规范规定的要求。测速传感器布设现场见图 5 (a)。

巴彦淖尔大余太水库(入库二)站,采用代表垂线法新建 RG-30 雷达在线测流系统 1 套。雷达

(a)二牛湾水文站

(b)大余太水库（入库二）站

图 5 测速传感器布设现场

在线测流系统比测率定采用流速仪测验成果进行，经分析计算雷达法实测流量的随机不确定度为3.78%，系统误差为-0.10%，流量数据精度分析符合《水文资料整编规范》（SL/T 247—2020）的规定，采用单一曲线法，系统误差在±1%内，系统运行效果良好。测速传感器布设现场见图5（b）。

4 结语

全面推动流量等水文要素的自动化监测，需要开拓新方法，补齐老短板，解决在线测流系统存在的代表性差、率定工作量大、精度不高等问题。

将互相独立的两个方面——理论性的代表垂线与流量在线工程建设实践有机结合在一起，使得流量监测系统流速传感器定位有了科学依据。应用到流量在线监测系统测速传感器断面选取，从设计和施工环节入手，可以节约工程投资，提升测报质量，减轻一线职工的劳动强度。

该方法还能够辅助侧扫雷达、粒子图像法、无人机等非接触式测流系统，对扫描单元进行测算区域分析、快速确定测点垂线位置，提高测流效率，该模式对同类型的流量测验具有较好的借鉴价值和指导意义。

参考文献

［1］林祚顶．加快推进水文现代化全面提升水文测报能力［J］．水文，2021，41（3）：前插2-前插5.

［2］赵晓刚，冯全，王书志，等．一种基于帧间差分与模板匹配的河水表面流速测量方法［J］．计算机应用与软件，2017，34（9）：68-71，107.

［3］白延兴．浅析雷达波在线测流系统在曲麻河水文站的应用［J］．智能城市，2019，5（20）：70-72.

［4］中华人民共和国水利部．河流流量测验规范：GB 50179—2015［S］．北京：中国计划出版社，2015.

［5］刘炜，等．水文站流量测验代表垂线分析原理及应用［J］．人民黄河，2019，41（4）：7-10.

［6］吴思东．代表垂线法在中小河流流量测验中的应用与分析［J］．广西水利水电，2020（4）：33-35.

基于染色剂法的坡面流平均流速计算研究

刘静君[1] 钱 峰[2]

(1. 武汉市水文水资源勘测局，湖北武汉 430079；
2. 长江科学院水土保持研究所，湖北武汉 430010)

摘 要：坡面薄层水流水力条件复杂，目前大多数研究的做法是对坡面流过程进行简化、平均化处理，其中染色剂示踪法不受仪器设备的限制在相关研究中大量使用。各家试验条件和试验目标的不同、测量手段和方法的限制导致流速修正系数差异较大。本文通过室内定床放水冲刷试验，研究了不同流量、坡度条件下坡面薄层水流的水力学基本参数（平均水深、单宽流量、平均流速和表面流速）的变化规律。结果表明，随着放水流量和坡度的增加，断面流速修正系数 α 在 0.35~0.66 之间变化，α 不是一个固定值，其取值随着坡度的增加呈减小趋势。

关键词：水力侵蚀；坡面；流速

1 引言

坡面薄层水流是指降雨或融雪在扣除土壤入渗、地面填洼、植被截流等损耗后，受重力作用的影响顺坡面流动的浅层水流，它是地表径流的起始阶段。坡面薄层水流与一般的明渠水流存在很大差异，其底坡较陡，水深极浅，一般只有几毫米，水流结构受地形因子、降雨雨滴打击、地表状况等多因素的影响[1-3]。

测量坡面薄层水流流速的仪器主要有热膜测速仪[4]、声学多普勒流速仪[5]、光学测速仪器[6] 及粒子图像测速仪[7] 等。然而这些仪器价格昂贵，使用条件都有一定的限制，如：热膜测速仪的薄石英层易被沙粒磨损或被胶态沉积物覆盖，不适用于含沙水流[4]；声学多普勒流速仪要求测量距离不能太小，仅适用于水深大于 1.5 cm，宽度大于 8 cm 的水流[8]；光学测速仪器仅适用于层流条件下的流速测量[6]；粒子图像测速仪使用条件要求较高，仅适用于室内试验。目前国内外测量坡面流流速的方法主要有流量法和示踪法，其中流量法是用地表径流流量与过水断面面积的比值来表征断面平均流速，该方法适用于过水断面规则的水流；示踪法是利用示踪粒子在流体中的跟随性来计算水流流速的一种方法，使用较为普及的示踪法为染色剂示踪法[9] 和盐液示踪法[10]，其中染色剂示踪法不受仪器设备的限制，原理简单，操作方便，适用于野外试验。

坡面薄层水流水力条件复杂，目前大多数研究的做法是对坡面流过程进行简化、平均化处理，应用明渠水力学的方法进行研究，一般采用径流水深、过水断面宽度、径流平均流速、水流雷诺数、弗劳德数以及阻力系数等水力学要素描述坡面薄层水流动力学特性。其中，径流平均流速不仅是最基本的水力学参数，且是计算阻力系数、雷诺数以及弗劳德数等参数的基础，因此坡面薄层水流流速的精准计算和测定是量化坡面薄层水流的前提。因此，本文通过理论推导和室内侵蚀槽模拟试验，重点研

基金项目：国家自然科学基金项目（51909011）。

作者简介：刘静君（1987—），女，工程师，主要从事水土资源高效利用工作。

通信作者：钱峰（1987—），男，高级工程师，主要从事水土保持与面源污染工作。

究了紫色土定床坡面薄层水流的流速分布及断面流速修正系数取值问题。

2 材料与方法

2.1 试验设计

试验在长江科学院降雨大厅进行。试验设备由以下 3 部分组成。

（1）供水系统，主要由恒定水头给水箱、水泵、阀门和水管组成。

（2）放水冲刷系统，主要由稳流水箱和稳流板组成。

（3）试验土槽和集流桶，试验土槽长 3 m、宽 1 m、深 0.5 m，槽壁和槽底采用厚度为 8 mm 的不锈钢板制造而成，试验土槽的坡度可在 0°~25° 调节，其结构如图 1 所示。

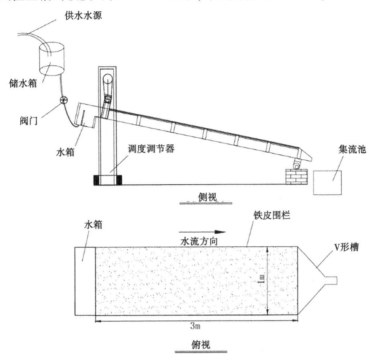

图 1 试验装置结构

试验土壤来源于三峡库区王家桥小流域，流域为南北流向，平均坡度在 27° 左右，气候类型属于亚热带大陆性季风气候，年均温度在 14~18 ℃，年均降水量为 1 012 mm，主要集中在 6—8 月，土壤主要为紫色砂页岩发育的水稻土和紫色土，本试验选取紫色砂页岩发育的紫色土，采取 0~20 cm 的开挖坡面上的表层土壤，去除土壤中的根系、砾石等杂物后风干，过 10 mm 孔筛网备用。土壤基本理化性质采用常规方法测定（土壤理化分析，1978），即：土壤容重采用环刀法，土壤机械组成采用吸管法，土壤酸碱度采用水土比为 2.5：1 的 pH 计，土壤有机质采用重铬酸钾外加热法，土壤性质见表 1。将过 5 mm 筛子的试验用土均匀铺撒在槽底部，然后用油漆将其黏合，使土槽底部与土壤地表糙度基本一致[11]。

表 1 土壤基本性质

土壤类型	中值粒径 D_{50}/mm	机械组成/%			有机质/%	pH
		黏粒	粉粒	砂粒		
紫色土	1.30	24.43±3.11	30.39±3.25	45.18±8.54	1.23±0.59	6.0±0.15

放水流量综合考虑三峡库区王家桥小流域发生侵蚀性降雨的范围和试验目的，最终设计试验流量分别为 1.8 L/min、3.3 L/min、4.8 L/min、6.4 L/min 和 7.6 L/min，即考虑降雨强度分别为 0.6

m/min、1.1 m/min、1.61 m/min、2.12 m/min 和 2.54 mm/min 时，将 50 mm 的降雨总量折算到 3 m² 的试验土槽上的流量。分别选取底坡为 5°、10°、15° 和 20° 四种坡度。采用完全组合试验，每组试验重复 3 次，共进行 60 场放水试验。

每次试验开始前都进行放水流量率定，保证每组试验放水流量均在设计数值允许范围内，待坡面径流稳定后，试验开始。沿土槽自上而下在 1 m、2 m、3 m 处设置测量断面，每个测量断面横向设定 3 个观测点，每个观测点均测量径流深度和径流表面流速。水深采用重庆水文仪器厂生产的数显测针仪测定，测量精度为 0.01 mm，3 个测量断面水深的平均值视为该次试验的水深量测值。表面流速采用 KMnO₄ 颜料示踪法测定，沿坡顶自上而下 0~1 m、1~2 m、2~3 m 共 3 个测段，当人为操作造成的测量值过大或过小时，则舍去异常值重新测量。试验过程中，记录水流温度来计算水流黏滞系数。

2.2 水动力学参数计算

坡面薄层水流的水动力学参数主要包括水流平均流速、二元流雷诺数、弗劳德数、径流剪切力等。平均流速采用实测断面水深，通过水流连续性方程计算得到。

$$U_{\text{depth}} = \frac{Q}{wh} \tag{1}$$

式中：Q 为放水流量，m^3/s；w 为水流宽度，m；h 为断面实测水深，m。

在本文通过流量法计算得到的坡面流平均流速 U_{depth} 作为坡面平均流速 U_{mean} 的真实值，通过染色法测得径流表面优势流速 U_{dye} 计算坡面径流平均流速可采用式（2）计算：

$$U_{\text{mean}} = \alpha U_{\text{dye}} \tag{2}$$

式中：α 为断面流速修正系数，$0 < \alpha < 1$。

二元流雷诺数 Re 采用下式计算：

$$Re = \frac{4U_{\text{mean}}R}{\nu} \tag{3}$$

式中：R 为水力半径，m；坡面薄层水流可视为二元流，断面平均水深 h 等于水力半径；ν 为运动黏滞系数，m^2s，选用泊谡叶公式计算，$\nu = 0.017\,75/(1 + 0.033\,7t + 0.000\,22\,t^2)$，$t$ 为水温，℃。

3 试验结果与分析

3.1 表面流速

本文采用高锰酸钾溶液作为示踪剂，通过记录示踪溶液流过一定的测量距离所用时间，计算获取该测量区域的平均表面流速。研究坡面水流表面流速的变化规律为坡面平均流速的计算提供了理论依据。本文选取不同放水流量和坡度的组合，分析坡面流表面流速纵横向的分布特征，以期探明适用于坡面薄层水流平均流速计算的方法。

由表 2 可以看出，在同一放水流量条件下，表面流速随着坡度的增加呈增大趋势。如当 $Q = 30 \times 10^{-6}\ \text{m}^3/\text{s}$ 时，当坡度由 0.087、0.174、0.256 变化到 0.342 时，坡面表面平均流速分别为 0.055 m/s、0.114 m/s、0.207 m/s、0.212 m/s。表面平均流速随着放水流量的增加而增大，但随流量和坡度的不同，流速增幅规律表现出明显差异。总体上，当放水流量较小时，随着坡度的增加，表面流速的增幅较大，而流量较大时，表面流速的增幅逐渐减少。如 $Q = 55 \times 10^{-6}\ \text{m}^3/\text{s}$ 时，当坡度由 0.087 增加至 0.342 时，表面平均流速由 0.067 增加到 0.229，增幅率为 3.44，而当 $Q = 80 \times 10^{-6}\ \text{m}^3/\text{s}$ 时，随着坡度的增加，表面平均流速由 0.117 增加到 0.357，增幅率为 3.05。从图 2 中可以看出，总体上，表面流速的沿程变化无明显差异，如当 $Q = 106 \times 10^{-6}\ \text{m}^3/\text{s}$、坡度为 0.087 时，0~1 m 断面处平均表面流速为 0.258 m/s，1~2 m 断面处平均表面流速为 0.261 m/s，2~3 m 断面处平均表面流速为 0.274 m/s，相同的坡度下，当 $Q = 126 \times 10^{-6}\ \text{m}^3/\text{s}$ 时，0~1 m 断面处平均表面流速为 0.289 m/s，1~2 m 断面处平均表面流速为 0.292 m/s，2~3 m 断面处平均表面流速为 0.268 m/s。这与 Pan 等（2010）[12] 在草地坡地上的研究结果一致。考虑坡面流滚波现象的影响，表面流速随沿程的变化可视为测量误差引起的[13]。

表 2　不同流量和坡度下的表面流速及横向变异系数的关系

放水流量 $Q/$ (10^{-6} m³/s)	坡度 S (sin) / (m/m)	表面流速 u_e (m/s)			横向变异系数 C_V		
		0~1 m	1~2 m	2~3 m	0~1 m	1~2 m	2~3 m
30	0.087	0.045	0.060	0.061	0.022	0.024	0.028
	0.174	0.099	0.129	0.115	0.011	0.066	0.028
	0.256	0.177	0.208	0.235	0.126	0.135	0.143
	0.342	0.147	0.229	0.260	0.074	0.076	0.113
55	0.087	0.061	0.071	0.068	0.039	0.064	0.140
	0.174	0.086	0.097	0.098	0.017	0.016	0.065
	0.256	0.193	0.227	0.265	0.041	0.081	0.097
	0.342	0.202	0.232	0.254	0.068	0.102	0.130
80	0.087	0.118	0.082	0.151	0.041	0.045	0.056
	0.174	0.153	0.173	0.135	0.042	0.051	0.062
	0.256	0.314	0.303	0.288	0.073	0.067	0.076
	0.342	0.327	0.365	0.380	0.031	0.056	0.087
106	0.087	0.258	0.261	0.274	0.076	0.081	0.083
	0.174	0.375	0.410	0.381	0.052	0.056	0.063
	0.256	0.349	0.362	0.420	0.084	0.087	0.100
	0.342	0.449	0.476	0.493	0.063	0.082	0.088
126	0.087	0.289	0.292	0.268	0.068	0.071	0.082
	0.174	0.469	0.435	0.423	0.085	0.081	0.096
	0.256	0.453	0.455	0.461	0.082	0.091	0.093
	0.342	0.428	0.435	0.418	0.089	0.094	0.110

　　从表面流速横向变异系数来看，随着流程的增加，横向变异系数逐渐增加，如 $Q = 30 \times 10^{-6}$ m³/s，坡度为 0.087 时，0~1 m 断面处横向变异系数为 0.022，1~2 m 断面处横向变异系数为 0.024，2~3 m 断面处横向变异系数为 0.028，这说明坡段下部流速不如上部流速分布均匀。坡度和流量对横向变异系数变化的影响无明显规律。

3.2　平均流速

　　表 3 为不同流量和坡度组合下的坡面流平均流速分布情况，试验中水流雷诺数变化范围大致在 131~4 618，按水力学经典分区准则（层流区临界 $Re = 2\,000$），本试验坡面流处于层流和过渡流区，但当放水流量 $Q = 106 \times 10^{-6}$ m³/s 和 126×10^{-6} m³/s 时，利用高锰酸钾染色法测定坡面表面流速时，染色剂出现了明显的扩散现象，故本文将高放水流量下水流流态视为紊流处理。各试验组次各断面最大流速总是出现在坡面流水面处，即表面流速大于平均流速。总体上，随着放水流量和坡度的增加，断面平均流速增加，国内外学者的大量试验研究表明，坡面流平均流速可以简化为流量和坡度的幂函数形式[14-15]。

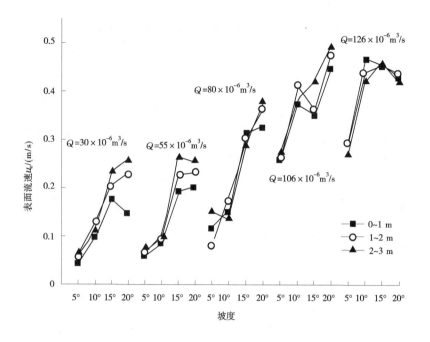

图 2　不同流量和坡度下的表面流速沿程分布规律

图 3 显示了四种坡度下坡面流平均流速与表面流速的对比关系，本试验中断面流速修正系数在 0.35~0.66 变化，断面流速修正系数不是一个固定值，在层流条件下，断面流速修正系数均值为 0.44，该值远小于 Horton 等[16] 和 Dunkerley[17] 的试验结果；紊流条件下，断面流速修正系数均值为 0.70。本试验结果与 Emmett[18] 在田间试验时计算的层流状态下修正系数接近，与 Luk 和 Merz[19] 在过渡流和紊流状态下，测得的断面流速修正系数接近。当坡度由 5°、10°、15°变化到 20°时，断面流速修正系数分别为 0.732、0.688、0.591、0.544。随着坡度的增加，不同流量条件下的取值呈减小趋势，进一步表明随着坡度的增加，坡面流速梯度变化越来越大，故流速分布越来越不均匀[20]。

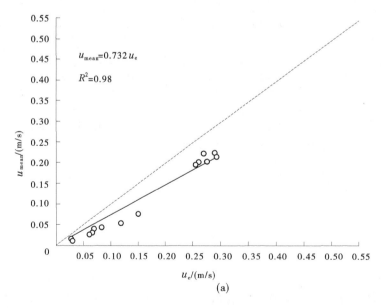

图 3　不同坡度条件下平均流速与表面流速的对比关系（实线为回归线，虚线为 1：1 线）

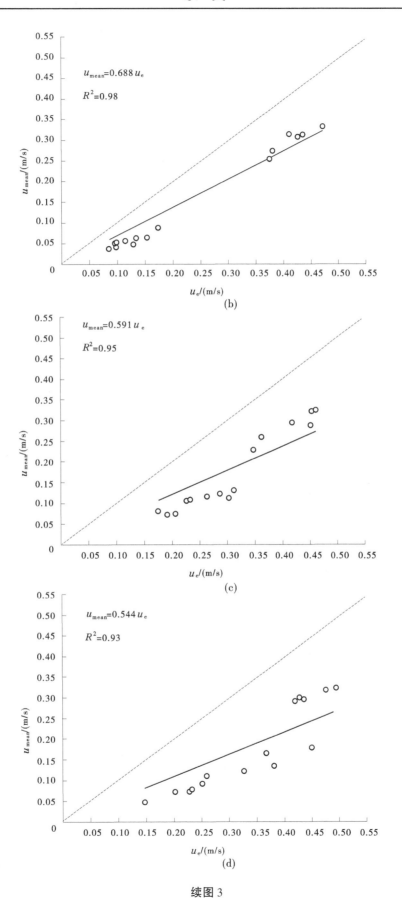

(b)

(c)

(d)

续图 3

表3 不同流量和坡度下的平均流速

放水流量 Q / (10^{-6} m³/s)	坡度 S (sin)/ (m/m)	表面流速 u_e/ (m/s)			平均流速 u_{mean}/ (m/s)			雷诺数 Re
		0~1 m	1~2 m	2~3 m	0~1 m	1~2 m	2~3 m	
30	0.087	0.045	0.060	0.061	0.027	0.029	0.031	131
	0.174	0.099	0.129	0.115	0.051	0.048	0.056	334
	0.256	0.177	0.208	0.235	0.080	0.073	0.107	499
	0.342	0.147	0.229	0.260	0.048	0.076	0.110	631
55	0.087	0.061	0.071	0.068	0.026	0.039	0.031	243
	0.174	0.086	0.097	0.098	0.036	0.050	0.044	277
	0.256	0.193	0.227	0.265	0.069	0.104	0.117	306
	0.342	0.202	0.232	0.254	0.073	0.077	0.094	343
80	0.087	0.118	0.082	0.151	0.053	0.043	0.077	413
	0.174	0.153	0.173	0.135	0.064	0.088	0.065	437
	0.256	0.314	0.303	0.288	0.129	0.112	0.121	1 350
	0.342	0.327	0.365	0.380	0.124	0.168	0.137	1 623
106	0.087	0.258	0.261	0.274	0.135	0.150	0.125	2 646
	0.174	0.375	0.410	0.381	0.255	0.313	0.078	3 120
	0.256	0.349	0.362	0.420	0.230	0.258	0.255	4 248
	0.342	0.449	0.476	0.493	0.180	0.320	0.401	4 594
126	0.087	0.289	0.292	0.268	0.223	0.212	0.020	2 470
	0.174	0.469	0.435	0.423	0.332	0.310	0.174	3 435
	0.256	0.453	0.455	0.461	0.287	0.321	0.252	3 647
	0.342	0.428	0.435	0.418	0.300	0.297	0.232	4 618

4 结论

通过室内定床放水冲刷试验，研究了不同流量、不同坡度条件下坡面薄层水流的水力学基本参数（平均水深、单宽流量、平均流速和表面流速）的变化规律，得出以下结论：

（1）坡面平均流速随着放水流量的增加而增大，但随流量和坡度的不同，流速增幅规律表现出明显差异。

（2）本文中断面流速修正系数在 0.35~0.66 变化，不是一个固定值。随着坡度的增加，不同流量条件下的取值呈减小趋势。

参考文献

［1］Kirkby, M J. Hillslope hydrology ［M］. New York：Wiley, 1978.

［2］潘成忠, 上官周平. 降雨和坡度对坡面流水动力学参数的影响 ［J］. 应用基础与工程科学学报, 2009, 6 (6)：843-851.

［3］Qian F, Cheng D, Ding W, et al. Hydraulic characteristics and sediment generation on slope erosion in the Three Gorges Reservoir Area, China ［J］. Journal of Hydrology and Hydromechanics, 2016, 64 (3)：237-245.

［4］Ayala J E, Martinez-Austria P, Menendez JR, et al. Fixed bed forms laboratory channel flow analysis ［J］. Ingenieria Hidraulica En Mexico, 2000, 15 (2)：75-84.

［5］Giménez R, Planchon O, Silvera N, et al. Longitudinal velocity patterns and bed morphology interaction in a rill ［J］. Earth Surface Processes and Landforms, 2004, 29 (1)：105-114.

［6］Planchon O, Silvera N, Gimenez R, et al An automated salt - tracing gauge for flow - velocity measurement ［J］. Earth Surface Processes and Landforms, 2005, 30 (7)：833-844.

［7］Dunkerley D L. An optical tachometer for short - path measurement of flow speeds in shallow overland flows：improved alternative to dye timing ［J］. Earth Surface Processes and Landforms, 2003, 28 (7)：777-786.

［8］Raffel M, Willert CE, Wereley S, et al. Particle image velocimetry：a practical guide ［M］. Springer, 2013.

［9］Abrahams A D, Parsons A J, Luk S H. Field measurement of the velocity of overland flow using dye tracing ［J］. Earth Surf. Process. Landf, 1986, 11：653-657.

［10］Abrahams A D, Atkinson J F. Relation between grain velocity and sediment concentration in overland flow ［J］. Water Resources Research, 1993, 29 (9)：3021-3028.

［11］Zhang G H, Liu B Y, Nearing M A, et al. Soil detachment by shallow flow ［J］. Transactions of the ASAE, 2002, 45 (2)：351-357.

［12］Pan C, Ma L, Shangguan Z. Effectiveness of grass strips in trapping suspended sediments from runoff ［J］. Earth Surface Processes and Landforms, 2010, 35 (9)：1006-1013.

［13］张宽地. 坡面径流水动力学特性及挟沙机制研究 ［D］. 杨凌：西北农林科技大学, 2011.

［14］Foster G R, Huggins L F, Meyer L D. A laboratory study of rill hydraulics：I. Velocity relationships ［J］. Transactions of the ASAE, 1984, 27 (3)：790-796.

［15］Peng W, Zhang Z, Zhang K. Hydrodynamic characteristics of rill flow on steep slopes ［J］. Hydrological Processes, 2015, 29 (17)：3677-3686.

［16］Horton R E, Leach H R, Van Vliet R. Laminar sheet - flow ［J］. Eos, Transactions American Geophysical Union, 1934, 15 (2)：393-404.

［17］Dunkerley D L. Estimating the mean speed of laminar overland flow using dye injection-uncertainty on rough surfaces ［J］. Earth Surface Processes and Landforms, 2001, 26 (4)：363-374.

［18］Emmett W W. The hydraulics of overland flow on hillslopes ［M］. US Government Printing Office, 1970.

［19］Luk S H, Merz W. Use of the salt tracing technique to determine the velocity of overland flow ［J］. Soil technology, 1992, 5 (4)：289-301.

［20］Ali M, Sterk G, Seeger M, et al. Effect of flow discharge and median grain size on mean flow velocity under overland flow ［J］. Journal of hydrology, 2012, 452：150-160.

岳城水库年最低水位与降雨量的关系研究

高　翔[1]　王振国[3]　李小英[1]　胡　振[3]　周绪申[2,3]

（1. 水利部海河水利委员会漳卫南运河管理局，山东德州　253009；

2. 天津大学水利工程仿真与安全国家重点实验室，天津　300072；

3. 生态环境部海河流域北海海域生态环境监督管理局生态环境监测与科学研究中心，天津　300061）

摘　要：岳城水库是海河南系漳河上游最大的一座以防洪为主，兼有灌溉、供水等功能的大型控制性枢纽工程。基于岳城水库（坝上）站1969—2019年实测逐日水位和降水量数据，采用线性相关分析方法研究最低水位与降水量之间的相关程度，并以旱限水位128.50 m为参考，选取雨季不同时间降水量做比较，得到6月之前漳河上游降水量增大时，水库最低水位相应提高，7月之后漳河上游降水量增大时，水库最低水位相应调低，以预留充足库容调蓄上游来水，确保岳城水库下游度汛安全。

关键词：岳城水库；最低水位；降水量；线性相关分析

1　引言

在全球变暖、生态环境日益恶化及极端气象事件频发的背景下，水资源短缺现象频发，凸显了水库在水量调蓄以及应对恶劣气象等方面的重要性。岳城水库作为邯郸市和安阳市重要的城市供水源地，兼有防洪、灌溉、城市供水等多项功能[1]，通过水库调蓄，保证下游广大平原地区的安全，同时在周边生态补水、改善下游生态环境方面发挥了巨大的作用。然而各个水量水质分配机制间的合理配置离不开气象条件的精确预报，比如降水量。岳城水库于1982年、1996年遭遇特大暴雨以及2021年的夏秋连汛，其中2021年"21·7"洪水期间，漳卫河发生2次编号洪水，岳城水库的最高控制水位由152.10 m提升至152.35 m，主动承担起抗洪风险压力，充分发挥了其削峰作用，以极小的库区淹没，最大限度减少下游淹没损失，有力地支持了下游的防洪工作[2]。

在降水量较大的雨季，最低水位对于防洪与保证供水等方面具有重要意义。本文在计算与分析岳城水库最低生态水位的基础上，研究了不同雨季时间段的降水量与岳城水库的最低水位的相关关系，并分析了岳城水库1969—2019年不同雨季时间段的变化趋势，为岳城水库应对防洪、供水提供数据支撑。

2　数据来源和研究方法

2.1　研究方法

采用线性相关分析方法研究最低水位与降水量之间的相关程度，选取雨季不同时间降水量做比较，例如岳城水库6月出现的最低水位与4—5月、4—6月、5—6月等雨季不同时间段的降水量进行

基金项目：国家自然科学基金（51621092，51609166）；世界银行贷款中国经济改革促进与能力加强项目（A13-2018）。

作者简介：高翔（1987—），男，工程师，科员，主要从事水文行业管理、水资源管理与保护工作。

通信作者：周绪申（1982—），男，高级工程师，科长，主要从事水生态环境保护工作。

线性回归分析。本研究中线性相关分析的基本程序为进行定性分析、绘制相关图、计算相关系数及回归方程。通过绘制散点图，发现最低水位与降水量之间存在不完全线性关系。样本相关系数的计算按式（1）计算：

$$r = \frac{\sum (x - \bar{x})(y - \bar{y})}{\sqrt{n \sum (x - \bar{x})^2} \cdot \sqrt{n \sum (y - \bar{y})^2}} \tag{1}$$

式中：$\bar{x}$ 和 $\bar{y}$ 为样本均值；n 为样本容量。

两者之间的回归方程记为：

$$\hat{y} = \hat{b}x + \hat{a} \tag{2}$$

式中：$\hat{b}$ 为回归方程的截距，计算按式（3）计算：

$$\hat{b} = \frac{\sum_{i=1}^{n} (x_i - \bar{x})(y_i - \bar{y})}{\sum_{i=1}^{n} (x_i - \bar{x})^2} \tag{3}$$

2.2　数据来源

岳城水库水位和降水量数据来源于岳城水库站 1969—2019 年逐日实测数据。

3　结果与讨论

根据 1969—2019 年岳城水库（坝上）站实测逐日水位数据，绘制岳城水库各年最低水位图。历年最低水位的平均值为 127.57 m，低于旱限水位[3] 128.50 m，最大值为 135.40 m，最小值为 116.37 m，已降至死水位（死水位为 125.00 m）以下，最大值与最小值相差 11.32 m。本研究首先以月为单位分析了 1969—2019 年岳城水库最低水位出现的频次分布，如图 1 所示。通过对水库最低水位出现月份的分布分析，最终得到：1969—2019 年岳城水库的最低水位较多在 6 月、7 月份出现，次数分别为 8 次、27 次，分布概率分别为 0.14、0.48。因此，本次分析选取于 6 月、7 月出现的最低水位研究其与不同雨季降水量之间的关系。岳城水库于 6 月、7 月出现的最低水位及降水量如表 1、表 2 所示。

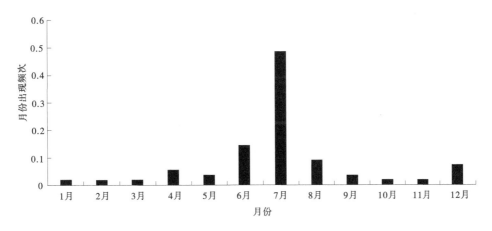

图 1　最低水位的出现随季节的频率分布

表 1 岳城水库最低水位（6 月出现）及雨季不同时间降水量

年份	最低水位	雨季不同时段降水量/mm		
		4—5 月	4—6 月	5—6 月
1962	110.65	7.2	20.1	13.1
1964	111.30	196.1	205.8	80.5
1970	123.20	94.3	136.6	115
1971	121.57	53.8	215.2	183.2
1976	116.80	30.2	66.9	37.7
1977	125.27	43.1	119.1	95.5
1979	120.82	40.8	117.1	85.0

表 2 岳城水库最低水位（7 月出现）及雨季不同时间降水量

年份	最低水位	雨季不同时段降水量/mm				
		6—7 月	6—8 月	7—8 月	7—9 月	8—9 月
1963	111.50	196.0	831.6	783.4	844.7	696.9
1966	114.39	255.4	306.0	273.5	289.1	66.2
1968	118.05	182.1	268.3	218.4	275.7	143.5
1969	123.27	161.6	345.0	313.1	461.2	331.5
1972	127.23	252.0	398.4	398.0	447.5	195.9
1978	121.28	215.1	231.8	195.4	206	27.3
1982	119.60	161.2	679.1	666.9	685.9	536.9
1983	121.27	90.3	136.6	119.8	232.6	159.1
1985	129.33	106.1	226.5	191.6	333.5	262.3
1988	122.94	195.2	319.4	306.9	310.6	127.9
1989	129.86	238.5	285.6	215.8	226.8	58.1
2007	131.68	234.5	340.6	303.9	340.1	142.3
2008	131.49	303.1	406.5	305.4	349.9	147.9
2011	127.45	135.8	232.4	216.9	323.0	202.7
2012	133.00	217.5	254.9	207.9	238.5	68.0

经过相关分析计算，最终结果如表 3 所示。结果表明，岳城水库于 6 月出现的最低水位与 5—6 月降水量关系最密切，两者呈正相关关系，相关系数 $r = 0.63$；于 7 月出现的最低水位与 7—8 月、8—9 月的降水量关系较为密切，两者呈负相关关系，其中与 8—9 月的降水量相关系数 $r = -0.52$，具体回归方程见图 2、图 3。两个相关系数的取值范围均为 $0.5 \leqslant |r| \leqslant 0.8$，相关程度属于中度相关。这与漳河流域径流集中在主汛期的 6—9 月也是相符合的[4]。

表 3　岳城水库最低水位及雨季不同时间降水量

最低水位出现月份	雨季不同时段	相关系数
6	4—5 月	-0.24
	4—6 月	0.25
	5—6 月	0.63
7	6—7 月	0.12
	6—8 月	-0.47
	7—8 月	-0.51
	7—9 月	-0.50
	8—9 月	-0.52

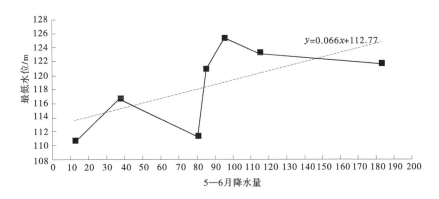

图 2　水库最低水位（6 月）与 5—6 月降水量的关系

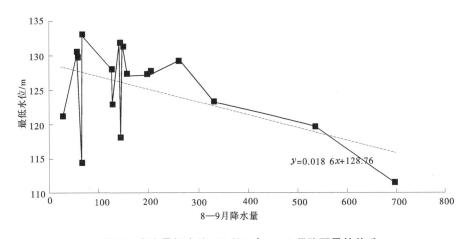

图 3　水库最低水位（7 月）与 8—9 月降雨量的关系

该分析符合岳城水库调度实际情况，6 月之前的降水量增大，水库最低水位相应提高；然而水库为了达到防洪减灾效果，需要根据气象预报条件调整水库水位，在降水量增大之前降低水库水位，预留充足库容。因此，在 8 月、9 月，根据水文部门预报情况，若漳河上游降水量持续增大，汛前水库最低水位相应调整降低，预留充足调蓄库容，减小强降雨来临时的泄洪量，减小漳河下游以及卫运河防洪压力。

4　结语

通过以上分析和研究，可得出以下结论：

（1）岳城水库历年平均最低水位与旱限水位接近，确保了城乡生活、工农业生产、生态环境等用水安全。

（2）岳城水库在每年6月之前上游降水量增大时，水库最低水位相应提高；8月、9月之后漳河上游降水量增大时，水库最低水位相应调低，预留充足防洪库容，减小漳河下游以及卫运河防洪压力。

参考文献

［1］于杨卓艺. 岳城水库近10 a供水情况分析及未来供水工作探讨［J］. 海河水利，2020（2）：14-15，22.

［2］赵悦，高建文，杨志刚，等. 2021年漳卫河系洪水调度实践与思考［J］. 中国水利，2022（8）：8-11，7.

［3］孙雅菊，朱志强，王磊. 岳城水库旱限水位的确定［J］. 海河水利，2012（5）：28-30.

［4］李姗. 涉县清漳河流域年径流量分析［J］. 地下水，2022，44（5）：233-234.

小流域浅层地下水水热运移观测试验与模拟分析

董林垚[1]　曾　港[2]　李绍恒[2]　陈建耀[2]

(1. 长江水利委员会长江科学院，湖北武汉　430010；
2. 中山大学地理科学与规划学院，广东广州　510260)

摘　要：针对研究区域特定的水文地质分层和浅层地下水水温受气温季节波动影响的特点，以中山大学珠海校区滨海水循环综合试验基地实测地下水水温、水位数据为基础建立地下水一维垂向水热运移模型，使用有限差分法对其进行数值求解，并结合加速遗传算法对各含水层的水文地质参数进行率定。计算结果表明：模型对各井位水温的模拟结果与实测水温拟合度较好；使用加速遗传算法率定水文地质参数值符合各土层的土壤特性；含水层的垂向导热通量从第一层至第三层递增，第一、二层10月垂向导热通量大于8月、9月，第三层9月垂向导热通量最大。

关键词：水热运移；观测模拟；浅层地下水；珠海

1 引言

水温是地下水重要的物理属性，它影响地下水水动力运动、化学物质迁移转化和微生物活动等过程。水温是分析区域地下水运动的重要工具之一，可以用来探究地表水与地下水以及海水与地下水的交互作用情况，估算地下水运动速度和水文地质参数以及评估区域地下水资源状况[1]。国外相关学者做了许多利用水温分析地下水运动的研究：Bredehoeft 和 Papadopulos[2] 提出利用地温的垂向分布估算地下水垂向渗流速度方法；Taniguchi[3] 在实测数据基础上，利用钻孔温度估算滨海区域地下水的盐分浓度以及地下水与海水作用界面位置；Silliman 和 Booth[4] 对河流水温和邻近含水层地下水水温做统计分析，提出以此为根据判断地下水与河水相互作用状况的新思路；Kashari 和 Koo[5] 建立关于地温分布的数学模型，并用其数值解来估算地下水运动通量。

以上利用地下水水温分布分析区域地下水运动状况的研究大多建立在描述地下水水热运动的数学物理方程基础上。描述地下水水热运移的数学模型最早由 Stallman[6] 提出，Bredehoeft 和 Papadopulos[2] 以及 Taniguchi 等[7] 分别在特定的条件下对方程进行简化并导出其解析解，随着计算机技术的发展和数值解法的出现，相关研究采用数值解法来描述复杂情景下地下水的水热运动状况，并随之出现了 FEFLOW、HEATFLOW、HST3D 和 VS2DH 等运用有限差分法或有限元方法求解方程的软件。

根据地下水温度的变化特征，一般可将地层在垂向分为两个区域进行地温研究：一是地下 10~25 m 地层，这种地层内地下水水温受到气温变化的影响；二是埋深大于 25 m 的深层地下水，这种地下水水温主要受地热梯度的影响，同时含水层内地下水运动状况也影响地热梯度的分布情况。众多描述地下水水温的模型或专注于对深层地下水温度分布情况的分析或集中于对水文界面水温分布的研究，缺乏对浅层含水层水温的模拟研究。鉴于上述情况，结合研究区域水文地质状况，建立了以有限差分法为求解基础的浅层含水层垂向一维水热运动模型，并结合实测数据进行模拟和验证，同时使用加速遗传算法（AGA）优选水文地质参数。

作者简介：董林垚（1987—），男，高级工程师，博士，从事山洪灾害防治方面的研究工作。

2　研究区域和方法

2.1　研究区域

　　研究区域位于广东省珠海市中山大学珠海校区滨海水循环综合试验基地化学楼观测场。该基地以雨水、地表水、土壤水、地下水、海水的水分相互转化与物质迁移为理论框架，设立了相关的试验观测设施，其中化学楼观测场地下水监测区使用 ODYSSEY 传感器监测井 M2、M3、M4 和 M5 在 2016年 8—10 月的水位和水温，监测数据情况见表 1。

表 1　化学楼观测场地下水监测数据情况

观测项目	井深/m	观测开始时间（月-日 T 时：分）	观测结束时间（月-日 T 时：分）	数据个数	时间间隔/h
M2 井水位、水温	8.2	08-04T00：00	10-20T23：30	3 744	0.5
M3 井水位、水温	10	08-04T00：00	10-20T23：30	3 744	0.5
M4 井水位、水温	11.3	08-04T00：00	10-20T23：30	3 744	0.5
M5 井水位、水温	17.8	08-04T00：00	10-20T23：30	3 744	0.5

　　根据中山大学珠海校区滨海水循环综合试验基地观测水文井竣工报告，研究区 M2（8.2 m）与 M5（17.8 m）之间地层自上而下可按地质情况分为：第四系全新统海陆交互相沉积层（Q_4^{mc}）、第四系全新统残积层（Q_4^{el}）及燕山期花岗岩（γ_5^2）。其中第一层土壤主要成分为黏土质粗砾砂与淤泥，第二层土壤成分为含有黏性土和石英碎石块的粗砾砂，第三层为风化花岗岩。根据地质情况对模型进行分层如图 1 所示。在概念模型设置时，为了更好反映上述水文地质结构，对 3 个含水层分别引入固液混合体的比热容 c，固液混合体的密度 ρ 以及固液混合体的热传导系数 k 共计 9 个参数。

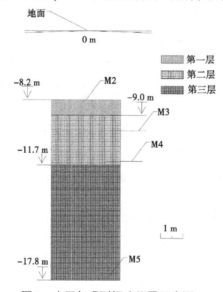

图 1　土层与观测探头位置示意图

2.2　研究方法

　　各项同性、均质、饱和空隙介质含水层中地下水流一维垂向运动水热运移过程按式（1）计算：

$$\frac{\partial^2 T}{\partial z^2} - \frac{c_0\rho_0}{k}\frac{\partial(v_z T)}{\partial z} = \frac{c\rho}{k}\frac{\partial T}{\partial t} \tag{1}$$

式中：T 为温度，℃；c_0 为液体的比热容，J/（kg·℃）；ρ_0 为液体的密度，kg/m³；c 为固液混合体的比热容，J/（kg·℃））；ρ 为固液混合体的密度，kg/m³；k 为固液混合体的热传导系数，J/（m·

s·℃)；v_z 为垂向流速，m/s；t 为时间，s。

研究区地下水类型为上层滞水和微承压水，结合区域地质情况将 M2 与 M5 实时监测水温数据分别作为模型的上、下边界条件，对 M2 与 M5 初始时刻温度做线性插值作为初始条件，M3 水温数据作为加速遗传算法目标函数输入来率定模型参数，M4 水温数据作为模型输出结果验证。为了提高模型的运行速度，在方程离散化时先将输入的 0.5 h 时间间隔的水温数据均化为日平均值，再取时间步长为 1 d，垂向空间步长取 0.1 m，采用有限差分法对方程进行求解。

模型中参数使用 AGA 算法进行优选，率定参数包括 3 个含水层的固液混合体的比热容 c，固液混合体的密度 ρ 以及固液混合体的热传导系数 k 共 9 个。使用 M3 的实测水温数据做目标函数中的输出向量 Y，则模型的参数优化问题可由式（2）表示。

$$\min f = \sum_{i=1}^{m} |F(C, X_i) - Y_i|^2, \quad a_j \leq c_j \leq b_j \quad (j = 1, 2, \cdots, 9) \tag{2}$$

式中：$C = \{c_j\}$ 为模型待优化参数；$[a_j, b_j]$ 为 c_j 的初始变化范围；X 为输入向量；Y 为输出向量。

3　结果与分析

3.1　温度模拟结果

模型计算得到 M4 水温结果以及 M4 实测水温如图 2 所示，由此可知计算结果与实测结果拟合程度较好，M4 水温呈增加趋势，此变化趋势与期间地表气温的变化趋势相同，表明研究区域浅层地下水受到气温季节波动的影响。对不同埋深模拟的水温序列变差系数进行计算，结果可知，随着埋深的增加，浅层地下水温度的变差系数逐渐减小，表明浅层地下水埋深越大，则其受到地表气温波动的影响越小。研究区域地下 8~18 m 水温的变差系数值变化范围为 0.015~0.028，说明浅层地下水水温变化的振幅较小，根据模拟结果可知 2006 年 8—10 月，浅层含水层地下水水温增幅为 1~1.5 ℃。

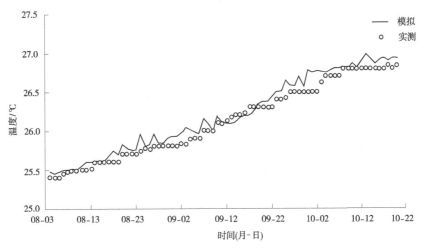

图 2　M4 水温计算与实测结果

3.2　水文地质参数分析

使用加速遗传算法优选 3 个含水层固液混合体的比热容 c，固液混合体的密度 ρ 以及固液混合体的热传导系数 k，并将热传导系数与 Stonestrom 和 Blasch 得出的不同材料多孔介质热传导系数[1] 进行对比，结果见表 2。由表 2 可知，AGA 算法对各含水层热传导系数率定的值均在根据土壤成分查询得到的理论热传导系数变化范围内，混合体的比热容和密度也基本符合含水层土壤的物理特性。AGA 算法结合垂向一维地下水水热运移模型率定得到的水文地质参数与实际情况符合，结合率定得到的参数可对含水层中垂向热通量进行估算。

表 2　各层水文地质参数率定结果

含水层土壤成分	c/［J/（kg·℃）］	p/（kg/m³）	k/［J/（m·s·℃）］	理论值 k′/［J/（m·s·℃）］
第一层	1 305.42	1 623.93	1.867 5	1.4~2.2
第二层	962.06	1 739.26	3.158 4	2~4.5
第三层	924.91	2 490.72	3.523 8	3~4

3.3　垂向导热通量分析

由模型的计算结果可知，研究区域浅层地下水存在垂向水温梯度，根据传热学原理，地层会以热传导和热对流的形式出现热量传递现象。当地层中流体流速达到一定程度时，热传递主要以热对流的形式存在，研究区域垂向地下水流速为 0.01 m/d 数量级，因此忽略对流传热过程，仅考虑热传导，则 8—10 月内从某一地层传到另一地层单位面积热通量结果见表 3。

表 3　各含水层垂向导热通量结果　　　　　　　　　　单位：kJ

分层	8 月导热通量	9 月导热通量	10 月导热通量	总导热总量
第一层	47.022	90.607	180.858	318.487
第二层	140.966	307.977	480.726	929.668
第三层	556.184	1 530.991	866.526	2 953.701

由表 3 的计算结果可知，三层含水层的导热通量从第一层到第三层依次递增，主要是由含水层内土壤的热传导系数的大小决定的。同时，由各层在不同时段内导热通量的横向对比可知：第一、二层含水层 10 月垂向导热通量较大，第三层含水层 9 月导热通量最大。表明第一、二层含水层 10 月上下边界的温度差大于 8 月、9 月，第三层含水层 9 月上下边界的温度差最大。

4　结语

以中山大学珠海校区滨海水循环综合试验基地化学楼观测场 8—10 月实测水温、水位数据为基础建立的浅层地下水一维垂向水热运动模型的数值解结果与实测水温拟合度较高，能较好地描述研究区域浅层地下水的水热运移情况。将模型与加速遗传算法相结合，可用来率定各含水层水文地质参数和土壤的热学性质参数。模型考虑非稳定地下水流情况下的水热运动情况，可以用来研究浅层地下水水热运动。

由于受到实时监测数据、区域地质情况等资料限制，该模型主要存在一定不足，需要进一步研究改进。比如缺乏对垂向地下水渗流速度的实测数据，可能对模型精度有一定程度影响；缺乏对研究区域各含水层土壤的热物理学性质的研究，无法对率定参数准确性进行验证。

参考文献

［1］Marry P. A. Heat as a Ground Water Tracer［J］. Groundwater, 2005, 43（6）：951-968.

［2］Bredehoeft J D, Papadopulos I. S. Rates of Vertical Groundwater Movement Estimated from the Earth's Thermal Profile［J］. Water Resources Research, 1965, 1（2）：325-328.

[3] Taniguchi M. Evaluations of the saltwater-groundwater interface from borehole temperature in a coastal region [J]. Geophysical research letters, 2000, 27 (5): 713-716.

[4] Silliman, S. E, Booth, D. F. Analysis of time-series measurements of sediment temperature for identification of gaining vs. losing portions of Juday Creek, Indiana [J]. Journal of Hydrology, 1993, 146 (1): 131-148.

[5] Keshari, A. K, Koo, M. H. A numerical model for estimating groundwater flux from subsurface temperature profiles [J]. Hydrological Processes, 2007, 21: 3440-3448.

[6] Stallman R. W. Computation of groundwater velocity from temperature data [M] // United States Geological Survey. Water-Supply Paper. Washington DC: USGS, 1963: 36-46.

[7] Taniguchi, M, Shimada, J. , Tanaka, T. Disturbances of temperature-depth profiles due to surface climate change and subsurface water flow: 1. An effect of linear increase in surface temperature caused by global warming and urbanization in the Tokyo metropolitan area, Japan [J]. Water Resources Research, 1999, 35 (5): 1507-1517.

白山水库入库洪水预报经验浅谈

孙　阳　　刘金锋

（松辽水利委员会水文局（信息中心），吉林长春　130021）

摘　要：介绍了日常工作中白山水库入库洪水预报方法和方案，并对影响白山水库预报精度的因素进行了分析，提出"根据产流系数来修改参数 IM"的方法来提高入库洪水预报精度，并对 2018 年、2020 年的 2 场洪水过程进行了说明。此方法在近些年的洪水防御工作中得到较好的应用。

关键词：白山水库；洪水预报；经验

1　引言

洪水预报精度一直是预报人员及决策人员最关心的问题，如何提高洪水预报的精度，也是目前预报人员比较关心的问题。预报方法及其参数对预报精度都有较大影响，可通过提高影响预报各因素的精度来减少误差[1]，通过调整河道汇流历时[2]等方法来提高预报精度。在实际的生产实践中，预报人员在使用新安江模型进行预报时，会根据场次洪水特点进行参数调整来达到调整预报结果的目的。本文根据多年预报经验，提出"根据产流系数来修改参数 IM"的方法来调整预报结果，可以有效提高预报精度，并以白山水库入库洪水预报为例进行说明。

2　白山水库概况

白山水库位于第二松花江上游，地处吉林省东部山区桦甸与靖宇两县交界处，距离吉林市约 230 km，距离下游丰满水库坝址约 210 km。白山水库集水面积 1.9 万 km²，约占第二松花江流域面积的 26%，占丰满水库以上流域面积的 45% 左右。坝址处多年平均流量为 235 m³/s，年径流总量为 72.91 亿 m³。白山水库是一座以发电为主，兼有防洪、养鱼等综合效益的大型水利枢纽工程，为第二松花江干流已开发梯级水电站群的首座枢纽，担负着东北电网的调峰、调频及事故备用任务。

白山水库正常蓄水位 413.0 m，相应库容 49.67 亿 m³，死水位 380.0 m，相应死库容 20.24 亿 m³，调节库容 29.43 亿 m³，水库总库容 60.12 亿 m³。白山水库与丰满水库共同承担着第二松花江干流的防洪任务，还承担着为嫩江洪水错峰、减轻松花江干流防洪压力的任务。目前，第二松花江的洪水防御工作，由白山水库、丰满水库进行联合调度来调洪错峰。白山水库及丰满水库的预报存在一定的相似性，本次主要以白山水库为例进行说明。

3　预报方法简介

对于白山水库的入库洪水预报，我们工作中用到的系统有两个，分别是中国洪水预报系统和松花江洪水预报系统。其中，中国洪水预报系统的预报方案是以单位线或新安江为主的传统预报方案，松花江洪水预报系统是以 NAM 产流模型与 MIKE11 模型组合的水动力预报方案，目前我们日常使用较多的是中国洪水预报系统的新安江模型方案。

新安江模型是河海大学赵仁俊教授带领的团队提出的，新安江模型具有概念清晰、结构比较合理、使用方便、计算精度较高等优点，可应用于湿润及半湿润地区[3]，在我国被广泛使用，多年的

作者简介：孙阳（1987—），男，高级工程师，主要从事水文情报预报方面的工作。

洪水预报实践表明，新安江模型在东北也有着良好的应用效果。对于新安江模型的原理，在此不做过多说明。

下面以我们工作中较为常用的一个方案为例进行说明。根据测站分布及来水特性，将白山水库以上分为3个预报单元，分别为：二道松花江汉阳屯以上、头道松花江高丽城子以上以及汉阳屯—高丽城子—白山水库区间。汉阳屯、高丽城子至白山区间为区间输入（控制面积5 740 km²），采用蓄满产流模型（SMS_ 3）和滞后演算模型（LAG_ 3），汉阳屯、高丽城子为河道输入，采用马斯京根法河道演算模型（MSK），方案结构见图1。方案输出类型为河道流量。方案计算步长为6 h。方案参数统计见表1。

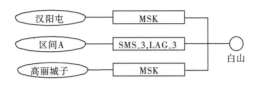

图1　白山站预报结构

表1　白山水库预报方案参数统计

汉阳屯站 MSK 参数

序号	参数	参数值	序号	参数	参数值
1	X	0.001	2	MP	0

高丽城子站 MSK 参数

序号	参数	参数值	序号	参数	参数值
1	X	−0.504	2	MP	0

区间 SMS_ 3 参数

序号	参数	参数值	序号	参数	参数值
1	WM	149.972	7	IM	0.015
2	$WUMx$	0.210	8	SM	49.838
3	$WLMx$	0.898	9	EX	1.500
4	K	0.980	10	KG	0.234
5	B	0.370	11	KI	0.302
6	C	0.200			

区间 LAG_ 3 参数

序号	参数	参数值	序号	参数	参数值
1	CI	0.170	4	LAG	1
2	CG	0.996	5	X	0.1
3	CS	0.739	6	MP	0

4　预报影响因素分析

目前影响白山水库预报的因素有很多，通过对白山水库预报工作的总结分析，主要存在以下几方面。

4.1　降水预报准确性

由于白山水库产流较快，因此降水预报的准确性对洪水预报有较为重要的影响，降水预报的时空分布若与实际差别较大，则预报过程也会出现较大偏差。1 d 内的降水总量若一定，较为集中的降水分配方案将比平均分配的降水方案所预报的洪峰数值偏大，因此准确的洪水预报的前提是准确的降水预报。当然，一般洪峰出现在主雨出现以后的 1~2 个时段，因此在主雨出现后再进行入库洪峰预报准确率会有一定的提高。

4.2 工程影响

白山水库以上流域有众多大、中、小型水库以及塘坝，会影响流域的产汇流。其中，大型水库共 4 座，头道松花江高丽城子以上有 3 座，分别是双沟水电站、小山水电站、松山水电站；二道松花江汉阳屯以上有 1 座，为两江水电站。水库及塘坝蓄水对高丽城子、汉阳屯的预报影响较大，而高丽城子、汉阳屯的预报又是白山水库预报的重要组成部分，因此这 2 个站的预报也十分重要。而水库和塘坝的影响，在预报模型中还没有较好的解决方案。

4.3 报汛的波动

白山水库目前是四段次报汛，报汛的大幅波动会极大的干扰预报，给预报员判断洪水情势带来难度。这是由于水库水位的波动造成反推入库流量的波动。对于这个问题，可以在库区布设多个水位站进行计算来减小这种大幅波动的情况。

4.4 预报员个人经验

影响一个流域产汇流的因素有很多，既有人为的影响也有客观自然条件下的影响，需要预报员不断去熟悉流域的情况，不断提高预报经验，而预报经验则是通过一次次洪水过程总结提炼出来的。

5 预报经验

本次所说预报经验仅针对预报过程中，调整参数 IM 的取值来调整洪峰大小。IM 即不透水面积占全流域面积的比例。库区降水，产汇流较快，也是"造峰雨"，平常的预报参数很难对洪峰进行精准预报。而洪峰精度同样在松辽流域的洪水防御中十分重要，白山水库作为第二松花江编号洪水代表站，若出现洪峰超过编号标准，则进行洪水编号，因此提前预报洪峰的准确性也是十分重要的。

在多年的预报过程中，发现调整 IM 大小，可以有效提高入库洪水的洪峰流量，而根据产流系数的大小，则可以近似得到 IM 的取值。产流系数反映的是降雨形成净雨的系数，流域下垫面越饱和，产流系数越大，同 IM 所反应的概念基本一致。

鉴于 2022 年白山水库未发生较大的入库过程，选取近 5 年来入库洪水较大的过程进行分析，以 2018 年、2020 年洪水为例进行说明。2018 年 8 月 23—25 日，受 19 号台风"苏力"、20 号台风"西马仑"外围水汽和高空冷涡共同影响，松辽流域中东部出现大范围、高强度降水过程。其中，白山以上流域 8 月 23 日 20 时至 24 日 20 时各时段降水见表 2。受降水影响，白山水库 24 日 17 时 3 h 入库洪峰 5 118 m^3/s，6 h 最大入库为 24 日 20 时 5 070 m^3/s。

表 2 白山以上流域 2018 年 8 月 23 日 20 时至 24 日 20 时降水统计   单位：mm

时间	23 日 20 时至 24 日 2 时	24 日 2—8 时	24 日 8—14 时	24 日 14—20 时	合计
白山以上	21.4	42.2	21.1	8.6	93.3

根据本套预报方案，在不调整参数的情况下，入库洪峰流量 3 196 m^3/s，峰现时间 8 月 25 日 2 时，较实际偏晚，洪峰偏小，误差较大。但结合产流系数（此时产流系数在 0.7 左右），调整参数 IM 的取值，IM 取值改为 0.71 时，预报的洪峰及峰型与实际较为接近。预报洪峰流量为 5 115 m^3/s，洪峰误差 0.9%，3 d 洪量误差 3%。白山水库 2018 年入库过程预报见图 2。

2020 年 9 月 2—4 日，受高空槽和第 9 号台风"美莎克"北上影响，松辽流域出现一次大范围强降水过程，白山以上流域 2 日 20 时至 3 日 20 时降水量 63.5 mm。具体时段降水见表 3。受降水影响，白山水库 6 h 最大入库为 9 月 3 日 20 时 2 958 m^3/s。

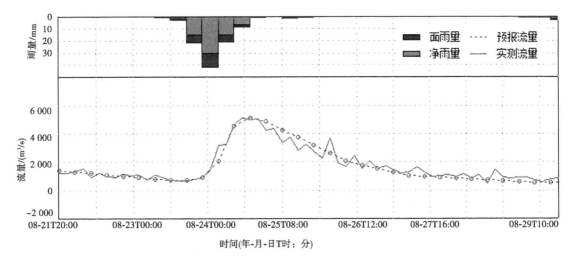

图2 白山水库2018年入库过程预报

表3 白山以上流域2020年9月2日20时至3日20时降水统计 单位：mm

时间	2日20时—3日2时	3日2时—8时	3日8时—14时	3日14时—20时	合计
白山以上	3.4	23.7	23.7	12.7	63.5

根据本套预报方案，结合产流系数（此时产流系数在0.8左右），调整参数IM的取值，IM取值改为0.8时，预报的洪峰及峰型与实际较为接近。预报洪峰流量为3 077 m³/s，洪峰误差4%，3 d洪量误差5%，满足预报精度要求。白山水库2020年入库过程预报见图3。

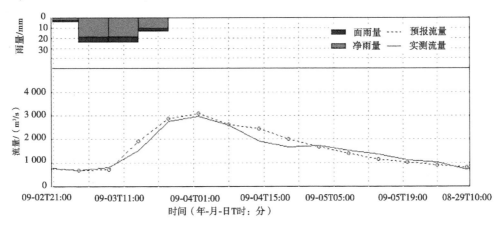

图3 白山水库2020年入库过程预报

通过以上2个例子可见，在使用中国洪水预报系统进行洪水预报时，对于库区降水集中的情况，调整参数IM的取值，会对洪峰产生较为直观的影响，而IM可根据实时的产流系数进行判断。

6 结语

本文根据白山水库的预报方案，提出了基于经验的洪水预报修正方法，针对白山水库库区降水较为集中的过程，可以调整参数IM来调整洪水预报过程中洪峰大小，可根据产流系数来确定IM，预报精度将得到进一步提高。同理，此方法可用于其他站点的预报，减小洪峰误差，使预报结果更加合理。

参考文献

［1］赵焕平. 提高洪水预报精度的途径和方法［J］. 河南水利与南水北调，2014（7）：34-35.

［2］吴礼国. 长洲水利枢纽洪水预报精度的研究［C］. 红水河，2012，31（4）：49-54.

［3］赵人俊. 流域水文模拟——新安江模型与陕北模型［M］. 北京：中国水利水电出版社，1984.

浅析龙角山水库水文预报产流、汇流方案

吕丹宁　李文涛　王宇宁

（威海市水文中心，山东威海　264209）

摘　要： 原龙角山水库预报方案于 1990 年分析编制，在龙角山水库流域防洪及生产建设中发挥了重要作用，原方案于 2000 年、2008 年分别进行了修订，本次修订将资料延长至 2020 年。通过方案精度评定，龙角山水库水文预报方案精度为乙级，可用于发布预报。龙角山水库水文预报方案的修订，提升了龙角山水库水文预报预警服务能力和水平，对龙角山水库流域防洪减灾工作有积极作用。

关键词： 水文预报；降雨径流关系；龙角山水库；单位线；方案编制

1 引言

洪水预报是防灾减灾的一项重要的非工程措施，提前获得及时准确的洪水预报，可减轻甚至避免洪灾损失，有效管理和保护水资源，为防汛决策和水库调度提供科学依据。实用洪水预报方案是我国洪水预报的一个重要基础，是多年来水文工作者总结出来的行之有效的预报方法。

龙角山水库预报方案于 1990 年分析编制，在龙角山水库流域防洪及生产建设中发挥了重要作用，原方案于 2000 年、2008 年分别进行了修订，本次修订将资料延长至 2020 年。原方案产流方案采用降雨径流相关图 $P+P_a \sim R$，汇流方案采用峰量关系曲线、单位线由分析典型暴雨而得；本次修订，原产流方案降雨径流相关图 $P+P_a \sim R$ 增加了 11 个点据，关系线进行了调整；原汇流方案峰量关系曲线增加了 11 个点据，关系线进行了调整；重新绘制了 2010—2020 年 10 年间典型暴雨单位线。

2 流域概况

2.1 龙角山流域概况

龙角山水库位于乳山河流域中上游，乳山市育黎镇龙角山村北，流域面积 277 km²，流域内山峦起伏，为低山丘陵区，相对高差 200~300 m，丘陵一般为 40~80 m。山脉走向多为北东向。河谷两岸一级阶地为亚砂土、粉砂土。库区植被较好，农作物主要有玉米、小麦、花生、地瓜、大豆等。水库多年平均气温 11.6 ℃，多年平均降水量 756.3 mm，多年平均径流量 0.720 2 亿 m³，降水量多集中在 6—9 月，约占全年降水量的 74.8%。流域全年盛行东北风，平均风速 4.4 m/s，多年平均最大风速 14 m/s。流域内雨水情特征值见表 1。

表 1　流域内雨水情特征值

多年平均降水量/mm				设站至 2020 年流域时段最大降水量/mm		
1—5 月	6—9 月	10—12 月	全年	1 h/地点	6 h/地点	24 h/地点
112.9	543.8	66.4	723.1	93.3/崖子	193.6/王格庄	313.4/龙角山

作者简介： 吕丹宁（1993—），男，助理工程师，主要从事水文情报预报工作。

2.2 龙角山测站概况

龙角山水库流域内有水文站 1 处，雨量站 5 处，水位站 2 处。龙角山水库流域平均降水量在 2008 年以前由 4 处报汛雨量站加权计算，2008 年后改为 5 处报汛雨量站算数平均计算，分别为龙角山、崖子、马石店、大河东、王格庄。

暴雨中心位置的分区：马石店站、王格庄站为上游区；崖子、大河东站为中游区；龙角山站为下游区。

3 产流方案

前期雨量指数模型（又称 API 模型）是以流域降雨产流的物理机制为基础，以主要影响因素作参变量，建立降水量 P 与产流量 R 之间的定量相关关系。常用的参变数有前期雨量指数 P_a（反映前期土湿）、季节和降雨历时 T（或降雨强度）等，也有采用反映雨型、暴雨中心位置等因素。本次修订绘制三变数相关图，即 $P+P_a \sim R$ 相关图，用分析计算的 71 个点据点绘定线。$P+P_a \sim R$ 相关图见图 1。

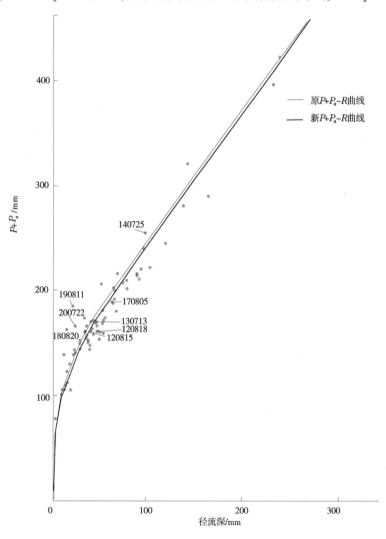

图 1 龙角山水库 $P+P_a \sim R$ 相关图

3.1 流域平均雨量 P 的计算

由龙角山、崖子、马石店、大河东、王格庄 5 处报汛雨量站算数平均计算。

3.2 流域平均前期影响雨量 P_a 的计算

参数 P_a 由经验公式计算：

$$P_{\mathrm{a},\,t} = kP_{t-1} + k^2P_{t-2} + \cdots + k^nP_{t-n} \tag{1}$$

式中：$P_{\mathrm{a},\,t}$ 为 t 日上午 8 时的前期降雨指数；n 为影响本次径流的前期降雨天数，常取 15 d 左右；k 为常系数，龙角山水库流域取 0.95。

为便于计算，式（1）常表达为递推形式如下：

$$P_{\mathrm{a},\,t+1} = kP_t + k^2P_{t-1} + \cdots + k^nP_{t-n+1} = kP_t + kP_{\mathrm{a},\,t} = k(P_t + P_{\mathrm{a},\,t}) \tag{2}$$

对无雨日：

$$P_{\mathrm{a},\,t+1} = kP_{\mathrm{a},\,t} \tag{3}$$

3.3　集水面积的确定

龙角山水库流域面积 277 km²，流域内有中型、小（1）型、小（2）型水库工程共计 12 座，控制流域面积 81.6 km²，预报时应根据水利工程的运行情况，在计算洪水净雨时具体确定集水面积的大小。

4　汇流方案

4.1　峰量关系曲线 $R \sim T_c \sim Q_m$

以有效降雨历时 T_c 作为参数，建立峰量关系曲线 $R \sim T_c \sim Q_m$。其中 R 为一次降雨径流深（mm）；T_c 为有效降雨历时，采用占总降雨量 80% 的降雨之集中历时；Q_m 为一次降雨过程所产生的净峰流量。

根据 1961—2020 年 71 次洪水点据分析，通过点群中心并照顾同一 R 值 Q_m 逐渐减少的趋势定线 $R \sim T_c \sim Q_m$，关系图见图 2。

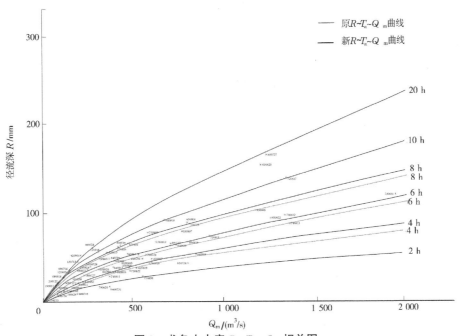

图 2　龙角山水库 $R \sim T_c \sim Q_m$ 相关图

4.2　单位线

根据 20130713、20140725、20170805 和 20180820 洪水资料所分析的 4 条单位线。龙角山水库水文站的所有单位线，Δt 均取 1 h。单位线图见图 3。

5　预报方法构建

5.1　径流深预报

计算出流域平均降雨量和流域平均前期影响雨量，根据降雨径流关系图 $P + P_a \sim R$ 的查算结果进

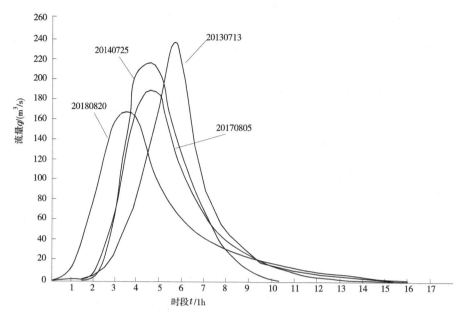

图 3　龙角山水库单位线图

行综合分析，确定地面径流深 R 的预报值。

大致流程可分为：①计算前期影响雨量 P_a；②计算流域平均雨量 P；③根据 $P+P_a \sim R$ 关系图得到径流深 R；④根据产流面积 F 得到地表径流总量 W。

其中：①前期影响雨量 P_a 根据计算公式逐日计算；②流域平均雨量 P，算数平均法计算流域内各雨量站雨情，当累计达到或超过 50 mm 时，即可进行洪水作业预报；③径流深 R 根据计算得到的 P_a、P，查降水径流相关图（$P+P_a \sim R$）得到；④产流面积 F，总产流面积 277 km²，根据上游水利工程实际情况扣除一定面积后得到；⑤地表径流总量 W，根据确定的产流面积 F，预报的径流深 R，由公式 $W=0.1RF$ 计算得到。

5.2　最大入库洪峰流量

5.2.1　查 $R \sim T_c \sim Q_m$ 图

根据 R，T_c 查询 $R \sim T_c \sim Q_m$ 关系曲线得到 Q_m，当 T_c 介于 2 条关系曲线之间时，首先查出两条曲线中对应 Q_m 的数值，然后进行插补，当 $T_c>20$ h 或者 $T_c<2$ h 根据最近两条关系线插补外延。

5.2.2　单位线法

由径流深 R、时段降雨量用扣损法割除 R 得各时段净雨，然后根据暴雨中心位置选择相应单位线，各时段净雨错时段与单位线各时段流量的 10% 倍相乘，然后同时段流量相加，再加上基流量即为入库流量过程，最大入库流量及其出现时间即可得。其中，各时段净雨部分径流量计算公式为：

$$Q'_i(t) = \frac{h_i(t)}{10} q(t)$$

式中：$Q'_i(t)$ 为第 i 次时段净雨形成部分径流量；$h_i(t)$ 为第 i 次时段净雨量；$q(t)$ 为单位线对应时段单位流量。

6　方案精度评定

《水文情报预报规范》（GB/T 22482—2008）对洪水预报的许可误差和预报精度评定做如下规定：

（1）许可误差：以实测值的 20% 作为许可误差，当该值大于 20 mm 时，取 20 mm；当该值小于 3 mm 时，取 3 mm。

（2）预报精度评定：一次预报误差小于许可误差时，为合格预报。合格预报次数与总预报次数之比的百分数为合格率（Q_R），表示多次预报总体的精度水平。

预报项目的精度按合格率或确定性系数的大小分为 3 个等级，甲等 $Q_R \geq 85\%$，乙等 $85\% > Q_R \geq 70\%$，丙等 $70\% > Q_R \geq 60\%$。

经评定，$P + P_a \sim R$ 相关图合格率为 78%，属乙级方案；$R \sim T_c \sim Q_m$ 净相关图合格率 77%，属乙级方案。综合来说本方案属于乙级方案。成果详见表 2、表 3。

表 2　龙角山水库站降雨径流预报误差评定

洪号	流域平均降雨量/mm	流域平均前雨量/mm	$P+P_a$/mm	实测径流量/mm	预报径流量/mm	预报误差	许可误差	评定结果 合格	评定结果 不合格
020805	63.7	99.9	163.6	14	41.5	-27.5	3.0		√
030823	221.2	100	321.2	152.1	168	-15.9	30.4	√	
040805	74.4	100	174.4	33.7	49.7	-16	6.7		√
050805	71.2	100	171.2	43.7	47.2	-3.5	8.7	√	
050807	115.8	95	210.8	78.8	78.5	0.3	15.8	√	
060727	56.4	64.4	120.8	28.9	14.7	14.2	5.8		√
070810	312.9	100	412.9	236.3	242.3	-6	47.3	√	
070920	116.4	41.7	158.1	36.2	37.2	-1	7.2	√	
080724	106.9	95	201.9	60.5	69.5	-9	12.1	√	
080818	52.2	100	152.2	34.2	34.3	-0.1	6.8	√	
090714	61.6	100	161.6	35.77	40.1	-4.33	7.2	√	
120815	65.9	90	155.9	33.6	36.5	-2.9	6.7	√	
120818	74.1	90.3	164.4	55.8	45.2	10.6	11.2	√	
130713	74.2	100	174.2	44.7	48.8	-4.1	8.9	√	
140725	204.5	40	244.5	87	101.5	-14.5	17.4	√	
170805	90.5	100	190.5	61.3	61.3	0	12.3	√	
180820	61.7	85	146.7	28.1	31	-2.9	5.6	√	
190811	135	50	185	19	50	-31	3.8		√
200722	76	90	166	22.9	44	21.1	4.6		√

表 3　龙角山水库站峰量关系误差评定

洪号	径流深/mm	有效降雨历时/h	实测净峰流量/（m³/s）	预报净峰流量/（m³/s）	预报误差	许可误差	评定结果 合格	评定结果 不合格
020805	14	4	113	113	0	22.6	√	
030823	152.1	12	1 189	1 365	−176	237.8	√	
040805	33.7	4	392	390	2	78.4	√	
050805	43.7	6	432	358	74	86.4	√	
050807	78.8	8	756	667	89	151.2	√	
060727	28.9	6	225	185	40	45.0	√	
070810	236.3	30	736	947	−211	147.2		√
070920	36.2	8	306	177	129	61.2		√
080724	60.5	24	292	270	22	58.4	√	
080818	27.8	10	250	115	135	50.0		√
090714	35.77	18	152	145	7	30.4	√	
120815	33.6	10	155	140	15	31.0	√	
120818	55.8	10	210	300	−90	42.0		√
130713	44.7	16	267	190	77	53.4		√
140725	87	8	780	800	−20	156.0	√	
170805	61.3	12	580	410	170	116.0		√
180820	28.1	8	170	170	0	34.0	√	
190811	19	12	60	70	−10	12.0	√	
200722	21.1	14	140	80	60	28.0		√

6.1　突出点据分析

突出点据分析：共有 16 次洪水超过允许误差范围，其中 660731、060727、200722 洪水降雨量集中，降雨强度大、径流系数偏大，造成径流深偏大；而 920901、020805、040805、190811 洪水降雨中心偏下游，降雨分布不均匀，上游降雨过程不连续，造成洪水偏小。

6.2　注意事项

（1）方案的制作未考虑上游塘坝的影响，作业预报时也要根据前期降雨情况适当修正。

（2）应随时掌握上游工程蓄水及泄洪情况，对预报值要根据实际情况及时修正。

（3）局部暴雨要注意超渗产流，可适当将查算的 R 值加大；久旱初雨产流偏小，所查 R 值应适当修正。

总之，由于影响因素太多，方案不能全部反映实际情况，因而不能照搬方案，应注意具体问题具体分析，并采用多种方法，考虑各种因素进行综合分析，确定采用预报值。

7　结语

通过对预报方案的合格率测定，龙角山水库水文预报方案精度评定为乙级，可用于发布预报。龙角山水库水文预报产流方案及汇流单位线的修订，提升了龙角山水库水文预报预警服务能力和水平，对龙角山水库流域防洪减灾工作有积极作用。

参考文献

［1］威海市水文中心 . 威海市水情手册［R］. 威海：威海市水文中心，2020.

［2］威海市水文中心 . 龙角山水库洪水调度方案［R］. 威海：威海市水文中心，2020.

［3］芮孝芳 . 水文学原理［M］，北京：中国水利水电出版社，2004

［4］中华人民共和国水利部 . 水文情报预报规范：GB/T 22482—2008［S］. 北京：中国标准出版社，2009.

［5］刘光文 . 水文分析与计算［M］. 北京：水利电力出版社，1989.

［6］刘志雨 . 山洪预警预报技术研究与应用［J］. 中国防汛抗旱，2012（2）：41-45，50.

［7］包为民 . 水文预报［M］. 北京：中国水利水电出版社 .2007.

［8］万蕙，黄会勇，袁迪，等 . 水利工程影响下的洪水预报研究进展［J］. 人民长江，2017（7）：11-15.

［9］詹道江，徐向阳，陈元芳，等 . 工程水文学［M］. 北京：中国水利水电出版社，2010.

［10］黄振平，陈元芳 . 水文统计学［M］. 北京：中国水利水电出版社，2011.

水利风景区

清水江都匀段美丽河湖建设对策研究

郭　川[1,2]　彭　湘[1,2]　马卓荦[1,2]　饶伟民[1,2]

(1. 中水珠江规划勘测设计有限公司，广东广州　510610；
2. 水利部珠江水利委员会水生态工程中心，广东广州　510610)

摘　要：本文在调查掌握清水江都匀段现状及现有管理保护工作的基础上，明确了美丽河湖的建设范围、总体目标和建设标准，围绕责任体系、制度体系、基础工作、管理保护、水域岸线空间管控、河湖管护成效等 6 大方面现状进行了梳理，提出了美丽河湖建设主要任务和实施计划，为将清水江都匀段打造成为让人民群众满意的幸福河提供了重要的技术支撑。

关键词：清水江；美丽河湖；体系建设；管护成效

1　概况

清水江发源于贵州省贵定县昌明镇东部斗蓬山南麓轿顶坡，自上而下流经黔南州都匀市，黔东南州丹寨县、麻江县、凯里市、黄平县、施秉县、台江县、剑河县、锦屏县、天柱县，至天柱县瓮洞镇雷打颈入湖南省境，最终流入洞庭湖。清水江称谓诸多，古称沅江、沅水、沅溪，近代多半分段以流经地名而得名，其中流经都匀市的清水江干流河段又称剑江河。清水江都匀段流域面积占都匀市全市自然面积的 50.6%，河流的通达、滋养让城市更富生机、更有活力。

2　河道管理和保护现状

2.1　责任体系基本确立

都匀市建立了"市、镇、村"三级河长的责任体系，河长办公室设在市水务局，办公场所到位、工作人员落实，工作经费纳入财政预算。河长制组成包括水利、生态环境、自然资源、住房和城乡建设等部门，各组成部门责任清晰，分工明确，结合都匀市县级河长制责任单位履职流程开展工作。

2.2　制度体系趋于完善

2.2.1　河长制 6 项基本制度+2 项补充制度

都匀市河长办出台了河长会议制度、河长制督查督办制度、河长制信息报送制度和通报制度、河长制验收制度、河长制工作考核办法等 6 项基本制度[1]，还明确了河（库）长巡查制度和河长制各部门联合执法制度。

2.2.2　信息化工作平台

都匀市河长办采用水利应用门户、贵州河湖大数据管理信息系统和巡河 APP 等信息平台报送及通报河长制工作进展情况。

2.2.3　督导检查，落实整改

都匀市河长办每年不定期开展河长制督导检查工作，市河长将督查发现的问题及相关意见和建议反馈到有关责任单位、办事处、乡镇，并督办有关部门整改落实。

2.3　统筹规划，顶层设计

清水江"一河一策""一河一档"、河湖管理范围划界工作、河湖岸线保护利用规划和采砂规划

作者简介：郭川（1989—），女，工程师，主要从事河湖保护治理、幸福河湖建设等研究工作。

由贵州省水利厅统筹，都匀段依照清水江相关规划落实有关工作。

2.4 全方位管理，多渠道宣传

2.4.1 "清四乱"

按照贵州省河长制工作部署印发《都匀市"清四乱"问题整改方案》（匀河长办通〔2019〕41号）和《都匀市河湖"四乱"问题专项整治工作专班方案（草案）》，都匀市河长办开展了河湖"清四乱"专项整治行动，形成"四乱"系统问题清单并督促责任单位整改。

2.4.2 河道保洁管护

都匀市通过招标投标聘请专业环境服务公司对河湖进行清扫管护，由市财政局牵头，明确清扫面积和经费。

2.4.3 河道水质和水量监测

清水江都匀段流域布设水质监测站点和水文站点，贵州省生态环境厅在清水江都匀段设置茶园国控断面，每月开展水质监测，黔南州生态环境局都匀分局则设置了川弓、甲登两个水质监测断面，每季度开展水质监测。清水江都匀段水文站点共3个，分别为陆家寨、文峰塔和桃花，河道水位雨量数据采用遥感自动监测，数据每天自动上传。

2.4.4 河长制宣传活动

每年充分利用"世界水日""中国水周""贵州主题生态日"等载体，以制作展板、张贴宣传画、发放宣传册、宣讲等形式开展河长制"进校园、进社区、进企业"宣传活动，拍摄了"河长制"宣传短片，对都匀市河长制的发展及河长制工作任务进行了讲解，以河流环境治理的前后对比，体现河长制的工作成效，有效地加深了居民对河长制的了解程度。

2.5 水域岸线明确，空间管控到位

2.5.1 河湖确权划界

目前，贵州省水利厅编制完成《贵州省省管河道（清水江）河道管理范围划界实施报告》，并且已完成河湖划定和界桩界碑等确权工作。《清水江干流岸线利用管理规划》已于2012年编制完成，将水域岸线划分为保护区、保留区、控制利用区和开发利用区，分类管理，清水江都匀段按照以上规划执行并落实有关工作。

2.5.2 河湖管理范围内建设项目从严审批

加强河湖管理范围内建设项目管理，关系到防洪安全、河势稳定、生态安全，是全面推行河长制、湖长制，加强河湖管理保护的重要内容。都匀市河长制办公室积极响应水利部关于加强河湖管理范围内建设项目的相关要求，落实《水利部办公厅关于进一步加强河湖管理范围内建设项目管理的通知》的通知（匀河长办通〔2020〕30号），严格审批涉河建设项目。

2.5.3 无人机巡河

都匀市河长办定期开展巡河活动，实施经常性河湖空间巡检，采用无人机航拍河湖水面和岸线情况，了解河湖管护情况、涉河项目建设、违法事件等情况。

2.5.4 河湖执法队伍建设及执法情况

都匀市河湖执法队伍职能划入综合行政执法局二大队，综合行政执法局制定相关制度，如大队长及队员岗位职责、行政执法案例指导制度、执法大队工作制度等。对于水务行业的行政执法案件由水行政主管部门巡查发现问题后移交到综合行政执法局二大队立案调查处理。

2.5.5 生态环境敏感区建立与保护

清水江都匀段已设立都匀斗篷山-剑江风景名胜区（国家级）、都匀清水江国家湿地公园（国家级）、茶园水库水源保护区（省级）、都匀斗篷山水源涵养林自然保护区（省级）和都匀三江堰湿地公园（省级），相关建设项目立项审批符合生态保护区相关规定。针对茶园水库集中式饮用水源保护区，在设置了界碑、界桩和警示牌的基础上，开展了居民搬迁、围网隔离、污水收集处理系统升级、视频监控、水质在线监测、农村垃圾收集等一系列的水源保护措施，开发与保护并重，在注重流域开

发的同时，保护流域内水生和陆生环境系统。

2.6 河湖管护初现成效

（1）水生态环境质量持续提升，水景观彰显城市魅力。清水江都匀段流域正在开展贵州省黔南州都匀市清水江剑江河段水生态修复与治理工程，包含茶园水库水源保护工程，支流杨柳街流域综合整治工程，支流三道河、邦水河、木表河、洛邦河清淤工程等。2019 年，贵州省水利厅确定都匀市作为省级水生态文明试点，目前已通过验收，塑造了一个融生态、人文、功能于一体的滨水景观。

（2）防洪体系进一步完善。都匀市的整体防洪对策是"上治、中蓄、下排"，目前防洪体系由水库、堤防及防洪预报共同构成，通过在中上游兴建防洪水库，错开区间洪峰后，区间下排只要能抵抗 20 年一遇洪水，可使都匀市整体抗洪能力达 50 年一遇。通过《都匀市城区剑江河防洪能力复核及洪水调度方案报告》《都匀市城区防洪应急预案》等文件，对洪水调度、预警、应急抢险及处置做出了规定，与工程措施共同形成了都匀市的防洪体系。此外，清水江都匀段流域还在新建一批水利水电工程：支流石板河和菜地河上在建的林荫水库、大河水库，隔妹河上规划新建隔妹河水库，这些工程建成后将进一步增强流域的防洪调蓄能力。

（3）地表水环境质量良好。根据《贵州省国控断面水质月报（2021 年 1—9 月）》，清水江干流都匀段茶园断面水质均达标。由 2021 年第 1 季度至第 3 季度清水江都匀段川号、甲登断面水质监测数据可知，水质均能达到地表水环境Ⅲ类标准，河道水环境状况较好。

（4）积极开展农业面源污染的综合治理。专门成立农业面源污染治理领导小组，根据《都匀市 2020 年农药监督管理工作方案》《都匀市 2020 年耕地质量提升与化肥减量增效工作方案》《都匀市受污染耕地安全利用工作台帐建设工作方案》等，逐步开展农药和化肥减量工作，推广应用控制性减量技术措施，大力推广绿肥、配方施肥、生物有机肥、高效低毒低残留农药和生物农药，适时对化肥、农药的使用实施定位动态监测。在养殖业方面划定禁养区、非禁养区，科学管理养殖业环境准入制度，全力以赴做好畜禽养殖排泄物治理工作。

（5）河道生态流量情况。2020 年 6 月，都匀市小水电清理整改领导小组相关单位对桃花水电站等 8 座小水电进行生态流量泄放及监测设施验收，各水电站生态流量泄放及检测设施建设完成，满足泄放要求，质量合格（见表 1）。都匀市水务局编制《茶园水库生态流量下泄工作方案》，拟订下泄生态流量措施，后期将结合水库除险加固方案进行完善。

表 1　清水江都匀段水库、水电站生态流量泄放表

工程名称	开发方式	工程调节性能	是否核定生态流量	是否有生态流量泄放设施	是否有生态流量监测设施
茶园水库	坝式	年调节	是	是	否
马寨一级水电站	坝式（河床）	无调节	是	是	是
马寨二级水电站	混合式	无调节	是	是	是
营盘水电站	坝式（坝后）	日调节	是	是	是
桃花水电站	坝式（坝后）	季调节	是	是	是
明英水电站	坝式（河床）	无调节	是	是	是
团鱼浪水电站	坝式（坝后）	日调节	是	是	是
杨柳河电站	坝式（坝后）	日调节	是	是	是

3　存在的主要问题

3.1　河长制相关信息更新不及时

部分河长调整后未及时公告河长名单、更新河长公示牌。新一轮机构改革后，尚未及时调整更新

河长制联席会议成员单位。

3.2 公众参与深度不足

河长制工作公共参与的形式多为教育和宣传，公众对河长制各项措施和决策的参与过程不完整，河湖治理社会动员不足，群众对话、监督机制不尽完善。

3.3 河湖管护工作缺乏精准指导

由于清水江为省级河道，清水江都匀段部分河湖管理和保护工作以清水江相关规划为指导，"一河一策"方案为省级层面主导编制，空间尺度较大，都匀市境内河段长度占比小，指导精度不足。

3.4 监管措施不完善

清水江都匀段部分取水口取水计划、水量调度、取水计量监测等事中事后监管措施不完善，部分取水口计量监测设备未接入地方或国家水资源监控系统。

3.5 河湖空间管控难度大

清水江都匀段沿岸途径的城镇及乡村较多，部分建筑或在河道管理范围内，河湖划界确权问题处理难度比较大。

3.6 河道水量、水质保障措施有待提升

茶园水库虽已明确生态流量下放措施，但未设置流量监测措施。城镇污水收集设施建设滞后，大多数乡镇存在污水收集管网不完善、排水管网雨污不分流、初雨收集和滞蓄措施严重缺乏问题，污水收集、处理效能不高，运行维护存在困难。

4 美丽河湖建设措施

对照美丽河湖建设标准，立足清水江都匀段管理与保护现状，针对影响和制约其成为美丽河、幸福河面临的突出问题，以及河段现状和存在的主要问题，提出美丽河湖建设措施的建议。

4.1 及时更新，动态发布

根据河长人事变动，及时更新河长公示牌相关信息，同时，将河长变化情况报上级河长制办公室备案，并在全国河长制湖长制信息管理系统中对相应信息进行调整[2]。

4.2 加大舆论宣传，引导全民参与

充分运用各类媒体做好宣传、引导工作，加强《中华人民共和国水法》《中华人民共和国环境保护法》等宣传，继续开展"6·18贵州生态日"河长巡河活动，形成全社会关注水环境治理的浓厚氛围；因势利导，充分动员社会团体、民间组织等力量参与到水环境治理工作中来，形成河湖保护人人参与，齐抓共管的良好社会风尚；广泛发动社会力量参与工程建设、监督管理，进一步发挥好"民间河长"作用，并在媒体上对各级"河长"上一年度的河流环境保护目标和任务完成情况进行检查和考核，将考核结果向社会公布，接受社会的监督。

4.3 摸清家底，科学决策

按照相关规程规范[3-4]，对清水江都匀段开展河流健康评价，梳理水文水资源、岸带、水质、水生态、社会服务等方面的问题清单，精准施策补短板，为清水江都匀段的保护和修复提供系统指导。为探索适用于清水江都匀段的河湖管护工作提供理论研究和实践基础。

4.4 加强取用水监管

完善入河排污口审批、环评审批制度，执行污染物源头、末端全过程监管，全面实行取水许可电子证照，完善取用水、排水计量监控设施。

4.5 严格空间管控，加强河湖执法

4.5.1 严格涉河项目审查审批环节

建设活动必须严格执行河流水功能区划、防洪分区和生态保护红线的要求，改善和保护好沿河生态环境，促进岸线的集约化开发。加强对已批岸线的排查和跟踪管理，对经批准超过规定年限未使用的岸线取消使用权。

4.5.2 强化河道执法监督

严厉打击非法侵占清水江干流水域岸线及破坏生态环境的违法行为,坚决清理整治非法排污、设障、捕捞、养殖、采砂、围垦、侵占水域岸线等活动,加大乱占滥用河道岸线行为的处罚力度。

4.5.3 强化"派工单"制度运用

及时受理处理群众通过12314监督举报服务平台、12345政府服务热线、政务110、网信办(国家互联网信息办公室)、监督举报电话等方式举报的事项,实行台账化销号管理。

4.6 建管同步,综合整治

4.6.1 严守资源开发利用上限,保障生态流量下放

根据清水江生态流量保障实施方案中的要求,继续推进清水江都匀段主要控制断面生态流量泄放和监测设施的安装,加强生态流量控制断面的监控,科学评估清水江都匀段生态流量满足程度,优化流域水资源开发利用。

4.6.2 优化流域防洪调度,推进防洪提升工程

按照"消隐患、强弱项"的思路,坚持人民至上、生命至上,坚持建重于防、防重于抢、抢重于救,尽快开展都匀市防洪规划的编制工作,优化流域防洪调度,全面实施防洪提升工程,牢牢守住水旱灾害风险防控底线,保障人民群众生命财产安全和经济社会健康稳定。

4.6.3 加强水污染防治,推进农村面源治理

加强污水收集处理设施的维护和管理,建立健全运行维护管理办法和工作制度,明确运行管理职责和运行维护主体,强化提升运行维护管理能力和水平。积极推行污水处理厂、管网与河道水体联动"厂—网—河(湖)"一体化、专业化运行维护,保障污水收集处理设施的系统性和完整性,确保企业污水和生活污水集中收集处理、全面达标排放。

持续推进农用化肥零增长行动和农药减量工程,围绕农业农村局工作安排,继续以测土配方施肥等为抓手,开展化肥使用量零增长行动,提升耕地肥料利用率。持续开展粪污资源化利用,散养密集区要实行畜禽粪便污水分户收集、集中处理利用。结合乡村振兴战略、美丽乡村建设、农村环境综合整治等,继续推进农村生活垃圾收运体系建设。采取户分类、村收集、镇转运、市处理的模式,将农村清洁风暴行动变为常态化措施。

4.6.4 推进河流生态保护与修复

结合城市总体规划要求,推进河流生态保护与修复,在综合考虑区域的防洪、排涝、供水、水环境、水景观的基础上[5],尽量维护江河自然形态,保留或恢复河流的蜿蜒性,保持河床透水性,维持河道内自然湿地、河湾、急流、浅滩、深槽,保护河湖自然生境。

5 结语

在国家不断深入推动绿色发展建设生态文明的历史背景下,严守发展和生态两条底线,落实清水江都匀段美丽河湖建设措施,有利于全面改善流域水资源水生态环境,以河流治理带动全域生态文明建设,支撑流域区域高质量发展,让民众有安全感、获得感、满足感,绘就美丽河湖"新画卷"。

参考文献

[1] 代晓炫,王丽影,杨戴思. 河湖长制推行成效及经验探索 [J]. 广东水利水电,2021 (1):97-101.

[2] 李珏,侯朝,薛松. 河长制信息化运维管理模式分析 [J]. 广东水利水电,2020 (1):81-86.

[3] 水利部水资源司河湖健康评估全国技术工作组. 河流健康评价指标、标准与方法 (1.0版) [S].

[4] 中华人民共和国水利部. 河湖健康评估技术导则:SL/T 793—2020 [S]. 北京:中国水利出版社,2020.

[5] 冯明,黄斌,罗国豪. 江阴市美丽河湖建设治理的对策研究 [J]. 科技风,2021 (5):132-134.

弘扬黄河文化　助力乡村振兴

李香振

（濮阳黄河河务局濮阳第二黄河河务局，河南濮阳　457000）

摘　要： 文化的形成、发展和传承与相应的地域有着十分密切的关系，黄河文化也不例外。黄河文化的产生与发展以黄河流域为依托，可以说是黄河流域的自然环境孕育了黄河文化。黄河起源于青藏高原，穿过黄土高原，孕育了我们伟大祖国的原始文化。在乡村振兴战略的指导下，促进了黄河流域治理水平的提升，但依然存在生态环境破坏以及产业滞后等方面的问题。针对这种情况，应以乡村振兴战略为指导，充分发挥黄河文化优势，推动黄河流域生态文明建设与社会经济协同发展。

关键词： 乡村振兴；黄河文化；特征

黄河文化是中华文明重要的一部分，弘扬黄河文化能够增强文化信心，是助力乡村振兴的有效措施。我国当前正处在全面建成小康社会的关键时期，为了有效实施乡村振兴战略，要充分考虑到黄河文化的巨大影响，在做好对黄河文化保存与弘扬的同时，进一步发掘黄河文化所具有的社会意义，借助黄河文化来推动乡村振兴。乡村振兴不仅仅是产业振兴和生态振兴，还包括文化振兴，而文化振兴则是关键与核心，只有实现文化振兴才能更好地满足人们的精神需求，才能推动产业和生态的健康发展。因此，要注重弘扬黄河文化，助力乡村振兴。

1　黄河文化的特征

黄河文化是黄河流域文化的统称，是黄河流域的自然环境孕育了黄河文化，是中华文明的宝库。黄河文化不仅蕴含着丰富的精神文明资源，同时蕴含着丰富的物质文明资源，在中华文明发展过程中，黄河文化也在不断发展和演变，这使其具备了重要的时代价值。充分挖掘和利用黄河文化资源，既能起到弘扬黄河文化的作用，也能助力乡村振兴。而要想更好地发挥黄河文化的优势与作用，则要明确其特征，具体而言，黄河文化特征应从以下几个方面来把握。

1.1　把握时空发展线索，梳理黄河文化资源

黄河文化是黄河流域文化的统称，因此黄河文化涉及的区域和内容非常丰富，其形成于黄河流经的各个区域，同时与各个地区的风土人情以及地理环境等均有着十分密切的关联。黄河发源于青藏高原，流经青海、四川、甘肃、山西等省份，而这些地区则均属于黄河文化影响范畴。由此可见，黄河文化影响范围广且大，这会导致黄河文化在不同地区体现出一定的差异性，文化的表现形式有所不同，故不同区域的文化特色也不相同，如在黄河上游形成的河煌文化、黄河中游形成的河套文化、黄河下游形成的中原文化等。不同地区的黄河文化之间并不是完全孤立的，而是相互不断交叉与融合的，这进一步丰富了黄河文化的表现形式，使黄河文化得到了更好的传承与发展。对黄河流域历史发展脉络的梳理，可以更好地把握黄河文化的特征，使其在乡村振兴中发挥更大的优势和作用。

1.2　以生态遗产为基础，加强黄河文化资源开发

在黄河流域发展过程中，恶劣的自然环境始终是影响其发展的主要瓶颈之一，因此长期以来生态治理都是黄河流域发展的重要课题之一。与此同时，恶劣的自然环境使得黄河文化的特色更加鲜明，形成了独特的自然文化遗产，为黄河文化的发展和传承奠定了物质基础。这种独特的自然文化遗产不

作者简介： 李香振（1982—），男，工程师，主要研究方向是水利工程施工技术。

仅在交通运输及经济发展方面发挥了巨大的作用，而且具有重要的观赏价值。以小浪底水利枢纽风景区为例，它不仅在水力发电方面发挥了重要作用，而且在农田灌溉和疏浚河道等方面具有十分重要的价值，同时对于改善生态环境和维护生物多样性等方面也产生了积极的影响。

1.3 围绕人水关系，挖掘黄河流域治理经验

在黄河文化发展过程中，历代人民与黄河水之间均存在着相互依存和相互斗争的关系。黄河水在给流域范围内人民生产生活提重要资源的同时，也发生了巨大的水害，给流域范围内的人民生命财产安全带来巨大威胁。为了保证黄河流域的健康稳定发展，需要加强黄河流域治理，控制黄河水害，使其更好地为经济发展服务。在漫长的治理过程中，人们积累了丰富的黄河流域治理经验，成为了宝贵的财富，在推动乡村振兴的过程中，应深挖这些经验，实现除害兴利。黄河流域治理过程中，不仅创造了巨大的物质财富，而且积累了丰富的精神财富，如团结治水等均是宝贵的精神财富，充分展示了中华民族治理黄河生态环境的决心与意志。这种精神和意志同样可以为乡村振兴事业的发展助力，引导广大人民群众在乡村振兴过程中勇于面对挑战、艰苦奋斗、顽强拼搏，争取在推动乡村振兴过程中不断取得新成就和新发展。团结治水精神也可以用于指导乡村振兴战略的实施，团结力量推动乡村振兴。

2 乡村振兴战略

乡村振兴战略是党和国家高度重视"三农"问题的重要体现，强调了农业农村现代化的重要作用，同时为中国接下来的发展指明了方向，具有十分重要的历史意义。乡村是重要的地域综合体，具有生产、生活及生态功能，是人类各种活动的主要空间载体，直接关乎着社会经济和国家的发展[1]。目前，国家发展的突出矛盾主要体现在乡村，而乡村的发展也最具潜力，因此乡村振兴战略的实施具有十分重要的意义，既是现代化经济体系构建的基础，又是实现人民共同富裕的关键性手段，同时是传承中华优秀传统文化的重要途径。在乡村振兴战略实施过程中，坚持党的领导是核心，也是保障乡村振兴战略成功的基础。与此同时，乡村振兴战略的实施也离不开各种优秀文化的支持，而黄河文化则是重要的中华优秀传统文化之一，必然会在乡村振兴战略实施中扮演重要角色，需要我们注重弘扬黄河文化，助力乡村振兴。此外，要充分认识到乡村振兴不仅是经济层面上的振兴，同时还包括人才振兴和文化振兴，要抓住乡村振兴这一重要契机，推动黄河文化的发展。黄河流域是中华文明的核心发祥地，黄河文化也在中华文化中占据重要位置，将黄河文化融入到乡村振兴战略布局中，应用黄河文化指导和影响人们的思想及行动，既能助力乡村振兴，也能使黄河文化得到更好的传承与保护，因此具有十分重要的意义。

3 借助黄河文化创新乡村建设路径

黄河文化具有十分重要的价值，在乡村振兴战略实施过程中，需要深入挖掘其中的文化价值和精神内涵，积极探索新的乡村建设路径，推动乡村经济、生态及文化的协同发展。具体而言，应从以下几个方面入手。

3.1 协调文化的"根魂"与"血肉"的关系

乡村振兴战略实施过程中，要坚守社会主义核心价值观，在此基础上推动乡村文化建设的发展。坚定的文化立场以及明确的社会主义方向是乡村文化建设的根与魂，在乡村振兴战略实施过程中，要结合黄河文化发展过程中积淀下来的优秀元素，同时结合当地的生活生产实际，实现人文与自然的和谐统一，这样才能为乡村建设赋予灵魂和血肉，才能更好地践行与落实乡村振兴，推动乡村振兴的健康发展[2]。

3.2 处理好文化之间的关系

黄河文化是一个系统性概念，它包含着传统文化、乡村文化、现代文化以及城市文化等，借助黄河文化推动乡村振兴战略的实施效果，需要处理好各种文化之间的关系。在现代社会背景下，传统文

化的生存环境不断发生变化，而在此过程中，则需要结合现代社会发展形势及现代乡村生产生活实际，促进传统文化的转化，推动传统文化的创新发展，并使其在乡村建设过程中发挥更大的作用。另外，在乡村振兴战略实施过程中还要充分认识到城市文化的重要作用，在乡村建设中植入城市文化，利用先进的城市文化理念指导乡村的发展。值得注意的是，在此过程中不能因推崇城市文化而忽略乡村传统，也不能忽视农民群众的精神需求。对城市文化的应用不等同于简单的城市文化植入和灌输，而是要将其与农民群众的生产生活相结合，与农民群众的文化需求和文化心理相结合，这样才能充分发挥出黄河文化的优势和作用，才能引发农民群众的情感共鸣，促进乡村振兴。此外，要正确处理主流文化与非主流文化的关系。针对主流文化，既要做到科学阐释，也要注重宣传教育，推动主流文化生活化及生产化的发展，帮助人民群众充分认识到主流文化的价值和内涵。针对非主流文化，也要给予高度的关注和正确的认识，要认识到非主流文化是主流文化的重要补充，推动那些有价值、有意义的非主流文化的发展，坚决抵制和严厉打击灰色文化以及庸俗文化，为乡村振兴战略的实施营造良好的文化环境。

3.3　落实品牌战略，讲好黄河故事

讲好黄河故事是展示黄河文化和促进黄河文化发展，提升黄河文化影响的重要举措，同时是实施品牌战略的有效措施[3]。在乡村振兴过程中，要想充分发挥黄河文化的作用，则需要讲好黄河故事，围绕黄河文化打造文化品牌。借助讲好黄河故事，加强品牌建设等措施，将黄河文化打造成为特色文化品牌。首先，要注重创造文化精品。借助黄河文化丰富的文化资源优势，同时引入现代化元素，打造文化精品。文化精品更具感染力和号召力，同时文化精品的影响力更强，既能使农民群众接受更多的优秀文化熏陶，也能保障黄河文化的传承与发展，同时有助于提升乡村文化自信，助力乡村振兴。其次，要进一步拓宽黄河文化的传播渠道，借助新媒体等现代化传播载体来丰富黄河文化的表达形式与传播形式。在新媒体的支持下，不仅能够提升黄河文化的传播效率和丰富黄河文化的表达形式，而且可以为黄河文化赋予时代特性，使其更加符合现代社会发展潮流，更好地为乡村振兴服务。例如，针对黄河治理相关的传说，可以将其制作成为短视频进行传播，这样的传播形式更加灵活和新颖，因此更受人民群众的欢迎，既能使黄河文化更加直观地呈现出来，也能提升黄河文化的传播效率和影响力。

3.4　优化文化产业结构

现代社会背景下，旅游活动大众化趋势愈发显著。乡村旅游内容丰富，更加贴近自然与原生态，因此深受人们的欢迎和喜爱，发展旅游业成为越来越多的地区的首选。但是部分地区在乡村旅游发展方面取得的成效却不够理想，资源浪费、生态环境遭到破坏等问题时有发生。之所以会出现这种状况，主要是文化产业结构不合理[4]。乡村旅游是进行乡村振兴的重要手段，能够创造巨大的经济效益，而深入挖掘黄河文化内涵，优化文化产业结构，则可以更好地保障乡村旅游的发展，助力乡村振兴。首先，要注重加强文化产品开发。不同地区的乡村旅游所依托的资源不同，自然风光、特色农业和民俗文化等都是重要的乡村旅游资源，借助当地优势资源，打造优质文化产品，可以进一步丰富文化旅游内涵。与其他旅游形式不同，文化旅游可以带动旅游行业文化品位的提升。文化旅游是指为旅游行业及旅游活动赋予更多的文化内涵，大力发展文化旅游不仅可以带给游客更加全面和丰富的文化体验，让游客在旅游过程中欣赏优美景色的同时，也能使其感受到精神层面上的享受和身心方面的愉悦。其次，要延长黄河文化产业链。以往在乡村旅游发展过程中，产业链短是重要的问题之一，这一问题的存在会在很大程度上限制乡村旅游的发展。产业链短，其所创造的价值和效益相对更低，而要想增强效益，则只能通过过度开发乡村旅游资源等方式来实现，但这必然会给乡村生态文明建设带来不利影响，也不利于乡村的可持续发展[5]。针对这一问题，则需要延长黄河文化产业链，充分挖掘黄河文化价值，助力乡村振兴。例如，可以以黄河文化为基础，积极推动智慧旅游模式的建设，延长黄河文化产业链，提高附加价值。最后，要推动文化体制改革的发展，借助文化体制改革促进黄河文化的发展。要明确黄河文化发展方向，并充分发挥政府的作用，保障黄河文化的健康发展。政府要转

变自身职能，从以往的"办文化"转变为"管文化"，借助政府的公信力和行政能力来保障黄河文化的健康发展。另外，政府要充分发挥主导作用，吸引民间资本来支持和推动黄河文化发展，使其能够在乡村振兴过程中发挥更大的作用。

4 结语

黄河文化是中华文明的重要组成部分，同时是黄河流域乡村振兴的重要抓手，应充分认识到黄河文化的重要作用，并积极探索利用黄河文化加强乡村建设的路径，为乡村振兴战略的实施奠定基础。弘扬黄河文化能够强化文化自信，指导乡村建设，是践行乡村振兴战略、推动乡村健康发展的重要基础。因此，要加强开发文化品牌，提升黄河文化的影响力，助力乡村振兴。

参考文献

［1］赵宏．黄河文化对乡村振兴的促进作用研究——评《生态环境与黄河文明》［J］．人民黄河，2022，44（3）：171-172.

［2］毛丽．开封黄河文化与宋文化的融合发展对乡村振兴战略的推动作用［J］．河南水利与南水北调，2021，50（7）：3-4，12.

［3］王艺锦．乡村振兴背景下文创产品开发探究——以黄河文化为例［J］．农村经济与科技，2020，31（20）：250-251.

［4］山西省社会科学院课题组，高春平．山西省黄河文化保护传承与文旅融合路径研究［J］．经济问题，2020，（7）：106-115.

［5］张文博，刘禹尧．文化资本视角下黄河文化传承与发展路径探析［J］．河南科技大学学报：社会科学版，2022，40（3）：98-104.

基于水文化视角的幸福河湖建设思路与实践

回晓莹[1]   颜文珠[2]

(1. 中水北方勘测设计研究有限责任公司，天津   300222；2. 中国水利学会，北京   100053)

摘   要：文章立足幸福河湖建设的文化之河，深入分析了水文化与幸福河湖建设之间的内在关系，在此基础上，从水文化视角出发，提出了幸福河湖建设中水文化建设的思路与路径。基于上述思考，选取福建省漳州城市内河——九十九湾为研究对象，系统总结了九十九湾的文化特征，提出了幸福河湖中文化之河建设的主要举措，为其他河流幸福河湖打造过程中如何彰显水文化提供了有益借鉴与思考。

关键词：水文化；幸福河湖；建设思路；路径；九十九湾

水利部在 2022 年河湖管理工作要点中提出要开展幸福河湖建设，深入推进河湖综合治理、系统治理、源头治理，打造人民群众满意的幸福河湖。2019 年 9 月 18 日，习近平总书记在黄河流域生态保护和高质量发展座谈会上发出"让黄河成为造福人民的幸福河"的伟大号召，这不仅适用于黄河，更是全国河湖治理的根本指引。

1   幸福河湖与水文化的关系

幸福河是安澜之河、富民之河、宜居之河、生态之河、文化之河的集合与统称[1]。文化之河的建设离不开水文化，水文化是中华文化的重要组成部分，传承、保护、弘扬优秀中华水文化，创新建设现代水文化，是时代的需要，也是广大人民群众的需要[2]。建设造福人民的幸福河，必须做到防洪保安全、优质水资源、健康水生态、宜居水环境、先进水文化。先进水文化是幸福河的 5 项指标之一，同时水文化建设也是水利高质量发展的应有之义，是打造幸福河湖 3.0 版本的必举之措。

由此可见，幸福河湖的建设离不开水文化的支撑，且水文化作为物质层面与精神层面皆存在的一个元素，不仅是幸福河湖建设的一个独立板块的内容，还贯穿幸福河湖建设的始终，如在物质层面上，水生态和水环境等工程建设的过程中应统筹考虑水文化元素的影响，建成兼具文化内涵的工程，而在精神层面上，水利精神自第一代水利人开始一直传承弘扬至今，已融入水利建设与发展的全过程中，涉及防洪、供水及水生态保护修复的方方面面，故水文化与幸福河湖是密不可分的，水文化建设既是幸福河湖建设的重要内容，又是幸福河湖建设的基石，更是贯穿始终的脉络。

2   文化之河建设思路与路径

2.1   建设思路

文化之河的建设是以河流为载体，围绕"水清、水畅、水美、宜居"的目标，基于河流历史演变形成的天然水网及多年水利建设形成的人工水网，以涉河及沿岸水文化挖掘、保护、传承、弘扬与利用为主线，以水文化与防洪、供水、水生态、水产业的融合为延伸，提出主要措施与重大工程，为打造幸福河湖提供强有力的文化支撑与保障，也为推动新阶段水利高质量发展凝聚精神力量。

作者简介：回晓莹（1987—），女，硕士研究生，高级工程师，主要从事水资源、水利规划等工作。

通信作者：颜文珠（1986—），女，硕士研究生，工程师，主要从事水资源、水利科技成果评价等工作。

2.2 建设路径

立足于河流的天然水网和人工水网两大载体，以提升水文化软实力、建设水文化工程、构建"文化+"产业格局为目标，围绕河湖的多种功能，开展沿河水文化遗产普查及河道演变溯源，厘清河湖历史，为水文化保护、传承奠定基础；建设水文化展示平台，创作水文化艺术作品，继承水文化精神，讲好河湖故事，为水文化传承、弘扬提供支撑；打造水文化节点，建设精品水文化工程，建好河湖工程，为水文化宣传、展示提供媒介；开发沿河文化旅游路线，建设文化主题三产节点，创建文化内涵水利风景区，用好河湖资源，为水文化利用创造条件，实现"资源"变"资产"。

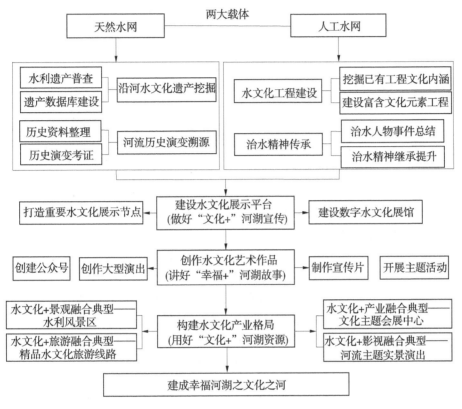

图 1　文化之河建设路径

3　幸福河湖之水文化建设实践

按照上述文化之河建设思路与路径，以福建省漳州市龙文区九十九湾为研究对象，进行幸福河湖之水文化建设实践研究。

3.1　河流基本情况

九十九湾横贯漳州龙文城区南北，完整连通九龙江北溪、西溪，串联上美湖、湘桥湖生态湿地[3]，承载着城市空间演变的起承转合，连接起水与城的羁绊情结，浓缩藏韵千年的闽系文化。自商州时期便已存在的九十九湾，历经几千年的沧桑巨变，文脉、水脉、城脉已融为一体，形成了丰富的沿河水文化，包括河源自然文化、临水遗迹文化、涉水天然文化、依水民俗文化和历史人文文化等。

3.2　水文化建设思路

3.2.1　水文化保护

（1）开展水利遗产普查——"护好水遗产"。以已收录的沿河历史遗迹调查成果为基础，系统性地分类开展沿九十九湾水利遗产普查。重点对沿河与水相关的古桥、古井、古塘、古潭、古港口等工程类水利遗产以及治水碑刻、治水人物、治水事迹等非工程类水利遗产进行调查。通过查阅资料、实地调查等多种方式了解各工程类遗产的建设时间、主要作用等基本信息，了解各非工程类遗产的历史渊源等基本信息，建立名录库，完成普查遗产全部入库工作，并在此基础上与智慧河道相结合，建立数据库，将普查的信息全部实现数字化管理与展示。

（2）实施河源文化溯源——"追溯水历史"。系统收集整理与九十九湾有关的古籍善本、水利历史档案等史记资料，梳理河流演变历程，追溯水文明之源，划定影响河流演变的重要时间节点及重大事件，并编纂成册，形成九十九湾河源文化溯源成果。在文化溯源的基础上，适时开展河流故道线路遗址遗迹、传统水利科学技术的前期调查，挖掘文化内涵。

3.2.2 水文化传承与弘扬

（1）建设精品水文化工程——打造"水利+"河湖工程。对于沿河已建的水利工程、生态工程及景观工程，结合沿河两岸文化类型与特征，充分挖掘工程自身文化功能及周边历史文化内涵，从保护传承弘扬角度将水利工程与周边环境及工程自身蕴含的水文化元素有机融合，提升水利工程文化品位。结合九十九湾观光旅游带建设需求，重点对沿河节点工程深度挖掘其文化内涵，打造精品水文化工程。在九十九湾源头段，以20世纪六七十年代建设的丁字港、内林泵站及溪口段河道等水利工程为载体，以周边内林古街、楼内釜山古城、桥仔头圩等历史遗迹体现的文化内涵为依托，结合水生态保护与修复、水景观建设，打造精品水文化工程，重点体现历史文化底蕴。在中游段，以目前已具备景观功能的上美湖为载体，结合周边古桥、古庙等文化节点以及九十九湾沿河历史人文积淀，打造精品水文化工程，重点体现涉水天然生态文化，兼顾历史文化底蕴展现。在下游段，以湘桥湖为载体，结合湘桥村历史文化名村建设、蓝田村古村落建设以及闽南水乡示范段建设等，打造精品水文化工程，重点体现水乡文化特点，兼顾自然生态文化。

（2）建设水文化展示平台——做好"文化+"河湖宣传。在闽南水乡示范段，结合古厝等历史建筑物提升改造与恢复，打造具有展示教育功能与文化传播功能的水文化展示平台，配套相应的水文化展示设施设备，定期举办与九十九湾水文化宣传有关的活动。围绕碧湖生态园、上美湖、湘桥湖、沿河古塘等自然文化载体及内林闸、湘桥闸等工程文化载体，依托沿河水景观节点，建设特色游览型水文化展示平台，举办主题鲜明、形式多样的水文化展陈活动，全方位、多视角诠释水文化丰富内涵、精神实质和时代价值，传承弘扬水文化。依托互联网，结合智慧河湖建设，开展数字水文化展馆建设，采取人工智能、虚拟现实等新技术手段，让水文化从"线下"走到"线上"，让历史长河中的古老文化"动"起来与"活"起来。以"水·文化"、"水·智慧"以及"水·和谐"三大版块为主题建设水文化教育基地，打造主题突出、特色鲜明的水文化展示宣传窗口，集中体现水文化精华。

（3）创作水文化艺术作品——讲好"幸福+"河湖故事。依托地方主流媒体、行业媒体及网络新媒体、沿岸千古情剧场等传播载体，以专题报道、宣传片播放、主题采访、大型文化演出等多种方式，宣传九十九湾特色水文化，向社会公众传播水文化精神。考虑多种水文化传播形式，结合沿河水利遗产普查成果、河源文化溯源成果、精品水文化工程建设与水文化展示载体建设等，以展现九十九湾水文化特点为核心，弘扬九十九湾水文化精神为宗旨，创作多种形式的水文化艺术作品，通过作品讲好九十九湾幸福河湖建设故事。组织形式多样的水文化主题活动，开展水文化进社区、进机关、进企业、进基层系列活动，开展"最美九十九湾"主题宣传活动，结合每年的龙舟竞赛开展龙舟文化主题活动，建设龙文龙舟馆，提供一处集龙舟展示展览、储藏调度、进出港湾于一体的场馆，将漳州闻名八方的龙舟鉴赏、年度竞渡的优良传统展现出来。

3.2.3 水文化利用

（1）建设水利风景区——打造"文化+景观"深度融合典型。结合沿河水利遗产普查及水利工程文化内涵提升，以上美湖、湘桥湖、碧湖为重点，发挥其文化功能，将湖泊生态环境保护修复与文化元素有机融合，打造一批深具文化内涵的水利风景区，突出时代价值与闽南水乡特色。在水利风景区重要节点设立水文化展示设备设施、场所场景，提升水利风景区的水文化宣传功能。结合九十九湾河流水系和沿河水景观建设，开展沿河水利风景资源调查，串联库、渠、塘、河、湖等水利风景资源，推动水利风景区集群发展，打造九十九湾水文化长廊。

（2）开发精品研学游路线——打造"文化+旅游"深度融合典型。依托九十九湾千年文明，充分利用现状沿河涉水文化遗迹的分布特点以及依水民俗文化的发展历史，结合水景观建设及其节点分布，将内林古街、九十九湾溪口段、楼内釜山古城、流冈长桥遗址、后店建溪宫、蓝田古镇、湘桥古厝、龙舟码头、武术广场等多处具有历史文化内涵的景观节点串联起来，打造千年文化探寻游精品旅游线路。依托九十九湾千年文化孕育的文明结晶，深度挖掘沿河留存下来的民俗风情的文化内涵，结合民间活动形式，将龙舟赛、武术节等民俗活动与水文化教育基地参观、历史古村参观、民间活动参与、地方风俗体验等旅游参观项目相结合，重点建设几处发展文明探源和历史体验旅游产品，打造历史文明体验游路线。以体现九十九湾自然生态文化与水乡特色风情文化为核心，结合现有旅游参观与沿河景观节点以及规划的水景观节点建设，重点将上美湖、碧湖、河口湿地、闽南水乡风情区以及上游段秀美渔田风光区具有休闲体验与自然生态文化内涵的景观节点串联起来，打造独具漳州特色的闽南水乡生态游路线。

（3）推进产业与水文化融合发展——打造"文化+产业"深度融合典型。以市场为导向，深度开发水文化资源，积极探索促使"资源"变"资产"的"水文化+"的产业体系发展路径，推进水文化与影视、演艺、旅游、服务、康养等相关产业的融合发展，培育塑造一批富含特色的水文化品牌。深入挖掘九十九湾宜居水环境、健康水生态、先进水文化的区位优势，深入推进水文化与康养产业、服务产业融合，拓展"绿水青山就是金山银山"的有效转换途径，建设以水文化为主题的大型会展中心与康养中心。结合闽南水乡项目千古情剧场建设，创作水文化主题大型演出节目，实现水文化与演艺产业的融合发展。

4　结语

文章分析了幸福河湖建设与水文化建设之间的关系，阐明了水文化建设对于幸福河湖建设的重要意义。在此基础上，围绕幸福河湖建设的先进水文化板块，提出了建设思路与实现路径，为文化之河建设指明了方向。此外，在文化之河建设的实践方面，文章以漳州市九十九湾为研究对象，提出了水文化建设的主要思路与主要措施，一方面作为文章理论部分的实践应用案例，另一方面也可为南方地区城市内河——幸福河湖建设中水文化提升板块提供了有益的借鉴和探索。

参考文献

[1] 幸福河研究课题组. 幸福河内涵要义及指标体系探析 [J]. 中国水利，2020 (23)：35-38.

[2] 吕娟. 水文化理论研究综述及理论探讨 [J]. 中国防汛抗旱，2019，29 (9)：51-60.

[3] 张旭. 九十九湾水清岸绿 [N]. 闽南日报，2022-04-15.

乡村振兴探索与实践

闫慧玉[1]　　吴文生[2]

（1. 长江勘测规划设计研究有限责任公司，湖北武汉　430010；2. 武汉大学，湖北武汉　430072）

摘　要：实施乡村振兴战略，是党的十九大做出的重大战略部署，是中国特色社会主义新时代做好"三农"工作的总抓手。本文以武当山特区龙王沟村为例，从乡村振兴所面临的困境出发，梳理了促进乡村振兴产业改进措施，并总结了龙王沟乡村振兴取得的经验成效。

关键词：乡村振兴；困境；特色产业；经验成效

1　乡村振兴所面临的困境

1.1　劳动力流失，空心村问题突出

武当山旅游经济特区龙王沟村位于武当山特区东端，地处丹江口库区沿岸，环库滨水，风景优美。总面积 7 km²（含水域）。全村包含 5 个村民小组，共有 128 户 535 人。

据团队实地调查，全村劳动力外出务工较多，常住人口约 100，房屋空置率较高。乡村青壮劳动力为了追求更高的经济利益，大批地选择外出务工，留在乡村的大部分是留守儿童及空巢老人，家庭经济依靠外出务工人群。外出务工人数增加，乡村劳动力数量减少，农村剩余劳动力出现老龄化和妇女化趋势，使乡村振兴缺乏中坚力量。"空心村现象"严重影响新农村建设，阻碍乡村产业继续发展振兴。

1.2　农业基础薄弱，需提档升级

武当山特区龙王沟村共有约 1 200 亩（80 hm²）橘园，由于冻害及疏于管理，橘园大部分已荒芜。农业以柑橘种植为主，基本无产业链延伸，无突出农业品牌。主导产业柑橘品种老且低端、效益差，新品种还在试种中。种植园较分散，且多数荒废。运营销售面较窄，采摘园体验性一般，缺品牌和人气。龙王沟村农业基础较弱，需要对农业产业提档升级。

1.3　产业发展单一，旅游业亟待发展

龙王沟村及其周边旅游资源丰富，距武当山游客服务中心约 10 km，在其西部有遇真宫、冲虚庵、玄岳门等旅游资源，在北部有老子公园与松岭公园，村内有大量空置房屋可供旅游服务业发展。但旅游处于初级阶段，旅游项目少，处于"小、弱、散"状态，太极湖相关旅游活动尚未延伸至乡村地区。

2　乡村振兴产业改进措施

2.1　加大政策扶持力度，吸引人才回流返乡

（1）完善人才引进制度，促成乡村本土人才回流。加强城乡之间的人才培养合作与流通机制，鼓励高校毕业生和专业技术人员到基层一线发光发热，施展才华。政府建设吸引其返乡就业以及创业的有效机制，为人才提供足够的就业岗位，给出充足的待遇条件，使更多大学生在毕业后愿意回来建设家乡，还可为创业的大学生提供扶持政策和优惠补贴。

（2）落实惠农扶农政策。通过落实扶农政策，加大扶持力度。联合乡村产业现代化建设，兼顾

作者简介：闫慧玉（1978—），女，高级工程师，主要从事水利工程移民安置规划设计和乡村振兴规划设计工作。

各项乡村扶贫优惠政策，从土地流转、资金担保、贷款补贴、税费减少等各个方面予以创业支持。

（3）培育新型职业农民。健全人才培养机制，积极组织开展农业生产技能培训和农业管理培训，实行科学管理，全面提高农民职业素质，培养新型农民，生产高产量、高质量的农副产品。

2.2 因地制宜地发展生产，打造乡村特色产业

（1）发展乡村特色农业，以高质量、高标准做响农业品牌。发展特色农业，以质量求效益、以品牌求发展。政府职能部门抓住当地的龙头企业，基于乡村振兴战略明确市场需求，助力企业共同把控消费需求，挖掘区域内具有显著特色、布局合理、资源优势突出、技术优势领先、市场容量大、生态效益好的龙头企业。发挥龙头企业的带领作用，在产业发展中研发农业新技术、新品种，形成特色产业，形成品牌。

（2）依靠科技创新，充分发挥互联网在农业生产、农产品销售等方面的重要作用。首先关注特色农产品信息载体，一方面利用互联网进行土地流转，依托现有的互联网技术开发适宜于农村的网络平台。利用网站、手机购物社交软件等将村民拟流转的自有耕地的区位、等级和流转价格等实际情况在线上发布出来，供有种植意愿的农业大户们比较选购。另一方面在 APP 上进行乡土特色农产品售卖，在电子商务领域发展农产品，打造区域性的特色文化产业，将特色农产品输送进城镇，打破自给自足的局面。

（3）以聚集融合延伸产业链条，加快发展休闲旅游、文化体验、养生养老、农村电商等新产业新业态。通过"互联网+"，引导特色产业从生产环节向前后链条延伸，形成产前、产中、产后无缝衔接，"种养加销"一体的产业链条，提升价值链，推进农村一、二、三产业融合发展。对于重点旅游景区，为合理利用资源，有关部门可结合农产品开发生产基地，重点打造主题明确、特色鲜明的休闲农业景点，形成旅游服务配套完善的休闲农业精品线路。鼓励区域产出的农产品、文化元素、旅游符号走出乡镇，让城镇居民可以感受到乡村的自然风景、价格优势，实现游客吃、住、买、游、乐的一体化服务，成功打造独具特色的乡村旅游品牌。

（4）通过体制机制创新激发产业活力。引导和支持新型农业经营主体与农户建立以股份合作、资产收益、劳务合作、联合发展等为主要形式的利益联结机制，积极探索"新型经营主体+农民合作社+农户""龙头企业+基地+农户"等农业产业化合作模式，让农民成为特色农业发展的参与者、受益者。加快培育各类农业经营性服务组织，发挥农民合作社、龙头企业、专业服务公司等多种经营性服务组织的作用，引导生产服务向全程农业社会化服务延伸，形成覆盖全程、综合配套、便捷高效的特色农业社会化服务体系。

3 经验成效

3.1 紧抓项目建设，助推乡村振兴

以寿康集团为龙头做强农业示范基地，建成高标准、水肥一体化农业示范基地 500 亩（约 33.33 hm²），带动榔梅溪谷片区群众建成鲜果油茶 5 000 余亩（约 333.33 hm²）；以新京武文武学校为龙头发展武当武术康养产业，投资打造特色景观国际武术学校，盘活移民点房屋，每年向村集体保底分红 7 万元，带动村民和村集体经济增收；以"师傅的山"精品民宿引领乡村民宿产业，采取了"规划、设计、建设、运营"一体化的模式，找准市场定位，将运营前置，从本地选拔和培养管家、经理，实行新型分红模式，将税后流水的 30%归村集体所有，已向村分红近百万元，确保当地就业增收的同时，带动当地民宿人才的发展，促进龙王沟村建设民宿集群。

3.2 补齐基础短板，提升幸福指数

建设高标准"四好"农村柏油公路，全村群众用上武当山自来水厂的高质量自来水，农村电网按照全域旅游标准全面提档升级，垃圾收集、污水处理等环保设施同步高标准推进，为全域旅游发展奠定坚实基础。龙王沟村每月开展环境整治，村两委和驻村工作队、党员全部参与其中，将环境整治、护林防火、乡风文明等纳入村规民约，提高村民的幸福指数，助力乡村振兴。

3.3 强化党建引领，提升基层治理

坚持强化红色引擎，践行"绿水青山就是金山银山"的发展理念，夯实基层基础，补齐发展短板，抢抓"棚梅溪谷"乡村振兴示范区发展机遇，推动文旅农融合发展，合力探索"全域党建引领全域旅游"新路子，努力推进党建全面过硬、治理全面提升、发展全面提速。

4 结语

经过努力，武当山特区龙王沟村发生了翻天覆地的变化，2021 年龙王沟村被十堰市授予全市先进党建基层党组织和全市法治示范村，2022 年被列为全市乡村振兴创建示范村、美好环境与幸福生活共同缔造样板点。

参考文献

［1］贺雪峰，王文杰．乡村振兴的战略本质与实践误区［J］．东南学术，2022，3：86-94.

［2］庄洁．乡村振兴发展对策讨论［J］．智慧农业导刊，2022（12）：123-125.

［3］张琦，晏晶晶，陈明维，等．传统村落乡村振兴策略研究［J］．山西建筑，2022，48（10）：26-28.

［4］苗宁平．乡村旅游助推乡村振兴路径［J］．现代农业研究，2021，28：9-11.

［5］穆召岩．空心村乡村振兴的探析［J］．农村经济，2021（2）：113.

［6］饶贞红．太极湖办事处龙王沟村：样板村做示范 高标准促发展［N］．十堰日报，2022-07-25.

水利风景区 PPP 项目风险评价

许 雪 赵 敏

（河海大学商学院，江苏南京 211100）

摘 要：水利风景区 PPP 模式是水利风景区实现市场化、特色化和高质量发展的有效路径。由于水利风景区、PPP 模式以及两者结合的特殊性和复杂性，水利风景区 PPP 项目的风险也更加复杂。本文提出了水利风景区 PPP 项目风险评价指标体系和 DEMATEL-ANP-FUZZY 风险评价模型，通过案例进行验证，得出项目的关键风险因素、因素间因果关系和项目风险等级，结果符合实际情况。最后根据案例分析给予相应的对策建议。研究结果表明，水利风景区 PPP 项目的关键风险因素为政治风险和经济风险，本文构建的框架能够有效评价其风险情况，为水利风景区 PPP 项目的风险管理给予参考。

关键词：水利风景区；PPP 模式；指标体系；DEMATEL-ANP-FUZZY 风险评价模型；风险评价

1 引言

水利风景区是指以水利设施、水域及其岸线为依托，具有一定规模和质量的水利风景资源与环境条件，通过生态、文化、服务和安全设施建设，开展科普、文化、教育等活动或者供人们休闲游憩的区域[1]。水利风景区作为发展水利旅游的载体，是一种资源开发与保护的模式[2]，具有维护水工程、保护水资源、改善水环境、修复水生态、弘扬水文化、发展水经济六大主体功能[3]。

PPP（public-private partnership）是公共部门和私营部门之间的一种制度化合作形式，参与者通过这种合作形式开发相互的产品和服务[4]。将 PPP 模式引入水利风景区项目建设，能够创新投资方式，拓宽融资渠道，减轻政府财政负担，引入先进的技术和管理经验，提高项目的效率和质量。然而，PPP 项目的参与主体代表的利益不同，合作缺乏柔性，水利风景区 PPP 项目要兼顾对水利工程的影响，使得项目风险因素多、周期长，风险管理难度大。所以，风险评价对于了解和应对水利风景区 PPP 项目风险非常重要。

2 文献综述

目前有关水利风景区 PPP 模式的研究较少，仅有水利风景区应用 PPP 模式的探索[5-6] 以及政府和社会资本的利益协调[7] 方面的研究，项目风险管理还没有涉及。

由于水利风景区承担着水资源治理的重要任务，所以有很大的资源开发与管理难度[8]。水利风景区的资源开发主要包括对物质资源、文化资源和精神资源的开发[9]。然而，目前水利风景区资源开发（如基础设施、道路、景区气候、水利工程维护等风险因素）的研究还未涉及。在水利风景区的管理方面，提升游客满意度是旅游管理的重要内容，影响游客对水体旅游满意度的有旅游资源感知、人文风貌、水文景观、主题特色和区位条件等因素[10]。对于提升水利风景区的影响力，适当地宣传很有必要。对于自然和文化景点，视频广告的效果与虚拟现实广告相似或更好，平面广告效果最

基金项目：江苏省社会科学基金项目（22GLB018）。

作者简介：许雪（1993—），女，博士，研究方向为资源技术经济及管理。

通信作者：赵敏（1962—），男，研究员，研究方向为资源技术经济及管理、产业经济学。

差[11]。水利风景区管理的难度体现在对项目风险的管理。目前，水利风景区还存在重申报、轻规划，重建设、轻保护，重开发、轻管理等问题[9]。由于疫情影响，全球旅游业遭受了巨大损失，风险管理已成为旅游管理的热门话题[12]。

在 PPP 项目风险方面，项目类型不同，风险因素不同。交通设施类 PPP 项目主要有政治、法律和金融风险[13]；电力和能源类 PPP 项目主要有法律风险、承包商风险和运营商风险[14]；水处理和环境治理 PPP 项目主要有监管体系不完善、政府干预、法律法规不成熟和流域边界不明确等政治、生态、经济、建设运营方面的风险[15]；PPP 项目风险评价方法和模型的研究有很多，其中模糊评价[16]、网络层次分析[17] 和云模型[18] 应用较多。但单一的方法很难反映水利风景区 PPP 项目复杂的风险情况，而大多风险评价模型要么忽视风险因素间的相关性，要么将一些边界不清、难以量化的概念"一刀切"地进行量化，忽视因素的模糊性，不符合项目实际情况。

水利风景区 PPP 项目风险包括资源开发和管理风险。建立风险评价指标体系，构建 DEMATEL-ANP-FUZZY 风险评价模型，既能将水利风景区 PPP 项目风险进行量化描述和比较，又能表达各因素间的相关关系，比以往的方法更具科学性和可操作性，对水利风景区 PPP 项目风险评价具有开创性。

3 研究方法

本文构建了水利风景区 PPP 项目风险分析框架，包括风险识别、风险评价及风险应对，如图 1 所示。

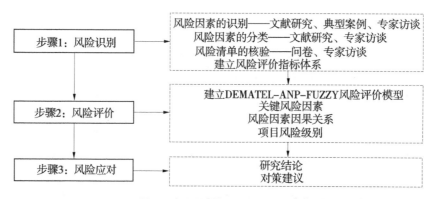

图 1 水利风景区 PPP 项目风险框架

3.1 风险识别

通过文献研究、案例分析和专家访谈，确定水利风景区 PPP 项目风险评价指标体系，如表 1 所示。

表 1 水利风景区 PPP 项目风险评价指标体系

一级指标	二级指标	指标含义
政治风险 C_1	政府信用 C_{11}	政府不履行或延迟履行合同约定的责任及相关承诺，造成直接损失或间接损失
	政策变更 C_{12}	法律法规和政策在项目实施过程中发生变化，导致工程成本增加、收入降低
	决策失误 C_{13}	政府方缺乏相关的经验和能力、前期准备不足和信息不对称导致的风险
经济风险 C_2	通货膨胀 C_{21}	货币贬值或物价上涨导致项目成本增加，消费能力下降导致旅游业不景气
	融资风险 C_{22}	融资结构不合理、金融市场不健全和融资难等风险
社会风险 C_3	行业影响力 C_{31}	景区知名度、公众对水文化的认识和传承程度，对社会资本的吸引力
	公众支持度 C_{32}	周边公众和居民对水利风景区的喜爱和接受程度

续表1

一级指标	二级指标	指标含义
自然风险 C_4	不可预见变化 C_{41}	不可预见的气候和地质变化给项目施工、运营管理带来的潜在影响
	生态敏感性 C_{42}	施工、旅游或生活等人类活动导致环境污染和生物多样性减少
建设运维风险 C_5	进度风险 C_{51}	审批延误或其他原因导致的工期延误等风险
	费用风险 C_{52}	因技术、设计、质量等问题导致成本超出预算的可能和其他费用问题
	质量风险 C_{53}	因技术、材料等导致的如环保等级不达标、返工或工程质量事故等
	技能风险 C_{54}	相关技术缺少或不成熟、设计缺陷、设备落后或故障，运维人员专业不符、管理经验不足等
	不可抗力 C_{55}	签订合同前无法控制，事件发生时无法逃脱的状况
组织风险 C_6	第三方风险 C_{61}	第三方延迟、违规或侵权责任
	组织协调风险 C_{62}	由于项目公司协调能力不足，参与方之间的沟通成本增加，冲突发生

3.2 DEMATEL-ANP-FUZZY 风险评价模型

DEMATEL-ANP-FUZZY 风险评价模型是由决策实验室分析法（DEMATEL）、网络层次分析法（ANP）和模糊综合评价法（FUZZY）相结合的评价模型，具体步骤如图 2 所示。

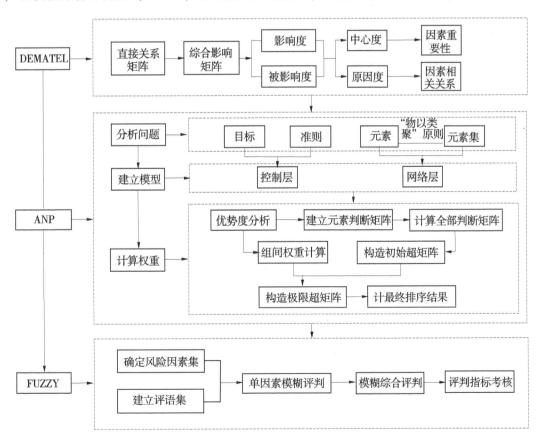

图 2　DEMATEL-ANP-FUZZY 风险评价模型

4 案例分析

将提出的研究框架应用于江苏连云港临洪河水利风景区项目。该项目发起于 2017 年 6 月，总投资 3.24 亿元。主要修复和改善临河及浅海水域湿地生态系统和水质，保护动植物资源，并开展多种形式的科普和研学活动，弘扬湿地文化，发展生态旅游，发挥该水利风景区的经济效益、社会效益和生态效益。

4.1 风险评价

首先，运用 DEMATEL 分析案例项目的关键风险因素和因素间的因果关系，得出各指标的中心度和原因度，如表 2 所示。

表 2 案例项目指标的中心度和原因度

一级指标	中心度	原因度	二级指标	中心度	原因度
C_1	10.783 69	0.581 92	C_{11}	12.268 58	−1.227 23
			C_{12}	10.982 23	1.811 91
			C_{13}	12.100 28	1.260 88
C_2	9.521 52	1.206 77	C_{21}	6.841 85	4.944 18
			C_{22}	13.058 21	−2.427 59
C_3	8.863 65	−0.943 67	C_{31}	11.061 64	−1.003 32
			C_{32}	11.259 26	0.499 44
C_4	6.038 01	1.873 74	C_{41}	7.040 19	2.748 63
			C_{42}	9.356 94	0.533 10
C_5	11.778 84	−1.762 40	C_{51}	15.011 80	−3.636 50
			C_{52}	13.393 86	−3.467 01
			C_{53}	14.362 52	−1.107 97
			C_{54}	11.631 09	0.412 01
			C_{55}	8.836 71	3.373 39
C_6	5.509 16	−0.956 37	C_{61}	12.876 67	−1.655 02
			C_{62}	11.355 25	−1.058 88

然后，应用 ANP，由 15 位专家打分。15 位专家中有 7 位来自高校，5 位来自政府单位，3 位来自咨询机构。专业背景主要是水利经济、城乡规划、工程管理、技术经济及管理、风景园林、水利遗产保护和建筑设计。借助 Super Decisions 软件构建 ANP 网络模型，如图 3 所示，得出指标权重，如表 3 所示。

最后，根据 ANP 得出的指标权重，应用 FUZZY 确定项目的风险等级。确定评语集 $V = \{$高风险，较高风险，一般风险，较低风险，低风险$\} = \{5，4，3，2，1\}$。将所有专家打分的各等级次数相加，如表 4 所示（篇幅原因，仅展示部分数据），得出项目风险等级 $S = BV^{T} = 3.367\ 77$（B 为总体评价向量）和各一级指标的风险等级：$S_1 = 2.905\ 48$，$S_2 = 3.877\ 71$，$S_3 = 2.860\ 21$，$S_4 = 2.944\ 64$，$S_5 = 3.739\ 91$，$S_6 = 3.412\ 75$。

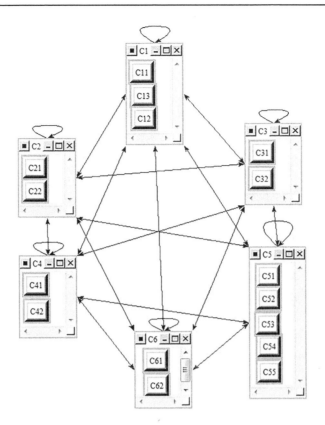

图 3　案例项目 ANP 网络模型

表 3　案例项目各指标权重

一级指标	一级指标权重	二级指标	二级指标权重	综合权重
C_1	0.184 70	C_{11}	0.472 51	0.087 28
		C_{12}	0.247 23	0.045 66
		C_{13}	0.280 27	0.051 77
C_2	0.083 75	C_{21}	0.069 53	0.005 82
		C_{22}	0.930 47	0.077 93
C_3	0.141 94	C_{31}	0.526 88	0.074 79
		C_{32}	0.473 12	0.067 16
C_4	0.068 64	C_{41}	0.261 48	0.017 95
		C_{42}	0.738 52	0.050 69
C_5	0.367 90	C_{51}	0.338 33	0.124 47
		C_{52}	0.244 71	0.090 03
		C_{53}	0.216 5	0.079 65
		C_{54}	0.152 71	0.056 18
		C_{55}	0.047 76	0.017 57
C_6	0.153 06	C_{61}	0.601 09	0.092 00
		C_{62}	0.398 91	0.061 06

表4 各风险等级打分次数

一级指标	二级指标	风险等级				
		1	2	3	4	5
C₁	C₁₁	0	4	6	3	2
	C₁₂	0	6	4	3	2
	C₁₃	4	6	3	1	1

4.2 评价结果分析

由表2可知，中心度较高的一级因子有建设运维风险和政治风险，二级因子有项目延期、项目质量、建设运营超支、第三方和融资等风险。因水利风景区PPP项目较特殊和复杂，存在较大的建设、管理和组织协调问题。相关法律法规尚不健全，很多方面还处于探索阶段，政府缺乏相关经验；在原因度方面，自然、经济和政治风险的原因度大于0，建设运维、组织和社会风险的原因度小于0，且自然风险正向最高，建设运维风险负向最高。表明自然、经济和政治风险主要作为影响因子，建设运维、组织和社会风险主要作为被影响因子作用于该项目。自然条件一般难以受到政治、经济等因素的直接影响，自然环境敏感性受社会和人为因素的影响也是一个缓慢的过程，但是自然环境的变化直接影响水利风景区项目的建设管理、相关政策的制定。项目的建设运维要根据很多外界因素决定，并容易受其他因素的影响。

由表3可知，权重较高的一级指标是建设运维风险和政治风险，二级指标是项目延期、第三方、建设运营超支、政府信用和项目质量等风险，这与DEMATEL分析结果基本一致，同时说明建设运维和政治因素对于项目的重要性，应着重对这两方面的风险加以防范和控制。其中，项目延期是水利风景区PPP项目中很常见但又很严重的问题，它会直接导致项目费用超支和融资困难等一系列风险，应按施工组织计划实施工程。

由FUZZY分析可知，该项目的总体风险评分是3.367 77，属于一般风险水平，其中经济风险和建设运维风险较高，接近4，属于较高风险水平。因为资金是影响水利风景区PPP项目的主要问题，而融资困难也是水利风景区PPP项目的根本问题所在。社会风险最低，为2.860 21，属于一般风险水平。虽然水利风景区目前的社会影响力还有待提升，但当今社会人们对美好生活的追求愿望强烈，特别是疫情的爆发，改变了人们对旅游的看法和旅游模式，水利风景区势必更加受大众欢迎。

5 结论与建议

5.1 结论

本研究的主要目的是通过构建风险评估框架，识别水利风景区PPP项目关键风险因素和因素间的相关关系，确定项目风险等级，以期为项目制订风险应对计划，进行风险控制。结果表明，水利风景区PPP项目的关键风险为建设运维风险和政治风险，其中项目延期、建设运营超支和政府信用尤为突出。自然风险、经济风险和政治风险是项目风险的主要致因，而建设运维风险、组织风险和社会风险是被影响因素。所以，降低政治风险和经济风险是降低项目风险等级的首要任务。

5.2 对策建议

第一，完善相关法律和监管框架。社会资本在项目中处于劣势地位。政府在项目建设运营或换届时，可能出现失约违信情况，增加了社会资本的风险。应完善相关法律制度，保障社会资本的基本权益。完善监管和惩罚机制，严格界定双方的权利和义务以及违规后的处理方式，规范双方行为。

第二，畅通社会资本参与渠道。水利风景区项目具有公益性和多样性，将拟实施项目中公益性、准经营性和经营性项目进行综合立项、打包实施，才能吸引社会资本的参与。设计好项目的运作模式、投融资计划、回报机制，实行市场化运作、产业化推进、企业化经营，以实现项目的能融资可落地。

第三，建立合理的风险分担机制。社会资本承担的风险与其获得的收益对等，才能激励其关注长远目标，使项目创造出更大的价值。建立风险分担机制，有利于合理分配和规避风险，减少因政策变动、不可抗力等造成的损失。此外，在项目中引入保险保理制度。当使用者付费和政府补助不足时，由保理商向社会资本提供资金融通和风险担保等服务，能转移和化解项目风险，有效降低社会资本的损失。

第四，建立动态管理和退出机制。由于社会资本和金融机构参与的阶段性，使得社会资本有主动退出项目的需求。当前，社会资本的退出仅限定在政策变更、违约事件或不可抗力等被动因素，这样会阻碍社会资本参与项目的积极性。因此，完善社会资本退出机制、畅通社会资本退出渠道，由实施主体股东回购其在项目公司的股权，建立景区动态管理机制，有利于水利风景区 PPP 项目的管理和发展。

第五，加强市场营销和宣传力度。水利风景区相较于其他景区发展较晚，且更特殊和复杂，社会大众对其认识不足，甚至很多水利工作者对水利风景区"改善水环境、优化水生态""弘扬水利精神、突出水利特色"等方面的认识还有待提升。应加强对水利风景区的营销和宣传力度，提高社会对水利风景区的认识。

第六，设立专项资金，加强资金支持。水利风景区公益性较强，国家有专项资金投入水利工程建设和维护，但这些资金不能用于景区水文化的建设和景区升级。特别是疫情爆发以来，很多景区运营步履维艰，迫切需要资金支持。可以设立景区文化建设专项资金和水利风景区项目基金，允许景区运营收入反哺景区建设升级等。

参考文献

[1] 水利部．水利部关于印发《水利风景区管理办法》的通知［J］．中华人民共和国国务院公报，2022（19）：53-56.

[2] 胡静，于洁，朱磊，等．国家级水利风景区空间分布特征及可达性研究［J］．中国人口·资源与环境，2017，27（S1）：233-236.

[3] 董青，汪升华，于小迪，等．水利风景区建设后评价体系构建［J］．水利经济，2017，35（3）：69-74.

[4] Akbari Ahmadabadi A, Heravl G. Risk Assessment Framework of PPP Megaprojects Focusing on Risk Interaction and Project Success［J］. Transportation Research Part A：Policy and Practice，2019，124：169-188.

[5] 韩黎明．水利风景区 PPP 模式建设的思考［J］．水资源开发与管理，2018（10）：72-74.

[6] 陈少妹，夏魁，陆欣．水利风景资源开发 PPP 模式探讨——以云南省为例［C］//董力．加快水利改革发展与供给侧结构性改革论文集，北京：人民出版社，2018.

[7] 吴兆丹，李彤，王诗琪，等．水利风景区 PPP 项目政府与社会资本方利益协调行为策略研究［J］．水利经济，2022，40（4）：84-90.

[8] 吴文庆，沈涵，吉琛佳，等．水利生态旅游开发潜力的评价指标体系研究［J］．管理世界，2012（3）：184-185.

[9] 余凤龙，黄震方，尚正永．水利风景区的价值内涵、发展历程与运行现状的思考［J］．经济地理，2012，32（12）：169-175.

[10] 丁蕾，吴小根，王腊春，等．水体旅游地游客感知测度模型及实证分析［J］．地理科学，2014，34（12）：1453-1461.

[11] Weng L, Huang Z, Bao J. A Model of Tourism Advertising Effects［J］. Tourism Management，2021，85：104278.

[12] Wut T M, Xu J B, Wong S. Crisis Management Research（1985—2020）in the Hospitality and Tourism Industry：A Review and Research Agenda［J］. Tourism Management（1982），2021，85：104307.

[13] Feng Y, Guo X, Wel B, et al. A Fuzzy Analytic Hierarchy Process for Risk Evaluation of Urban Rail Transit PPP Projects［J］. Journal of Intelligent & Fuzzy Systems，2021，41（4）：5117-5128.

［14］Akcay E C. An Analytic Network Process Based Risk Assessment Model for PPP Hydropower Investments ［J］. Journal of Civil Engineering and Management, 2021, 27 (4): 268-277.

［15］Zhang Y, He N, Li Y, et al. Risk Assessment of Water Environment Treatment PPP Projects Based on a Cloud Model ［J］. Discrete Dynamics in Nature and Society, 2021: 1-15.

［16］Luo C, Ju Y, Dong P, et al. Risk Assessment for PPP Waste-to-energy Incineration Plant Projects in China Based on Hybrid Weight Methods and Weighted Multigranulation Fuzzy Rough sets ［J］. Sustainable Cities and Society, 2021, 74: 103120.

［17］Valipour A, Yahaya N, Md Noor N, et al. A Fuzzy Analytic Network Process Method for Risk Prioritization in Freeway PPP Projects: An Iranian Case Study ［J］. Journal of Civil Engineering and Management, 2015, 21 (7): 933-947.

［18］Song W, Zhu Y, Zhou J, et al. A New Rough Cloud AHP Method for Risk Evaluation of Public-Private Partnership Projects ［J］. Soft Computing, 2022, 26 (4): 2045-2062.

文旅融合背景下水利风景区幸福河湖建设思考

邵佳瑞[1]　韩凌杰[2]

（1. 河海大学商学院，江苏南京　211100；2. 水利部综合事业局，北京　100053）

摘　要： 水利风景区幸福河湖建设是落实习近平总书记"建设幸福河湖"的重要指示，也是高质量发展的内在支撑。近年来，文旅融合的不断深入为水利风景区幸福河湖建设提供了重要契机，文章通过相关文献的梳理，首先明晰了幸福感的内涵，并进一步从微观视角探索文旅融合背景下水利风景区应如何进行幸福河湖建设，以增强人民群众的获得感、幸福感，为水利风景区幸福河湖建设提供启示。

关键词： 文旅融合；水利风景区；幸福河湖；具身体验

1　引言

随着 2019 年 9 月习近平总书记在黄河流域生态保护和高质量发展座谈会上发出"让黄河成为造福人民的幸福河"的伟大号召，幸福河湖研究越来越受到学者的关注，相关研究包括幸福河湖的内涵、宏观视角下幸福河湖指标体系的构建及其评价等[1-3]。这些研究展现了学界对幸福河湖建设的贡献，但是目前针对水利风景区应如何建设幸福河湖的探讨仍相对缺乏。水利风景区是指以水利设施、水域及其岸线为依托，具有一定规模和质量的水利风景资源与环境条件，通过生态、文化、服务和安全设施建设，开展科普、文化、教育等活动或者供人们休闲游憩的区域。尽管水利风景区作为一个区域，并不是狭义上幸福河湖建设中所指的"河流""湖泊"的概念，但景区内各类与水相关的资源又使得其同幸福河湖建设的方向一致，符合广义上幸福河湖的概念。

文旅融合背景下，推动文化和旅游深度融合与创新发展能够为水利风景区幸福河湖建设提供重要的方向指引。截至 2021 年底，全国已建成国家水利风景区 902 家，涵盖 31 个省（自治区、直辖市）。景区内高品质的水利风景资源和良好的生态环境为人民群众提供大量的休闲空间，使人民群众在河湖空间的体验中产生获得感、幸福感。而这种获得感、幸福感是一种极其复杂的主观心理状态，从宏观视角所构建的幸福指标体系忽视了幸福感知的主体——"人"的主观感受。

同时，本文认为已有的研究对幸福内涵的挖掘还不够充分，中西方文化中存在着大量可借鉴的幸福思想。进行幸福河湖建设，首先需要厘清幸福感的概念内涵，然后在此基础上再结合水利特色进行深入的探讨。鉴于以上分析，本文旨在：①明晰幸福感的内涵；②基于文旅融合的视角，从微观层出发，分析水利风景区应如何进行幸福河湖建设。

2　幸福感的内涵

2.1　幸福感研究的起源及其发展

幸福感的探讨始于古希腊哲学家基于享乐论和实现论对幸福的争辩。享乐论认为"快乐就是幸福"，真正的幸福应是身体上的无痛苦和灵魂上的无纷扰，把幸福理解为追求最多数人的最大幸福；

基金项目： 江苏省社会科学基金项目（22GLB018）；中央高校基本科研业务费专项（B200207041）。

作者简介： 邵佳瑞（1995—），女，博士，研究方向为旅游消费者行为。

通信作者： 韩凌杰（1986—），女，工程师，主要从事水利风景区建设管理工作。

而实现论认为"至善就是幸福",幸福在于追求以理性为主导的目标,反对庸俗的享乐追求,强调幸福是客观的、不因个人主观意志的转移而变化,关注有意义、有价值的行为或活动[4]。

20 世纪 60 年代,有关幸福感的研究逐步转向心理学领域,主要可划分为以享乐论为基础的主观幸福感和以实现论为基础的心理幸福感两个分支,其中又以 Diener 提出的主观幸福感最为盛行[5]。主观幸福感是对生活满意度和个体情绪状态的综合评价,包括积极情感和生活满意度两个维度。心理幸福感则认为幸福不仅包括享乐成分,还应关注个人层面的幸福感结果,如自我实现、美德、个人潜能的充分发挥等。

21 世纪初,积极心理学出现,该学科致力于研究什么使生活有价值,关注积极情感、性格优势以及积极的制度在服务人类福祉和幸福方面的作用[6]。积极心理学家们在溯源幸福感的哲学内涵之后,提出真实幸福感、享乐幸福感、实现幸福感等概念。其中,真实幸福感包括积极情感、投入和意义三个要素,强调幸福不仅包括享乐等愉悦生活的情感成分,还有通过参与获得的美好体验及意义。享乐幸福感强调享乐、感官愉悦等积极情感。实现幸福感则强调体验的意义,与享乐幸福感追求体验获得的即时快乐相比,实现幸福感也可能来自当时不愉快但具有延迟积极影响的活动。

总体而言,幸福感话题是目前学界关注的热点,但整体上仍处于初步的探索阶段。一方面关于幸福感的研究主要集中在心理学领域的主观幸福感中,2010 年之后研究才逐步转向积极心理学,且目前积极心理学仍多集中在幸福感的概念探索阶段,缺乏较为深入的研究。另一方面,已有的研究中充斥着以享乐论为基础的话题,严重忽视了体验的价值与意义,认同、自我实现等精神内涵尚未被发掘。

2.2 中国古代的幸福思想

中国古代的典籍中并没有明确的"幸福"概念,但存在大量"福""乐""吉""祥""康""幸"等与幸福相关观点的探讨与反思。目前的学术研究多沿袭西方的幸福研究范式,鲜有学者立足于我国传统文化中的幸福观。幸福是一个复杂且主观的概念,不同的文化背景会影响个体对幸福的感知,西方文化中的功利主义和中国集体主义文化中强调的中庸思想是不同的。因此,若想要全面理解幸福感的内涵,需要深入挖掘中国传统文化的内涵,从而进一步探索水利风景区幸福河湖建设的重点。

我国较早关于幸福的论述来自《尚书·洪范》中有关"五福"的观点,认为唯有满足长寿、富有、健康平安、爱好美德以及善终寿寝五个要素才是真正的幸福。同时儒家、道家、释家、佛教文化中蕴含着丰富的幸福观。儒家以仁义道德作为终极追求和至高理想。"孔颜之乐"展现了"箪食""瓢饮""陋巷""饭疏食饮水"情境下德福兼备的圣贤之乐;孟子提出君子有"三乐",即"父母俱存、兄弟无故""仰不愧于天,俯不作于人""得天下英才而教育之",认为快乐是家庭和睦平安,修身和育人[7]。道家思想的核心在于"无为而治、道法自然",其认为获得幸福的前提是个体自主性的充分发挥,注重内在精神质量的提升,提出知足常乐。同时老子提出"福祸相依"的辩证观,指出"祸"中也可能隐含导致幸福的要素[8]。释家的幸福不是此岸的幸福而是彼岸的幸福,幸福的要素在于去除一切欲望,通过修为达到幸福。人的苦难、人的欲望、苦难中的涅槃以及摆脱苦难的路径是佛教文化思想的苦、集、灭、道"四圣谛",认为苦难和幸福是轮回的,我们要客观地审视内心的欲望,用积极的心态对待生活中的任何事件,涅槃是人们积极改变自己欲望的结果。

由此可见,我国传统文化中蕴含着丰富的幸福思想,在水利风景区幸福河湖建设的进程中,要采用整体观的视角,多方面、多角度地理解幸福,不仅要吸收西方优秀的研究成果,更需要提升幸福感研究的本土化水平,进一步阐释我国传统文化的当代价值。

3 水利风景区幸福河湖建设思考

本文基于文献梳理和水利风景区现状构建了图 1 所示的逻辑图,并基于此逻辑提出水利风景区幸福河湖建设的相关思考。本文认为个体在水利风景区情境下通过具身体验,感知目的地的自然生态、水文化等要素，从而产生与开心、放松等积极情感相关的享乐论层面的幸福感和与自我实现、文化认同等相关的实现论层面的幸福感。

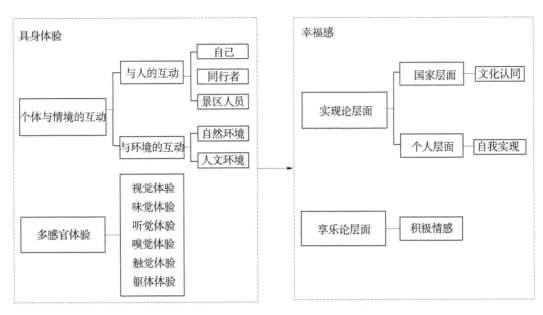

图1 水利风景区幸福河湖建设思考的逻辑图

3.1 注重体验的具身性

水利风景区内人民群众的幸福感源于个体的体验，高满意度、高质量的体验可以提升人民群众的心理健康，从而产生幸福感。但实际上，在高质量发展的背景下，单纯的满意度或体验质量未必能产生获得感、幸福感，水利风景区在开发管理的过程中更应该注重体验的具身性，为人民群众提供难忘而沉浸的具身体验。这里的"具身"来源于心理学中的具身认知理论，认为人类对外部世界的认知是建立在身体与情境的互动之中，需要个体感觉（视觉、听觉、味觉、嗅觉、触觉、躯体觉等）与情境的充分作用，即强调体验的多感官性和个体与情境的互动性。

3.1.1 体验的多感官性

受凝视范式的影响，视觉在体验研究中一直占有重要的地位，近些年，味觉、听觉体验的相关研究也开始逐渐出现，但嗅觉、触觉体验的研究仍处于边缘位置。人民群众对水利风景区的感知应是多感官共同作用的结果，水利工程的气势磅礴是视觉、听觉，乃至感知到水蒸气触觉上凉爽的共同效果，同时目的地的美食、大自然的声音、清新的空气、亲水的触感等多感官体验可使个体获得积极的情感体验，从而产生幸福感。

3.1.2 个体与情境的互动性

个体在水利风景区情境下的互动主要分为与环境的互动和与人的互动。与环境的互动涉及自然和人文环境两个维度，一方面，高品质的水利风景资源和良好的生态环境使人民群众逃离日常生活的纷扰，感到放松、身心愉悦；另一方面，与水利风景区内的水文化科普设施、装置的深度互动有利于人民群众产生沉浸感、文化自信、文化认同等。

与人的互动既包括传统意义上的与景区人员、其他游客和同行的人之间的互动，也包括旅游者基于情境刺激产生的与自我之间的互动。在与人的互动中，通过与景区人员、其他游客的互动增加了体验质量；通过与同行者的互动增强了亲密关系，获得积极情感；通过与自我的互动，个体获得自我反思、自我认同，如人们在了解到水利工程的建成史后对个体存在意义的思考等。

3.2 弘扬水文化，文旅融合彰显幸福感的精神内核

人民群众对美好生活的需要不仅包括物质层面，也包括精神层面。但目前，无论从旅游学界还是业界多从休闲、观光的层面关注个体的积极情感，对幸福感的精神内涵，如成就感、反思、认同等意

义维度的关注较为缺乏。水利风景区蕴含丰富的水文化内涵，使人们在享受现代水利及其优美的生态环境、获得感官愉悦的同时，也能了解到我国悠久的治水历史和水利科普知识，感受水利事业的巨大成就。水利风景区在幸福河湖建设中，通过文化和旅游深入融合与创新发展，进一步弘扬水文化、彰显水利特色，使人民群众既从积极情感的层面获得幸福，又感受到成就感、文化认同等精神层面的幸福感，彰显幸福感的精神内核。

3.2.1 开展水文化科普建设，充分挖掘水文化所具有的时代价值

水文化是体现水利风景区特色和内涵的重要因素，也是水利风景区不同于其他类型景区的重点所在。水利风景区应开展水文化科普建设，通过开展水文化资源的调查建档工作及水文化科普场馆建设，充分挖掘水文化所具有的时代价值。

开展水文化资源调查建档工作。水利风景区应充分挖掘景区内的水利遗产并进行资源建档，然后结合水利遗产的分布情况及其类型和价值等提出流域内水利遗产的分区、分类、分级的保护与利用措施。

开展水文化科普场馆建设。水文化科普场馆作为水利科普教育的主要阵地，是展示和弘扬水利精神的重要平台，水利风景区应结合现有工程管理设施的改建或者废旧设施的再利用，建设具有当地特色、可体验、可互动的水文化科普场馆，使人民群众感受到水利工程、水利精神所具有的时代价值，进一步提升文化自信、民族凝聚力。

3.2.2 讲好水利风景区水利故事，建设造福人民的幸福河湖

水利风景区是水文化重要的展示窗口，推进水利风景区水利遗产的系统保护，深入挖掘水利故事、水利人故事所蕴含的时代价值，讲好水利风景区的水利故事，坚定文化自信，建设造福人民的幸福河湖，为实现中华民族伟大复兴的中国梦凝聚精神力量。

从微观层面来分析，讲好水利风景区的水利故事是使人民群众获得沉浸而难忘的体验，进而产生幸福感的有力举措。这里"沉浸"强调个体忘掉时间流逝、全神贯注的心理状态，而"难忘"则指个体在参与之后以积极的方式记住并能够引发回忆的体验。水利风景区在建设过程中，应针对人群的特点提供不同的服务并学会运用新技术、新理念，讲好水利风景区的水利故事。

针对人群的特点提供不同的服务，提升全民对水文化的接受度及认同感。水利风景区应针对不同年龄段、不同教育层级以及人民群众多样的需求，设计出严谨科学的水文化特色服务体系。例如，针对青少年的文化讲解服务应是生动的、浅显易懂的；针对文化深度爱好者的讲解服务应是全面的、深刻的。

运用新技术、新理念，探索文旅融合推进人民群众幸福的路径。水利风景区幸福河湖建设应积极探索5G、AR/VR、人工智能、元宇宙、智能穿戴等新一代信息技术的创新路径，为游客提供以人为本的沉浸式、体验式项目，从而提升个体的幸福感。例如，红旗渠水利风景区设有元宇宙剧场，通过数字技术赋能文化，沉浸式地为游客解读红旗渠精神。

4 结语

新时代水利风景区建设已经从传统水利向水利服务与提升人民幸福生活转变。本文在阐述东西方幸福哲学思想的基础上进一步明晰幸福感的概念内涵，并从微观角度出发，探索文旅融合背景下水利风景区应如何建设幸福河湖。本文强调了具身体验、水文化和精神内涵对幸福河湖建设的重要性：

（1）个体在水利风景区情境下的感知是基于身体、基于环境的。强调个体的身体和其与环境互动对心智的塑造作用，即通过具身体验获得幸福的心理状态。

（2）水文化是水利风景区幸福河湖建设的重点。文旅融合的背景下，通过多种手段全方位弘扬水利风景区的水文化，既彰显了其水利特色，又能满足人民群众不断增长的精神需要。

（3）幸福感既包括享乐论层面的积极情感，又包括实现论层面的认同、自我实现等意义维度。水利风景区幸福河湖建设应在为个体提供感官愉悦、放松等享乐幸福感的基础上，着力提升景区的水

文化内涵，为实现人民群众的自我实现、文化认同做出应有的贡献。

参考文献

［1］陈惠雄，杨坤，王晓鹏．流域居民水幸福指标体系构建原理与实证研究——以钱塘江为例［J］．财经论丛，2017（4）：93-100.

［2］左其亭，郝明辉，马军霞，等．幸福河的概念、内涵及判断准则［J］．人民黄河，2020，42（1）：1-5.

［3］韩宇平，夏帆．基于需求层次论的幸福河评价［J］．南水北调与水利科技（中英文），2020，18（4）：1-7，38.

［4］张晓，白长虹．快乐抑或实现？旅游者幸福感研究的转向——基于国外幸福感研究的述评［J］．旅游学刊，2018，33（9）：132-144.

［5］妥艳娟，白长虹，王琳．旅游者幸福感：概念化及其量表开发［J］．南开管理评论，2020，23（6）：166-178.

［6］Vada S，Prentice C，Scott N，et. al．Positive psychology and tourist well-being：A systematic literature review［J］．Tourism Management Perspectives，2020，33：100631.

［7］亢雄．基于伦理与心理视角的旅游者幸福研究［D］．西安：陕西师范大学，2011.

［8］吴晶，葛鲁嘉，何思彤．幸福感研究的本土化——浅谈道家幸福观［J］．心理学探新，2019，39（5）：411-415.

台前县将军渡黄河水利风景区旅游
发展现状与开发初探

江姣姣[1]　贾传岭[2]

(1. 中原大河水利水电工程有限公司　河南濮阳　457000；
2. 濮阳黄河河务局台前黄河河务局　河南濮阳　457000)

摘　要：将军渡黄河水利风景区是河南省红色旅游景点，近年来，在河南省大力发展旅游产业的大背景下，该景区发展速度也在加快。但是，在该景区开发管理过程中出现了一些问题。本文就目前将军渡黄河水利风景区在开发管理中出现的问题进行初步探讨，并提出景区开发的应对策略，希望能为将军渡黄河水利风景区开发与管理提供一定的参考。

关键词：将军渡黄河水利风景区；开发管理；红色旅游

1　将军渡黄河水利风景区现状及评价

1.1　将军渡黄河水利风景区发展历程

1981年，台前县人民政府开启晋冀鲁豫野战军（又称刘邓大军）渡黄河纪念地旧址的保护开发工作，同年立碑纪念，上刻由陈天然所书的"中国人民解放军晋冀鲁豫野战军孙口渡河处"；1986年，被河南省人民政府公布为省级重点文物保护单位；1997年，又立了"刘邓大军强渡黄河纪念碑"，并修建了六角碑亭。此后又相继立起了河南省人民政府标志碑和台前县人民政府标志碑，形成了现在我们看到的布局合理的纪念碑群[1]。

2006年，建起了刘邓大军渡黄河纪念馆，建筑面积315 m²，馆名由迟浩田题写，2007年6月30日开馆。除纪念馆外，还倚坝修建了"将军亭"，全国著名书法家李铎和中国贫困地区文化促进会副会长李春华分别为将军亭题写了匾名和楹联。

2007年，铺设广场1 800 m²，青石板道路1 000 m²，嵌草砖停车场900 m²，建成了连心桥；完成了室内布展及文物征集工作；对景区绿化进行了设计，周边种植柳、银杏、大叶女贞等树木，平地栽种各种名花异草，令人赏心悦目。

2008年，建成了刘邓大军强渡黄河主体纪念碑工程和纪念碑万人广场。

为适应旅游资源开发形式的需要，建设了新的刘邓大军渡黄河纪念馆，并于2012年10月完工，2013年投入使用，建筑面积4 538 m²，四层框架结构，布展面积2 000多 m²。一层为文物仓库和管理用房，二、三层为展厅、陈列室等。

为推动台前县红色旅游产业发展，振兴台前经济，台前县在晋冀鲁豫野战军渡黄河旧址的基础上，建设台前县将军渡黄河水利风景区，总面积9 km²，共分为四个景区：纪念馆核心景区（纪念馆、纪念碑、浮雕碑廊、纪念广场等）、凤鸣湖景区、湿地公园、万亩森林公园。

经过多年来的开发建设，晋冀鲁豫野战军渡黄河纪念地旧址得到了较好的保护利用，这里先后被命名为省级重点文物保护单位、省首批爱国主义教育基地、省红色旅游景点、省大中小学生德育基地、台前县青少年素质教育基地，2007年被国家水利部公布为国家水利风景区，成为豫北地区的红

作者简介：江姣姣（1990—），女，工程师，主要从事水利工程施工技术研究工作。

色旅游胜地，每年都有数十万游人、青少年学生前往参观游览，学习革命历史、缅怀伟人业绩。2020年7月，刘邓大军渡黄河纪念馆被命名为"第一批河南省红色教育基地"；2021年6月19日被中央宣传部命名为"全国爱国主义教育示范基地"。

1.2 红色旅游资源丰富

将军渡黄河游览区不仅自然风光迷人，更有着丰富的红色旅游资源。晋冀鲁豫野战军渡黄河纪念地建有碑群一处，坐北朝南，共有石碑五通，中间为主体碑，其他分列于东西两侧。

四处革命旧址是：刘邓首长渡河指挥部旧址，孙口渡河河防司令部旧址，陈毅、粟裕渡河指挥部旧址、陈楼造船厂旧址。

刘邓大军渡黄河纪念馆共分9个展厅，第一展厅为序厅，中间为强渡黄河大型壁画，两侧是题词。第二展厅为战略态势。第三展厅为渡前准备。第四展厅是强渡黄河。第五展厅为渡河战役。第六展厅为人民支前。第七展厅为革命儿女。第八展厅为老区新貌。第九展厅为治黄成就。馆中藏有珍贵历史图片268幅，历史实物42件，有关资料和图纸17幅，真实再现了当年的历史情景。

刘邓大军渡黄河纪念碑高27.37 m，其中碑身高19.47 m，碑座高6.30 m，象征着刘邓二位首长1947年6月30日在此渡河。碑座建筑面积438 m²，台阶12层，象征着4个纵队的12万大军渡过黄河。

1.3 资源评价

1.3.1 历史价值

晋冀鲁豫野战军渡黄河纪念地，位于冀鲁豫三省结合部，黄河、金堤河在此交汇，地形呈犀角状深入山东腹地，是连接鲁西南和鲁西北的交通"咽喉"，为历代军事战略重地。1947年6月30日，晋冀鲁豫野战军主力在此地强渡黄河，千里跃进大别山，形成了东慑南京，西逼武汉，南扼长江，北控中原的战略态势，从而扭转了全国战局。

1949年春，东北人民解放军（又称第四野战军）在孙口跨过横旦南北的黄河浮桥，挥师南进，进军江南。

解放战争期间，全国共有四路野战大军，其中有三路大军在此渡河转战，构成了得天独厚的人文胜迹。大军渡黄河纪念地在革命战争年代发挥了巨大的历史性作用。

1.3.2 社会价值

台前经济条件比较落后，但有着丰富的旅游资源，南濒黄河，有"黄河之水天上来，奔流到海不复回"的大自然雄风和"一桥飞架南北，天堑变通途"的京九铁路黄河特大桥，构成了靓丽的自然景观，台前更有着深厚的革命文化资源，兴建红色旅游基地，实施旅游开发带动战略，是发展经济、振兴台前的重要途径，也是时代发展的要求。

1.3.3 教育价值

建立将军渡爱国主义教育基地，并兴建刘邓大军渡河纪念馆，可对青少年进行爱国主义教育和革命传统教育，使青少年深深感到红色江山来之不易，更加珍惜今天的幸福生活，从而激发热爱家乡、热爱祖国的感情，使之学习革命先辈艰苦奋斗、不怕牺牲的精神，继承和发扬党的优良传统和作风。

1.3.4 开发和保护价值

晋冀鲁豫野战军渡黄河纪念地旧址往西1 000 m是横跨南北，使天堑变通途的京九铁路黄河特大桥和孙口黄河公路大桥，北行2 000 m是京九铁路和濮台铁路台前站，东边是筹建中的风力发电站，南临黄河。水路交通便利，环境优美，历史景观、人文景观和自然景观融为一体，是理想的红色旅游基地和自然人文景观中心。将军渡黄河游览区建成后，与其他红色旅游景点连成一线，遥相呼应，相得益彰，西有清丰单拐冀鲁豫边区、军区纪念地，南有菏泽冀鲁豫边区革命纪念馆和羊山鲁西南战役纪念馆及徐州淮海战役纪念堂，北有孔繁森纪念馆。它的建成定能产生极大的社会效益和经济效益，必将带动革命老区台前的快速发展。

2 开发过程中存在的问题

2.1 保护工作不到位

不注重将军渡黄河水利风景区文化旅游资源的传承和保护，存在碑文字迹磨损的现象。出现这种情况的原因可能是保护工作出现了疏漏，还有待改善。

2.2 品牌意识薄弱

树立品牌观念是发展旅游业的关键。将军渡黄河水利风景区虽然有着优越的地理位置和丰富的红色旅游资源，但随着近年旅游业的迅速发展，旅游产品同质化的现象也日趋明显。但是将军渡黄河水利风景区并没有形成系统的黄河文化旅游品牌经营战略，且尚未对将军渡黄河水利风景区进行全方位的开发。将军渡黄河水利风景区需要更深一步完善环境，针对分析市场、细化市场，规划出将军渡黄河水利风景区特色品牌的战略部署，以此获取更多客源，在很大程度上影响了将军渡黄河水利风景区旅游品牌的构建。

2.3 旅游活动形式单一

将军渡黄河水利风景区旅游活动形式较为单一[2]。该景区以"晋冀鲁豫野战军强渡黄河纪念地"为依托，沿临黄大堤兴建，是省级红色旅游线路上的重要景区，有着丰富的红色旅游资源和良好的自然生态环境，但将军渡黄河水利风景区通常只是作为爱国主义教育基地，学校、社会团体、企事业单位、各级党政机关前来接受中国革命传统教育的洗礼，旅游产品形式单一、不够丰富，前来的游客参与度低，旅客现实体验感不好。

3 开发策略初探

（1）坚持走可持续发展道路，在开发中保护环境和生态。改变原来为了经济利益最大化而破坏自然生态环境的发展途径，逐步走上可持续发展的道路。旅游资源开发时要遵守国家政策，对历史文物和自然生态环境进行保护。坚持旅游资源保护性开发原则，对将军渡黄河水利风景区进行科学利用和开发。例如，可以将将军渡的红色文化与红色景区的村落结合起来，依托红色基因发展红色旅游民宿项目，为外出郊游或远行的游客提供个性化住宿场所。

（2）开发特色项目，注重品牌效应，只有满足消费者的需求才能推动旅游品牌的建设和提升。根据将军渡旅游资源及本地旅游市场现状，将将军渡黄河游览区主题形象定位为"红色旅游精品景区"。以"刘邓大军强渡黄河，千里挺进大别山"的战略起点这一亮点，全力打造精品旅游景观。例如，在广场搭建"红色舞台"，进行革命事迹的表演等；安排由当地革命历史事件、革命历史人物在强渡黄河、人民支前的事迹编著成豫剧、话剧等大型实景演出；可培训当地居民进行表演，既提高了居民对红色旅游的参与性，又增强了游客对历史的了解，加深对孙口乡红色旅游地的印象，也可要求游客一起参与演出；可设置一些游客能参与的互动游戏，以服装租借的形式给游客提供服装等道具，让游客也穿上革命服装做一回革命战士；也可以制作体现红色文化的物品作为将军渡的旅游纪念品来出售，在展现红色文化的同时也能提高该景区的旅游收入。这些都可以使游客身临其境地感受到军民团结、浴血奋战凝成的渡河精神。发挥"将军渡"的红色教育功能，借助红色旅游资源打造红色旅游品牌[3]。

（3）加强将军渡黄河游览区红色旅游的宣传推广。坚持以市场需求为导向，以红色旅游区为市场卖点。针对不同的客源市场制定和实施不同的市场营销战略，利用不同旅游文化节庆活动、微博、微信公众号、抖音短视频等各种渠道进行宣传销售；加强台前县与濮阳市等地区旅游景点的联动效应，联合濮阳市中华第一龙、东北庄杂技、清丰单拐冀鲁豫边区、范县毛楼黄河风景区、濮阳县渠村黄河湿地等其他景区、景点形成互动联合的宣传促销网络体系，发挥其群体效应[2]，并积极参加省市级的旅游推介活动；利用政府对红色旅游的扶持，形成政府直接面向市场的拉动宣传，打造红色旅游品牌，从而提高将军渡黄河游览区红色旅游的知名度和影响力。

（4）提升将军渡黄河文化认知度，加强对将军渡黄河水利风景区旅游资源的管理，让将军渡黄河文化旅游以一种新的形式出现在大众面前。要深入贯彻习近平总书记2019年9月在黄河流域生态保护和高质量发展座谈会上的讲话精神；要深入挖掘将军渡红色旅游资源历史价值，讲好黄河故事，弘扬和延续革命时期所传承下来的红色文化精神。例如，在主体纪念馆中利用高科技手段，集电学、光学、声学、立体图画为一体，展现刘邓大军渡河和鲁西南战役的真实画卷，入室使人有身临其境、亲闻其声之感。

（5）加强基础设施建设。对将军渡黄河水利风景区的基础设施建设加大资金投入。从交通、餐饮、住宿以及其他各个方面努力提升将军渡黄河水利风景区旅游接待服务水平，营造诚信安全、优质服务的旅游接待环境。例如，在将军渡红色景区应针对老年游客和儿童游客制订发生突发事件的解决方案，针对老年人和儿童制订医疗应急预案，以保证出现突发情况时可以立刻进行妥善处理和救治。

4　结语

在我国红色旅游经济逐渐走强和社会主义精神文明建设工作不断深入的背景下，要深入挖掘将军渡红色旅游资源历史价值，讲好黄河故事，弘扬和延续革命时期传承下来的红色文化精神。

参考文献

［1］邵宁，王为峰. 将军渡畔起宏图 凤鸣台前谱华章 ［N］. 濮阳日报，2022-09-13.
［2］秦艺泷，陈学军. 黑龙江省依兰县红色旅游发展对策探讨 ［J］. 中国经贸刊，2021（4）：61-62.
［3］吕胜男. 乡村振兴背景下红色旅游资源的教育功能与辐射效应 ［J］. 社会科学家，2019（8）：88-94.

水利风景区高质量发展水平评价研究

吴兆丹[1,2]　　王诗琪[3]

(1. 河海大学商学院，江苏南京　211100；2. 江苏省水资源与可持续发展研究中心，江苏南京　210024；
3. 河海大学公共管理学院，江苏南京　211100)

摘　要：对水利风景区高质量发展水平进行评价，可为了解其发展现状及问题、探索发展路径提供依据。界定水利风景区高质量发展内涵并首次构建对应发展水平评价指标体系、评价方法与等级，继而对江苏省 K 水利风景区进行实证分析。结果表明，水利风景区高质量发展水平评价可分水工程建设与管护、水资源配置与安全、水生境保护与治理、水文化弘扬与传承、水经济发展与优化五个准则层，包含 36 项指标；所构建评价模型具有一定实用性，江苏省 K 水利风景区高质量发展水平综合得分为 3.969 分，处于较高发展水平，该结果主要与其较高的客源开发潜力、水旅游项目吸引力等有关。

关键词：水利风景区；高质量发展；层次分析；水文化；水经济

1　引言

水利风景区依托水域（水体）或水利工程，集工程效益、经济效益、环境效益、社会效益于一体，为社会提供宜居、宜游的产业配套资源，是我国实现高质量发展、满足人民群众美好生活需要的重要载体和重要切入点。各级水利部门积极响应中央号召，贯彻落实《全国水利风景区建设发展规划（2017—2025 年）》（简称《规划》），引领水利风景区高质量发展。对水利风景区高质量发展水平进行全面科学的评价，是引导水利风景区高质量发展的前提，有利于水利风景区高效管理运营以及充分发挥综合效益，提高人民群众的幸福感与安全感。

基于水利风景区的功能定位和效益，结合高质量发展的内涵解读，根据《规划》的要求导向，本文将水利风景区的高质量发展界定为：在新时代背景下，水利风景区能够充分发挥其维护水工程设施、保障水资源安全、改善水生态环境、弘扬传承水文化、推动发展水经济等五大功能作用，继而产生经济、社会、生态、文化、工程等多重效益，并最终促进经济有序发展、社会安定和谐、资源配给安全、生态绿色健康、文化传承创新的多系统协调稳定的发展模式。

2　文献综述

已有关于水利风景区评价的研究可分为两类：一类从水利风景区的外部效益入手，主要研究水利风景区发展对经济、社会等宏观层面产生的影响及效应[1]；另一类则从安全、可持续等不同视角对水利风景区发展情况进行评价[2]。有关水利工程高质量发展评价的研究较多，但均仅针对水利工程本身，涉及再生水项目[3]、各省市区水利情况[4]、水利工程环境[5]、黄河流域大型灌区[6] 等。此外，目前关于旅游业高质量发展的研究较多[7-8]，但其中针对水利旅游的颇少，且多集中于我国主要流域[9]。

综上，目前尚无研究对水利风景区的高质量发展水平进行评价，从而不能为水利风景区高质量发

基金项目：江苏省社会科学基金项目（22GLB018）；中央高校基本科研业务费专项（B200207041）。
作者简介：吴兆丹（1988—），女，副教授，硕士生导师，研究方向为水利经济、水资源管理与环境规制。

展路径选择提供切实依据。因此，本文将结合上述相关文献，综合水利风景区和高质量发展特点，首次构建水利风景区高质量发展水平评价模型，试图一定程度地弥补上述研究内容的不足。

3 水利风景区高质量发展水平评价模型构建

3.1 水利风景区高质量发展评价指标体系构建

基于对水利风景区高质量发展的内涵界定，本文将遵循整体性、科学性、客观性等评价原则构建水利风景区高质量发展水平评价体系。以"水利风景区评价""水利高质量发展""水利旅游""幸福河"等为关键词对相关文献进行检索，选择其中 10 篇具有代表性的文献作为本文构建水利风景区高质量发展评价指标体系的依据[1-2,4,6,10-15]。通过参考《水利风景区评价标准》（SL 300—2013）的评价指标，归纳总结已有文献，结合实际情况，最终设置水工程建设与管护、水资源配置与安全、水生境保护与治理、水文化弘扬与传承、水经济发展与优化 5 个准则层，构建出水利风景区高质量发展的评价指标体系（见表 1），共包含 13 项一级指标、36 项二级指标。

表 1 水利风景区高质量水平评价指标体系

目标层 A	准则层 B	一级指标层 C	二级指标层 D
水利风景区高质量发展评价（A）	水工程建设与管护（B1）	水工程建设（C1）	主体工程规模（D1）
			工程景观观赏性（D2）
		水工程维护（C2）	运维费用保证率（D3）
			工程设备运行情况（D4）
			修复及时情况（D5）
			管护精细度（D6）
		景区管理（C3）	管理体系科学性（D7）
			日常管理水平（D8）
	水资源配置与安全（B2）	水资源集约利用（C4）	单位游客接待量用水量（D9）
		水旱灾害安全防护（C5）	防洪达标率（D10）
			水利信息化指数（D11）
			水旱灾害损失率（D12）
	水生境保护与治理（B3）	水生态环境质量（C6）	水质达标情况（D13）
			水循环畅通情况（D14）
			水体生物丰富度（D15）
			废水达标排放率（D16）
		水土保持质量（C7）	水土流失综合治理率（D17）
			林草覆盖率（D18）

续表 1

目标层 A	准则层 B	一级指标层 C	二级指标层 D
水利风景区高质量发展评价（A）	水文化弘扬与传承（B4）	水文化内涵（C8）	水文化底蕴（D19）
			水工程文化元素丰富度（D20）
			水利遗产资源丰富度（D21）
		水文化传承（C9）	传统水文化保存情况（D22）
			与当地文化融合程度（D23）
			水文化科普资源丰富度（D24）
		水文化价值（C10）	主题文化园或设施数量（D25）
			地域特色展示程度（D26）
			文化衍生品种类（D27）
			红色文化资源丰富度（D28）
	水经济发展与优化（B5）	水旅游发展（C11）	水旅游产值（D29）
			就业带动作用（D30）
			年接待游客量（D31）
		水旅游潜力（C12）	水旅游项目吸引力（D32）
			客源开发潜力（D33）
		产业结构优化（C13）	第三产业产值占比增幅（D34）
			第三产业职工收入增幅（D35）
			单位产值能耗降幅（D36）

3.2 水利风景区高质量发展水平评价模型

参照杨旭等[16]相关研究，本文采用层次分析法得到水利风景区高质量发展评价指标体系中各指标对应目标层的权重 ω_i，$i = 1, 2, \cdots, 36$。由于上述所构建各项指标均为正向指标，这里按表 2 所示等级与分值对应关系，依据指标水平确定指标值。综合评价值按式（1）计算：

$$S = \sum_{i=1}^{n} \omega_i K_i \quad (i = 1, 2, \cdots, 36) \tag{1}$$

式中　S——水利风景区高质量发展水平综合评价值；

　　　ω_i——指标 i 对应目标层的实际权重；

　　　K_i——指标 i 的值；

　　　n——指标个数，$n = 36$。

结合 S 的值和评价等级与分值对应关系，可以得到水利风景区的高质量发展水平等级。

表 2　水利风景区高质量发展水平评价等级与分值对应关系

综合评价值	0~1	1~2	2~3	3~4	4~5
对应水平等级	低	较低	中等	较高	高

4　水利风景区高质量发展评价实证分析

江苏省 K 水利风景区位于江苏省常州市溧阳市境内，水域面积约 25 km²，为水库型水利风景区。景区内现有四大游览板块，集休闲度假、农业观光、露营登山于一体。基于层次分析法，邀请 6 名领域专家对江苏省 K 水利风景区高质量发展水平进行评估。表 3 为江苏省 K 水利风景区高质量发展水平评分调查表。

表3 江苏省 K 水利风景区高质量发展水平评分调查表

准则层指标 B（ω_i）	一级指标 C（M_i，ω_i）	二级指标 D（M_i，ω_i）	好（5分）	较好（4分）	一般（3分）	较差（2分）	差（1分）
B1（0.045 2）	C1（0.671 9，0.030 4）	D1（0.833 3，0.025 3）			√		
		D2（0.166 7，0.005 1）		√			
	C2（0.229 8，0.010 4）	D3（0.201 8，0.002 1）		√			
		D4（0.053 4，0.000 6）	√				
		D5（0.290 4，0.003 0）		√			
		D6（0.454 4，0.004 7）		√			
	C3（0.098 3，0.004 4）	D7（0.500 0，0.002 2）	√				
		D8（0.500 0，0.002 2）		√			
B2（0.073 4）	C4（0.333 3，0.024 5）	D9（1.000，0.0245）		√			
	C5（0.666 7，0.048 9）	D10（0.102 0，0.005 0）			√		
		D11（0.725 8，0.035 5）		√			
		D12（0.172 1，0.008 4）		√			
B3（0.055 4）	C6（0.199 8，0.035 0）	D13（0.282 5，0.009 9）			√		
		D14（0.182 7，0.006 4）		√			
		D15（0.163 5，0.005 7）	√				
		D16（0.371 3，0.013 0）		√			
	C7（0.116 9，0.020 4）	D17（0.833 3，0.017 0）			√		
		D18（0.166 7，0.003 4）	√				

续表 3

准则层指标 B（ω_i）	一级指标 C（M_i，ω_i）	二级指标 D（M_i，ω_i）	好（5分）	较好（4分）	一般（3分）	较差（2分）	差（1分）
B4（0.234 8）	C8（0.332 5，0.078 1）	D19（0.400 0，0.031 2）	√				
		D20（0.200 0，0.015 6）		√			
		D21（0.400 0，0.031 2）		√			
	C9（0.527 8，0.123 9）	D22（0.614 4，0.076 1）		√			
		D23（0.117 2，0.014 5）	√				
		D24（0.268 4，0.033 3）	√				
	C10（0.139 6，0.032 8）	D25（0.528 8，0.017 3）		√			
		D26（0.116 0，0.003 8）		√			
		D27（0.059 9，0.002 0）	√				
		D28（0.295 3，0.009 7）			√		
B5（0.591 3）	C11（0.163 4，0.096 6）	D29（0.029 9，0.020 3）		√			
		D30（0.240 2，0.023 2）		√			
		D31（0.549 9，0.053 1）		√			
	C12（0.539 6，0.319 1）	D32（0.500 0，0.159 6）			√		
		D33（0.500 0，0.159 6）	√				
	C13（0.297 0，0.175 6）	D34（0.259 9，0.045 6）		√			
		D35（0.327 5，0.057 5）			√		
		D36（0.412 6，0.072 5）		√			

注：表中括号内数字依次为对应指标的相对权重值与实际权重值。

根据表 3 的打分结果，得到江苏省 K 水利风景区高质量发展水平的综合评价得分为 3.969 分，可见该水利风景区目前的高质量发展情况属于较高水平。

从各指标的实际权重分析得出，水旅游项目吸引力、客源开发潜力、传统水文化保存情况、单位产值能耗降幅、第三产业职工收入增幅的实际权重较高，分别为 0.159 6、0.159 6、0.076 1、0.072 5、0.057 5，说明其在所有指标中的重要性较高，需重点改进。从各指标对 K 水利风景区高质量发展水平贡献率分析得出，最高的五个指标是客源开发潜力、水旅游项目吸引力、传统水文化保存情况、单位产值能耗降幅、年接待游客量，贡献率分别为 20.11%、12.06%、7.67%、7.31%、5.35%。其中，客源开发潜力的权重最高，且在实际发展中评价得满分；水旅游项目吸引力权重与客源开发潜力并列第一；传统水文化保存情况权重也较高，得分为 4 分；单位产值能耗降幅得分也为 4 分，但权重略低于传统水文化保存情况；年接待游客量的权重与得分在前五个指标中均为最低。

通过上述分析得出，江苏省 K 水利风景区在其高质量发展之路上要最为关注权重与贡献率双高的指标，即客源开发潜力、水旅游项目吸引力、传统水文化保存情况和单位产值能耗降幅；年接待游客量的权重处于中等水平，但对综合评价分数的贡献率较高，因此是该水利风景区需要重点关注的对象；对于权重较高但实际得分不高、贡献率一般的方面，如第三产业职工收入增幅，需要在实际项目运作中进行改善，争取更高的评分。

5 结语

本文对水利风景区高质量发展内涵进行了界定，构建了对应发展水平评价指标体系、评价方法与等级，继而以江苏省 K 水利风景区为例，评价其实际发展中的高质量水平并分析其主要成因，得到研究结论如下：

（1）水利风景区高质量发展评价指标体系可基于水工程建设与管护、水资源配置与安全、水生境保护与治理、水文化弘扬与传承、水经济发展与优化五个维度，包含主体工程规模、工程景观观赏性、运维费用保证率等 36 项指标。

（2）根据实证分析可以得到所构建评价模型具有一定实用性，江苏省 K 水利风景区高质量发展水平综合得分为 3.969 分，处于较高发展水平，其中客源开发潜力、水旅游项目吸引力、传统水文化保存情况、单位产值能耗降幅、年接待游客量等对其贡献率最高，分别为分别为 20.11%、12.06%、7.67%、7.31%、5.35%。

结合本文所构建水利风景区高质量发展水平评价指标，我国水利风景区在推进高质量发展进程中，首先应始终围绕水利风景区的五大功能特点展开，重点把握其中权重较高的指标，以高效提升发展水平。其次，在巩固水利主体功能、守住绿色生态底线、保护景区资源的前提下，应充分挖掘景区资源潜力，利用好丰富多样的资源禀赋，打造具有影响力的水利风景区品牌，创造产业融合新模式。最后，充分发挥水利风景区的社会服务功能，为公众提供优美的生态环境以及便民休闲设施，弘扬水文化。

参考文献

［1］刘菁，唐德善，郝建浩，等．水利风景区规划环境影响评价指标体系构建［J］．水电能源科学，2017，35（7）：109-112，193.

［2］董青，汪升华，于小迪，等．水利风景区建设后评价体系构建［J］．水利经济，2017，35（3）：69-74，78.

［3］Vivaldi G A，Zaccaria D，Camposeo S，et al. Appraising water and nutrient recovery for perennial crops irrigated with reclaimed water in Mediterranean areas through an index-based approach［J］. Science of the Total Environment，v820，May 10，2022.

［4］韩宇平，苏潇雅，曹润祥，等．基于熵-云模型的我国水利高质量发展评价［J］．水资源保护，2022，38（1）：26-33，61.

［5］腾延娟．水利高质量发展的环境约束性指标研究［J］．黄河水利职业技术学院学报，2021，33（2）：12-16.

［6］左其亭，姜龙，马军霞，等．黄河流域高质量发展判断准则及评价体系［J］．灌溉排水学报，2021，40（3）：1-8，22.

［7］王婷，姚旻，张琦，等．高质量发展视角下乡村旅游发展问题与对策［J］．中国农业资源与区划，2021，42（8）：140-146.

［8］左鑫，唐业喜，袁媛，等．张家界旅游经济高质量发展评价及阻碍因素研究［J］．统计与管理，2021，36（6）：110-115.

［9］华萍，王彦会，张艺缤．黄河流域文旅产业高质量发展水平测度与提升对策研究——以河南省为例［J］．对外经贸，2021（11）：91-94.

［10］靳春玲，李燕，贡力，等．基于未确知测度理论的幸福河绩效评价及障碍因子诊断［J］．中国环境科学，2021：1-15.

［11］王子悦，徐慧，黄丹姿，等．基于熵权物元模型的长三角幸福河层次评价［J］．水资源保护，2021，37（4）：69-74.

［12］阎友兵，欧阳旻．基于新发展理念的红色旅游高质量发展评价指标体系构建及应用——以韶山市为例［J］．旅游论坛，2021，14（6）：29-40.

［13］贡力，田洁，靳春玲，等．基于ERG需求模型的幸福河综合评价［J］．水资源保护，2021：1-12.

［14］陈茂山，王建平，乔根平．关于"幸福河"内涵及评价指标体系的认识与思考［J］．水利发展研究，2020，20（1）：3-5.

［15］张家荣，刘建林．陕南现代水利评价指标体系及方法研究［J］．中国农业资源与区划，2020，41（8）：196-204.

［16］杨旭，邓远建，屈雪．林业高质量发展水平评价研究——以贵州省为例［J］．武汉交通职业学院学报，2020，22（1）：18-27.

水利风景区研学旅行资源开发研究——以兰考黄河水利风景区为例

卢玫珺　王红炎　宋海静

（华北水利水电大学建筑学院，河南郑州　450046）

摘　要：水利风景区能为研学旅行的开展提供丰富的自然、人文景观资源等基础条件。本文以兰考黄河水利风景区为例，基于水利风景资源视角，结合研学旅行课程要求，论述了兰考黄河水利风景区研学旅行资源开发中存在的问题以及相应发展策略。分析表明，兰考黄河水利风景区的研学旅行资源存在种类单一、体验性差等问题，建议其研学旅行资源开发以资源整合为依托，从创新研学形式和提升研学旅行体验性两方面，对景区的研学旅行资源进行深入开发和挖掘，充分发挥景区研学旅行资源的价值。

关键词：水利风景区；研学旅行；资源开发；兰考黄河水利风景区

1　引言

伴随着人们生活水平的提高以及教育改革的推进，近几年中小学课程对学生综合实践能力培养与提升提出了更高的要求，而研学旅行作为一种综合实践活动形式也逐渐被大家所重视和喜爱。"研学旅行"一词在 2013 年国务院发布的《国民旅游休闲纲要（2013—2020 年）》中正式提出，明确今后要"逐步推进中小学生研学旅行"。2016 年 1 月，国务院、中共中央办公厅印发《关于进一步加强青少年体育增强青少年体质的指导意见》，要求全面推行中小学生研学旅行。2016 年 11 月，教育部印发了《关于推进中小学生研学旅行的意见》，提出研学旅行是国家义务教育和普通高中义务课程方案规定的必修课程，是基础教育课程体系的重要组成部分；要把研学旅行纳入学校教育教学计划，与综合实践活动课程统筹考虑，促进研学旅行与学校课程有机融合。国家旅游局于 2016 年发布《研学旅行服务规范》（LB/T 054—2016），对研学旅行基本内容及要求进行了规定。研学旅行自此进入了发展的高峰期。

研学旅行活动通常在综合实践基地、大型公共设施、知名院校和自然保护地等场所进行，多依托场地中丰富的自然与文化遗产、红色教育以及其他有一定特色的资源开展研学教育活动[1]。水利风景区是水利部门维护河湖生态健康、传播弘扬水文化的重要载体，具有丰富的水利风景资源与环境条件，是开展研学旅行的重要组成部分。但目前国内关于研学旅行资源的挖掘多是一些旅游目的地的具体项目的实践研究，关于水利风景区研学旅行资源开发还存在诸多问题。因此，本文对水利风景区研学旅行资源的开发进行探讨，并以兰考黄河水利风景区为例，对景区当前的研学旅行资源现状进行分析，针对景区研学旅行资源的开发提出相关策略和建议。

2　水利风景区研学旅行资源开发优势

《关于推进中小学研学旅行的意见》明确指出："中小学生研学旅行是教育部门和学校有计划地

作者简介：卢玫珺（1970—），女，教授，主要从事水利风景区相关研究工作。

通信作者：王红炎（1998—），女，在读硕士研究生，主要从事水利风景区相关研究工作。

组织安排,通过集体旅行、集中食宿方式开展的研究性学习和旅行体验相结合的校外教育活动。"因此,研学旅行的核心是以课程为主导,以实践为载体的研究性学习和旅行体验。新修订的《水利风景区管理办法》指出:水利风景区是指以水利设施、水域及其岸线为依托,具有一定规模和质量的水利风景资源与环境条件,通过生态、文化、服务和安全设施建设,开展科普、文化、教育等活动或者供人们休闲游憩的区域[2]。其主要功能是在不影响水利工程正常运行的前提下,通过水利风景区的建设来维护河湖健康生命,保护、传承和弘扬水文化。从研学旅行需求和水利风景区的优势来看,水利风景区与其他自然保护地及综合实践基地相比,其较好的发展背景、资源优势及开发潜力可以多方面满足研学旅行的需求。

2.1 政策优势

水利部将水利风景区工作纳入《"十四五"水安全保障规划》《"十四五"水文化建设规划》《"十四五"水利科技创新规划》,其中《"十四五"水文化建设规划》明确提出要依托国家水利风景区等面向社会公众宣传展示博大精深、内涵深厚的黄河文化,针对中小学生研发黄河历史故事、研学旅游课程。同时,文化和旅游部将水利风景区纳入《"十四五"旅游业发展规划》,明确提出推动重大水利工程水利风景区建设、提升水利风景区文化内涵、以水利风景区为平台载体建设水利科普基地、促进水利风景区高质量发展等任务要求。这些文件的出台,对水利风景区研学旅行的发展起到了重要的作用。

2.2 开发潜力

2.2.1 数量大,分布范围广

截至 2021 年底,我国水利风景区数量已达到 902 家,整体上呈现出数量大、分布范围广的特点(见图 1),这为研学旅行活动的开展提供了场地条件。

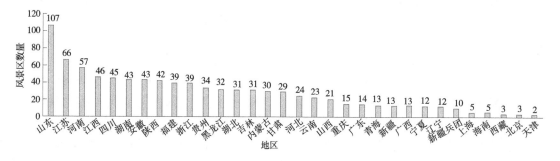

图 1 国家水利风景区区域分布数量

2.2.2 生态环境优良

水利风景区以河湖水域岸线为依托,形成了优美的生态环境,为研学旅行提供了适宜的户外环境空间。2021 年底,对 902 家国家水利风景区的抽样调查发现,620 家国家水利风景区当中有 86% 的水利风景区水质达到Ⅲ类及以上,其中达到Ⅰ类水质的有 61 家,达到Ⅱ类水质的有 231 家;水利风景区内水土流失综合治理面积约 20 800 km²,林草覆盖面积约 8 900 km²,河湖生态岸线总长度约430 km。

2.2.3 文化科普氛围浓厚

水利风景区依托水利工程设施形成了丰富的水利文化资源。2021 年底,对 902 家国家水利风景区的抽样调查发现,620 家国家水利风景区中有 40% 的景区具有水利遗产资源,资源文化价值和可开发潜力巨大;30% 景区对已有旧场所、设施(废旧水利设施、老旧闲置厂房)进行再次开发利用,成为展示水利历史和水利文化的理想场所;70% 景区已建成水文化科普场馆。其中,建有户外水文化科普场所的有 211 家,设有文化科普设施的有 328 家,开发文创产品的有 138 家(见表 1),文化科普实现年接待人数近 650 万人次,这些场馆场所、设施的建设,文创产品的开发,为各地传承弘扬、展示宣传水利文化提供丰富的空间和载体。

表1 水利风景区文化科普建设情况 (抽样调查)

科普场馆名称	数量	占比/%
户外水文化科普场所	211	34
文化科普设施	328	53
开发文创产品	138	22

2.3 资源优势

水利风景区是以水利设施、水域及其岸线为依托而形成的水生态、水景观、水文化等风景资源集聚的区域，而水利风景资源是因水利风景区的建设形成的自然、景观资源，更是因水利设施而形成的人对自然环境感知、认知和景观塑造形成的文化资源[3]。因此，对水利风景区研学旅行活动的开展具有较好的资源优势和特色。

研学旅行资源是开展研学课程设计的基础内容，水利风景区研学旅行资源的开发需在水利风景资源调查的基础上结合研学旅行课程设计及义务教育课程方案和课程标准的要求进行挖掘。教育部等11个部门联合发布的《关于推进中小学生研学旅行的意见》，将研学旅行课程内容划分为地理类、自然类、历史类、科技类、人文类、体验类等六个方面。按照研学旅行的课程设计内容，将水利风景区研学旅行资源进行分类划分 (见表2)，可以发现水利风景区研学旅行资源开发具有较好的优势，水利风景资源对研学课程内容的六大类型均有涉及。

表2 水利风景区研学旅行资源分类

研学旅行课程内容分类	对应的水利风景资源
地理类	水文地貌、水利地理环境、河床及河湖演变、水土保持等
自然类	河湖水域岸线及水体景观、水文水资源等
历史类	重要历史人物及事件、治水历史、治水产生的相关历史遗迹等
科技类	水利科技、水生态保护与修复措施、河湖治理、水利工程运行原理、洪水预警预演预案等
人文类	基本水情、水利常识 (用水、节水、护水等行为常识)、治水文化 (水利遗产、治水历史、治水理念、治水方略、治水精神、治水成就、重要治水人物、水利文学艺术、与水有关的哲学思想、价值观念等)、水利法治、党领导人民治水的红色资源等
体验类	智慧水利、节水环保设施、虚拟现实体验水利工程构造等

3 兰考黄河水利风景区研学旅行资源开发

3.1 兰考黄河水利风景区研学旅行的资源禀赋

兰考黄河水利风景区是依托临黄堤防、东坝头险工、三义寨引黄闸、黄河等水利工程而建的自然河湖型水利风景区，其依托黄河自然景观，结合沿黄水利工程设施和历史遗迹及焦裕禄带领兰考人民不断与风沙抗争的丰功伟绩，形成了景区内丰富的水利风景资源，也为研学旅行资源的开发提供了独特的环境条件。根据景区的水利风景资源并结合研学旅行课程设计内容对景区资源进行梳理 (见表3)。

表3　兰考黄河水利风景区研学旅行资源分类

研学旅行课程内容分类	对应的兰考黄河水利风景资源
地理类	东坝头黄河滩地、沙丘
自然类	东坝头黄河
历史类	黄河故道、铜瓦厢黄河改道处、南北庄黄河决口处、四明堂黄河决口处、兰考1952、兰坝铁路支线、杨庄小学旧址
科技类	东坝头电灌站、蔡集黄河控导工程暨三义寨渠首闸、兰杞干渠分水闸、夹河滩黄河护滩工程、三义寨人民跃进渠、东坝头和杨庄黄河险工、东坝头黄河控导工程、四明堂黄河险工、黄河防洪工艺教学坝、兰考黄河滩区综合治理
人文类	焦裕禄精神、治黄文化长廊、毛主席视察黄河纪念亭、35号坝抗洪抢险纪念地、安澜石、张庄村
体验类	万步研学路、黄河防洪工艺教学坝

3.2　兰考黄河水利风景区研学旅行资源开发的困境

3.2.1　资源缺乏深度整合

景区内水利风景资源虽然数量与类型丰富、分布广泛，但从景区资源开发的整体性来看，怎样通过研学旅行课程的设计将不同主题的资源进行开发整合，形成一套完备的研学课程体系是需要考虑的问题。

3.2.2　研学资源的体验性不强

景区目前的资源主要以静态的展示为主，在一定程度上会影响研学旅行整体的体验感和参与感。研学旅行是通过校外实践活动来增强学生的综合实践能力的一种手段，兰考黄河水利风景区研学旅行资源的开发与传统的研学基地相比有所创新，增强了学生的体验性与参与感，以提高水利风景区研学旅行对学生的吸引力。

3.2.3　水利风景资源与研学旅行的融合发展

水利风景资源除包含与水利设施及其岸线相关联的工程和自然资源，同时含一定历史时期治水人物的治水思路、治水故事等人文历史资源。但怎么利用这些自然和历史人文资源开展研学活动，怎么提高学生对水利历史资源的研究性、探索性及体验性，还需要进一步考虑如何将水利风景资源转化成研学旅行产品。

4　兰考黄河水利风景区研学旅行资源开发的路径

4.1　整合开发水利风景资源

对研学旅行来说，课程组合的丰富度与吸引力成正比。兰考黄河水利风景区有着丰富的与水利相关的人文和自然资源，但如果只针对兰考黄河水利风景区内部的水利风景资源进行研学旅行课程设计的开发会比较单一，这样产生的吸引力也会有限。因此，可以考虑"兰考黄河水利风景资源+N"的模式，整合开发景区的水利风景资源。一方面在利用好水利设施、水域及其岸线等现有资源的基础上，对这些水利设施所涉及的人物和故事这类无形的文化资源进行进一步挖掘，并通过文化塑造形成具有兰考黄河水利风景区特色的研学旅行资源；另一方面可以综合考虑景区周边的相关资源，以兰考黄河水利风景区为主体打造出"黄河+N"的主题，促进景区与兰考县当地的融合发展。

4.2　创新水利风景资源的利用方式

研学旅行是一项综合性校外实践活动，其强调一定的互动体验过程，因此在进行研学旅行资源开发的同时应兼顾资源在体验性方面的使用价值。兰考黄河水利风景区可以水利风景资源为主线，以现有的科技基础为技术支撑，以体验式活动为亮点来活化兰考黄河的水利风景资源，让中小学生通过自身的体验去了解、学习课程知识。例如，兰考黄河水利风景区可以在挖掘兰考黄河历史文化资源的基础上，利用科技技术设置科技类体验项目，让学生们体验从文化上的认知转化到情感层面的认同，让研学旅行教育的目的在旅行活动中自然而然地产生。

4.3 挖掘水利风景资源的研学特色

目前，兰考黄河水利风景区研学旅行课程主要与兰考县域内的资源相结合，利用景区内一些突出的资源点形成研学旅行开展的场地，未来仍需要进一步加强景区内资源的统筹与协调，挖掘兰考黄河的特色资源。通过对兰考黄河水利风景区资源现状的分析，并结合研学课程设计的内容来看，兰考黄河水利风景区特色研学旅行资源的开发目前可从以下两方面进一步开展：一是结合中小学课程内容标准，进一步分类梳理兰考黄河的资源，着重突出兰考黄河特色的黄河文化、景观、历史等特色资源，找准兰考黄河水利风景区与其他水利风景区及研学场地的不同，突显景区开展研学旅行的特色；二是将景区内各资源点通过主题进行串联，针对不同年龄段的学生开设不同主题的研学产品，使得景区形成具备系统性、可操作性的水利风景区研学旅行课程。

5 结语

开发水利风景区研学旅行资源是发挥水利风景区教育功能性质的一项重要基础工作。但目前水利风景区研学旅行资源的开发还处于起步阶段，还存在研学资源类型单一、体验性差等问题，这些都阻碍了水利风景区研学产业的进一步发展。水利风景区作为保护、传承和弘扬水文化的重要载体，未来还需要从整合开发水利风景资源、创新研学资源的利用形式、增强研学产品的体验性方面入手，并结合研学课程设计的需求对水利风景区研学旅行资源进一步挖掘，以更好地发挥水利风景区服务社会的功能属性，促进水利风景区的可持续发展。

参考文献

[1] 郭锋涛，段玉山，周维国，等．研学旅行课程标准（二）——课程结构、课程内容 [J]．地理教学，2019，(6)：4-7.

[2] 水利部．水利部关于印发《水利风景区管理办法》的通知 [J]．中华人民共和国国务院公报，2022（19）：53-56.

[3] 李灵军，韩凌杰，宋亚亭．国土空间规划背景下水利风景区规划思路探析 [J]．水利经济，2021，39（4）：14-18，77.

水利遗产若干概念发展脉络探析

赵晓萌　宋海静　卢玫珺

（华北水利水电大学建筑学院，河南郑州　450046）

摘　要：在正式启动国家水利遗产认定工作的背景下，水利遗产战略地位日益凸显，水利遗产内涵丰富，
对于水利遗产的概念研究是水利遗产事业发展的基础，为了揭示水利遗产概念的发展脉络，本文
通过梳理水利遗产方面的国家政策、专家学者对水利遗产相关的界定，研究表明水利遗产包括工
程性和非工程性两大类型，兼具物质与非物质的属性，为后续开展水利遗产价值评估和保护利用
提供理论支撑。

关键词：水利遗产；概念；属性

1　引言

随着都江堰、大运河等入选世界遗产名录，灵渠、姜席堰等入选世界灌溉工程遗产，国家对水利遗产关注度显著提高。2021年10月，水利部印发《关于加快推进水文化建设的指导意见》对国家水利遗产资源调查、认定、管理体系三方面进行指导。随后，水利部办公厅下发《关于开展国家水利遗产认定申报工作的通知》，自此正式启动国家水利遗产认定工作，一系列政策的颁布使水利遗产地位日益凸显，为水利遗产带来前所未有的发展机遇。水利遗产内涵丰富，认识梳理水利遗产的概念发展对推进水利遗产事业具有重要意义。鉴于此，本文对水利遗产内涵的认识过程进行系统梳理，总结水利遗产各阶段研究特点，旨在厘清水利遗产概念与含义，为后续开展水利遗产价值评估和保护利用提供理论支撑。

2　水利及遗产的定义

水利遗产是具有鲜明水利特色的文化概念，阐述水利遗产内涵，可以从水利及遗产定义入手。

2.1　水利的定义及特点

"水利"一词最早见于战国末期《吕氏春秋》中的《孝行览·慎人》篇，取水利指捕鱼之利；司马迁所著《史记·河渠书》作为中国第一部水利通史，其中水利一词具有防洪、治河、凿渠、漕运、灌溉等除害兴利的工程含义；《明史·太祖本纪》中，水利专指水利工程。"水利"自古有之，其概念各时期有所不同。1933年，中国水利工程学会第三届年会第一次对"水利"概念做出明确界定，将水利概括为：人类社会为了生存和发展的需要，采取各种措施，对自然界的水和水域进行控制和调配，以防治水旱灾害，开发利用和保护水资源，包含防洪、排水、灌溉、水力、水道、给水、污渠、港工八种工程，这里依然比较强调水利的工程含义。20世纪后半叶增加了水土保持、水资源保护、环境水利和水利渔业等新内容。"水利"的内涵不断拓展，从狭义的水利工程拓展到对水资源的利用和保护。

2.2　遗产的概念及内涵

"遗产"一词在古籍《后汉书》中首次出现："（郭）丹出典州郡，入为三公，而家无遗产，子

作者简介：赵晓萌（1995—），女，在读硕士研究生，主要从事水利遗产相关研究工作。
通信作者：卢玫珺（1970—），女，教授，主要从事水利风景区相关研究工作。

孙困匮。"很长一段时间,其内涵具体是指由个人或者家族中的祖先遗留下来的物品,主要是指有形的物品,随后又延伸为房舍、钱币和农业工具等;到近代之后,相关遗产的内涵进一步扩展,将其界定为能够进行世代累积,同时被后世加以传承的物质或者精神层次的财富。现在通行的遗产定义是1972 年联合国教科文组织通过的《保护世界文化与自然遗产公约》中提出的,列举文化遗产为:文物、建筑群、遗址及相关文化景观,也是国际上对文化遗产的最早定义。2003 年,联合国教科文组织通过了《保护非物质文化遗产公约》,非物质文化遗产从此成为独立的遗产类型,其定义为由各族群、团体、个人所视为其文化遗产的各种实践、表演、表现形式、知识体系和技能及其有关的工具、实物、工艺品和文化场所。

2.3 水文化、水利文化的内涵辨析

水利遗产概念的界定是随着人们对水利遗产认识不断深入而变化的。"水利遗产"一词出现伊始,同时并行诸如水文化、水利文化等多个概念泛指交叉且相近的词汇。

早在 1983 年,由中国水利史研究会针对水利文物被破坏、古代工程被盲目拆除改建的情况,在江苏水利上发表的建议书中率先使用"水利遗产"一词,在建议的四条内容中,包含保护现存的古代水利工程和文物,对重要的水利典籍的整理、枝点、注释和出版,水利史、志的研究编写,收集古籍、档案资料和地方志中记载的水旱灾害史料四个方面。可见"水利遗产"一词是水利史研究会在水利方面相关文物的基础上提出来的,虽未进行明确界定,但已经从文物的角度关注到包含像水利工程、文物、水利典籍等这样可见的与水利直接相关的物质与非物质类的水利遗存,此对于水利遗产的理解是相对全面的。

20 世纪 80 年代以来,立足于中国文化的深刻反思,我国的思想文化领域兴起"文化"热,同时,我国水旱灾害频发、洪水威胁、水质污染等相关问题制约我国经济发展,此时以这些问题的认识和解决方略为主要研究内容的"水利文化"被提出,80 年代后,我国水利界发出进行"水利文化"研究的倡议,与此同时,"水文化"的概念也被提出。此后,"水利文化"与"水文化"两种提法并存,且将"水利文化"纳为"水文化"研究的范畴。

1988 年,淮河流域宣传工作会议上,"水文化"一词被提出。1989 年李宗新首次对水文化的概念进行阐释,认为水文化是为人们在从事水事活动中必须共同遵循的价值标准、道德标准、行为取向等一系列共有观念的总和。1990 年,范有林认为,水文化是指水利界根据本民族的传统和本行业的实际,长期形成的共同文化观念、传统习惯、价值准则、道德规范、生活信念和进取目标。1994 年,冯广宏认为水文化包括逐步认识自然水的过程中形成的知识总结。1995 年,冉连起认为水文化是人的生存、发展与水关系的总和。自"水文化"一词被正式提出至此,水文化的概念仅包含了非物质的部分。2000 年,汪德华认为水文化是人类社会历史发展过程中积累起来的关于如何认识水、治理水、利用水、爱护水、欣赏水的物质和精神财富的总和。水文化的概念也从只考虑精神层面转向物质与非物质层面更加全面的研究和探讨。

1996 年,赵建宗认为水利文化是指本行业所特有的意识形态和物质财富的总和。1998 年,徐红罡认为水利文化指人类社会在除水害、兴水利及与此有关的历史实践活动中所创造出来的物质文化与精神文化的总和,同时认为水利文化的研究应当归入中国文化的整体范围内。水利文化的概念相对于水文化出现较晚,但其从研究开始就关注了物质和非物质的水利要素,相对比较全面。

2.4 水文化遗产与水利文化遗产的理论探索

虽然国内学界开始重视水利文化,但相关研究的层次较浅,仅从文化及文化史的角度进行,缺乏对遗产问题的关注。2000 年,都江堰成为我国首个水利主题的世界文化遗产,社会各界开始对水利工程能够作为文化遗产给予关注。相应水文化遗产、水利文化遗产、水利遗产作为主题进入研究领域,并取得相应成果。

2001 年,周洁、白木将坎儿井定义为水文化遗产。2008 年杨利建立水文化遗产坎儿井价值评价体系。2008 年,徐红罡、崔芳芳将广州城市水文化遗产划分为聚落文化遗产、水利文化遗产、园林

文化遗产等六大类，水利文化遗产被作为水文化遗产的组成部分；同年严国泰、赵科科由世界遗产名录中收录的水利文化遗产提出其组成应包括水利发电工程、防洪工程、农田水利工程、河道航运及给排水工程、灌溉工程，强调了水利文化遗产的物质属性。2006 年，谭徐明、张仁铎在重视并研究古代水利的科学内涵中，指出保护、利用水利遗产的必要性。2008 年，张廷皓提出淮安地区运河相关水利遗产课题研究的框架和整体思路。

这一阶段（2000—2008 年）学者认为水文化遗产中包含水利文化遗产的组成部分，水利文化遗产中也隐含水利遗产的部分，同时开始尝试对相关地区层面水利遗产的研究探索。

3　水利遗产概念的提出

2009 年，首届中国水文化论坛对传统水利遗产、物质和非物质水文化遗产展开讨论。水利遗产、水文化遗产在水利部印发的政策文件中出现。2010 年，水利部办公厅印发了《关于开展在用古代水利工程与水利遗产调查工作的通知》，调查对象主要为 1949 年以前兴建的在用水利工程与水利遗产。2011 年，水利部制定了《水文化建设规划纲要（2011—2020 年）》，提出摸清传统水文化遗产，切实保护好各种物质的和非物质的水文化遗产，尤其重视对水利遗产数量、工程规模、工程效益等情况的调查，水利遗产归属水文化遗产的物质遗产层面。在相关政策的引领下，学者展开了对水利遗产、水文化遗产方面的研究。

2012 年，多篇论文涉及水利遗产、水文化遗产。汪健、陆一奇将水文化遗产定义为：人类在水事活动中形成的具有较高历史、艺术、科学等价值的文物、遗址、建筑以及各种传统文化表现形式。张念强认为水利遗产应为物质水文化遗产的范畴，将水利遗产分为古代水利工程、水利辅助设施（如水则）、水神崇拜设施以及古水利档案四类。谭徐明进一步界定，认为水利遗产是水文化遗产的工程部分，2011 年以前一般称为"水利遗产"，是指以工程为主体的文化遗存，根据实际普查结果，认为水文化遗产更能反映遗产的内涵和属性，泛指历史时期人类对水的利用、认知所留下的文化遗存，这种遗存包括工程类和非工程类两大遗产类型，其中工程类水文化遗产以水利工程为核心，其外延包括从属于工程的管理制度及体系，因水管理而产生的水文化活动，因水利工程产生的自然与人文景观。

这一阶段（2009—2012 年）研究认为，水利遗产归属于水文化遗产研究的范畴，以水利工程为主要载体，兼具物质与非物质的属性。

4　水利遗产概念的不断探索

2014 年，李鹏等认为狭义的水利遗产是指具有"杰出的普遍性价值"的古代水利工程及其展现的水利科技、建筑艺术等的文化景观。2017 年，邓俊将"水利遗产""工业遗产""农业遗产"等量齐观，基于价值存在理念，将水利遗产界定为在历史演变进程中，人类基于某种需要进行的水利活动，或者由水利活动产生的各种管理制度、法律规章、景观现象、祭祀仪式、文献典籍等水利文化遗存，包含工程类遗产和非工程遗产的部分，兼有物质、非物质的属性。2018 年，郑晓云提出水利遗产是人类历史上利用水资源在当代留下的历史遗存，包括物质遗产和非物质遗产两个层面。2019 年，刘姝洁提出水利遗产是指人类在水利及相关活动中，创造出的具有突出价值（包括科学价值、文化价值、历史价值、艺术价值、经济价值等）的文化遗物或遗存，形态主要分为物质类和非物质类两种；同期陈海鹰等认为广义的水利遗产是指不同社会发展时期，人类通过水资源开发和管理而形成的水利工程及水利科技、典籍、制度、精神和风俗等各种层面的水利文化景观，同时与其他文化景观相联系，共同构筑所依存地域环境的物质和精神文化基础。

这一阶段（2013 年至今）水利遗产界定进一步深入，水利遗产已经完成从水文化遗产的转变，作为独立的与"工业遗产""农业遗产"并行的遗产类型进行研究，本质上分为工程性和非工程性两大类，具有物质和非物质的属性。

5 结语

本文对水利遗产概念进行系统整理，通过对水利遗产相关概念的辨析，尝试厘清水利遗产的研究范畴和水利遗产的内涵属性。目前，对于水利遗产的概念还没有统一的完整标准，专家学者的解析角度不同，划分类型不一，但其包含的工程性和非工程性两大类型，兼具物质与非物质属性的属性是被广泛认可的。随着国家对水利遗产工作的重视，后续将有更多的实践和理论来支撑水利遗产研究。

参考文献

[1] 赵广和. 中国水利百科全书综合分册 [M]. 北京：中国水利水电出版社，2004.

[2] 中国水利史研究会. 中国水利史研究会的建议书 [J]. 江苏水利，1983 (3)：14.

[3] 李宗新. 水文化研究的现状和展望 [C] //任立良. 陈喜. 章树安. 环境变化与水安全. 北京：中国水利水电出版社，2007：923-929.

[4] 李宗新. 应该开展对水文化的研究 [J]. 治淮，1989 (4)：37.

[5] 范友林. 从水文化的实质谈起 [J]. 治淮，1990 (4)：55.

[6] 冯广宏. 何谓水文化 [J]. 中国水利，1994 (3)：50-51.

[7] 冉连起. 水文化琐论二则 [J]. 北京水利，1995 (4)：59.

[8] 汪德华. 试论水文化与城市规划的关系 [J]. 城市规划汇刊，2000 (3)：29-36.

[9] 赵建宗. 论水利文化 [J]. 中国水利，1996 (10)：51-52.

[10] 李可可. 关于水利文化研究的思考 [J]. 荆州师专学报，1998 (1)：41-43.

[11] 周洁，白木. 保护吐鲁番水文化遗产——坎儿井 [J]. 地下水，2001 (4)：163-164.

[12] 杨利. 吐鲁番水文化遗产 [D]. 乌鲁木齐：新疆大学，2008.

[13] 徐红罡，崔芳芳. 广州城市水文化遗产及保护利用 [J]. 云南地理环境研究，2008 (5)：59-64.

[14] 严国泰. 历史文化名城水利文化遗产再生的思考——以安阳万金渠的景观研究为例 [C] //中国城市规划学会. 生态文明视角下的城乡规划——2008 中国城市规划年会论文集. 大连：大连出版社，2008：3188-3196.

[15] 谭徐明，张仁铎. 应重视并研究古代水利的科学内涵 [J]. 科技导报，2006 (10)：84-86.

[16] 张廷皓. 淮安地区运河及相关水利遗产研究 [J]. 中国名城，2008 (3)：24-30.

[17] 汪健，陆一奇. 我国水文化遗产价值与保护开发刍议 [J]. 水利发展研究，2012 (1)：77-80.

[18] 张念强. 基于价值评估的水利遗产认定 [J]. 中国水利，2012 (21)：8-9.

[19] 谭徐明. 水文化遗产的定义、特点、类型与价值阐释 [J]. 中国水利，2012 (21)：1-4.

[20] 李鹏，董青，司毅兵，等. 水利旅游概论 [M]. 北京：高等教育出版社，2014.

[21] 邓俊. 水利遗产研究 [D]. 北京：中国水利水电科学研究院，2017.

[22] 郑晓云. 欧洲水利遗产的历史内涵与现状 [J]. 中国水利，2018 (11)：61-64.

[23] 刘姝洁. 佛子岭水库水利遗产及保护、开发和利用研究 [D]. 合肥：安徽大学，2019.

[24] 陈海鹰，李向明，李鹏，等. 文化旅游视野下的水利遗产内涵、属性与价值研究 [J]. 生态经济，2019 (7)：141-147.

关于发展黄河入海口文化带的调研报告
——以东营市利津县沿黄乡村百里示范文化长廊建设为例

曹长清

（黄河河口管理局利津黄河河务局，山东东营　257400）

摘　要：2021 年，习近平总书记亲临东营视察并做出一系列重要指示，为黄河三角洲生态保护和高质量发展把脉领航，赋予东营重大使命，为东营发展注入了强大动力。东营市作为黄河入海口城市，是黄河三角洲的中心城市，在黄河文化带打造方面地位特殊、优势明显。黄河流经利津县 74 km，且利津县历史悠久、文化底蕴深厚，在保护、传承、弘扬黄河文化方面贡献突出，具有一定的典型代表性。本文将以东营市利津县沿黄乡村百里示范文化长廊建设为例，剖析当前黄河入海口文化带建设中存在的问题，并就进一步发展建设黄河入海口文化带提出意见建议。

关键词：黄河文化；非遗；文化长廊；精品文艺

近年来，东营市深入贯彻落实习近平总书记关于"深入挖掘黄河文化蕴含的时代价值，讲好'黄河故事'"的一系列重要指示要求，扎实推动黄河国家战略，认真抓好黄河入海口文化带建设，各项工作取得明显成效。本文将以东营市利津县沿黄乡村百里示范文化长廊建设为例，剖析当前黄河入海口文化带建设中存在的问题，并就进一步发展建设黄河入海口文化带提出意见建议。

1　利津县主要做法

黄河流经利津县 74 km，利津县历史悠久、文化底蕴深厚，在保护传承弘扬黄河文化方面贡献突出，具有一定的典型代表性。利津县围绕文明乡风、非遗传承、文化推广以及文旅融合等方面，以沿黄乡村为纽带，积极推进沿黄乡村百里示范文化长廊建设，取得了一系列扎实成效。

1.1　倡树文明乡风

1.1.1　深化新时代文明实践中心建设

全县 97 支文明先锋队、18 支文明实践专业志愿服务队、41 支镇街文明实践志愿服务队，1 576 支村级志愿服务队，先后围绕"倡导文明过节""虎年闹元宵 幸福暖融融""文明实践志愿同行——学雷锋"等主题，开展卫生清洁、扶贫助困、生态环保、疫情防控、宣传引导等志愿服务活动 5 000 余场次，实现了"一月一主题、月月有活动"。

1.1.2　倡导美德健康生活方式

确定 4 个村庄 3 个社区 4 所学校 4 个单位作为深入推进"两创"倡导美德健康生活方式的先行试点。启动新时代美德健康生活方式"五进"（进乡村、进社区、进学校、进机关、进企业）活动，推动美德健康生活方式入脑、入心，开展活动 200 余场次，服务群众 3.8 万余人次。

1.1.3　深化移风易俗

组织开展以"倡导文明婚俗，弘扬时代新风"为主题的婚俗改革宣传直播活动，12 万人围观。组织开展"文明婚俗新风进社区"宣传活动。组织开展"爱在朝夕，不只七夕"文明婚俗宣传活动。

作者简介：曹长清（1985—），女，中级政工师，主要从事人事管理工作。

指导全县 511 个村（居）成立了红白理事会，完善了《红白理事会章程》，并纳入了村规民约；村两委成员、党员自觉签订《移风易俗承诺书》1 万余份。加强公益性公墓建设，农村公益性公墓已建成47 处。

1.2 传承非遗文化

1.2.1 挖掘非遗文化

截至目前，利津县共挖掘包括民间文学、传统技艺、地方戏曲、风土人情、餐饮文化、神话传说、名人轶事、民间故事等在内的非遗项目及线索 297 项，其中，省级非遗 2 项、市级非遗 23 项、县级非遗 82 项、非遗线索 190 项。

1.2.2 弘扬非遗文化

打造建设了盐窝镇"老街长巷"和停车场、老戏台、非遗文化展示馆、民俗文化展示体验馆、传统手工坊、前店后厂体验区等，传统曲目《老扬琴》、南岭豆腐、北岭丸子、传统手工技艺、黄河口婚俗展演、传统美食等非遗项目全部入驻。深入实施吕剧振兴工程，不断擦亮"吕阿姨"品牌，组织开展"戏曲进校园""戏曲进课堂"活动，走进利津街道中心幼儿园等学校，目前已完成培训13 课时，通过非遗进校园，以学生传承为主题，在学校内播撒非遗的种子，促进了非遗的可持续发展。

1.2.3 推进优秀传统文化创新性发展

以政府引导、市场运作、社会参与的模式，深入落实"山东手造"推进工程。拉网式梳理利津非遗、手工工艺等利津手造资源，梳理非遗类项目 82 个、传统手艺（技艺）36 项，作为融入省市"山东手造"推进工程系列活动的优选库，优选 7 个项目上报参加"山东手造"优选 100 评选，利津水煎包、曲氏古法酿造、手工丝带绣 3 个项目成功上报。推选利津剪纸、黄河口草秸画、黄河滩泥塑、望参古窑十八梭、牛氏艺术葫芦等 5 个项目参加第四届"泰山设计杯"山东手造创新设计大赛。重点推进建设北岭丸子"非遗工坊"，结合盐窝镇南岭村"老街长巷"二期工程项目，沿街打造"山东手造·非遗工坊"，建设李木店、老书院等标志性工程和黄河水乡生态风光，沉淀老街文化底蕴、打造老街文化品牌，创造一批手造新项目。举办非遗产品走进黄河外滩、"山东手造"看老街长巷活动，进一步推动"山东手造"深入人心，聚力打造文旅融合发展新标杆。

1.3 推广黄河文化

1.3.1 创作精品文艺

围绕黄河文化、乡村振兴等主题，组织艺术家采风，开展精品文艺创作。沉浸式舞台剧《黄河谣》进入排练阶段，《忠诚》音乐创作已完成，歌曲《最美凤凰城·最美我的家》《黄河人家》《爱在利津》正在创作中。编纂图书《黄河三角洲药用植物图谱》，目前已收集黄河三角洲地区的药用植物图片万余幅，涉及药用植物 110 种，文字整理工作基本完成。

1.3.2 启动文化发掘

启动"一方水土——大清河（济水）寻踪"文化发掘活动，目前完成对济水支流淄水、乌河的研究，形成《一条淄水河，半部齐国史》《乌河水，碧悠悠，黄金河道载金舟》两项成果，其中《一条淄水河，半部齐国史》在"齐鲁壹点"平台发布后，点击量达 7.1 万。

1.3.3 实施文化旅游赋能工程

加强对黄河流域民居文化、灌溉文化、渡口文化、关隘文化、盐文化的研究，目前已经完成《陈毅利津渡考》《金·明昌三年》《从千乘到乐安》三篇文章。启动"我们都是黄河人"沿黄文化交流活动，邀请省美协、市摄协骨干会员 40 余人到利津县老街长巷、黄河滩区开展以黄河为主题的写生采风活动。

1.3.4 全面宣传推介

创新推出《好品利津》系列报道 15 期、《利津手造》系列报道 5 期，对利津水煎包、黄河故道鲜鱼汤、北岭丸子、临合蜜甜瓜、五庄西瓜、汀罗南美白对虾、刁口鲈鱼、利津剪纸等利津品牌进行了广泛推介。

1.4 打造文旅环线

1.4.1 打造旅游风景区

以沿黄景观廊道为载体,开发"黄金赛道"体育产品,打造集"采摘+观光+销售"于一体的特色生态农业发展模式,推动农业农产向旅游观光发展,金河滩乡村旅游度假区项目正在进行佟家传统古村落老村道路路面施工,计划建设途远民宿。滩区景观化村庄环境整治,申报了省级生态旅游示范区,打造"黄河人家"特色民俗品牌,黄河人家风景区建设项目已纳入全省 31 个黄河国家文化公园项目库。

1.4.2 打造旅游精品路线

围绕郭景林故居、七十二烈士墓遗址等红色资源,东津渡康养度假区、御仙堂中草药养生基地、凤凰城滨河休闲旅游区等生态资源,编制研学课程,打造了 5 条主题相对集中、交通相对便利、体验相对丰富的研学旅行精品线路。

1.4.3 举办丰富节庆活动

成功举办了第九届"奋进新陈庄,瓜香临合蜜"嘉味陈庄临合蜜采摘节、"沿着黄河来旅行"系列主题活动等[1]。

2 存在问题

2.1 资金人才成为主要制约因素

文化资源挖掘保护、项目建设、市场营销等资金持续投入不足,制约了挖掘、保护、研究、开发工作的广度和深度。大型文化设施补贴依赖性强,"建得起、管不起"现象较为普遍。文旅项目融资渠道单一、难度大,后续资金跟进不到位。传统文化文艺领军人才匮乏,缺少国内知名的重量级文艺"大家",基层文化骨干人才、专业文艺人才青黄不接,文艺新秀亟待培养。

2.2 部分文化资源有失传与灭绝风险

现代化的生活方式使一些传统习俗发生改变,随着一些掌握绝活的艺人年龄老化,祖辈传承下来许多文化技艺逐渐被遗忘,有些艺术种类面临失传的风险。传统技艺生产规模小、技术门槛高、盈利能力弱等特点,使得年轻人才往往更加倾向于选择市场化程度高、经济效益高的行业,加剧了传统技艺后继乏人的局面。本土历史文化名人、典故、重大历史事件收集普查工作需要加强,特别是一些濒临消失的文化资源抢救性保护工作不到位,多是保存了一些文字资料,图片、录音、影像及实物等资料保存较少,没能形成具象化的载体。

2.3 城市规划建设与黄河文化存在有机融合不够的地方

有的单位和企业对文化与经济发展的关联性、互动性认识不到位,推动城市建设与文化有机融合的办法不多、成效不明显。黄河文化在城市建设中的印迹不够深入全面,公共场所多是商业广告、警示标识以及党建、普法等方面的宣传,黄河文化的展示与弘扬较为缺乏。景区景点、车站机场、商业大街等侧重绿植、人造景观,融入黄河文化元素较少,外来游客难以感受到东营的黄河文化底蕴,影响了城市文化品位提升[2]。

3 意见建议

3.1 强化统筹协调

一是统筹部门职责。建立文化资源整合利用联席会议制度,为发改、文旅、黄河河口管理、农业农村等部门加强沟通协调搭建平台,确保把文化资源的整合利用融入到全市重点工程项目中。二是统筹政策资金。设立黄河文化保护传承专项资金,积极争取上级资金配套支持,拓宽专项贷使用范围,持续加大资金扶持力度。三是统筹社会力量。发挥政策资金引导作用,坚持内外并重招商引资,鼓励社会资本有序进入文旅产业,引导和鼓励社会力量建设公益性文化项目。加强与知名文旅和康养企业合作，推动建设高端项目，使东营更好融入产业布局，成为重要节点城市。

3.2 强化龙头培育

一是突出黄河入海的世界唯一性。把宣传黄河口和依托黄河口国家公园做强生态旅游区作为全市整合利用文化资源的首要任务，不断提升"黄河入海"的品牌知名度和影响力。二是突出兵学圣地的区域独特性。持续做强孙子文化园，完善功能配套，把孙武故里与兵家文化完整地结合起来，使之成为区域性著名景点，带动区域文化资源整合利用。三是突出湿地之城的生态标志性。依托丰富且渐成系统的城市湿地资源，把金湖银河、东八路湿地、广利河沿线等片区打造成为东营特色文化呈现区，赋予湿地之城深厚的人文底蕴。四是突出石油文化、石油精神的城市代表性。精心建设石油文化主题公园，整合华八井、石油科技馆等文旅资源，开发高品质研学游线路，打造石油文化名城。

3.3 强化创新驱动

一是创新体制机制增活力。完善优化全市文化建设统筹规划、领导协调、要素保障、财税扶持、考核评价、推广普及等机制，推进文化工作组织化、体系化。建设黄河文化研究院，将石油科技馆确定为市级文化服务单位。二是创新非遗传承固根基。借鉴利津县打造"老街长巷"创造性开展非遗保护传承的做法，在中心城和重点旅游景区规划建设非遗展示街区。推动非物质文化遗产档案数字化，健全民间文化抢救保护档案和数字化保护平台。三是创新遗址保护强功能。开发文化遗址的讲、听、看、学、思、游等表现形式，让遗址成为会说话、有故事的教科书。四是创新多元载体促发展。持续打造文化产业园和孵化器，重点发展文化创意产业。强化优秀传统文化互联网传播，改造提升东营文化云平台。

3.4 强化人才支撑

一是以"引"聚才。把文化人才纳入招才引智的重点，研究出台适合文化人才特点的人才政策，重在吸引各类文化人才把研究、创作、转化的着眼点放到东营来。二是以"奖"用才。加大对精品工程、文创产品、文旅项目等优秀创作人员、演艺人员、运营人员奖补力度，支持各类人才深度参与文化资源开发利用，让文化人办文化事。三是以"训"育才。把人才培训作为文化下乡的重要内容，重视发掘培养本土文化人才，鼓励文化机构在重点承办非遗传承项目的同时开展"送训下乡"活动。四是以"评"选才。把评选的着眼点更多地放在壮大队伍、发挥作用上来，通过"评"鼓励"干"，既能评得出，又能用得好。

4 结语

发展黄河入海口文化带，关键在于特色挖掘、链式打造、品牌运营。借鉴浙江温州打造未来乡村的成功案例，只有设计出超越性、前瞻性的整体战略，才有可能在新时代里再度领跑。温州市聚焦当前乡村振兴中存在的产业链条不完整、融合发展不紧密、动能释放不充分等问题，精心谋划打造"山水雁楠"和"红都绿野"两条未来乡村振兴跨区域精品带，把原有散落在乡村的精品和亮点串联成线，勾勒出乡村振兴发展的新路径。落脚发展黄河入海口文化带，应全力抢抓黄河流域生态保护和高质量发展国家战略机遇，积极向上争取政策资金，立足实际精心谋划实施，让各种优势文化资源、新兴文化业态互为补充、互相支撑，使黄河文化传承保护的"窗口期"真正成为弘扬发展的"加速期"，奋力打造黄河入海文化先行区、新高地。

参考文献

[1] 杨同柱. 突出优势 打造品牌 加快黄河文化体验旅游县建设步伐 [N]. 东营日报，2011-04-08.

[2] 种效博. 关于东营文化的几个理论问题 [J]. 中国石油大学学报：社会科学版，2010，26（4）：21.

水利风景区生态产品价值实现路径初探：以兰考黄河水利风景区为例

王　燕[1]　韩凌杰[2]

（1. 云南大学，云南昆明　650000；2. 水利部综合事业局，北京　100010）

摘　要："两山理论"是习近平生态文明思想的重要组成部分，而生态产品价值实现是践行"两山理论"的重要抓手。兰考黄河水利风景区是河湖型水利风景区的典型代表，基于兰考黄河水利风景区探讨生态产品价值实现路径，对于水利部门践行"两山理论"、推动水利风景区高质量发展具有重要意义。文章深入分析景区在生态产品价值实现方面的主要做法以及面临的困境，并提出了相关建议：①加快生态资产确权，促进产权流转；②建立健全生态保护补偿机制；③探索 EOD 导向的开发模式；④持续推进品牌建设；⑤改革生态产品及其价值交易市场。

关键词：生态产品；价值实现路径；水利风景区

1　引言

党的十八大以来，我国积极探索"绿水青山"向"金山银山"转化的通道，生态产品价值实现已经成为"两山"转换的重要举措[1]。水利风景区以优质水资源、健康水生态、宜居水环境、先进水文化为依托，在生态产品价值实现方面有着天然的基础和优势[2-3]。然而，经过长期的实践，水利风景区依然面临着"绿水青山"难换"金山银山"的问题。基于此，本文以兰考黄河水利风景区为例，系统分析水利风景区在生态产品价值实现方面的主要做法、存在问题以及改进措施，以期为其他水利风景区的生态产品价值实现提供参考和借鉴。

2　水利风景区生态产品价值实现的理论基础

2.1　水利风景区生态产品的定义和特征

生态产品具有鲜明的中国特色概念，最早于 2010 年在《全国主体功能区规划》中提出，是指生态系统通过生态过程或与人类社会生产共同作用，提供的增进人类及自然可持续福祉的产品和服务。水是生态系统中最基础也是最重要的要素，水利风景区是为保护水资源和水生态、合理利用水利风景资源而划定的特定空间。水利风景区生态产品是生态产品在水利风景区领域的具体体现，本文倾向于将水利风景区生态产品界定为：生态产品中所有以水利风景区为资源和载体的产品，涉及水工程、水资源、水环境、水生态、水安全、水景观等各个方面。水利风景区生态产品中的物质产品主要包括饮用水、农业用水、水产品等，调节服务主要包括涵养水源、保持土壤、调蓄洪水和污染净化等，文化服务主要包括旅游、景观、文化、艺术服务和水上娱乐等。

2.2　水利风景区生态产品价值实现的演化逻辑

水利风景区生态产品本身并不能直接实现价值，水利风景区通过明晰产权、投资和运营等方式将生态资源转化为货币，进而实现生态产品的价值，该过程主要经历"资源资产化—资产资本化—资本产品化—产品货币化"四个阶段[4-5]。

作者简介：王燕（1996—），女，研究生，研究方向为水生态修复。

3 兰考黄河水利风景区生态产品价值实现的实践探索

3.1 兰考黄河水利风景区基本概况

兰考黄河水利风景区位于河南省兰考县，景区依托黄河大堤和东坝头险工等水利工程而建，规划面积 7.15 hm²，是 2021 年获批的自然河湖型水利风景区[6]。近年来，景区高度重视河道清淤、标准化堤防建设等工作，同时加大绿化种植力度，丰富生物物种，水生态质量明显提升，实现了社会、生态、经济等多重效益的统一[7]。景区建成后综合利用防洪、灌溉、生态、旅游等功能，结合周边的"焦裕禄纪念园""梦里张庄"，打造了集科普观光、休闲娱乐、红色文旅于一体的旅游胜地。

3.2 主要做法

3.2.1 坚持系统治理，优化生态布局

作为黄河出豫的最后一湾，兰考黄河湾在历史上深受黄河改道带来的"水、沙、碱"三害困扰。景区高标准落实习近平生态文明思想，以堤内绿网、堤外绿廊、城市绿芯为生态格局，全力打造黄河生态廊道示范带。在保证行洪安全的前提下，对堤内绿网实施绿色补植和生态修复行动，构建生物多样、生态安全、风景优美的生态空间。以南北防护林带为轴构建堤外绿廊，科学选取适合当地生长的焦桐、雪松、柳树、国槐等树种，涵养自然生态，打造水、林、田、草、湿地、坑塘共生的有机整体[8]。生态廊道的建设不但有机融合了河、坝、林、草的修复治理，还使黄河湾成为展示黄河风光和黄河文化的标志性窗口、代表性平台。

3.2.2 延伸产业链，构建绿色产业体系

近年来，兰考积极拓展第一产业，初步开发了"蜜瓜、红薯、花生+牛、羊+饲草"特色现代产业体系。一是以龙头企业带领村集体和农户增收致富。兰考县与北京新发地市场合力共建农产品市场，实现以产定销；在沃森百旺农业发展有限公司的技术指导下，兰考县蜜瓜产业年销售额达 3.6 亿元[9]。二是按照"滩内种草，滩外养牛"的构想，形成以养带种、农牧复合"农牧循环"绿色发展模式。滩内以种植紫花苜蓿为代表的饲草作物为主，此类植物具有显著的涵养水源、防风固沙作用，不但能实现化肥减量和土壤修复，还能改善滩区小气候。为了提升饲草的种植质量，兰考县与中国农业大学等多所科研机构合力打造中部地区优质饲草科研教学基地，建成 8 000 亩（约 533.33 hm²）优质苜蓿、燕麦品种选育示范园。优质的牧草吸引北京首农、蒙牛乳业、现代牧业、花花牛乳业 4 家国家级农业龙头企业入驻兰考，投资 25 亿元，建成 5 个万头牧场，目前兰考的奶牛存栏居河南省县级第一；兰考进一步延伸产业链，与三元等乳品企业对接，推进乳品加工厂的规划建设工作。

3.2.3 培育区域品牌，实现产品增值溢价

兰考县立足独特的黄河故道资源、黄河水灌溉及本地气候特点发展起来的"兰考新三宝"（兰考蜜瓜、红薯、花生）全部获得农产品地理标志登记保护，入选全国名特优新农产品名录；此外，"兰考蜜瓜"斩获多个博览会金奖，销售价格提高 30%。截至目前，全县通过绿色食品认证的"兰考新三宝"生产主体 26 家，形成地理标志+绿色食品+特色产业"一标一品一产业"的品牌农业发展模式，为兰考县巩固乡村振兴成果注入强劲动力。

3.2.4 强化资金保障，助力企业落地发展

兰考县强化资金保障，对规模优质饲草种植予以每亩 200 元土地流转补贴，连补 3 年，对购置大型农机具的予以 30% 补助，缓解企业前期投资压力，保障企业快速安稳落地发展。为了提升基础设施，兰考县不断完善滩区产业道路、农田水利设施、田地管理配套设施等关键要素，为企业创造良好的运营环境。

3.2.5 植入业态，打造多元特色游

兰考黄河水利风景区通过植入多种业态，打造集沉浸、体验、教学于一体的多元旅游模式，带动村集体经济发展。依托全国知名的红色旅游资源和宜人的自然风光，黄河湾水利风景区统筹考虑林下经济、乡村产业、农事体验、教育科普、研学旅行等多种业态，致力于实现"红色文化游""绿色生

态游""特色乡村游"等多样旅游方式相融合，进一步擦亮黄河文化名片。位于黄河故堤沙丘上的焦裕禄纪念园，是全国党员干部和人民群众了解焦裕禄事迹，深学、细照、笃行焦裕禄精神的重要红色基地，景区先后举办焦裕禄逝世纪念日、清明文化节、红色旅游月、焦裕禄精神宣讲、水利风景区文创产品研学大赛等活动，全面展示了兰考的文化魅力。在多元旅游产品的支持下，近五年来兰考的旅游综合收入超 10 亿元，成功将资源优势转化为经济发展优势。

3.3 主要困境

3.3.1 确权难

生态产品价值较难衡量的主要原因是产权归属难以界定。当前自然资源面临着产权体制亟须完善、监督管理职责有待明晰等问题，加上生态产品具有公共产品的属性，受益主体难以标识等原因，兰考黄河水利风景区难以将优质的生态资源变现。

3.3.2 交易难

兰考黄河湾水利风景区已经成功将部分生态产品所蕴含的内在价值转化为经济效益，成为新时代生态文明的生动实践。例如，以"兰考三宝"和焦桐为代表的农产品已经占据了一定市场地位；凭借"焦裕禄精神的发源地"这一名号和优美的自然风光，景区的文旅产业正蓬勃发展。但当前取得的成就主要是基于物质供给类和文化服务类生态产品开展的，对于调节服务类生态产品的交易还缺乏成熟的交易平台和交易体系。同时，兰考黄河水利风景区在生态产品价值实现的市场设置、特许经营权许可、市场准入、退出机制及各利益主体分配方式等方面存在的一系列问题都将增加生态产品交易的难度。

3.3.3 变现难

缺乏制度和机制层面的保障是"绿水青山"难以转化为"金山银山"的主要原因。当前，兰考黄河湾水利风景区较为成熟的生态产品主要包括绿色有机农林产品为主的生产和交易，以及研学康养为主的旅游资源开发。然而此类模式辐射范围和带动作用有限，难以将生态资源转化为经济价值，生态产品的交易和变现更需要社会组织、水行政主管部门和公司企业等多元主体之间机制创新。

4 促进生态产品价值实现的路径与机制

4.1 加快生态资产确权，促进产权流转

加快推进生态资源确权与流转是水利风景区生态产品价值进行交易的前提和基础，只有对各类生态产品进行确权，才能促进生态资源集约化、高效利用。应以管理范围为界，明确水利风景区管理机构对景区内物质供给类生态产品的使用权和收益权；在价值评估的基础上运行"保护得到补偿"和"使用需要付费"机制，体现出调节服务类生态产品的产权和责任归属；通过文旅增值补偿、门票等手段明晰文化服务类生态产品的产权归属，健全流转机制。

4.2 建立健全生态保护补偿机制

建立健全生态保护补偿机制，是提高公民参与生态保护积极性的重要举措。一方面，要建立健全水利风景区涉及流域上下游之间、水利风景区与周边享受其外溢价值地区之间的横向生态补偿制度，形成"成本共担、效益共享、合作共治"的机制，在化解环境外部性矛盾的同时运用经济杠杆进行生态治理。另一方面，水利风景区要积极争取上级部门的支持，将水利风景区的生态价值增量作为财政部门生态补偿的考虑因素。

4.3 探索 EOD 导向的开发模式

兰考黄河水利风景区应以黄河湾生态环境保护为基础，以特色农业经营为支撑点，以地区综合性开发设计为媒介，拓宽全产业链，建立科学合理的投融资体系和投融资平台。通过 EOD 模式的实施，打造景区内生产-生活-生态"三生同步"、生态农业-特色制造业-红色文旅"三产融合"的产业结构，打造基于 EOD 模式的水利风景区生态产品价值实现样板。

4.4　持续推进品牌建设，提升生态产品价值

丰富地理标志产品种类，以焦桐、黄河水、红色基因为重点，开发高附加值品牌生态产品。引入权威第三方进行生态产品验证，重视品牌形象维护，打造可追溯认证体系，严格管控产品质量。延伸产业链，促进三产融合发展。发展农副产品绿色深加工技术，实现产品生态溢价；创建"三产"融合发展综合体，提高产业市场竞争力。

4.5　改革生态产品及其价值交易市场

生态产品交易市场的改革需要从多维度入手。一是拓宽交易渠道。鼓励农业生产经营主体发展农产品电子商务，打造生态农副产品直销平台，谋划线上购物节，发展网红经济，打造电商销售试点。二是加强与城市圈消费市场对接和交易平台同城化。打造特色商品交易中心，对接国内新兴交易中心与交易平台，拓展商品销售市场与方式，对规模化产品对接期货交易，探索大宗商品交易可能性。三是生态产品信用交易体系。设立生态产品信用交易中心，重点围绕商品林赎买、公益林收储、土地流转、水域经营权转让等开展绿色金融服务。

参考文献

［1］张丽佳，周妍，苏香燕．生态修复助推生态产品价值实现的机制与路径［J］．中国土地，2021（7）：4-8.

［2］余凤龙，黄震方，尚正永．水利风景区的价值内涵、发展历程与运行现状的思考［J］．经济地理，2012，32（12）：169-175.

［3］廉艳萍，傅华，李贵宝．水利风景区资源综合开发利用与保护［J］．中国农村水利水电，2007，000（1）：75-77.

［4］王会，李强，温亚利．生态产品价值实现机制的逻辑与模式：基于排他性的理论分析［J］．中国土地科学，2022（4）：79-85.

［5］何金祥，徐桂芬．对不同类型生态产品价值实现方式的思考［J］．国土资源情报，2019（6）：20-27.

［6］吴永刚．兰考黄河水利风景区建设记［J］．黄河·黄土·黄种人，2021（25）：24-25.

［7］本刊编辑部．让黄河成为造福人民的幸福河［J］．求是，2019（20）：12-19.

［8］成小六．兰考农民致富"绿色银行"泡桐［J］．农家参谋·新村传媒，2013（9）：2.

［9］冯福田．兰考人民靠"三宝"致富的调查报告［J］．开封教育学院学报，1994（1）：5-7.

黄河水利工程与水文化有机结合的发展探索

何　辛[1]　苏茂荣[1]　辛　虹[2]

(1. 黄河水务集团股份有限公司，河南郑州　450003；

2. 河南黄河河务局郑州河务局，河南郑州　450003)

摘　要： 随着人民群众物质文化和精神文化需求的不断增长，人们对水利风景区建设的要求日益迫切，加强水利风景区建设管理，对于促进现代水利可持续发展、推进民生水利发展、促进生态文明建设具有重要的现实意义。我国很多地区在进行城市建设的同时将水利工程作为重点项目来抓，并且根据水利工程的特性将河道治理作为主要方向，积极提倡人与自然和谐相处，保证水利资源能够得到更好的应用，使其实现生态自然化，同时水利工程的生态化又为堤岸安全和生态修复提供良好的辅助作用。

关键词： 黄河水利工程；水文化；有机结合；发展探索

1　黄河水利风景区的发展是新时代水利人适应新形势发展的需要

黄河水利风景区的发展是新时代水利人适应新形势发展，将传统水利向民生水利、生态水利和景观水利转变的积极有效探索。进入生态文明新时代，水利风景区建设作为黄河生态文明建设的重要载体，承载了新的历史重任。

人民治黄70多年来，黄河治理和开发事业成绩显著，为黄河流域水生态文明建设做出了重要贡献，水资源利用和保护极大提高，黄河防洪工程面貌发生了巨大变化，同时孕育出一大批黄河水利风景区。黄河水利风景区是依托黄河淤背区、水库大坝等水利工程，在保证水利工程正常运行前提下，通过实施工程美化和绿化，建设水利科普和文化服务设施，形成一定规模和质量的水利风景资源，具有维护水工程、保护水资源、改善水环境、修复水生态、保障水安全、弘扬水文化、发展水经济、实现人水和谐等复合功能的场所。景区在为沿黄百姓提供场所的同时，弘扬了黄河历史文化、宣传人民治黄成就，是"维护黄河健康生命、促进流域人水和谐"理念的具体体现，是"幸福河"的重要标志。

2　治黄工程与黄河景区文化有机结合

2.1　花园口水利风景区

1989年花园口水利风景区依托黄河防洪工程起步建设，占地面积12.85 km²，毗邻水域面积约80 km²。景区于2002年经国家批准成为第二批著名水利风景区，2006年获评国家AAA级旅游区，2017年获选水利部水工程与水文化有机融合案例，2018年列为河南省水利科普教育基地，2020年10月被评为全国法治宣传教育基地，并先后被评为河南省文物重点保护单位、河南省水利科普教育基地、郑州市首批法制宣传教育基地、郑州市青少年爱国主义教育基地。2021年6月花园口险工又被河南河务局命名为首批黄河工程与文化融合示范工程，2021年10月花园口水利风景区入围水利风景区典型案例，2021年11月荣获河南黄河国家级水利风景区成果评选一等奖，2021年12月入选国家水利风景区高质量发展典型案例，党和国家领导人多次到此视察黄河治工作，花园口早已成为众多国内外游

作者简介： 何辛（1989—），男，工程师，主要从事引黄涵闸供水、泵站工程建设及运行管理工作。

客、海外游子亲睹母亲河的首选之地，成为世界透视黄河的"窗口"。

花园口水利风景区以全河唯——家高质量发展典型景区入选国家水利风景区高质量发展典型案例名单。花园口水利风景区在水利特色、生态环境、文化氛围、发展动力、管理安全、综合效益等方面成效显著。

随着省道 S312 郑州境改建工程的完成，花园口水利风景区与黄河文化公园、国家黄河湿地公园、生态廊道等景点串联一起，成为展示黄河流域生态保护和高质量发展下生态之美的窗口地带。景区牢牢把握水文化的内涵，科学规划，实现水利工程与风景区的有机融合，实现花园口水利风景区可持续发展，在推动花园口水利风景区高质量发展中促进经济社会发展善作善为、不懈奋斗。

2.2 小浪底工程

小浪底工程建成后，小浪底出水口犹如巨龙吐水，堆石坝、进水塔、纵横交错的洞群气势雄伟，具备防洪、防凌、发电、排沙等多项功能，成为了旅游者观赏黄河的大景观。

小浪底水利枢纽及其配套工程西霞院反调节水库的建成提供了建设水利景区、展示黄河文化的舞台，小浪底工程建成后发挥了防洪、减淤、供水、发电等巨大综合效益，在黄河调水调沙中发挥了关键作用，缓解了黄河下游"二级悬河"的形势。小浪底水利枢纽工程发挥了全面效益，有效地促进了区域经济社会发展，对改善环境和生态保护做出了巨大贡献，使小浪底成为一个爱国主义教育基地。

2.3 堤防工程

堤防工程是黄河防洪的重要工程措施，黄河堤防历史文化积淀厚重，见证了黄河的沧桑，记录了人们利用黄河、改造黄河、与大自然斗争的历史，传承了我国劳动人民治理黄河的奇迹。

2.4 黄河防洪工艺教学坝

黄河防洪工艺教学坝以东坝头险工 14 垛为基础，在 10 垛至 15 垛护岸段打造了黄河防洪工艺教学坝，完整展示了 9 种坝工技术，把坝工技术作为河南治黄文化的组成部分，依托黄河防洪工艺教学坝开展治黄文化宣传。

3 水利风景区是时代赋予水利事业改革与发展的新领域，是生态文明建设的重要组成部分

水利工程和城市发展密切相关，我国的生态水利工程起步较晚，随着我们对生态水利工程的认识，使城市水利工程在景观性和生态性上更加合理，最大程度地提高水利工程建设的合理性。

沿黄人民群众热切期盼加快提高黄河流域生态环境质量，黄河水利风景区为沿黄各地人民群众提供了优质的生态休闲场所，是城市居民近郊旅游的重要目的地。

随着沿黄生态廊道等地方重大项目建设步伐，将黄河沿岸打造成城市亮丽风景线。合力打造生态环境优美、文化特色鲜明的黄河水利风景区，实现"河地"共赢，为黄河流域生态保护和高质量发展贡献"融合"力量。充分发挥黄河水利风景区发展潜力，以水利风景区的高质量发展筑牢黄河流域生态屏障，为黄河流域生态保护和高质量发展提供保障。

丰富的黄河水文化是推进黄河水生态文明的精神载体。黄河水文化建设在黄河工程的建设与管理中，不断融入现代规划学、建筑学中的先进理念，探索工程与文化的有机融合，努力使黄河工程成为独具风格的水利建筑精品，成为展现先进施工工艺和现代管理水平的典范。探索以生态学、景观学为主导，不断优化黄河生态工程的总体布局，让行道林、防浪林、果园林、苗木花卉、适生林等品种错落分布、有机搭配，达到风格不同、引人入胜的景观效果。加快基层段所办公庭院改建，优化庭院整体功能，打造优质、特色、实用的民生工程。加强点、线、面的有机结合，逐步形成由堤防、险工、涵闸、淤区、庭院组成的黄河两岸生态文化带，让黄河两岸堤段在发挥防洪保障功能的基础上，成为生态旅游的好风景、市民观光的好去处、黄河文化宣传的好载体。充分利用传媒资源，积极开展黄河知识进村镇、学校、企业、社区活动，让沿黄群众和社会各界在了解黄河中提高保护母亲河的意识。

充分发掘和保护黄河水文化遗产，积极与旅游产业相结合，探索黄河水文化与沿黄旅游产业和谐发展的新路子。

新时期，黄河部门以推进黄河水生态文明建设为核心，管理好黄河，利用好黄河，开发好黄河，努力建设坚实有力的水工程保障体系、科学的水资源管理体系、高效的水生态开发体系、和谐的水文化推广体系，努力维持黄河健康生命，服务沿黄经济社会新发展。

建设水利风景区、弘扬黄河文化丰富了工程的内涵，提高了工程的品位，工程与景区的结合、景区与文化的融合创造了显著的经济效益、社会效益和生态效益。

4 借助黄河工程建设水利景区弘扬黄河文化成为趋势

黄河标准化堤防体现了可持续发展水利、维持黄河健康生命的理念，注入了绿色文化、生态文化、旅游文化、和谐文化等多种文化要素，黄河堤防不仅是实现黄河长治久安、可持续发展的基本保障，同时也是绿色的生态屏障、具有丰富文化底蕴的巍巍长城、亮丽的风景线、具有丰富历史人文价值的教育基地，黄河大堤的景区功能和文化功能相互融合，日趋多元化、立体化。

黄河花园口具有黄河下游典型的堤防、险工、河道整治工程，是黄河下游治理水平的代表，使花园口不仅成为治黄的窗口，也是爱国主义教育基地、对外宣传教育基地和旅游佳处。

在堤防工程建设中，已经越来越注重景区建设，注重黄河文化要素的渗透与构建，注意人与河流和谐相处理念的体现和展示。这既有利于展示黄河文化，使人们领略黄河丰富多彩的自然景观和人文景观，感受黄河厚重的历史文化，也有利于让人们更多地了解黄河、爱护黄河，黄河大堤日益成为旅游的佳景，展示治黄成就。

5 治黄工程景区与黄河水文化有机结合，实现治黄主体功能和文化功能的统一

黄河工程的首要功能是黄河的治理、开发和保护，在保证治黄工程防汛抗洪、调水减淤、供水等安全的前提下，建设水利景区，展示历史文化、民俗文化、绿色文化、生态文化，实现黄河工程文化功能，在确保实现本体功能的前提下，建设水利景区，发扬光大黄河文化，将黄河文化理念渗透于黄河工程规划设计、建设施工的各个环节，使工程设施自身的功能与其文化功能相互融合，做到工程建设与文化建设的有机统一，增加水利景区的特点和吸引力。

6 结语

统筹兼顾工程建设、生态建设、文化建设与旅游开发等各个方面。在弘扬历史文化的同时，突出生态、绿色、环保、景观、民生等现代理念，依托黄河资源优势开发旅游景观带和生态文化园区，以黄河旅游文化为亮点，打造黄河文化与生态旅游品牌，领略人与黄河和谐相处的自然景观和人文景观，感受黄河厚重的历史积淀。黄河工程景区与黄河文化的有机结合，将工程建设、生态建设、水文化景观建设与旅游开发等有机结合起来，实现黄河工程、文化、生态和经济的协调发展，进一步促进人水和谐，推动水利可持续发展。

乌江流域旅游发展助力民族区域乡村振兴

郝彦雷[1,2]　兰　峰[3]　左新宇[3]　黄　河[3]　林俊杰[2]　许登辉[1,2]　刘艺璇[1,2]
李廷真[2]　兰国新[2]　郭先华[1,2]

(1. 重庆三峡学院三峡库区可持续发展研究中心，重庆　404100；
2. 重庆三峡学院三峡库区水环境演变与污染防治重庆市重点实验室，重庆　404100；
3. 长江水利委员会水文局长江上游水文水资源勘测局，重庆　400025)

摘　要： 乌江是长江上游右岸最大的支流，流经云南、贵州、湖北、重庆等省（市），是西南地区重要的经济中心和生态安全屏障，流域内生活着土家族、苗族、布依族、黎族、亿佬族等多个少数民族，形成了自己独特的民俗文化特征。本文就乌江流域民族特色旅游发展资源与特色进行分析，意在帮助乌江流域少数民族地区贯彻乡村振兴战略、积极发展民族旅游、减少周边生态环境污染、打造乌江生态屏障。

关键词： 乡村振兴；少数民族地区；乌江流域；旅游发展

1　乌江流域的背景

乌江发源于贵州高原乌蒙山东麓的香炉山，乌江流域横贯贵州西部和渝东南地区，全长1 036 m。由于水面澄碧幽深，暗绿如乌色，所以被称为乌江。乌江流经毕节、息峰、余庆、思南、沿河、西阳、彭水、武隆、涪陵等46个县区，在涪陵注入长江。乌江呈狭长羽翼状，地形复杂，气候复杂多变：上游段地势高，气温低，雨量较少，春季干旱；中、下游段湿度大，日温差大，日照短，全年温暖多雨。西部年平均降水量略低于1 000 mm，中部1 000~1 200 mm，东南部甚至可达1 400 mm。这些降雨多出现在5—10月，以流急、滩多、谷狭而闻名于世，号称"天险"。乌江流域险要的地形也很好地包容了乌江流域各民族独特的生活习俗，流域内长期生活着土家族、苗族、布依族、黎族、亿佬族等多个少数民族。各族人民在长期的生产生活实践中，留下了丰富多彩的民族文化资源，形成了今天乌江流域多民族文化共同繁荣的总体格局[1]。千百年来，乌江流域内外物资全凭乌江贸易，主流文化全赖乌江输入，系列古城全傍乌江兴建，无数生灵全靠乌江养育。乌江流域依托乌江良好的水源条件、适宜的气候生长着多种生物，其中国家重点保护的珍稀濒危植物就在42种以上。乌江周边区县多为碳酸盐岩发育的喀斯特地貌，形成独特的天然地质景观。例如，思南乌江喀斯特国家地质公园的石林，独特的地质地貌，多样的民族风俗使得乌江流域有着吸引游客的特点。在经济方面。1999年开始的西部大开发为乌江流域经济发展奠定了政策基础[2]。2020年，乌江流域各梯级水电站通航设施工程陆续建成，乌江再度通航，被高峡大坝阻断的乌江沿岸又再度动感起来，解决了沿江各地经济社会发展参差不齐的问题。在生态方面，乌江近年来通过十年禁鱼与环境保护权责分明的河长制使得生态环境明显好转。在2016年，《全国生态旅游发展规划（2016—2025年）》首次提出"国家风景道"的概念。同年，国务院《"十三五"旅游业发展规划》提出要建设25个国家风景道，并正式

基金项目： 国家社科基金项目（21BMZ141）；三峡库区持续发展研究中心开放基金资助（2021sxxyjd01）；重庆市教育委员会人文社会科学研究规划项目（21SKGH432）；中国国家留学基金资助。

作者简介： 郝彦雷（1998—），女，硕士研究生，主要从事环境景观设计与保护研究工作。

通信作者： 郭先华（1974—），男，博士，副教授，主要研究方向为区域生态安全与3S技术。

将乌江风景道列入重点建设的国家风景道。随着国民经济的发展、国内旅游业的蓬勃发展，依托着国家政策与自身优越条件，乌江流域文化旅游发展大有可为。

2 乌江流域的景点空间分布

乌江流域经济水平发展较为缓慢，处于上游的乌蒙山区与下游的武陵山区都是国家重点扶持的贫困区域。近年来，由于乌江流域少数民族聚居地拥有独具特色的民族文化资源，故享受到许多国家的政策红利：2016 年颁布的乌江经济走廊发展规划中明确指出要改变乌江流域"富饶的贫困"这一现状，充分利用乌江流域优美的自然资源将乌江建成"一江碧水，两岸青山"的绿色生态廊道。乌江水系流域生态系统多样，拥有着丰富的旅游景点（见图 1）。在乌江流域上游，壮丽的黄果树瀑布，奔腾在贵州省安顺市镇宁布依族苗族自治县，以其连环密布的瀑布群而闻名于海内外，享有"中华第一瀑"之美誉。乌江流域中游，石阡温泉群、佛顶山、鸳鸯湖，万寿宫、仡佬族古寨等民族古村落使人应接不暇[3]。值得一提的是，乌江流域依托自身红色文化背景，发展了"红二、六"军团总指挥部旧址、"强渡乌江"以及"猴场会议"等红色经典景点。深入挖掘红色资源，大力发展红色旅游，让当地群众在家门口挣上"旅游钱"。乌江流域下游，位于黔东南苗族侗族自治州境内潕阳河国家级风景名胜区以峡奇、水绿、峰险的自然环境与历史悠久古镇吸引游客，使其流连忘返。

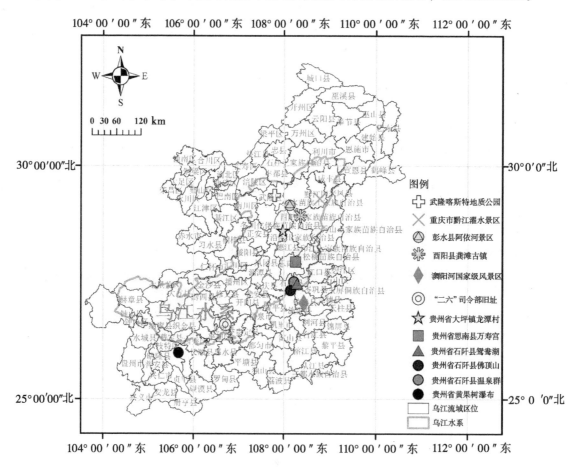

图 1 乌江流域景点空间分布

3 乌江流域旅游发展情况

乌江是长江中上游最大的支流之一，乌江流域水质直接影响三峡水库水质，影响长江中下游和南水北调工程中数亿人的饮用水安全。十几年来，国家在乌江水系治理中投入巨资，拆除沿线养鱼网箱、建设污水处理厂，集中处理生活垃圾，关停搬迁污染企业，开展养殖禁区划分，使乌江水质得到明显改善。乌江流域各县区依托乌江风情廊道大力发展文化旅游业，走起了生态优先、绿色发展之路[4]，充分满足了游客亲近自然、感受传统文化的需求，从根本上改变乌江沿岸以工业和农业为主导的产业发展格局，形成以旅游为主导产业的发展。改善了因受区位、交通、人才、资金等发展条件制约而落后于周边地区的情况[5]。依托乌江风情廊道发展文化旅游产业，不仅为沿岸地区贫困居民参与产业活动提供了更多机会，也有助于加快乌江流域沿岸地区城镇化和现代化、改善城乡基础设施和人居环境，助力区域脱贫攻坚和乡村振兴。目前，多地区政府以旅游业作为地区社会资源配置的主导产业，涪陵提出建设"神奇巴国故都、魅力休闲涪陵"，武隆提出建设"国际知名旅游胜地"，酉阳提出"生态强县、绿色富民"，铜仁提出"梵天净土、桃源铜仁"，沿河提出"生态优先、绿色发展"，思南提出"加快构筑全域旅游发展格局"。不仅如此，乌江流域的农业文化遗产，如云南哈尼稻作梯田系统、重庆石柱黄连生产系统等12项农业文化遗产已经成功立项，乌江流域的国家非物质文化遗产高达30余项。省级以上的非物质文化遗产数量多达234项，地级以上的非物质文化遗产多达500多项，类型覆盖民间文学、民间音乐、民间舞蹈、传统戏剧、曲艺、杂技与竞技、民间美术、传统手工技艺、传统医药、民俗等10多种类型[6]，乌江重庆段流经区县有7家5A级景区、74家4A级景区，贵州乌江流域的黔南、安顺、毕节聚集了贵州所有5A景区、61家4A级景区和3家国家生态旅游示范区。乌江流域旅游资源丰富、品级很高，丰富的文化遗产与秀丽的自然风景吸引着国内外游客地旅游观光。在这里，人们回归原始生态的纯净、恬美，感受千年流传的少数民族传统文化。

4 乌江流域重庆段民族乡村旅游情况

渝东南地区属于乌江流域下游地区，是大娄山和武陵山两大山系交汇的盆缘山地，与渝鄂湘黔四省市相连，是重庆唯一集中连片的以土家族和苗族为主的少数民族聚居区，包括五个民族自治区县（黔江、石柱、彭水、酉阳、秀山），以及涪陵区和武隆县，总人口443万，幅员面积2.28万 km²。特殊的地理位置决定了渝东南地区"山多河多峡谷多，大山大水环境突出"的地形地貌特征。恶劣的地理环境孕育了重庆人民艰苦奋斗、自强不息的精神与豪爽乐观的性格。村民们顺应自然地形生活在山川峡谷中。这些村庄常年藏匿于大山中，大多还保存着传统古朴的风貌与传统的生产方式。悠久的少数民族文化与独特的喀斯特岩溶地貌使得乌江流域重庆段在旅游方面有其独特的魅力。渝东南地区主要以民间艺术、红色文化资源、传统土家民族住宅吊脚楼等众多风景名胜区和文物古迹吸引游客。近年来，乌江重庆段串起了酉阳龚滩古镇、彭水阿依河景区、黔江濯水景区、武隆喀斯特国家地质公园等一颗颗山水人文风景明珠[7]，沿途自然风景秀丽，民族风情浓郁，人文历史厚重。2020年12月，黔江、彭水、涪陵、武隆等6县区签署"乌江画廊文旅示范带建设多方合作框架协议"，联手打造以乌江画廊为主题的高品质线性旅游资源。目前，乌江流域重庆段已经打造了10余条精品线路，让游客可以在风光绮丽的乌江漫游，尽情欣赏一江碧水两岸青山。

5 乡村振兴战略实施情况及影响

2017年，党的十九大提出实施乡村振兴战略，是针对我国实施"两个一百年"计划的国家战略。2019年，中央一号文件再次强调坚持农业农村优先发展，做好"三农"工作。针对乡村振兴战略提出了建设产业兴旺、生态宜居、乡风文明、治理有效、生活富裕的农村地区的要求。乌江流域是贵州的母亲河，也是一条英雄河。长征期间，中央红军浴血奋战，强渡乌江天险，为遵义会议召开赢得了宝贵时间。其周边的传统村落是中华民族优秀传统文化的重要载体和精神家园，是广大乡村社会的重要组成部分，是我国农耕文化的根基[8]。不同的自然环境、地域文化、社会经济因素孕育了风格各异、特色鲜明的传统村落。近年来，在新农村建设、乡村旅游开发、城乡统筹发展的多重挑战下，传统村落不断遭到建设性、开发性、旅游性破坏。乡村振兴战略的提出为科学解决乌江流域传统村落日趋衰败的问题提供了方法和新的历史机遇。

乌江流域旅游产业的大力发展将转变经济格局，降低工业、农业等污染产业的发展比例，形成以生态、绿色主导的旅游服务产业快速发展格局[9]。自从乡村振兴战略实施以来，乌江沿河自治县打响脱贫攻坚战：沿河夹石镇村干部将扶贫与扶志、扶智相结合，引导村民改变传统种植方式，种起了香菇、木耳等经济价值高的作物。依托当地丰富的红色旅游资源，深入挖掘当地的红色文化，按照"以红色旅游带动乡村发展，以乡村振兴促进旅游升级"的"双促双带"思路，逐步把乌江镇打造成红色研学旅游目的地。旅游是拉动经济发展摆脱贫困的重要动力。通过乌江流域旅游资源开发，可以帮助该地区民众提高市场经济意识，促进民族地区和谐社会的构建[10]。

6 结论

（1）乌江流域的物质文化资源呈现"种类多、密度大、品位高"的特点，在开发上，应因地制宜地遵循保护第一、开发第二的原则。深入分析传统村落周边自然本底、人文本底，交通条件、空间格局、传统建筑、遗迹遗址、经济社会基础等发展本底，做好做实价值特色评估，依托价值特色评估，提炼总结出其在历史、科学、经济等方面的价值，从而有助于深入发掘旅游资源在生态涵养、休闲观光、文化体验、健康养老等方面的多重价值。

（2）积极开发乌江流域民族文化旅游资源，是乌江流域经济加快发展、缩小与发达地区差距的一次难得的机会。在经济方面，通过乌江流域旅游资源的开发，可以促进产业结构的优化，有效地避免走"高能耗、高污染"的传统发展道路，有利于增加该地区居民的就业机会。

（3）在文化方面，通过乌江流域旅游资源开发，可以推动该流域民族文化的繁荣，满足人民群众不断增长的精神文化需求，增强民族凝聚力和创造力。

参考文献

[1] 卓海华，兰静，吴云丽，等. 乌江磷污染对三峡水库水质影响研究 [J]. 人民长江，2014，45（4）：66-68.

[2] 李然，林婵娟. 乌江航路文化线路遗产的当代保护研究 [J]. 铜仁学院学报，2022，24（4）：73-81，91.

[3] 张士伟，翁泽坤，曹波. 谈乌江流域文化遗产的保护与利用 [J]. 档案，2021（7）：42-47.

[4] 李云燕，张颖. 基于"两山论"的欠发达地区生态保护与旅游发展研究——以贵州省乌江流域为例 [J]. 中国发展，2020，20（3）：6-11.

[5] 岳妍，韩锋. 乡村振兴战略下加强农业文化遗产的保护与发展——以乌江流域民族地区为例 [J]. 城市发展研究，2018，25（11）：17-22.

[6] 陈桂，梁正海. 民族传统文化资源的整合、开发与保护——关于构建乌江傩文化村的思考 [J]. 中南民族大学学报：人文社会科学版，2017，37（6）：73-77.

[7] 黄大勇. 乌江水资源安全与旅游产业的战略互动 [J]. 南通大学学报：社会科学版，2017，33（5）：23-28.

[8] 郜红娟，韩会庆，俞洪燕，等. 乌江流域重要生态系统服务地形梯度分布特征分析 [J]. 生态科学，2016，35（5）：154-159.

[9] 熊正贤，吴黎围. 乌江流域民族文化资源的特征分析及开发初探 [J]. 贵州民族研究，2012，33（3）：34-36.

[10] 刘安全. 少数民族古镇文化遗产创造性转化的实践与逻辑——以酉阳龚滩建设特色旅游小镇为例 [J]. 湖北民族学院学报：哲学社会科学版，2019，37（6）：131-138.

黄河流域水利风景区文化传承探讨

汤勇生[1] 常 存[1] 韩凌杰[1] 廖志浩[2]

(1. 水利部综合事业局，北京 100053；2. 广州珠科院工程勘察设计有限公司，广东广州 510000)

摘 要：习近平总书记在黄河流域生态保护和高质量发展座谈会上指出：要深入挖掘黄河文化蕴含的时代价值，讲好"黄河故事"，保护、传承、弘扬黄河文化。水利风景区是黄河文化传播的重要载体，文章分析了黄河流域水利风景区的基本特点和区域分布，针对黄河流域水利风景区文化传承面临的问题，从挖掘利用与整合内涵、创新传播方式、塑造品牌 IP 三个方面出发，探讨黄河流域水利风景区文化传承，有利于弘扬黄河文化，更好地满足人民群众的精神文化需求。

关键词：黄河文化；水利风景区；文化传承

1 引言

文化兴则国运兴，文化强则民族强，习近平总书记明确提出统筹考虑水环境、水生态、水资源、水安全、水文化和岸线等多方面的有机联系，为水文化建设提供了根本遵循和行动指南[1]，保护传承弘扬利用黄河文化，是"黄河流域生态保护和高质量发展"国家战略的重要内容。水利风景区是水利行业面向社会服务的窗口[2]，不仅是黄河文化的名片，也是黄河故事的珍藏，探讨黄河流域水利风景区文化传承，有利于丰富水利风景区的内涵，为其他流域水利风景区文化传承提供借鉴，满足人民群众对情感召唤和文化诉求需要[3]，进一步推动水利风景区高质量发展，助力黄河流域生态保护和高质量发展。

关于黄河文化的内涵有诸多探讨，学界对于黄河文化的定义常有广义（指黄河流域的广大劳动人民在黄河水事及其相关实践活动中创造的全部物质财富和精神财富的总和[4]）和狭义（指黄河流域的广大劳动人民在黄河水事及其相关实践活动中创造的全部物质财富和精神财富的总和[5]）两种，针对黄河文化概念内涵及文化传播研究较多[6-7]，为黄河流域水利风景区文化传承提供基础。国内对水文化相关理论研究较多，李宗新[8]认为水文化是人类在与水打交道的社会实践活动中所获得的物质财富、精神财富、生产能力的总和；郑晓云[9]研究水文化理论分类以及属性特征，分析水文化前景；温乐平[10]探讨水利风景区水文化的挖掘、整理与运用。水利风景区是以水为依托的景区，蕴含深厚的水文化[11]，对水利风景区水文化概念、内涵、规划、建设等方面的研究较多[12-16]，但还未从流域视角探讨水利风景区文化传承。黄河流域在我国经济社会发展和生态安全方面具有重要的地位，孕育了河湟文化、河洛文化、关中文化、齐鲁文化等，是我国重要的生态屏障和经济地带[17]，孕育着中华文明，是中华民族坚定文化自信的重要根基，本文立足黄河流域水利风景区的特点，分析其文化传承面临的问题，提出解决策略，服务于黄河流域生态保护和高质量发展及文化强国战略。

2 黄河流域水利风景区的特点

黄河流域水利风景区作为黄河流域水利部门生态文明建设的缩影，是传承弘扬保护利用黄河文化的重要载体，它在改善生态环境、丰富人民群众生活、营造宜居宜业生活空间、提供优质生态产品方面具有重要作用。

作者简介：汤勇生（1980—），男，高级工程师，主要从事水利风景区建设与管理研究工作。

2.1 顶层设计保障景区文化建设

经过 20 余年的建设发展，水利风景区顶层设计较为完善，其中关于水文化建设有明确的要求，保障水利风景区发展质量。水利部办公厅印发《"十四五"水文化建设规划》，搭建起水文化建设顶层设计框架，明确指出提升水利风景区文化内涵，推动水利风景区集群发展，以黄河文化带等为重点区域，打造一批水利风景区的文化廊道；《水利风景区管理办法》第二十条规定："水利风景区管理机构应当充分利用已有场所及设施，开展水利科普、水利法治和水文化宣传教育等活动"；《水利风景区评价标准》（SL 300—2013）[18] 风景资源评价中规定景区内有水文化遗产可适当提高分值，有全国影响的水文化遗产可直接赋人文景观指标的满分，突出体现对水文化遗产保护的重视；《水利风景区规划编制导则》（SL 471—2010）[19] 专项规划中明确提出水生态环境保护与修复规划、水利科技与水文化传播规划等。根据对 2021 年 460 家国家水利风景区调查数据显示，水利风景区文化科普场馆面积约 40 万 m^2，室外文化科普场所面积约 6 218 万 m^2，接待文化科普人数约 534 万，初步发挥其弘扬水文化的功能，顶层设计对水文化要求已逐步融入水利风景区规划、建设、发展中。

2.2 景区特征契合黄河文化传承

黄河流域水利风景区特征主要有以下五点。

2.2.1 以人民幸福为目标

水利风景区是水利部门贯彻落实习近平生态文明思想、建设美丽中国的重要举措，水利风景区致力于维护河湖健康美丽，传承弘扬水文化，提供更多优质水生态产品，满足人民群众对美好生活的需要，打造人民群众身边的幸福河湖。

2.2.2 以黄河水利工程为依托

黄河流域水利风景区基本以黄河流域水利工程或黄河生态治理为依托，一部分以黄河干支流水利枢纽为依托，如小浪底、三盛公水利风景区；一部分以黄河流域生态治理，如哈素海水利风景区等。通过水利风景区建设，进一步推动周边区域的生态环境治理，展现治理成效，凸显黄河精神。

2.2.3 以黄河自然景观为基础

黄河流域西起巴颜喀拉山，东临渤海，南至秦岭，北抵阴山，流经黄土高原水土流失区、五大沙漠沙地，沿河两岸分布有东平湖和乌梁素海等湖泊、湿地、河口三角洲等，自然景观壮丽秀美。水利风景区建设以沙漠、草原、峡谷、森林等自然景观为基础，构成了一幅幅优美和谐的自然画卷。

2.2.4 以黄河文化为内涵

黄河为人类提供了生存和生活条件的同时，也形成了黄河流域不同风格的风土人情、名胜古迹、革命旧址、风俗人情、文化艺术、饮食文化等。水利风景区建设以此为内涵，展示黄河文化，弘扬黄河精神。

2.2.5 以生态旅游为手段

黄河水利风景区的特点决定了黄河水利风景区开发定位在以黄河自然景观为基础的生态旅游，开发具有现代感的生态旅游产品，展示黄河文化，揭示人与自然的关系，建设以休闲、度假与接待为主导功能的旅游空间，塑造具有生态特色、自然休闲的度假旅游地。保护弘扬传承黄河文化需要关注物质层面的文化遗产保护、整理治黄历史文献、加强文化研究阐释、实现遗产活化利用等[20]。黄河流域水利风景区特征凸显其保护黄河工程、自然景观的初心，致力生态建设，植根黄河文化，发挥科普文化功能，旅游活化水利遗产，契合黄河文化传承要求。

2.3 合理分布助力文化集群发展

水利风景区是指以水利设施、水域及其岸线为依托，具有一定规模和质量的水利风景资源与环境条件，通过生态、文化、服务和安全设施建设，开展科普、文化、教育等活动或者供人们休闲游憩的区域[21]。目前全国共有 902 家国家水利风景区，上千家省级水利风景区。据统计，黄河流域共有 143 家国家水利风景区（见图 1），其中黄河中下游省份共有 95 家国家水利风景区，占比 66%，这些水利风景区广泛分布于黄河干支流以及黄河流域主要城市，在河湟文化区、河套灌区、关中文化区、河洛文化区、齐鲁文化区均有集中匹配度（见图2），有利于区域的集群发展，加快形成黄河文化旅游带，更好地推动黄河文化传承利用。

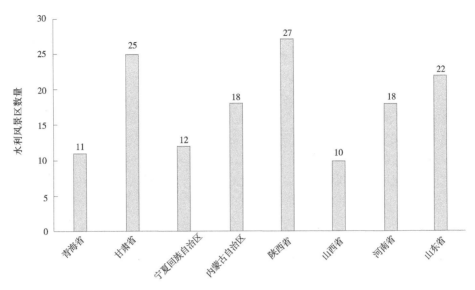

图1　黄河流域水利风景区各省（区）分布柱状图

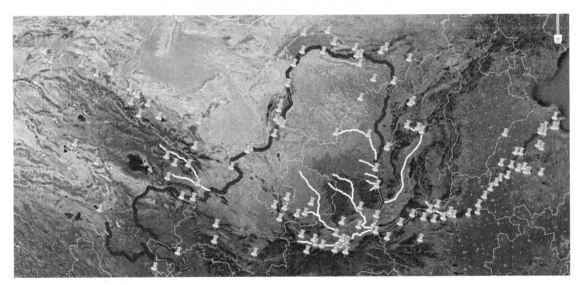

图2　黄河流域水利风景区在沿线各文化区分布

3　黄河流域水利风景区文化传承面临的问题

黄河流域水利风景区以黄河流域水利工程或黄河流域生态环境治理为依托，以黄河文化为背景，以生态、文化建设为重点，在文化传承方面已经做过较多工作。实施二黄河国家水利风景区水利科普建设试点项目，依托河套灌区，以二黄河国家水利风景区为中心，串联三盛公水利风景区、乌加河国家水利风景区，通过水利科普资源梳理、公众需求调查、专家论证等，探索黄河流域水利风景区文化科普知识体系构建以及文化传承，为其他景区文化科普体系构建提供借鉴；组织策划《中国水利风景区故事（黄河篇）》，以黄河流域水利风景区为主体，以弘扬传承利用黄河文化，讲好黄河故事为目标，从水利风景区水文化视角出发，形成包含工程文化、民俗文化、红色文化、旅游文化、历史文化、科普文化等内含200多个故事、100多万字的黄河流域水利风景区文化故事书稿，兼顾知识性、传承性，让人感受到人与自然和谐共生、艰苦奋斗等黄河精神，感受中华文明的源远流长。但水利风景区文化传承也面临着文化特点挖掘不够、文化传承平台建设有待加强的等问题。

3.1 内涵丰富挖掘不足，传承意识较为淡薄

黄河流域水利风景区文化故事资源充足、内涵丰富。一是黄河文化自古以来是北方文化主体之一，不断融合各代历史文化，并向江淮流域和珠江流域持续进行文化输出，融合其他地域文化，最终形成了黄河文化，不仅有历史文化的深厚迷人，也包含历来治黄过程中的奋斗精神，为黄河流域水利风景区文化传承提供了丰厚土壤。二是黄河文化是水利风景区文化传承功能的重要内容。水利风景区文化还包括：水利文化、工程文化、市场经济文化、居民文化等，都是水文化科普的重要内容。三是黄河文化与水利时代精神紧密融合。新中国成立以来，大量的水利工程建设，在促进经济社会发展的同时，形成了壮丽的水工程，保障了水安全，积淀了丰厚的水文化。随着时代的发展和社会的进步，水利工程的功能价值、文化内涵发生了根本变化，已从原有的以生存和发展为主，逐步向物质、精神、文化等多个层面融合的功能作用演变，愈发体现水利精神。董成雄提出由于缺乏传统文化传承的意识，所以优秀传统文化的开发利用缺少系统有效的规划，不同地区对文化传承意识强弱可能导致文化传承"冷热不均"[22]。黄河流域水利风景区文化传承也存在传承意识较为淡薄的问题，水利风景区文化传承基础不一，部分景区不注重文化建设，也有部分地区对本地文化过度保护，缺乏统筹协调、整体布局，使得文化没有得到理性传承，同时部分水利风景区自身缺乏对区域文化的系统梳理与整体打造，在对其文化全面收集、科学整理、系统研究以及数据化处理方面仍然存在较大的发展空间，影响黄河流域水利风景区整体的文化传承水平。

3.2 资源多样拓展不宽，传承教育仍需提升

黄河文化系统整体多样，以中原文化为中心的黄河文化是中华文明的重要组成部分，是中华民族的根和魂，河洛文化、汉字文化等都与黄河文化息息相关，文脉传承扩展包含黄河文明起源、黄河精神、黄河人物、黄河文物、黄河文化、黄河生态、黄河治理、黄河地表等，为黄河流域水利风景区文化传承提供充足的文化资源。拓展不深表现在两方面：一是对多样的文化资源不能充分利用，部分水利风景区在建设初期，缺乏对当地人文社会、历史变迁、民俗风情、名人典故等文化资源的系统调查挖掘，或者缺乏对展示表现人文因素的专业研究，忽视因地制宜、统筹安排、品质保证等方面的内容，展示的文化内涵深度不足，缺乏历史的厚重或是千篇一律，没有特色，更有甚者追求曝光度，不伦不类、山寨克隆，破坏景区整体品质。二是传承展示方法较为单一，多为静态、记叙式的展示，缺少动态、提问式的展示，并未将访客真正带入文化的海洋中，缺乏展示的创新，制约文化传承的扩展。文化传承的目的在于教育，水利风景区作为传承教育的载体，不仅需要提供必备的基础设施及游憩设施，更应发挥好教材的重要性，需要教育题材的多样性、教育形式的多元化、教育产品的特色化等方面的配套，水利风景区水文化建设应逐步从单一展示记叙记录走向多样体验主动参与的传承教育，不断提升传承教育水平。

3.3 传播不力品牌不强，传承保障不够完善

黄河流域水利风景区文化传播体现在弘扬黄河文化、传承黄河精神、创新黄河文明、积淀黄河内涵及共享黄河发展成果。水利风景区文化传播不利主要表现在两个方面：一是受传统水利观念的影响，"重建设、轻服务"，生态旅游产品产业化发展水平较低，宣传推广脚步较慢；二是传播方式需要进一步创新，文化传承需要现代化表达，在现代化媒介外衣之下，文化表达会更贴近人民群众的生活需要，虽然在传统宣传媒介已取得较大成果，但在日新月异的科技创新下，互联网与新媒体日益兴起，贴合现代生活方式的新媒体传播方式还需加强。水利风景区在品牌宣传方面做了很多工作，通过书籍、歌曲、视频等方式塑造水利风景区品牌，突破平台界限，但缺乏拟人化、故事化处理等形象化设计，品牌的认知度和辨识度不高，品牌文化、文创、价值观传递不足，品牌赋能较弱，距离品牌IP化或知名品牌还有一定距离。传播力不足、品牌不强体现了传承保障不够完善，主要体现在三个方面：一是人才队伍不足。缺乏高质量的黄河流域水利风景区文化传承队伍，缺少在实施过程中再创造的能力，可能无法准确、全面地向大众传递水文化相关知识，影响文化传承水平。二是资金投入不足。文化传承是一项十分宏大而又复杂的活动，需要投入大量的资金做保障，现阶段资金投入力度不

乐观，资金投入方式较为单一，不利于实现文化传承的可持续。三是政策引领不强。文化传承顶层设计有待进一步加强，各地缺乏相应的文化传承指导文件，文化传承组织、管理、传播等制度体系不够完善。

4 黄河流域水利风景区文化传承策略

《中共中央关于党的百年奋斗重大成就和历史经验的决议》指出，中华优秀传统文化是中华民族的突出优势，必须结合新的时代条件传承和弘扬好[23]。黄河流域水利风景区文化传承应立足于新时代，对优秀文化进行创造性转化，创新传承方式，针对黄河流域水利风景区文化传承面临的问题，从水利风景区的特点出发，提出相应的文化传承策略。

4.1 挖掘整合文化资源，形成黄河流域水利风景区文化体系

张岱年[24]在"文化创造主义之真谛"中谈到"现代中国的文化工作，至少有三个方面：一破坏，二介绍，三创造"。黄河流域水利风景区文化资源丰富，不同的文化具有自身的特点和属性，需要系统地挖掘梳理整合，形成黄河流域水利风景区自身的内涵核心。文化资源的多样性决定了文化比较的必然性，文化传承不是一味继承，而是取其精华去其糟粕，在文化比较的过程中，实际上是对文化资源深入地挖掘梳理，分析不同文化资源的特点和优劣性，反思自身文化的不足，不断自我完善，在比较过程中不断激发文化自觉；文化比较是对景区区域文化背景的下凝练，仍需要通过文化采借的方式，有选择地借鉴优秀的文化素材，坚持水利风景区、黄河文化的核心内容，不断丰富自身文化内涵，从而更具竞争力；文化比较凝练自身优秀文化，文化采借增加自身文化附加值，还停留在文化挖掘整理的过程。文化整合是将所选择和采借的各种文化要素结合成一个具有系统性、整体性的内在联系的文化整体[25]。通过文化整合，将不同要素有机联系起来，凝结文化内涵，呈现共同的前进方向，形成合力。优秀的文化是其继承发展的动力源泉，只有通过黄河文化、地域文化等优秀文化的比较、借鉴，梳理文化传承脉络，系统整合文化资源，形成黄河水利风景区文化体系，推动水利风景区高质量发展，弘扬黄河文化。

4.2 创新文化传播形式，不断提升黄河流域水利风景区传承主体文化自觉

文化自觉是一个艰巨的过程，首先要认识自己的文化，理解所接触到的多种文化，才有条件在这个已经在形成中的多元文化的世界里确立自己的位置[26]。文化传承过程中，会形成文化主体与内容的互动，更好地认识、理解文化，需要不断创新传播方式。一是结合新技术创新传承媒介。传统传承媒介多为书籍、宣传册等纸质媒介，随着科学技术的发展，视频、影像等更加贴近现代人的生活习惯，采用数字化多媒体的手段，学习国内外先进的电子媒介技术，不断地创新完善传播媒介，形成传统与现代相结合，纸质与电子相结合，构建黄河水利风景区文化传承平台，丰富载体形式，加强文旅融合，更好地展示形象。二是充分发挥室内外文化场所。水利风景区室内外文化科普场地丰富，文化科普场地是文化传承的主要场地，为参观者提供文化交互体验的空间，可以开展多种形式的展播，为文化传承提供更为广阔的平台。文化认同会不断增强传承主体的文化自觉，传播形式的创新有利于促进主体与文化的交流体验，进一步理解、认识黄河水利风景区文化，增强文化认同，自觉传承黄河文化。

4.3 塑造文化品牌IP，构建黄河流域水利风景区传承保障体系

标识是文明的象征，品牌IP化，创作形象的角色、动人的故事，市场化、专业化、规范化的运作，打造黄河流域水利风景区品牌IP，以新的表现手法演绎表现，以新业态赋予文化新生命，通过产业赋能，扩大人才、资金的融入，加强规章制度的确立，共同推动构建合理有效的传承保障体系。品牌IP的塑造结合文化内涵，主要从三个方面出发：一是打造人物品牌。历代治黄过程中，尤其是新中国成立以来，涌现出一批又一批典型人物，具有强烈的时代特色和人格魅力，践行了社会主义核心价值观，让人从人物生平感同身受，深入了解背后的内涵精神。二是打造文学品牌。通过影视、歌曲等文学作品，刻画深刻而丰富的文化内涵，彰显鲜明的时代特征，树立良好的社会形象，推动文化

与其他产业的协同创新发展，扩展影响力、辐射力、感召力。三是打造活动品牌。节庆活动是人类特有的主体活动，借助时间节点打造品牌活动，有利于强化品牌记忆，增强人与文化体验融合，提升文化品牌的影响力。品牌 IP 的塑造过程，也是文旅融合产业振兴的过程，是人才、资金、政策、机制等保障体系不断健全完善的过程，产业赋能推动传承保障体系的构建，保证文化传承的连续性。

5 结语

在文化强国及黄河流域生态保护和高质量发展的国家战略背景下，黄河流域水利风景区文化传承必须坚持黄河文化和黄河精神，顺应新时代的发展特点，以全面整体的思维思考文化传承，挖掘整合文化内涵，形成黄河水利风景区文化体系，创新传播形式，不断提升传承主体的文化自觉，塑造品牌IP，构建合理有效的传承保障体系，推动文化传承可持续发展，更好地满足人民群众精神文化需求，为长江等其他流域水利风景区文化传承提供借鉴。

参考文献

［1］水利部．水利部办公厅关于印发《"十四五"水文化建设规划》的通知［EB/OL］.（2022-01-30）［2022-05-14］.http：//slfjq. mwr. gov. cn/zyzt/2021nslfjqjsyglgzsphy/zyjh/202105/t20210519_ 1519198. html.

［2］人民智库课题组，贾晓芬，于飞．"两山"理念的水生态文明实践水利风景区高质量发展调查报告（2020）［J］.国家治理，2020（37）：2-13.

［3］马云．基于水文化传承的水利风景区规划研究［D］.苏州：苏州科技大学，2017.

［4］李立新．深刻理解黄河文化的内涵与特征［N］.中国社会科学报，2020-09-21（4）.

［5］牛建强，姬明明．源远流长：黄河文化概说［N］.黄河报，2017-07-11（4）.

［6］朱伟利．刍议黄河文化的内涵与传播［J］.新闻爱好者，2020（1）：32-35.

［7］杨越，李瑶，陈玲．讲好"黄河故事"：黄河文化保护的创新思路［J］.中国人口·资源与环境，2020，30（12）：8-16.

［8］李宗新．再论水文化的深刻内涵［J］.水利发展研究，2009，9（7）：71-73.

［9］郑晓云．水文化的理论与前景［J］.思想战线，2013，39（4）：1-8.

［10］温乐平．水利风景区水文化的挖掘、整理与运用［J］.南昌工程学院学报，2014，33（5）：8-13.

［11］庄晓敏．水利风景区的水文化内涵探讨［J］.华北水利水电学院学报（社科版），2012，28（5）：31-33.

［12］汤勇生，李贵宝，韩凌杰，等．水利风景区科普功能发挥的探讨与建议［J］.中国水利，2020（20）：59-61.

［13］马云，单鹏飞，董红燕．水文化传承视域下城市水利风景区规划探析［J］.规划师，2017，33（2）：104-109.

［14］胡奔，马云，单鹏飞．基于水文化的巴城湖水利风景区规划探析［J］.水生态学杂志，2018，39（2）：41-47.

［15］李灵军，韩凌杰，宋亚亭．国土空间规划背景下水利风景区规划思路探析［J］.水利经济，2021，39（4）：14-18，77.

［16］温乐平，吴建红．水利风景区水科普建设路径探讨——以丰城市玉龙河水利风景区为例［J］.南昌工程学院学报，2020，39（2）：60-66.

［17］习近平．在黄河流域生态保护和高质量发展座谈会上的讲话［EB/OL］.（2019-09-18）［2022-05-14］.http://www. xinhuanet. com/2019-10/15/c_ 1125107042. htm.

［18］水利部综合事业局．水利风景区评价标准：SL 300—2013［S］.北京：中国水利水电出版社，2013.

［19］水利部综合事业局．水利风景区规划编制导则.SL 471—2010［S］.北京：中国水利水电出版社，2010.

［20］徐宗学，李文家，韩宇平，等．黄河流域生态保护和高质量发展专家谈［J］.人民黄河，2019，41（11）：165-171.

［21］水利部．水利部关于印发《水利风景区管理办法》的通知［EB/OL］.（2022-03-28）［2022-05-14］.http：//slfjq. mwr. gov. cn/tzgg/202203/t20220330_ 1567528. html.

［22］董成雄.中国优秀传统文化的系统解读和传承建构［D］.厦门：华侨大学，2016.

［23］中国共产党第十九届中央委员会.中共中央关于党的百年奋斗重大成就和历史经验的决议［EB/OL］.（2021-11-16）［2022-05-14］.http：//www.gov.cn/xinwen/2021-11/16/content_ 5651269.htm.

［24］张岱年.张岱年文集［M］.北京：清华大学出版社，1993.

［25］覃光广，冯利，陈朴.文化学辞典［M］.北京：中央民族出版社，1988.

［26］费孝通.反思·对话·文化自觉［J］.北京大学学报：哲学社会科学版，1997（3）：15-22，158.

全国首批幸福河湖——南岗河建设探索与实践

钱树芹　李　璐　吴　琼　张琼海

（珠江水利委员会珠江水利科学研究院，广东广州　510611）

摘　要： 2022 年 4 月，广州市黄埔区南岗河经过竞争立项遴选作为广东省唯一列入水利部首批开展幸福河湖建设名录。南岗河是岭南水乡穿城河流的典型代表，自然禀赋优异，通过实现"岭南秀水、低碳标杆，羊城智河、湾区新萃，碧道明珠、幸福港湾"的总体目标，描绘广东省幸福河湖新画卷。先进的治水理念和经验、数字孪生小流域典型示范以及水、产、城融合的生态发展模式，可为全国幸福河湖建设提供示范引领。

关键词： 幸福河湖；南岗河；主要做法；启示

2019 年，习近平总书记视察黄河时，发出"让黄河成为造福人民的幸福河"的伟大号召，为推进新时代治水提供了科学指南和根本遵循。2022 年 4 月，水利部拟在全国遴选 7 个首批试点开展幸福河湖建设。广州市黄埔区南岗河作为岭南水乡穿城河流的典型代表，自然禀赋优异、文化底蕴丰富，源于宋代、绵延至今的"萝岗香雪"文化已成为岭南人民精神文化生活的印记；传承六七百年的龙舟文化成为河畔居民维系情感的纽带；一江两岸的优良生态环境吸引了众多高科技人才，孵化了上千家科技企业，从一条默默流淌的郊区河流变身为重要的科技走廊和生态绿廊。南岗河是大湾区岭南水系的典型缩影，呈现广东省广州市治水的窗口，优势突出，经过竞争遴选，脱颖而出成为全国首批幸福河湖建设试点。南岗河按照"水安全、水资源、水环境、水生态、水产业、水文化、水管护"七要素描绘南岗河幸福河湖愿景，努力走出一条符合超大型城市特点和规律的治水新思路，率先打造水脉、绿脉、文脉、人脉交融的幸福河湖样本，让人民群众的获得感成色更足、幸福感更可持续、安全感更有保障。

1　背景情况

南岗河地处广州市黄埔区境内，干流全长 24.12 km，源起山区、穿越城区、汇入东江，是大湾区岭南水系的缩影。南岗河流域与金坑河流域、乌涌流域、文涌流域构成了互联互通的整体系统，面总积达 269.06 km²。流域北有帽峰山青、南有珠江水长、中有湖田点缀，构成完整的"山水林田湖草"生态系统。南岗河上游为生态居住区，山区面积占流域面积的 35%，源头水库是流域生态水缸；中下游地处湾区腹地，为科技创新产业区，撑起了粤港澳大湾区创新脊梁，2021 年营业收入 4 741 亿元，占全区的 20%。

曾经的南岗河随着城市化的快速推进，经历了由郊野到都市的变迁，快速发展也伴随着一系列水安全问题。河湖空间被挤占，河道淤塞严重，流域受山洪、内涝、风暴潮多重威胁，强人类干扰导致河道水生态环境一度恶化。2016 年全面推行河长制工作以来，南岗河流域秉承系统治理的理念，探索一套低成本、可持续的低碳生态治水之路，治水思路"一大变"——治水先"治人"；坚持开门治水、全民参与，成立志愿服务队，靠谱"河小青"遍布各个角落，全民护河已经成为一种自觉行为等一系列务实有效的模式和经验。对大湾区乃至全国河湖建设具有可推广的价值。南岗河流域经过治理，取得了显著的成效，现状水质为Ⅲ类，水质不断向好；打造了水声涌等一系列精品碧道，成为了

作者简介： 钱树芹（1982—）女，高级工程师，主要从事宏观大生态、水动力研究工作。

市民们网红打卡点；20多千米的生态驳岸及两岸生态空间是百姓最好的生态产品，是南岗河的一大特色。

立足新发展阶段，贯彻新发展理念，构建新发展格局，深入贯彻习近平总书记关于建设造福人民的幸福河的重要指示精神，以河长制为依托，按照"全域系统治理"思路，"以人为本，人水和谐"的核心理念，围绕保安全、重畅通、复生态、提景观、传文脉、促更新等策略，开启南岗河幸福河湖建设新篇章。拟经过一年的时间，将南岗河打造成具有安澜通道、生态廊道、休闲漫道、文化长廊、活力滨水经济带等综合功能的高品质滨水空间，建成"岭南秀水、低碳标杆，羊城智河、湾区新萃，碧道明珠、幸福港湾"的幸福河。

2 主要做法

黄埔区按照综合治理、系统治理的理念，秉承广州市低成本、可持续的低碳生态治水之路，对南岗河全流域进行治理。利用数字孪生技术，科技赋能，提升洪涝防御智慧化水平，彰显大湾区高新区域特点。充分探索"水、产、城"融合的高质量发展之路，坚持以水定城、以水定地、以水定人、以水定产的思路，将构建绿色生态碧道网络与打造高水平国际化创新城区紧密结合。主要做法如下。

2.1 低碳治水，可持续建设幸福河湖

以习近平生态文明思想为指导，广州市认识到污水是由人的无序活动产生的人为之水，治水应治人为之水，而非天然之水，总体思路是自然之水还自然通道，人为之水纳污水通道，溢流雨水行和谐之道。

广州市以流域为体系、以网格为单元，通过控源截污、自然修复、海绵建设等手段实行系统治水。南岗河遵循广州治水新理念，坚持治水先"治人"的思路，推行"四洗"清源行动。所谓"四洗"，即洗楼、洗管、洗井、洗河。"建厂子、埋管子、进院子"，开展排水单元达标和雨污分流整治，利用"绣花"功夫深入开展源头治理。除治水先"治人"、控源动真格、截污攻坚战，广州市深入践行习近平总书记"尊重自然、顺应自然、保护自然"的重要理念，推行生态修复"三板斧"（降水位、少清淤、不搞人工化），通过维持低水位运行的低碳治理模式，打破治水传统思维，由技术治水向社会治水转变，如此形成的低成本、可持续生态治理模式，是花小钱干大事，更加具有可推广、可示范的价值。

2.2 科技赋能，高标准构建孪生流域

结合黄埔区防洪排涝指挥决策系统及黄埔水务APP现有成果及良好基础，在水利一张图基础上建设完善优化流域数据底板、模型平台、知识平台，提升相应信息基础设施能力，建设数字孪生南岗河（智慧南岗河），实现与物理流域同步仿真运行、虚实交互、迭代优化，准确识变、科学应变、主动求变提升南岗河流域水利决策与管理的科学化、精准化、高效化能力和水平，发挥"四预"系统和洪水风险图的预判预演作用，减少洪涝灾害，赋能推动新阶段水利高质量发展的先进引领力和强劲驱动力，为珠江流域乃至全国数字孪生流域建设提供良好示范作用。

2.3 以水兴城，全方位助力流域发展

南岗河流域是山水林田湖草小流域的典型代表，在区域发展中促进城乡自然—经济—社会复合系统良性循环、稳定共生，山水相容、城景交融、水净气清、城乡融合的城市外在形象进一步彰显。以南岗河流域整体环境提升为目标，持续改善人居环境、营商环境，结合周边产业发展、乡村振兴、文化旅游，为百姓和周边产业人才提供最舒适的休闲空间，以水反哺产业，以产业促进区域发展，创出了一条独具特色的水、产、城融合的生态发展模式。

源头助力打造岭头"黄埔红"茶叶品牌，实现乡村振兴，统筹考虑全流域生态资源，研究生态资源价值，形成转化机制。中游核心区以水为脉打造优质生态产品，利用再生水助力企业，形成水与产业深度融合，惠及百姓。下游以南岗龙舟文化公园为载体，建设文化中心，为附近百姓提供娱乐空间，同时带动旅游，实现经济价值，为流域百姓谋福利。

3 经验启示

3.1 打造幸福河湖，必须坚持以人民幸福为中心

党的十九大报告明确指出，"必须坚持以人民为中心的发展思想""使人民获得感、幸福感、安全感更加充实、更有保障、更可持续"。习近平总书记发出的"幸福河"伟大号召，核心要义是造福人民，江河治理的使命是围绕着保障和改善民生而努力的，为人民谋幸福，即幸福的主体是人民。进入新发展阶段，百姓对河湖建设提出更高要求，尤其是经济发达的珠江流域，汇集了高密度人口，幸福河湖建设除生态安全需要外，经济需要、民生需要、文化需要也已体现人类社会属性。人对水的多维需求不断提升，对生态空间的享用和休闲娱乐设施的追求循序渐进，对智慧河湖建设有了新的认识，更加渴望流域生态价值带动致富，因此幸福河湖应立足为百姓带来十足的愉悦感和满足感而打造。

3.2 打造幸福河湖，必须坚持以流域统筹为基础

实现幸福河湖，表象在河里，根子在流域。以系统治理的方式考虑河流客观发展规律、治水特定发展阶段、科学发展目的等综合因素，从单纯治水到综合治理升级，以人民的幸福为落脚点，突出河流地域特色，按照流域系统治理原则，用战略视角构建流域内互联互通、互补互济大水系格局，打通"最后一公里"，实现物理连通和水文连通，提升洪涝防御和水资源保障韧性，实现流域内水安全、水资源、水环境、水生态的协同治理。

3.3 打造幸福河湖，必须坚持以水城融合为主线

习近平总书记指出，人类可以利用自然、改造自然，但归根结底是自然的一部分，必须呵护自然，不能凌驾于自然之上。处理好经济社会发展与水资源、水生态、水环境保护的关系，要坚持以水定城、以水定地、以水定人、以水定产。打造幸福河，实现经济社会发展布局与水资源条件相匹配，需要以水而定、量水而行，完善水治理体系，提升水治理能力，推动形成绿色发展模式和生活方式，实现人水和谐。秉承高质量发展理念，水岸联动，实现水、产、城融合发展，是幸福河湖的发展，也是推动流域高质量发展的支撑和保障。

4 结语与展望

治水只有起点，没有终点，积极响应建设幸福河的伟大号召，今天的南岗河正以新风貌，高标准，应百姓之盼、乐业之需、舒适之愿，开启幸福河湖建设的新征程。拟通过一年的幸福河湖建设，构建南岗河流域互联互通、互补互济大水系格局，提升洪涝防御和水资源保障韧性，实现水安全、水资源、水环境、水生态协同治理。从 7 大要素彰显南岗河流域生态、休闲、科技、文化等特色，以水为纽带，辐射带动全域水产业，以城水耦合，实现城水共生、百姓共富，成为富有岭南特色、体现人水和谐的幸福河湖建设样板，为大湾区乃至全国提供可复制、可推广的经验和做法。